“十三五”国家重点出版物出版规划项目
面向可持续发展的土建类工程教育丛书
普通高等教育“十一五”国家级规划教材
21世纪高等教育给排水科学与工程系列教材

水质工程学

上册

第2版

主　编　谢水波　姜应和
副主编　胡锋平　李仕友　乔庆云
主　审　张晓健　陶　涛

机械工业出版社

本书是"'十三五'国家重点出版物出版规划项目""普通高等教育'十一五'国家级规划教材"，是我国第一部以培养给排水科学与工程应用型专业人才为主的"水质工程学"课程教材。

本书在第1版的基础上，根据学科发展、技术进步，吸收了本领域在理论、原理、工艺与技术、材料等方面的新成果，并根据课程教学要求和教材用户反馈意见，适当调整了部分内容。

本书系统论述了水质工程学科的基本理论、给水与污废水处理的主要技术与发展趋势。全书共四篇24章，分为上、下册。上册：第1篇　总论，内容包括绪论、水质与水质标准、水处理方法概论、水的预处理与深度处理。第2篇　水的物理、化学及物理化学处理，内容包括凝聚与絮凝、沉淀与澄清、气浮、过滤、活性炭吸附、消毒、离子交换、氧化还原、膜法、水的冷却与水质稳定、水的其他物理化学处理方法。下册：第3篇　生物处理理论与应用，内容包括活性污泥法、生物膜法、厌氧生物处理、自然生物处理系统、污泥处理、处置与利用等。第4篇　水处理工艺系统与处理厂设计，内容包括常用给水处理、特种水源水处理、城市污水处理、工业废水处理等。

本书可作为高等院校给排水科学与工程、环境工程等专业的教材，也可供相关领域的科技人员参考。

本书配有电子课件，免费提供给选用本书作为教材的授课教师，需要者请登录机械工业出版社教育服务网（www.cmpedu.com）注册后下载。

图书在版编目（CIP）数据

水质工程学.上册/谢水波，姜应和主编.—2版.—北京：机械工业出版社，2023.1

（面向可持续发展的土建类工程教育丛书）

"十三五"国家重点出版物出版规划项目　普通高等教育"十一五"国家级规划教材　21世纪高等教育给排水科学与工程系列教材

ISBN 978-7-111-72204-5

Ⅰ.①水…　Ⅱ.①谢…②姜…　Ⅲ.①水质处理—高等学校—教材　Ⅳ.①TU991.21

中国版本图书馆CIP数据核字（2022）第231958号

机械工业出版社（北京市百万庄大街22号　邮政编码100037）

策划编辑：刘　涛　　责任编辑：刘　涛

责任校对：郑　婕　梁　静　　责任印制：邓　博

天津翔远印刷有限公司印刷

2023年6月第2版第1次印刷

184mm×260mm·25.5印张·630千字

标准书号：ISBN 978-7-111-72204-5

定价：79.80元

电话服务　　网络服务

客服电话：010-88361066　　机　工　官　网：www.cmpbook.com

010-88379833　　机　工　官　博：weibo.com/cmp1952

010-68326294　　金　书　网：www.golden-book.com

封底无防伪标均为盗版　　机工教育服务网：www.cmpedu.com

第2版前言

本书是根据全国高校给排水科学与工程专业指导委员会关于教材编写与水质工程学课程教学要求编写的，主要面向培养给排水科学与工程专业应用型高级专门人才的高校使用。

随着工业和城市建设的发展，给排水工程学科从以城市基础设施为研究对象转变为以水的社会循环为主要研究对象，水资源短缺和水环境污染已成为我国社会经济发展的重要制约因素。人们对美好的水生态环境的追求及对饮用水水质要求的不断提高已成为推动水工业发展的动力。

为了满足教学需求，本书在第 1 版的基础上进行了修订。本次修订，吸收了各方面的宝贵意见，并结合近年来本领域在理论、原理、工艺与技术、材料等方面的新成果，如高密度沉淀池，滤布滤池、精密过滤器，新型消毒药剂与消毒技术、新型污染物及其去除技术、黑臭水体治理、水环境应急技术等。同时，更新了部分练习题。

《水质工程学》第 2 版依然分为上、下两册。在修订过程中，南华大学的王劲松教授、曾涛涛教授、袁华山副教授、李仕友副教授、王国华副教授、周帅副教授、段毅博士，武汉理工大学的张翔凌教授、张少辉副教授、张倩副教授、程静博士，文华学院的张芳副教授、鲁群副教授，华东交通大学的胡锋平教授，河北工程大学的李思敏教授，湖南工业大学的刘岳林博士，湖南城市学院的张纯教授等参加了修订或编写。

全书由谢水波教授、姜应和教授任主编，清华大学张晓健教授、华中科技大学陶涛教授任主审。

本书在编写过程中参考了大量文献资料，文献名未一一列出，特此声明，并向这些文献的作者表示感谢。由于作者水平有限，书中不妥和错误之处在所难免，欢迎读者批评指正。

编　者

第1版前言

本书是根据全国高校给水排水科学与工程（现更名为给排水科学与工程）专业指导委员会关于教材编写与水质工程学课程教学要求编写的。

我国给水排水工程专业设立于20世纪50年代初，随着工业和城市建设的发展，已不适应我国当前社会主义市场经济的特点，满足不了水工业以及水资源短缺对给水排水科学与工程高级应用型人才培养的要求，改革势在必行。

水的循环分为水的自然循环和社会循环。从天然水体取水，经过处理，以满足工农业或人们生活对水质水量的需求，用过的水经适当处理后回用或者排回天然水体，称为水的社会循环。水工业是服务于水的社会循环的产业。它与服务于水的自然循环及其调控的水利工程，构成了水科学与工程的两个方面。我国水污染问题日趋复杂，水危机形势非常严峻，人均水资源占有量仅为世界平均值的1/4，时空分布极不均衡，造成的损失占GDP的1.5%~3%。水资源短缺和水环境污染已成为我国社会经济发展的重要制约因素。社会的进步、水环境污染加剧与人们对饮用水水质要求不断提高的矛盾将日益增大，水质矛盾已上升为当前水工业的主要矛盾。

我国城市建设快速发展，工农业与城市用水量正在接近我国的水资源的极限量，但水污染治理相对滞后，建设节水型社会任务艰巨。解决水资源危机必须开源节流，以水资源的可持续利用支持我国社会经济的可持续发展。水是可再生的资源，水的循环利用是节水的重要方面。水在使用过程中水量并不减少，只是混入了各种废弃物，使水质发生了变化而丧失或部分丧失使用功能而成为污水、废水。如果对其进行处理，恢复其使用功能，就可以循环利用。这不仅减少了向天然水体取水的数量，缓解水资源短缺，也减少了排放污水的数量，降低了对水环境的污染。

产业的发展离不开相关学科专业的强力支持。以生物工程、电子信息、新材料等为代表的高新技术的发展不断推动水工业的发展。水质工程学是给水排水科学与工程的主干学科，它以水的社会循环为主要研究对象，以化学和生物学为基础，在水量和水质两个方面以水质为核心，向水资源和水环境、工农业、建筑业等方向拓宽，以满足水工业发展的需求。

与刚创立时的给水排水工程专业相比，现在的给排水科学与工程专业的研究对象从作为“城市基础设施”拓展为“水的社会循环”；学科的内涵从以“水量”为目标转变为兼顾“水质与水量”；把按用途划分的给水和排水统一到水的社会循环及水的循环利用体系之中，并大量吸收高新技术，学科耳目一新。

专业的发展，需要科学的教材体系。《水质工程学》是为适应新的学科体系而编的教材之一，内容涉及物理、化学、物理化学及生物技术，综合性很强。从技术原理上，它可以分为水质“控制技术”“分离技术”和“转化技术”。水质控制技术是水污染控制的分支，是将污染介质与水环境隔离，以保护水源水质为目的；分离技术是利用污染物或者介质在理化性质上的差异使其从水中分离，提高水的质量；转化技术是利用化学或者生物反应，使杂质

或者污染物转化为无害或者易于分离的物质，从而使水得到净化。传统水处理理论教材按水处理的目的分为“给水工程”“排水工程”等，在内容安排上存在较多重复。随着水环境污染问题的突出，给水处理与废水处理技术已经相互渗透，其界限已逐渐模糊，一些水处理方法在给水、污废水处理中都有采用。

在编写中，本书系统分析和归纳了水质科学所涉及的技术原理，提炼出了具有共性的基本原理、现象和过程，从按处理目的分类改为按水处理单元方法分类编写，避免内容重复，重点介绍水处理理论与设计的原理和方法。在理论性、实用性和新颖性等方面，加强了理论与实践的衔接，突出基础性，保持实用性，体现以人为本的理念。在编写风格上力求新、实、精；在内容选择上，加强了学科最新的基础理论、前沿动态与工程实践经验、国内外最新技术成果的介绍，采用新规范、吸收新技术，给出了一些工程案例。从内容编排、习题设计等方面强调学生对基础理论的掌握，基本能力的培养，以提高学生独立分析和解决工程实际问题的能力为出发点。

本书主要面向培养给水排水专业应用型高级专门人才的高校。

本书分为上、下两册，上册含1~15章，下册含16~24章。第1~4章由南华大学谢水波编写；第5章由辽宁工程技术大学朱忆鲁编写；第6~7章、第21章由华东交通大学胡锋平编写；第8章由扬州大学乔庆云编写；第9~11章由谢水波和湖南大学张浩江编写；第12~13章由兰州交通大学严子春编写；第14章由南华大学袁华山编写；第15章及上册中练习题均由南华大学李仕友编写；第16章由武汉理工大学姜应和、张翔凌编写；第17章由河南城建学院史乐君编写；第18~20章由南华大学王劲松、谢水波编写；第22章由河北工程大学李思敏编写；第23章由史乐君和武汉理工大学吴俊峰编写；第24章由武汉理工大学张少辉编写。

全书由谢水波、姜应和任主编，清华大学张晓健教授、华中科技大学陶涛教授主审。

本书在编写过程中参考了大量文献资料，文献名未一一列出，特此声明，并向这些文献的作者表示感谢。由于作者水平有限，书中不妥和错误之处在所难免，欢迎读者批评指正。

编　者

目　录

第1篇　总　论

第2篇　水的物理、化学及物理化学处理

第1篇

总　论

第1章 绪　论

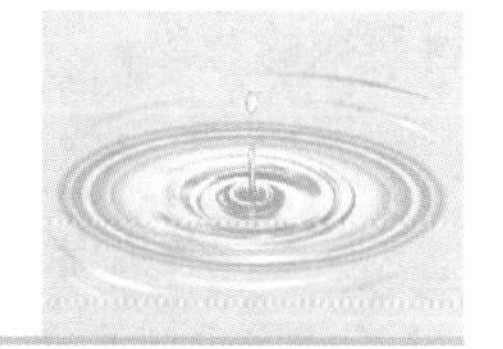

地球上的气态、液态和固态的水，构成了自然地理环境的重要组成部分——水圈和水环境。地球上的水包括江河、湖泊、海洋与冰川等地表水及存在于地下的潜水和承压水等地下水，总量约为 $1.36 \times 10^{18} m^3$，约覆盖了地球表面的四分之三。人类的生活、生产活动主要依赖于淡水，而淡水资源仅占全球总水量的 2.53%，能供人类直接取用的淡水资源仅占 0.22%。水体污染、水资源的时空差异，致使地球上可以直接取用的优质水量日显短缺，难以满足人类日益增长的生活、生产活动的需要。保护和珍惜利用水资源是人类共同的责任。

1.1　水的循环

1.1.1　水的自然循环

水的循环可分为水的自然循环和水的社会循环。如图 1-1 所示，水从海洋蒸发，蒸发的

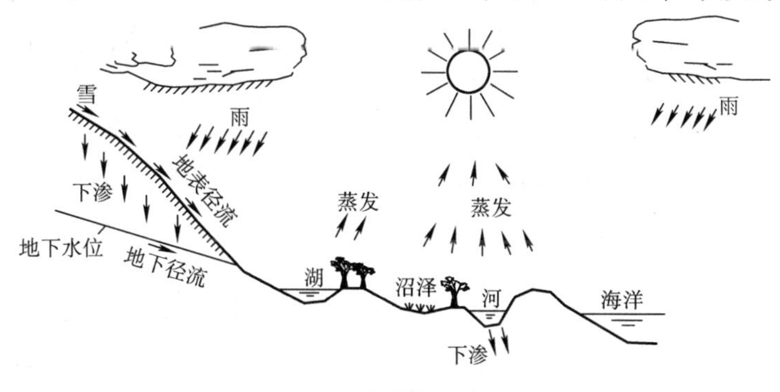

图 1-1　水的自然循环

水汽被气流输送到大陆上方大气层，遇冷气流凝结，并以雨、雪等降水形式落到地面，部分形成地表水，部分则渗入地下成为地下水，部分又重新蒸发返回大气。渗入地下形成地下水，称为地下径流；在地表汇集形成河、湖等地面水，称为地表径流。地下水和地面水相互补给最终又流回海洋，这就是淡水的自然循环。其中“海洋—内陆—海洋”的循环，称为大循环。那些在小的自然地理区域内的循环，称为小循环。自然循环是水的基本运动方式，对人类最重要的是淡水的自然循环。水的自然循环及其调控，是水文学、水文地质学和水利工程学科研究的范畴。

1.1.2 水的社会循环

水是生命之源，是人类生活、生产不可替代的宝贵资源，是地球上一切生态环境存在的基础。人类为了生活或生产的需要，从天然水体取水，用过的水经适当处理后排放，重新回到天然水体，这就是水的社会循环，如图 1-2 所示。水的社会循环是给水排水科学与工程学科研究的对象。

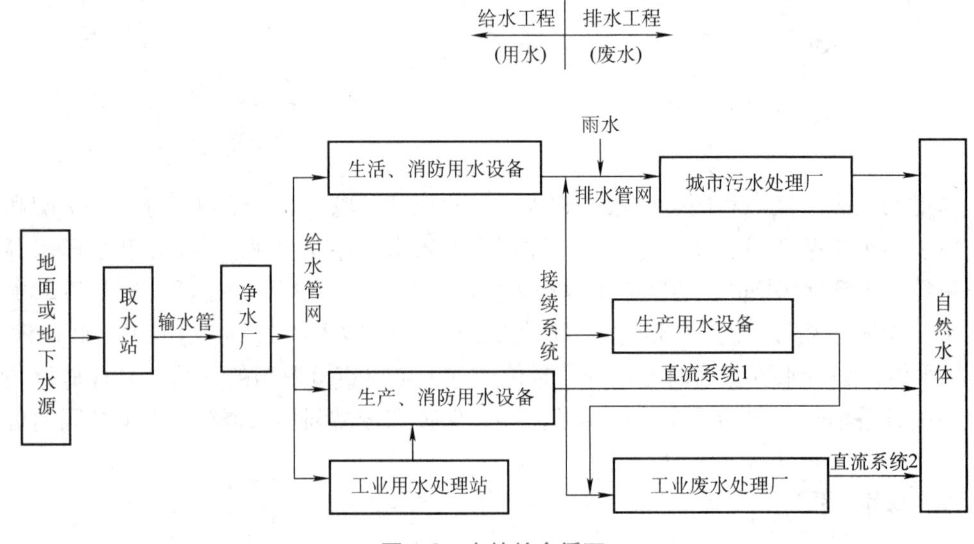

图 1-2 水的社会循环

从天然水体取水直接供生活或者生产使用，称为给水。而将使用后丧失或者部分丧失原有使用价值而废弃的水，称为废水。习惯上，将为满足用户对水量、水质和水压的要求而建造的工程设施，称为给水工程；将为满足废水（雨水）能安全排放或再用而建造的工程设施，称为排水工程。水的社会循环包括给水工程和排水工程。

天然水源是水的自然循环的一部分，不同水源地的水质存在差异，在四季的自然循环中不断变化。为了合理选择水处理方法与工艺，需要了解天然水源的水质特点及变化规律。

1.1.3 水的良性社会循环

人们对生活用水和工农业用水均有相应的要求，当水源的水质达不到用水要求时，必须对其进行处理，使之满足用水要求。多数情况下，水的使用不是被消耗了，而是水质发生了变化，降低或失去了部分使用功能。对水进行处理，使之无害化或资源化，特别是水的再生

回用，既减少了对水资源的需求，又利于环境保护。

给水处理一般在净水厂进行。从水的社会循环的角度来讲，给水处理的概念可以延伸到水源至水处理与输配的全过程，如对水源地的保护，从水处理角度设置取水构筑物；为减少被取用水的泥砂含量，从河流的表层取水；为降低被取用水中的含藻量，在湖泊和水库中适宜的深度取水。为防止出厂水的水质在配水过程中被污染，进行水的化学稳定性和生物稳定性处理，如采用耐腐蚀材料的管道或进行管道衬里防腐处理；改造建筑或小区的二次供水系统，防止产生水的二次污染等。

天然水体本身是一个生态系统，对排入的废物有一定的净化能力，称为水体的自净能力。参与社会循环的水量不断增大，排入水体的废弃物不断增多，一旦超出水体的自净能力，水质就可能恶化，使水体遭受污染，加剧水资源短缺。从天然水体取水后，如果不会对水体生态环境构成威胁，对城市污水和工业废水进行处理，使其排入水体后不会造成污染，实现水资源的可持续利用，称为水的良性社会循环。为了满足用水与水资源的可持续利用需要，研究水在社会循环过程中的水质及其变化规律，以及水处理的技术科学，称为水质工程学。

当前，水环境污染状况在有的地方依然比较严重。但人们用水的安全意识在不断提高，对饮用水水质提出了更高的要求，水质问题已经上升为水工业发展的主要矛盾。为满足用户对水质的需要，可以从未受污染的天然水体取水，水处理经济、简单易行。当水资源短缺时，为减少从天然水体的取水量，可以循环利用使用过的污、废水。如将污染较轻的工业冷却水循环使用，既简单，又经济；而将含废弃物较多的城市污水和工业废水再生回用，以满足用水水质要求而进行的水处理就要复杂得多。将污、废水再生回用，可显著减少从天然水体的取水量，缓解水资源危机，也减轻了对天然水体的污染。研究污、废水再生回用过程中的水质及水质控制和处理技术工艺，也是水质工程学的重要内容之一。

在我国工业企业内部，因为对水质的要求不同，所以水的循环利用方案有很多种类，应用范围很广。在工业区各企业间进行水的重复利用，常比在同一个工厂内效果更好。城市污水的回用，其处理工艺过程比排入天然水体更为复杂，在国外此方面技术工艺已相当成熟，对于水资源短缺的地区，应该是较合理的选择。在我国，城市污水回用刚起步，近年来有了长足的进步，潜力很大。将城市污水回用于公用设施和冲洗厕所，浇灌绿地、景观与浇洒道路等，是污水再生回用的发展方向。

水的间接回用是水的社会循环的一部分，下游城市取水水源的水质与上游城市污水处理的程度直接相关，在技术经济上存在上游城市污水处理与下游城市饮用水处理总费用的问题。当然，上游城市污水处理程度越高，下游城市的饮用水除污染处理的费用就会相应减少。当上游城市污水处理后的出水水质达到排放天然水源的要求时，下游城市的供水只需对源水进行常规处理。在兼顾环境及其他影响的情况下，可以适当降低上游城市污水处理标准，这样排出的污水尽管对天然水体可能产生一定程度的污染，下游城市也需要增加饮用水除污染处理设施，但总费用会大大降低，在经济水平相对较弱的情况下，是比较可行的方案。

对一个流域而言，上游城市从水系水体取水，用过后又排入同一水系，下游城市再由此水系取水，称为水的间接回用。我国城市化进程的加快与经济发展，在一些流域水的这种间接回用的比例已经较高。在丰水地区，由于水源水质受到污染而不宜作为饮用水源的情况，称为水质型水资源短缺。现代饮用水除污染技术，可以将受到一定程度污染的源水进行处理，达到生活饮用水水质标准的要求，但必须在常规水处理工艺的基础上增加预处理或者深度处理除污染的单元。饮用水除污染技术可缓解水质型水资源危机，如果要完全解决水质型水资源危机，就必须推广清洁生产，从源头加以控制，大力治理污染源。只有在发展给水的同时，同步建设与运行好排水和污、废水处理设施，才能实现水资源的可持续利用，保护水环境。

过去，工业废水常采用排出多少就处理多少的终端治理模式进行处理，实践证明是不可取的。当前，主张从污染源头进行治理，大力提倡污水的零排放，实行清洁生产。清洁生产是20世纪90年代得到认同的一种促进环境保护和经济协调发展的全新理念。它是一种原料和能源利用率最高、废物产生量和排放量最小，对环境危害最小的生产方式。对生产过程来说，清洁生产是指节约能源和原材料，淘汰有害原材料，减少污染物和废物的排放量及其有害性。通过改革产品设计、原料路线和生产工艺，采用循环利用、重复利用水、物料与能源系统，使废水、废物最少化。按照清洁生产要求，从源头上综合治理，使废水、废物减至最少，同时采用绿色工艺处理废水，使能耗和残留污泥量降至最少。农业生产中普遍使用的、未得到充分利用的化肥农药排入水体，对地表水和地下水造成污染，规模化的畜禽养殖等都是主要的面源污染源。农业排水的污染，以分散、量大面广为特征，比点源污染更难治理，只能随着科学种田与绿色农业的发展，配合积极的面源治理措施，才会逐渐减轻，实现水的良性社会循环。

1.2　我国水资源的特点

1.2.1　我国水资源分布的特点

我国多年平均降水量为6.0万亿m^3，通过水循环更新的地表水、地下水的多年平均水资源总量约为2.8万亿m^3，其中约3.2万亿m^3通过土壤直接利用于天然和人工生态系统，其总量低于巴西、俄罗斯、加拿大、美国和印度尼西亚，居世界第6位。按我国2017年的人口计算，人均水资源占有量为2074m^3，是世界平均水平的1/4。海河、黄河、淮河流域，人均占有量将更低。我国北方地区水资源短缺危机已十分突出，成为社会经济发展的重要制约因素。根据联合国环境署对水资源禀赋程度的定义，人均水资源量在1700~2500m^3/年为水资源脆弱、1000~1700m^3/年为紧张，我国即将成为水资源紧缺的国家之一。

总体上，我国水资源人均占有量少，时空分布不均，一些地区水质受到污染，部分地区水资源严重缺乏。受季风的影响，我国降水年内年际变化大，60%~80%的降水集中在夏季。降水量越少的地区，年内集中程度越高。北方地区汛期4个月径流量占年径流量的70%~80%。南方多年平均连续最大4个月径流量占全年的60%~70%，容易形成夏涝春旱，约有2/3水资源是洪水径流量，形成汛期洪水和非汛期的枯水，年际变化差高达3~6倍。

我国水资源的空间分布与土地、矿产资源分布以及生产力布局极不相配。水资源分布以南方多、北方少，东部多、西部少，山区多、平原少为特点。全国年降水量由东南的超过3000mm向西北递减至不足50mm，81%的水资源分布在长江流域及其以南地区。北方地区

面积占全国63.5%，人口约占46%，GDP占44%，而水资源仅占19%。黄河、淮河、海河三个流域耕地占35%，人口占35%，GDP占32%，水资源量仅占全国的7%，人均水资源量仅为457m^3，是我国水资源最紧缺的地区。我国水资源流域分布情况见表1-1。

表1-1 我国水资源流域分布情况

流域名称	淮河	黄河	海河	辽河	黑龙江
人均水资源量/[m^3/(人·年)]	961	744	345	1060	2181

近20年来，受全球性气候变化的影响，我国水资源总量和地表水资源变化不大，但北方地区水资源量明显减少，尤以黄河、淮河、海河和辽河地区最为显著，水资源总量减少12%，地表水资源量减少17%，其中海河地区地表水资源量减少41%，水资源总量减少25%。北方部分流域已从周期性的水资源短缺转变成绝对性短缺，北方地区水资源分布情况见表1-2。

表1-2 我国北方地区水资源分布情况

省、市名称	北京	天津	河北	河南	山东	山西
人均水资源量/[m^3/(人·年)]	961	744	345	1060	2181	456

1.2.2 我国水资源的利用情况

1980年，我国年总用水量为4437亿m^3，2017年增长到6043亿m^3。其中，工业用水从1980年的457亿m^3，增加到2017年的1277亿m^3，增加了1.8倍，我国城市万元GDP用水量逐年下降，2018年为66.28m^3/万元。城镇生活用水由1980年的68亿m^3，增加到2017年的838亿m^3，增加11倍多。城市人均生活用水量从2000年的220L/(人·天)降低到2018年的179.7L/(人·天)。我国农业年用水由原来的多年维持在4000多亿m^3，降为2017年的3766亿m^3，占总用水量的比重由1980年的85%下降到2017年的62%。

据预测，我国实际可能利用的水资源约为8000~9500亿m^3。随着人口的增长，城市化进程的加快与工农业的发展，我国用水高峰将出现在2030年前后，在大力节约用水的前提下，年用水总量将达7000~8000亿m^3，用水量正在向水资源的极限量逼近，如不加以控制，将会耗竭水资源，给国民经济带来重大损失，形势十分严峻。

根据国家水利部2010—2012年开展的第一次全国水利普查显示，我国共有水库9.8万座。其中，9.4万座小型水库，3934座中型水库，756座大型水库，总蓄水能力达9323亿m^3，兴建引水工程100余万项，年供水能力达5800亿m^3，基本满足了经济社会发展的用水需求。但我国水资源供需矛盾仍然较突出，缺水问题将长期存在。目前，我国城市污水的处理率在75%左右。城市污水、工业废水及农业面源污染，致使我国城市90%水域受到污染，城市水质型水资源危机的现象普遍存在。据测算，到2050年，我国城市污水处理率达到90%以上，由于城市污、废水总量相应增加，那时水环境污染状况会大大减轻，但不会消除，因此，饮用水除污染与污染源治理必须同样受到重视。

1.3 水体污染与危害

生活与生产活动中要大量使用水，一些污染物将不可避免地被带入水中。由城市生活污水和工业废水排入水体所造成的污染，称为点源污染。由农田排水对水体造成的污染称为面源污染。根据污染物性质，水体污染分为化学性污染、物理性污染和生物性污染等。

1.3.1 化学性污染及其危害

化学性污染是指污染物排入水体后改变了水的化学特征，导致水中元素及其化合物含量异常，如酸碱盐、有毒物质、化肥农药等造成的污染。

在通常情况下，天然水中元素和化合物含量很低，不致影响水的使用。人类活动不断地向水中排放废弃物和污水，包括天然和人工合成的无机物与有机物，种类超过100万种。冶金、机电、电镀、造纸、制革、石油、选矿、食品、印染、农药与化肥等工业废水所含的污染物种类多、毒性强，是化学性污染的主要来源。农业排水中的农药、化肥和农作物的残枝败叶，生活污水中的需氧有机物，也是造成化学性污染的原因。

1. 有机污染物

多数有机物能被微生物分解利用，分解过程中要消耗水中溶解氧，故又称耗氧污染物。耗氧有机污染物引起水体溶解氧大幅度下降的现象又称为有机污染。溶解氧大幅度下降是水体受到有机污染的显著特征。

有机物数量繁多，目前已在水中检测出2000多种有机化合物。在美国，水中检出700多种有机污染物，其中100多种为致癌、促癌、致畸和致突变物质。随着人类活动的拓展和生产规模的扩大，天然水体中的污染物的种类与数量不断增加，其中数量最多的是人工合成有机物，以农药、杀虫剂和有机溶剂为主。有机毒物多，如多氯联苯、滴滴涕、六六六、四氯化碳等不易生物降解。城市污水中含有碳水化合物、蛋白质、油脂和合成洗涤剂。农田排水和农副产品加工的有机污水含有化肥、农药、农家肥（人畜粪便、动植物残体）和农产品加工的有机废弃物，量大面广，危害严重。造纸、制革、石油化工、农药、染料、炼焦、煤气、纺织印染、食品、木材加工等产业产生大量工业废水。石油废水主要污染物是各种烃类化合物，如烷烃、环烷烃和芳香烃，其中多环芳香烃为致癌物质。遭受油污染的水体，气液界面间的气体交换受阻，造成溶解氧短缺，产生恶臭。油脂亦可堵塞鱼鳃，使鱼呼吸困难而死亡。石油污染的鱼，品质降低或不可食用。

2. 无机污染物

无机污染物主要来源：矿山、冶金、化工、化肥、机械制造、电子仪表、涂料等工业废水与农田排水，大气中的无机粉尘，含某些矿物的地质层的地表径流，岩石风化、火山爆发等自然过程中进入水体的无机物。

水中无机物微量元素过低，会使生物的某些功能失调或致病；某些元素及其盐类的浓度过大，则会使水的渗透压力增加，影响生物生存。无机毒物可通过饮水或食物链引起生物或人类急性和慢性中毒。如人类的甲基汞、镉、砷、铬、氰化物、氟等的中毒。砷、铬、镍、铍等元素及其化合物污染水体后，能在悬浮物、底泥和水生物体内蓄积，长期饮用可能诱发癌症；在一定浓度下，铅、铜、锌等金属元素还会抑制微生物的生长繁殖，影响水体自净过程；汞、铅等重金属在底泥中经微生物甲基化作用，将造成水体次生污染源。

3. 酸碱污染

天然水的pH值一般为6.5~8.5，当其小于6.5或大于8.5时，水体存在酸碱污染。酸碱污染又称为水的酸碱度异常。酸污染主要来自矿山排水，化工、黏胶纤维、酸洗车间等的

含酸废水和酸雨等；碱性废水主要来自制浆、造纸、制碱、印染、制革和炼油等排放的废水。

酸碱污染会增大水体腐蚀性，如使输水管道、水工建筑物和船舶等受到损坏，降低水体自净能力，破坏水体的缓冲系统，影响生态系统，造成生物回避或死亡，使生物种群发生变化，严重时会使鱼虾等水生物绝迹。

4. 新型污染物

新型污染物是指由人类活动造成的、目前已明确存在、但尚无法律法规和标准予以规定或规定不完善、危害生活和生态环境的所有在生产建设或者其他活动中产生的污染物，通常可以分为新型持久性有机污染物（POPs）、微塑料（直径小于 5mm 的塑料纤维）、环境内分泌干扰物（EDCs）、抗生素等类型。自 20 世纪 90 年代起，国际上许多发达国家和国际组织便开始着力构建新型污染物风险防范体系，并开展了相关实践探索。我国的新型污染物风险防范工作起步较晚，距离有效防范新型污染物风险的目标要求仍有较大差距。

1.3.2 物理性污染及其危害

污染物进入水体后改变了水的物理特性，称为物理性污染，包括悬浮物污染、热污染、放射性污染等。

悬浮物是指水中的不溶性物质，包括固体物质、泡沫塑料等。悬浮物污染是由生活污水、垃圾和采矿、采石、建筑、食品加工、造纸等产生的废物泄入水中或水土流失所引起的。它影响水体外观，妨碍水中植物的光合作用，减少氧的溶入，对水生生物不利。

生活与生产过程中的余热、冷却水等热污染（如电厂等排出的大量冷却水），若直接排入水体，会引起水温升高、溶解氧含量降低、水中的某些毒物的毒性增加等，从而危及鱼类等水生生物的生长。核工业的发展，放射性同位素在医学、工农业等领域的应用，使放射性三废物质显著增加，造成一定程度的放射性污染。

1.3.3 生物性污染及其危害

进入水中的生物可产生生物性污染，如粪便等污水带入致病微生物或者病毒。有机化学品会扰乱水中生物的自然平衡，刺激某些生物的疯长。病原微生物在水中存活时间与微生物种类、pH 值、水质与水温等环境因素有关，病原微生物数量大、来源多、分布广。有些病原微生物不仅在生物体内繁殖，还能在水中繁殖，它抗药性很强，一般水处理和消毒效果不佳。

水中常见的病毒有脊髓灰质炎病毒、柯萨基病毒、腺病毒、肠道病毒和肝炎病毒等。钩端螺旋体病毒和寄生虫及卵等常与病原菌共存而污染水体。钩端螺旋体来源于带菌宿主——猪和鼠类的尿液，以水为媒介，通过破损的皮肤或黏膜进入人体，引起血性钩端螺旋体病。传染性肝炎主要是由受污染水体引起的。水中的柯萨基病毒和人肠细胞病变为幼儿病毒侵入人体后，在咽部和肠道黏膜细胞内繁殖，进入血液形成病毒血症，可引起脊髓灰质炎、无菌性脑膜炎等疾病。常见的阿米巴、麦地那龙线虫、血吸虫、鞭毛虫、蛔虫等寄生虫，其卵和幼虫可以在水中长期生存，通过卵或幼虫直接或宿主侵入人体。蚊、舌蝇等传播疾病的昆虫在生活中离不开水，它们传播疟疾、尾丝虫病等多种疾病，危害人类健康。

当水中氮、磷等营养元素过剩时，藻类大量繁殖，改变水体感官特征，使水体带霉烂气味，严重时可危及鱼类等生存。

大坝、水库等水利工程的兴建，使原来流动的水体静止下来，消落区和较浅的淹没区可能成为传播疾病的昆虫幼虫和某些寄生虫中间宿主适宜生存和繁殖的场所，也可能造成生态系统破坏。

1.3.4　次生污染及其危害

由积累于悬浮物和底质中的污染物重新引起水污染的现象，称为次生水污染，它是一种复杂的、对环境和人体健康影响很大的污染现象。如河流中水的流速增大，使底质中的污染物再次进入河水中污染水体。水体的抑制和温度变化，改变了污染物在水中悬浮物与水底质界面的动态平衡，使污染物质重新进入水中。水体中大部分汞、铅等重金属污染物和多氯联苯、有机氯农药等难以降解的有机污染物，因静电吸引、离子交换和络合等作用被吸附于悬浮物和底质的表面，发生一系列的物理化学与生物反应，引起次生污染，如汞在微生物作用下因烷基化作用转变为甲基汞和二甲基汞等有机金属化合物，毒性剧增，易在生物体内积累。

1.4　应对我国城市水资源危机的策略

“节水优先，治污为本，多渠道开源”是解决我国水资源危机的基本原则，是实现水资源可持续利用的基础。近期我国的重要任务是构建从源头到龙头的饮用水安全保障体系，构建厂网河（湖）一体专业化的城镇水环境治理体系，构建完善的灰绿蓝耦合的现代化城镇排水防涝体系，构建绿色低碳、集约高效的资源节约与循环利用体系，构建信息技术与水务业务深度融合的智慧水务体系。节水具有战略意义。只有加强节水，提高用水效率，才能有效控制用水量的过度增长，缓解我国水资源危机，使我国全面向节水型工农业、节水型城市、节水型社会发展，实现社会经济与水工业的持续发展。

1.4.1　建设节水型社会

我国水资源紧缺，同时又存在用水效率低、水资源浪费严重的现象。我国的用水总量与美国相当，而2016年GDP约为美国的3/5；农业灌溉水的利用系数平均约0.54，而发达国家为0.7~0.8。我国工业万元产值用水量是发达国家的5~10倍，且大于100m^3。发达国家工业用水的重复利用率为75%~85%，而我国仅为30%~40%。我国生活用水普遍存在跑、冒、滴、漏现象，部分城市给水管道的漏失率甚至超过20%。

节约用水可以减少从天然水体的取水量，大大降低给水排水费用。只有资源循环型的社会，才能取得永续的发展。污、废水本身是一种稳定的淡水资源，基于水循环和物质循环的理念，它应成为城市的第二水源。在给排水设施普及以前，城市居民的粪便是农田的重要肥源，它符合农田肥料—作物—人类食物—排泄物—农田肥料的物质循环规律；而在给排水设施完善的今天，从物质的可持续利用及氮、磷、碳的物质循环出发，污水污泥的基本处置方式还是应该回归农田。

在水资源短缺地区，存在城市和农业争水的问题。如将城市污水经适当处理，回用于农业灌溉，由于它对处理的要求不如排放水体高，比排放更经济。但如果使用未经处理或经处

理未达到灌溉要求的污水，则不仅使农产品受到污染，还给环境带来危害。在城市附近地区推行高效节水农业，将水的利用系数由0.4左右提高到0.5~0.6，可节省大量的水，将更多的水资源留给城市使用。

1.4.2　明晰初始水权，确定水资源宏观总量与微观定额两套指标体系

初始水权是根据国家法定程序，通过水权初始化而明晰的水资源使用权。通常所讲的水权是狭义的水权，即水的使用权。广义的水权包括所有权、使用权、经营权、转让权等。在我国，水的所有权属于国家，国家通过某种方式将水的使用权分给各个地区、部门或单位。明晰初始水权是节水型社会建设的基础。

水资源以流域为单元，通过流域的水资源规划，分配初始水权，再确定各区域的用水权指标。用水权指标的确定要结合水资源环境承载力，保证生态用水和环境用水需求，协调好上下游、左右岸，尤其是行政区划之间的关系，协调好发达地区和欠发达地区、城市与农村、工业与农业之间的关系。同时，必须保留部分用水权指标作为经济社会发展的水资源储备。

此外，需要建立水资源的宏观总量指标体系和微观定额指标体系。前者是为了明确各地区、行业乃至单位、企业、各灌区的水资源使用权指标，宏观上实现区域发展与水资源承载能力相适应。后者是用来规定单位产品或服务的用水量指标，通过控制用水定额来提高用水效率，实现节水目标。

采用法律、行政、经济与技术措施，实现用水指标控制。单位需要供水，决定该不该供、如何供的相关规定，叫法律措施；装上管道、阀门进行供水，叫工程措施；指标定量，超用加价，节约指标，有价转让，叫经济措施；达到指标，立即关阀，叫行政措施；达到指标，自动关阀，叫技术措施。实施时，应该注重运用经济手段，制定科学合理的水价政策，充分发挥经济规律对节水的杠杆作用。鼓励公众以多种方式广泛参与，使相关利益者能够充分参与政策的制定与实施。如成立用水户协会，参与水权、水量的分配、管理、监督和水价的制定，充分调动广大用水户参与水资源管理的积极性。

建设节水型社会需要改革和创新。要通过制度建设与经济杠杆的作用，用生产关系的变革带动经济增长方式的转变，推动资源节约和环境友好型社会建设。

1.4.3　开发新的水资源

1. 污水再生回用与资源化

我国城镇污水处理始于20世纪70年代，截至2018年底，我国污水处理能力达1.95亿m^3/天，全年城镇污水处理总量达到606.02亿m^3。过去将水的社会循环过程的前段—给水中的水质及水处理的过程，称为给水处理；将后段—排水中的水质及水处理过程，称为污、废水处理。从水的社会循环的全过程来看，二者是相互联系的。污、废水排放到水体，水源的水质遭受污染，影响给水处理效果。为了节约用水，减少从天然水体取水，在水的社会循环内部进行水的再生回用，将用过的污、废水作为给水的原水进行处理，给水和排水的界限逐步变得模糊了。过去，给水处理主要是采用物理的、化学的和物理化学的处理方法，污、废水处理主要采用生物处理方法。现代给水处理也采用生物处理方法，现代污、废水处理也

大量采用物理的、化学的和物理化学的处理方法，两者在处理方法和处理技术方面逐步走向融合。水质工程学就是以水的社会循环为目标，将两者统一起来，拓展到水的社会循环的全过程，形成的新的学科体系。

在进行污水资源化利用过程中，必须高度重视再生水的生态风险。

2. 海水开发利用，潜力很大

地球上的水主要存在于海洋。我国有18000多千米的海岸线，12个省、直辖市沿海地区，其社会总产值约占全国的60%，是经济最发达的地区，也是淡水资源严重不足的地区。目前，我国用作冷却的海水约100亿m^3，而美国、欧盟、日本等则均已超过2000亿m^3。如果将海水大量用于工业冷却水，可以大大减少对淡水资源的需求，在解决好海水带来的水质问题的前提下，海水利用是缓解沿海地区淡水资源短缺的主要途径。

3. 推进海绵城市建设，强化雨水利用，一举多得

海绵城市的概念是在2012年低碳城市与区域发展科技论坛中首次被提出。海绵城市的内涵是，城市能够像海绵一样，在适应环境变化和应对自然灾害等方面具有良好的弹性，下雨时吸水、蓄水、渗水、净水，需要时将蓄存的水释放并加以利用。提升城市生态系统功能和减少城市洪涝灾害的发生。

雨水是重要的淡水资源。1997年我国城市雨洪水量约111亿m^3，按40%利用率计算，可用的淡水量约为44亿m^3。现代城市市区面积很大，多数地面进行了硬化或者被覆盖，暴雨时很容易形成洪涝灾害。随着我国城镇化建设推进，城市面积不断增长，雨洪水量潜力很大。如能落实海绵城市建设规划，适当将大部分雨水贮存起来，经过处理，便可用于浇洒绿地、道路、水景以及补充地下水，改善生态环境，缓解水资源危机，不仅获得了可观的淡水资源，还有利于充分发挥源头减排，缓解市政排水压力。

1.4.4 水资源的科学调用

当城市出现水资源危机时，解决的办法之一是实施远距离调水。如我国的南水北调工程。远距离调水不仅成本较高，而且调水距离越长，费用越高。远距离调水应与节水及污、废水回用进行技术经济比较，进行生态环境评估，必须在充分节水的基础上进行。城市节水及污、废水回用在多数情况下比远距离调水要经济。对水质型水资源短缺，远距离调水应与饮用水除污染工艺进行技术经济比较。调水越多，污水增加也越多，既增大了调水费用，又加大了污水处理费用，若不能同步建设污水处理设施，还会加重对天然水体的污染。在远距离调水、输水过程中，水有可能受到污染，特别是利用明渠输水，虽然工程费用可能降低，但是极易受到污染，这在已建工程中都有先例。一旦水质受到污染，则需要花更多的费用进行处理，严重时甚至使其丧失部分使用功能。

以水资源短缺和水环境污染为代表的水危机，是世界性问题。联合国水资源大会指出，将来，水会成为一场深刻的社会危机。为解决水危机，我国政府和社会正投入巨资，正在兴建和即将兴建一大批工程，水危机使水工业迎来了大发展时代。水工业的发展，将会出现大量的水质科学和工程技术问题，而这将成为水质工程学发展的巨大动力。在高新技术时代，水质工程学必将不断吸取生物工程、信息工程、新材料和新技术等领域的高新技术和最新成果，成为高新技术应用的最重要的领域之一，促进智慧水务与智慧城市的建设。

练 习 题

1-1 水质工程学研究的对象是什么?

1-2 什么是水的良性社会循环?什么是水质性水资源短缺?

1-3 什么是点源污染和面源污染?简述水体污染及其危害。

1-4 简述解决我国水资源危机的基本途径。

1-5 什么是海绵城市?

1-6 什么是新型污染物,它有何危害?

第2章

水质与水质标准

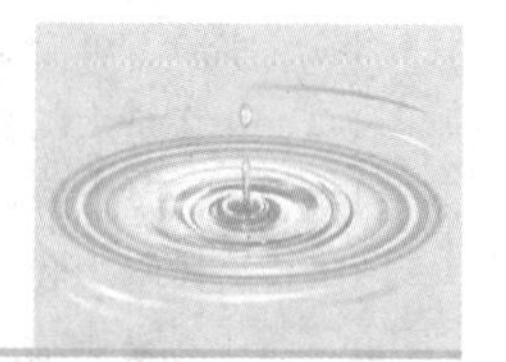

学习要点

本章提要：介绍水中杂质的来源与性质，水中常见的污染物及其危害，水体自净，饮用水与健康，国内外水质指标与用水水质标准。天然水是由水和水中的杂质组成的。水质是指水与杂质共同表现的综合特性，它通过所含杂质的组分、种类与数量等指标来表示，水质指标是水质特性及其量化的具体表现。水质标准是用水对象所要求的各项水质参数应达到的限值。各类用户或排放功能水体对水质都有特定的要求，就产生了各种水质标准，它是确定水处理工艺或排放要求的主要依据。水质标准可分为国际标准、国家标准、地方标准、行业标准和企业标准等。

本章重点：杂质来源及其变化规律，水污染危害，国家主要的水质指标与水质标准。

本章难点：水体自净与水质标准。

2.1 水中的杂质与性质

水是溶解能力很强的天然溶剂，在自然界中，它与土壤、空气等接触后会不可避免地带入各种物质。在制定水质标准或者进行水处理工程设计时，必须掌握水中的各种杂质及其变化规律，了解水与健康的关系。

2.1.1 水体中的杂质来源与分类

在水处理工程中，首先要了解水中存在的各种杂质及其性质。水中存在的杂质主要来源于其所接触的大气、土壤等自然环境，以及人类活动中产生的各种污染物。近年来，水体中发现了内分泌干扰物质、抗生素等新污染物。

水中杂质的种类繁多，按其性质又可分为无机物、有机物和微生物；按水中杂质的尺寸，可以分为溶解物、胶体颗粒和悬浮物三种；按颗粒大小分可分为悬浮物、胶体、离子和分子（即溶解物），其尺寸和外观特征见表2-1。表中杂质的颗粒尺寸只是大体的范围，没有严格的界限。

表2-1 水中杂质的尺寸和外观特征

杂质种类	溶解物	胶体颗粒	悬浮物
颗粒大小	0.1~1.0nm	1.0~100nm	100nm~1μm
外观特征	透明	光照下浑浊	浑浊甚至肉眼可见

（1）溶解物　主要是呈真溶液状态的离子和分子，天然水中的溶解物大多数是离子和可溶气体。如 Ca^{2+}、Mg^{2+} 等离子，Cl^-、HCO_3^-、SO_4^{2-} 等酸根，O_2、CO_2、H_2S、SO_2、NH_3 等溶解气体。表 2-2 所列为溶解在天然水中的各种离子，其中以第 Ⅰ 类最为常见。在外观上，含有这些杂质的水与无杂质的清水没有区别。含盐量较低的天然水中，Ca^{2+} 通常占阳离子的首位。天然水中的 Ca^{2+} 主要来自于地层中的石灰石和石膏（$CaSO_4 \cdot 2H_2O$）的溶解。$CaCO_3$ 的溶解度很小，但当水中含有 CO_2 时，易转化为溶解度较大的 $Ca(HCO_3)_2$。Mg^{2+} 主要来源于含 CO_2 的水溶解了地层中的白云石（$MgCO_3 \cdot CaCO_3$）。白云石的溶解度和石灰石相似。

表 2-2　溶解在天然水中的各种离子

类别	阳离子	阴离子	浓度范围
Ⅰ	Na^+、K^+、Ca^{2+}、Mg^{2+}	HCO_3^-、Cl^-、SO_4^{2-}、$H_3SiO_4^-$	几～几万 mg/L
Ⅱ	NH_4^+、Fe^{2+}、Mn^{2+}	F^-、NO_3^-、CO_3^{2-}	0.1～几 mg/L
Ⅲ	Cu^{2+}、Zn^{2+}、Ni^{2+}	HS^-、BO_2^-、NO_2^-、Br^-、I^-、HPO_4^{2-}、$H_2PO_4^-$	小于 0.1mg/L

天然水中的 K^+ 和 Na^+ 统称为碱金属离子，其盐易溶于水。碱金属离子主要来自岩石和土壤中盐的溶解。Na^+ 的变化幅度很大，范围可以从基本为 0 到上万 mg/L，K^+ 的含量一般远低于 Na^+。由于二者特性相近，通常合在一起测定。

HCO_3^- 是天然水中主要的阴离子之一，多数是水中溶解的 CO_2 和碳酸盐反应后产生的。

天然水中都含 Cl^-，Cl^- 是氯化合物溶解产生的，一般淡水中 Cl^- 浓度为 10mg/L 到数百 mg/L。一般氯化合物溶解度很大，随着河流或地下水带入海洋，海水中的 Cl^- 浓度可达 18000mg/L，内陆咸水湖中 Cl^- 浓度高达 150000mg/L。

天然水中的 SO_4^{2-} 主要来自于矿物盐的溶解（如 $CaSO_4 \cdot 2H_2O$）或有机物的分解。NO_3^- 有可能来自它的盐类的溶解，但主要是有机物的分解。

铁是天然水中常见杂质。地表水中溶解氧充足，主要以 Fe^{3+} 形态存在，为氢氧化铁沉淀物或者胶体微粒。沼泽水中的铁可被腐殖酸等有机物吸附或络合称为有机铁化合物。

天然水中硅酸来源于硅酸盐矿物的溶解。硅是地球上第二种含量丰富的元素，硅酸（H_4SiO_4），又称可溶性二氧化硅，其基本形态是单分子的正硅酸 H_4SiO_4，可以电离出 $H_3SiO_4^-$、$H_2SiO_4^{2-}$ 等。天然水中硅酸浓度为 6～120mg/L。当浓度较高、pH 值较低时，单分子硅酸可以聚合成多核络合物、高分子化合物甚至胶体微粒。水中硅酸通常以 SiO_2(mg/L) 的含量计算，地下水中的硅酸的浓度高于地表水。

（2）可溶性气体　多数天然水中都溶有 CO_2 气体，主要是水体或土壤中的有机体在进行生物氧化分解时的产物。深层地下水有时含有大量 CO_2，是石油的地球化学过程产物。大气中的 CO_2 可溶于水，浓度一般为 0.5～1mg/L。地表水中溶解的 CO_2 一般为 20～30mg/L，地下水中为 15～40mg/L，不超过 150mg/L。某些矿泉水，CO_2 浓度可达数百 mg/L。水中的溶解氧主要来自空气，其次是来自水生生物的光合作用。常温时，水中溶解氧的含量为 8～14mg/L。在藻类繁殖的水中，溶解氧可达到饱和状态。海水含盐量较高，溶解氧含量较低，约为淡水的 80%。地表水中很少含有硫化氢，特殊地质环境中的地下水，有时含有大量的硫化氢。

（3）胶体　胶体颗粒主要是细小的泥砂、矿物质等无机物和腐殖质等有机物，是许多分子和离子的集合体。胶体表面积很大，有很强的吸附性，表面常因吸附离子而带电，而同类胶体带相同电荷相斥，在水中不能互相结合形成更大的颗粒，因此以微小胶体颗粒稳定地存在于水中。这些胶体主要是腐殖质以及铁、铝、硅等的化合物。

（4）悬浮物 悬浮物主要是泥砂类、黏土等无机质，以及动植物生存过程中产生的腐殖质等有机质。它们颗粒较大，水静止时，密度较小的悬浮物浮于水面，密度较大的则下沉。

（5）无机杂质 天然水中的无机杂质主要是溶解性的离子、气体及悬浮性的泥砂。溶解离子有 Ca^{2+}、Mg^{2+}、Na^{+}等阳离子和 HCO_3^-、SO_4^{2-}、Cl^-等阴离子。离子的存在使天然水表现出不同的盐含量、硬度、pH 值和电导率等特性，进而表现出不同的理化性质。泥砂的存在则使水变得浑浊。

（6）有机杂质 天然水中的有机物与水体环境密切相关。一般常见的有机杂质为腐殖质类和蛋白质等。腐殖质是土壤的有机组分，是植物与动物残骸在土壤分解过程的产物，属于亲水的酸性物质，相对分子质量在几百到数万之间。腐殖质本身一般对人体无直接的毒害作用，但大部分种类的腐殖质可以与其他化合物发生作用，具有危害人体健康的风险。例如，腐殖酸与氯反应会生成有致癌作用的三氯甲烷。

（7）生物（微生物）杂质 这类杂质包括原生动物、细菌、病毒、藻类等。它们会使水产生异臭异味，增加水的色度、浊度，导致各种疾病等。

2.1.2 几种典型水体的水质特点

受水体流经地区的环境地质条件及气候条件的影响，地表水的水质差异较大。一些流经森林、沼泽地带的天然水腐殖质含量较高，流域的地表植被不好、水土流失严重，会使水的浊度较高且变化大。天然水体的水质因流域特征、受人类扰动程度等存在较大差异。

地表水水质因地域的自然条件差异而存在很大差别。即使同一条河流，也常因上游和下游、季节、气候等时空不同水质存在差异。江河水的含盐量和硬度都较低，含盐量一般为70~900mg/L，硬度一般为50~400mg/L（以 $CaCO_3$ 含量计）。中南、西南与华东地区土质和气候条件较好，草木丛生，水土流失较少，江河水的浊度较低，年均浊度为100~400NTU或更低。东北地区河流的悬浮物含量不大，浊度一般在数百浊度单位以下。西北和华北地区的河流，尤其是黄土地区，悬浮物变化大，含量高，暴雨时携带大量泥砂，在短短几小时内悬浮物可由几 mg/L 骤增到几万 mg/L。冬季黄河水浊度只有几十 NTU，夏季悬浮物含量高达几万 mg/L 甚至几十万 mg/L。

由江河水补给的湖泊、水库水，水质特征与江河水类似。湖泊、水库水的流动性较小，经过长期自然沉淀，一般浊度较低。但透明度高、流动性小的水为浮游生物，特别是藻类的生长创造了有利条件，尤其是排入的生活污水等中的氮、磷为浮游生物的生长提供了充分的营养源。由于湖泊、水库的蒸发水面较大，水中矿物质不断浓缩，一般含盐量和硬度较江河水高。湖泊、水库水的富营养化已成为严重的水源污染问题。我国滇池、太湖蓝藻暴发就是典型的案例。

海水以含盐量高为特征，含量最多的是氯化钠，质量分数约为83.7%，其他盐类还有 $MgCl_2$、$CaSO_4$ 等。

地下水通常较少受到外界影响，一般终年水质、水温稳定。经过地层的过滤作用，地下水中基本没有悬浮物。水在通过土壤和岩层时溶解了其中的可溶性矿物质，其含盐量、硬度

等比地表水高，含盐量一般为100~500mg/L，硬度通常为100~500mg/L（以$CaCO_3$含量计）。北方地区地下水的Ca^{2+}、Mg^{2+}及重碳酸盐含量高于南方地下水，因而北方地区地下水大多为硬度高的结垢型的水，而南方地区地表水中的Cl^-、SO_4^{2-}含量高于北方地区，水的腐蚀性较强。

地下水中的铁以Fe^{2+}形态存在，是Fe^{3+}化合物缺氧时经生物化学作用转化为Fe^{2+}进入地下水的。含铁地下水是透明的，但它与空气接触后，Fe^{2+}容易被氧化而转化变成Fe^{3+}，生成氢氧化铁胶体等。当含铁量超过1mg/L时就会呈现黄褐色混浊状态。锰的特性与铁相近，但在天然水中的含量要比铁少得多。水中的锰常以Mn^{2+}形态存在，其氧化反应比铁要困难且进行缓慢，也有以胶体状态存在的有机锰化合物。

2.2　水体污染与自净

2.2.1　水中常见的污染物及其来源

水环境污染已成为世界性问题，我国的七大水系及相关的许多湖泊、水库，部分地区地下水，以及近岸海域均受到不同程度的污染。同研究天然水体中的杂质类似，水中的污染物可按化学性质和物理性质进行分类，也可以按污染物的污染特征来分类。按化学性质，可以分为无机污染物和有机污染物；按物理性质，可以分为悬浮性物质、胶体物质和溶解性物质。

（1）可生物降解有机污染物——耗氧有机污染物　耗氧有机污染物包括碳水化合物、蛋白质、脂肪等天然有机物、有机酸碱、表面活性剂等，其性质极不稳定，可以在有氧或无氧的情况下，通过微生物的代谢作用降解为无机物。耗氧有机污染物是城市污水的主要成分，在微生物的降解过程中，将消耗大量的氧，危害水体质量，是污水处理中优先考虑去除的污染物，常用COD、BOD、TOD、TOC等综合性水质指标来表征该类物质的含量。生活污水的BOD_5/COD_{Cr}比值为0.4~0.65；BOD_5/TOC比值为1.0~1.6；工业废水的BOD_5/COD_{Cr}和BOD_5/TOC比值，差异极大。还有一类是可以同化生物降解的有机物AOC。

（2）难生物降解有机污染物　难生物降解有机物，如脂肪和油类、酚类、有机农药和取代苯类化合物等。这类物质其化学性质稳定，不易被微生物利用，主要包括一些人工合成化合物及纤维素、木质素等植物残体。人工合成化合物包括农药、脂类化合物、芳香族氨基化合物、杀虫剂、除草剂等。它们的化学稳定性极强，可在生物体内富集，多数具有很强的致癌、致畸、致突变“三致”特性，对水体环境和人类有很大的毒害作用。常规的水处理工艺对去除这些物质效果不明显。

（3）无直接毒害作用的无机污染物　这类污染物虽然一般无直接毒害作用，但却严重地影响了水体的功能，主要包括颗粒状无机杂质、氮、磷等营养杂质和酸、碱等。

泥砂、矿渣等无机颗粒杂质，虽无毒害作用，但影响水体的透明度、流态等物理性质。水的酸碱度对水的使用功能及处理过程影响极大。生活污水一般呈中性或弱碱性，工业废水的酸碱性变化较大。污水中的氮、磷主要来源于人体及动物的排泄物及化肥等，这也是导致湖泊、水库、海湾等水体富营养化的主要原因。

（4）有直接毒害作用的无机污染物　主要有氰化物、砷化物和重金属离子，这类污染物危害最大，也难以处理，如汞、镉、铬及锌、铜、钴、镍、锡等。重金属中汞的毒性最大，其次是镉、铅、铬、砷，被称为“五毒”，加上氰化物，是公认为六大毒性物质。这些毒性物质在水中多以离子或络合态存在，在低浓度即表现出毒性，可以通过生物累积放大，在人体中大量积累，形成慢性危害。

2.2.2　水体的富营养化

水体的富营养化是指富含磷酸盐和某种形式的氮素的水，在适宜光合作用环境下，水中的营养底物足以使水中的藻类大量繁殖，在后来的藻类死亡和随之而来的异养微生物代谢活动中，将会使水中的溶解氧耗尽，造成水质恶化和水生态环境破坏的现象。

多数水体的富营养化是水体遭受氮、磷污染的结果。人类活动引起的主要氮、磷来源有：

1）工业废水和生活污水未经适当处理直接排入水体。

2）常规城市污水处理厂的出水中还常含有相当数量的氮和磷。生活污水中，除了粪便、工业污水外，大量使用的高磷洗涤剂是重要的磷的来源。

3）农业生产中的面源性污染，包括肥料、农药和动物粪便等。

水体的富营养化危害很大，它使水变得腥臭难闻，消耗水中的溶解氧，向水中释放有毒物质，损害人类健康，降低水体功能。在富营养化水体中，大量的水藻形成浮渣，使水质变得浑浊、透明度降低，使水体的感官性状大大下降。藻类的过度繁殖，特别是当藻类死亡分解腐烂时，水藻经过放线菌等微生物的分解作用会发出浓烈的腥臭。

近年来，黑臭水体（black and odorous）的产生与治理引起国内外学者的广泛关注。黑臭水体的理化环境表现为强还原性质，水体发黑发臭，不适合水生生物生存，只有少数耐污种存在。黑臭水体的产生与水体氧环境、富营养化和底泥沉积有关。

一方面，水体表层密集的藻类使阳光难以透射到水体的底层，限制或减弱深层水体的光合作用，溶解氧的来源大大降低；另一方面，死亡藻类不断向水体底部淤积、腐烂分解，严重时可使深层水体的溶解氧消耗殆尽而呈厌氧状态。

许多藻类能分泌、释放藻毒素等有毒有害物质，不仅危害动物，对人类健康也会产生影响。若牲畜饮用含蓝藻所产生的藻毒素的水可引起牲畜肠道炎症，人若饮用也会发生消化道炎症。富营养化水作为水源，加大了给水处理的难度，增加了制水成本，降低了供水水质。

水体处于富营养状态时，其正常的生态平衡受到扰动，会引起水生生物种群数量的波动，使某些生物种类减少、另一些生物种类增加等，导致水生生物的稳定性和多样性降低。

为了保护水资源，必须对富营养化水体进行修复，恢复其水体功能：要控制面源污染，强化污水处理，减少营养物的排放总量；还要强化给水处理工艺，有效地去除藻类等物质，保证饮水卫生安全。

2.2.3　水体的自净

水体的自净作用是指水体在流动中或随着时间的推移，水体中的污染物自然降低或降解的现象，表明环境水体有自然净化污染物的能力。当污染物排入天然水体后，污染物参与水体中的物质转化和循环，破坏了原有水系中的物质平衡。水体通过一系列的物理、化学或生

物作用，经过相当长的时间和流动距离，将污染物质分离、分解，水体可以基本甚至完全恢复到原有生态平衡。

水体中的污染物随水流扩散、迁移、吸附沉降，浓度得到稀释。污染物的扩散过程包括竖向混合与横向混合两种。大量的水中的污染物是易氧化的有机物，化学作用和生物作用可以使水中有机物氧化分解，污染物质浓度逐步降低，这也是水体自净的主要途径。有机物在生化分解过程中，需要消耗水中的氧，常用生化需氧量（BOD）与溶解氧（DO）两项指标来描述水体的自净过程。

一般，BOD 越高说明有机物含量越多，水体受污染程度越严重。DO 是维持水生生物生态平衡和有机物进行生化分解的条件，DO 越高说明水中有机污染物越少。正常情况下，清洁水中 DO 值接近饱和状态。水体中 BOD 值与 DO 值呈高低反差关系。

水体自净过程比较复杂，自净能力应通过计算或实验确定，影响水体自净能力的因素包括污染物的性质、水体性质、水生生物种类和数量、水面形态、力要素等。图 2-1 所示为在单一污染源的情况下，河流中 BOD 与 DO 的变化规律。

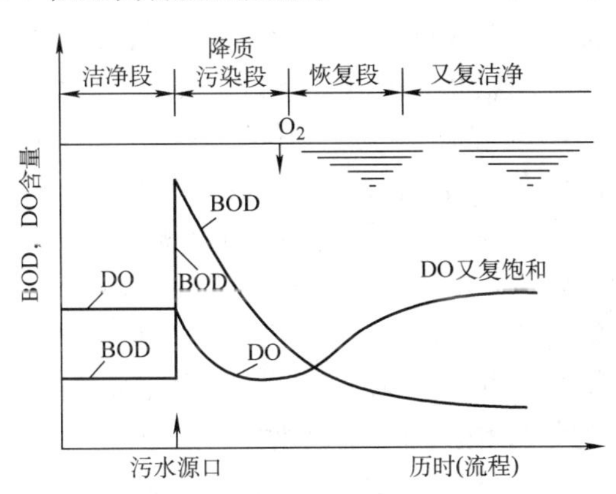

图 2-1　河流中 BOD 与 DO 的变化规律

图 2-1 所示的 DO 曲线通常形象地称为氧垂曲线。假如在污水排放口上游，水体是清洁的，水体的 BOD 值低于最高允许量，DO 接近于饱和；在排放口处 BOD 值急剧上升，DO 因有机物降解所消耗，逐渐降低到允许含量以下，水质受到污染；随之 BOD 逐渐降低，DO 值得到回升，水质逐渐恢复，经过较长的历时流程，水中的有机物和微生物经生物化学作用，恢复到原水体的生态平衡状态，水质又变得洁净。

水体的自净能力是有限的。当污染物排放量过大，污染程度超过了水体的自净能力时，水中的 DO 消耗过快而来不及补充，水体就会呈现缺氧或无氧状态，此时有机物的分解就会从好氧转化为厌氧，并将有机物中的硫转化为硫化氢，与水中的金属元素络合生成硫化物，散发出臭气。这就是水体受到严重污染的现象。

2.3　饮用水与健康

人体内绝大多数生理活动是在水的参与下完成的，水是人体的主要成分。为了维持人的肌体内电解质稳定循环，除有充足的水量外，还必须有良好的水质。水中的许多物质对人的健康有重要作用，水是人最重要的营养素。水质不良可引发多种疾病，严重时威胁人的生命。研究表明，水质与心脑血管疾病、高血压、癌症等都有关系。世界卫生组织认为，80%的成人疾病和 50%的儿童死亡都与饮用水水质不良有关。

2.3.1　水生物对人体健康的影响

水中的生物与人体健康关系密切，影响较大的主要有病毒、致病原生动物、细菌，此外还有藻类、真菌、寄生虫、蠕虫等。

（1）病毒　水体中已经检出100多种血清型肠道病毒。甲型肝炎病毒可引起病毒性肝炎，是典型的水传染疾病；脊髓灰质病毒是最常见的一种病毒，严重时可导致小儿麻痹症；柯萨奇病毒，可引起胸痛、脑膜炎等疾病；埃可病毒，可引起胃肠炎、脑膜炎等疾病；非特异性病毒中，有的可引起呼吸道疾病和急性出血结膜炎，有的可引起无菌性脑膜炎和脑炎等；新冠病毒（COVID-19）、腺病毒能引起呼吸道疾病、眼部感染、胃肠炎等。

（2）细菌　沙门氏菌（属），可致沙门氏菌病，它引起毒血症，感染肝、脾、胆囊等，还能导致肠壁溃疡、出血、穿孔等；致病性大肠杆菌，可引起不同症状的腹泻；志贺氏菌（属），它是细菌性痢疾的病原体；军团菌，可以使肺部受损，也可出现肝、肾、心等其他器官受损，死亡率较高；钩端螺旋体，可通过皮肤微小伤口、眼结膜、鼻和口腔黏膜侵入人体内，引起黄疸出血、流感伤寒、肺出血等；致病性弧菌（属）中的霍乱弧菌引起的霍乱是一种烈性消化道传染病；嗜水气单胞菌，能产生外毒素、可溶性的血凝素，引起人类O、A、B型血红细胞的凝聚，对人具有潜在的致病性；弯曲菌以空肠弯曲菌最为常见，可引起肠炎；结核杆菌是人和动物结核病的病原菌。

（3）寄生虫　可导致人类疾病的典型寄生虫有隐孢子虫、兰伯氏贾第鞭毛虫、变形虫等。隐孢子虫卵囊可引发隐孢子虫病，是一种介水消化道传染病，是胃肠炎的病原体，许多国家将其列为饮用水卫生标准中的控制指标；水中的兰伯氏贾第鞭毛虫包囊可使人感染形成贾第鞭毛虫病，该病是人类10种主要寄生虫病之一，临床症状以腹泻为主；溶组织性变形虫能在人体宿主内引发慢性传染，引起阿米巴痢疾，最终发展成肝肿大。

（4）藻类　水中藻类繁殖使水带有腥味，使人恶心、呕吐。对人体健康危害较大的是蓝绿藻，其中有些藻类能产生微囊藻肝毒素，这种剧毒物对肝细胞破坏性大，能促使肝细胞癌变。国外有报道，毒藻污染的水会导致家禽、家畜中毒死亡。已经出现了游泳者因接触含藻毒素的水而引起皮炎、中毒性肝炎事件，因透析液中有藻毒素导致透析治疗的病人死亡等。

饮用含有某种病原因子的水，就可能染上相应的传染病。由于病原体的致病力取决于病原体的侵袭性、活力，人的免疫力等，不存在容许浓度下限，人一旦感染，则会在体内迅速繁殖。世界卫生组织推荐饮用水的微生物指标：100mL水样中不得检出埃希氏大肠杆菌或耐热型大肠杆菌，不得含肠道病毒、病原性原虫、寄生虫、蠕虫，蓝绿藻毒素的暂定值为1μg/L。采用指示菌作为卫生控制指标是由于直接逐一测定致病因子很困难，其他的指示菌还有粪大肠菌、粪球菌等。

2.3.2　水中的化学物质对人体健康的影响

1. 微量元素与其他无机物

一般将在人体内的含量占体重万分之一以下的元素称为微量元素，其他无机物称为常量元素。铁、锌、锰、铬、钼、钴、硒、镍、铜、硅、氟、碘、锶等20多种元素，是人类和其他动物必需的微量元素。微量元素含量虽低，但功能强大，它们分布于人体的各个部分，调节生理功能，参加酶的活动，负责运送氧并参与人体中荷尔蒙的活动。如锌在人体内仅含有2~3g，但其生理功能却极为重要，它不仅有助于人的生长发育，还可影响人的性格行为，缺锌可引起抑郁、情绪不稳定、易烦躁和性功能锐减等。硒在人体的含量极微，但人体许多

重要的生理功能与硒有直接关系。健康人头发中的含硒量在0.8μg以上，如头发中含硒量少于0.4μg则会被怀疑患有癌症。长期危害我国人民健康的克山病和大骨节病都与缺硒有关。

水中许多常量元素具有上述微量元素相似的功能，如氢、碳、氮、氧、钠、镁、磷、硫、氯、钾、钙等都是人体所必需的。它们大部分都存在于天然水中，饮水是获得这些元素的重要途径之一。人体中99%的钙存在于骨骼和牙齿中，体内缺钙会引起佝偻病和骨质软化。70%的镁存在于骨骼中，其余分布于软组织和体液内，缺镁可引起心肌病变、骨质脆弱和牙齿生长障碍等。维持钾、钠离子的动态平衡，是保证心肌正常活动的重要条件，钾对心肌坏死有预防作用。磷占人体质量的1%，成年人体内含磷达700g，85%的磷存在于骨骼中，它可强心健脑，增强记忆力。

天然水在为人类提供多种有益元素的同时，也含有不少有害的成分。例如汞是剧毒物，可致急慢性中毒，主要影响神经系统、心脏、肾脏和胃肠道，它可在人体内蓄积，或蓄积在鱼虾等水生生物体内，通过食物链进入人体；镉具有潜在的毒性，镉蓄积在体内的软组织中，使肾脏器官等发生病变及引起疼痛；硝酸盐过量会导致高铁血红蛋白症，可能引起死亡；亚硝酸盐的主要危害是合成亚硝胺，是公认的致癌物。

水中的有些物质，适量有益人体，超量则有害。如适量的氟能提高牙齿硬度，预防龋齿，促进骨骼的钙化，但高氟水又会损伤牙齿，影响骨骼密度。人体每升血液中含有数百微克砷，参与细胞的代谢过程，并蓄积在人的肝脏、指甲和毛发、脊髓中，但砷的化合物有剧毒，长期持续吸收低剂量砷化物，可导致慢性砷中毒。铁对人的健康很重要，患缺铁性贫血的儿童除了抵抗力低下以外，还会出现注意力不集中，记忆力减退的现象，但人若每天吸收铁超过12mg，就有可能中毒，量过大会导致急性中毒。锰也是人体所需的，但过多也会中毒。硫酸盐、氯化物等浓度过高时，会使水产生厌恶的味道，在饮用水中应加以控制。

2. 有机物

在水体中已检出的有机化合物有2220余种，多数为人工合成的有机物，其中饮用水中已经检出765种，如近年出现的全氟有机化合物（PFCs）、药物制剂等新型污染物，其中117种被认为或怀疑为致癌物。典型的有机污染物有：

（1）农药类　水中常见的农药是有机氯类及有机磷类。例如六六六、DDT、五氯酚、甲草胺、阿特拉津等。它们或具有致癌性，能引起食管癌、胃癌、肝癌、肺癌、白血病等，或具有生殖毒性，改变人体的激素平衡等。

（2）酚类化合物　主要有苯酚、甲苯酚、苯二酚、氯酚等。酚是促癌剂，达到一定量就显示出很强的致癌作用。长期饮用含低浓度酚类物质的水，可使人的记忆力减退，产生头晕、失眠、贫血、皮疹等症状。

（3）芳香烃类化合物　水中此类物质主要是苯系化合物，包括苯、二甲苯、苯乙烯、氯苯、苯并（a）芘等，产生造血功能障碍、损伤神经、致癌等后果。如苯并（a）芘是一种致癌性极强的物质，在低浓度慢性作用下可诱发各种动物的皮肤癌，各种恶性肿瘤的发生也与它有关。

3. 放射性物质

电离辐射对动物都有不同程度的致癌作用，可能引起皮肤癌、骨肉瘤、肺癌、白血病等。各类放射性核素通过饮水进入人体内可产生内照射。胎儿、青少年对放射性物质的敏感性比成人高，所受危害更大。如^{235}U、^{233}U可损害肝脏、骨髓、造血功能；^{131}I可损害甲状腺，引起甲状腺炎；^{89}Sr、^{90}Sr 可致骨肿瘤和白血病。

4. 消毒剂与消毒副产物

氯是饮用水的主要消毒剂，对细菌、病毒等有较好的灭活作用。投加消毒剂杀灭水中细菌和病毒的同时，消毒剂本身以及消毒副产物也会对人体健康构成威胁。消毒副产物可能是有机物或无机物，氯气投量过多不仅影响水的味道，还会同天然有机物、腐殖质相结合，形成三卤甲烷等氯化消毒副产物。如氯仿、溴仿之类潜在的致癌物。研究表明，氯化后饮用水的有机浓集物具有直接致突变性，MX[酸性氯化呋喃酮—3—氯—4—(二氯甲基)5 羟基 2(5 氢)—呋喃酮] 是致突变的重要成分，具有极强的致突变性。三氯乙酸、二氯乙酸具有致癌作用。

二氧化氯消毒剂会产生亚氯酸盐、氯酸盐等副产物，可与有机物结合生成多种氧化物，如甲醛、乙醛等。二氧化氯对呼吸道有刺激作用，长期饮用含二氧化氯的水可能损害肝、肾和中枢系统的功能，影响血液的生成，提高血浆胆固醇含量。亚氯酸盐属于致癌物，对肝和免疫反应有影响，会引起肝坏死、肾和心肌营养不良。氯酸盐是中等毒性的化合物，为高铁血红蛋白的生成剂。

氯胺及所产生的三卤甲烷副产物也有致突变性，但其作用强度远小于氯消毒。但若透析液中含有氯胺，将严重威胁病人的健康。流行病学研究发现，氯化和氯胺化的水与死产增加、出生缺陷增加有密切联系。臭氧消毒可产生甲醛、乙醛、乙二醛、丙酮醛等醛类，若水中含 Br^- 则会产生溴酸盐，这些副产物具有（或可疑）致突变性和致癌性，但强度远比氯化消毒的小，是相对较安全的消毒方法。

2.3.3　水质与地方病

甲状腺肿的基本病因是缺碘，水中含氟量与心血管病和癌症有联系，不少地方病都与饮用水水质有密切关系。研究证明，饮用氟化物、硫化物含量高的水，含硫的不饱和烃的水及受微生物和化学物质污染的水，可能诱发甲状腺肿。饮用水含碘量与心血管病发病率呈显著的负相关，当含碘量低于 2~3μg/L 时，人类对冠心病的敏感性显著增强。克山病病因尚不十分清楚，但水中缺硒是一个肯定因素。大骨节病的病因也未查明，有观点认为与饮用水中缺少某种元素或饮用水中有大量腐殖酸有关。

2.4　水质指标与用水水质标准

2.4.1　水质指标

水质是指水和其中所含杂质共同表现出来的物理学、化学和生物学的综合特征。描述水的质量参数称为水质指标，常用水中杂质的种类、成分和数量来表示，以此作为衡量水质的标准。同时，针对水中存在的具体杂质或污染物，同时提出了相应的最低数量或最低浓度的限制和要求。

1. 用水水质指标

（1）物理性指标　物理性指标包括温度、色度、浊度、臭与味等感官性水质指标、悬

浮物及电导率等。

1）温度。水温影响水的化学反应、生化反应及水生生物的生命活动，改变可溶性盐类、有机物及溶解氧在水中的溶解度，影响水体自净能力及其速率、细菌等微生物的繁殖与生长能力。

2）色度。不同矿物质、染料、有机物等杂质会使水呈现不同颜色，凭此可初步对水质做出评价。色度对人的感官性状及观瞻有重要影响。

3）浊度。浊度表示水中含有的胶体和悬浮状态的杂质所导致的水的浑浊程度。浊度较高，除表示水中含有较多的直接产生浊度的无机胶体颗粒外，可能含有较多吸附在胶体颗粒上和直接产生浊度的高分子有机污染物。重要的是，包埋在胶体颗粒内部的病原微生物，由于颗粒物质的保护能够增强其抵御消毒作用，影响消毒效果，增加了微生物繁殖的风险。控制饮用水的浊度，不仅可以改观水的感官性状，且在毒理学和微生物学上意义重大。

4）臭与味。饮用水中的异臭、异味是由原水、水处理或输水过程中微生物污染和化学污染引起的，是水质不纯的表现。水中的某些无机物会产生一定的臭和味，如硫化氢、过量的铁锰等。但大多数饮用水中异臭、异味是由水源水中的藻类引起的。同时饮用水消毒中所投加的氯等消毒剂，本身会产生一定的氯味，并可以同水中的一些污染物质反应，产生氯酚等致臭物质。

5）悬浮物。悬浮物是指不可滤残渣，为水样中 0.45μm 滤膜截留物质的质量（105℃烘干）。对于给水处理，悬浮物主要反映水中泥砂含量。由于饮用水中颗粒物的含量已经很低，因此常用浊度表示。对于一般的水源水和给水处理过程中的水，1NTU 的浊度大致对应于 1mg/L 的悬浮物。

6）电导率。水中溶解性盐类一般以离子态存在，具有导电能力。测定水的电导率可了解水中溶解性盐类的含量。通常的自来水含盐量从几百至 1000mg/L，测得的电导率为 100～1000μS/cm。

（2）化学性指标　反映水中污染物的综合性水质指标有 BOD、COD、TOC、TOD 等。

1）生化需氧量 BOD。水中有机污染物在微生物作用下分解时所需的氧量，通常以在 20℃，历时 20 天生化需氧量以 BOD_{20}(20℃）表示。为缩短检测时间，常以 20℃，5 天生化需氧量 BOD_5 作为反映常见有机物的水质指标，一般 BOD_5/BOD_{20} 为 70%～80%。

2）化学需氧量 COD。水中有机物与强氧化剂（如重铬酸钾、高锰酸钾）作用所消耗的氧量，以 COD_{Cr} 及 COD_{Mn} 表示。

3）总有机碳 TOC。水中含碳有机物在高温下燃烧转化为 CO_2 所耗的氧量，通常用专门仪器进行燃烧及测定 CO_2 含量来测定 TOC。

4）总需氧量 TOD。水中所有有机物（C、N、P、S 等还原性物质）经燃烧生成稳定性氧化物（如 CO_2、NO_x、SO_2 等）所消耗的氧。

5）植物营养素。主要是含氮及磷的化合物，包括氨氮、总氮、凯氏氮、亚硝酸盐、硝酸盐以及磷酸盐等。

6）氨氮。在水中以离子态（NH_4^+）及非离子态（NH_3）存在，NH_3 对鱼类毒性最大。凯氏氮（TKN）为氨氮与有机氮之和。亚硝酸盐是氨氮经氧化得到，硝酸盐是由亚硝酸盐进一步氧化产生的。水中氨氮、有机氮、亚硝酸盐氮及硝酸盐氮的总和称为总氮。

7）总磷。包括正磷酸盐（如 PO_4^-、HPO_4^-、$H_2PO_4^-$）；缩合磷酸盐，包括焦磷酸盐、偏磷酸盐及聚合磷酸盐。

常见无机特性的综合指标有 pH 值、碱度、酸度、硬度、溶解性总固体、总含盐量等。

8）无机性非金属化合物。主要是砷（As）、硒、硫化物、氰化物、氟化物。水中氟化物含量高易引起氟中毒，如氟骨症、氟斑釉齿等。

9）砷（As）。水中的砷多以三价或五价形态存在。三价砷化物比五价砷化物对哺乳类动物及水生生物的毒性作用更大。

10）氰化物（CN^-）。氰化物、氰络合物和有机腈化物。氰化物（HCN、KCN、NaCN）对人体及水生动物有剧毒作用。

11）重金属。主要指汞、镉、铅、镍、铬、铊等，是人体健康及保护水生生物毒理学水质指标。汞、镉、铊的毒性大，铅对人体具有积累性毒性，甲基汞毒性更强。铬有三价铬和六价铬，水中六价铬毒性最大，超过三价铬 100 倍。铬是保证人体健康及保护水生生物毒理学指标。

（3）微生物学指标　合格的饮用水中不应含有致病微生物或生物。常以指示菌为指标来表征，如细菌总数、总大肠菌群和耐热大肠菌群（又称为粪大肠菌）等。总大肠菌群和耐热大肠菌群是判断水体遭受粪便污染程度的直接指标，结合水中细菌总数指标，除了可指示微生物的污染状况外，还常用来判定水的消毒效果。

（4）毒理学指标　饮用水中的有毒化学物质带给人们的健康危害不同于微生物污染。一般微生物污染可导致传染病的暴发，而化学污染物引起往往是与之长期接触所致的危害，特别是蓄积性毒物和致癌物的危害更是如此。只有在极特殊的情况下，才会发生大量化学物质污染而引起急性中毒。如铊的毒理学指标限值为 0.0001mg/L。

（5）放射性指标　人类活动可能使环境中的天然辐射强度有所提高，特别是核能发展和同位素技术的应用，可能引起放射性物质对水环境的污染。必须对饮用水中的放射性指标进行常规监测和评价。一般规定总 α 放射性和总 β 放射性的参考值，当这些指标超过参考值时，需进行全面的核素分析以确定饮用水的安全性。

2. 污水水质指标

污水水质指标大部分与用水水质指标相同，但增加了表述水的污染程度和处理效果的指标。

（1）物理性指标　包括水温、色度、臭味和固体量等。生活污水的平均温度为 14～20℃；工业废水的水温与生产工艺有关。污废水的温度过低或过高，都会影响污水生物处理效果和受纳水体的生态环境。生活污水一般呈现灰色，当污水中的溶解氧不足而使有机物腐败时，则污水颜色转呈黑褐色；生产废水的颜色视工矿企业的性质而定。生活污水的臭味主要由有机物腐败所致，生产废水的臭味来源于还原性硫和氮的化合物、挥发性有机物等。

固体物质指溶解在水中的固体总量（TDS），是溶解在水中的无机盐和其他无机物的总量。悬浮固体（SS）、泥砂及各种颗粒物，常使水着色，易产生淤积，影响水生生物的生存及水的使用。

水中固体物的各种形态：

水样⟶蒸发⟶总固体（TS）
水样⟶沉降⟶可沉降固体
水样⟶过滤⟶可过滤固体（FS），即溶解性固体（DS）
　　　　　└⟶悬浮固体（SS）

FS ⟶VFS（挥发性可过滤固体）⟶TVS（总挥发性固体）
　　FFS（非挥发性可过滤固体）⟶TFS（总非挥发性固体）

SS ⟶VSS（挥发性悬浮固体）⟶TVS（总挥发性固体）⟶TS（总固体）
SS ⟶FSS（非挥发性悬浮固体）⟶TFS（总非挥发性固体）⟶TS（总固体）

（2）化学性指标

1）无机物。污水中的无机物包括氮、磷、无机盐及重金属离子等。

2）酸碱度。天然水的 pH 值一般为 6~9，污水 pH 值偏高或偏低，不仅会对管渠、污水处理构筑物及机械设备产生腐蚀，还会对污水的生物处理构成威胁。

3）氮、磷。一般生活污水中的凯氏氮浓度约为 40mg/L，其中有机氮约为 15mg/L，氨氮约为 25mg/L；有机磷浓度约为 3mg/L，无机磷浓度约为 7mg/L。

非重金属无机有毒物质主要有氰化物（CN^-）和砷（As）。

其他同前所述。

（3）生物性指标　污水生物性指标主要有细菌总数、总大肠菌群和病毒三项。

2.4.2　生活饮用水水质标准

1. 生活饮用水水质标准制定的原则

生活饮用水常指供人生活的饮水和生活用水，包括卫生用水，但不包括水生物用水和特殊用途的水。生活饮用水水质标准是关于生活饮用水卫生和安全的技术法规，包括一系列的水质指标及相应的限制值。生活饮用水水质标准主要是根据人们终生用水的卫生与安全性来制定的，它要求水中不得含有病原微生物，所含化学物质及放射性物质不得危害人体健康，水的感官性状和一般化学指标良好，且要与国情、社会经济发展水平相适应。

（1）水的感官性状指标和一般化学指标　水的感官性状不良会使人产生厌恶感和不安全感。饮用水应呈透明状，不浑浊，无肉眼可见物，无异味异臭及令人不愉快的颜色等。有些化学指标与感官性状有关，包括总硬度、铁、锰、铜、锌、挥发酚类、阴离子合成洗涤剂、硫酸盐、氯化物和总溶解性固体等。应从影响水的外观、色、臭和味的角度，规定这些物质的最高容许限值。

（2）毒理学指标　饮用水中存在众多的化学物质，主要根据化学物质的毒性、在饮用水中的浓度和检出频率，以及是否具有充分依据来确定其限值。这些物质的限值是根据毒理学研究和流行病学调查所获得的资料制定的。

（3）微生物学指标　理想的饮用水不应含有致病微生物或生物。为了保障饮用水满足这一要求，常以一些指示菌为指标来表征，如大肠菌群等。另外，还应规定消毒剂的残留量，如以氯做消毒剂时，要求管网中水的游离余氯应达到一定的浓度，以确保有效的消毒。

（4）放射性指标　必须要对饮用水中的放射性指标进行常规监测和评价。一般规定总 α 放射性和总 β 放射性的参考值，当这些指标超过参考值时，需进行全面的核素分析以确定饮用水的安全性。

除了用水安全这一主要因素外，进行生活饮用水水质标准制定的同时要考虑社会经济发展水平。如所选择的指标及相应限值的可测性，现有水处理工艺水平是否能达到标准的要求，经济上的承受能力等。一般情况下，标准中涉及的指标越多、限值越严格，对水处理工艺要求越高、水处理的成本越高。随着科学技术的进步以及对饮用水水质安全重要性的认识不断提高，水质的检测水平和处理能力也不断提高，生活饮用水水质标准将会不断地得到修订。

2. 世界卫生组织（WHO）及发达国家和地区的生活饮用水水质标准

各国对饮用水的水质标准极为重视，许多国家和地区都制定了相关严格的饮用水水质标准。具有代表性和权威性的是世界卫生组织（WHO）水质准则，它是各国制定本国饮用水水质标准的基础和依据。WHO制定水质标准的指导思想是控制微生物的污染。

WHO于1958年颁布了《国际饮用水标准》（*International Standards for Drinking-Water*）并对其进行了3次修订，于1985年出版了《饮用水水质准则》（*Guide-lines for Drinking-Water Quality*），强化了饮用水水质对健康的影响。WHO于2011年颁布了《饮用水水质准则》第四版，强化了对确保饮用水微生物安全性的指导，重新修订了多项化学物质指标，增加了新的化学物质指标。2011版的《饮用水水质准则》中水质指标包括用于饮用水的微生物质量验证准则指标3项，饮用水中有健康意义的化合物准则指标91项，饮用水中放射性指标2项以及含有的能引起用户不满的物质指标30项。

消毒副产物对人们健康有潜在危险，但较消毒不完善对健康的风险要小得多。符合准则指导值的饮用水就是安全的饮用水。短时间水质指标检测值超过指导值并不代表此种饮用水不宜饮用。在制定化学物质指导值时，既要考虑直接饮用部分，又要考虑沐浴或淋浴时皮肤接触或易挥发性物质通过呼吸道摄入部分。

欧盟的饮用水水质标准称为饮用水指令（EEC Directive），1998年修订的指令（98/83/EEC）包括48项水质参数，其中微生物学参数2项、化学物质参数26项、指示参数8项和放射性参数2项，作为欧盟各国制定本国水质标准的重要参考。2003—2015年欧盟又修订了4次，包括人类饮用水水质指令98/83/EC附录Ⅱ和Ⅲ。98/83/EC附录Ⅱ和Ⅲ给出了人类饮用水监测最低要求和不同参数的分析方法说明。2017年起，欧盟各成员国的法律、法规、行政规章必须符合该指令要求。

1986年，美国联邦环境保护局颁布了《安全饮用水法案修正案》，实施了饮用水水质规则计划，制定了《国家饮用水基本规则》（*National Primary*）和《国家二级饮用水规则》（*Secondary Drinking Water Regulations*），它们是美国饮用水水质标准，规定了饮用水中的污染物最大浓度和污染物最大浓度目标值。前者是指饮用水中污染物浓度最大允许值，是强制性标准；后者是指饮用水中的污染物不会对人体健康产生未知或不利影响的最大浓度，是非强制性指标。《国家饮用水基本规则》是强制性标准，公共供水系统必须要满足其要求。《国家二级饮用水规则》是非强制性的指导标准。EPA又于1988年增补了《铅铜污染控制法案》。1996年颁布了《安全饮用水法案第二次修正案》，确立了85项水质指标，该法案即为美国饮用水水质标准，包含微生物指标8项，消毒副产物4项，消毒剂3项，无机化合物16项，有机化学物质53项，放射性组分4项。

日本等国参考了WHO/EEC/EPA三种标准。

3. 我国的生活饮用水水质标准

随着技术进步和社会发展要求，我国生活饮用水的水质标准逐步得到修订。

1927 年，我国制定了第一个地方性饮用水标准——《上海市饮用水清洁标准》。1937 年，北平市自来水公司也制定了《水质标准表》，包含水质指标 11 项。1950 年，上海又颁布了《上海市自来水水质标准》，有 16 项指标。我国于 1956 年颁布了第一部《饮用水水质标准》，有 15 项指标。1976 年，我国颁布了《生活饮用水卫生标准》（TJ 20—1976），包括 23 项水质指标。1985 年，我国颁布了修订的《生活饮用水卫生标准》（GB 5749—1985），有 35 项指标。

1992 年，建设部组织编制了《城市供水行业 2000 年技术进步发展规划》，对水质目标进行了规划，按照自来水公司供水规模分为四类，提出了不同的水质考核指标，对一、二类水司提出了比国家标准更高的水质目标要求，推动供水企业的技术进步和供水水质的提高，如供水量在 100 万 t/日以上的一类水司有 89 项指标。

2001 年，卫生部颁布了《生活饮用水水质卫生规范》，规定了生活饮用水及其水源水水质卫生要求，将水质指标分为常规检验和非常规检验项目两类。对于水源水也做出了相应的规定，比单一的水质标准更全面，包含水质标准、水源选择及水源水质要求、水源卫生防护、供水单位、水质监测整个环节的内容。

2006 年，卫生部和标准化管理委员会联合发布了国家《生活饮用水卫生标准》（GB 5749—2006），该标准为强制性标准，适用于城乡各类集中式供水的生活饮用水，也适用于分散式供水的生活饮用水。制定时，参考了世界卫生组织、欧共体、美、俄、日的相关标准。它规定了生活饮用水水质卫生要求、水源水质卫生要求、集中式供水单位卫生要求、二次供水卫生要求、涉及生活饮用水卫生安全产品卫生要求、水质监测和水质检验方法。相比 GB 5749—1985，水质指标由 35 项增加至 106 项，增加了 71 项，修订了 8 项。其中毒理指标中的无机化合物由 10 项增至 21 项，有机化合物由 5 项增至 53 项，感官性状和一般理化指标由 15 项增至 20 项，放射性指标中修订了总 α 放射性。

2022 年标准化管理委员会发布了新的《生活饮用水卫生标准》（GB 5749—2022），该标准于 2023 年 4 月实施。与 2006 年版的《生活饮用水卫生标准》相比，2022 年版《生活饮用水卫生标准》除结构调整和编辑性改动外，主要技术变化如下：水质指标由 106 项调整为 97 项，包括常规指标 43 项和扩展指标 54 项。其中增加了高氯酸盐、乙草胺、2-甲基异莰醇、土臭素等 4 项指标；删除了 13 项指标，更改了 3 项指标的名称；水质参考指标由 2006 年版的 28 项调整为 55 项。表 2-3 和表 2-4 给出了 GB 5749—2022 水质常规检验项目及限值。

表 2-3　生活饮用水水质常规检验项目及限值

指标		限值
1. 微生物指标①	总大肠菌群（MPN/100mL 或 CFU/100mL）	不应检出
	大肠埃希氏菌（MPN/10mL 或 CFU/100mL）	不应检出
	菌落总数（MPN/mL 或 CFU/mL）	100
2. 毒理指标	砷/(mg/L)	0.01
	镉/(mg/L)	0.005
	铬（六价）/(mg/L)	0.05
	铅/(mg/L)	0.01

（续）

	指　标	限值
2. 毒理指标	汞/(mg/L)	0.001
	氰化物/(mg/L)	0.05
	氟化物/(mg/L)	1.0
	硝酸盐（以N计）/(mg/L)	10
	三氯甲烷/(mg/L)	0.06
	一氯二溴甲烷/(mg/L)	0.1
	二氯一溴甲烷/(mg/L)	0.06
	三卤甲烷（三氯甲烷、一氯二溴甲烷、二氯一溴甲烷、三溴甲烷的总和）	该类化合物中各种化合物的实测浓度与其各自限值的比值之和不超过1
	二氯乙酸/(mg/L)	0.05
	三氯乙酸/(mg/L)	0.1
	溴酸盐/(mg/L)	0.01
	亚氯酸盐/(mg/L)	0.7
	氯酸盐/(mg/L)	0.7
3. 感官性状和一般化学指标②	色度（铂钴色度单位）	15
	浑浊度（散射浊度单位，NTU）	1
	臭和味	无异臭、异味
	肉眼可见物	无
	pH	不小于6.5且不大于8.5
	铝/(mg/L)	0.2
	铁/(mg/L)	0.3
	锰/(mg/L)	0.1
	铜/(mg/L)	1.0
	锌/(mg/L)	1.0
	氯化物/(mg/L)	250
	硫酸盐/(mg/L)	250
	溶解性总固体/(mg/L)	1000
	总硬度（以$CaCO_3$计，mg/L）	450
	高锰酸盐指数（以O_2计，mg/L）	3
	氨（以N计）/(mg/L)	0.5
4. 放射性指标③	总α放射性/(Bq/L)	0.5（指导值）
	总β放射性/(Bq/L)	1（指导值）

① MPN表示最可能数；CFU表示菌落形成单位。当水样检出总大肠菌群时，应进一步检验大肠埃希氏菌；水样未检出总大肠菌群，不必检验大肠埃希氏菌。

② 当发生影响水质的突发公共事件时，经风险评估，感官性状和一般化学指标可暂时适当放宽。

③ 放射性指标超过指导值，应进行核素分析和评价，判定能否饮用。

表 2-4　饮用水中消毒剂常规指标及要求

消毒剂名称	与水接触时间/min	出厂水限值/(mg/L)	出厂水余量/(mg/L)	末梢水中余量/(mg/L)
游离氯	≥30	≤2	≥0.3	≥0.05
总氯	≥120	≤3	≥0.5	≥0.05
臭氧（O_3）	≥12	≤0.3	—	0.02（如采用其他协同消毒方式，消毒剂限值及余量应满足要求）
二氧化氯（ClO_2）	≥30	≤0.8	≥0.1	≥0.02

2005年，建设部发布了行业标准《城市供水水质标准》（CJ/T 206—2005），规定了城市集中式供水企业、自建设施供水和二次供水单位，在其供水和管理范围内的供水水质应达到的要求。该标准共有控制指标103项，包括常规检验项目42项，非常规检验项目61项。对于水源水质和水质检验频率都有相应的规定。

工业用水可分为工艺、锅炉、洗涤、冷却用水等，其水质要求可参见各工业用水水质标准。如《工业循环冷却水处理设计规范》（GB 50050—2007）中的循环冷却水水质标准、《低压锅炉水质标准》（GB 1576—2001）、《火力发电机组及蒸汽动力设备水汽质量标准》（GB 12145—2016）等。表2-5给出了地表水环境质量的基本项目标准限值，对集中式生活饮用水地表水源地提出补充项目和特定项目标准限值。其中基本项目31项，以控制湖泊水库富营养化为目的的特定项目4项，以控制地表水Ⅰ、Ⅱ、Ⅲ类水域有机化学物质为目的的特定项目40项。表2-6所列为一些工业用水水质标准。

表 2-5　地表水环境质量的基本项目标准限值　　（单位：mg/L）

序号		Ⅰ类	Ⅱ类	Ⅲ类	Ⅳ类	Ⅴ类
1	水温/℃	人为造成的环境水温变化应限制在：周平均最大温升≤1；周平均最大温降≤2				
2	pH值（无量纲）	6~9				
3	溶解氧≥	饱和率90%	6	5	3	2
4	高锰酸钾指数≤	2	4	6	10	15
5	化学需氧量（COD）≤	15	15	20	30	40
6	五日生化需氧量（BOD_5）≤	3	3	4	6	10
7	氨氮（NH_3-N）≤	0.15	0.5	1.0	1.5	2.0
8	总磷（以P计）≤	0.02（湖、库0.01）	0.1（湖、库0.01）	0.2（湖、库0.01）	0.3（湖、库0.01）	0.4（湖、库0.01）
9	总氮（湖、库N计）≤	0.2	0.5	1.0	1.5	2.0
10	铜≤	0.01	1.0	1.0	1.0	1.0
11	锌≤	0.05	1.0	1.0	2.0	2.0
12	氟化物（以F计）≤	1.0	1.0	1.0	1.54	1.5
13	硒≤	0.01	0.01	0.01	0.02	0.02

（续）

序号		Ⅰ类	Ⅱ类	Ⅲ类	Ⅳ类	Ⅴ类
14	砷≤	0.05	0.05	0.05	0.1	0.1
15	汞≤	0.00005	0.00005	0.0001	0.001	0.001
16	镉≤	0.001	0.005	0.005	0.005	0.01
17	铬（六价）≤	0.01	0.05	0.05	0.05	0.1
18	铅≤	0.01	0.01	0.05	0.05	0.1
19	氰化物≤	0.005	0.05	0.2	0.2	0.2
20	挥发酚≤	0.002	0.002	0.005	0.01	0.1
21	石油类≤	0.05	0.05	0.05	0.5	1.0
22	阴离子表面活性剂≤	0.2	0.2	0.2	0.3	0.3
23	硫化物≤	0.05	0.1	0.2	0.5	1.0
24	粪大肠菌群/(个/L)≤	200	2000	10000	20000	40000

表2-6　工业用水水质标准

项目	单位	工业名称				
		造纸（高级纸）	合成橡胶	制糖	纺织	胶片
浊度	mg/L	5	2	5	5	2
色度	度	5		10	10~12	2
硫化氢	mg/L					
总硬度	(CaO)mg/L	30	10	50	20	30
高锰酸钾指数	mg/L	10		10		
铁	mg/L	0.05~0.1	0.05	0.1	0.25	0.07
锰	mg/L	0.1			0.1	
硅酸	mg/L	20				25
氯化物	mg/L	75	20	20	100	10
pH值		7	6.5~7.5	6~7		6~8
总含盐量	mg/L	100	100		400	100

2.4.3　其他用水的水质标准

1. 食品、饮料类水质标准

一般食品、饮料用水采用生活饮用水水质标准。随着社会发展又出现了城镇小区直饮水、灌装水等各种优质饮水。饮用净水是指将原水（自来水或符合生活饮用水水源水质标准的水）深度净化后可供用户直接饮用的管道供水和灌装水。饮用净水的水质标准详见《饮用净水水质标准》(CJ 94—2005)。

2. 城市杂用水水质标准

城市杂用水主要是便器冲洗、绿化、洗车、扫除、建筑施工及有类似水质要求的其他用途的用水。常将城市管网水作为城市杂用水，对水质不另做规定。

随着水危机忧患意识与节水意识增强，对污水资源化的认可，人们越来越多地以城市污水再生回用或按水质要求的不同，对城市管网中的水进行循序利用，作为城市杂用水。虽然其水质要求不如饮用水高，但也应满足一定的使用要求，做到既利用污水资源，又能切实保证安全与适用。详见我国制定的《城市污水再生利用 城市杂用水水质》（GB/T 18920—2020）。

3. 游泳池用水

游泳池用水与人体直接接触，也关系到人的身体健康，对水质也有严格的要求。我国的相应标准规定游泳池补充水应符合生活饮用水水质标准。

4. 工业用水水质标准

工业种类繁多，对用水的要求也不尽相同，例如电子工业对水质要求极为严格，要求使用纯水、超纯水；而一般工业冷却用水对水质要求则很宽松，容许浊度达到 50～100NTU。各工业行业从保证产品质量和保障生产正常运行的角度，制定了相应的水质标准。表 2-6 所列为一些工业用水的主要水质要求。

2.5　污水的排放标准

2.5.1　污水排放标准制定的依据

污水的直接排放对水体环境质量构成威胁，因此，必须对排放的污染物种类和排放量进行控制。当污染物排放量低于受纳水体的自净能力时，水体质量不会受到影响，这是制定污水排放标准的基本出发点。各国在制定污水排放标准时一般是结合污水受纳水体的功能，利用水体自净能力，执行不同的排放标准，以保证受纳水体生态平衡。排放标准高，虽然对保护生态环境有利，但有时也很难实现，或者可能造成建设和运行费用过高而难以承受。制定排放标准需要考虑经济承受能力，同时考虑对污染物的监测水平与能力，具有可操作性，切实达到保护环境的目的。

我国《地表水环境质量标准》（GB 3838—2002）规定了地表水水域功能分类、水质要求、标准的实施和水质监测等，是制定水污染物排放标准的基本依据。依据其环境功能和保护目标，按功能高低将地表水划分为五类：

Ⅰ类主要适用于源头水，国家自然保护区；Ⅱ类主要适用于集中式生活饮用水地表水源地，一级保护区、珍稀水生生物栖息地、鱼虾类产卵场、仔稚幼鱼的梭饵场等；Ⅲ类主要适用于集中式生活饮用水地表水源地，二级保护区、鱼虾类越冬场、洄游通道、水产养殖区等渔业水域及游泳区；Ⅳ类主要适用于一般工业用水区及人体非直接接触的娱乐用水区；Ⅴ类主要适用于农业用水区及一般景观要求水域。

标准中除了对地表水环境质量的基本项目提出标准限值外，还对集中式生活饮用水地表水源地提出补充项目和特定项目标准限值。基本项目适用于全国江河、湖泊、运河、渠道、水库等具有使用功能的地表水水域。补充项目和特定项目适用于集中式生活饮用水地表水源地，一级保护区和二级保护区。

2.5.2　国外的污水排放标准

国情不同，其自然环境、工业结构、社会经济发展水平存在差异，制定污水排放标准的原则也不同。下面介绍几个发达国家的典型污水排放标准。

1876年英国制定的《河流防污法》，要求下水道与工业污水要符合规定的处理标准，经河流局同意后方可排入河流。河流分为四级，由河流局制定排入河流的污水排放标准，标准中限定的污染物共有20种。英国环境署在2002年颁布了新的关于危险物质排放至地表水体的政策，它将污染物质分为Ⅰ类和Ⅱ类。Ⅰ类危险物质的毒性、持久性以及在环境中的积累要比Ⅱ类物质的强，危害性也更大（欧盟规定优先控制的Ⅰ类物质有132种）。根据控制要求不同，在英国有A、B、C、D四种控制体系，以A最严格。

1948年，美国编制了国家水质净化试行计划，控制污水排放。1956年又制定了《联邦水质污染控制法》；1972年美国国会以《清洁水法》的修正案对《联邦水质污染控制法》进行了大幅度修订，采用了以污染控制技术为基础的排放限值，按行业建立国家排放标准，不仅规定污染物排放限值，还包括达标计划与措施，按不同控制技术规定现有污染源的达标期限。

1949年，苏联发布了《防治大气污染和污染地区卫生》的决定，各加盟共和国据此制定了各自的防治大气和水体污染的法令与标准。苏联制定了许多保护里海、黑海等海域和伏尔加河、顿河等流域及保护贝加尔湖的法令和相应的标准，苏联的不少标准被世界各国参考。直到20世纪60年代，苏联才真正重视治理污染。其中1975年制定的《排放污水中无机物的最大允许浓度》《排放污水中有机物的最大允许浓度》所划定的污染物极为详细。

20世纪60年代，日本发生了水俣病和骨痛病等事故，1967年日本制定了《公害对策基本法》，成为日本的环境保护基本法，随后制定了《日本东京都公害防止条例》，其包括了19项污染物。1970年日本颁布了《水质污浊防止法》，强调制定并实施了全国统一的环境水质标准和排水控制标准。该标准指定适用的行业与设施，不分行业实行统一标准值，包括有害物质24项。对处理技术难以达到统一标准的行业，则执行较为宽松的暂行行业排放标准，再逐步改为执行统一标准。至1996年，执行暂行行业排水标准的行业，由最初的330个减少到数十个行业。日本的城市污水厂出水排放标准是与处理厂出水所排放的水体相关的，由于湖泊的水质差异，对排放入不同湖泊的污水厂出水水质要求也不同。

2.5.3　我国的污水排放标准

我国建立了较完整的水环境保护法规体系，各类污水排放标准已超过40项。1973年，我国确定了“全面规划、合理布局、综合利用、化害为利、依靠群众、保护环境、造福人民”的28字方针，颁布了首部环境保护标准《工业“三废”排放标准》（GBJ 4—1973），此后先后制定了一系列的环保政策、法规和标准。1988年修订发布了《污水综合排放标准》（GB 8978—1988），污染控制物增加到40项，从控制工业污染源扩大到包括生活污水在内的所有污染源。1996年修订颁布的《污水综合排放标准》（GB 8978—1996），规定凡有国家行业水污染物排放标准的执行行业标准，其他的污水排放均执行综合排放标准，强调对难降解有机污染物和“三致”物质等优先控制的原则，将污染物控制总数增加到69项，增加了25项难降解有机污染物和放射性指标。

国务院于2013年颁布了《城镇排水与污水处理条例》，2015年又颁布了《水污染防治行动计划》，即“水十条”。2016年，住房和城乡建设部牵头发布了《城市黑臭水体整治工作指南》等系列文件，提出了“控源截污、内源治理、活水循环、清水补给、水质净化、

生态修复”的治理技术路线。2017 年我国修订了《水污染防治法》。

排放的污染物按其性质及控制方法可以进行分类。第一类污染物包括 13 项指标，主要是重金属和放射性等有毒有害物质，它们能在环境或动植物体内积蓄，对人类构成长期的不良影响。对于第一类污染物不分行业和污水排放方式，不区分受纳水体的功能类别，一律在车间或车间处理设施排放口采样，其最高允许排放浓度必须符合表 2-7 的规定。第二类污染物的影响小于第一类，包括 56 项指标，规定的取样地点为排污单位的排放口，其最高允许排放浓度要按地面水功能的要求和污水排放去向，分别执行表 2-8 的一级、二级、三级标准。

表 2-7　第一类污染物最高允许排放浓度　　（单位：mg/L）

序号	污染物	最高允许排放浓度
1	总汞	0.05①
2	烷基汞	不得检出
3	总镉	0.1
4	总铬	1.5
5	六价镉	0.5
6	总砷	0.5
7	总铅	1.0
8	总镍	1.0
9	苯并芘②	0.00003
10	总铍	0.005
11	总银	0.5
12	总 α 放射性	1Bq/L
13	总 β 放射性	10Bq/L

① 烧碱行业（新建、扩建、改建企业）采用 0.005mg/L。

② 为试行标准，二级，三级标准区暂不考核。

表 2-8　第二类污染物最高允许排放浓度　　（单位：mg/L）

序号	污染物	适用范围	一级标准	二级标准	三级标准
1	pH 值	一切排污单位	6~9	6~9	6~9
2	色度（稀释倍数）	染料工业	50	180	—
		其他排污单位	50	80	—
		采矿、选矿、选煤工业	100	300	—
		脉金选矿	100	500	—
3	悬浮物（SS）	边远地区砂金选矿	100	800	—
		城镇二级污水处理厂	20	30	—
		其他排污单位	70	200	400
		甘蔗制糖、苎麻脱胶、湿法纤维板工业	30	100	600

（续）

序号	污染物	适用范围	一级标准	二级标准	三级标准
4	五日生化需氧量（BOD_5）	甜菜制糖、酒精、味精、皮革、化纤浆粕工业	30	150	600
		城镇二级污水处理厂	20	30	—
		其他排污单位	30	60	300
		甜菜制糖、焦化、合成脂肪酸、湿法纤维板、染料、洗毛、有机磷农药工业	100	200	1000
		味精、酒精、医药原料药、生物制药、苎麻脱胶、皮革、化纤浆粕工业	100	300	1000
		石油化工工业（包括石油炼制）	100	150	500
5	化学需氧量（COD）	城镇二级污水处理厂	60	120	—
6	石油类	其他排污单位	100	150	500
7	动植物油	一切排污单位	10	10	30
8	挥发酚	一切排污单位	0.5	0.5	2.0
9	总氰化物	一切排污单位	0.5	0.5	2.0
		电影洗片（铁氰化合物）	0.5	5.0	5.0
10	硫化物	其他排污单位	0.5	0.5	1.0
		一切排污单位	1.0	1.0	2.0
11	氨氮	医药原料药、染料、石油化工工业	15	50	—
		其他排污单位	15	25	—
12	氟化物	黄磷工业	10	20	20
		低氟地区（水体含氟量<0.5mg/L）	10	10	20
13	磷酸盐（以P计）	其他排污单位	0.5	1.0	—
14	甲醛	一切排污单位	—	—	—
15	苯胺类	一切排污单位	1.0	2.0	5.0
16	硝基苯类	一切排污单位	2.0	3.0	5.0
17	阴离子表面活性剂（LAS）	合成洗涤剂工业	5.0	15	20
		其他排污单位	5.0	10	20
18	总铜	一切排污单位	5.0	1.0	2.0
19	总锌	一切排污单位	2.0	5.0	5.0
20	总锰	合成脂肪酸工业	2.0	5.0	5.0
		其他排污单位	2.0	2.0	5.0
21	彩色显影剂	电影洗片	2.0	3.0	5.0
22	显色剂及氧化物总量	电影洗片	3.0	6.0	6.0
23	元素磷	一切排污单位	0.1	0.3	0.3
24	有机磷农药（以P计）	一切排污单位	不得检出	0.5	0.5

（续）

序号	污染物	适用范围	一级标准	二级标准	三级标准
25	粪大肠菌群数	医院①、兽医院及医疗机构含病原体污水	500 个/L	1000 个/L	5000 个/L
		传染病、结核病医院污水	100 个/L	500 个/L	1000 个/L
26	总余氯（采用氯化消毒的医院污水）	医院①、兽医院及医疗机构含病原体污水	<0.5②	>3（接触时间≥1h）	>2（接触时间≥1h）
		传染病、结核病医院污水	<0.5②	>6.5（接触时间≥1.5h）	>5（接触时间≥1.5h）

① 指 50 个床位以上的医院。

② 指加氯消毒后须进行脱氯处理，达到标准。

我国 2002 年正式实施的《城镇污水处理厂污染物排放标准》（GB 18918—2002），首次提出了“一级 A”排放标准的概念，分年限规定了城镇污水处理厂出水、废气和污泥中污染物的控制项目和标准值。根据污染物的来源及性质，将污染物控制项目分为基本控制项目和选择控制项目两类。前者主要包括影响水环境和城镇污水处理厂一般处理工艺可以去除的常规污染物及部分一类污染物，共 19 项，后者包括对环境有较长期影响或毒性较大的污染物，共计 43 项。前者必须执行，后者由地方环保部门根据接纳的工业污染物的类别和水环境质量要求选择控制。

根据城镇污水处理厂排入地表水域环境功能和保护目标及污水处理厂的处理工艺，基本控制项目的常规污染物标准值可以分为一级标准、二级标准、三级标准，一级标准分为 A 标准和 B 标准，一类重金属污染物和选择控制项目不分级。一级标准的 A 标准是城镇污水处理厂出水作为回用水的基本要求。当污水处理厂出水引入稀释能力较小的河湖作为城镇景观用水和一般回用水等用途时，执行一级标准的 A 标准。城镇污水处理厂出水排入《地表水环境质量标准》（GB 3838—2002）地表水Ⅲ类功能水域（划定的饮用水水源保护区和游泳区除外）和排入《海水水质标准》（GB 3097—1982）海水二类功能水域和湖、库等封闭或半封闭水域时，执行一级标准的 B 标准。城镇污水处理厂出水排入《地表水环境质量标准》（GB 3838—2002）地表水Ⅳ、Ⅴ类功能水域或《海水水质标准》（GB 3097—1982）海水三类、四类功能海域，执行二级标准。非重点控制流域和非水源保护区的建制镇的污水处理厂，根据当地经济条件和水污染控制要求，采用一级强化处理工艺时，执行三级标准，但必须预留二级处理设施的位置，分期达到二级标准。基本控制项目最高允许排放浓度见表 2-9，部分一类污染物最高允许排放浓度见表 2-10。选择控制项目最高允许排放浓度见附录。

表 2-9　基本控制项目最高允许排放浓度（日均值）　　（单位：mg/L）

序号	基本控制项目	一级标准		二级标准	三级标准
		A 标准	B 标准		
1	化学需氧量（COD）	50	60	100	120
2	生化需氧量（BOD_5）	10	20	30	60
3	悬浮物（SS）	10	20	30	50
4	动植物油	1	3	5	20

（续）

序号	基本控制项目		一级标准		二级标准	三级标准
			A标准	B标准		
5	石油类		1	3	2	15
6	阴离子表面活性剂		0.5	1	2	5
7	总氮（以N计）		15	20	—	—
8	氨氮（以N计）		5（8）	8（15）	25（30）	—
9	总磷（以P计）	2005年12月31日前建设的	1	1.5	3	5
		2006年1月1日起建设的	0.5	1	3	5
11	色度（稀释倍数）		30	30	40	50
12	pH值		6~9			
13	粪大肠菌群数/(个/L)		10	10	10^4	—

注：1. 下列情况按去除率指标执行：当进水COD>350mg/L时，去除率应大于60%；BOD>160mg/L时，去除率应大于50%。

2. 括号外数值为水温大于12℃时的控制指标，括号内数值为水温小于或等于12℃时的控制指标。

表2-10　部分一类污染物最高允许排放浓度（日均值）　（单位：mg/L）

序号	项目	标准值
1	总汞	0.001
2	烷基汞	不得检出
3	总镉	0.01
4	总铬	0.1
5	六价铬	0.05
6	总砷	0.1
7	总铅	0.1

如煤气发电站、硫化染料厂等含有大量硫化氢的废水排入水体，或大量的有机物排入水体，即使经过生物氧化还原作用也会产生过量的硫化氢，当其浓度达到0.5mg/L时已可以被察觉，当其浓度达到1mg/L时就有明显的臭味，这种水对混凝土及金属都会产生侵蚀作用。

标准要求：大气污染物排放标准分为三级，污泥控制标准则规定城镇污水处理厂的污泥应进行稳定化处理。

练习题

2-1　什么是水质标准？为什么要制定水质标准？

2-2　水体中污染物的主要来源有哪些？何谓新污染物？

2-3　制定生活饮用水标准的主要原则与依据是什么？

2-4　简述用水水质标准与污水排放标准的制定原则的主要差别。

2-5　简述我国污水排放标准的发展过程。

第3章

水处理方法概论

学习要点

本章提要： 简要介绍反应器的概念与基本理论，水的物理化学处理方法与生物处理方法。水处理的许多单元过程是由化学工程演化而来的，其反应器理论的应用要求采用高效低耗的水处理方法，寻求占地少、维护管理方便、处理水质稳定的工艺。水处理工艺一般由若干基本单元过程组成，通常将几种基本单元过程互相配合，形成的水处理工艺，称为水处理工艺流程。确定水处理工艺的基本出发点是较低的成本、运行安全稳定，出水满足要求。

本章重点： 反应器的基本理论，水的物理化学处理方法与生物处理方法。

本章难点： 反应器的概念与基本理论。

水处理是指通过改变水中杂质组成来提高水的质量的过程。它可以是去除水中某些杂质的过程，如以去除原水中的泥砂胶体杂质为目的的城市给水处理，以去除废水中有机物或者重金属为目的的工业废水处理等；也可以是在水中增加某些化学成分，如向饮用水中添加人类需要的矿物质；还可以是改变水的某些理化性质，如调节水的酸碱度。水处理工艺一般由若干基本单元过程组成，每个单元过程所利用的基本原理与采用的技术方法可能不同，主要包括物理化学方法和生物方法两大类。通常讲的水处理过程主要指城市给水处理、城市污水处理和工业废水处理等。

3.1 主要单元处理方法

3.1.1 水的物理化学处理方法

水的物理、化学和物理化学处理方法种类较多，主要有混凝、沉淀和澄清、气浮、过滤膜分离、吸附、中和、离子交换、氧化与还原等。

（1）混凝　通过投加水处理药剂，使水中的悬浮固体和胶体聚集成易于沉淀的絮凝体。混凝包括凝聚过程和絮凝过程。

（2）沉淀和澄清　通过重力作用，使水中的悬浮颗粒、絮凝体等固体物质被分离去除。若向水中投加适当的化学药剂，它们与水中待去除的离子交换或化合，生成难溶化合物而沉淀，则称为化学沉淀，可以用于去除某些溶解盐类物质。

（3）气浮　利用固体或液滴与水的密度差，实现固液或液液分离的技术方法。

（4）过滤　使固液混合物通过多孔介质，截留固体并使液体（滤液）通过的分离过程。

如果悬浮固体颗粒的尺寸大于过滤介质的孔隙，则固体截留在过滤介质的表面，这种类型的过滤称为表面过滤；表面过滤的介质可以是筛网、多孔载体、预膜的载体等；如果悬浮固体颗粒是通过多孔介质构成的单层或多层滤床被去除，则称为体积过滤或滤层过滤。

（5）膜分离　利用膜的孔径或半渗透性质实现物质的分离过程。按分离的物质尺度大小，膜分离可以分为微滤、超滤、纳滤和反渗透。

（6）吸附　当两相构成一个体系时，其组成在两相界面与相内部是不同的，处在两相界面处的成分产生了积蓄，这种现象称为吸附。水处理过程通常是指固相材料浸没在液相或气相中，液相或气相物质固着到固相表面的传质现象。

（7）中和　是指把水的 pH 值调整到接近中性或是调整到平衡 pH 值的过程。

（8）离子交换　在分子结构上，参与离子交换的物质是具有可交换的酸性或碱性基团的不溶颗粒物质，固着在这些基团上的正、负离子能与基团所接触的液体中的同号离子进行交换而对物质的物理外观无明显的改变，不会引起变质或增溶作用，这一过程称为离子交换，它可改变所处理液体的离子成分，但不改变交换前液体中离子的总当量数。

（9）氧化与还原　通过化学反应来改变某些金属或化合物的状态，使它们变成不溶解的或无毒的物质。氧化还原反应广泛用于给水和工业废水中除铁除锰处理、含氰或含铬废水的去毒处理，有机物的降解处理等。

3.1.2　水的生物处理方法

水的生物处理涉及的领域非常广。在水处理中，细菌以水中的营养介质（称为底物，主要是有机污染物）为食料，通过细菌分泌的酶完成催化作用与生物化学反应，细菌的代谢过程就是有机污染物的降解过程。

按生物对氧的需求不同，可将生物处理分为好氧处理和厌氧处理。好氧处理指可生物降解的有机物质在有氧存在的环境下被微生物降解的过程。微生物为满足其能量代谢的要求而需氧，通过细胞分裂繁殖（活性物质合成）和内源呼吸（细胞物质自身氧化）而消耗自身的储藏物。厌氧处理又称为消化，指在无氧条件下利用厌氧微生物的代谢活动，是把有机物转化为甲烷和二氧化碳的过程。

生物处理既可应用于含有大量有机污染物的各种生活污水和工业废水处理，也用于饮用水中微量有机污染物的去除。

3.2　水处理中的反应器

水处理的许多单元过程是由化学工程演化而来的，因此，常常借用化学工程中的反应器理论来研究水处理单元过程的特性，本节简要介绍反应器的概念与基本理论。

3.2.1　反应器的类型

化工生产中，常有一个发生化学反应的核心单元，即发生化学反应的容器，称为反应器。化工生产中的反应器多种多样，按反应器内物料的形态可以分为均相反应器（homogeneous reactor）和多相反应器（heterogeneous reactor）。均相反应器指只在一个相内进行反应的反应器，它通常在一种气体或液体内进行；多相反应器指发生两相以上反应的反应器。

根据反应器的操作过程可以将反应器分为连续流式反应器（continuous flow reactor）和间歇式反应器（batch reactor）两类。将连续进行进出料的反应器称为连续流式反应器，它是一种稳定流的反应器。连续流式反应器有两种完全对立的理想类型，即活塞流反应器（plug flow reactor）和恒流搅拌反应器（constant flow stirred tank reactor，CFSTR），后者属于完全混合式反应器。间歇式反应器内反应物是按“一罐一罐”进行反应的，完成卸料后，再进行下一批的生产，是一种完全混合式的反应器。此外，反应器还具有其他的操作类型，如流化床反应器、滴流床反应器等。

1. 间歇式反应器

间歇式反应器是在非稳态条件下操作的，所有物料一次加入，反应结束以后将物料同时取出，所有物料反应时间相同。反应物浓度是随时间变化的，化学反应速度也随时间而变化，但反应器内的成分总是均匀的。它是最早的一种反应器，在本质上和实验室里采用的烧瓶试验没有差别，适用于小批量生产的单一液相反应。

2. 活塞流反应器

活塞流反应器通常由管段构成，也称管式反应器（tubular reactor），其特征是流体总是以列队形式通过反应器，液体元素在流动的方向上无混合现象，但在垂直流动的方向上可能存在混合。构成活塞流反应器的充分必要的条件：反应器中每一流体元素的停留时间都是相等的。因为管内水流较接近于这种理想状态，所以常用管子构成这种反应器，反应时间是管长的函数，反应物的浓度、速度沿管长发生变化，但是沿管长各断面点上反应物浓度、反应速度是不随时间变化。在间歇式反应器中，最快的反应速度是在操作过程中的某一时刻，而在活塞流反应器中，最快的反应速度是在管长中的某一点。

3. 恒流搅拌反应器

恒流搅拌反应器也称为连续搅拌反应器（constant continous stirred tank reactor，CCSTR），物料不断进出，连续流动。其基本特征：反应物得到了很好的搅拌，因此反应器内各点的浓度是均匀的，不随时间变化，反应速度是确定不变的。当反应物进入搅拌器后，立即被均匀分散到整个反应器容积内，从反应器连续流出的产物，其成分与反应器内的成分一样。从理论上讲，由于在某时刻进到反应器内的反应物立即被分散到整个反应器内，同时部分反应物应该立即流出来，这部分反应物的停留时间理论上为零，余下的部分则具有不同的停留时间，其最长的停留时间理论上可无穷大。这就产生了一个问题，某些后进入反应器内的成分必然要与先进入反应器内的成分混合，即返混作用。理想的活塞流反应器内绝对不存在返混作用，而CCSTR的特点则具有返混作用，所以又称为返混反应器（back mix reactor）。

4. 恒流搅拌反应器串联

将若干个恒流搅拌反应器串联起来，或在一个塔式或管式的反应器内分若干个级，在级内是充分混合的，级间是不混合的，就形成了恒流搅拌反应器串联，其特点是既可以使反应过程有确定的反应速度，又可以分段控制反应，还可以使物料在反应器内的停留时间相对较集中，这种反应器集成了活塞流反应器和恒流搅拌反应器的优点。

3.2.2 物料在反应器内的流动模型

利用流体力学理论，可以用一组偏微分方程来描述物料在设备里的流动情况，但是其数学表达式求解十分困难。通常可以对物料在反应器里的流动情况进行合理的简化，提出一个既切合实际情况，又便于计算的流动模型，用对流动模型的计算来代替对实际过程的计算。

物料在反应器内的流动情况，可以分成基本上没有混合、基本上均匀混合、或介于这两者之间三种情况。可以建立如下几种流动模型。

1. 理想混合流动模型

在理想混合流动模型中，进入反应器的物料会马上均匀分散在整个反应器中，反应器内各处物料的浓度完全均匀一致。

2. 活塞流流动模型

活塞流流动模型又可称为理想排挤模型，它是根据物料在管式反应器内高速流动情况提出来的一种流动模型，认为物料的断面速度分布完全是齐头并进的。其特点是物料在管式反应器的各个断面上流速是均匀的，物料经过轴向一定距离所需要的时间完全一样，即物料在反应器内的停留时间是管长的函数。

3. 轴向扩散流动模型和多级串联流动模型

在管式反应器里，有时流动情况介于活塞流和理想混合之间，对于这种类型的流动情况有数种流动模型，最常用的是活塞流叠加轴向扩散的流动模型和理想反应器多级串联流动模型。

活塞流叠加轴向扩散流动模型又简称轴向扩散流动模型，在流动体系中物料之所以偏离了活塞流，是因为在活塞流的主体上叠加了一个轴向扩散，这种流动模型如图 3-1 所示。图中 u 的方向是流体的流动方向，与 u 相反的方向是轴向扩散方向。

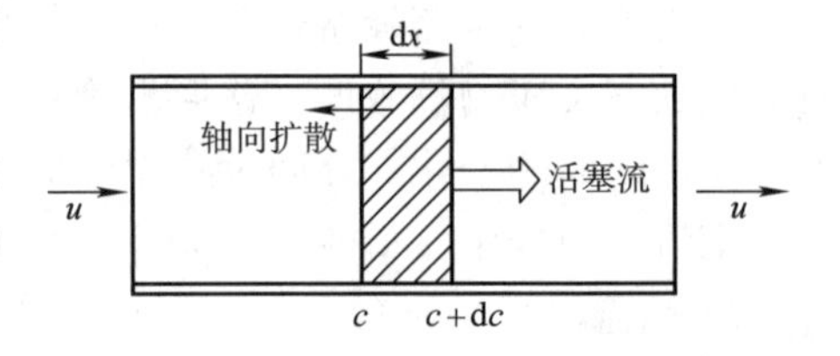

图 3-1　轴向扩散流动模型

轴向扩散的量，可以用类似分子扩散过程中的费克定律来表示。即

$$N=-D_x\frac{\mathrm{d}c}{\mathrm{d}x} \tag{3-1}$$

式中　N——单位时间、单位横截面积上轴向反混的量；

D_x——轴向扩散系数，负号表示扩散方向与物料流动方向相反；

$\frac{\mathrm{d}c}{\mathrm{d}x}$——轴向的浓度梯度。

轴向扩散流动模型的特点：它把物料在流动体系中流动情况偏离活塞流的程度，用轴向扩散系数 D_x 表示，物料的流动情况就可用偏微分方程表示，便于计算。但它对于描述物料在反应器中的流动情况不够直观。

多级串联流动模型，是把一个连续操作的管式反应器看成是 N 个理想混合的反应器串联的结果。它用串联的级数 N 来反映实际流动情况偏离活塞流或偏离理想反应器的程度。它比较直观，停留时间分布可用以 N 作为参数的代数式表达，模型中表示流动特征的参数 N 比较容易由实验来确定。

上述两种流动模型都有其数学表达式，前者是一个偏微分方程，后者是下面介绍的停留时间分布函数。但是要用这两种流动模型进行计算，则必须用实验的方法得到模型中表示流动特征的参数 D_x 或 N。可以推导出二者的关系为

$$N=\frac{Lu}{2D_x} \tag{3-2}$$

式中 L——管长（m）；

u——流体的线速度（m/s）；

D_x——轴向扩散系数（m^2/s）；

N——与管式反应器相当的串联级数。

3.2.3 物料在反应器内的停留时间及其分布

反应器的容积 V 与流量 Q 的比值称为停留时间，它为平均停留时间。生产实践中，在连续操作的反应器里，可能存在死角、短流等情况，除理想的活塞流反应器以外，在某一时刻进入反应器的物料所含的无数微元中，每一微元的停留时间都是不同的。如果用一个函数 $E(t)$ 来描述物料的停留时间分布情况，则该函数称为停留时间分布函数。

停留时间分布函数可以通过实验测定得到。常用的方法是在流动体系的入口加入定量的示踪剂后，测定出口物料流中示踪剂浓度随时间的变化。有色颜料、放射性同位素或其他不参加化学反应而又便于分析其浓度的惰性物质，均可以作为示踪剂。

研究物料在反应器内的停留时间分布函数，可以判断反应器内的流动情况所属的模型类型，也可以通过分析它来了解一般反应器偏离理想反应器的情况。下面介绍几种典型反应器的停留时间分布函数。

1. 间歇式反应器

物料在间歇式反应器里停留的时间是完全相同的。假若物料在反应器里的停留时间为 τ，则停留时间小于或大于 τ 的物料分率都是 0，停留时间等于 τ 的物料的分率为 1，如图 3-2 所示。

2. 活塞流反应器

在活塞流管式反应器里，物料没有返混，物料在反应器内的停留时间是管长的函数，若物料的体积流量 F 和反应器的体积 V 一定，物料的停留时间完全一样，均为 $\bar{\tau}=V/F$。停留时间大于 $\bar{\tau}$ 或小于 $\bar{\tau}$ 的物料的分率均为 0，停留时间等于 $\bar{\tau}$ 的物料的分率为 1。物料的停留时间分布函数如图 3-3 所示。

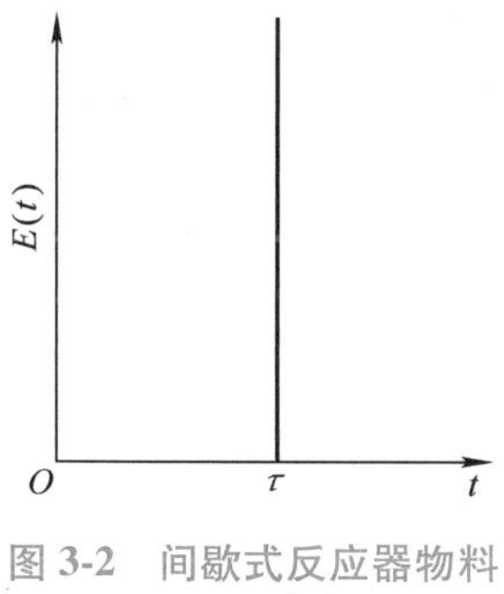

图 3-2 间歇式反应器物料停留时间分布函数

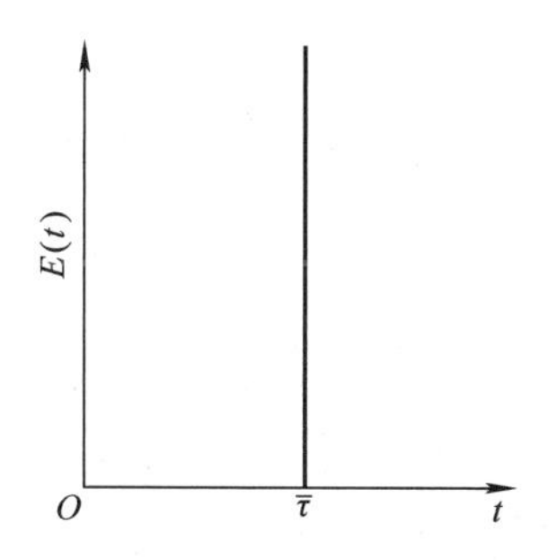

图 3-3 活塞流反应器物料停留时间分布函数

在连续操作的反应器里，可能存在死角、短路流和沟流降低反应器的有效容积。死角指反应器中液体不流动或者流动极为缓慢的区域。进入反应器的液流中，未经主体流动而流出反应器的部分称为短路流。由于填料黏结造成局部收缩所形成沟流，或者在填料床与反应器壁间所形成的裂缝中的水流，其通过反应器的时间大大短于正常的时间，未与填料得到正常的接触，水直接通过填料床，反应效果很差。在无填料的反应器中，这种现象也称为沟流。

3. 恒流搅拌反应器

图3-4所示为恒流搅拌反应器中示踪剂浓度随时间变化的情况，黑点的数量表示示踪剂浓度的大小。在理想的恒流搅拌反应器中，瞬时注入一定量 M_0 的示踪剂后，与反应器中的物料发生理想混合，进入反应器内的示踪剂会迅速分散，即注入示踪剂的同时，反应器内示踪剂浓度为 $C_0=M_0/V$；由于反应器中物料混合情况属于理想混合，体系中出口示踪剂浓度应和反应器内示踪剂浓度相等。

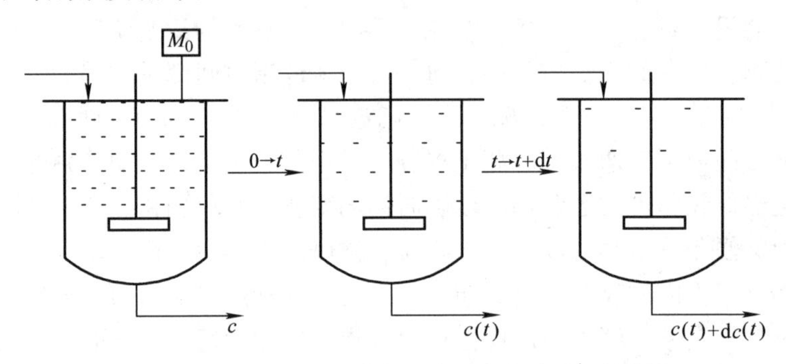

图3-4 恒流搅拌反应器中示踪剂浓度随时间的变化

为了得到理想反应器中示踪剂浓度与时间的关系，在 $t\to t+dt$ 时间间隔内对反应器内示踪剂进行物料衡算。t 时反应器内原有的示踪剂等于 $t+dt$ 时反应器内留存的示踪剂和 dt 时间间隔流出的示踪剂。

$$Vc(t)=V[c(t)+dc(t)]+Fc(t)dt$$

因此

$$\frac{dc(t)}{c(t)}=-\frac{F}{V}dt=-\frac{1}{\bar{\tau}}dt$$

在 $0\to t$ 时间内，示踪剂浓度由 $c_0\to c(t)$。即

由

$$\int_{c_0}^{c(t)}\frac{dc(t)}{c(t)}=-\frac{1}{\bar{\tau}}\int_0^t dt$$

得到

$$\ln\frac{c(t)}{c_0}=-\frac{t}{\bar{\tau}}$$

$$c(t)=c_0e^{-\frac{t}{\bar{\tau}}} \tag{3-3}$$

因此，式（3-3）代表理想情况下恒流搅拌反应器中示踪剂浓度和停留时间的关系。下面研究停留时间的分布函数。在示踪剂注入后，经过 $t\to t+dt$ 时间间隔，从出口所流出的示踪剂占示踪剂总量（M_0）的分率为

$$\left(\frac{dN}{N}\right)_{示踪剂}=\frac{在\ t\to t+dt\ 时间流出的示踪剂量}{示踪剂总量}=\frac{Fc(t)dt}{M_0} \tag{3-4}$$

在注入示踪剂的同时，进入流动体系的物料若是 N，则在 $t\to t+dt$ 时间间隔内从出口流出的物料在 N 中所占的分率为

$$\left(\frac{\mathrm{d}N}{N}\right)_{物料}=E(t)\,\mathrm{d}t \tag{3-5}$$

式中　$E(t)$——停留时间分布函数。

因为示踪剂和物料在同一个流动体系里，所以

$$\left(\frac{\mathrm{d}N}{N}\right)_{示踪剂}=\left(\frac{\mathrm{d}N}{N}\right)_{物料}$$

$$\frac{Fc(t)\,\mathrm{d}t}{M_0}=E(t)\,\mathrm{d}t$$

即
$$E(t)=\frac{F}{M_0}c(t) \tag{3-6}$$

将式（3-4）代入式（3-6）中，就可以得到此种典型反应器里物料的停留时间分布函数

$$E(t)=\frac{F}{M_0}c(t)=\frac{F}{M_0}c_0\mathrm{e}^{-\frac{t}{\bar{\tau}}}=\frac{F}{M_0}\frac{M_0}{V}\mathrm{e}^{-\frac{t}{\bar{\tau}}}$$

所以
$$E(t)=\frac{1}{\bar{\tau}}\mathrm{e}^{-\frac{t}{\bar{\tau}}} \tag{3-7}$$

式（3-7）是理想情况下恒流搅拌反应器的停留时间分布函数，其图形见图 3-5。

4. 恒流搅拌反应器串联

如图 3-6 所示为一个有两级的理想的恒流搅拌反应器串联。瞬时加入示踪剂 M_0 后，在 $t=0$ 时第一级的示踪剂浓度为 $c_1(t)=M_0/V$，经过 t 秒以后，各级反应器内的示踪剂浓度分别为 $c_1(t)$、$c_2(t)$。示踪剂浓度随时间的变化可通过物料衡算得到。对于第一级

$$c_1(t)=c_0\mathrm{e}^{-\frac{t}{\bar{\tau}}}$$

式中　$\bar{\tau}$——物料经过第一级的平均停留时间，若几个串联反应器的体积相同，则物料在每一级中的平均停留时间相同，都为 $\bar{\tau}$。

对于第二级，在 $t\rightarrow t+\mathrm{d}t$ 时间间隔进行的物料衡算。

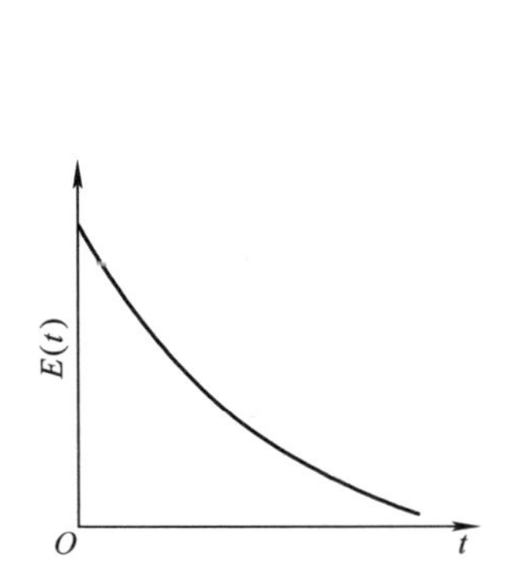

图 3-5　理想情况下恒流搅拌反应器的停留时间分布函数

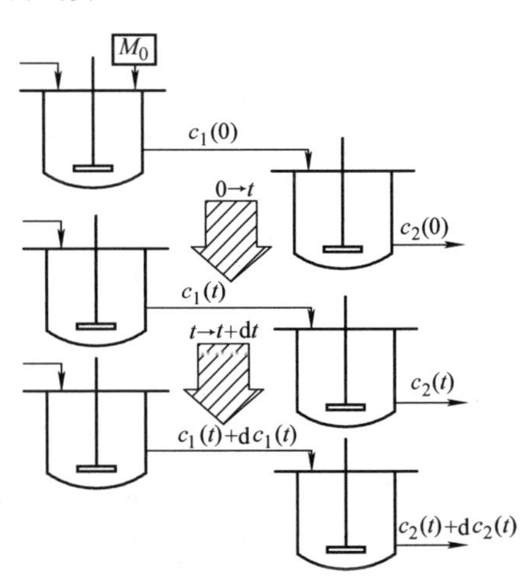

图 3-6　理想的两级恒流搅拌反应器串联时示踪剂浓度随时间的变化

本级反应器内示踪剂的改变量=进入本级的示踪剂量−离开本级的示踪剂量，即

$$V[c_2(t)+\mathrm{d}c_2]-Vc_2(t) \qquad Fc_1(t)\mathrm{d}t \qquad Fc_2(t)\mathrm{d}t$$

$$V[c_2(t)+\mathrm{d}c_2(t)]-Vc_2(t)=Fc_1(t)\mathrm{d}t-Fc_2(t)\mathrm{d}t$$

$$\mathrm{d}c_2(t)=\frac{F}{V}c_1(t)\mathrm{d}t-\frac{F}{V}c_2(t)\mathrm{d}t$$

$$=\frac{1}{\bar{\tau}}c_1(t)\mathrm{d}t-\frac{1}{\bar{\tau}}c_2(t)\mathrm{d}t$$

$$\frac{\mathrm{d}c_2(t)}{\mathrm{d}t}=\frac{1}{\bar{\tau}}c_1(t)-\frac{1}{\bar{\tau}}c_2(t)$$

所以
$$\frac{\mathrm{d}c_2(t)}{\mathrm{d}t}+\frac{1}{\bar{\tau}}c_2(t)=\frac{1}{\bar{\tau}}c_1(t)=\frac{1}{\bar{\tau}}c_0\mathrm{e}^{-\frac{t}{\bar{\tau}}}$$

若令 $y=c_2(t)$，$x=\frac{t}{\bar{\tau}}$，则上式可写为

$$\frac{\mathrm{d}y}{\bar{\tau}\mathrm{d}x}+\frac{1}{\bar{\tau}}y=\frac{c_0}{\bar{\tau}}\mathrm{e}^{-x} \qquad \text{或者} \qquad \frac{\mathrm{d}y}{\mathrm{d}x}+y=c_0\mathrm{e}^{-x}$$

求解上述微分方程，等式两边乘以 e^x，得

$$\mathrm{e}^x\frac{\mathrm{d}y}{\mathrm{d}x}+y\mathrm{e}^x=c_0\mathrm{e}^{-x}\mathrm{e}^x$$

即
$$\mathrm{e}^x\frac{\mathrm{d}y}{\mathrm{d}x}+y\mathrm{e}^x=c_0$$

上式右边是 $y\mathrm{e}^x$ 的倒数，即

$$\frac{\mathrm{d}}{\mathrm{d}x}(y\mathrm{e}^x)=c_0,\mathrm{d}(y\mathrm{e}^x)=c_0\mathrm{d}x$$

所以，$x=0$ 时，$y=0$，代入得 $c=0$

所以
$$y\mathrm{e}^x=c_0x \text{ 或者 } y=c_0x\mathrm{e}^{-x}$$

$$c_2(t)=c_0\left(\frac{t}{\bar{\tau}}\right)\mathrm{e}^{-\frac{t}{\bar{\tau}}}$$

同理，对三级串联可得到

$$c_3(t)=\frac{1}{2}c_0\left(\frac{t}{\bar{\tau}}\right)^2\mathrm{e}^{-\frac{t}{\bar{\tau}}}$$

对于四级串联，可得

$$c_4(t)=\frac{1}{2}\frac{1}{3}c_0\left(\frac{t}{\bar{\tau}}\right)^3\mathrm{e}^{-\frac{t}{\bar{\tau}}}$$

对于 N 级串联，同样得到

$$C_N(t)=\frac{1}{(N-1)!}c_0\left(\frac{t}{\bar{\tau}}\right)^{N-1}\mathrm{e}^{-\frac{t}{\bar{\tau}}}$$

根据当 N 个恒流搅拌反应器串联时，示踪剂随时间变化关系的计算式可知，物料在此种类型的反应器里的停留时间分布函数为

$$E(t)=\frac{F}{M_0}c_N(t)=\frac{F}{M_0}\frac{1}{(n-1)!}c_0\left(\frac{t}{\bar{\tau}}\right)^{N-1}\mathrm{e}^{-\frac{t}{\bar{\tau}}}$$

$$E(t)=\frac{1}{(N-1)!}\frac{1}{\bar{\tau}}\left(\frac{t}{\bar{\tau}}\right)^{N-1}\mathrm{e}^{-\frac{t}{\bar{\tau}}} \tag{3-8}$$

式（3-8）就是 N 个恒流搅拌反应器串联时 $E(t)$ 的计算公式，$\bar{\tau}$ 是指物料经过每一级反应器时的平均停留时间。

为便于对比，将上述各种典型反应器及其操作特点、停留时间分布函数的情况列于表 3-1。

表 3-1 各种典型反应器的比较

	间歇式反应器	活塞流反应器	恒流搅拌反应器	恒流搅拌反应器串联
示意图				
操作特点	间歇	连续	连续	连续
反应器的特点	反应物浓度、反应速度随时间而变	反应物浓度、反应速度是位置的函数	反应物浓度、反应速度式确定的数值，不随地点而变	各级之间的浓度和反应速度可以不相同
	反应物浓度和反应速度随时间而变	各点的反应物浓度和反应速度不随时间而变	各点的反应物浓度和反应速度不随时间而变	每一级反应器内的反应物浓度和反应速度不随时间和位置而变
	反应物的停留时间完全一样	停留时间是位置的函数	停留时间由 0→∞ 都有可能	停留时间相对地比较集中在平均停留时间附近

3.2.4 水处理中反应器的应用

20 世纪 70 年代反应器的概念被引入到水处理理论中。水处理中的有些单元过程与化工过程类似，而有的则完全不同。因此，有必要对化工过程反应器的概念进行拓展，将水处理中所有构筑物和设备均称为反应器，包括发生化学反应和生物化学反应的设备，以及产生物理过程的设备，如沉淀池、滤池、冷却塔等。

按反应器的定义，化学工程的反应器与水处理反应器存在一些差别，前者多数是在高温高压下进行的，后者则大多情况下是在常温常压下进行的。前者多是按稳态为基础设计的，而后者的进料多是动态的（如水质、投加的各种药剂的量等）。因此，各种装置的操作，通常不能在稳态下工作，必须考虑可能遇到的随机输入，把反应器设计成能在动态范围内进行操作。在化学工程中，多采用间歇式或连续式两种反应器，在水处理工程中则通常采用连续式反应器。在水处理工程中，既要借鉴化学工程反应器的理论体系，也要结合本身的特点来运用。表 3-2 给出了水处理过程中典型的反应器类型。

表 3-2 水处理过程中反应器类型

反应器	期望的反应器设计	反应器	期望的反应器设计
快速混合器	完全混合	软化	完全混合
絮凝器	局部完全混合的活塞流	加氯	活塞流
沉淀	活塞流	污泥反应器	局部完全混合的活塞流
砂滤池	活塞流	生物滤池	活塞流
吸附	活塞流	化学澄清	完全混合
离子交换	活塞流	活性污泥	完全混合及活塞流

借鉴反应器理论，可以确定水处理工艺的最佳形式，估算所需尺寸，确定最佳的操作条件。利用反应器的停留时间分布函数，可以判断物料在反应器里的流动模型，也可计算反应的转化率。

用示踪法很容易测定出物料在反应器中停留时间分布函数的情况，通过所得到的停留时间分布图形与图3-5比较，可以定性地判断物料在反应器中的流动状况，如属于理想混合、活塞流或是介于两者之间。其次从停留时间分布图形相对平均停留时间的分散情况，可大致估计该物料的流动情况偏离活塞流或理想混合的程度。

化学反应的转化率是指经过一定反应时间后，发生反应的反应物分子数与起始的反应物分子数之比。对于反应前后总体积无变化的化学反应，如液相反应和反应前后分子数没有变化的气相反应，其转化率可以用反应物浓度的变化来计算。即

$$x_A = \frac{(c_{A0} - c_A)/V}{c_{A0}/V} = \frac{c_{A0} - c_A}{c_{A0}} \tag{3-9}$$

式中　x_A——转化率；

V——反应前后的总体积；

c_{A0}——$t=0$ 时 A 的浓度；

c_A——$t=t$ 时 A 的浓度。

可见，反应的转化率与反应时间有很大关系，反应时间的长短直接影响反应物的量。在反应器中，物料的停留时间不均匀。设停留时间为 t 的那部分物料的转化率是 $x(t)$，在此反应器中的转化率应为平均值。即

$$\bar{x} = \frac{\sum x(t)\Delta N}{N} = \sum x(t)\frac{\Delta N}{N} \tag{3-10}$$

式中　$x(t)$——停留时间为 t 的物料的转化率；

$\Delta N/N$——停留时间为 t 的物料总量中所占的比率。

若停留时间间隔取得足够小，停留时间为 $t \to t+\Delta t$ 的物料占 $\Delta N/N$，则

$$\bar{x} = \int_0^{\infty} x(t)\frac{\mathrm{d}N}{N}$$

因

$$\frac{\mathrm{d}N}{N} = E(t)\mathrm{d}t$$

故

$$\bar{x} = \int_0^{\infty} x(t)E(t)\mathrm{d}t$$

由此建立了转化率与分布函数的关系，原则上可以通过上式计算任何反应器中的转化率。式中 $x(t)$ 由化学反应动力学模型所决定，$E(t)$ 由反应器中物料的流动模型所决定。

3.3　水处理基本方法与工艺

饮用水常规的处理工艺包括混凝、沉淀、过滤、消毒等单元，主要是去除水中的悬浮物和细菌，对各种溶解性化学物质的去除率较低，不能完全消除水污染的危害，不能满足人们对饮用水的高标准要求，叠加长距离管道输送和高位水箱的二次污染，饮用水存在安全风险。随着水源污染的加剧和饮用水标准的提高，去除各种有机物和有害化学物质的饮用水深

度处理技术日益受到重视。开发新的水处理工艺，寻求占地少、管理维护方便、处理水质稳定的高效低耗的技术已成为普遍关注的课题。

确定水处理工艺的基本思路是以较低的成本、安全稳定的运行管理，获得满足相关水质要求的水。针对原水水质及处理后的水质要求，会形成各种水处理工艺。水处理设施所在的地区气候、地形地质、技术经济条件的差异，也会影响到水处理工艺流程的选择。

3.3.1　水处理工艺流程

水中的杂质多种多样，通过水处理单元过程可以去除杂质或添加需要的某种元素，调节各项水质参数达到规定的指标。但是，一般水处理单元方法存在局限性，只能去除特定的物质，单一的水处理单元过程就难以满足上述要求。如沉淀主要去除部分悬浮物和胶体杂质，氧化还原主要去除部分可氧化的物质。为此，通常将几种基本单元过程互相配合，形成水处理工艺，称为水处理工艺流程。经过特定的水处理工艺流程后，水中杂质的种类与数量将会发生变化，达到特定的水质要求，如作为饮用水、工业用水使用或满足排放要求。针对不同的原水及处理后的水质要求，可以组成各种水处理工艺流程。

水处理工艺中一般包括一个主处理工艺。如以去除有机物为主的生活污水生物处理以活性污泥法为主工艺。进入主工艺前，有时还需要经过预处理，尽量去除那些在性质或含量上不利于主工艺过程的物质，如高浊度水给水处理和污水处理中的筛除、除沙等。根据去除的对象不同，处理单元过程在一个系统中可能是主处理工艺，在另一个系统中则可能是预处理工艺。如在以澄清除浊为目的的给水处理系统中混凝沉淀是主体工艺，在锅炉给水处理中则成为预处理工艺，而在软化除盐中则成为主工艺。另外，还有与主工艺配套的若干辅助工艺系统，如向水中投加混凝剂等，就要设有药剂的配制、投加系统；水处理过程中产生排泥水、反冲洗废水要回收利用，就要有废水处理回收系统；对水处理产生的污泥进行处置，就要有污泥脱水系统等。

为了保证水处理系统正常运转，还要有工艺过程自动监控系统或者智能控制系统、变配电及电力系统、通风和供热系统等。

3.3.2　典型给水处理工艺流程

给水水源主要有地表水和地下水两大类。常规的地表水处理以去除水中的浊度、细菌、病毒为主，给水处理系统主要由澄清和消毒工艺组成。图 3-7 所示为典型地表水处理工艺流程，其中混凝、沉淀和过滤的主要作用是去除浑浊物质，称为澄清工艺。

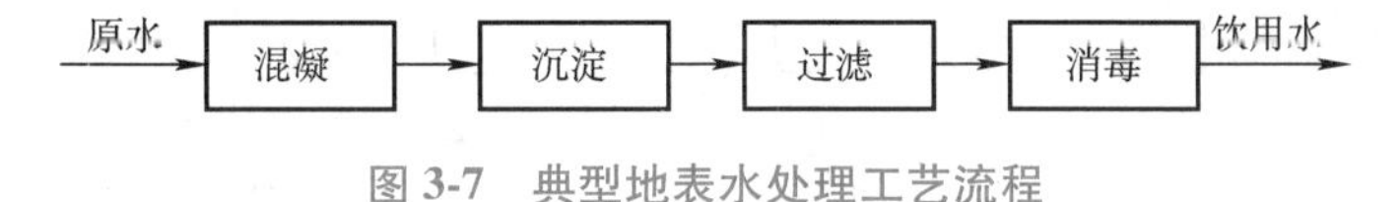

图 3-7　典型地表水处理工艺流程

当水源受到有机污染时，需要增加预处理或深度处理单元。图 3-8 所示为典型除污染给水处理工艺流程。

工业用水的要求不同，常采用不同的处理流程。如图 3-9 所示，对于一般工业冷却水系统，仅经自然沉淀或混凝沉淀即可达到要求；而电子行业等高标准用水，必须在常规水处理工艺基础上进行深度处理，如图 3-10 所示。

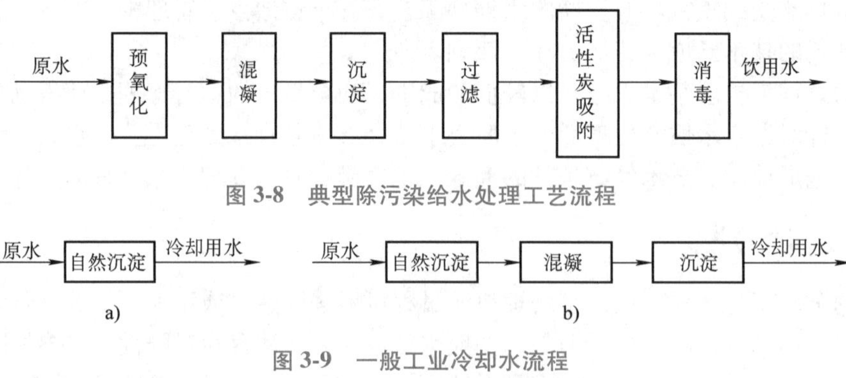

图3-8　典型除污染给水处理工艺流程

原水→自然沉淀→冷却用水

a)

原水→自然沉淀→混凝→沉淀→冷却用水

b)

图3-9　一般工业冷却水流程

a）自然沉淀　b）混凝沉淀

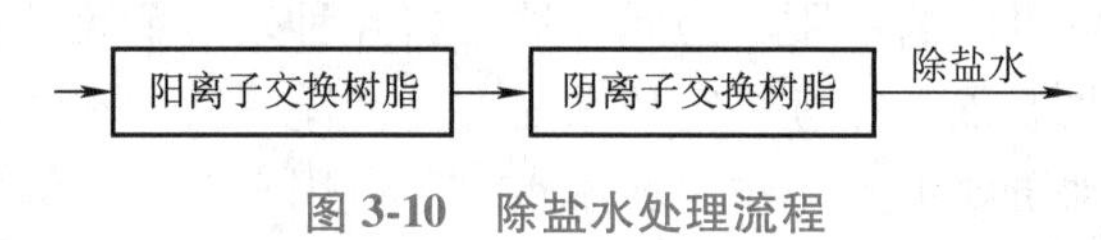

图3-10　除盐水处理流程

3.3.3　典型污水处理工艺流程

按污水种类不同，污水处理可分为城市污水处理和工业废水处理。按处理后水的去向，污水处理可分为排放和回用等。不同的污水及不同的用途，需要采用不同的处理工艺流程。

城市污水主要来源是城市居民生活用水，主要去除对象是有机污染物。一般城市污水中的污染物易于生物降解，通常主要采用生物处理方法。图3-11所示是典型城市污水处理工艺流程。

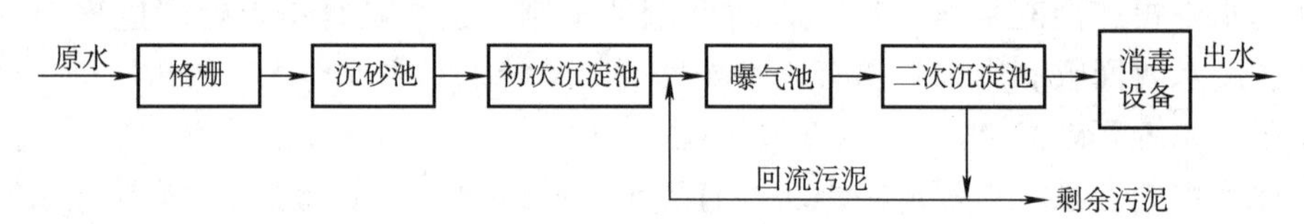

图3-11　典型城市污水处理工艺流程

工业废水要根据主要污染物的性质采用相应的处理方法。图3-12所示是典型的焦化废水处理流程。

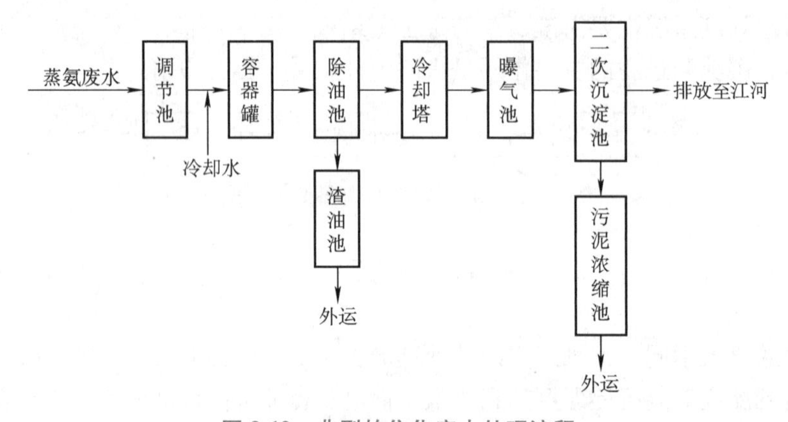

图3-12　典型的焦化废水处理流程

当处理后的水要回用时，则要进一步地深度处理，以满足回用的要求。图3-13所示是典型的洗浴废水回用处理流程。

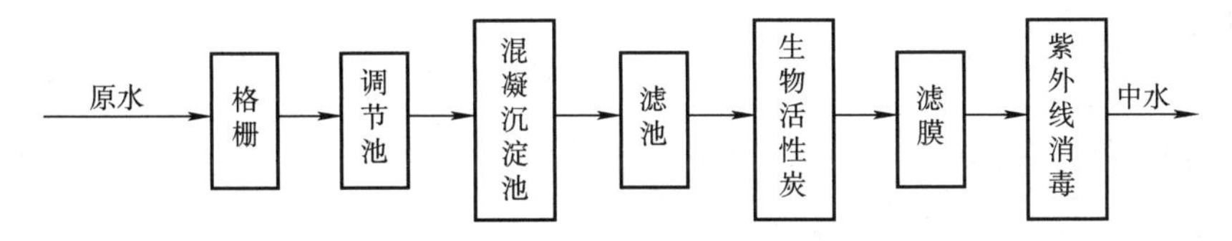

图3-13 典型的洗浴废水回用处理流程

在水的社会循环中，需要进行处理的水质多种多样，用水（或排放）的水质要求各不相同，应结合实际情况选择适宜的水处理工艺流程。对于去除同一类杂质，往往有多种工艺方法可供选择，就要通过技术经济比较、借鉴以往的工程经验，灵活地确定适宜的水处理工艺流程。这些内容将在后述的章节中介绍。

练 习 题

3-1 水处理有哪些主要方法？各有什么特点？

3-2 反应器有哪些基本类型？如何计算水力停留时间？

3-3 如何去除水中的新污染物？

第4章

水的预处理与深度处理

学习要点

本章提要：介绍水的调节、预处理与深度处理理论与方法。预处理是对水进行初级处理，为后续单元处理降低处理负荷或为提高后续处理单元的效率创造条件，发挥水处理工艺整体作用。预处理方法有物理、物理化学和生物处理方法等。深度处理方法则是在常规处理的基础上对水进行有目的进一步处理，提高出水水质。水处理工程是一项系统工程，由于被处理水的水质存在较大差异，各种处理单元过程有其适应条件，需要各个环节密切配合才能达到较理想的效果。我国水环境污染日益严重，饮用水源污染尤为突出，因此，水处理的难度进一步加大。

本章重点：水的调节，水的预处理与深度处理。

本章难点：水的预处理与深度处理理论。

4.1 概述

据我国环境部门统计，82%的河流受到不同程度的污染，七大水系中，不适合作为饮用水源的河段接近40%；城市水域中78%的河段不适合作为饮用水源。目前，从水中检出的有机污染物已有2000余种，部分对人体有急性或慢性、直接或间接的毒害作用，其中许多是具有或被疑有致癌、致畸、致突变的物质。

根据中国水资源公报，2017年我国123个湖泊共3.3万km^2水面水质评价：全年总体水质为Ⅰ~Ⅲ类的湖泊32个、Ⅳ~Ⅴ类湖泊67个、劣Ⅴ类湖泊24个，分别占评价湖泊总数的26.0%、54.5%和19.5%。主要污染项目是总磷、COD和BOD_5；117个湖泊营养状况中营养湖泊占23.1%，富营养湖泊占76.9%。

根据中国环境公报，2018年太湖的17个检测点位中，属于Ⅲ类、Ⅳ类、Ⅴ类水质的分别为5.9%、64.7%、29.4%；滇池监测的10个水质点位中，Ⅳ类占60.0%，Ⅴ类占40.0%，平均处于轻度富营养状态；巢湖总磷污染较为严重，8个检测点位中，Ⅴ类、劣Ⅴ类水质各占50%，平均处于轻度富营养状态。我国10168个国家级地下水水质监测点中，Ⅰ类占1.9%，Ⅱ类占9.0%，Ⅲ类占2.9%，Ⅳ类占70.7%，Ⅴ类占15.5%。超标指标为锰、铁、浊度、总硬度、溶解性总固体、碘化物、氯化物、“三氮”（亚硝酸盐氮、硝酸盐氮和氨氮）和硫酸盐，个别监测点铅、锌、砷、汞、六价铬和镉等重（类）金属超标。全国浅

层地下水监测井水质总体较差，Ⅰ～Ⅲ类水质监测井占 23.9%，Ⅳ类占 29.2%，Ⅴ类占 46.9%。超标指标主要为锰、铁、总硬度、溶解性总固体、氨氮、氟化物、铝、碘化物、硫酸盐和硝酸盐氮，锰、铁、铝等重金属指标和氟化物、硫酸盐等无机阴离子指标可能受到水文地质化学背景影响。

常规给水处理工艺的混凝、沉淀、过滤、消毒等单元过程，主要以去除水中的悬浮物、胶体和细菌等为目的，它对受污染水中的有机物、氨氮等污染物去除率很低。研究表明，水的浊度与有机物的含量密切相关，如将水的浊度降低至 0.5NTU 以下，有机物可减少 80%。因此，要提高饮用水水质，必须进行水的预处理或深度处理。

4.2　格栅与筛网

4.2.1　格栅

1. 格栅的基本功能

城市污水与工业废水中常常含有大量的漂浮物和悬浮物，不同的行业废水，其污染物含量差异较大，从几十到几千 mg/L，甚至达数万 mg/L。设置格栅，一方面可以截留较大的悬浮物或漂浮物，如纤维、碎皮、毛发、木屑、果皮、蔬菜、塑料制品等，防止水泵、排水管以及后续处理构筑物的堵塞，确保处理设施和设备的正常运转；另一方面，也降低了后续处理单元的负荷。格栅一般安装在污（废）水渠道、泵房集水井的进口处或给水处理的取水构筑物的进口处，用于废水的前处理。一般格栅每天截留的固体物质量约占污水中悬浮固体质量的 10%。

2. 格栅类型

格栅由金属棒或栅条按一定间距平行排列而成。栅条断面的形状有圆形、矩形、正方形等。尽管圆形栅条的水流阻力小，刚度较好，生产实践表明，其去污效果不如矩形栅条，所以采用矩形栅条较多。表 4-1 列出了常见格栅栅条断面形式与尺寸。

表 4-1　格栅栅条断面形式与尺寸

栅条断面形式	尺　寸	栅条断面形式	尺　寸
正方形	20 20 20 20	圆形	10 10 10
矩形	10 10 10 50	带半圆的矩形	10 10 10 50

格栅按形状可分为平面格栅和曲面格栅。平面格栅由栅条与框架组成，曲面格栅可分为固定曲面格栅与旋转鼓筒式格栅。固定曲面格栅一般利用渠道水流推动除渣桨板；旋转鼓筒式格栅是污水向鼓筒外流动，被格除的栅渣，由冲洗管冲入渣槽内排出。

按栅条的间隙，格栅分为粗格栅（50～100mm）、中格栅（10～40mm）、细格栅（3～

10mm）三种。为了确保拦截废水中的颗粒物，可同时采用粗、中两道格栅或粗、中、细三道格栅。

格栅清渣方式分人工清渣和机械清渣。图4-1所示为人工清渣格栅。人工清渣的格栅用于小型处理站，截留的污染物量不应大于0.2m³/d。

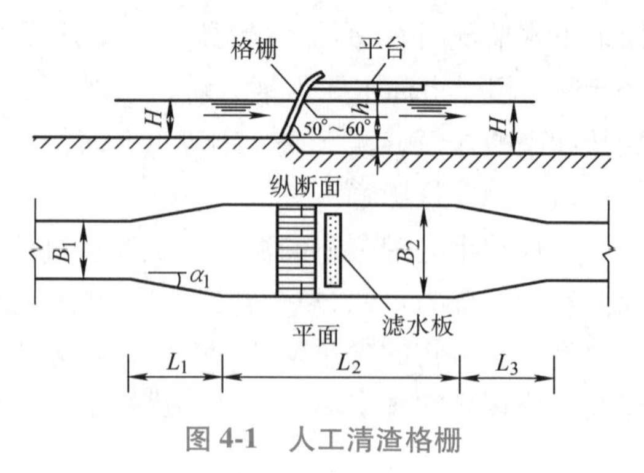

图4-1 人工清渣格栅

对截留污染物较多的处理站，多采用机械清渣的格栅。常用的机械格栅有圆周回转式、钢丝绳牵引式、移动式、链条式等。圆周回转式格栅构造简单、运行可靠、易于检修，但占地面积较大。钢丝绳牵引式机械格栅的适用范围广，但钢丝绳易被腐蚀，常采用不锈钢钢丝绳。

3. 格栅的主要参数

栅距、过栅流速和水头损失是格栅的主要工艺参数。废水来源不同，废水水质及所含栅渣的尺度存在差异。可根据废水中污物的组成、含砂量等实际水质情况选择栅距。在运行管理中，可根据所测数据及管理经验摸索适合废水处理的栅距。

污水在栅前渠道中的流速一般应控制在 $v_1=0.4\sim0.8\text{m/s}$，过栅流速应控制在 $v_2=0.6\sim1.0\text{m/s}$。过栅流速太大，容易把需要截留下来的软性栅渣冲走；过栅流速太小，污水中较大的粒状物质则可能在栅前渠道内沉积。栅前流速和过栅流速可估算为

栅前流速
$$v_1=\frac{Q_{max}}{Bh_1} \tag{4-1}$$

过栅流速
$$v_2=\frac{Q_{max}}{(n+1)B\delta h_2} \tag{4-2}$$

式中 Q_{max}——入流污水流量（m³/s）；

B——栅前渠道的宽度（m）；

h_1——栅前渠道的水深（m）；

h_2——格栅的工作水深（m）；

δ——格栅的栅距（m）；

n——格栅栅条数。

4.2.2 格栅维护管理

格栅除污机是污水处理设施最易发生故障的设备之一。格栅日常管理主要是及时清运栅渣，保持格栅通畅。平时加强检查维修，对格栅定期进行保养。

日常巡检时，认真检查格栅各部分的运行状况，应及时查清故障原因，进行处理并记录。对每天截留的栅渣量进行分析，一般用容量表示。可根据栅渣量的变化，间接判断格栅的拦截效率。检查包括电动机的绝缘性，轴承、齿轮的发热情况，传动件的张紧度、磨损程度；主体构件的变形、磨损、振动情况；钢丝绳的损伤程度等。发现异常声音，应及时调换与调整。

在格栅运行时，当过栅流速过高时，应增加投入工作的格栅台数，使过栅流速降至正常

范围内；当过栅流速低于最低值时，应减少工作的格栅台数。同时，要经常检查并调节栅前的流量阀，保证过栅流量的均匀分配。一般可以通过过栅水头损失来自动控制清污，必要时进行人工清污，及时清砂并排除集砂故障。

水头损失的控制——栅渣清除。格栅前后水位差为过栅水头损失，与过栅流速有关，一般为 0.2~0.5m。若过栅水头损失增大，说明污水过栅流速增大，可能是过栅水量增加，或者格栅局部被堵死所致。如过栅水头损失减小，说明过栅流速降低，很可能是由于较大颗粒物质在栅前渠道内的沉积所致，需要及时清除。

格栅与后续单元的联动。格栅的截污效率直接影响到后续处理过程的运转，对格栅的运转要引起足够的重视。格栅的不良运转，将对后续处理单元产生一系列的影响，当碰到后续单元的堵塞、积砂、大量浮渣、设备磨损等问题时，应从预处理单元找原因。当格栅出现问题时，将可能主要对后续处理单元产生以下影响：

1）流走的栅渣过多，初沉池浮渣量增多，难以清除，挂在出水堰板上影响均匀出水，增加恶臭；如采用链条式刮泥机，丝状物将在链条上缠绕，使阻力增大，损坏设备。

2）大量栅渣进入曝气池会在表曝机或水下搅拌设备桨板上缠绕，使阻力增大；二沉池浮渣增加，挂在出水堰板上影响均匀出水；生物滤池配水管堵塞严重，或生物转盘上栅渣缠绕。

3）极易从格栅流走的常是破布条、塑料袋等，它们进入浓缩池将缠绕在浓缩机栅条上，增加阻力，影响浓缩效果；缠绕在上清液出流堰板上，影响出流均匀，还可能堵塞排泥管路或排泥泵。进入消化池，极易堵塞的是换热器，一旦堵塞，清理非常困难。杂物如进入离心脱水机，会使转鼓产生振动或噪声，破布片、毛发有时会塞满转鼓与蜗壳之间的空间，使设备过载。

应该注意的是，当除污机的齿耙或链条倾斜时，不要强行开机，以免损坏机器。污水在输送过程中腐化，特别在夏季，会产生恶臭等有毒气体，将会在格栅间大量释放，不仅恶化环境，而且会危及值班人员的安全。栅渣要及时运走处理，栅渣堆放处应经常清洗，以防止腐败产生恶臭，格栅间必须有通风措施。

4.2.3　筛网

污、废水中常含有较细小的难以去除的悬浮物，尤其是工业废水中的纤维类悬浮物、食品工业的动植物残体碎屑，它们不能用格栅截留，也难通过沉淀去除；水源为水库水、湖泊水中的藻类，也难以通过格栅截留或沉淀去除。对上述污、废水的预处理或者给水处理，常用筛网进行分离。

筛网分离装置有多种，一般由金属丝或纤维丝编织而成，如振动筛网、水力筛网、转鼓式筛网、转盘式筛网、微滤机等。它具有简单、高效、运行费用低等优点。选择不同尺寸的筛网，能去除和回收不同类型和尺度的纤维、纸浆、藻类等悬浮物。它对污水 BOD 的去除效率与初次沉淀池相近。微滤机多用于给水处理，它的藻类去除率大于 60%，造纸废水回收纤维，SS 回收率大于 80%。

振动筛网由振动筛和固定筛组成。污水通过振动筛时，悬浮物等杂质被留在振动筛上，通过振动卸到固定筛网上，以进一步脱水。

水力筛网由运动筛网和固定筛网组成。运动筛网一般水平放置，呈截顶圆锥形。进水端在运动筛网小端，废水在由小端到大端流动过程中，纤维等杂质被筛网截留，沿倾斜面卸到固定筛以进一步脱水。水力筛网的动力来自进水水流的冲击力和重力作用，因此，水力筛网的进水端必须保持一定压力。水力筛网一般由不透水的材料制成。

4.2.4 格栅与筛网的设计

格栅与筛网的设计方法基本相同。筛网的设计主要是选型，而格栅一般设计为两个平行格栅。设计时，应该防止栅前垒水，栅后渠底应比栅前渠底低，栅前渠道的断面尺寸由栅前流速与栅前水深确定。

1. 设计参数

过栅流速为0.6~1.0m/s，栅前渠道内流速为0.4~0.9m/s，栅前倾角为45°~75°，90°，水头损失一般为0.08~0.15m。

栅渣量标准与格栅间隙大小有关。当栅条间隙e=16~25mm时，栅渣量为0.10~0.05m^3渣/10^3m^3污水；当栅条间隙e=30~50mm时，栅渣量为0.03~0.01m^3渣/10^3m^3污水。

栅渣含水率约80%，密度约960kg/m^3；当栅渣量>0.2m^3/天，则应采用机械清渣。

2. 设计计算

（1）栅槽宽度

$$B = S(n-1) + en \tag{4-3a}$$

$$n = \frac{Q_{max}\sqrt{\sin\alpha}}{ehv} \tag{4-3b}$$

式中 B——栅槽宽度（m）；
S——格栅间隙宽度（m）；
n——格栅间隙数；
e——栅条净间隙（m）；
Q_{max}——最大设计流量（m^3/s）；
α——格栅倾角；
h——栅前水深（m）；
v——过栅流速（m/s）。

（2）过栅水头损失

$$h_1 = kh_0 = k\varepsilon\frac{v^2}{2g}\sin\alpha \tag{4-4}$$

式中 h_1——过栅水头损失（m）；
h_0——计算水头损失（m）；
k——水头损失增大系数，$k=3$；
ε——阻力系数，$\varepsilon=\beta\left(\frac{s}{e}\right)^{\frac{4}{3}}$；
β——栅条为矩形断面$\beta=2.42$，栅条为圆形断面$\beta=1.79$。

（3）栅槽总高度

$$H = h + h_1 + h_2 \tag{4-5}$$

式中 H——栅槽总高度（m）；
h——栅前水深（m）；

h_2——栅前渠道超高（m），一般 $h_2=0.3\text{m}$。

（4）栅槽总长度

$$L = l_1 + l_2 + 1.0\text{m} + 0.5\text{m} + \frac{H_1}{\tan\alpha} \tag{4-6}$$

式中　L——栅槽总长度（m）；

l_1——渐扩部分长度（m），$l_1=\dfrac{B-B_1}{2\tan\alpha_1}(\text{m})$；

B_1——进水渠道宽度（m）；

α_1——进水渠道展开角；

l_2——渐缩部分长度（m），$l_2=\dfrac{1}{2}l_1$；

H_1——栅前槽高（m），$H_1=h+h_2$。

（5）栅渣量

$$W = \frac{Q_{\max}W_1 \times 86400}{K_{总} \times 1000} \tag{4-7}$$

式中　W——栅渣量（m^3/天）；

W_1——栅渣量标准（m^3/天或 $\text{m}^3/10^3\text{m}^3$ 污水）；

$K_{总}$——总变化系数。

4.3　水的调节

4.3.1　概述

城市污水与工业废水的水量、水质一般随着时间的变化而存在差异，既有高峰、低峰流量之分，也有高峰、低峰浓度之别。流量和浓度的变化往往给处理设施带来不少困难，使其很难保持在最优的工艺条件下运行，或短时无法工作，在过大的冲击负荷下甚至遭受破坏。为了改善废水处理设施的工艺条件，多数情况下需要对水量进行调节，对水质进行均和。

调节和均和的目的是为处理设备创造良好的工艺运行条件，使其处于最优稳定的运行状态，同时减小设备容积，降低成本。

一般工业企业排出的废水，其水质、水量、水温、酸碱度等指标随时空波动较大，中小企业的水质水量的波动性更大。为了保证水处理构筑物或设备的正常运行，提高处理工艺的效果，一般设计调节池对废水的水量、水质进行调节。调节池对后续处理单元稳定运行具有重要作用。有些水处理设施，未设调节池或调节池容积太小，严重影响了后续处理构筑物及其设备的正常运行。

对水质或者水量的调节，可以降低或防止冲击负荷对处理设备的影响；使被处理废水的pH值保持稳定，水温得到调节。当处理设备发生故障时，还可调节来水量，起到临时贮存的作用。水量均衡还可以避免水泵频繁起动。

调节池按功能分为水量调节池、水质调节池和同时兼具部分预处理作用的调节池，其形状有圆形、方形、多边形等，根据是在地区及其地形，可建在地下或地上。调节池一般设置在各车间排水点、处理厂进口及处理流程中对水质水量要求严格的设施之前。

一般，调节池设置在一级处理设施之后二级处理设施之前。当设在一级处理之前时，设计中必须考虑足够的混合设备，以防止悬浮物沉淀和废水浓度的变化，有时还应曝气以防止产生气味。

调节池中的废水常需经污水泵提升至后续单元要求的状态，实现重力自流。集水调节池的作用是配合泵组的运行调度，实现来水量与抽水量平衡。保持集水池高水位运行，可减少水泵的扬程，降低能耗。泵组内每台水泵的投运次数及时间应基本均匀，水泵的开停次数不可过于频繁，否则易损坏电动机。

污水进入调节池后，泥砂沉积会降低调节池有效容积，影响水泵的正常工作。为了保护水泵叶轮遭受损坏，避免污水管道和构筑物堵塞，减少因垃圾过多造成阻力增加、流量减少等问题，应该及时捞清格栅垃圾，定期彻底清洗集水池。有条件的集水池可安装曝气管，减少沉降物、降低清洗集水池的次数。集水池四周及格栅平台应保持清洁。

腐败的废水会带入有毒气体，在池内沉积的污泥也会厌氧分解产生有毒气体，清池时一定要确保人身安全。

4.3.2 水量调节

1. 按水质水量变化曲线

根据水质水量变化最不利情况及所要求的调节程度确定调节时间 T。水量调节池的主要作用是调节来水量，起临时贮存、均衡水量的作用，如图4-2所示。它是一座变水位的贮水池，贮存盈余，补充短缺。设计时要保证必要的调节容积，出水均匀。进水一般为重力流，出水用泵抽升，池中最高水位低于进水管的设计水位，有效水深一般为2~3m，最低水位一般为死水位。

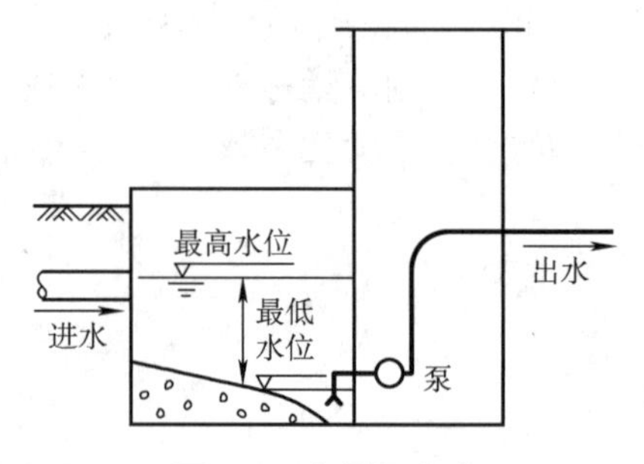

图4-2 水量调节池

图4-3所示为某厂废水流量曲线，图4-4所示为某厂废水流量累积曲线，其中 OA 为出水累积曲线，其斜率为出水流量。虚线为池中水量变化曲线。

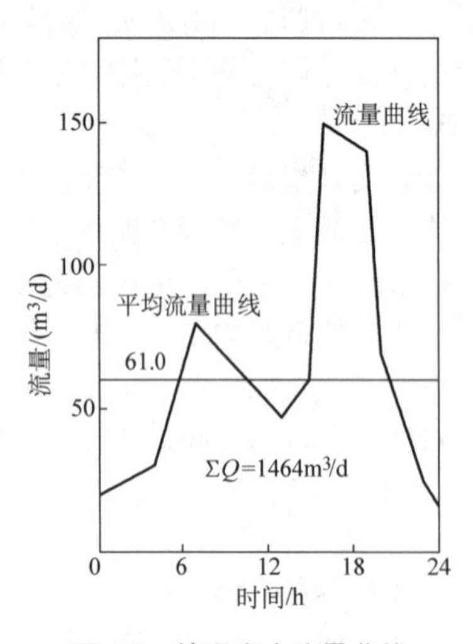

图4-3 某厂废水流量曲线

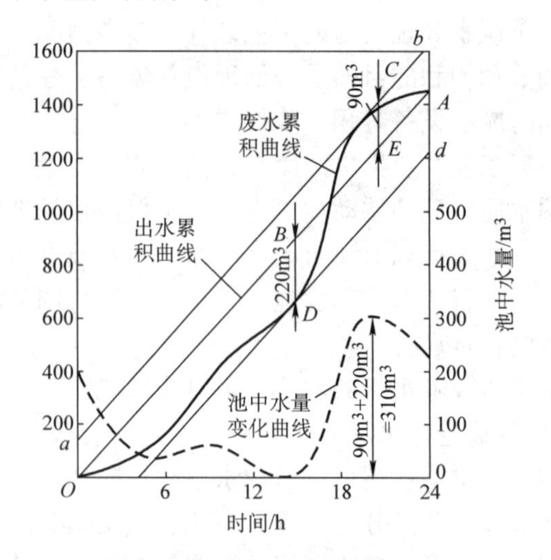

图4-4 某厂废水流量累积曲线

（1）生产周期 T 内废水总量

$$W_T = \sum_{t_i=0}^{T} q_i t_i \tag{4-8}$$

式中 W_T——废水总量（m^3）；

q_i——t_i 时段内废水的平均流量（m^3/h）；

t_i——时段（h）。

（2）在周期 T 内废水平均流量 $Q(m^3/h)$

$$Q = \frac{W_T}{T} = \frac{\sum_{t_i=0}^{T} q_i t_i}{T} \tag{4-9}$$

式中 Q——平均流量（m^3/h）。

2. 水量调节池的容积

$$V = DB + CE$$

式中 V——调节池的容积（m^3）。

4.3.3 水质调节

水质调节通常由水质调节池来完成，调节池不仅要有足够的池容，且要求实现随时进入池内的废水能达到完全混合，使废水水质均和。水质均和有两种情况：一种是进水水量均匀，水质不均匀；另一种是水质、水量都不均匀。第一种情况的水质均和比较容易，后一种情况的水质均和较困难。

均和水质可以采用压缩空气、叶轮搅拌、水泵循环的强制混合和均化，或利用差流方式使不同时间不同浓度的废水混合而进行的自身水力混合。前者的设备较简单，运行费较高，后者运行费用较低，但需要采用复杂的池型。

如设计原形曝气池，池底设有曝气管，通过搅拌作用，使不同时间进入池内的废水得以互相混合。这种均和池构造简单，可防止污物沉积，效果良好。适用于流量不大、处理工艺中需要预曝气的情况，所需空气量约为 $3\sim5m^3/(m^2 \cdot h)$。当废水中含有有害的挥发物或溶解气体，废水中的还原性污染物能被空气中的氧氧化成有害物质，或者空气中的二氧化碳能使废水中的污染物转化为沉淀物或有毒挥发物时，则不宜选用。

进入调节池的废水，由于流程长短差异，使前后进入调节池的废水相互混合。混合方式有水力混合和动力混合，如在调节池内增设空气搅拌、机械搅拌、水力搅拌等设备。机械搅拌设备混合效果好，占地小，但动力消耗大。水力混合可采用穿孔导流槽式调节池。在调节池底设穿孔管，穿孔管连接水泵压水管，可以通过压力进行搅拌。在调节池底或池一侧装设空气曝气管，起混合作用并可以防止悬浮物下沉，还有预除臭作用以及一定程度的生化作用。水力搅拌简单易行，但能耗较大。

1. 普通水质调节池

调节池物料平衡方程为

$$C_1QT + C_0V = C_2QT + C_2V \tag{4-10}$$

式中 Q——时间内的平均流量（m^3/h）；

C_0——开始时调节池内污物浓度（mg/m^3）；

C_1——进入调节池污物浓度（mg/m^3）；

C_2——调节池出水污物浓度（mg/m^3）；

V——调节池容积（m^3）；

T——取样间隔时间（h）。

若在一个取样间隔时间内出水浓度 C_2 不变，则式（4-10）为

$$C_2 = \frac{C_1 T + C_0 V/Q}{T + V/Q} \tag{4-11}$$

而调节池容积 $V = Q_{平均} t_{停留}$。

$$\frac{调节池进水最大浓度}{调节池进水最小浓度} = P, \frac{调节池出水最大浓度}{调节池出水平均浓度} = P < 1.2$$

2. 穿孔导流槽水质调节池

同时进入调节池的废水，由于流程差异，应使先后进入调节池的废水充分混合，均和水质。

调节池的容积
$$W_T = \sum_{i=1}^{t} \frac{q_i}{2} \tag{4-12}$$

实际要求的池容
$$W_T = \sum_{i=1}^{t} \frac{q_i}{2\eta} \tag{4-13}$$

式中 η——容积放大系数，$\eta = 0.7$。

从废水的水量-水质曲线图表上选择其流量和水质浓度较高的时段，求该时段的废水平均浓度与废水累计量。穿孔导流槽式调节池，如图4-5所示，池容 $W_T = \sum_{i=1}^{t} \frac{q_i}{2\eta} = \frac{284}{2 \times 0.7} m^3 = 206m^3$。

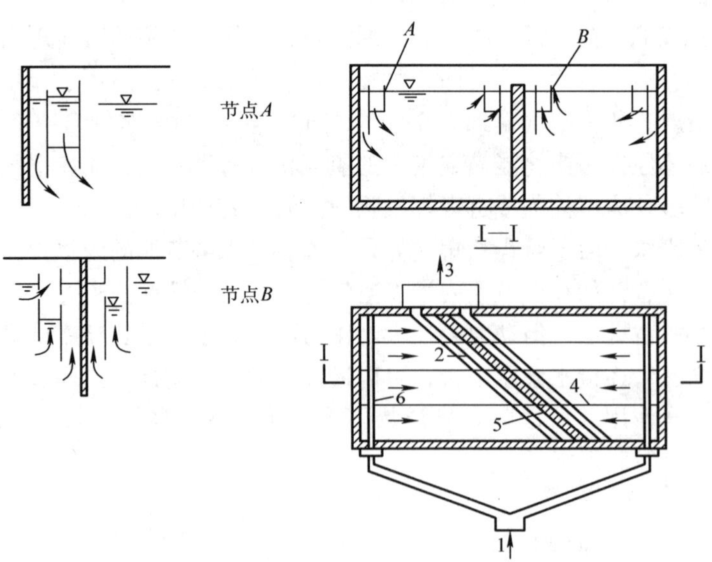

图4-5 穿孔导流槽式调节池

1—进水 2—集水 3—出水 4—纵向隔墙 5—斜向隔墙 6—配水槽

工艺尺寸的确定：如取有效水深 $H_{有效}$ 为 1.5~2.0m，则可以求池面积 F，进而定池宽、池长，池面积为

$$F = \frac{W_T}{H_{有效}}$$

3. 均质沉淀池

当废水中 SS 高时，则可采用均质沉淀池。均质沉淀池池侧沿程进水，使同时进池的污水转变为前后出水，达到与不同时序的污水混合的目的。

4. 分流贮水池

如果有偶然泄漏或周期性冲击负荷，可设分流贮水池。

5. 均量均质调节池

均量——池中水位应变化→$V_{池}$；均质——池中水应混合→$V_{池}$。

二者之中取较大者。

4.3.4　水量水质调节

水量水质调节池兼有调节水量和水质的作用，设计时考虑如下：

均量——池中水位应变化→$V_{池}$

均质——池中水应混合→$V_{池}$。

二者之中取较大者。

图 4-6 所示为同心圆形调节池，图 4-7 所示为水量调节池，图 4-8 所示为水泵强制循环搅拌。

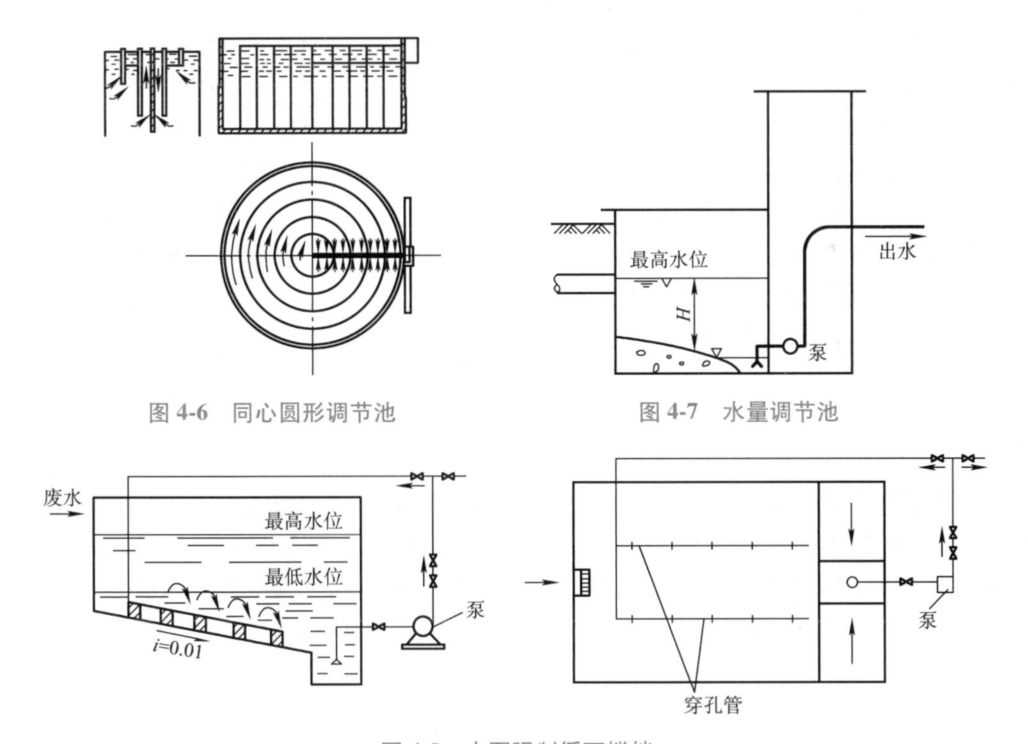

图 4-6　同心圆形调节池

图 4-7　水量调节池

图 4-8　水泵强制循环搅拌

4.4　水的预处理技术

水的预处理方法主要有物理方法、物理化学方法和生物方法。预处理方法也可以分为氧化法和吸附法等。氧化法又可分为化学氧化法和生物氧化法。利用强氧化剂的氧化能力，去除水中的有机物，提高混凝沉淀效果称为化学预氧化，它可以大大降低后续传统工艺处理污染物的负荷，提高整体工艺对污染物的去除效率。

常规的预处理方法有时难以满足遭受严重污染的水的处理，必须寻求更好的预处理技术来达到预处理的目的。

4.4.1　氯化预氧化

氯化预氧化是应用最早、最广泛的方法之一。常用的氧化剂有氯气、臭氧和高锰酸钾等。它可以用于控制因水源污染产生的微生物和藻类在管道或构筑物内的生长，也可以氧化一些有机物，提高混凝效果并减少混凝剂用量。如高锰酸钾氧化预处理的组合工艺能有效地降低水的致突变活性，对致突变物前体物也有较好的去除效果；紫外光氧化预处理组合工艺能有效降低水中的有机物数量；臭氧预处理对水中的移码突变物有部分去除效果。

但预氯化可能造成出水的毒理学安全性下降，有些氧化产物不易被常规处理工艺去除，有些甚至会导致水的致突变活性增高。

4.4.2　吸附预处理

吸附预处理是指利用物质的吸附性能或交换作用，或改善混凝沉淀效果来去除水中污染物的技术。吸附预处理的关键是吸附剂的性能。常用的吸附剂有粉末活性炭、黏土等。研究表明，当粉末活性炭投加量为20mg/L时，可使常规处理工艺的COD_{Cr}去除率提高20.8%~39.6%。由于粉末活性炭参与混凝沉淀过程，残留于污泥中，当前还没有很好的回收利用方法，处理费用较高，难以推广。黏土矿物类吸附剂具有很好的吸附性能，货源充足，价格便宜。但黏土大量投入增加了沉淀池的排泥量，给运行带来困难。这类吸附剂多数处于研究阶段，重点放在其吸附性能、加工条件、表面改性等方面，以期提高吸附容量和吸附速率。沸石作为一种极性很强的吸附剂，对氨氮、氯化消毒副产物、极性小分子有机物均具有较强的去除能力，将沸石和活性炭吸附工艺联合使用，有望使饮用水源中的有机物得到较彻底的去除。

4.4.3　生物预处理

生物预处理是利用微生物的生物氧化作用，达到去除水中的有机物、氨、氮等污染物的目的。生物预处理工艺主要有生物接触氧化、曝气生物滤池、生物转盘、生物流化床等。目前，生物接触氧化和曝气生物滤池应用较普遍。有机污染物氧化反应可以表示为

$$4C_xH_yO_z + (4x + y - 2z)O_2 = 4xCO_2 + 2yH_2O$$

4.4.4　强化常规工艺

强化常规工艺是指在传统工艺流程中，对其中任一工艺环节进行强化或优化，进一步提

高它对水中有机污染物或新型污染物的去除效果。在常规给水处理工艺的混凝、沉淀、过滤、消毒单元中，主要采用强化混凝技术、强化过滤技术、改进消毒方法等。

强化混凝技术是通过改善絮凝条件，如加大混凝剂的投加量，投加絮凝剂，增强吸附、架桥作用，改善常规处理工艺对有机物的去除效率。如投加助凝剂聚丙烯酰胺（PAM）、高分子絮凝剂等。或者通过氧化、混凝的综合作用。如高效脱色除臭剂、高铁酸盐复合药剂和高锰酸盐复合药剂等。

改进消毒工艺。消毒工艺与THMs关系密切。报道较多的是臭氧、二氧化氯，也有使用氯胺或高锰酸钾的报道。

4.5　水的深度处理技术

深度处理技术通常指在常规处理工艺后，对尚未有效去除的污染物或消毒副产物的前体物进一步加以去除，提高饮用水的质量的工艺。预处理方法加常规水处理方法，对于遭受严重污染的原水处理后，有时还难以满足用水要求，必须进行水的深度处理。应用较为广泛的有臭氧氧化、活性炭吸附和臭氧活性炭吸附、膜处理技术等。

4.5.1　臭氧氧化

臭氧是一种强氧化剂，在给水处理中应用历史悠久，最初用作消毒剂，控制色度或臭味，现在还用于去除水中有机物。由于臭氧浓度的限制，不能将水中有机物全部无机化，但可将大分子有机物分解成小分子的中间产物。臭氧预处理的水经氯化消毒后，醛、酮、醇、过氧化物氯化可能产生三卤甲烷（THMs）等“三致”物质。

4.5.2　活性炭吸附和臭氧活性炭吸附

活性炭是一种良好的吸附剂，在给水处理中，主要用于去除溶解性有机物、臭味等。活性炭可使Ames试验阳性的水变为阴性。但活性炭吸附受其本身特性和吸附质性质的影响，随使用时间的延长，吸附性能将降低。活性炭虽对水中氯产生的致突物质有去除作用，但并不能有效去除氯化致突物质的前体物。

臭氧活性炭联用深度处理技术，采用先臭氧氧化后活性炭吸附，在活性炭吸附中又继续氧化的方法，在炭层中投加臭氧，可使水中的大分子转化为小分子，改变其分子结构形态，增加了有机物进入较小孔隙的可能性，使大孔内与炭表面的有机物得到氧化分解，充分发挥活性炭的吸附作用，实现水质深度净化。但在臭氧破坏一些有机物结构的同时，可能产生有害的中间产物。研究表明，源水经臭氧活性炭吸附处理后，氯化后出水水质仍可能存在致突变性。

4.5.3　膜处理技术

近年来，膜处理技术被美国EPA推荐为最佳工艺之一，它不仅覆盖广泛的可去除污染物，还不需要投加药剂，且设备紧凑，容易实现自动控制。反渗透（RO）、超滤（UF）、微滤（MF）、纳滤（NF）等膜处理技术都能有效地去除水中的臭味、色度、消毒副产物前体物及其他有机物和微生物。但它对原水要求进行严格的预处理和常规处理，要求定期进行化学清洗，投资和运行费用高，还存在膜的堵塞和污染问题。随着膜处理技术的发展，清洗方式的改进，膜堵塞和膜污染的改善，膜处理技术对去除水中有机物和微生物将会产生重要的影响，应用前景广阔。

4.6 几种预处理工艺简介

由于微污染水源中污染物的多样性和复杂性，采用单一净水工艺很难获得安全可靠的饮用水，需要将几个工艺单元组合起来，发挥各单元的协同作用，才能获得较好的水质。

净水工艺选择的原则是结合水源的水质水量和处理出水的水质要求，综合考虑技术经济因素，在强化传统工艺基础上适度增加预处理和深度处理。如臭氧活性炭净水工艺在欧洲使用比较普遍，在美国则使用不多，因为两地水源特征不同。如生物处理与其他技术的组合工艺，可根据水质的不同提出如下工艺：

1）原水—生物预处理—混凝沉淀—过滤—消毒。

2）原水—生物预处理—混凝沉淀—过滤—活性炭吸附—消毒。

3）原水—混凝沉淀—生物处理—过滤—消毒。

4）原水—混凝沉淀—过滤—臭氧—活性炭吸附—消毒。

高的色度或紫外吸收意味着水中大分子有机物较多，而低的色度或紫外吸收则表明大分子有机物较少。因此，当水源水的浊度和色度较低时，可选择工艺1；如用水水质要求高，可选择工艺2；当水的浊度和色度较高时，可选择工艺3或工艺4。通常采用的组合工艺有臭氧活性炭、臭氧生物处理和臭氧生物处理活性炭吸附。

各国越来越重视水源的水质问题，做了大量研究工作，但许多问题仍需解决。如改善氧化和消毒，选择经济安全的新型消毒剂和寻找科学的智能加注方式；推广臭氧活性炭深度处理工艺；采用生物滤塔、生物膨胀床与流化床、生物转盘等生物预处理工艺等。随着膜制造技术的发展，它在城市给水处理中必将得到广泛的应用。但要从根本上解决水源水质问题，必须从源头上控制污染物总量，提高污水处理率，改善城镇生态水环境等方面着手，加强水资源保护。这不仅有利于饮用水水质的提高，也是恢复生态平衡、造福子孙后代的大事。

练 习 题

思考题

4-1 污废水为什么要进行预处理？

4-2 废水均和调节有哪几种方式？各有何优缺点？

4-3 水量调节池容积应如何确定？正常运行的平流式沉淀池能否起到水量与水质的调节作用？为什么？

4-4 常用的预处理方法有哪些？

计算题

4-1 已知某城市的最大设计污水量 $Q_{max}=0.2m^3/s$，$K_{总}=1.5$，计算格栅各部尺寸。

4-2 已知某化工厂的酸性废水的平均日流量为 $1000m^3$，废水流量及盐酸浓度见表4-2，求6h的平均浓度和调节池的容积。

表4-2　计算题4-2条件表

时间 t/h	Q/(m^3/h)	HCl/(mg/L)	时间 t/h	Q/(m^3/h)	HCl/(mg/L)
0~1	50	3000	12~13	37	5700
1~2	29	2700	13~14	68	4700
2~3	40	3800	14~15	40	3000
3~4	53	4400	15~16	64	3500
4~5	58	2300	16~17	40	5300
5~6	36	1800	17~18	40	4200
6~7	38	2800	18~19	25	2600
7~8	31	3900	19~20	25	4400
8~9	48	2400	20~21	33	4000
9~10	38	3100	21~22	36	2900
10~11	40	4200	22~23	40	3700
11~12	45	3800	23~24	50	3100

第2篇

水的物理、化学及物理化学处理

第5章 凝聚与絮凝

学习要点

本章提要：介绍胶体的结构与特性，絮凝与凝聚的概念，混凝机理，混凝剂与助凝剂性质与投加方法，混凝构筑物的设计与计算，混凝过程的运行与管理等。在水处理过程中，混凝的效果直接影响后续沉淀与过滤工艺的处理效率。通过本章的学习，应掌握胶体的结构特性及水的混凝过程及常用混凝剂的作用机理与投加方法。能够运用相关水处理原理及公式进行水的混凝设施的设计与计算。

本章重点：胶体的结构、特性及絮凝与凝聚机理、混凝剂的特性，混凝构筑物的设计与计算。

本章难点：混凝机理。

5.1 胶体结构与性质

水中的悬浮杂质大都可通过自然沉淀去除，但粒径微小的悬浮颗粒在很长的时间内不会自行沉淀下来，它们被称为胶体颗粒。胶体多指固体粒子分散在液体介质中，又称溶胶。一种或几种物质分散在另一种物质中所构成的系统称为分散系统，其中被分散的物质称分散相，另一种物质则称为分散介质。水与水中均匀分布的细小颗粒所组成的分散体系，按颗粒的大小分为三类：颗粒小于0.001μm的分子和离子形成的水溶液称为真溶液，它不会引起光的散射，因此水溶液呈透明状；颗粒尺寸为0.001~0.1μm（可放宽到1μm）的水溶液称为胶体溶液；颗粒大于1μm的水溶液称为悬浮液。

5.1.1 胶体的特性

胶体是一种具有高分散性的分散系统。在分散系统中，分散相粒子（质点）半径为 10^{-9}～10^{-7}m 的称胶体，粒子半径为 10^{-7}～10^{-5}m 时则称粗分散系统，例如悬浮液（如泥浆）、乳状液（如牛奶）等。胶体具有多相性，是多相系统。其中的粒子和介质是两个不同的相，这是它与真溶液的主要区别。由于胶体的高度分散，使它有很大的相界面，具有很高的界面能。如直径为 10nm 的金溶胶，当其粒子的总体积为 $1cm^3$ 时，其表面积可达 $600m^2$。

胶体区别于其他分散系统的基本特性：

（1）光学特性（丁达尔效应）　当有一束可见光通过胶体溶液，从与光束前进方向垂直的侧面进行观察，可以看到溶胶中呈现一束混浊发亮的光柱，这种现象称为丁达尔效应。因为胶体粒子的直径比可见光波长要短，传播过程的光便使离子中的电子做与光同频率的强迫振动，使粒子本身像一个新的光源一样发出与入射光同频率的光波，称为光的散射。丁达尔效应是胶体粒子对可见光散射的结果。真溶液也有光散射作用，但比胶体溶液要弱得多，真溶液无丁达尔效应。

（2）布朗运动　布朗运动是微小粒子表现出的无规则运动，是苏格兰植物学家布朗（Brown）于 1827 年在显微镜下观察水中的花粉时发现的。一些物质，如煤、化石、金属等的粉末也都有类似的现象。用超显微镜可以观察到胶体粒子在不停地做布朗运动，且粒子越小，布朗运动越剧烈，其剧烈程度随温度升高而增加，这是由于水分子处于热运动状态下不断地运动，撞击这些颗粒而发生的。颗粒较大时，则周围受水分子撞击瞬间可达几万甚至几百万次，这时各方向的撞击可以抵消，且粒子本身的质量较大，受重力作用后能自然下沉；当颗粒小时，被周围水分子撞击后，在瞬间不能完全抵消，粒子就会朝合力方向不断改变位置。布朗运动是胶体颗粒不能自然沉淀的一个原因。

（3）胶体的电学特性　如图 5-1 所示，在 U 形玻璃管中放入胶体溶液，在两端插入电极，通电后，可见到胶体微粒逐渐向某一电极的方向运动，说明胶体微粒能在外电场的作用下发生运动，也表明胶体是带电的。一般胶体颗粒为黏土、细菌或蛋白质一类的颗粒，它的运动方向是向阳极的，说明这些胶体颗粒带负电荷。而氢氧化铝、氢氧化铁等胶体则带正电荷，会向阴极运动。同种溶液的胶粒带相同的电荷，具有静电斥力，胶粒间彼此接近时，会产生排斥力，这是胶体稳定的直接原因。胶体颗粒在外加电场的作用下发生相应运动的现象称为电泳。

如图 5-1 所示，在电泳的同时，也可认为是有部分液体渗过了胶体微粒间的孔隙而移向相反的电极。胶体微粒在阳极附近浓集的同时，在阴极的液面有升高的现象。液体在电场中透过多孔性固体的现象称为电渗。

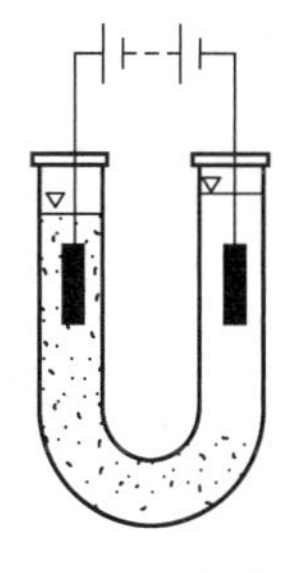
图 5-1　电泳现象

电泳与电渗都是由于外加电位差的作用而引起的胶体分散系统内固液两相产生的相对移动，统称为动电现象。

胶体颗粒都带一定的电荷，每个胶体颗粒在电泳槽内的运动速度是一定的，可以用显微镜观察到。一般用单位电位梯度的颗粒运动速度来表示，称为颗粒的电泳迁移率。它会因为投加化学药剂而变化，甚至改变电泳的方向，说明此时胶体所带的电荷发生了变化。

5.1.2 胶体结构

要解释胶粒带电的原因，必须认识胶体的结构。胶体是高分散的多相体系，有巨大的界面，因此有很强的吸附能力。它能选择性地吸附介质中的某种离子，形成带电的胶粒。

胶粒带电的原因：①因吸附其他离子而带电。胶粒一般优先吸附与它有相同化学元素的离子。②电离作用使胶粒带电。有些胶粒与分散介质接触时，固体表面分子会发生电离，使一种离子进入液相，而本身带电。

胶体的结构：研究认为，在胶体粒子的中心，有个由许多分子聚集而成的固体颗粒，称为胶核。胶核表面吸附了某种离子（电位形成离子）而带有电荷。静电引力势必会吸引溶液中的异号离子（反离子）到微粒周围。如图5-2所示，这些异号离子同时受两种力的影响，一种是微粒表面离子的静电引力，它吸引异号离子贴近微粒；另一种是异号离子本身热运动的扩散作用力及液体对这些异号离子的溶剂化作用力，它们能使异号离子均匀散布到液相中。这两种力综合的结果，靠近固体表面处的异号离子浓度大，随着与固体表面距离的增加浓度逐渐减小，直到等于溶液中离子的平均浓度。例如，硝酸银与氯化钾反应，生成氯化银溶胶，若氯化钾过量，则胶核氯化银吸附过量的 Cl^- 而带负电，若硝酸银过量，则氯化银吸附过量的 Ag^+ 而带正电。

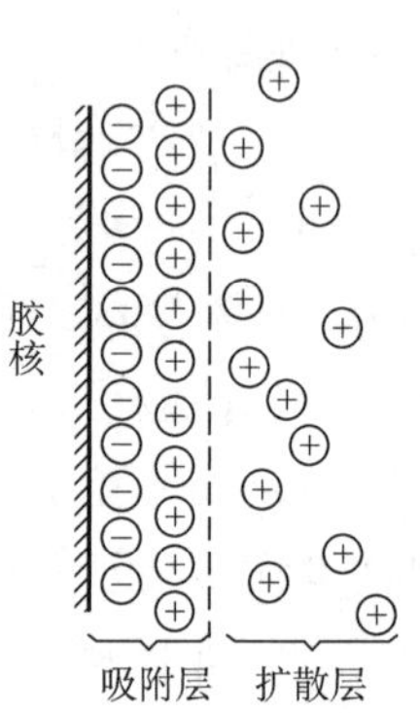

图5-2 双电层示意

当胶核表面吸附了离子带电后，在它周围的液体中，与胶核表面电性相反的离子会扩散到胶核附近，并与胶核表面电荷形成扩散双电层。

扩散双电层的构成：胶核表面吸附了电位形成离子和部分反离子，部分反离子紧附在胶核表面随着微粒移动，称为束缚反离子。束缚反离子与电位形成离子构成了胶体双电层的吸附层。另一部分反离子由于热运动和液体溶剂化作用而向外扩散，当微粒运动时，与固体表面脱开而与液体一起运动，它们包围吸附层形成扩散层，称为自由反离子。吸附层很薄，只有几个离子粒径的厚度。

1. 双电层理论

如图5-2所示，胶核表面吸附有过剩 Ag^+（电位离子）及由于静电引力而吸附的 NO_3^-（反离子）形成吸附层，吸附层外面介质中不仅有 NO_3^-，也有 Ag^+，但 NO_3^- 多于 Ag^+，过剩的 NO_3^- 扩散分布在介质中，离胶粒表面越远，NO_3^- 越少，直到某处正、负电荷相等，过剩 $NO_3^-=0$，电位=0。

由吸附层和扩散层构成电性相反的两层结构叫扩散双电层，其界面称为滑动面。通常将胶核与吸附层合在一起称胶粒，胶粒再与扩散层组成胶团。因为胶核表面所吸附的离子总比吸附层里的反离子多，所以胶粒是带电的，而胶团是电中性的。胶核表面上的离子和反离子之间形成的电位称总电位，即 ψ 电位，也称表面电位。胶核在滑动时所具有的电位是 ζ 电位，也称电动电位。ζ 电位对于研究胶体具有重要意义。总电位无法测定，一般也没有实用意义，而 ζ 电位可以通过电泳或电渗的速度计算出来，ζ 电位一般为10~200mV。

$$\zeta=\frac{4\pi\eta\mu}{DE}$$

式中 η——液体的动力黏度（绝对黏度）（P，$1P=10^{-1}Pa\cdot s$）；

μ——液体的移动速度（cm/s）；

D——液体的介电常数；

E——两电极间单位距离的外加电位差（绝对静电单位/cm，1 绝对静电单位 = 300V）。

2. 胶团的构成

（1）胶核　胶核是由构成胶粒的大量分散相物质的分子或原子所组成的一个具有晶体结构的聚结体。比表面大，表面吉布斯函数高。

（2）胶粒　胶粒是胶核和吸附层所组成的一个能独立运动的带电粒子，胶粒在外电场作用下定向移动。外加电解质可以显著改变胶粒的电荷量和电荷性质。

（3）胶团　胶团是由胶粒和它周围的扩散层所组成的整体。胶团是电中性的，其边界很难划分，这是由于扩散层的大小与溶液中离子浓度有关。

这里以 AgI 溶胶为例，说明胶团的结构，如图 5-3 所示。当 $AgNO_3$ 溶液与 KI 溶液作用时，其中任一种溶液适当过量就能制得稳定的 AgI 溶胶。当 KI 过量时，溶胶表面吸附 I^-。

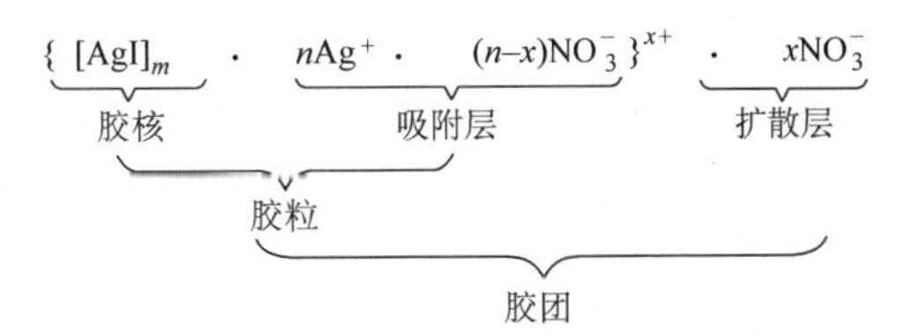

图 5-3　AgI 胶团结构

胶团结构式：$\{[AgI]_m \quad nI^- \cdot (n-x)K^+\}^{x-} \cdot xK^+$

胶核：$[AgI]_m$

胶粒：$\{[AgI]_m \quad nI^- \cdot (n-x)K^+\}^{x-}$

胶团：$\{[AgI]_m \quad nI^- \cdot (n-x)K^+\}^{x-} \cdot xK^+$

当 $AgNO_3$ 溶液过量时，其胶团结构式为

$$\{[AgI]_m \quad nAg^+ \cdot (n-x)NO_3^-\}^{x+} \cdot xNO_3^-$$

式中　m——组成胶核的分子数，其值一般很大；

n——胶核所吸附的离子数；

$(n-x)$——紧密层中反离子数。

5.1.3　胶体凝聚动力学

胶体因质点很小，强烈的布朗运动使它不会很快沉降，具有一定的动力学稳定性。同时，疏液胶体是高度分散的多相体系，相界面很大，质点之间有强烈的聚结倾向，又是热力学不稳定体系。一旦质点聚结变大，动力学稳定性就随之消失。因此，胶体的聚结稳定性是胶体稳定与否的关键。溶胶虽然能相对稳定存在一定时间，但其本质是热力学不稳定系统，最终总要聚沉。把溶胶中分散相粒子相互聚结，颗粒变大，以致最后发生沉降的现象称为聚沉。

引起聚沉的原因很多，其中以电解质作用和溶胶的相互作用最重要。

（1）电解质的聚沉作用　外加电解质能促使溶胶聚沉，因为它减少了胶粒的电荷，从而降低了 ζ 电位。但是，外加电解质达到聚沉值时，ζ 电位并不为零，在 $\pm(25\sim30)$mV 左右。外加电解质浓度达到聚沉值时，溶胶的 ζ 电位称为临界电位，不同的溶胶，临界电位越大者越易聚沉。任何溶胶，当其 $\zeta=0$ 时聚沉速度最快。

凡是能够使溶胶聚沉的物质称为聚沉剂。在给定条件下，使溶胶聚沉所需的电解质的最低浓度称为聚沉值，聚沉值的倒数称为聚沉率。聚沉值与聚沉率都可以表示电解质对溶胶的聚沉能力。聚沉值越小，聚沉率就越大，那么电解质对溶胶的聚沉能力就越强。

舒尔策-哈迪价数规则：电解质中能起聚沉作用的主要是与胶粒电荷相反的离子，即反离子。反离子价数越高，聚沉能力越大。

感胶离子序：价数相同的离子聚沉能力也有所不同。若用具有相同阴离子的碱金属盐聚沉负电荷溶胶，其聚沉能力的次序为：$Cs^+>Rb^+>K^+>Na^+$。而用不同的一价负离子聚沉正溶胶时，其聚沉能力的顺序为：$F^->Cl^->Br^->NO_3^->I^->Li^+$。这类次序称为感胶离子序。

应当注意，电解质的聚沉作用是正负离子作用的总和，它对溶胶的影响是相当复杂的。不论何种电解质，只要浓度达到某一定数值都会引起聚沉作用。

（2）溶胶的相互聚沉作用　将带有相反电荷的溶胶互相混合，也会发生聚沉，与电解质的聚沉作用的不同在于两种溶胶用量应恰能使其所带的总电荷量相同，才会完全聚沉，否则可能不完全聚沉，甚至不聚沉。

（3）大分子化合物对溶胶的敏化作用　若在溶胶中加入足够数量的某些大分子化合物的溶液，由于高分子化合物吸附在溶胶的胶粒表面上，使其对介质的亲和力增加，有防止聚沉的保护作用。

但是，如果所加大分子物质少于保护溶胶所必需的数量，少量的大分子物质不足以将所有胶粒包围。相反的是胶粒将大分子物质包围起来，后者起了桥梁作用，使胶粒在某种程度上联系在一起，易于聚沉，这种效应称为敏化作用。

1. 胶体的稳定性

疏液胶体，尤其是水溶胶，常因质点带电而稳定。但它对电解质十分敏感，在电解质作用下胶体质点聚结而下沉的现象称为聚沉，聚沉是胶体不稳定的主要表现。在指定条件下使溶胶聚沉所需电解质的最低浓度称为聚沉值，用 mmol/L 表示。判断聚沉的标准与实验条件有关，故聚沉值是一个与实验条件有关的相对数值。

影响聚沉的主要因素是反离子的价数。反离子的价数越高，则聚沉效率越高，聚沉值越低。一价反离子的聚沉值约为 25~150，二价的为 0.5~2，三价的为 0.01~0.1。聚沉值大致与反离子价数的六次方成反比，称为舒尔茨-哈代规则。

离子大小同价数的反离子的聚沉值虽然相近，但仍有差别，一价离子聚沉值的差别尤其明显，同价离子聚沉能力取决于感胶离子序，它和水化离子半径由小至大的次序大致相同，故聚沉能力的差别主要受离子大小的影响。这一规律只适用于小的不相干离子，有机大离子因其与质点之间有较强的范德华力而易被吸附，聚沉值要小得多。对同号离子来说，二价或高价负离子对于带负电的胶体有一定的稳定作用，使正离子的聚沉值略有增加；高价正离子对于带正电的胶体也有同样作用。同号大离子对胶体的稳定作用更为明显。

不规则聚沉少量的电解质可使溶胶聚沉，电解质浓度高时，沉淀重新分散；浓度再高时又使溶胶聚沉。当用高价离子或大离子为聚沉剂时这种现象最为显著，称为不规则聚沉。对于靠静电稳定的疏液胶体，存在一个临界电位 ζ_0，若质点的电动电位 $|\zeta|<\zeta_0$，则发生聚沉。多数胶体的 ζ_0 在 30mV 左右，只要 $|\zeta|>\zeta_0$，无论符号如何，皆可达到稳定。高价或大的反离子先是使胶体的 ζ 电位降低，发生聚沉，而后由于它在质点表面上的强烈吸附，质点的 ζ 电位反号，绝对值增加，溶胶重又稳定；再加入电解质，由于反离子的作用又使溶胶聚沉，这就是发生不规则聚沉的原因。

高分子物质对疏液胶体的稳定性具有一定的影响，在疏液胶体中加入高分子物质，能显著提高胶体的稳定性，称为高分子的保护作用。因其与高分子物质在质点表面上形成阻止质点聚结的吸附层有关，又称为空间稳定作用。工业上常利用高分子物质的保护作用制备稳定的分散体系，尤其是浓分散系或非水分散系，例如油漆。高分子物质要超过一定浓度才起稳定作用，低于此浓度时，稳定性往往变差，对电解质更加敏感，也叫高分子的敏化作用。某些高分子物质甚至能直接使胶体聚沉，这称为絮凝作用。作为絮凝剂的高分子物质可以是电性与胶体相反的高分子物质，也可以不带电，甚至电性与胶体相同的高分子电解质。高分子絮凝剂的用量少、效率高，在合适的条件下还可以进行选择性絮凝。

在生产或科研中，需要溶胶稳定地存在，以下是溶胶的稳定性三个因素。

（1）溶胶的动力稳定作用　由于溶胶的高度分散性，其胶粒很小，因此剧烈的布朗运动能抗衡重力作用而使胶粒不沉降，保持均匀分布，保持溶胶的动力稳定性。影响溶胶动力稳定性的主要原因是分散度。分散度越大，扩散能力越强，动力稳定性越大；分散介质的黏度越大，胶粒与分散介质的密度差越小，胶粒越难下沉，溶胶的稳定性越大。

（2）胶粒带电的稳定作用　由胶团结构可知，带电胶粒的移动，因静电相斥作用，使其不易结合。在无外电场作用下，胶团是电中性的，在胶团质点间分散层未重叠时，无静电作用。一旦重叠，将产生静电斥力和胶团间的引力同时作用。当分散层的静电斥力大时，则粒子又分开，保持其稳定态。

$|\zeta|$电位越大，说明异号离子在扩散层越多，胶粒带电就越多，溶剂化层就越厚，溶胶就越稳定，因此，ζ电位的大小是衡量胶体稳定性的重要标志。

（3）溶剂化的稳定作用　溶剂化是指物质与溶剂之间所起的化合作用。若溶剂为水，则称为水化。在水溶液中，胶核是憎水的，但它吸附的离子和反离子都是水化的，因此降低了胶粒的表面吉布斯函数，增加了胶粒稳定性。同时，胶粒的水化外壳，形成了保护层，也减少了胶粒的聚结可能性。

2. 胶体的凝聚

（1）异向凝聚和同向凝聚

1）异向凝聚。胶体颗粒由于布朗运动相碰而凝聚的现象称为异向凝聚（perikinetic flocculation）。这里的颗粒已处于脱稳状态，相碰后可粘贴在一起。由异向凝聚而产生的凝聚过程可以由 Einstein-Stokes 公式来描述，而由此公式的计算可以得出，单纯由布朗运动来进行凝聚是没有实际意义的，即由布朗运动碰撞而产生胶粒的凝聚率很低。

2）同向凝聚。使细小颗粒凝聚主要靠搅拌作用。一方面布朗运动所产生的胶体颗粒的碰撞凝聚率很低，速度太慢，不能单独作为凝聚的手段；另一方面，颗粒相碰凝聚逐渐长大后，布朗运动就会停止，颗粒相碰的机会就会降得很低，凝聚过程停止。这种凭借搅拌使胶体颗粒相碰产生的凝聚作用称为同向凝聚（orthokinetic flocculation）。给水处理中的反应池即为同向凝聚的设备。可以用 Camp-Stein 公式描述同向凝聚的速度梯度与搅拌功率之间的关系，它是设计反应池的基本的理论公式。有关 Camp-Stein 公式见参考文献［4］。

（2）同电荷胶体的凝聚　按照库仑定律，两个带同样电荷的颗粒之间存在静电斥力，斥力与颗粒间距离的平方成反比。两个颗粒表面分子间还存在范德华力，其大小与分子间距离的六次方成反比。这两种力的合力决定胶体微粒是否稳定。可以分别计算这两种力及其合力的大小。距离很近时，范德华力占优势，合力为吸力，颗粒互相吸住，胶体失去稳定性；

当距离较远时，库仑斥力占优势，合力将为斥力，颗粒间互相排斥，胶体保持稳定性。一般情况下胶体颗粒的布朗运动的动能不足以克服库仑力的最大斥能，因此，同电荷胶体通常是稳定的。如果能克服最大斥能，则颗粒有可能进一步靠近，直至范德华力为主，吸能大于斥能而使颗粒吸附聚合，形成较大颗粒直至下沉。在水处理中，人为克服这个最大斥能的主要方法是向胶体体系投加电解质。

ζ 电位的大小反映胶粒带电的多少，常用来衡量胶粒的稳定性。投加电解质可以降低胶体 ζ 电位。当加入电解质后，溶液中与胶粒上反离子同电荷的离子浓度增加，根据浓度的扩散作用和异号电荷相吸的原理，这些离子可与胶粒吸附的反离子发生交换，挤入扩散层，使扩散层厚度变薄，进而更多的反离子挤入滑动面与吸附层，使胶粒带电数减少，ζ 电位降低，即为压缩双电层作用。结果减少了库仑力的作用，降低了胶粒间的最大斥能，使同电荷胶粒得以凝聚。

电解质离子压缩双电层的能力是不同的，在相同浓度的情况下，电解质离子破坏胶体稳定的效力随离子价数的增高而加大，且增加得很快。根据舒尔策-哈迪法则，这种能力大致与离子价数的6次方成正比。表5-1中列出的实验结果，说明凝聚能力随离子价数的增大而增强。

表5-1　不同电解质的凝聚能力

电解质	在浓度相同条件下对胶体的相对凝聚能力	
	带正电胶体	带负电胶体
$NaCl$	1	1
Na_2SO_4	30	1
Na_3PO_4	1000	1
$BaCl_2$	1	30
$MgSO_4$	30	30
$AlCl_3$	1	1000
$Al_2(SO_4)_3$	30	>1000
$FeCl_3$	1	1000
$Fe_2(SO_4)_3$	30	>1000

（3）异电荷胶体的凝聚　同种胶体之间可以凝聚。根据异电荷相吸的原则，带正电荷的胶体与带负电荷的胶体间也是可以相互吸引达到电中和而凝聚的。其凝聚的条件是异电荷量应该大致相当，否则效果就会减弱。

当带异号电荷的两种胶体颗粒大小相近时，其电荷量也大致相等，这样，就会像一对正负离子那样相中和。如果其大小悬殊时，根据异号电荷量大致要相等才能达到中和，它们就不是一对一，而是按各自的电荷量，可能是一对几十、几百地中和。水处理中常用带正电荷的氢氧化铝胶体中和带负电荷的黏土胶体。如其尺寸各为0.1μm和1μm，其表面积的比值约为1∶100，一个1μm的黏土颗粒要吸附100个左右的氢氧化铝胶体颗粒才能达到电中和，大的胶粒吸附了许多小的胶粒，其 ζ 电位降低，容易使同电荷的大胶粒间互相靠近吸引而凝聚。大的黏土胶粒表面所带电荷是不均匀的，某部位电荷如不足以平衡吸附的氢氧化铝颗粒的电荷，它多余的正电荷又被另一黏土胶粒所吸附，氢氧化铝颗粒像架桥一样使两个黏土颗

粒凝聚在一起，即所谓的架桥凝聚。

（4）亲水胶体的凝聚 以水为分散剂的胶体，按其亲水程度可以分成亲水胶体和憎水胶体。

像蛋白质、淀粉等高分子的分子链上都含有亲水基团，如羟基（—OH）、羧基（—COOH）、氨基（—NH_2）及肽链（—CO—NH—）等。它们能比较稳定地分散在水中，属于亲水胶体。

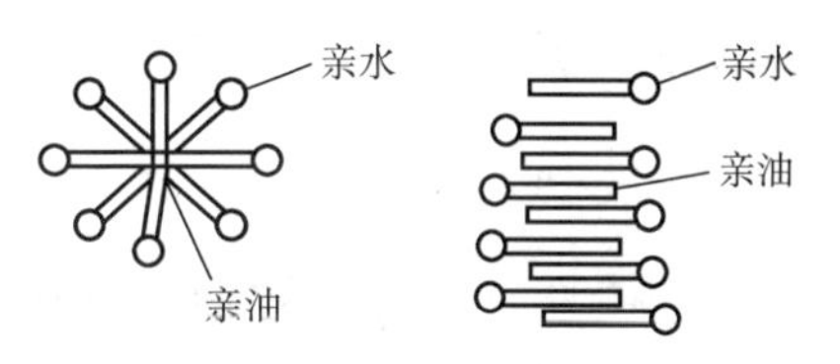

图 5-4 硬脂酸钠胶体的亲水性

如图 5-4 所示，肥皂的主要成分硬脂酸钠（$C_{17}H_{35}COONa$），虽不是高分子物质，但具有一头亲水一头憎水的结构。在肥皂液中，由硬脂酸钠形成的胶粒中包含着许多硬脂酸钠分子。在肥皂胶粒中，硬脂酸钠分子亲水的一头（羧基）向外，憎水的一头（烃基）向内。因此，它们是亲水胶体，能稳定地分散在水中。

氢氧化铁、炭黑等物质形成的胶粒没有亲水的基团，只能形成憎水胶体。胶粒和水之间有明显的界面，分属两个相。其稳定性一般不如亲水胶体。

为了使憎水胶体稳定，有时在分散系中加入一些明胶、动物蛋白等。例如，把炭黑胶粒分散在水中后，加入明胶，可以在炭黑胶粒外面形成一层亲水的胶层，成为比较稳定的胶体分散系——墨汁。

亲水胶体中胶粒和分散剂间没有明显的界面，为单相分散体系。亲水胶体主要靠水化作用得到稳定，其所带电荷量是次要的，关键是要压缩或去除其周围的结合水壳。投加电解质可压缩水壳的厚度，但投加的量比起憎水胶体来要多得多。首先是中和胶粒所带电荷，降低电动电位（同憎水胶体），接着是脱水作用，使胶粒脱稳而凝聚。对于带负电荷的亲水胶体，如蛋白质类，主要是电解质的负离子起决定作用，它能与水中带负电的蛋白质胶体争夺水分子而使之脱水。两亲水胶体间如要相互凝聚，必须所带电荷相异。

如肥皂等颗粒状的亲水胶体加热后加入电解质或加入带相反电荷的胶粒都能发生凝聚现象。明矾或氯化铁净水时，在水溶液中水解产生带正电荷的氢氧化铝或氢氧化铁胶粒，带正电荷的胶粒被水体中的负电荷中和，并吸附水体中的杂质而凝聚下沉。

亲水胶体在加热、紫外光、微生物、重金属离子等作用下，会发生分子链的断裂和破坏，凝聚成不溶性的固体，从水中析出。例如，蛋白质在紫外光、重金属的作用下，分子的长链发生舒展，螺旋状遭到破坏。包裹在里面的憎水基团如甲基（—CH_3）等暴露出来，失去亲水性而发生变性和酸败现象。

（5）亲水胶体与憎水胶体间的凝聚 亲水胶体与憎水胶体的相互凝聚主要取决于其吸附作用，而不是所带电荷的同异。亲水胶体可以促使憎水胶体的凝聚，也可使它更加稳定，主要看其间的数量关系。如果亲水胶体少，由于相互吸附，亲水胶粒可以起架桥作用而使多个憎水胶粒连接；如亲水胶体多，可能包围憎水胶粒，起到水化壳似的保护作用，使得憎水胶粒更趋稳定。如天然水中的腐殖质就会使黏土胶粒的稳定性增加。

5.2 水的混凝

前面介绍的基本上是单一体系的胶体特点。可用经典胶体化学理论来研究实际的凝聚过程。在自然水体以及废水中，胶体要比单一的某种胶体体系复杂得多。水中杂质的大小相差悬殊，几乎达几百万倍，小到可溶性物质，尺寸为几个埃，大到几百微米的悬浮物质都有存在。胶体成分也不一样，天然水中主要有黏土颗粒、微生物和其他有机物；废水成分更加复杂，含有大量无机物与有机物，甚至有合成的高分子有机物。水的混凝现象比单纯的胶体体系要复杂得多。

5.2.1　水的混凝特点

同向凝聚是以搅动来促进颗粒的接触，但它毕竟和水处理反应池的要求有所不同，由于水处理要求颗粒尽快长大到一定的粒度，以便通过沉淀设备分离，而同向凝聚往往是烧杯试验，没有对粒度和沉淀时间的严格要求。这是水处理中凝聚过程的第一个特点。

水处理凝聚过程的第二个特点是，凝聚的颗粒是一个很复杂的体系，而胶体化学所研究的一般都是单一的胶体，颗粒大小基本均匀，这种差别很大。

为了灵活运用经典胶体化学理论，必须研究水中多相颗粒的体系。水中的颗粒可分为三类：

1）水中原有的颗粒，包括黏土、细菌、病毒、腐殖酸以及蛋白质等其他有机物。这些颗粒从最大的黏土粒径（4μm）到最小的蛋白质粒度（1nm），相差4000倍。

2）水中投加的传统无机混凝剂产生的颗粒，主要是铝盐及铁盐等溶解后所产生的一系列颗粒。

3）有机高分子絮凝剂。其相对分子质量一般在10万左右，也有10万以上的较低相对分子质量的，这类絮凝剂有非离子型、阳离子型及阴离子型三类。常用的非离子型聚丙烯酰胺（PAM），经碱化后的PAM即为阴离子型。从相对分子质量可以看出，这种高分子的大小属于胶体的范围，分子展开后长度很大。

5.2.2　水的混凝机理

凝聚和絮凝统称为混凝。水的混凝机理主要有以下几种。

1. 双电层压缩机理

由于胶团的双电层结构，在胶粒表面处反离子的浓度最大，距胶粒表面越远则反离子的浓度越低，最终与溶液中的同类离子浓度相等。向溶液中投加电解质时，溶液中与反离子同号的离子浓度增高，相应的胶团扩散层的厚度将变薄。当两个胶粒互相接近时，由于扩散层厚度减小，ζ电位降低，斥力就会减小，即溶液中离子浓度高的胶粒间斥力比离子浓度低的要小。胶粒间的吸引力不受水相组成的影响，但由于扩散层减薄，胶粒相互碰撞时的距离就会相应减小，相互间的吸引力就会相对变大，胶粒则得以迅速凝聚。根据混凝机理，当溶液中外加电解质超过发生凝聚的临界凝聚浓度较多时，不会有更多的反离子进入扩散层，不会出现胶粒改变符号而使胶粒重新稳定。混凝机理只从静电现象来说明电解质对胶粒脱稳作用，没有考虑到脱稳过程中吸附作用等，无法解释一些复杂的脱稳现象。如三价的铁、铝盐作为混凝剂时，如果投量过多，凝聚效果反而下降，甚至重新稳定；再如与胶粒带同号电荷的聚合物或高分子有机物可能有很好的凝聚效果；等电状态应有最好的凝聚效果，但在实践中ζ电位大于零时混凝效果却最好等。

在水溶液中投加混凝剂使胶粒脱稳现象涉及胶粒与混凝剂、胶粒与水溶液、混凝剂与水溶液等的相互作用，是个综合现象。

2. 吸附电中和作用

吸附电中和作用是指胶粒表面对异号离子、异号胶粒或链状分子带异号电荷的部位有强烈的吸附作用，这种吸附作用中和了部分电荷，减少了静电斥力，因此容易与其他颗粒接近而互相吸附，静电引力起主要作用。但在许多情况下，其他作用可能超过静电引力。如用钠离子和十二烷基铵离子来去除带负电荷的碘化银溶液形成的浊度，结果同是一价的有机胺离子，脱稳的能力比钠离子大得多，而过量投加钠离子不会造成胶粒的再稳。有机胺离子则相反，超过一定投加量时能使胶粒发生再稳现象，这说明胶粒吸附了过多的反离子，使原来带的负电荷转变成带正电荷。铝盐、铁盐投加量高时也发生再稳及胶团所带电荷变号现象。这些现象可以用吸附电中和机理进行很好的解释。图5-5所示为高分子带电部位与胶粒表面所带异号电荷的中和作用和小的带正电胶粒被带异号电荷的大胶粒表面所吸附作用。

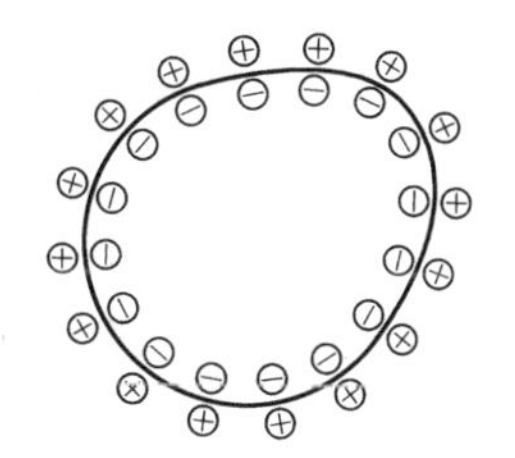
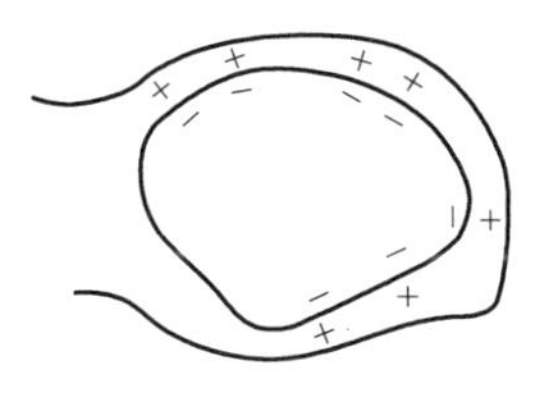

图5-5 吸附电中和

3. 吸附架桥作用

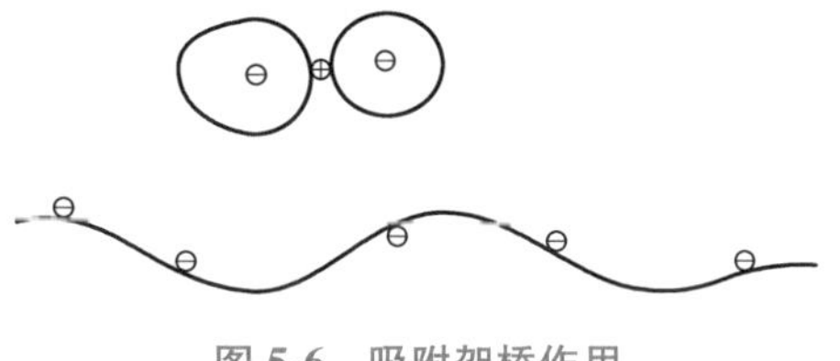

图5-6 吸附架桥作用

吸附架桥作用主要指高分子物质与胶粒的吸附与桥连，即两个大的同号胶粒因中间有一个异号胶粒而连在一起。如图5-6所示，高分子混凝剂具有线形结构，具有与胶粒表面某些部位起作用的官能团，当高聚合物与胶粒接触时，这些官能团会与胶粒表面产生特殊的反应而互相吸附，而高聚物分子的其余部分则伸展在溶液中（见图5-7反应1），可以与另一个表面有空位的胶粒吸附（见图5-7反应2），这样聚合物起了架桥连接作用。如果胶粒少，上述的聚合物伸展部分连接不到第二个胶粒，则伸展部分会被原有的胶粒吸附在本体的其他部位上，聚合物无法起到架桥作用，而胶粒又处于稳定状态（见图5-7反应3）。当过量投加高分子混凝剂时，胶粒表面饱和会产生再稳定现象（见图5-7反应4）。已经架桥絮凝的胶粒，如果受到长时间的剧烈搅拌，架桥聚合物可能从另一胶粒表面脱开，重新卷回原所在胶粒的表面，进入再稳定状态（见图5-7反应5、反应6）。

聚合物能在胶粒表面吸附是多种物理化学作用的结果。如范德华力、静电引力、氢键、配位键等，这取决于聚合物同胶粒表面二者化学结构。吸附架桥作用可用来解释非离子型或带同电荷的离子型高分子混凝剂的作用。

4. 沉淀网捕机理

采用硫酸铝或氯化铁等金属盐或金属氧化物和氢氧化物（如氢氧化钙）作为凝聚剂，当投加量大到足以迅速沉淀金属碳酸盐或是金属氢氧化物（如氢氧化铝、氢氧化镁）时，水中的胶粒可在这些沉淀物形成时被网捕。中性或酸性溶液中，当沉淀物是带正电荷的氢氧化铁或氢氧化铝时，沉淀速度可因溶液中存在阴离子而加快，例如硫酸银离子。此外，水中

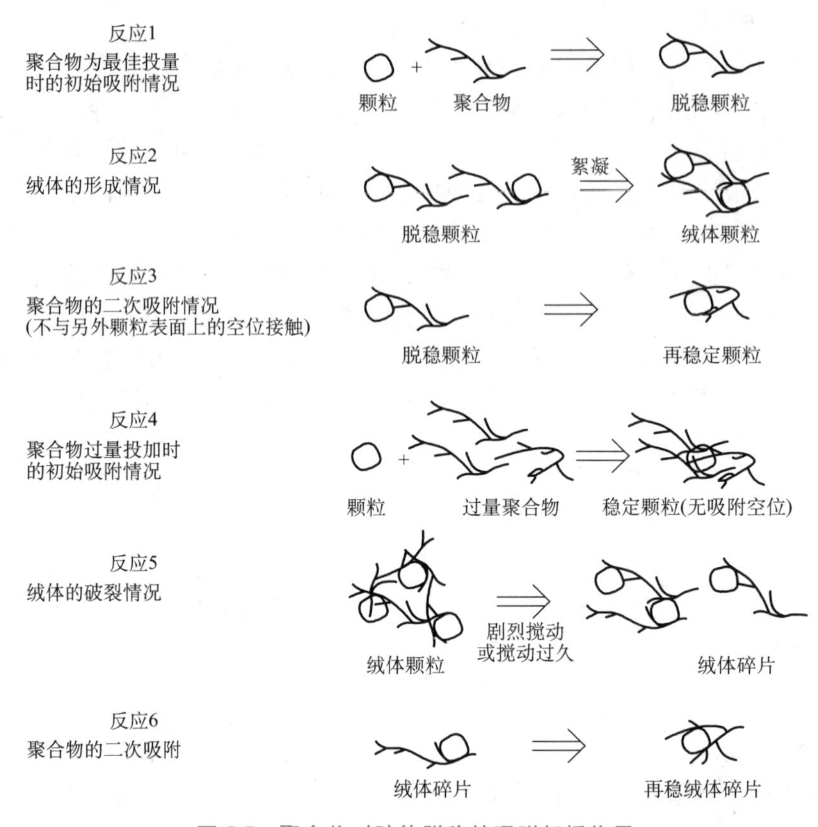

图 5-7 聚合物对胶体脱稳的吸附架桥作用

胶粒本身可作为金属氢氧化物沉淀物形成的核心，因此，凝聚剂最佳投加量与被除去物质的浓度成反比，即胶粒越多，金属凝聚剂投加量越少。

上述混凝四种机理，在水处理中可能是同时存在的，也可能是以某种现象为主。

5.2.3 铝、铁盐混凝剂的作用机理

水处理中常用的混凝剂是铝盐和铁盐。主要有氯化铝系列和硫酸铁系列。

1. 铝、铁盐的水解

铝、铁盐絮凝剂的金属阳离子不论以何种形态投加，在水中都以三价铝或铁的各种化合物形态存在。在水中的铝盐，即使铝以三价纯离子状态存在，也不是 Al^{3+}，而是以 $Al(H_2O)_6^{3+}$络合离子状态溶于水中。铝离子在水中的存在形态也会因 pH 值变化相应变化。当 pH 值<3 时，水合铝络离子是主要存在的形态；pH 值升高，这种水合铝络离子就会发生配位水分子水解，生成各种羟基铝离子；随着 pH 值的进一步升高，水解逐级进行，铝离子将从单核单羟基水解成单核三羟基铝离子，最终将会产生氢氧化铝沉淀物，这个过程是可逆的。

上面是理论上的论述，而实际反应要复杂得多。当 pH 值>4 时，羟基离子增加，各离子的羟基之间还会有桥连作用，产生多核羟基络合物等复杂的高分子缩聚物。这些高分子缩聚反应物还会继续水解，水解与缩聚反应交错进行，平衡产物将是聚合度极大的中性氢氧化铝。当其数量超过其溶解度时，则出现氢氧化铝沉淀。

在整个反应过程中，Al^{3+}、$Al(OH)^{2+}$、$Al(OH)_3$、$Al(OH)_4^-$ 等简单成分及多种聚合离子，如 $[Al_6(OH)_{14}]^{4+}$、$[Al_7(OH)_{17}]^{4+}$、$[Al_8(OH)_{20}]^{4+}$、$[Al_{13}(OH)_{34}]^{5+}$ 等成分，都会同时出现。它们必然影响混凝过程，其中高价的聚合正离子对中和黏土胶粒的负电荷、压缩其双电层的能力都很大，有利于混凝过程的进行。当产生的无机聚合物带有负离子时，很难靠电荷中和作用，主要依靠吸附架桥的作用使黏土胶粒脱稳。

图 5-8 所示是在无其他复杂离子干扰的情况下，加入浓度为 0.0001mol/L 的高氯酸铝，达到化学平衡时，不同 pH 值范围内存在的各种水解产物，图中仅绘出了各种单核形态的水解产物，多核形态的水解产物主要包括在 $Al(OH)_3$ 部分里。当 pH 值为 5 时，即可出现 $Al(OH)_3$ 并逐步增多；当 pH 值达到 8 左右时，氢氧化铝沉淀物又重新溶解，继续水解成带负电荷的络合离子；当 pH 值大于 8.5 时，络合阴离子将成为三价铝的主要存在形态。

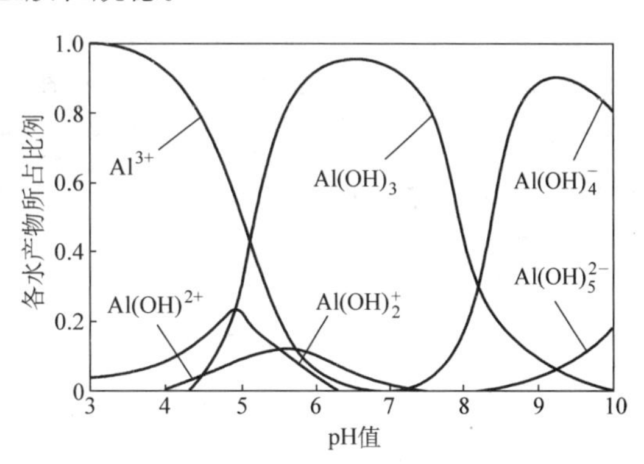

图 5-8　不同 pH 值相对应的三价铝离子水解产物

一般来说，天然水的 pH 值通常在 8.5 以下，在反应过程中还可能降低。因此，负离子的络合物一般不会出现。三价铝的主要存在形态随着 pH 值的变化存在一定的规律，在一定的 pH 值范围内存在不同形态的化合物，只是其所占比例存在差异，每个 pH 值都以一种形态为主，其他为辅。

上面讨论了氢氧根离子与铝的结合，实际上在水溶液中还有其他负离子，如硫酸根、磷酸根等，它们也会与三价铝离子形成络合物。三价铁盐化合物在水溶液中的存在形态变化规律与三价铝基本相似，但其相应的 pH 值比三价铝略低。

2. 铝、铁盐的混凝

铝盐和铁盐的水解产物兼有凝聚与絮凝作用，在混凝过程中投加铝盐或铁盐后便发生了金属离子水解和聚合反应过程，水中的胶粒会强烈吸附水解与聚合反应的各种产物。被吸附的带正电荷的多核络离子会发生凝聚作用，能够压缩双电层、降低 ζ 电位，使胶粒间排斥的势能降低，导致胶粒脱稳。如果一个多核聚合物为两个或两个以上的胶粒共同吸附，则这个聚合物就能将两个或多个胶粒黏结架桥，这些属于絮凝作用。絮凝作用的扩大就逐步形成絮凝体（矾花），完成整个混凝过程。在此过程中，凝聚作用是在瞬间完成的，当混凝剂投入水中后需要激烈搅拌使带电聚合物能迅速与胶体颗粒接触，之后脱稳胶粒相互黏结，同时进行高聚物的吸附架桥作用，混凝剂最终形成的聚合度很大的氢氧化铝微粒将使混凝过程加速完成，絮凝体由小变大。为了使絮凝体长大且又不致破碎，要求搅拌强度从大到小逐渐减弱，这是絮凝工艺对水力条件的要求。

铝、铁盐也可以使亲水胶体脱稳，因为亲水胶体一般都是大分子有机物，其表面的无机基团发生电离而带电荷（与 pH 值无关），这些无机基团会与多价金属离子形成络合物，所以亲水胶体与加入水中金属盐混凝剂的金属离子间有特殊的化学吸附与架桥作用。使用三价铝时应控制水的 pH 值在 5 左右，以发挥高电荷络离子的电中和与消除水化壳的作用，大量的络离子还能起吸附架桥作用，此时混凝剂投加量比较大。

混凝中所用的铝盐，一般是工业硫酸铝，含有不同程度的结晶水及杂质，但起作用的成分是$Al_2(SO_4)_3$。在应用前先配制成15%左右的硫酸铝溶液，pH值约在4左右，溶液中会发生如下离解反应：

$$Al_2(SO_4)_3 = 2Al^{3+} + 3SO_4^{2-}$$

当硫酸铝溶液投入水中后，发生水解反应，pH值随着变化

$$Al^{3+} + nH_2O = Al(OH)_n^{(3-n)} + nH^+$$

式中，n从1至6，当$n=3$时，水中产生中性的结晶胶体，此时pH值为5~8。当$n<3$时，产生正离子，如n为2时得到$Al(OH)_2^+$；当$n>3$时，产生负离子，如n为4时，得到$Al(OH)_4^-$。在水解过程中，还会产生许多的聚合离子，最简单的是

$$2[Al(H_2O)_5OH]^{2+} = [(H_2O)_4Al\begin{matrix}H \\ O \\ \diamond \\ O \\ H\end{matrix}Al(H_2O)_4]^{4+} + 2H_2O$$

式中，左边是一个Al^{3+}与一个OH^-及五个H_2O相连，右边是一个Al^{3+}与两个OH^-及四个H_2O相连，同样是为了满足Al^{3+}的配位数为6的要求。右边所表示的OH^-作用称为羟基的架桥作用。羟基参加了反应，说明pH值对于凝聚作用的重要性。由于羟基架桥作用，在水解过程中可能形成无数的其他聚合离子。有研究者认为，某些离子存在的可能性极大而得到重视，包括$Al_{13}(OH)_{34}^{5+}$、$Al_7(OH)_{17}^{4+}$、$Al_7(OH)_{18}^{3+}$、$Al_8(OH)_{20}^{4+}$等。

5.2.4　影响混凝的主要因素

水温、水质、水力条件及混凝剂投加量等因素都会影响到水的混凝效果。

（1）水温　水温会影响无机盐类的水解，水温低时，水解反应速度变慢。水的黏度与水温也有关系，水温低则水的黏度变大，布朗运动会相应的减弱，絮凝体不易形成。

（2）pH值与碱度　pH值不同会导致铝盐与铁盐的水解产物形态不同，进而混凝效果就不一样。因此，pH值是影响混凝效果的主要因素之一。由于混凝剂水解反应不断产生氢离子，要保持水解反应充分进行，必须中和氢离子，否则水的pH值下降，水解不充分，对混凝过程不利。

（3）杂质的性质、组成和浓度　水中存在的二价以上的正离子，对天然水压缩双电层有利，杂质颗粒级配越单一均匀、越细、越不利，大小不一的颗粒有利于混凝。杂质的化学组成、带电性能、吸附性能也都有影响，有机物对憎水胶体有保护作用，杂质的浓度过低将不利于颗粒间碰撞而影响凝聚。

（4）水力条件　混凝药剂投入水中后，必须使水与药剂充分混合并充分反应，才能使水中悬浮物和胶体物凝聚，这必须创造一定的水力条件，即人为地使水流紊动，而且在混凝作用的整个过程中，要求有不同程度的水流紊流。

（5）混凝剂投加量　凝剂投加量越大，TOC的去除率也越高，但过高的投加量会引起胶粒重新稳定，且必然会引起处理费用的增加和污泥处理的困难，因此应根据水源水质的特点和处理后水质要求来确定合适的混凝剂投加量。

5.3 混凝剂与助凝剂

5.3.1 混凝剂

混凝剂种类很多，按相对分子质量可划分为无机盐类与高分子混凝剂两大类。

无机盐类混凝剂，应用最广的是铝盐，如硫酸铝、硫酸钾铝和铝酸钠等；其次是铁盐，如三氯化铁、硫酸亚铁和硫酸铁等。

高分子混凝剂，又可分为无机和有机两大类。无机类中，使用较广的是聚合氯化铝；有机类中聚丙烯酰胺使用普遍，详见表5-2。

当使用混凝剂不能取得良好效果时，须投加助凝剂。助凝剂大体可分为两类，一类用于改善混凝条件的药剂，如石灰、苏打等；另一类用于改善絮凝体结构的高分子助凝剂，如聚丙烯酰胺、活化硅酸、骨胶、海藻酸钠等。

表5-2 高分子混凝剂种类

无机	铝盐	硫酸铝 $Al_2(SO_4)_3$、明矾［$Al_2(SO_4)_3 \cdot K_2SO_4 \cdot 24H_2O$］、聚合氯化铝（PAC）$[Al_2(OH)_nCl_{6-n}]_m$
	铁盐	硫酸亚铁 $FeSO_4 \cdot 7H_2O$、硫酸铁 $Fe_2(SO_4)_3$、三氯化铁 $FeCl_3 \cdot 6H_2O$、聚合高铁
	碳酸镁	$MgCO_3$
有机	人工合成	聚丙烯酸钠、聚乙烯吡烯盐、聚丙烯酰胺（PAM）
	天然高分子	淀粉、树胶、动物胶等

(1) 硫酸铝　硫酸铝有精、粗两种产品，分别为白色和灰白色结晶，含有不同数量的结晶水。常用的硫酸铝为 $Al_2(SO_4)_3 \cdot 18H_2O$，相对分子质量为666.41，相对密度1.61，外观呈白色，结晶光泽。硫酸铝易溶于水，常温下溶解度约50%，沸水中溶解度提高到90%以上，溶液呈酸性，pH值在2.5以下。操作液的浓度常用5%~20%。硫酸铝适宜的pH值范围为5.5~8，对于软水，pH值为5.7~6.6；中等硬度水为6.6~7.2；硬度较高的水则为7.2~7.8。使用硫酸铝为混凝剂时应考虑上述特性。加入过量的硫酸铝，可能使水的pH值降至铝盐混凝有效pH值之下，既浪费药剂，又影响出水水质。

硫酸铝腐蚀性小，且对水质无不良影响，使用方便，效果好，但对低温水絮凝体形成慢而松散，效果不如铁盐。粗制品中，由于硫酸铝中不溶于水的物质含量较高，废渣较多，使用较麻烦，且含有游离酸，溶解及投加设备应该考虑防腐蚀。

明矾［$Al_2(SO_4)_3 \cdot K_2SO_4 \cdot 24H_2O$］作为混凝剂使用时，起作用的成分仍是 $Al_2(SO_4)_3$。

(2) 聚合氯化铝　聚合氯化铝又名碱式氯化铝或羟基氯化铝。它是以铝灰或含铝矿物作为原料，采用酸溶或碱溶法加工制成。由于原料和生产工艺不同，产品规格也不一致。分子式［$Al_2(OH)_nCl_{6-n}$］$_m$ 中的 m 为聚合度，通常，$n=1\sim5$，$m\leqslant10$。我国常用的聚合氯化铝是碱式氯化铝。因水质条件复杂，在硫酸铝的使用中，不好控制其水解聚合物的形态。聚合氯化铝正是针对这一问题研制的人工合成品。

碱式氯化铝产品外观为灰褐色至灰白色液体，常温下相对密度大于1.2，固体产品中氧化铝含量约20%~40%，液体中含量大于8%，碱化度为70%~75%，pH值为3.5~4.5，不

溶物小于10%。其碱化度 B 表示为

$$B=[OH]/3[Al]\times 100\%$$

碱化度高，有利于吸附架桥，但过高则易生成沉淀。碱式氯化铝腐蚀性小，适应的pH范围为5~9。絮凝体形成快而紧密，对低温、低浊以及高浊、高色水的处理效果均好，成本较低。

聚合氯化铝的混凝机理与硫酸铝相同，硫酸铝的混凝机理包括了初始的铝离子，氢氧化铝胶体和其中间产物的作用。对于水中负电荷不高的黏土胶体，最好利用正电荷较低而聚合度大的水解产物，而对于形成有颜色的有机物，以正电荷较高的水解产物为宜。硫酸铝的化学反应甚为复杂，不能按水质人为控制水解聚合物的形态。聚合氯化铝则可按原水水质的特点来控制反应条件，从而获得所需的聚合物，投入水中水解后即可直接提供高价聚合离子，达到混凝效果。

（3）三氯化铁（$FeCl_3\cdot 6H_2O$）　三氯化铁是具有金属光泽的黑褐色晶体，易溶于水，杂质少。操作液浓度宜高，可达45%。适应的pH范围为5~9，絮凝体大而紧密，对低温、低浊水的效果较铝盐好。但易潮解，溶液的腐蚀性极强。三氯化铁加入水中后会与天然水中的碱度起反应，形成氢氧化铁胶体，当天然水中的碱度较低或三氯化铁投加量较大时，应在水中先加适量的助凝剂石灰。

（4）硫酸亚铁（$FeSO_4\cdot 7H_2O$）　硫酸亚铁又称绿矾，是绿色半透明结晶。20℃时的溶解度为21%。硫酸亚铁的混凝效果较差，使用时应先将亚铁氧化成三价铁

$$6FeSO_4+3Cl_2=2Fe_2(SO_4)_3+2FeCl_3$$

当水的pH值<8时，应加入石灰去除水中的二氧化碳，以免影响混凝效果。当水中溶解氧不足时，可以投加氯或漂白粉予以氧化。处理饮用水时，应考虑硫酸亚铁中的重金属的影响，即使在投药量最高时，水中的重金属含量仍在国家饮用水水质标准的限度内。

（5）碳酸镁　铝盐与铁盐作为混凝剂加入水中形成的絮体会随水中杂质一起沉于池底，需要将其作为污泥进行适当处理。污泥中的铝铁成分难以回收再利用，碳酸镁作为混凝剂则可回收再利用，符合清洁生产的思路。

碳酸镁溶于水中会产生 $Mg(OH)_2$ 胶体，与铝盐、铁盐产生的 $Al(OH)_3$、$Fe(OH)_3$ 胶体类似，可以起到澄清水的作用。石灰苏打法软化水，污泥中除含碳酸钙外，还含有氢氧化镁，利用二氧化碳可以溶解污泥中的氢氧化镁，回收碳酸镁。

用碳酸镁作为混凝剂的工艺。氢氧化镁胶体与水中杂质吸附后下沉，其污泥送到碳酸化池，通入 CO_2，生成碳酸氢镁。向水中投加碳酸镁，加入石灰液调节水的pH值至10~11，经水解形成 $Mg(OH)_2$ 胶体。

$$MgCO_3+CaO+H_2O=Mg(OH)_2+CaCO_3$$

$$Mg(OH)_2+CO_2=Mg(HCO_3)_2$$

经真空过滤后，其滤液可重复利用。过滤后的污泥经浮选去除黏土，余下的碳酸钙离心分离后，经焙烧得到 CO_2 和生石灰。产生的碳酸氢镁与生石灰都可再投入原水中重复使用，二氧化碳则送入碳酸化池。

$$Mg(HCO_3)_2+CaO+H_2O=Mg(OH)_2+CaCO_3+H_2CO_3$$

上述化学剂都可重复利用，既节省药剂又减少了污泥量。实际使用结果表明，镁盐回收率可达80%以上，镁盐形成的矾花比铝盐的大且重，易于沉淀。如果处理的水中镁离子含量较高，可不必投加新碳酸镁。

（6）有机合成高分子混凝剂　有机合成高分子混凝剂一般都是线形的聚合物，其分子呈链状，由很多链节组成，每一链节为一化学单体，各单体以共价键结合。聚合物的相对分子质量是各单体的相对分子质量的总和，单体的总数称聚合度。高分子混凝剂的聚合度约为1000~5000，低聚合度的相对分子质量从1000至几万，高聚合度的相对分子质量从几千至几百万，高分子混凝剂溶于水中，将生成大量的线形高分子。

高分子聚合物的单体含有可离解官能基团，沿链状分子长度具有大量可离解基团，常见的有—COOH、—SO_3H、—PO_3H_2、—NH_3OH、—NH_2OH等。基团离解后即形成高聚物离子。根据高分子在水中离解的情况，可分成阴离子型、阳离子型和非离子型。单体上的基团在水中离解后，在单体上留下带负电的部位（如-SO_3^-、-COO^-等），此时整个分子成为带负电荷的大离子，这种聚合物称为阴离子型聚合物；在单体上留下带正电的部位（-NH_3^+、-NH_2^+等），整个分子成为一个很大的正离子时，称为阳离子型聚合物；不含离解基团的聚合物则称为非离子型聚合物。有时在单体上同时带有正电和负电的部位，这时就以正、负电的代数和代表高分子离子型的电荷。

聚丙烯酰胺（PAM）是高分子混凝剂的典型代表，其相对分子质量一般为几百万，有的可达1000万以上。在水处理中，占高分子混凝剂生产总量的80%，是最重要的、应用最广泛的高分子混凝剂。一般采用丙烯腈为原料生产聚丙烯酰胺，也可用丙烯酰胺单体为原料生产。有阳离子型、阴离子型和非离子型三种类型的产品。

高分子混凝剂的凝聚机理主要有氢键结合力、静电力、范德华力等。其线形结构又会在溶液中呈伸展状态，从而发挥吸附架桥作用。

为了更大地发挥高分子混凝剂的吸附架桥作用，理论上应该尽量使高分子的链条延伸为最大长度，并使其可以电离的基团达到最大电离度，产生更多的带电部位，因同号电荷相斥，会使高分子得以最大限度的伸展，同时加强吸附作用。

聚丙烯酰胺的单体具有一定毒性，在饮用水处理时，最大投加量应该控制在1.0ml/L以内，最好采用单体含量在0.05%以下的产品。聚丙烯酰胺对高浊水、低浊水的效果均优，但较贵，且产品中单体含量不易达到要求。

（7）天然高分子混凝剂　许多天然高分子物质，如胶、淀粉、纤维素、蛋白质等都有混凝和助凝的作用。我国的天然野生植物中，很多可以用来作为混凝剂使用。如海藻酸钠、榆树根等天然高分子物质。使用时需要注意是否有毒及其作用的机理和结构，以便人工合成。

5.3.2　助凝剂

助凝剂的作用是调节或改善混凝条件、改善絮凝体结构。如原水碱度不足，可加石灰，用氯将亚铁氧化成高铁。当铝盐产生的絮凝体细小而松散时，可用聚丙烯酰胺或活性硅酸等进行助凝。采用聚丙烯酰胺作助凝剂时，如原水浊度低，宜先加其他混凝剂，使胶粒脱稳到一定程度（约30s）后，再加聚丙烯酰胺溶液，可更好地发挥作用。助凝剂分为以下三类：

（1）酸、碱类　用以调整水的pH值，控制反应条件。常用的是石灰。

（2）绒粒核心类　用以增加矾花的骨架材料和改善矾花的结构，增加矾花的质量。如在水中加黏土或沉泥类的大颗粒，可以加快矾花的形成和沉降速度，尤其适用于低浊度水处理。投加高分子物质可以改善矾花结构并起架桥作用，无机助凝剂中应用较多的是活化硅酸。

（3）氧化剂类　可以用来破坏起干扰作用的有机物；如投加氯氧化有机物，用氯氧化硫酸亚铁产生高铁。

5.4 混合与絮凝反应

选择确定了混凝剂后，水处理中最重要的就是如何创造混凝剂与水合适的混合条件。优化混合和絮凝反应过程，为沉淀创造条件。

5.4.1 混凝剂的制备与投加

在混凝剂与待处理水体进行反应之前，一般需要对混凝剂进行预处理。

混凝剂的投加有干投与湿投两种方法。一般情况下采用湿投。对于固体块状或粒状混凝剂，先加以溶解，配制成一定浓度的溶液，再投加到待处理水中。对于水处理厂，一般要设计一套溶药、配药和投药的装置设备。

溶药池用来将块状或粒状的固体药剂溶解成浓溶液，对于难溶解的药剂，宜用加热的方式促进溶解，同时辅以搅拌；待药剂完全溶解后将其引入溶液池，配制成待用溶液。

搅拌方式按药剂的性质来确定，可采用水力、机械或空气搅拌等方式。药量小的可用水力搅拌，药剂量大时可采用机械搅拌。

溶液池宜采用两个，交替使用。池中药液的出液管口应高出池底10cm，避免出液时带出池中杂质。

如果药剂有腐蚀性，溶药及投加设备、装置都应该考虑防腐蚀措施。对于三氯化铁，由于HCl容易挥发，工作间墙体和地板应该采用耐酸腐蚀材料。

药剂的溶解、配制和投加过程，如图5-9所示。

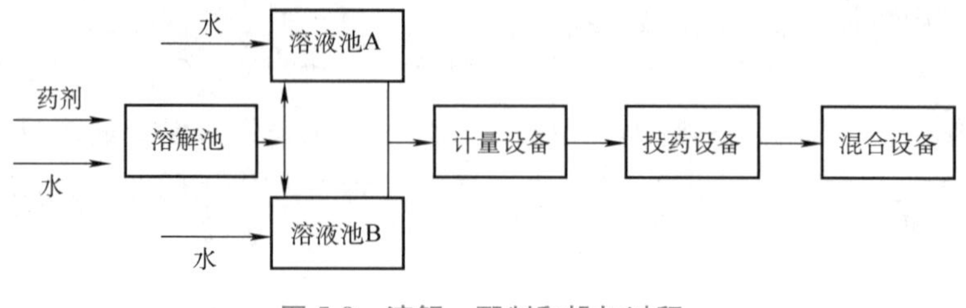

图5-9　溶解、配制和投加过程

图5-10所示为一体化的溶药溶液池，采用水力搅拌。水从切线方向进入溶药池溶解药剂，然后溢流入溶液池，这种池型结构简单、使用方便，宜用于小水量情况。

药液的投加要做到计量准确、调节灵活，设备要简单且宜于操作。计量泵的型号很多，

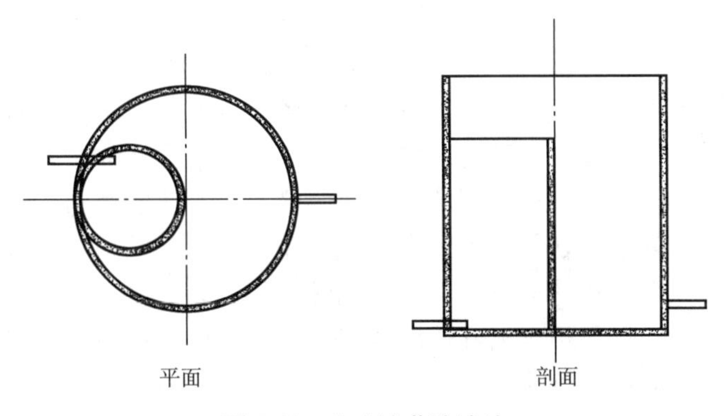

图 5-10 水力溶药溶液池

要做到正确选型保证投药准确。当给水管的管道压力较高时，也可以采用水射器直接通过管道投加。投药管道与零件应考虑耐酸耐蚀，还应便于清洗和疏通。

5.4.2 混合过程

混合的作用是使混凝剂迅速均匀地扩散到水中，使混凝剂与水中的杂质充分接触，形成粒径较小的矾花。在这一过程中，要求水流产生激烈的湍流。在混凝实验中，搅拌机的搅拌强度应设置为每分钟几百到几千转，时间一般在 2min 以内。实践中可以采用水力或机械混合方式进行混合。

水力混合可以设计整流板，通常采用隔板式（反应池隔板）与穿孔板式等。水力搅拌可以采用涡流式混合设备，另一种常用的水力混合方式是管道混合，即将药剂溶液投入到输水管中（距离应不小于 50 倍管径），使药剂与水在管道内混合。此方法的变通方式也有输水槽混合，如辐流式中心进水沉淀池中，常在进水槽中设置整流挡板来混合。

机械混合有水泵混合和浆板搅拌混合等方式。当泵与絮凝反应装置距离较近时，可以采用水泵叶轮进行混合。将药液加于水泵的吸水管或吸水井中，混合效果较好，但某些药剂对水泵的叶轮有一定的腐蚀作用，使用时还应避免空气进入水泵导致叶轮汽蚀。

采用桨板式的搅拌装置，可以调节转速，适应不同的混合要求，混合效果较好，但有能量消耗。

5.4.3 絮凝反应过程

经混合过程，被处理水中的胶体等微小颗粒，形成细小的矾花，尺寸一般可以达到 5μm 以上，比胶体分子要大，一般不再产生布朗运动。但细小的矾花还未能够达到在水中靠重力下沉的尺寸。因此，絮凝过程中要求水流强度适中，既能保证细小的矾花有更多接触的机会，又要避免水流强度过大，破坏已经形成的较大絮体。经过适当的搅拌，微粒间不断相遇、吸附与结合，尺寸逐渐变大，最终形成较大的、质密的絮体，尺寸达到 0.6~1.0mm，在水中能够依靠重力沉降下来。

絮凝过程就是微小颗粒接触与碰撞的过程。絮凝效果取决于两个因素：一是混凝剂水解产生的高分子络合物形成吸附桥的联结能力，取决于混凝剂的性质；二是微小颗粒碰撞的概率和如何实现有效碰撞，取决于设备的动力学条件。

水流中微小颗粒碰撞的动力学原因至今尚不清楚。水处理界一般认为搅拌引起的湍流的微结构决定了水中微小颗粒的动力学特性与它们间的碰撞，即颗粒碰撞次数随湍流能耗增大而增大。也有认为湍流中颗粒碰撞是由湍流脉动造成的。实际上湍流并不存在脉动，脉动是由所用研究方法造成的，用流体力学传统的欧拉法研究，在固定的空间点观察水流运动参数随时间变化，这样不同时刻有大小不同的湍流涡旋的不同部位通过固定的空间点，因此在固定的空间点上测得的速度呈强烈的脉动现象。但如果随水流质点一起运动，去观察其运动，就会发现水体质点的速度变化是连续的，不存在脉动。实际上水是连续介质，水中的速度分布是连续的。水中两个质点相距越近其速度差越小，当质点相距为无穷小时，其速度差亦为无穷小，即无速度差。颗粒尺度非常小，密度又与水相近，因此在水流中的跟随性很好。这些颗粒随水流同步运动，没有速度差就不会发生碰撞。可见要想使水流中颗粒相互碰撞，必须使其与水流产生相对运动，最简单的办法是改变水流的速度。由于水的惯性与颗粒的惯性不同，当水流速度变化时其速度变化（加速度）也不同，就使水与其中固体颗粒产生了相对运动，为不同尺度颗粒碰撞创造了条件。

改变速度方法包括改变时平均速度和改变水流方向。

通过改变水流时平均速度，如水力脉冲澄清池、波形反应池、孔室反应池以及滤池的微絮凝作用，主要就是利用水流时平均速度变化造成的惯性效应来进行絮凝。二是改变水流方向，湍流中存在大大小小的涡旋，水流质点在运动时不断改变运动方向。当水流做涡旋运动时，在离心惯性力作用下固体颗粒沿径向与水流产生相对运动，为不同尺度颗粒沿涡旋的径向碰撞创造了条件。不同尺度颗粒在湍流涡旋中单位质量所受离心惯性力是不同的，这个作用将增加不同尺度颗粒在湍流涡旋径向碰撞的概率。要实现好的絮凝效果除有颗粒大量碰撞外，还要合理控制颗粒的有效碰撞，即使颗粒凝聚的碰撞。在絮凝中颗粒长大得过快会导致矾花强度减弱，流动中遇到强的剪切就会使吸附架桥被剪断，被剪断的吸附架桥很难再连续起来，这种现象为过反应现象。另外，过快长大的矾花，其比表面积急剧减少，一些反应不完善的小颗粒失去了反应条件，这些小颗粒与大颗粒碰撞概率急剧减少，很难再长大。这些颗粒不仅不能为沉淀池所截留，也很难被滤池截留。矾花颗粒也不能长得过慢，虽然密实，但当其达到沉淀池时，还有很多颗粒没有长到沉淀尺度，影响出水水质。在絮凝池设计中应控制矾花颗粒的合理成长。

矾花颗粒尺度与其密实度取决于混凝水解产物形成的吸附架桥的联结能力和湍流剪切力。吸附架桥的联结能力是由混凝剂性质决定的，而湍流剪切力是由构筑物创造的流动条件决定的，设计絮凝池时，有效地控制湍流剪切力，才能保证絮凝效果。

5.5 混凝试验

在水处理中，絮凝过程是在絮凝池中完成的，在实验室可以通过调节混凝搅拌机的搅拌强度来进行模拟。

混凝实验是水处理研究的基础实验之一，是进行水处理工程设计的重要试验手段。

在水处理工程设计之前，可通过混凝试验优选水处理工艺中的混凝剂种类、方法与参数。混凝实验的主要设备是混凝搅拌机，如图 5-11 所示。

混凝搅拌机一般为六联装，由计算机程序控制，液晶显示，可根据不同的要求完成编

程、运行等操作。每组程序一般可设10段不同转速，机器可存储12组程序，实现无级自动调速。转速由计算机程序控制，搅拌轴采用精确可靠的步进电动机驱动，转速精确，无积累误差。自动测温功能可以在搅拌过程中根据水样体积、转速、温度等参数自动计算并全屏动态显示 G 值（速度梯度）、时间、转速、温度、程序组及程序段。自动加药功能可在每组程序的任何一段转速中设置自动加药，根据需要可设定多次多品种加药，还可以自动同时同步往烧杯内倒入配好的药液，确保试验的同步性。搅拌轴具有程序控制自动升降功能，搅拌完毕，搅拌轴自动平稳垂直提升，以便矾花沉降，避免了搅拌轴及叶片在提升过程中因翻转对矾花絮凝的破坏。烧杯底座下设有照明光源，便于观察絮凝效果。

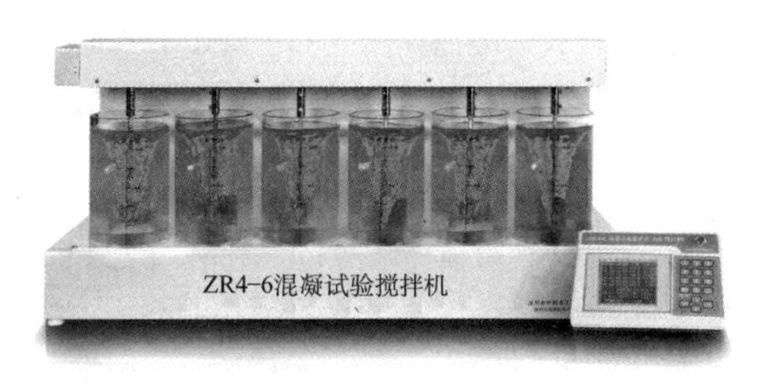

图5-11　六联混凝试验搅拌机

一般情况下，宜将絮凝的搅拌强度设置为30r/min左右，经过混合过程后，混凝搅拌机会自动转入絮凝过程。以30r/min的强度转动，这一过程一般设置在0.5h以内。对不同的水样，不同的絮凝效果可采用不同的絮凝时间。

5.6　混凝设施的设计计算

5.6.1　混凝反应设备的类型

混凝反应设备一般分为水力搅拌式与机械式两类。

水力搅拌的反应设备，由水流来控制搅拌强度，常见的有隔板式絮凝池、旋转式絮凝池和涡流式絮凝池、穿孔旋流絮凝池、折板絮凝池、栅条（网格）絮凝池、机械搅拌絮凝池等。水在絮凝设备中的停留时间一般为5~30min。

1）隔板式絮凝池如图5-12a所示。池中的整流隔板起到搅拌作用，搅拌的强度由水的流速和隔板数控制。设备构造简单，施工方便，与平流沉淀池配合使用，停留时间一般为20~30min，适用于水量变化不大的情况。

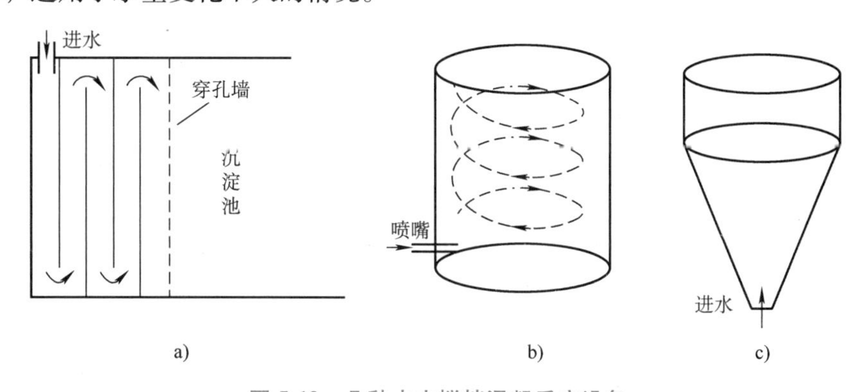

图5-12　几种水力搅拌混凝反应设备
a）隔板式絮凝池　b）旋转式絮凝池　c）涡流式絮凝池

2）旋转式絮凝池如图5-12b所示。水射器的喷嘴沿池的切向喷射水流，进行搅拌，搅拌强度由水射器喷口流速控制（与絮凝池的体积有关），絮凝池容积较小，水头损失不大，可以单用或合建于竖流式的沉淀池内，停留时间一般为8~15min，适用于中小型水厂。

3）涡流式絮凝池如图5-12c所示。搅拌作用靠水流的扩散作用实现，搅拌强度由入口流速及池的锥角控制，可以单独使用或合建于竖流式沉淀池内，停留时间一般为6~10min。这种反应池造价较低，反应时间较短，适用于中小型水厂。

4）穿孔旋流絮凝池。穿孔旋流絮凝池是利用进水口水流的较高流速，通过控制进水水流与池壁的角度形成旋流运动，以提高颗粒碰撞机会，从而完成絮凝过程的一类絮凝池。絮凝池通常采用多格串联的形式，水流相继通过对角交错开孔的多格孔口旋流池。第一格孔口尺寸最小，流速最大，水流在池内旋转速度也最大；而后孔口尺寸逐格增大，流速逐格减小，速度梯度 G 值也相应逐格减小以适应絮凝体的成长。一般起点孔口流速宜取0.6~1.0m/s，末端孔口流速宜取0.2~0.3m/s。絮凝时间为15~20min。穿孔旋流絮凝池的结构简单，但絮凝效果较差，已较少使用。

5）折板絮凝池。折板絮凝池是在隔板絮凝池的基础上发展而来的高效絮凝池。将隔板絮凝池中的平直隔板改变成间距较小的具有一定角度的折板以产生更多的微涡旋，增加絮凝体颗粒碰撞的机会。与隔板絮凝池相比，折板絮凝池可以缩短总絮凝时间，提高絮凝效果。按照水流方向可将折板絮凝池分为竖流式和平流式两种形式。目前以竖流式应用较多，尤其在我国南方大中型水厂中。根据折板布置方式不同又可将折板絮凝池分为同波折板和异波折板两种形式，如图5-13所示。同波折板是指絮凝池中折板波峰与波谷平行安装，其水的流速变化比较平稳；异波折板是指将折板的波峰与波谷交错安装，水的流速交替变化，在两波谷处变小，在两波峰处变大，产生湍动有利于絮凝体颗粒碰撞。

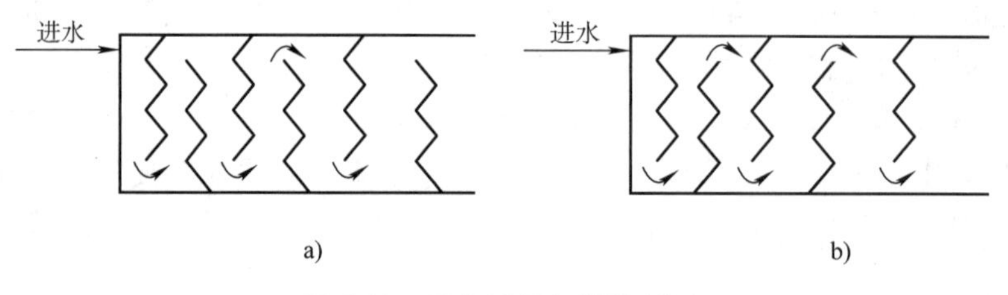

图5-13 垂直折板絮凝池剖面
a）同波折板 b）异波折板

按照水流通过折板间隙数量，又可分为单通道和多通道两种形式。单通道是指水流沿两对折板间不断循序前行，水流速度逐渐变小；多通道则指将絮凝池分成若干格，每一个格内安装有若干块折板，水流沿着格依次上下流动。在每一个格内，水流平行流过若干个由折板构成的并联通道，然后流入下一格。无论单通道或多通道、同波或异波折板均可以组合应用，还可前面采用异波、中部采用同波、后面采用平板三种组合，这样有利于絮凝体逐步成长，不易破碎。

6）栅条（网格）絮凝池，如图5-14所示。栅条（网格）絮凝池是在水流前进方向间隔一定距离（通常0.6~0.7m）的过水断面上设置栅条或网格，使水流通过栅条或网格中产

生能量消耗，进而产生更多的微涡旋来完成絮凝的一类絮凝池。一般由上下翻越多格（组）竖井组成，各竖井之间的隔墙上下交错开孔。每个竖井设计安装若干层网格或栅条，可在絮凝前段采用较密的栅条或网格，中段设置较疏散的栅条或网格，末段可以不设置网格，这样能够较好地控制絮凝过程中速度梯度的变化。栅条或网格可采用扁钢、铸铁、水泥预制件或木材等制作。

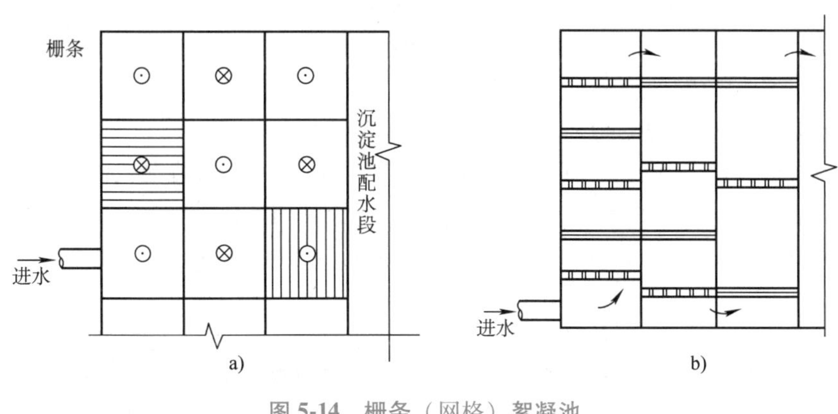

图 5-14 栅条（网格）絮凝池

a）平面 b）剖面

栅条（网格）絮凝池能耗分布较均匀，絮凝颗粒碰撞机会大体一致，可以提高絮凝效率，缩短絮凝时间。但也存在末端池底积泥、网格上滋生藻类、网眼堵塞等现象。

7）机械搅拌絮凝池靠机械力搅拌，反应时间一般为15~30min，池内设有搅拌机，搅拌强度由搅拌机的转速控制。有水平轴式和垂直轴式两种。图 5-15 和图 5-16 所示为常见的机械絮凝池。

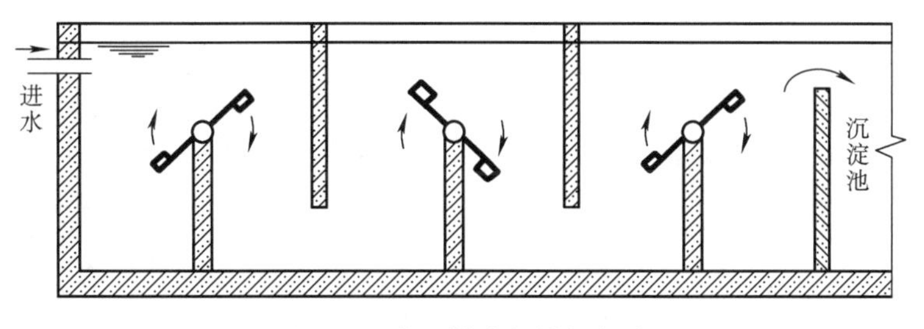

图 5-15 水平轴式机械絮凝池

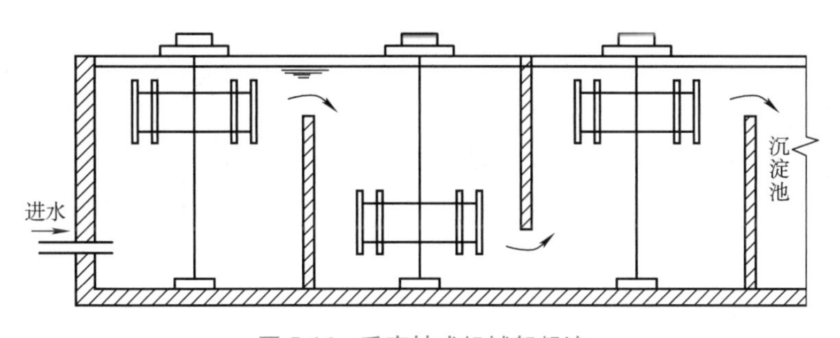

图 5-16 垂直轴式机械絮凝池

5.6.2　混凝池设计计算

混凝池设计计算包括混凝反应搅拌强度与搅拌时间的计算。

搅拌强度是影响混凝效果的重要因素，通常搅拌强度用相邻两水层中两个颗粒运动的速度梯度 G 来表示，具体为

$$G = \frac{\mathrm{d}u}{\mathrm{d}y} \tag{5-1}$$

式中　$\mathrm{d}u$——两个颗粒的速度差（cm/s）；

　　　$\mathrm{d}y$——两个颗粒之间的距离（cm）。

图5-17a表示在 $\mathrm{d}y$ 长度内，流速 u 没有增量时，即 $\mathrm{d}u=0$ 的情况，两个颗粒继续前进，保持 $\mathrm{d}x$ 的距离，因此不能相撞。图5-17b表示在 $2y$ 长度内，流速 u 的增量 $\mathrm{d}u\neq 0$ 的情况下，d_1 颗粒的速度为 $u+\mathrm{d}u$，$\mathrm{d}u>0$，因此当它们继续前进时，d_1 颗粒将会追上 d_2 颗粒，如果要两个颗粒间发生碰撞，必须满足 $\mathrm{d}y\leqslant d_1+d_2$。

速度差的存在会引起相邻水层两个颗粒的碰撞。速度差越大，速度快的颗粒越容易赶上速度慢的颗粒，间距越小也越易相碰。可以认为速度梯度 G 实质上反映了颗粒碰撞的机会或次数。在水体中，两层水流间的摩擦力 F 和水层接触面积 A 的关系为

$$F = \mu \frac{\mathrm{d}u}{\mathrm{d}y} A \tag{5-2}$$

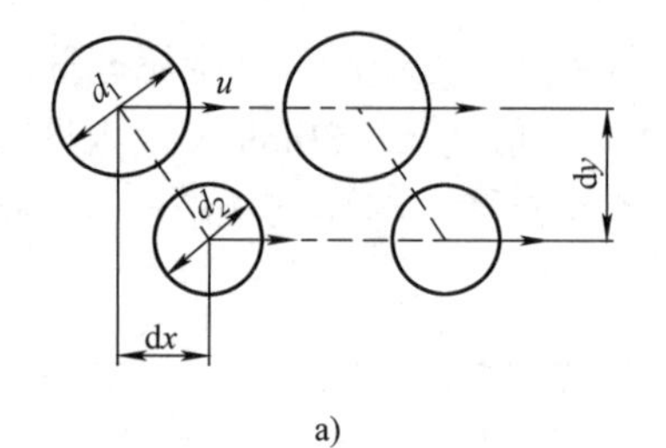

a)

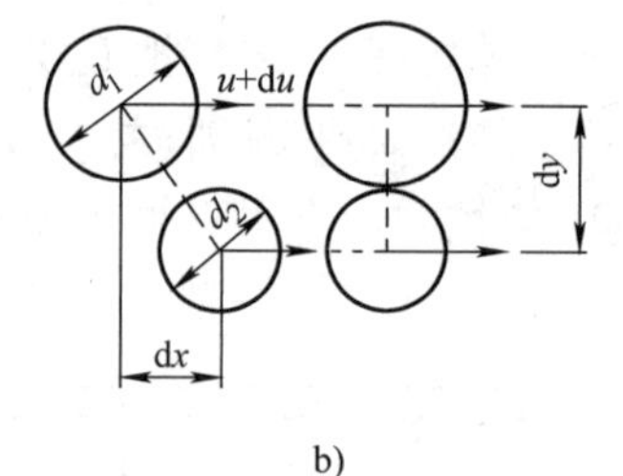

b)

图5-17　速度梯度示意

而单位体积液体搅拌所需要的功率为

$$P = F\mathrm{d}u \frac{1}{A\mathrm{d}y} \tag{5-3}$$

由式（5-2）和式（5-3）可得

$$G = \sqrt{P/\mu} \tag{5-4}$$

式中　P——单位体积水流所需功率 [$\mathrm{kg \cdot m/(s \cdot m^3)}$，$\mathrm{1kg \cdot m/(s \cdot m^3) = 9.8W/m^3}$]；

　　　G——水流速度梯度（$\mathrm{s^{-1}}$）；

　　　μ——水的动力黏度（$\mathrm{kg \cdot s/m^2}$，$\mathrm{1kg \cdot s/m^2 = 9.8Pa \cdot s}$）。

采用机械搅拌时，P 即为单位体积液体所耗机械的功率。当用水力搅拌时，式中的 P 可按水头损失计算为

$$P = \frac{\rho Q h}{V}$$

式中　Q——池中的流量（$\mathrm{m^3/s}$）；

h——水流过反应池的水头损失（m）；

V——反应池容积（m^3）；

ρ——水的密度（kg/m^3）。

在混合搅拌中，如果混合时间小于2min，可以用 $G=500\sim1000s^{-1}$，当混合时间达到5min时，$G<500\sim1000s^{-1}$。

在反应中，速度梯度的 G 值一般在 $10\sim100s^{-1}$ 范围内。用 GT 值可以间接表示整个絮凝时间 T 内颗粒碰撞的总次数，可以用来控制反应效果，G 值确定时，可以增加 T 值来改善反应效果。GT 值一般为 $10^4\sim10^5$。

颗粒间的碰撞概率也是反映混凝效果重要因素。碰撞概率用 N 表示，它与速度梯度 G 的关系如下：

$$N=\frac{1}{6}n_1n_2(d_1+d_2)^3G \tag{5-5}$$

式中　N——单位时间、单位体积溶液中的颗粒碰撞次数；

n_1、n_2——单位体积内具有 d_1、d_2 直径颗粒的数日。

因实际水流中颗粒的组成与水流运动状况十分复杂，式（5-5）只是对颗粒运动的粗略描述，即在颗粒浓度和粒径一定的条件下，颗粒间相碰的次数与水流速度梯度有关。

在 G 值公式的推导中，应用层流的概念从理论上讲存在有缺陷，但在实际应用中速度梯度 G 还是被普遍采用。

在设计中，反应池的 G 值应该与混合池和沉淀池关联，即是从反应池出口的 G 值逐步降到沉淀池进口的 G 值。这样就可在反应池内接近完成相当于沉淀池 G 值的极限沉速的絮凝过程。实践中，反应池设计还会受到其他条件的制约，不少平流沉淀池在沉淀池进口很短距离内，絮凝体要比反应池出口好得多。这是由于沉淀池具有较小的 G 值（沉淀池的 G 值仅 $10^{-3}\sim10^{-1}s^{-1}$ 数量级范围内），即在沉淀池里客观上存在絮凝作用。如果能在絮凝池内进行更充分的絮凝，由于絮凝池所需的停留时间少，这会比在沉淀池内进行有利，但由于排泥问题客观存在，往往只得把这部分絮凝交由沉淀池承担。

5.6.3　混凝设备设计中的几个问题

水力絮凝池在我国应用广泛，以常见的隔板絮凝池为例。隔板絮凝池内的 G 值主要受断面构造和流速的限制。断面尺寸过小对清洗和施工都较困难，流速过大势必造成转折处产生过高的 G 值，流速过小又将在反应槽内产生沉淀。隔板反应槽结合来回转折是反应池布置最常用的形式。在运行过程中，池内的 G 值是变化的，槽内的 G 值较低，而在转折处却产生较高的 G 值，然后又回到原来的 G 值。对于来回隔板的布置，二者 G 值的相差约7~10倍，因此转折的布置在设计过程中很重要。一般来讲，隔板絮凝池开始阶段的转折有助于絮凝反应，而在后阶段则必须注意避免因转折而造成的颗粒破碎。主要可通过对反应槽内（同样包括转折）的流速进行合理分配来解决。此外，目前应用较多的回流转折，对防止转折处的颗粒破碎也是一种较好的办法。结合实验室的搅拌试验，可以得到解决。

絮凝池的设计，要求创造一定的水力条件，以最短的絮凝时间，达到最佳的絮凝效果。理想的水力条件主要与絮凝池形式有关。国内对絮凝池进行研究，诞生了高效节能的反应池。如栅条和网格反应池，是以苏联李维奇关于颗粒碰撞的微漩涡理论为依据，即只有在漩涡的直径处于同一数量级时，颗粒之间才能相互碰撞。网格反应池与其他反应设备相比，具有高效率、低能耗、占地少等优点。

在以地面水为水源的水厂中，混凝处理虽然占有十分重要的地位，但长期的表现是絮凝效率不高，絮凝时间较长，池体容积较大，能耗有所浪费。波纹板絮凝池是一种新型的高效反应设备，是在传统的竖流式隔板反应池的基础上，沿水流方向填充波纹板，用以扰动水流，加强湍流扩散，增大水中固体颗粒之间的碰撞频率，提高反应池容积利用系数和总能量的利用率，因此大大加速了絮凝过程。它与普通隔板絮凝池比较，停留时间缩短了1/2到2/3，且絮凝效果良好，能量消耗较低，工程造价节省，具有技术先进、施工容易、维护管理方便、效益显著等特点，是很有发展前途的高效絮凝的池型之一。

机械絮凝是较理想的絮凝形式，它的速度梯度不受水量的影响，G 值适应性也相当大，在国外它是主要的絮凝形式。但由于设备以及维修等方面的原因，在国内应用受到影响。对于机械絮凝设施的布置，也还存在一定问题，如机械反应如何合理分级，与其他形式结合时机械反应的设置位置等。

机械絮凝池的串联级数不宜过多，一般只考虑3~4级。这样造成了在机械絮凝过程中，G 值的变化次数很少。同一个搅拌桨板范围内，其 G 值可以认为相同。由于絮凝过程中 G 值的变化仅3~4次，这就要求设计时特别注意 G 值的选取。目前不少机械絮凝的布置，最大与最小的 G 值一般只差5~6倍。为了布置方便，设计时多将每个搅拌机的作用范围布置成一样，也就是每个 G 值的絮凝时间是相同的。

由于机械絮凝设备和造价方面的原因，在设计中可以与隔板絮凝、栅条（网格）絮凝等其他水力搅拌的形式组合应用，以便发挥各自的优势。不少设计中把机械搅拌设置在絮凝的初期，因为开始阶段隔板反应较难布置。絮凝开始阶段要求流速大，断面较小，对于处理水量较小的絮凝池往往满足不了构造尺寸要求。为弥补这个缺陷，可以在反应的开始阶段布置机械絮凝池。

5.7　混凝过程的运行与管理

混凝在水处理工艺中地位十分重要，混凝剂的投加应倍受关注。在水厂的运行控制中，混凝投药是最关键的环节，它涉及复杂的物理化学过程。

药剂投加分为干投与湿投。干投是用干投机将固体药剂直接投入水中或先投入溶解容器内，再投入水中，其计量与控制较困难，调节性能较差。湿投又可以分为重力式和压力式两种形式。

（1）重力式投加　药液自高架溶液池，经恒液位水箱依靠重力作用投入水中。早期投药控制调节方式是苗嘴调节。根据对投药量的要求，更换恒液位水箱出口苗嘴的规格，是一种不太频繁的间歇式调节方式。常见的调节方式是调节投药管路上的阀门，通过转子流量计改变投药量。

（2）压力式投加　通常采用离心式投药泵，将药液送入水中。20世纪80年代后期，开始采用投药计量泵。

传统确定投药量的方法是根据经验或观察絮凝池矾花生成情况来决定投药量。净水厂根据试验或生产统计经验，制成浊度-矾耗对照表，作为决定投药量的依据。事实上，它是以

原水浊度为控制参数的一种控制方法。

20世纪80年代以来，许多水厂采用烧杯试验作为确定投药量的参考方法。烧杯试验每天或每周进行1次。由于间隔时间长，水厂烧杯试验结果与水厂实际有出入，多数水厂只是将烧杯试验结果作为参考。烧杯试验条件不是千篇一律的，水厂应该采用与该厂水处理工艺类似的特定烧杯试验条件。

上述方法均属于人工控制方法，难以追随水质、水量等的变化以及对投药量进行及时准确的调节。投药的准确性取决于操作人员的技术经验和职责。

在实际应用中，先进的水厂一般通过建立前馈、后馈数学模型实现计算机自动控制投加。前馈基本控制参数有原水浊度、水温、pH值或碱度、氨氮、耗氧量、水量6项；后馈基本控制参数有沉淀池出水浊度等。可以根据原水水量及水质变化及时改变投加量。此方法的关键是要建立实用可靠的数学模型和采用多种准确可靠的连续传感器与投加设备。

通过前馈、后馈数学模型多参数控制涉及的设备比较复杂，条件不具备的情况下也可以采用单因子控制。单因子控制不要求建立较复杂的数学模型，连续检测传感器单一，管理维护方便。投药单因子控制技术是以流动电流投药控制系统和絮凝控制在线检测仪为代表的。

流动电流（SCD）投药控制系统是20世纪80年代开始应用的一项技术，它是传统混凝投药控制技术的重大突破。混凝理论认为向原水中投加絮凝剂，使水中胶体杂质脱稳，调节混凝剂的投加量会改变胶体的脱稳程度，使之利于后续沉淀。描述胶体脱稳程度的重要指标是ζ电位，以ζ电位为因子控制混凝剂成为一种重要的控制方法。而投药后水体剩余絮凝颗粒的流动电流与ζ电位呈线性相关，因此测其流动电流能克服测量ζ电位的困难，可以反映水体中胶体的脱稳程度。资料显示，原水浊度在10~5000NTU、水量变化范围10%~100%，该技术收到良好的混凝效果，平均节约药剂15%~30%。SCD探测器的使用方法是按生产要求的沉淀水浊度确定一个流动电流值，称为控制系统给定值，计算机控制中心将流动电流的实测值与给定值比较，据此调整投药装置的运行工况，从而改变混凝剂的投量，最终取得具有理想沉淀效果出水浊度的水。但该仪器在取样系统的可靠性上还存在一些问题，如取样管易堵塞，需要定期检查与调整SCD控制给定值。该方法不适用于采用有机阴离子高分子絮凝剂的水处理系统。

流动电流给定值体现了影响混凝的主要因素，水质、水量、药剂、效能等其他因素的变化都体现在流动电流单一因子的变化上，实现了混凝投药的单因子自动控制。它既解决了水厂投药自动控制问题，又提高水厂的社会效益。

絮凝控制在线检测仪（FIOC mate探测器）可以根据水中流动悬浮胶体产生的浊度波动，灵敏地显示絮体形成状态，从而实现在实验室或现场条件下确定最佳投药量。该方法认为絮凝剂投入水中后水解生成的氢氧化物沉速至最大时，投药量为最佳。投药后氢氧化物产生时，初始浊度会升高，但随着絮凝体的形成浊度又下降。初始浊度为最大值时的投药量可认为是絮凝最佳投药量。该仪器把光学方法和微信息处理结合起来，连续测定加药后水中絮体的变化，同时直接调节混凝剂的投量和调整pH值，获得最佳混凝效果。该仪器特别适合投药闭路控制系统，根据检测器输出的信号，利用微机内的优选公式，逐步调整混凝剂投加量，直到最佳值为止。

水处理运行管理也是一个复杂的系统工程，不仅要求技术上、设备上先进，也要从人员素质、运行环境等多方面进行考量，只有这样，才能达到最优化运行的目的。

练 习 题

思考题

5-1　以 $FeCl_2$ 水解制的 $Fe(OH)_3$ 溶液，写出 $Fe(OH)_3$ 胶团的结构，并指出胶核、胶粒、紧密层、扩散层。

5-2　为什么在新生成的 $Fe(OH)_3$ 沉淀中加入少量稀 $FeCl_2$ 溶液沉淀会溶解？如再加入一定量的硫酸盐溶液为何又会析出沉淀？

5-3　为什么在江河入海处常常会形成三角洲？

5-4　试论述温度对溶液稳定性聚沉的影响。

5-5　简述胶体的基本特性。为什么说胶体是动力学稳定而动力学（凝结）不稳定体系？简要说明制备和破坏溶胶的方法。

5-6　电解质对胶体的聚沉有影响，其聚沉值是什么？它和聚沉能力的关系如何？

5-7　憎水溶胶有哪些电动现象？说明各自的特点和相互间的关系。

5-8　在两个充有 0.001molKCl 溶液但容器之间是一个 AgCl 多孔塞，其细孔道中也充满了 AgCl，多孔塞两侧放两个接直流电源的电极，问溶液将向何方移动？若改用 0.1molKCl 溶液，在相同电压下流动的速度变快还是变慢？若用 $AgNO_3$ 代替 KCl 情况又将如何？

5-9　简述水的混凝过程和机理。

5-10　混合与絮凝过程同样需要搅拌，它们对搅拌的要求有何差异？为什么？

5-11　水的混凝对水力条件有何要求？

5-12　水流速度梯度 G 值反映什么？为什么反应池的效果可以用 GT 值来表示？

选择题

5-1　预沉措施的选择，应根据________及其组成、砂峰持续时间、排泥要求、处理水量和水质要求等要素，结合地形并参照类似条件下的运行经验确定。一般可采用沉砂、自然沉淀或凝聚沉淀等。

A. 原水浊度　B. 原水水质　C. 原水含砂量　D. 原水悬浮物

5-2　凝聚剂和助凝剂种类的选择及其用量，应根据类似水质的水厂运行经验或原水凝聚沉淀试验资料，结合当地药剂供应情况，通过________比较确定。

A. 市场价格　B. 技术经济　C. 处理效果　D. 同类型水厂

5-3　当混凝剂的投配方式为________时，混凝剂的溶解应按用药量大小、混凝剂性质，选用水力、机械或压缩空气等搅拌方式。

A. 人工投加　B. 自动投加　C. 干投　D. 湿投

5-4　设计折板絮凝池时，絮凝时间按规范规定一般是________min。

A. 6~15　B. 20　C. 15~20　D. 30

5-5　阴离子型高分子混凝剂的混凝机理是________。

A. 吸附架桥　B. 压缩双电层　C. 电性中和　D. 网捕、卷扫

第6章

沉淀与澄清

学习要点

本章提要：介绍沉淀的基本理论，沉砂池、沉淀池和澄清池的基本形式，结构特点及它们的设计与计算方法。利用水中悬浮颗粒在重力作用下的可沉降性能。实现固液分离的过程称为沉淀。在给水处理中，原水经混合、絮凝后进入沉淀池可以除去大部分悬浮物和胶体物质，为后续的过滤操作做准备；在污水处理中，沉淀几乎是不可缺少的环节。在城市污水处理中常使用沉砂池、初沉池、二沉池。沉砂池的主要作用是去除密度较大的泥砂、煤渣等无机颗粒。初沉池的作用主要是对以无机物为主的密度较大的颗粒进行物理分离，为后续生物处理过程创造条件。二沉池同时具备沉淀池和浓缩池的作用：一是对反应池出水进行泥水分离，实现出水的悬浮物达到排放要求；二是对污泥进行浓缩、回流，使生物反应器中的生物浓度保持在一定的范围，保证废水生物处理单元的稳定进行。澄清池是将絮凝反应与沉淀综合于一体的构筑物，在澄清池内可以同时完成混合、反应、分离等过程。

本章重点：沉淀与澄清的基本概念；沉淀实验和沉淀曲线；各种沉淀池的适用范围及其相关的构筑物设计计算。

本章难点：浅层沉淀理论，自由沉淀实验和沉淀曲线，絮凝沉淀实验和沉淀曲线。

6.1 沉淀理论

6.1.1 沉淀类型

根据悬浮颗粒的性质、浓度及絮凝性能，将沉淀分为自由沉淀、絮凝沉淀、区域沉淀和压缩沉淀四种类型。

1. 自由沉淀

当悬浮物浓度不高时，颗粒在沉淀过程中不会发生碰撞，呈单颗粒状态，独立完成各自的沉淀过程。在整个沉淀过程中，颗粒的物理性质，如形状、大小及密度均不发生任何变化，颗粒沉淀的轨迹呈直线状。砂粒在水中的沉淀过程就是典型的自由沉淀。

2. 絮凝沉淀

絮凝沉淀又称为干扰沉淀。当悬浮颗粒浓度较大时，在沉淀过程中，颗粒之间相互碰撞，发生絮凝作用，结果颗粒的粒径与质量都逐渐变大，沉淀速度不断加快，沉淀轨迹呈曲线。活性污泥在二次沉淀池中的沉淀就是典型的絮凝沉淀。

3. 区域沉淀

区域沉淀又称成层沉淀或拥挤沉淀。在沉淀过程中，当悬浮颗粒浓度增大时，颗粒间相互碰撞、相互干扰挤成一团，沉速大的颗粒也不能超越沉速小的颗粒而沉降。这种相互干扰的沉降作用使所有颗粒合成一个整体，大小颗粒各自保持其相对位置不变而整体下沉，并与液相之间形成一个清晰的界面。区域沉淀的外在表现就是界面的下降。二次沉淀池下部的沉淀过程及浓缩池的开始阶段就是典型的区域沉淀。

4. 压缩沉淀

此过程是区域沉淀的继续。区域沉淀的发展使颗粒浓度越来越大，颗粒之间挤成团块状，互相接触、互相支撑，上层颗粒在重力作用下挤出下层颗粒的间隙水，使污泥得到浓缩，如活性污泥在二次沉淀池污泥斗中的浓缩过程就是典型的压缩沉淀。

6.1.2 自由沉淀理论

下面以自由沉淀为例，讨论沉淀理论。

水中存在的悬浮颗粒的大小、形状、性质十分复杂，影响颗粒沉淀的因素很多，为了简化讨论，假定：①颗粒外形为球形，不可压缩，也无凝聚性，在沉淀过程中其大小、形状和质量等均不变；②水处于静止状态；③颗粒沉淀仅受重力和水的阻力作用。

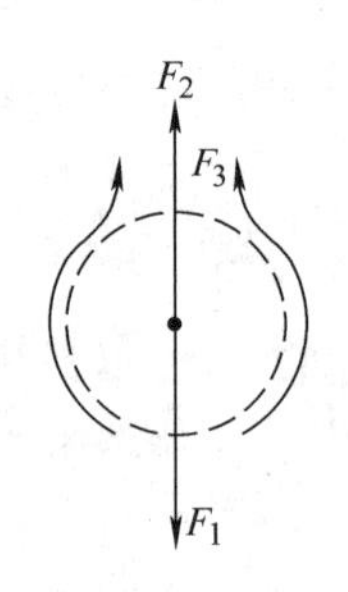

图6-1 自由沉淀过程

颗粒在自由沉淀过程中受力如图6-1所示。静水中的悬浮颗粒开始沉淀时，因受重力作用而产生加速运动，但同时水的阻力也在增加。经过很短一段时间后，颗粒在水中的受力达到平衡，做匀速下沉运动。下面利用牛顿第二定律来推导颗粒自由沉淀速度公式。根据牛顿第二定律

$$\frac{m\mathrm{d}u}{\mathrm{d}t}=F_1-F_2-F_3 \tag{6-1}$$

式中 u——颗粒沉速（m/s）；

m——颗粒质量（kg）；

t——沉淀时间（s）；

F_1——颗粒所受重力（N），$F_1=\frac{1}{6}\pi d^3 g\rho_g$；

F_2——颗粒所受浮力（N），$F_2=\frac{1}{6}\pi d^3 g\rho_y$；

F_3——颗粒所受摩擦力（N），$F_3=\frac{1}{8}C\pi d^2\rho_y u^2=C\frac{\pi d^2}{4}\rho_y\frac{u^2}{2}=CA\rho_y\frac{u^2}{2}$；

A——颗粒在沉淀方向上的投影面积（m^2），对球形颗粒，$A=\frac{1}{4}\pi d^2$；

C——阻力系数，是雷诺数（$Re=\rho ud/\mu$）和颗粒形状的函数；

ρ_g——颗粒的密度（kg/m^3）；

ρ_y——水的密度（kg/m^3）；

d——颗粒的直径（m）；

μ——水的动力黏度（Pa·s）。

由实验可知，对于球形颗粒，阻力系数 C 与雷诺数 Re 有关，如图6-2所示，分三段拟合该曲线，相应段称为层流区、过渡区和湍流区。

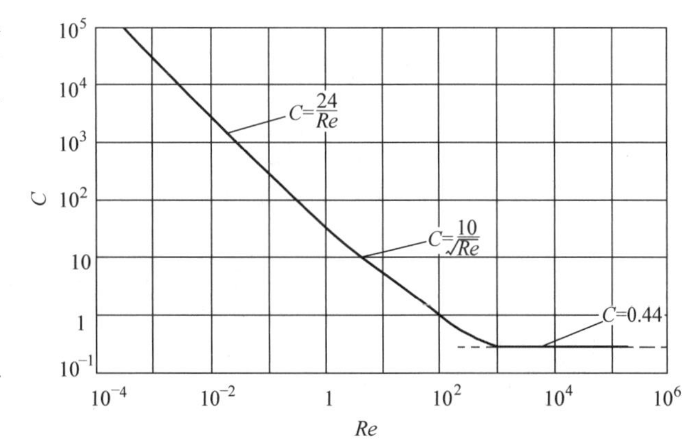

图6-2　球形颗粒的阻力系数 C 与雷诺数 Re 的关系

1. 层流区

当 $Re<1$ 时，呈层流状态。

关系式为 $C=\dfrac{24}{Re}$　　(6-2)

当颗粒处于匀速沉淀时，有 $F_1-F_2=F_3$，即

$$\frac{1}{6}\pi d^3 g\rho_g-\frac{1}{6}\pi d^3 g\rho_y=CA\rho_y\frac{u^2}{2}$$

整理得

$$u=\sqrt{\frac{4gd(\rho_g-\rho_y)}{3C\rho_y}} \tag{6-3}$$

将阻力系数公式代入式(6-3)中，得相应流态下的沉速计算公式。对于层流，在 $Re<1$ 时，得到斯笃克斯公式

$$u=\frac{g(\rho_g-\rho_y)}{18\mu}d^2 \tag{6-4}$$

式(6-4)表明：

1）颗粒与水的密度差$(\rho_g-\rho_y)$越大，沉速越快，反之越慢；当$(\rho_g-\rho_y)>0$时，$u>0$，颗粒下沉；当$(\rho_g-\rho_y)<0$时，$u<0$，颗粒上浮；当$(\rho_g-\rho_y)=0$时，$u=0$时，颗粒既不下沉也不上浮。

2）颗粒沉速与颗粒直径的二次方成正比。一般情况下，沉淀只能去除直径大于20μm的颗粒。在实际中，可以通过混凝处理来增大颗粒直径提高沉淀效果。

3）颗粒沉速与水的黏度 μ 成反比，即水的黏度 μ 越小，颗粒沉速越快。水温高则 μ 值小，因此，提高水温可加快沉速，提高沉淀效果。

4）污水中颗粒呈非球形，式(6-4)不能直接用于工艺计算，需要加非球形修正系数。

【例6-1】　污泥颗粒的直径为50μm，密度为1200kg/m³，试计算该颗粒在20℃时水中的沉淀速度。

【解】　先假设处于层流状态，则颗粒 $d=50\mu m=5\times10^{-5}m$，20℃时水的动力黏度 $\mu=0.00101Pa\cdot s$。代入式(6-4)得

$$u=\frac{9.81\times(1200-1000)}{18\times1.01\times10^{-3}}\times(5\times10^{-5})^2 m/s=2.7\times10^{-4}m/s$$

校核雷诺数 Re

$$Re=\frac{u\rho_y d}{\mu}=\frac{2.7\times10^{-4}\times1000\times5\times10^{-5}}{1.01\times10^{-3}}=0.013<1$$

符合式(6-2)的应用条件。

---

2. 过渡区

当 $1<Re<10^3$ 时，属于过渡区

关系式为
$$C=\frac{\sqrt{10}}{Re} \tag{6-5}$$

代入式（6-3），得到阿兰（Allen）公式

$$u=\left[\left(\frac{4}{225}\right)\frac{(\rho_g-\rho_y)^2g^2}{\mu\rho_y}\right]^{\frac{1}{3}}d \tag{6-6}$$

3. 湍流区

当 $10^3<Re<10^5$ 时，呈湍流状态，C 接近常数为

$$C=0.44 \tag{6-7}$$

代入式（6-3），得到牛顿公式

$$u=1.83\sqrt{\frac{\rho_g-\rho_y}{\rho_y}dg} \tag{6-8}$$

由于以上分析计算是在自由沉淀的假设下进行的，没有考虑到实际原水中的悬浮颗粒构成的复杂性、颗粒粒径的不均匀性，即其形状的多样性、密度的差别性等影响因素，上述公式仅是理论分析，并不能作为实际计算中沉淀速度的计算公式。实际中的沉速或沉淀效率，可以通过沉淀试验得到沉淀设备的设计参数。

6.1.3 沉淀试验及沉淀曲线

为了直观、准确地研究各种沉淀类型的沉淀规律，应该进行沉淀试验。

1. 自由沉淀

试验方法一：取直径80~100mm，高度1500~2000mm的沉淀筒8个，将已知悬浮颗粒浓度 C_0 与水温的水样，注入各沉淀筒，搅拌均匀后，开始沉淀试验。取样点设在水深 $H=1200$mm 处。当沉淀时间为5min、10min、15min、30min、45min、60min、90min、120min时，分别在1号、2号、…、8号沉淀筒取出水样100mL，并分析各水样的悬浮颗粒浓度 C_1、C_2、…、C_8。则 C_i/C_0 即为取样口的水样中剩余悬浮颗粒所占百分数，$(1-C_i/C_0)$ 代表取样口水样中悬浮颗粒去除率，如以 P_i 代表 C_i/C_0，在直角坐标上，画 P_i 与沉速 $u_i=H/t_i$ 的关系曲线。沉速 u_i 是指在沉淀时间 t_i 内能从水面恰巧下沉到水深 H 处的颗粒的沉淀速度。P-u 曲线如图6-3所示。

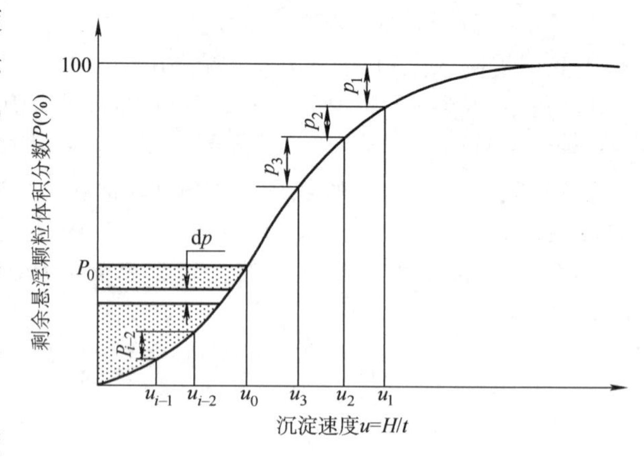

图6-3 自由沉淀试验的 P-u 曲线

从曲线可以得出，当颗粒沉淀速度为 u_0 时，整个水深 H 中去除悬浮物的百分数为

$$\eta=(100-P_0)+\frac{1}{u_0}\int_0^{P_0}u\mathrm{d}P \tag{6-9}$$

式（6-9）中只涉及 P_0 和 u_0，并不涉及具体沉淀时间和水深。即只要确定 u_0，η 也可以确定。由此可知沉淀试验的高度 H 可选任何值，对于沉淀去除百分数并不产生影响。

为了说明自由沉淀规律和式（6-9），进行如下分析：

图 6-4 形象地表示了自由颗粒的沉降过程。假定沉淀速度为 u_1、u_2、u_3、⋯、u_0、⋯、u_n 的颗粒，它们占整个悬浮颗粒的百分数分别为 p_1、p_2、p_3、⋯、p_0、⋯、p_n。因为这些悬浮颗粒在沉淀开始时（$t=0$）在高度上的分布是均匀的，所以分开表示出来，便于理解，如图 6-4a 所示。图中分别画出了 u_1、u_2、u_3、⋯、u_0、⋯、u_n 各种颗粒的均匀分布情形，把这些图叠加即得整个悬浮颗粒的分布情况。图 6-4b 表示当 $t=t_1$ 时的颗粒分布情况，其中沉速为 u_1 的颗粒在 t_1 时刻恰好下沉 H 高度，即在水面处的这种颗粒恰好沉到取样口处，水面以下的颗粒则沉淀到取样口以下，在整个水深 H 中就不再存在这种颗粒了。而沉速为 u_2、u_3 等的颗粒则不同，它们在 t_1 时刻只下沉了 u_2t_1、u_3t_1 等距离，在这些距离以下的位置，颗粒则以列队的形式下移，因此在这些位置下面，如图 6-4b 所示，它们仍然保持原来的分布情况而不受影响。可见，在 t_1 时刻从取样口所取的水样中，除了沉速为 u_1 的颗粒被完全去

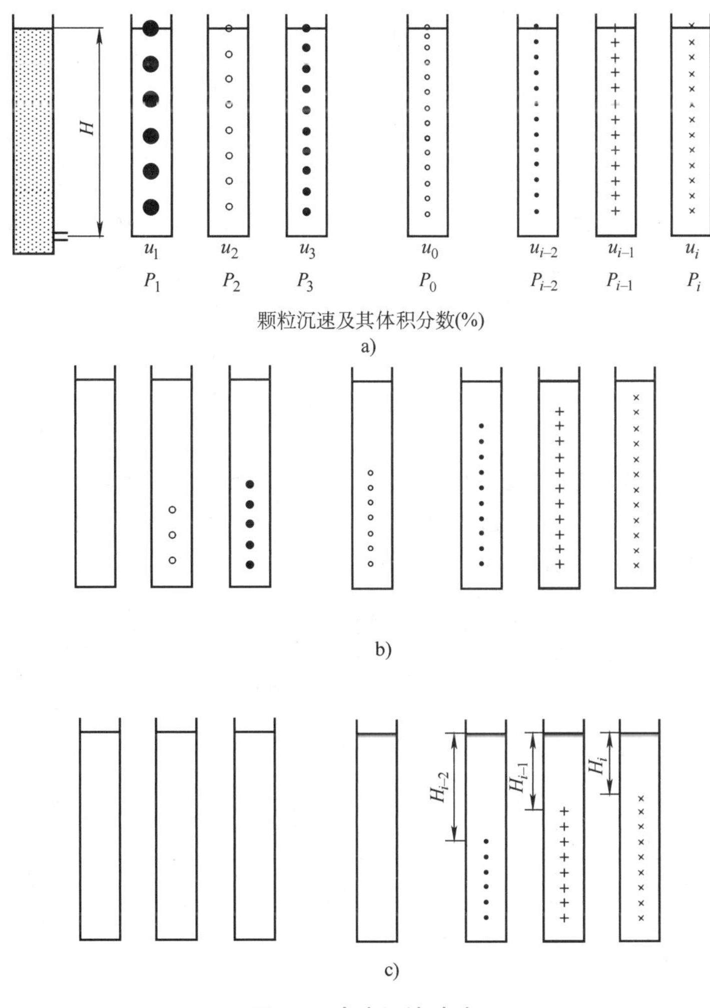

图 6-4　自由沉淀试验

a）$t=1$　b）$t=t_1$　c）$t=t_i$

除外，其他颗粒在所取的水样中浓度没有变化，也就是说（$100-P_1$）代表 u_1 颗粒所占的百分数 p_1。同样可知 $P_1-P_2=p_2$、$P_2-P_3=p_3$、…、$P_{n-1}-P_{n-2}=p_{n-2}$、…分别为 u_2、u_3、…、u_{n-2}…颗粒在悬浮颗粒中所占的百分数，如图6-3所示。

综上所述可知，P-u 曲线实质上是悬浮颗粒的粒度分布曲线。下面证明式（6-9）。

在沉淀时间 t_0 时取水样，由图6-4可知，沉速大于 u_0 的颗粒在整个水深 H 中被全部去除。这些颗粒的去除率百分数之和为 $p_1+p_2+p_3+\cdots+p_0=100-P_0$，在整个悬浮颗粒中，其去除率为（$100-P_0$）。沉速小于 u_0 的颗粒，在整个水深中还残留了一部分。以沉速为 u_{i-2} 的颗粒为例。令沉速为 u_{i-2} 的颗粒在沉淀时间 t_0 的下沉距离为 $H_{i-2}=u_{i-2}t_0$，则时间 t_0 时，在水深 H 中有 H_{i-2} 部分沉速为 u_{i-2} 的颗粒不再存在，如图6-4c所示。因此，沉速为 u_{i-2} 的颗粒的去除率为

$$\frac{H_{i-2}}{H_i}p_{i-2}=\frac{u_{i-2}t_0}{u_0t_0}p_{i-2}=\frac{u_{i-2}}{u_0}p_{i-2}=\frac{u_{i-2}}{u_0}(P_{i-1}-P_{i-2})$$

对沉速小于 u_0 的颗粒来说，去除率为 $\sum\frac{u}{u_0}p=\sum\frac{u}{u_0}\Delta P$，即

$$\int_0^{P_0}\frac{u}{u_0}\mathrm{d}P=\frac{1}{u_0}\int_0^{P_0}u\mathrm{d}P$$

把沉速小于 u_0 的颗粒去除率和沉速大于 u_0 的颗粒去除率相加即得总去除率，即式（6-9）。

试验方法二：沉淀筒尺寸、数目及取样点深度与试验方法一相同，但取样方法不同。此方法是：在沉淀时间为5min、10min、15min、30min、45min、60min、90min、120min时，分别在1号、2号、…、8号沉淀筒内取出取样点以上的全部水样，分析悬浮颗粒的浓度 C_1、C_2、…、C_8，水样中的悬浮颗粒浓度 C_i 与原有悬浮颗粒浓度 C_0 的比值称为悬浮颗粒剩余量，简称剩余量，用 $P_0=C_i/C_0$ 表示，相应的去除率应为（$100-P_0$）。此 C_i 包括了所有剩余颗粒的浓度，因此去除率（$100-P_0$）即为总去除率。

【例6-2】　污水悬浮物浓度 $C_0=400$mg/L，用第一种实验方法实验结果见表6-1，试求：①需去除 $u_0=2.5$mm/s（0.15m/min）的颗粒的总去除率；②需去除 $u_0=1$mm/s（0.06m/min）的颗粒的总去除率。取样口深度为1200mm。

表6-1　沉淀试验记录

取样时间/min	悬浮颗粒浓度/(mg/L)	P_i(%)	$100-P_i$(%)	沉速 u_t	
				/(mm/s)	/(m/min)
0	$C_0=400$	100	0	0	0
5	240	100×(240/400)=60	40	1200/(5×60)=4	0.240
15	208	52	48	1.33	0.080
30	184	46	54	0.67	0.040
45	160	40	60	0.44	0.027
60	132	33	67	0.32	0.020
90	108	27	73	0.22	0.013
120	88	22	78	0.17	0.010

【解】　根据表6-1，以 $P=C_i/C_0$ 为直角坐标的纵坐标，沉速 u 为横坐标，自由沉淀试验的 P-u 曲线，如图6-5所示。

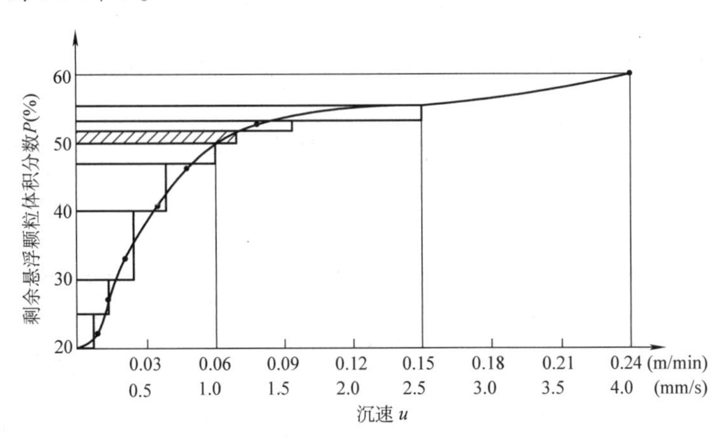

图6-5　自由沉淀试验的 *P-u* 曲线

用图解法，把图6-5划分为8个矩形小块（划分越多，结果越精确），累计面积 $\int_0^{P_0}\frac{u_t}{u_0}\mathrm{d}P$ 计算结果，列于表6-2。

表6-2　$\int_0^{P_0}u_t\mathrm{d}P$ 图解计算值

u_t/(mm/s)	dP	u_tdP	u_t/(mm/s)	dP	u_tdP
0.11	4	0.44	1.00	3	3.00
0.25	6	1.50	1.17	2	2.34
0.37	10	3.70	1.67	2	3.34
0.58	7	4.06	2.50	2	5.00
合计 $\int_0^{P_0}u_t\mathrm{d}P=23.38$					

① 去除 $u_0=2.5$mm/s 的颗粒的总去除率：从图6-5查得 $u_0=2.5$mm/s 时，剩余量 $P_0=56$；沉速 $u_t<u_0=2.5$mm/s 的颗粒的去除量 $\int_0^{P_0}u_t\mathrm{d}P=23.38$（见表6-2），总去除率为

$$\eta=(100-56)\%+\frac{1}{2.5}\times23.38\%=44\%+9.4\%=53.4\%$$

即 $u_t\geqslant2.5$mm/s 的颗粒，可去除44%，$u_t<2.5$mm/s 的颗粒，可去除9.4%。

② 去除沉速 $u_0=1$mm/s 的颗粒的总去除率：从图6-5查得，$u_0=1$mm/s 时，剩余量 $P_0=50$；沉速 $u_t<u_0=1$mm/s 的颗粒去除量 $\int_0^{P_0}u_t\mathrm{d}P=12.70$，总去除率为

$$\eta=(100-50)\%+\frac{1}{1}\times12.70\%=62.7\%$$

即 $u_t\geqslant u_0=1.0$mm/s 的颗粒，可去除50%；$u_t<u_0=1.0$mm/s 的颗粒，可去除12.7%。

2. 絮凝沉淀

絮凝沉淀试验是在一个直径为150~200mm、高为2000~2500mm的沉淀筒内进行的，在高度方向每隔500mm设取样口，如图6-6a所示。将已知悬浮颗粒浓度C_0与水温的水样注满沉淀筒，搅拌均匀，每隔一定时间间隔计时取样，如10min，20min，30min，…，120min，同时在各取样口取水样50~100mL，分析悬浮物浓度，并计算出相应的去除率$\eta=\frac{C_0-C_i}{C_0}\times 100\%$，列于表6-3。

表6-3 絮凝试验记录表

取样口编号	取样深度/m	取样时间/min							
		0		10		20		…	
		浓度/(mg/L)	去除率(%)	浓度/(mg/L)	去除率(%)	浓度/(mg/L)	去除率(%)	浓度/(mg/L)	去除率(%)
1	0.5	200	0	180	10	160	19	…	…
2	1.0	200	0	184	8	170	15	…	…
3	1.5	200	0	188	6	178	11	…	…
4	2.0	200	0	190	5	182	9	…	…

根据表6-3，在直角坐标上，以纵坐标为取样口深度，横坐标为取样时间，将同一沉淀时间、不同深度的去除率进行标注，然后把去除率相等的各点连成曲线，如图6-6b所示。从图6-6b可求出不同沉淀时间、不同深度对应的总去除率。求解方法见例6-3。

【例6-3】 图6-6b所示是某城市污水的絮凝沉淀试验的等去除率曲线。求沉淀时间30min、深度2m处的总去除率。

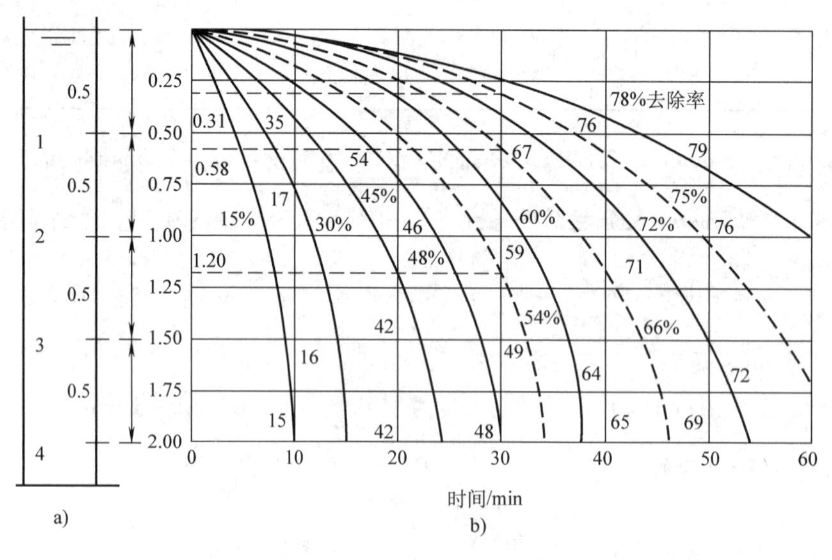

图6-6 絮凝沉淀曲线

【解】 先计算沉淀时间$t=30$min，深度$H=2$m处的沉速u_0。

$u_0=\frac{H}{t}=\frac{2}{30}$m/min = 0. 067m/min = 1. 11mm/s。因此，凡 $u_t \geqslant u_0$ = 0. 067m/min 的颗粒均被去除。由图 6-6b 可知，这部分颗粒的去除率为 48%，$u_t < u_0$ = 0. 067m/min 的颗粒的去除率可用图解法求得。其步骤如下：①分别在等去除率曲线 48%和 60%、60%和 72%、72%和 78%之间作中间曲线（见图 6-6b 的虚线），曲线与 t = 30min 的垂直交点对应的深度分别为 1. 20m，0. 58m 和 0. 31m，则颗粒的平均沉速分别为 $u_1=\frac{1.20}{30}$m/min = 0. 04m/min = 0. 67mm/s，$u_2=\frac{0.58}{30}$m/min = 0. 02m/min = 0. 33mm/s，$u_3=\frac{0.31}{30}$m/min = 0. 01m/min = 0. 17mm/s。沉速更小的颗粒可省略。故沉淀时间 t = 30min，深度为 2m 处的总去除率为

$$
\begin{aligned}
\eta &= 48\%+\frac{u_1}{u_0}(60-48)\%+\frac{u_2}{u_0}(72-60)\%+\frac{u_3}{u_0}(78-72)\% \\
&=\left(48+\frac{0.67}{1.11}\times 12+\frac{0.33}{1.11}\times 12+\frac{0.17}{1.11}\times 6\right)\% \\
&= (48+7.2+3.6+0.9)\% \\
&= 59.7\%
\end{aligned}
$$

3. 区域沉淀与压缩沉淀

区域沉淀与压缩沉淀试验可在直径 100～150mm，高度 1000～2000mm 的沉淀筒内进行。将已知浓度 C_0（C_0 > 500mg/L，否则不会形成区域沉淀）悬浮颗粒的污水装入沉淀筒内，搅拌均匀后，开始试验计时，水样会很快形成上清液与污泥层之间的清晰界面。污泥层内的颗粒之间相对位置稳定，表现为界面下沉而不是单颗粒下沉，沉速用界面沉速表示，如图 6-7 所示。

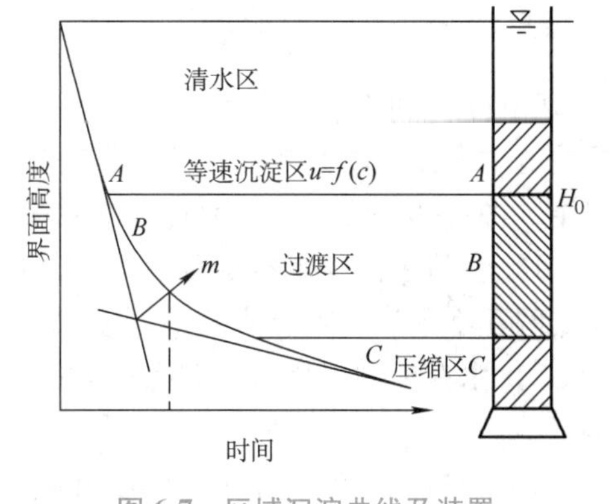

图 6-7　区域沉淀曲线及装置

界面下沉的初始阶段，浓度较低，沉速是悬浮颗粒的浓度的函数 $u=f(C)$，等速沉淀，如图 6-7 所示 A 段。随着界面继续下沉，悬浮颗粒浓度不断增加，界面沉速逐渐减慢，出现过渡段，如图 6-7 所示 B 段，颗粒之间的水分被挤出并穿过颗粒上升，成为上清液。颗粒继续下沉，浓度更高，产生压缩区，如图 6-7 所示 C 段。压缩区内的悬浮颗粒有两个特点：一是从压缩区的上表面起到筒底止，颗粒沉降的速度逐渐减小，在筒底的颗粒沉降速度为零；二是由于筒底的存在，压缩区内悬浮颗粒缓慢下沉的过程也就是这一区内悬浮颗粒缓慢压实的过程。压缩区与等速沉淀区之间存在一个过渡区，即一个从等速沉淀区到压缩区顶部的区域。清水区与等速沉淀区的交界面可用肉眼看出，其他的两个交界面不易看清楚。将试验结果记录于表 6-4，在直角坐标上，以界面高度为纵坐标，沉淀时间为横坐标，作界面高度与沉淀时间关系图，如图 6-7 所示。

表 6-4 区域沉淀与压缩沉淀试验记录表

沉淀时间/min	界面高度 H/m	界面沉速/(mm/min)
$t=0$	H_0	
t_1		
t_2		
t_3		
t_4		
t_5		
⋮		
t_n		

通过图 6-7 所示任一点作曲线的切线，其切线的斜率即为该点相对应界面的界面沉速。分别作等速沉淀段的切线及压缩段的切线，两切线的交角的平分线交沉淀曲线于一点 m，m 点就是等速沉淀区与压缩沉淀区的分界点。与 m 点相对应的时间即为压缩开始时间。这种静态试验方法可用来表述动态二次沉淀池与浓缩池的工况，可作为设计的依据。

6.2 理想沉淀池

6.2.1 理想沉淀池原理

6.1 节中沉淀实验及其分析结果，代表了不同颗粒的静置沉淀特性，它并不能反映实际沉淀池中水流运动对颗粒沉淀的影响。为了使静置沉淀试验结果能够在沉淀池的设计中得到应用，进行如下假设，并把符合本假设的沉淀池称为理想沉淀池。假设：

1）在流入区，颗粒沿截面均匀分布，在沉淀区处于自由沉淀状态。即在沉淀过程中颗粒之间互不干扰，颗粒的大小、形状、密度不变，因此颗粒的沉速始终保持不变。

2）水在池内沿水平方向等速流动。即过水断面上各点流速相等，并在流动过程中流速始终不变。

3）颗粒沉到池底即认为已被去除，不再返回水流中。

下面就平流式理想沉淀池和圆形理想沉淀池的去除率分别进行分析。

1. 平流式理想沉淀池

根据上述假定，平流式理想沉淀池的工作情况如图 6-8 所示。

平流式理想沉淀池分为流入区、流出区、沉淀区和污泥区。如图 6-8 所示，原水进入沉淀池，在流入区被均匀分配在 A—B 断面上，其运动轨迹为水平流速 v 和颗粒沉速 u 的矢量和，轨迹 1 代表颗粒从池顶 A 点开始下沉，能够在池底的最远处 B_1 点之前沉到池底的颗粒的运动轨迹；轨迹 2 代表从池顶 A 点开始下沉而不能沉到池底的颗粒的运动轨迹。在这两种运动轨迹中间，存在第三类颗粒的运动轨迹（见轨迹 3），这种颗粒从池顶 A 点开始下沉，刚好沉到池底的最远处 B_1 点（设其沉速为 u_0）。于是，凡沉速大于 u_0 的颗粒都可以沿着类似轨迹 1 的方式沉到池底被除去；而沉速小于 u_0 的颗粒（设为 u_1），则需视其在流入区所处的位置而定。若其处于 A 点或其他靠近水面的位置开始下沉，则不能沉到池底，而是沿着

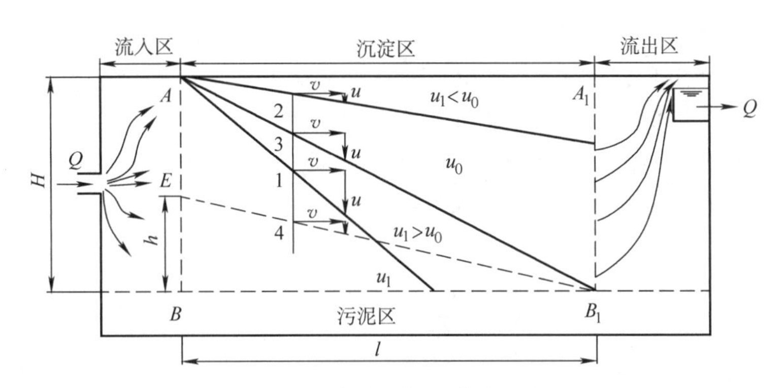

图 6-8　平流式理想沉淀池示意图

类似于轨迹 2 的方式被水流带出池外；若其处于某点以下（如图中 E 点，若此颗粒从 E 点开始沿着轨迹 4 沉淀，恰好能够被去除）开始沉淀，也可能被去除。即沉速 $u_1<u<u_0$ 的一切颗粒，若在 E 点以下开始沉淀，也能被全部去除。由此可见，轨迹 3 所代表的颗粒沉速 u_0 具有特殊的意义，称为截留沉速。截留沉速实际上反映了沉淀池所能全部去除的颗粒中的最小颗粒的沉速，凡是沉速等于或大于 u_0 的颗粒能被全部去除。

下面通过分析轨迹 3 的颗粒，介绍沉淀池的一个重要概念——表面负荷。

对于轨迹 3 颗粒而言

$$t=\frac{l}{v}$$

又因为

$$t=\frac{H}{u_0}$$

式中　t——沉淀时间，即水在沉淀区中的停留时间（s）；

l——沉淀池的沉淀长度（m）；

v——水平流速（m/s）；

H——沉淀区深度（m）；

u_0——截留沉速（m/s）。

由上两式得

$$\frac{l}{v}=\frac{H}{u_0}$$

即

$$u_0=\frac{Hv}{l}=\frac{HvHB}{lHB}=\frac{HQ}{lHB}=\frac{Q}{lB}=\frac{Q}{A} \tag{6-10}$$

式中　Q——流量（m^3/s）；

B——沉淀池宽（m）；

A——沉淀池面积（m^2）。

式（6-10）中，Q/A 称为表面负荷或称溢流率，用符号 q 表示，为单位时间内通过沉淀池单位面积的流量。其量纲为 $m^3/(m^2\cdot s)$ 或 $m^3/(m^2\cdot h)$，也可简化为 m/s 或 m/h。表面负荷在数值上等于截留沉速 u_0。因此，设计沉淀池时，确定了所要去除颗粒的 u_0 值，其表面负荷 q 也已确定。

下面讨论去除率 η 的推导过程。

从上述分析得知，沉速大于 u_0 的颗粒必将全部去除。为了讨论颗粒的总去除率，只需

讨论沉速小于 u_0 的颗粒的去除率即可。

对于沉速 u_1 小于截留沉速 u_0 的颗粒，若其沿着图 6-8 中轨迹 4 运动，也能被去除。可见，位于池底以上 h 高度内（为 E 点距池底的距离）的颗粒可被全部去除。

设原水中这类颗粒的浓度为 C，沿着进水区的高度为 H 的断面进入的颗粒总量为 QC，沿着 E 点（高度为 h）以下截面进入的这种颗粒的数量为 $hBvC$，则沉速为 u_0 的颗粒的去除率为

$$\eta=\frac{hBvC}{QC}=\frac{hBvC}{HBvC}=\frac{h}{H} \tag{6-11}$$

又因为 $\frac{l}{v}=\frac{H}{u_0}$，得

$$H=\frac{lu_0}{v} \tag{6-12}$$

同理，由

$$\frac{l}{v}=\frac{h}{u_1}$$

得

$$h=\frac{lu_1}{v} \tag{6-13}$$

将式（6-12）和式（6-13）代入式（6-11）得

$$\eta=\frac{u_1}{u_0} \tag{6-14}$$

又因为 $u_0=\frac{Q}{A}$，代入式（6-14）得

$$\eta=\frac{u_1}{\frac{Q}{A}}=\frac{u_1}{q} \tag{6-15}$$

由此可见，在理论上，平流式理想沉淀池的去除率仅与表面负荷及颗粒沉速有关，而与其他因素（水流速度、沉淀时间、池深、池长等）无关。从式（6-15）还可以得出以下结论：

1）当去除率 η 一定时，颗粒沉速越大，表面负荷越高，即产水量越大。

2）当表面负荷 q 一定时，颗粒沉速 u_1 越大，则去除率越高。因此，实际运行中常通过混凝处理来增加颗粒沉速。

3）当颗粒沉速 u_1 确定后，沉淀池表面积 A 越大，则去除率越高。因此，当沉淀池容积一定时，池浅则表面积越大，可以提高去除率，这就是浅池沉淀理论，也是斜板、斜管沉淀池的理论基础。

以上只讨论了颗粒沉速为 u_1 的颗粒的去除率。实际中，类似 $u_1<u_0$ 的颗粒有很多，这些颗粒的总去除率是 $u_1<u_0$ 的颗粒的去除率之和。

设 P 为所有沉速小于 u_0 的颗粒质量占原水中全部颗粒质量的百分数，$\mathrm{d}P$ 表示沉速为 $u(u<u_0)$ 的颗粒所占全部颗粒的质量分数。由式（6-14）可知，沉速为 u 颗粒的去除率为 $\mathrm{d}P$。因此，所有沉速小于 u_0 颗粒能够在沉淀池中去除的质量占全部颗粒的质量分数为

$$\eta_1 = \frac{1}{u_0}\int_0^{P_0} u\mathrm{d}P \tag{6-16}$$

颗粒沉速大于 u_0 的颗粒的去除率为（$100-P_0$），理想沉淀池的去除率 η 为

$$\eta = (100 - P_0) + \frac{1}{u_0}\int_0^{P_0} u\mathrm{d}P \tag{6-17}$$

式中　P_0——沉速小于 u_0 的颗粒占全部悬浮颗粒的比值，称为剩余量（%）；

u_0——理想沉淀池的截留沉速（m/s）；

u——颗粒沉速小于 u_0 的颗粒沉速（m/s）；

P——所有沉速小于 u_0 的颗粒质量占原水中全部颗粒的质量分数（%）；

$\mathrm{d}P$——沉速为 u 的颗粒占全部颗粒的质量分数（%）。

2. 圆形理想沉淀池

按水流在池中的流动方向，圆形理想沉淀池分为辐流式和竖流式两大类。下面按沉淀池半径为 R，中心筒半径为 r，沉淀区高度为 H 分析辐流式和竖流式理想沉淀池。

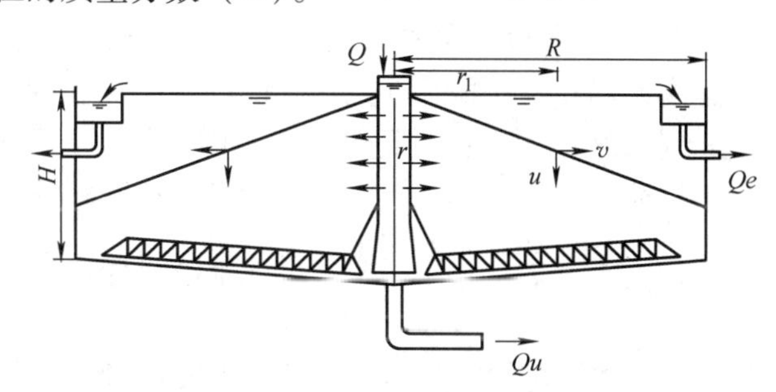

图 6-9　辐流式圆形理想沉淀池

（1）辐流式圆形理想沉淀池　如图 6-9 所示，辐流式圆形理想沉淀池中任一点（设半径为 r_1）处，沉速为 u 的颗粒，其运动轨迹为此处颗粒沉速和此处水平流速的矢量和。即

$$\mathrm{d}r_1 = v\mathrm{d}t, \qquad \mathrm{d}H = u\mathrm{d}t \tag{6-18}$$

式中　v——半径 r_1 处的水平流速（m/s）；

u——颗粒沉速（m/s）；

t——沉淀时间（s）；

H——沉淀区高度（m）。

颗粒被沉淀去除的条件为

$$\int_r^R \frac{\mathrm{d}r_1}{v} \geqslant \int_0^H \frac{\mathrm{d}H}{u} \tag{6-19}$$

设处理水量为 Q（$\mathrm{m^3/s}$），则半径为 r_1 处的颗粒水平流速为

$$v = \frac{Q}{2\pi r_1 H}$$

代入式（6-19）得

$$\int_r^R \frac{2\pi r_1 H}{Q}\mathrm{d}r_1 \geqslant \int_0^H \frac{\mathrm{d}H}{u}$$

积分得

$$u \geqslant \frac{Q}{\pi(R^2 - r^2)} = \frac{Q}{A} = u_0 = q$$

此式与式（6-10）一样，即表面负荷在数值上等于截留沉速 u_0。

辐流式理想沉淀池中的水流流态与理想平流沉淀池相同，因此，辐流式理想沉淀池的去除率公式也能应用于平流式沉淀池。即

$$\eta = (100 - P_0) + \frac{1}{u_0}\int_0^{P_0} u \mathrm{d}P$$

（2）竖流式圆形理想沉淀池　如图6-10所示，竖流式圆形理想沉淀池中，水流方向不同于平流式和辐流式沉淀池，为竖直方向，其去除率也与前两种不同。

设竖流式理想沉淀池中，水流垂直分速为 v，则

$$v = \frac{H}{t} \tag{6-20}$$

式中　t——沉淀时间（s）；

H——沉淀池有效水深（m）。

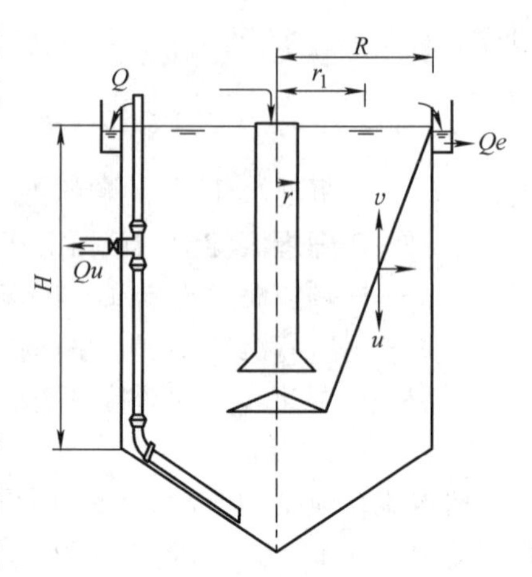

图6-10　竖流式圆形理想沉淀池

从图6-10可知，当颗粒沉速 $u>(-v)$ 时（沉速与水流速度方向相反，故用负号），颗粒才可被去除；当沉速 $u=(-v)$ 时，颗粒只是停止于水中的某层中，不悬浮也不沉淀；当沉速 $u<(-v)$ 时，颗粒则悬浮于水面之上，不能去除。基于此，竖流式沉淀池的去除率为 $\eta=100-P_0$，而没有 $\frac{1}{u_0}\int_0^{P_0} u\mathrm{d}P$ 项。

6.2.2　理想沉淀池与实际沉淀池的差别

理想沉淀池要求满足三个假设条件，与实际沉淀池存在差别。实际平流式沉淀池偏离理想沉淀池主要是因为受流速分布和流态的影响。

1. 流速分布的影响

下面分析实际水流状况对沉淀效果的影响。由于沉淀池进口和出口构造的局限，水流速度在整个断面上分布不均匀，包括深度方向和宽度方向水流分布不均。实际沉淀池中水平流速分布如图6-11和图6-12所示。对平流沉淀池，设沉淀区的有效水深为 H，有效长度为 L，池宽为 B。下面就这两种因素对沉淀效率的影响进行分析。

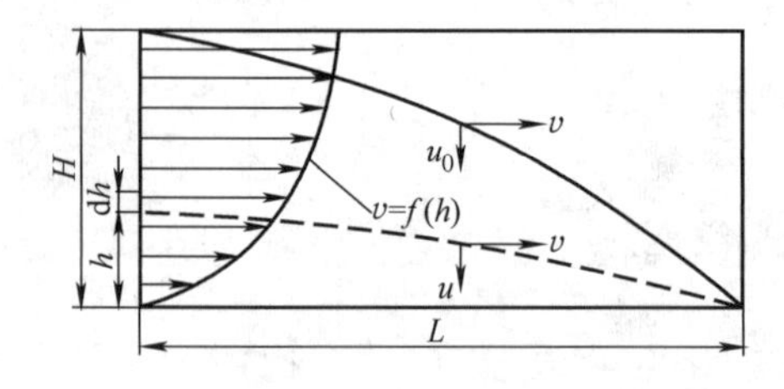

图6-11　池深方向水平流速分布不均的影响

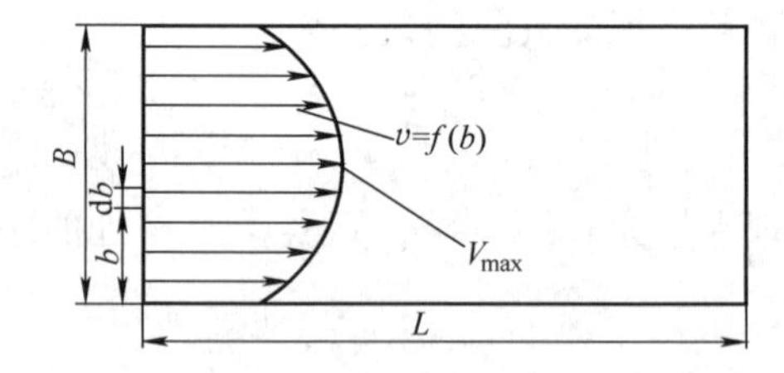

图6-12　池宽方向水平流速分布不均的影响

（1）深度方向水平流速分布不均的影响　在实际沉淀池中，水流速度沿深度方向分布不均，如图6-11所示，设水平流速 v 为水深的函数，即 $v=f(h)$，则沉速为 u_0 的颗粒，沉淀轨迹：$\mathrm{d}l=v\mathrm{d}t$，$\mathrm{d}h=u_0\mathrm{d}t$，可得

$$\frac{\mathrm{d}l}{v} = \frac{\mathrm{d}h}{u_0}，\text{即 } u_0\mathrm{d}l = v\mathrm{d}h \tag{6-21}$$

颗粒水平流速沿深度方向不断减慢，颗粒运动轨迹为下垂的曲线，对式（6-21）积分得

$$u_0\int_0^L \mathrm{d}l = \int_0^H v\mathrm{d}h \qquad u_0 L = \int_0^H v\mathrm{d}h \tag{6-22}$$

对于 $u_1<u_0$ 的部分颗粒的去除率，等于在深度 h 以下入流的数量占全部数量的比值

$$\eta=\frac{\int_0^h v\mathrm{d}h}{\int_0^H v\mathrm{d}h}=\frac{u_1L}{u_0L}=\frac{u_1}{u_0}=\frac{u_1}{q} \tag{6-23}$$

式（6-23）与式（6-15）完全相同，可见沉淀池深度方向的水平流速分布不均匀，在理论上对去除率没有影响。

（2）宽度方向水平流速分布不均的影响　如图 6-12 所示，水平流速在宽度方向分布不均，水平流速 v 表示为池宽 b 的函数，即 $v=f(b)$。假设宽度为 b 和（$b+\mathrm{d}b$）之间的微分面积上的水平流速是均匀的，相对应的面积为 $A'=L\mathrm{d}b$，微分流量 $Q'=vH\mathrm{d}b$。根据式（6-10）、式（6-15）及 $\eta=\frac{u}{q}$、$q=\frac{Q'}{A'}$等关系，可得沉速为 u_1 的颗粒的去除率为

$$\eta_\mathrm{b}=\frac{u_1}{\frac{Q'}{A'}}=\frac{u_1}{\frac{vH\mathrm{d}b}{L\mathrm{d}b}}=\frac{u_1L\mathrm{d}b}{vH\mathrm{d}b}=\frac{u_1L}{vH} \tag{6-24}$$

若该颗粒处于沉淀池中心线附近，该颗粒的去除率为

$$\eta_\varphi=\frac{u_1L}{v_{\max}H} \tag{6-25}$$

显然 $\eta_\varphi<\eta_\mathrm{b}$。

可见，水平流速沿宽度方向分布不均匀，是影响沉淀池效率的主要因素。由上述分析可知，横向水流流速分布不均比竖向水流流速分布不均对沉淀池的沉淀效率影响更大。

2. 水流状态的影响

衡量水流状态的参数有雷诺数 Re、弗劳德数 Fr 等，衡量水流湍动性指标为雷诺数 Re。即

$$Re=\frac{vR}{\nu} \tag{6-26}$$

式中　v——水平流速（m/s）；

R——水力半径（m）；

ν——水的运动黏度（$\mathrm{m^2/s}$）。

在明渠中，当 $Re>500$ 时，水流呈湍流状态。平流式沉淀池中的 Re 一般在 4000 以上，呈湍流状态。由于湍流的扩散作用，还有上、下、左、右的脉动作用，颗粒的沉淀受到干扰，影响沉淀效果。尽管这些因素可以使密度不同的水流较好地混合而减弱分层流动现象，但在实际中，一般应降低雷诺数，创造颗粒沉降的条件。

衡量水流稳定性的指标为弗劳德数 Fr，反映水流惯性与重力的比值。计算公式为

$$Fr=\frac{v^2}{gR} \tag{6-27}$$

式中　Fr——弗劳德数；

R——水力半径（m）；

v——水平流速（m/s）；

g——重力加速度，9.8$\mathrm{m/s^2}$。

Fr 数越大，水流越稳定，对温差、密度差、异重流及风浪等影响的抵抗力越强，沉淀池中水流流态越稳定，沉淀效果越好。

由式（6-26）和式（6-27）可知，在沉淀池中，要尽量地降低 *Re* 和提高 *Fr*，这可以通过减小水力半径 *R* 来实现。工程实践中，可通过对沉淀池进行纵向分格，采用斜板、斜管沉淀池来达到此目的。

由于实际沉淀池沉淀效率低于理想沉淀池，故设计中采用沉淀实验数据时，应进行适当的放大。设计中常采用放大系数，如表面负荷为实验值的$\frac{1}{1.7}$~$\frac{1}{1.25}$倍，通常采用$\frac{1}{1.5}$倍；沉淀时间为实验值的1.5~2.0倍，一般采用平均值的1.75倍。

6.3　平流式沉淀池

按水流方向，沉淀池可分为平流式沉淀池、辐流式沉淀池和竖流式沉淀池。

在给水处理中，平流式沉淀池应用很广。原水经投药、混合与絮凝后，水中悬浮物质逐步形成粗大的絮凝体，通过沉淀池分离以完成澄清过程。

在污水处理中，按工艺布置的不同，沉淀池可分为初次沉淀池和二次沉淀池。初次沉淀池是污水一级处理的主要构筑物，也可作为二级处理的预处理构筑物，初次沉淀池的处理对象为悬浮物质（SS），一般可去除40%~50%的悬浮物。同时也可去除部分BOD_5(约20%~30%)，降低生物处理构筑物的有机负荷。二次沉淀池设于生物处理构筑物之后，其作用是对生物处理构筑物出水中的以微生物为主体的，因水流作用易发生上浮的固体悬浮物进行沉淀并去除或对污泥进行浓缩。

6.3.1　平流式沉淀池的构造

平流式沉淀池可分为进水区、出水区、沉淀区、缓冲区和污泥区五部分（见图6-13），在平流式沉淀池内，水是按水平方向流过沉淀区并完成沉降过程的。

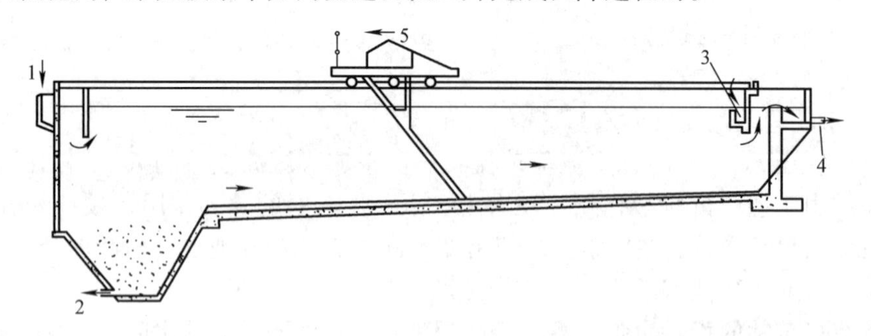

图6-13　平流式沉淀池构造

1—进水槽　2—排泥管　3—浮渣去除槽　4—出水槽　5—刮泥行走小车

1. 进水区

在给水处理中，为防止矾花破碎，反应池与沉淀池应采用合建式，反应池出水直接进入沉淀池，并要求流速不大于0.2m/s。

为了进水均匀，有利于沉降，在沉淀池入口处一般设有整流装置。常用整流装置如

图6-14所示。挡流板顶部一般高出水面0.15~0.20m，水下的淹没深度不小于0.25m，挡流板距横向配水槽0.5~1.0m。

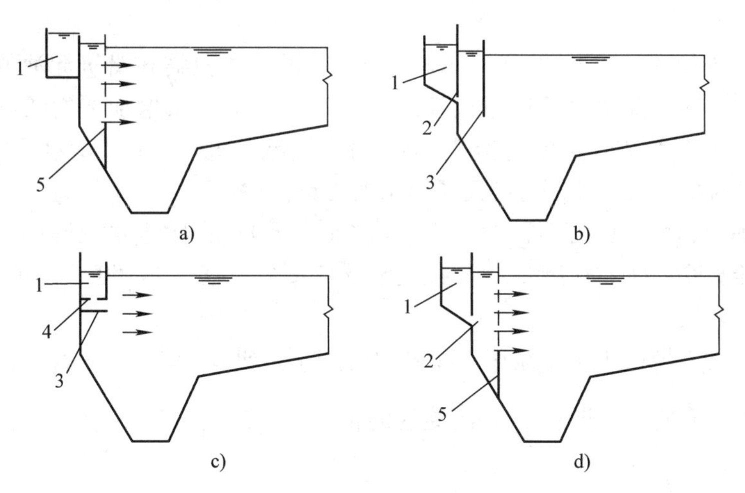

图6-14　平流式沉淀池的几种进水口整流装置

a）溢流式入流整流装置　b）淹没式潜孔入流整流装置

c）淹没式底孔入流整流装置　d）淹没式潜孔与穿孔花墙组合入流整流装置

1—进水槽　2—潜孔　3—挡流板　4—底孔　5—穿孔花墙

图6-14a所示为溢流式入流整流装置，并设有穿孔花墙整流墙；图6-14b所示为淹没式潜孔入流整流装置，在潜孔后设置挡流板；图6-14c所示为淹没式底孔入流整流装置，在底孔下设置挡流板；图6-14d所示为淹没式潜孔与穿孔花墙组合入流整流装置。为了减弱射流对沉降的干扰，整流墙的开孔率应在10%~20%，孔口的边长或直径应为50~150mm。

2. 出水区

出水堰是沉淀池的重要组成部分，不仅控制水面高程，还对池内水流的均匀分布有直接影响。如图6-15a、b、c所示，出水区常采用溢流堰或淹没潜孔出流两种出流方式。堰口必须水平，以保证堰口负荷（单位堰长在单位时间的排水量）适中且各处相等。采用溢流堰出流的，可采用自由堰（见图6-15a）和锯齿形三角堰（见图6-15b）。目前，应用较多的是

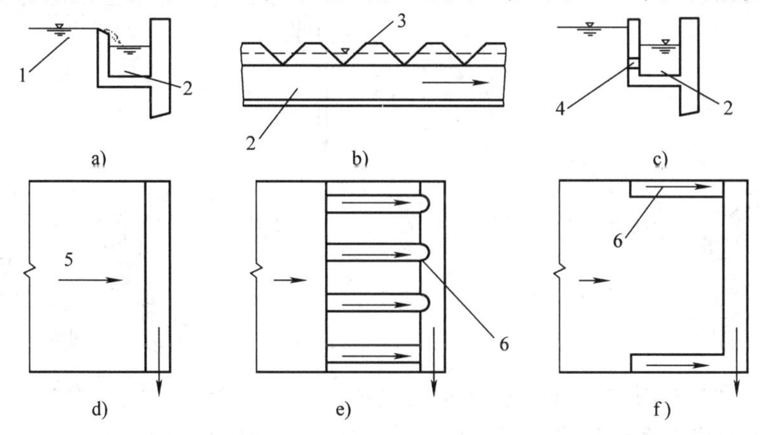

图6-15　集水槽布置方式

1—自由堰　2—集水槽　3—锯齿三角堰　4—淹没出孔口　5—沉淀池　6—集水支渠

锯齿形三角堰，堰口成90°。为了稳流及阻挡浮渣，在堰前设置挡板，其淹没深度为0.3~0.4m，距溢流堰0.25~0.50m。当采用淹没潜孔出流时（见图6-15c），潜孔要沿池宽度均匀分布，且孔径相等。

出水渠的布置如图6-15d、e、f所示。图6-15d的布置只需在沿沉淀池的宽度上设一出水渠，结构简单。为避免出水区附近的流线过于集中，应尽量增加堰的长度，降低堰口负荷，从而降低进入出水渠水流上升速度，避免带出絮体。图6-15e、f所示两种布置除了相当于图6-15d所示的总出水渠外，另增设了出水的支渠。

在给水处理中，堰口负荷不宜大于300m³/(m·天)；在污水水处理中，初次沉淀池堰口负荷不宜大于250m³/(m·天)，二次沉淀池堰口负荷不宜大于150m³/(m·天)。

3. 沉淀区

沉淀区的长度 L 取决于水平流速 v 和停留时间 T，即 $L=vT$。沉淀区的宽度取决于流量 Q，池深 H 和水平流速 v，即 $B=\frac{Q}{Hv}$。沉淀区的长、宽、深相互关联。

4. 缓冲区

缓冲区的作用是分隔沉淀区和污泥区的水层，保证已沉降颗粒不因水流搅动而重新浮起或分散。

5. 污泥区

污泥区的设置是为了收集沉淀的污泥，以便及时排出，并对污泥有一定的浓缩作用，保证沉淀池的正常运行。排泥方法有重力排泥和机械排泥两种。

（1）重力排泥　如图6-16所示，在沉淀池的前部设置污泥斗，在污泥斗中设排泥管，排泥管竖管露出水面以便清通，水平管应设于水面以下1.2~1.5m处，以保证有足够的压力将污泥排出。

由于沉淀池中污泥都将进入集泥斗，集泥斗容积较大，为了降低池深，可以采用多斗排泥，如图6-17所示，排泥方式不变。

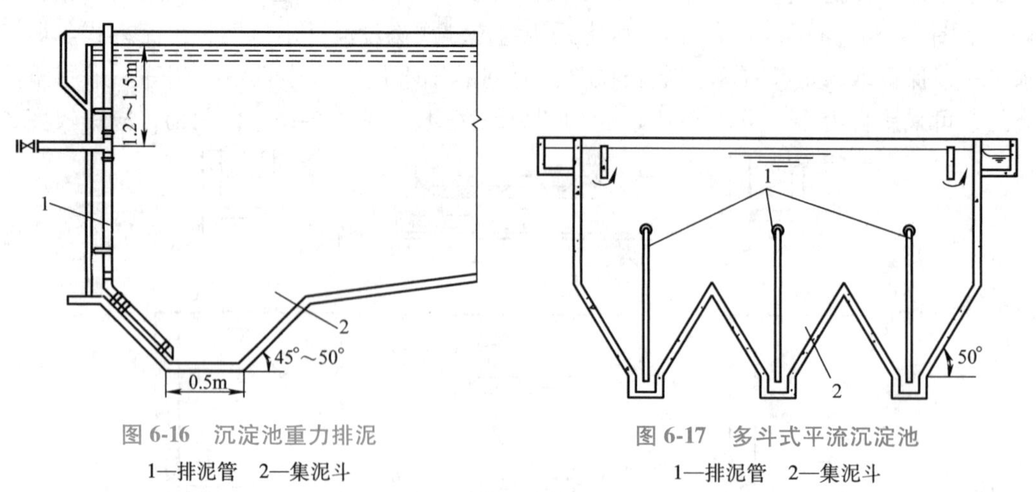

图6-16　沉淀池重力排泥
1—排泥管　2—集泥斗

图6-17　多斗式平流沉淀池
1—排泥管　2—集泥斗

（2）机械排泥　机械排泥设备包括刮泥机和吸泥机两类。刮泥机有链带式刮泥机和行车式刮泥机；吸泥机有多口虹吸式吸泥机、单口扫描吸泥机和泵吸排泥装置。

链带式刮泥机平流式沉淀池如图6-18所示，平流沉淀池在链带上设有刮板，当刮板经

过池底时，将泥刮入泥斗；当链带转到水面时，又可同时将浮渣推向浮渣槽中。

对于二次沉淀池，由于活性污泥密度比较小，不能采用刮泥机，可采用吸泥机，将污泥直接从池底吸出。

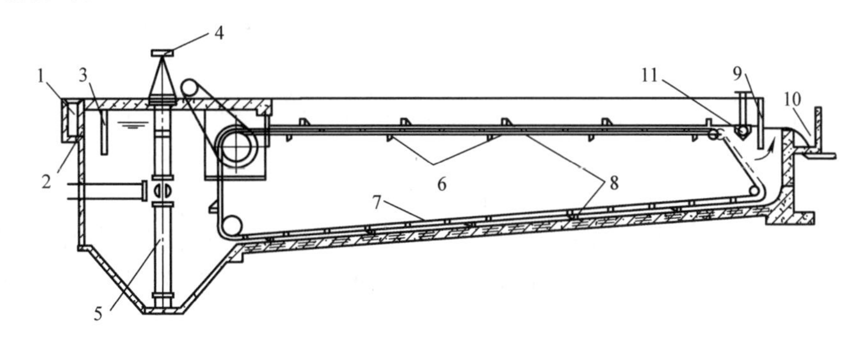

图 6-18　链带式刮泥机平流式沉淀池示意图

1—进水槽　2—进水孔　3—进水挡板　4—排泥阀门　5—排泥管　6—链带支撑　7—链带　8—刮泥板　9—出水挡板　10—出水槽　11—排渣管槽（能转动）

图 6-19 所示为多口虹吸式吸泥机。吸泥动力是沉淀池水位形成的虹吸水头。刮泥板 1、吸口 2、吸泥管 3、排泥管 4 成排地安装在桁架 5 上，桁架利用电动机和传动机构通过滚轮在沉淀池壁的轨道上行走，在行进过程中将底泥吸出并排入排泥沟 10。这种吸泥机适用于具有 3m 以上虹吸水头的沉淀池。由于吸泥动力较小，池底积泥中的大颗粒污泥不易被吸起。

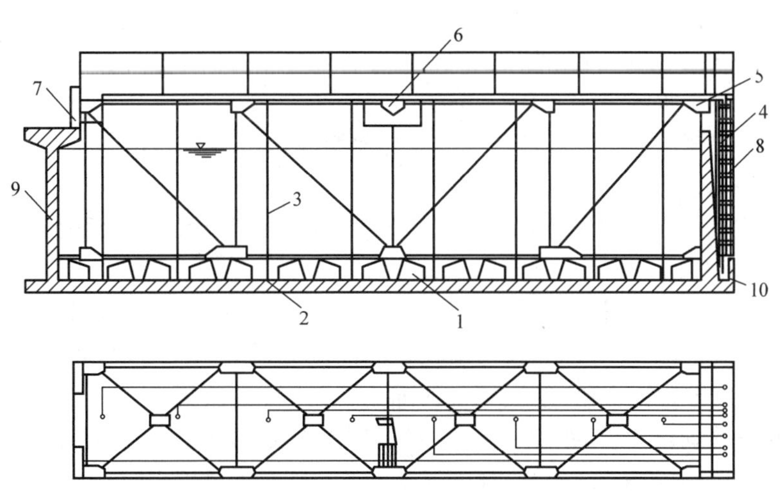

图 6-19　多口虹吸式吸泥机

1—刮泥板　2—吸口　3—吸泥管　4—排泥管　5—桁架　6—电动机和传动机构　7—轨道　8—梯子　9—沉淀池壁　10—排泥沟

当沉淀池为半地下式时，如池内外的水位差有限，可采用泵吸排泥装置，其构造和布置与虹吸式相似，但用泥泵抽吸。

在多口吸泥机的基础上，出现了单口扫描式吸泥机。其特点是无须成排的吸口和吸管装置。当吸泥机沿沉淀池纵向移动时，泥泵、吸泥管和吸口沿着横向往复行走吸泥。

在给水处理或污水处理中，采用机械排泥时，平流式沉淀池可以采用平底，为了便于放空，池底设计略有坡度，在很大程度上降低池深，这是目前平流式沉淀池常用的排泥形式。

6.3.2 平流式沉淀池设计计算

1. 设计参数

一般平流式沉淀池的设计个数或分格数不应小于2，便于在其中一个发生事故或检修时其他的照常运行。

（1）给水处理中平流式沉淀池主要设计参数

1）给水处理中，一般水流从絮凝池直接流入沉淀池，通过穿孔花墙均匀分布在沉淀池整个断面上。为了防止絮凝体破碎，孔口流速不宜过大，应保持在0.15~0.20m/s。为保证穿孔花墙的强度，孔口总面积不宜过大。

2）沉淀时间宜为1.5~3.0h。

3）水平流速可采用10~25mm/s，池中水流应避免过多转折。

4）有效水深可采用3.0~3.5m。单格宽度（或导流墙间距）宜为3~8m，最大不超过15m。长宽比不小于4，长深比宜大于10。

5）当采用淹没出流时，潜孔淹没深度为0.12~0.15m。

（2）污水处理中平流式沉淀池主要设计参数　由于处理对象不同，初次沉淀池与二次沉淀池的具体设计参数存在差异。

1）沉淀时间：初次沉淀池取0.5~2.0h，二次沉淀池取1.5~4.0h。

2）表面水力负荷：初次沉淀池取1.5~4.5$m^3/(m^2 \cdot h)$，生物膜法后的二次沉淀池取1.0~2.0$m^3/(m^2 \cdot h)$，活性污泥法后的二次沉淀池取0.6~1.5$m^3/(m^2 \cdot h)$。

3）沉淀区有效水深宜采用2.0~4.0m。

4）最大水平流速：初次沉淀池与二次沉淀池均为5mm/s。

5）池的超高不小于0.3m，一般取0.3m。

6）平流沉淀池每格长宽比不宜小于4。长深比不宜小于10，一般采用8~12，池长不宜大于60m。

7）宜采用机械排泥，排泥机械的行进速度为0.3~1.2m/min。采用机械排泥时，缓冲层高度应根据刮泥板的高度确定，缓冲层上缘高出刮泥板0.3m。采用非机械排泥时，缓冲层高度采用0.5m。排泥管直径不应小于200mm。

8）污泥斗壁的倾角一般为40°~60°，对于二次沉淀池则不小于55°；池底坡度一般采用0.01~0.02；当采用多斗排泥时，每斗应设单独的排泥管及控制阀，池底坡度采用0.05。

2. 平流式沉淀池设计计算

设计计算主要目的是确定沉淀区、集泥斗的尺寸、池深，选择进水、出水装置及排泥设备。

1）当无沉淀实验资料时，可根据沉淀时间及水平流速进行设计计算

池长
$$l = vt \tag{6-28}$$

沉淀区过水断面面积
$$A = \frac{Q}{v} \tag{6-29}$$

式中　v——沉淀池水平流速，给水处理中宜为10~25mm/s，污水处理中一般不大于5mm/s。

池宽
$$B=\frac{A}{h_2} \tag{6-30}$$

式中 h_2——沉淀区有效水深（m）。

所需沉淀池的分格数
$$n=\frac{B}{b} \tag{6-31}$$

式中 b——每池或每一单格的宽度（m）。

2）当有沉淀实验资料时，先确定需要达到的沉淀效率，再根据沉淀实验资料采用相应的截留速度（或表面负荷）和沉淀时间进行计算。如果确定了截留速度（或表面负荷），则：根据流量对应的水平流速和沉降时间，计算沉淀区的长度

$$l_2=3.6vt \tag{6-32}$$

式中 l_2——沉淀区的长度（m）；
v——水平流速（m/s）；
t——沉淀时间（h）。

沉淀池平面面积
$$A=\frac{Q}{u} \tag{6-33}$$

式中 u——截留沉速（m/s），其值等于表面负荷 q；
Q——污水流量（m^3/s）。

池宽
$$B=\frac{A}{l_2} \tag{6-34}$$

根据沉淀池长宽比不小于4（一般取4~5），即$\frac{l_2}{b}=4\sim5$的要求得到单池或者单格池宽 b 的近似尺寸。由 $n=\frac{B}{b}$确定沉淀池的座数或分格数，对 b 或 B 做调整，取正整数，但仍要满足$\frac{l_2}{b}=4\sim5$的要求。要注意的是，当采用机械刮泥时，b 值还应考虑到刮泥机桁架宽度的要求。

沉淀区的有效水深
$$h_2=\frac{Qt}{A}=qt \tag{6-35}$$

式中 q——表面负荷［$m^3/(m^2\cdot h)$］。

污泥斗和污泥区的容积视每日所排的污泥量以及所要求的排泥周期而定。

污泥部分需要的总容积
$$V-\frac{Q(c_1-c_2)T}{\gamma(100-p)\times10} \tag{6-36}$$

式中 Q——每日进入沉淀池（或分格）的污水量（m^3/d）；
c_1、c_2——表示沉淀池进、出水的悬浮物浓度（mg/L），（c_1-c_2）表示沉淀池内的截留浓度（mg/L）；
T——两次排泥间隔（排泥周期），其中初沉池取2天，二沉池取2~4h；
γ——污泥密度，当污泥含水率较高时（一般要求在95%以上）可近似采用1000kg/m^3；
p——污泥含水率（%）。

或
$$V=\frac{SNT}{1000} \tag{6-37}$$

式中　S——每人每日污泥量［L/(人·天)］；

N——设计人口数；

T——两次清除污泥时间间隔（天）。

对于二次沉淀池，污泥区容积计算公式还有

$$V=\frac{2T(1+R)QX}{X+X_r} \tag{6-38}$$

式中　T——排泥周期（h）；

R——污泥回流比；

Q——污水平均流量（m^3/h）；

X——混合液悬浮固体浓度（mg/L）；

X_r——回流污泥浓度（mg/L）。

沉淀池总长度
$$L=l_1+l_2+l_3 \tag{6-39}$$

式中　L——沉淀池总长（m）；

l_1、l_3——分别为前后挡板与进出水口的距离（m）；

l_2——沉淀区长度（m）。

沉淀池总深度
$$H=h_1+h_2+h_3+h_4 \tag{6-40}$$

式中　h_1——池的超高，一般取0.3m；

h_2——池的有效水深（m）；

h_3——缓冲层高度，不设刮泥机时，取0.5m；有刮泥机时，缓冲层的上缘应高出刮板0.3m；

h_4——污泥区高度（包括污泥斗）(m)。

污泥斗容积应根据污泥的体积确定，只有当实际污泥斗容积大于污泥的计算体积时，才能将污泥全部排除。可通过绘制草图，由几何方法计算确定。对于四棱台形的污泥斗，其体积为

$$V_1=\frac{1}{3}h_4(f_1+f_2+\sqrt{f_1f_2}) \tag{6-41}$$

式中　V_1——污泥斗体积（m^3）；

f_1、f_2——分别为污泥斗上、下底面面积（m^2）；

h_4——泥斗高（m）。

其中，$h_4=\frac{(\sqrt{f_1}-\sqrt{f_2})}{2}\tan\alpha$，$\alpha$ 为泥斗壁夹角。

泥斗以上由坡底形成的梯形部分容积为

$$V_2=\left(\frac{l_1+l_2}{2}\right)h'_4b \tag{6-42}$$

式中　l_1、l_2——分别为梯形上、下底边长（m）；

h'_4——梯形高度（m）。

【例6-4】　已知：某城市污水处理厂最大设计流量为86400m³/天，设计人口40万，采用链带式刮泥机，无污水悬浮物沉降资料。求初沉池各部分的尺寸。

【解】　(1) 池子总面积 A 按式 (6-33) 计算。

Q 取最大设计流量，即 $Q=86400\text{m}^3/\text{天}=1.0\text{m}^3/\text{s}$；取 $q=2.0\text{m}^3/(\text{m}^2\cdot\text{h})$。

则
$$A=\frac{Q}{q}=\frac{1.0\times3600}{2.0}\text{m}^2=1800\text{m}^2$$

(2) 有效水深 h_2，按式 (6-35) 计算，取 $t=1.5\text{h}$。

则
$$h_2=qt=2\times1.5\text{m}=3.0\text{m}$$

(3) 沉淀部分有效容积

$$V'=Qt\times3600=1.0\times1.5\times3600\text{m}^3=5400\text{m}^3$$

(4) 池长 L，最大设计流量时水平流速取 $v=4.4\text{mm/s}<5\text{mm/s}$。

则
$$L=4.4\times1.5\times3.6\text{m}=23.76\text{m}，取24\text{m}$$

(5) 池子总宽度 B

$$B=\frac{A}{L}=\frac{1800}{24}\text{m}=75\text{m}$$

(6) 每个池子（或）分格宽度 b 取5m，池子个数 n。

则
$$n=\frac{75}{5}=15$$

(7) 校核长宽比

$$\frac{L}{b}=\frac{24}{5}=4.8>4.0(符合要求)$$

(8) 校核长深比

$$\frac{L}{h_2}=\frac{24}{3}=8\geqslant8(符合要求)$$

(9) 污泥部分需要的总容积 V，利用式 (6-37) 计算

式中，每人每日污泥量 S 取0.5L/(人·天)，排泥周期 T 取2天。

则
$$V=\frac{0.5\times400000\times2}{1000}\text{m}^3=400\text{m}^3$$

(10) 每格池污泥所需容积

$$V''=\frac{V}{n}=400/15\text{m}^3=26.7\text{m}^3$$

(11) 污泥斗容积按式 (6-41) 计算

$$f_1=5.0\times3.5\text{m}^2=17.5\text{m}^2\qquad f_2=0.5\times0.35\text{m}^2=0.175\text{m}^2$$

$$h''_4=\frac{\sqrt{f_1}-\sqrt{f_2}}{2}\tan60°=\frac{\sqrt{17.5}-\sqrt{0.175}}{2}\times\tan60°\text{m}=3.26\text{m}$$

$$V_1=\frac{1}{3}\times3.26\times(17.5+0.175+\sqrt{17.5\times0.175})\text{m}^3=21.1\text{m}^3$$

(12) 污泥斗以上梯形部分污泥容积 V_2

$$l_1=(24+0.5+0.3)\ \mathrm{m}=24.8\mathrm{m};l_2=3.5\mathrm{m};h'_4=(24+0.3-3.5)\times 0.01\mathrm{m}=0.208\mathrm{m}$$

则
$$V_2=\frac{(24.8+3.5)}{2}\times 0.208\times 5.0\mathrm{m}^3=14.7\mathrm{m}^3$$

(13) 污泥斗和梯形部分污泥容积

$$V_1+V_2=(21.1+14.7)\mathrm{m}^3=35.8\mathrm{m}^3>26.7\mathrm{m}^3$$

(14) 池子总高度 H，缓冲层高度 $h_3=0.50\mathrm{m}$

$$h_4=h'_4+h''_4=(0.208+3.26)\mathrm{m}=3.468\mathrm{m}$$

则
$$H=(0.3+3.0+0.5+3.468)\mathrm{m}=7.268\mathrm{m}$$

(15) 沉淀池总长度 L

$$L=(24+0.5+0.3)\mathrm{m}=24.8\mathrm{m}$$

本例沉淀池计算结果如图 6-20 所示。

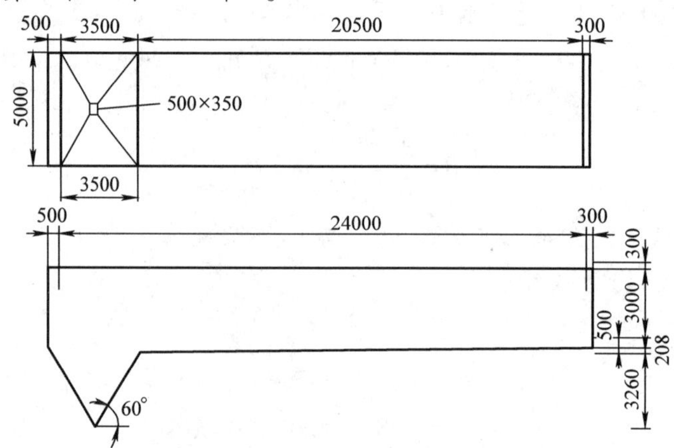

图 6-20 平流式沉淀池计算结果

6.4 竖流式沉淀池

竖流式沉淀池中，水流沿垂直方向流动，与颗粒沉淀方向相反，静水中沉速为 u_1 的颗粒，在池内实际沉速为 u_1 与水上升流速 v 的矢量和 (u_1-v)。因此，颗粒被分离的条件为 $u_1>v$，即截留沉速大于水流上升速度。

当颗粒自由沉淀时，$u_1<v$ 的颗粒始终不能沉底，其沉淀效率比具有相同表面负荷的平流沉淀池低。当存在颗粒絮凝时，上升的颗粒和下沉的颗粒相互接触、碰撞而絮凝，粒径增大，沉速加快。$u_1=v$ 的颗粒将在池中形成一絮凝层，对上升的小颗粒有拦截和过滤作用，因此沉淀效率比平流沉淀池更高。竖流式沉淀池一般用于水中絮凝性悬浮固体的分离。

6.4.1 竖流式沉淀池的构造

竖流式沉淀池的形状有圆形、方形或多边形，但大多数是圆形，直径为 4~7m，一般不大于 10m。如图 6-21 所示，池的上部为圆筒形的沉淀区，下部为截头圆锥状的污泥区，两层之间有缓冲层，一般为 0.3~0.5m。

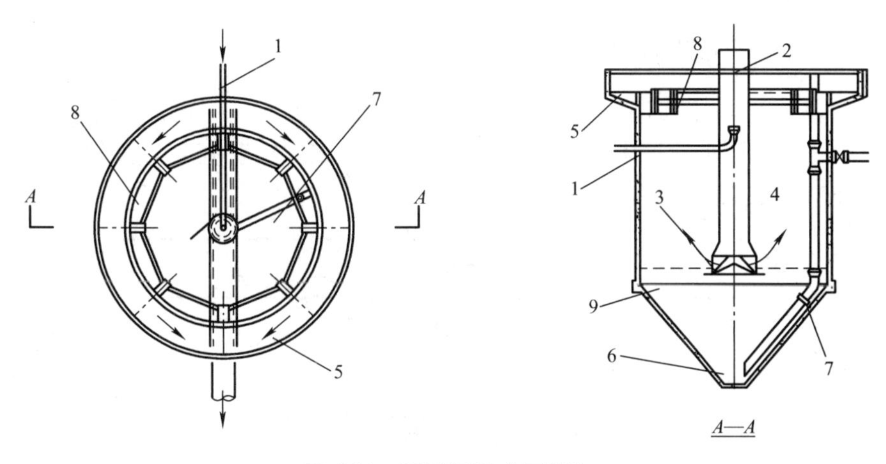

图6-21 圆形竖流式沉淀池

1—进水管 2—中心管 3—反射板 4—沉淀区 5—集水槽 6—贮泥斗 7—排泥管 8—挡板 9—缓冲层

原水从进水管1进入池中心管2，并从中心管的下部流出，经过反射板3的阻拦向四周均匀分布，沿沉淀区4的整个断面上升，处理后的水由四周集水槽5收集。集水槽大多采用平顶堰或三角锯齿堰，堰口最大负荷为1.5L/(m·s)，当池径大于7m时，为使集水均匀，可使辐射式的集水槽与池边环形集水槽相通。

沉淀池贮泥斗6倾角为45°~60°，污泥可借静水压力由排泥管7排出。排泥管直径不小于200mm，静水压头为1.5~2.0m，排泥管下端距池的底部不大于0.2m，管上端超出水面不少于0.4m。为防止漂浮物外溢，在水面距池壁0.4~0.5m处可设挡板8，挡板伸入水面以下0.25~0.30m，露出水面以上0.1~0.2m。

6.4.2 竖流式沉淀池设计计算

竖流式沉淀池设计应符合下列要求：

1）参照平流式沉淀池设计选用沉淀时间、表面水力负荷等参数。

2）为保证原水能均匀地自下而上垂直流动，池径与池深的比值不宜大于3∶1。

3）给水处理中，竖流式沉淀池中心管内流速，在无反射板时应不大于30mm/s，有反射板时可提高到100mm/s。

4）污水处理中，应设反射板，竖流式沉淀池中心管内流速，对初沉池不大于30mm/s，对二次沉淀池不大于20mm/s。

5）原水从反射板到喇叭口之间的速度应小于40mm/s。

6）保护高度取0.3~0.5m。反射板底距泥面为缓冲区，高度取0.3m。

6.5 辐流式沉淀池

辐流式沉淀池按工艺布置可分为辐流初次沉淀池、辐流二次沉淀池；按照进出水的方式可分为普通辐流沉淀池和向心式辐流沉淀池等。

6.5.1 辐流式沉淀池的构造

如图6-22所示，辐流式沉淀池由进水管、出水管、沉淀区、污泥区及排泥装置组成。沉淀池表面呈圆形，原水从池中心进入，沿水平方向向四周辐射流动。水中悬浮物在重力作用下沉淀，澄清水则从四周出水槽溢出。

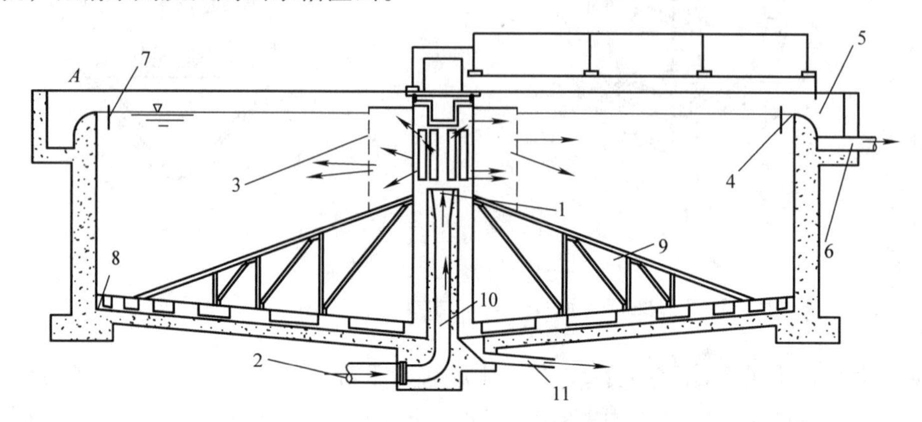

图6-22 普通辐流式沉淀池

1—中心管 2—进水管 3—穿孔挡板 4—出水堰 5—出水槽 6—出水管 7—浮渣挡板 8—刮泥板 9—桁架 10—污泥斗 11—排泥管

在辐流式沉淀池中，原水从池底的进水管2或由明槽自池的上部进入中心管1，然后通过中心管的开孔流入池中央。在中心管四周设穿孔挡板3（穿孔率为10%~20%），使原水在沉淀池内得以均匀流动。由于直径远大于深度，水流在呈辐射状沿半径向四周周边流动时，水流过水断面逐渐增大，流速逐渐减小。

出水区位于池四周，设出水堰4，一般采用三角堰或淹没式溢流出口。水由出水堰流入出水槽5，再由出水管6排出。在出流堰前设浮渣挡板7及泥渣收集与排出装置。

辐流式沉淀池多采用机械刮泥或吸泥方式。刮泥板8固定在桁架9上，桁架绕池中心缓慢转动，把污泥推入池中心的污泥斗10中，借静水压力由排泥管11排出池外，也可以采用污泥泵排泥。

6.5.2 辐流式沉淀池设计计算

污水处理中，辐流式沉淀池设计应符合下列要求：

1）参照平流式沉淀池设计选用沉淀时间、表面水力负荷等参数。

2）沉淀池直径（或正方形的一边）与有效水深之比宜为6~12，直径不宜超过50m。

3）宜采用机械排泥，排泥机械旋转速度宜为1~3r/h，刮泥板的外缘线速度不宜大于3m/min。当辐流式沉淀池直径（或正方形的一边）较小时，可采用多斗排泥。

4）采用非机械排泥时，缓冲层高度宜为0.5m；采用机械排泥时，应根据刮泥板高度确定，且缓冲层上缘宜高出刮泥板0.3m。

5）朝向污泥斗的底坡坡度不宜小于0.05。

6.6　斜板（管）沉淀池

6.6.1　斜板（管）沉淀理论

1. 斜板（管）浅池沉淀理论

理想沉淀池去除率公式为$\mu=\dfrac{u_1}{\dfrac{Q}{A}}=\dfrac{u_1}{q}$，由此得到浅池沉淀理论，即沉淀表面积 A 越大，去除率越高。将此理论应用于工程设计中，尽量增大表面积。方法之一是对沉淀池分层，如图 6-23 所示。若将沉淀区分为 n 层，则每个浅层沉淀单元的高度均为 $h=\dfrac{H}{n}$，根据 $u_0=\dfrac{Hv}{L}=\dfrac{HvHB}{LHB}=\dfrac{HQ}{LHB}=\dfrac{Q}{LB}=\dfrac{Q}{A}$，若处理水量不变，如图 6-23a 所示，颗粒的沉降深度由原 H 减小为$\dfrac{H}{n}$，由于 A、B、L 均不变，则将可被去除的颗粒沉速范围由原来的 $u\geqslant u_0$ 扩大到 $u\geqslant\dfrac{u_0}{n}$。沉速 $u<u_0$ 的颗粒中能被去除的百分率也由$\dfrac{u}{u_0}$增大到$\dfrac{nu}{u_0}$，总沉淀效率大幅度提高。相反，若总沉淀效率不变，如图 6-23b 所示，即沉速 u_0 的颗粒在下沉了距离 h 后，能恰好到达浅层的右下端点（图 6-23 中 m、n、p 点），由$\dfrac{l}{v'}=\dfrac{h}{u_0}$得 $v'=\dfrac{lu_0}{h}=\dfrac{lu_0n}{H}=nv$，即 n 个浅层的处理水量由 Q 变为 $Q'=HBnv=nQ$，比原来增大 n 倍。

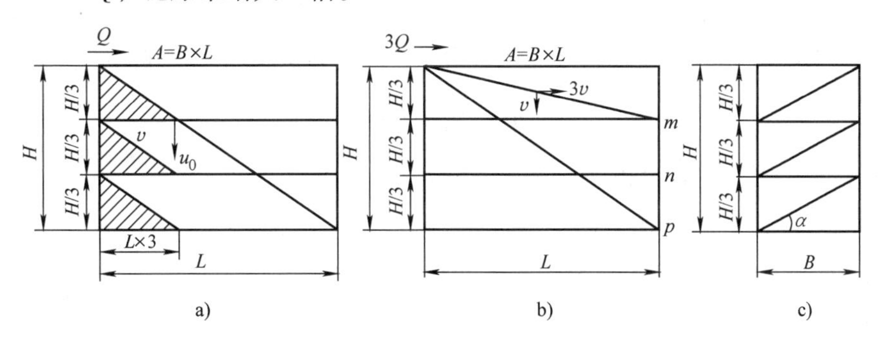

图 6-23　浅池沉淀理论

由以上分析可知，分隔层数越多，总沉淀效率越高，即处理水量越多。

2. 水力条件分析

对沉淀池沉淀区进行分层处理大大改善了污泥沉降过程的水力条件。

水流的湍动性和水流的稳定性是影响沉淀效果的重要原因。首先，衡量水流湍动性的指数为雷诺数

$$Re=\frac{vR}{\nu} \tag{6-43}$$

式中　R——水力半径；

ν——动力黏度。

式（6-43）说明，其他条件不变时，减小水力半径 R 可以减弱水湍流造成的影响。若原沉淀池水流的水力半径为 R，则

$$R = \frac{HB}{2H + B} \tag{6-44}$$

式中 B——池宽（m）。

分为 n 层后的水力半径

$$R' = \frac{HB}{2H + (2n - 1)B} \tag{6-45}$$

若此时再沿纵向将池宽及边用隔板分为 n 格，此时就相当于有 n^2 个沉降单元，此时

$$R'' = \frac{HB}{2nH + (2n - 1)B} \tag{6-46}$$

很显然，$R''<R'<R$。可见，分层降低了雷诺数，使进水更趋近于层流状态，即更趋近于理想沉淀池的理论假设。

从水流的稳定性分析。表征水流稳定性的指标为弗劳德数 Fr，即 $Fr=\frac{v}{Rg}$。显然，分层可提高弗劳德数，加强水流的稳定性。通过分层 Fr 可达 $10^{-4}\sim10^{-3}$量级，使沉淀池更接近于在理想条件下运行。

实际工程中，若直接采用隔板分层，排泥将会十分困难，为方便自行排泥，可以将隔板斜放，与水平成一定角度，相邻两隔板间形成一个斜板沉降单元，即斜板沉淀池。若再用垂直于斜板的隔板进行纵向分隔，斜板间的空隙就变成一个个独立的斜管，这就是斜管沉淀池。实际中按照污泥的滑动性及斜板（管）中的水流方向来确定斜板（管）的倾角，一般取 50°~60°，此时总的沉降面积为所有斜板在水平方向的投影面积之和。即

$$A = \sum_{i=1}^{n} A_i \cos\alpha \tag{6-47}$$

式中 A_i——每块斜板的表面积（m^2）；

α——斜板与水平面的夹角（°）。

6.6.2 斜板（管）沉淀池设计计算

1. 斜板（管）沉淀池的构造

斜板（管）沉淀池的构造如图 6-24 所示。按水流方向与颗粒沉淀方向的相对关系，可分为①侧向流斜板（管）沉淀池，水流方向与颗粒沉淀方向相互垂直；②同向流斜板（管）沉淀池，水流方向与颗粒沉淀方向相同；③异（上）向流斜板（管）沉淀池，水流方向与颗粒沉淀方向相反。斜板（管）沉淀池大多采用异（上）

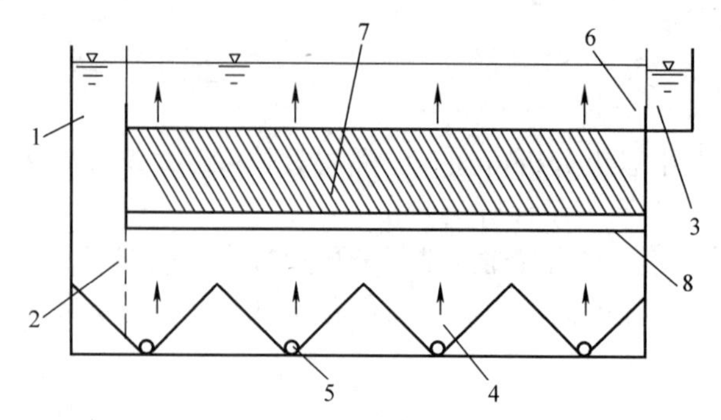

图 6-24 斜板（管）沉淀池

1—配水槽 2—穿孔墙 3—集水槽 4—集泥斗 5—排泥管 6—淹没出口 7—斜板或斜管 8—阻流板

向流形式。

2. 斜板（管）沉淀池的设计参数

（1）用于给水处理的斜板（管）沉淀池

1）上向流斜板（管）沉淀池表面水力负荷按相似条件下的运行经验确定，可采用 5.0~9.0m^3/(m^2·h)。

2）上向流斜板（管）沉淀池斜管断面一般采用蜂窝六边形。斜管内径一般为 25~40mm，斜管长为 1000mm，倾角 60°。

3）上向流斜板（管）沉淀池清水区保护高度不宜小于 1.2m，底部配水区高度不宜小于 2.0m。

4）进水区和出水区应设穿孔花墙。经絮凝反应的原水流经沉淀池进口处时，整流花墙的开口率应使过孔流速不大于反应池的出口流速，避免破坏矾花。

（2）废水处理中斜板（管）沉淀池的设计参数

1）颗粒沉降速度应根据原水中颗粒的特性由沉淀实验得到，无实验资料时可参考类似沉淀设备的运行资料确定。

2）异向流斜板（管）沉淀池的表面负荷一般取 2.0~3.5m^3/(m^2·h)。可比普通沉淀池的设计表面负荷提高 1 倍左右，应以固体负荷核算。

3）斜管孔径（斜板净距）为 80~100mm，斜板（管）长宜为 1000~1200mm，倾角采用 60°。

4）斜板区底部缓冲层高度宜为 1.0m，上部水深为 0.7~1.0m。

5）斜板（管）内流速一般采用 10~20mm/s。

6）一般采用穿孔管排泥或机械排泥，穿孔管排泥的设计与一般沉淀池相同。日排泥次数至少 1~2 次，可连续排泥。

7）应设冲洗设施。

6.7　高密度沉淀池

高密度沉淀池，又称高效沉淀池，由法国 Degremont 公司开发，是以体外泥渣循环回流为特征的沉淀澄清新工艺。它提高了沉淀效率，具有耐冲击、负荷强、水源利用率高等特点，广泛应用于市政污水处理、工业废水处理中，对低温低浊度、高含藻原水处理优势更加突出。

6.7.1　高密度沉淀池工艺构造特点与基本原理

1. 工艺构造特点

高密度沉淀池由混合区、絮凝区、推流区、沉淀区和浓缩区组成，设有泥渣回流系统和剩余泥渣排放系统，混合区、絮凝区、沉淀区成平面一字形紧密串接，构成混合凝聚、絮凝反应、沉淀分离综合体。图 6-25 所示的是法国德利满公司研发的一种高密度沉淀池（Densadeg）。

加砂高速沉淀池是法国威立雅公司研发的一种高效沉淀池，其区别是增加了微砂投加装置和砂泥分离装置。微砂为粒径 80~100pm 的石英砂，其作用是吸附脱稳胶体，促进絮体成长，提高絮体密度，加速絮体沉淀。可以通过粒体对藻类的吸附，高效除藻。砂泥分离装置的原理类似水力旋转除砂器，砂与泥的混合物从切线方向进入分离器，较高的流速产生较大的剪切力和离心力促使泥砂分离，砂从分离器下口回收循环使用，泥从分离器上口排出。

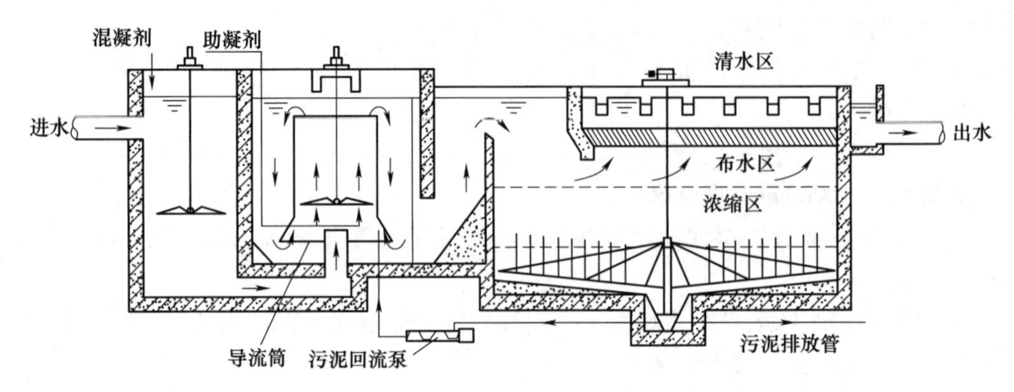

图 6-25 Densadeg 高密度沉淀池工艺结构

2. 基本原理

絮凝是常规水处理水中脱稳胶体相互凝聚，凝聚体由小变大的过程，是水质澄清的关键。按照絮体的成长方式，絮凝可分为容积絮凝和接触絮凝两种。容积絮凝是脱稳胶体颗粒相互碰撞、凝聚，凝聚的固体颗粒（矾花）逐渐由小变大的絮凝过程。在絮凝过程中，固体颗粒（胶体或絮凝体）体积逐步变大，但浓度逐渐变小。容积絮凝的絮凝速度慢，对低温低浊度原水适应性较差。

接触絮凝是胶体脱稳后在与宏观固体表面接触时被吸附而产生的絮凝现象，其絮凝速度较快，受原水浊度和温度影响小，它是澄清池和现代快速过滤的基本原理。接触絮凝发生的必要条件是有足够的宏观固体接触表面，而回流沉淀浓缩后的污泥、投加微砂或黏土都是保持足够宏观固体的有效方法。

高密度沉淀池在传统的斜管式混凝沉淀池的基础上，充分利用加速混合原理、接触絮凝原理和浅池沉淀理论，把机械混合凝聚、机械强化絮凝、斜管沉淀分离三个过程进行优化组合，获得了常规技术无法比拟的优良性能。其工艺原理与污泥循环型澄清池基本相同，都是利用污泥回流，采用接触絮凝，将泥渣层用于接触介质，在絮凝区产生足够的宏观固体，并利用机械搅拌保持适当的紊流状态，以创造最佳的接触絮凝条件。当脱稳杂质与泥渣层之间互相接触时，大颗粒的杂质会被泥渣层有效滤除。高密度沉淀池工艺原理如图 6-26 所示。

高密度沉淀池运行时泥渣层的产生方式。当反应池启动运行时，将大量的混凝剂均匀地投加到原水中，同时降低对应的负荷，等待运行一定时间逐渐形成。当原水的浑浊度逐渐降低时，可以通过人工添加黏土的方式快速形成泥渣层。结合泥渣层的运行情况，平流式沉淀主要使水中颗粒进行沉淀，高密度沉淀池则能够充分发挥活性泥渣的絮凝作用，但池底部的沉泥并没有完全利用接触絮凝剂。高密度沉淀利用污泥回流，在絮凝区适当增加低浊度原水中的颗粒浓度，以创造更好的接触絮凝条件。

6.7.2 高密度沉淀池技术及性能特点

1. 技术特点

1）将密集混凝、沉淀及浓缩各部分有序融为一体，不用管渠连接，采用宽大、开放、

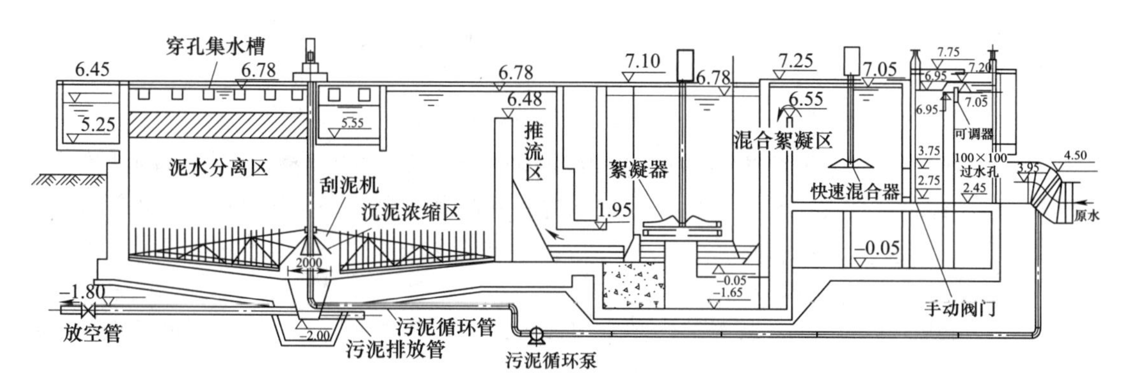

图 6-26 高密度沉淀池工艺原理

平稳、有序的直通方式紧密衔接，有利于水流条件的改善和控制，采用矩形结构，池深可达7m以上，结构紧凑，便于施工，大大降低土建造价，节省用地。

2）污泥回流，回流量约占处理水量的5%~10%，发挥了接触絮凝作用。利用回流泥渣或同时投加微砂以保持絮凝区较高浓度的悬浮物，加快絮凝过程，缩短絮凝时间，克服低浊度原水的不利影响。

3）混合、絮凝及泥渣回流均采用机械方式，便于调控维持最佳工况，从絮凝区至过渡区采用推流过渡，形成的絮体密度大，利于沉淀分离，沉淀区增设斜管，可进一步提高表面负荷。进行澄清时，斜管区的上升流速采用20~30m/h（5.6~8.3mm/s）。采用高分子絮凝剂、助凝剂PAM，产生更多矾花，污泥的回流改善了矾花的密度及沉降性，提高凝聚效果，加快泥水分离。

4）沉淀池下部没有泥渣浓缩功能，节省泥渣输送管道和设备占地。池底设有浓缩机，可提高排出泥渣的浓度，排放污泥含固率可达3%以上，能够方便、快捷地达到污泥浓缩，使沉淀池的排泥度达到10%左右，直接进入污泥脱水设备，无须实施二次浓缩。

5）关键技术部位的运行采用严密的高度自动监控，进行及时自动调控。例如，絮凝-沉淀口衔接过渡区的水力流态状况，浓缩区泥面高度的位置，原水流量、促凝药剂投加量与泥渣回流量的变化情况等。

2. 性能特点

高密度沉淀池用浓缩后依然具有活性的泥渣作为催化剂，借助高浓度优质絮体群的作用，大大改善和提高絮凝和沉淀效果。其高效主要体现在集混合、絮凝、沉淀、泥渣浓缩于一体，占地小、水头损失小、系统效率高，采用斜管沉淀、泥渣回流、投加微砂等措施大幅度提高沉淀区表面负荷。

1）絮凝能力较强，产水率高，占地少。沉速可达20m/h，可形成500mg/L以上的高浓度混合液，出水水质稳定，一般小于10NTU。主要受益絮凝剂、助凝剂、活性泥渣回流的协同作用及合理的机械混凝方式。水力负荷可达$23m^3/(m^2 \cdot h)$，加砂高速沉淀池可达$38m^3/(m^2 \cdot h)$。沉速快，絮凝沉淀时间短，分离区上升流速达6mm/s。其上升流速高、一体化构筑物布置紧凑，不另设泥渣浓缩池，中置式高密度沉淀池的占地面积比平流式沉淀池少50%左右。

2）抗冲击负荷能力较强，对进水的流量和水质波动不敏感。促凝药耗低，排泥浓度高。如中置式高密度沉淀池的药剂成本较平流式沉淀降低约20%。高浓度的排泥可减少水量损失。

3）自动控制，运行稳定。启动时间短，一般小于30min。

4）不足之处。絮凝-沉淀之间的配水很难均匀，影响其性能发挥。当原水的浊度高于1500NTU时，此种沉淀池不适用。作为引进型的专利产品，设备、材料价格贵，投资高。

6.7.3 池型分类及其应用

高密度沉淀池在法、英、意等国已经应用多年，主要在给水处理和污水深度处理中应用效果良好。

1）RL型高密度沉淀池。在我国应用广泛，该型的沉淀池经混凝后的原水通过慢速推流区均匀流进沉淀池斜管下部，在沉淀区将大部分絮凝体从水中有效分离，同时沉淀池内剩余的絮凝体被斜管阻留下来。一个构筑物中，全部沉淀过程为深层阻碍沉淀与浅层斜管沉淀两个阶段。

法国Morsang-Sur-Seine水厂（9.2万m^3/天）、西班牙Manises水厂（18万m^3/天）、阿根廷Rosario水厂（16万m^3/天）等均采用此种池型。我国乌鲁木齐石墩子水厂（20万m^3/天）、上海南市水厂（50万m^3/天）和杨树浦水厂（36万m^3/天）采用了本工艺。

2）RP型高密度沉淀池。对于出水或者排放要求不高的情况，它具有很好的实际效果，沉淀池中可不采用斜管。这种池型较少被直接使用，多被用于对冲洗废水等的浓缩。

3）RPL型高密度沉淀池。它多用于城市污水或者工业污水处理，仅需要集中贮泥，对污水的处理并没有脱氮除磷等要求时使用。它基本上被限制在城市污水处理中仅进行碳氧化的工艺，或工业废水的沉淀处理工艺。

4）中置式高密度沉淀池。它是上海市政总院开发的专利池型，又称Smedi高效沉淀池，其工艺结构布置如图6-27所示，由混合区、絮凝反应区、浓缩排泥区和分离出水区等组成。该沉淀池将混合絮凝区置于沉淀区中部，以达到各反应区的优化布置，减小池体占地的效果。采用机械混合和斜管沉淀方式，并通过投加有机高分子絮凝剂和泥渣回流提高絮凝效果。这种池型在嘉兴石臼漾水厂（规模8万m^3/天）和南郊水厂（规模45万m^3/天）等工

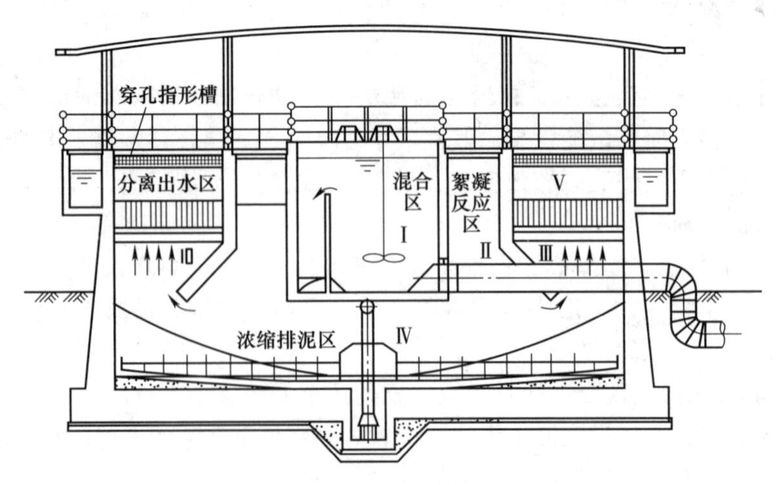

图6-27 中置式高密度沉淀池工艺结构布置

程中采用，沉淀区上升流速可达到 13~16m/h。

6.7.4　高密度沉淀池的组成及其功能

1）混合区。将搅拌机放置于混合区之间，提高混凝剂的分散速度，使混凝剂与池中的原水均匀有效混合，保证形成尽量多的絮体。混凝剂有氯化铁、PAC-聚合氯化铝等，可以使悬浮颗粒有效脱稳。

2）反应区。反应区中的污泥来自混合区的泥浆水与来自循环系统的高浓度浓缩污泥。预混凝的原水在该区域流入反应池中，储存在圆形导流筒的底部，使原水、回流污泥及助凝剂经过导流筒中的搅拌机自上而下有效混合。缓慢搅拌反应池及推流反应池构成的反应单元串联在一起，能够保证得到体积较大的絮体，在沉淀区实现快速沉淀。反应区具有污泥回流速度较快的絮凝，搅拌效果较好的搅拌器，为絮凝提供了充足能量。同时，将絮凝剂添加到搅拌器的底部，可使泥渣在污泥浓缩区及快速絮凝区内持续回流。污泥浓度越高，絮凝效果越好。

3）污泥回流循环区。由于泥浆的不稳定性和水泵的吸力影响，回流泥浆的浓度不均匀，通常为 0%~28%，多数情况下泥浆浓度很低。应根据流入的污泥浓度、污泥流速和回流浓度适度调节回流。回流浓度取决于污泥床的高度，也可以根据反应区的沉降比进行调整，如果沉降速率很大，则应减少回流。

4）沉淀浓缩区。有效控制絮凝矾花进入沉淀区的速度，可以保证矾花不被损坏。絮凝矾花可在沉淀池的下部逐渐形成污泥并不断浓缩。将斜板放置在沉淀区的上方位置，可去除较小的矾花，保证出水的质量。通过循环泵逐渐将浓缩区的污泥输送到反应池的入口处，并将多余污泥排出处理。一般沉淀浓缩区可以保证矾花增加所必需的慢速絮凝，使产生的矾花具有非常高的密度。高密度沉淀池下方的刮泥机的持续旋转，使沉淀区污泥不断浓缩。如沉淀浓缩区未安装刮泥装置，将不利于有效排泥，严重降低高密度沉淀池的实际效果。

6.7.5　高密度沉淀池的设计计算要点

高密度沉淀池的关键技术：池体结构的设计，加药量、泥渣回流量控制，搅拌提升机械设备工况调节，泥渣排放的时机和持续时间等。

布水配水要均匀、平稳。在池内应合理设置配水设施和挡板，使各部分布水均匀，水流平稳有序。尤其是絮凝区与沉淀区之间的过渡衔接段设计，在构造上保持水流以缓慢平稳的层流状态过渡，使絮凝后的水流均匀地进入沉淀区，具体可以通过加大过渡段的过水断面或采用下向流斜管（板）布水等来实现。

沉淀池斜管区下部的池容空间为布水预沉和泥渣浓缩区，即先是在斜管下部巨大容积内进行深层拥挤沉淀，大部分泥渣絮体在此以下沉去除，再进行斜管中的浅池沉淀，即去除剩余的絮体绒粒。拥挤沉淀区的分离过程应是沉淀池几何尺寸计算的基础。沉淀区下部池体应按泥渣浓缩池进行设计，以提高泥渣的浓缩效果。一般浓缩区可以分为上下两层，上层用于提供回流泥渣，下层用于泥渣浓缩外排。

絮凝搅拌机械设备是调节池内水力条件的关键。一般可按设计水量的 8~10 倍配置提升能力，并采用变额装置调整转速以改变池体水力条件，适应原水水质和水量的变化。泥渣回流泵的大小可按照设计水量的 10%进行配置，采用变频调速电机，根据水量、水质条件调节回流量。注意严格调控浓缩区泥渣的排放时机和持续时间，使泥渣面处在合理的位置上，保证出水浊度和泥渣浓缩效果。泥渣浓缩机的外缘线速度一般为20~30mm/s。

6.8 澄清池

澄清池是依靠活性泥渣循环实现处理水澄清，兼具絮凝和沉淀两种功能的构筑物。其原理是利用接触絮凝，将泥渣层作为接触介质，当投加混凝剂的水流通过它时，原水中新生成的微絮粒被迅速吸附在悬浮泥渣上，达到良好的去除效果。

澄清池的关键部分是接触絮凝区。澄清池开始运转时，向原水中投入较多的混凝剂，并适当降低负荷，经一段时间运转后，逐渐形成泥渣层。当原水浓度低时，为加速泥渣层的形成，可投加黏土。根据泥渣与原水接触方式的不同，澄清池可分为泥渣悬浮型澄清池、泥渣循环型澄清池两类。

6.8.1 泥渣悬浮型澄清池

泥渣悬浮型澄清池常用的有悬浮澄清池和脉冲澄清池两种。

泥渣悬浮型澄清池的工艺原理：加药后的原水由下而上通过悬浮状态的泥渣层，在此过程中，悬浮泥渣层截留水中夹带的絮凝体。由于悬浮层拦截了进水中的杂质，悬浮泥渣颗粒变大，沉速提高。上升水流使颗粒所受的阻力恰好与其在水中的重力相等，泥渣处于动力平衡状态。上升流速即等于悬浮泥渣的拥挤沉速。拥挤沉速和泥渣层的体积浓度有关，拥挤沉速为

$$u' = u(1 - C_V)^n \tag{6-48}$$

式中 u'——拥挤沉速，等于澄清池上升流速（mm/s）；

u——沉渣颗粒自由沉速（mm/s）；

C_V——沉渣体积浓度；

n——指数。

由式（6-48）可知，当上升流速改变时，悬浮层按拥挤沉淀水力学规律改变其体积浓度，即上升流速越大，体积浓度越小，悬浮层厚度越大。当上升流速接近颗粒自由沉速时，体积浓度接近零，悬浮层消失。上升流速一定时，悬浮层浓度和厚度不变，增加的新鲜泥渣量（即拦截的杂质）必须等于排出的陈旧泥渣量，保持动态平衡。

1. 悬浮澄清池

如图6-28所示，悬浮澄清池工艺过程如下：加药后的原水经气水分离器1，从穿孔配水管2自下而上通过泥渣悬浮层4流入澄清室3，杂质被泥渣层截留，清水则从穿孔集水槽5排出。悬浮层中不断增加的泥渣，在自行扩散和强制出

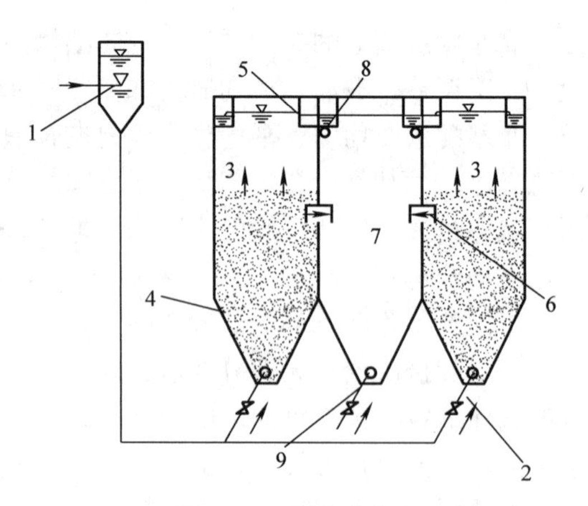

图6-28 悬浮澄清池

1—气水分离器 2—穿孔配水管 3—澄清室 4—泥渣悬浮层 5—穿孔集水槽 6—排泥窗口 7—泥渣浓缩室 8—强制出水管 9—穿孔排泥管

水管的作用下，由排泥窗口 6 进入泥渣浓缩室 7，浓缩后定期排除。强制出水管 8 收集泥渣浓缩室内的上清液，并在排泥窗口两侧造成水位差，使澄清室内的泥渣流入浓缩室。气水分离器使水中空气分离出去，防止其进入澄清室扰动悬浮层。在泥渣浓缩室底部的穿孔排泥管 9，用于排泥或放空检修。悬浮澄清池一般用于小型水厂，目前应用较少。

2. 脉冲澄清池

图 6-29 所示为脉冲澄清池的剖面。

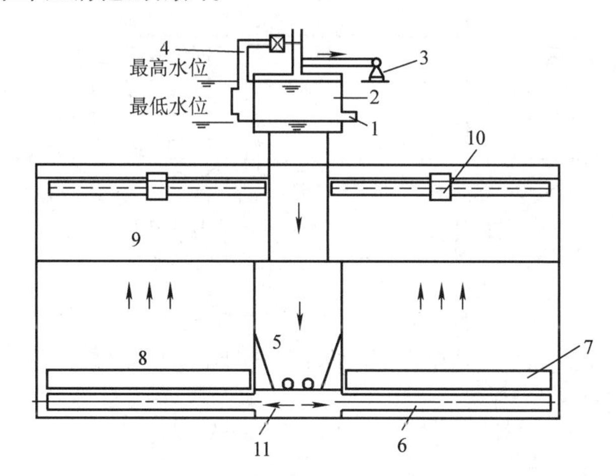

图 6-29　采用真空泵脉冲发生器的脉冲澄清池剖面

1—进水管　2—进水室　3—真空泵　4—进气阀　5—中心配水筒　6—配水管
7—稳流板　8—悬浮层　9—清水区　10—集水槽　11—穿孔排泥管

脉冲澄清池的特点是装有脉冲发生器，使澄清池的上升流速发生周期变化。

脉冲发生器有多种形式。图 6-29 是采用真空泵脉冲发生器的脉冲澄清池的剖面图。其工作原理为：原水由进水管 1 进入进水室 2。真空泵 3 造成真空而使进水室内水位上升，完成充水过程。当水位达到进水室的最高水位时，进气阀 4 自动开启，使进水室通大气。这时进水室水位迅速下降，向澄清池放水，此为放水过程。当水位下降到最低水位时，进气阀又自动关闭，真空泵 3 自动起动，重新使进水室形成真空，室内水位又上升，如此反复，使悬浮层产生周期性的膨胀和收缩。

进水室的水由中心配水筒 5 进入配水管 6 进行配水。配水管上装有稳流板 7，水与稳流板撞击使水与药剂充分混合，之后进入悬浮层 8，再到清水区 9，清水由集水槽 10 收集并排出，沉淀泥渣由穿孔排泥管 11 排出。

脉冲澄清池设计参数和设计计算方法详见现行《室外给水设计规范》（GB 50013）与相关设计手册。由于处理效果受水量、水质和水温影响较大，它在我国新设计的水厂中应用不多。

6.8.2　泥渣循环型澄清池

为充分发挥泥渣的接触絮凝作用，可以让泥渣在竖直方向上不断循环，通过循环运动捕捉水中的微小絮粒，并在分离后加以去除，这就是泥渣循环型澄清池。按泥渣循环动力不同，将泥渣循环型澄清池分为机械搅拌澄清池和水力循环澄清池两类。在水处理中，应用较多的是机械搅拌澄清池。

1. 机械搅拌澄清池

机械搅拌澄清池的剖面如图6-30所示。

机械搅拌澄清池由第一絮凝室Ⅰ、第二絮凝室Ⅱ、导流室Ⅲ及分离室Ⅳ等组成。其中，第一、第二絮凝室为反应室，分离室进行泥水分离。

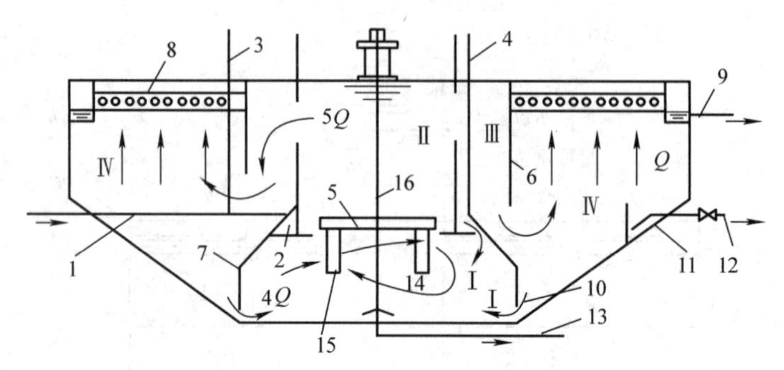

图6-30　机械搅拌澄清池剖面

1—进水管　2—三角配水槽　3—投药管　4—透气管　5—叶轮　6—导流板　7—伞形罩　8—集水槽　9—出水管　10—回流缝　11—泥渣浓缩室　12—排泥管　13—放空、排泥管　14—排泥罩　15—搅拌桨　16—搅拌轴　Ⅰ—第一絮凝室　Ⅱ—第二絮凝室　Ⅲ—导流室　Ⅳ—分离室

工作过程：原水从进水管1进入环形三角配水槽2，混凝剂通过投药管3加在三角配水槽2中，一起流入第一絮凝室Ⅰ，在此完成水、药剂及回流污泥的混合。因为原水中可能含有气体，积在三角槽顶部，所以装设透气管4。由于叶轮5的提升作用，混合后的泥水被提升到第二絮凝室Ⅱ，继续进行混凝反应，并溢流到导流室Ⅲ。导流室中设有导流板6，用于消除反应室过来的环形运动，使原水平稳地沿伞形罩7进入分离室Ⅳ。分离室面积较大，断面的突然增大，流速下降，泥渣便靠重力自然下沉，上清液经集水槽8收集，并从出水管9流出池外。泥渣大部分沿锥底的回流缝10再进入第一絮凝室重新参与絮凝；另一部分泥渣则自动排入泥渣浓缩室11进行浓缩，达到适当浓度后经排泥管12排除。泥渣浓缩室可设一个或几个，根据水质和水量而定。澄清池底部设放空、排泥管13，供放空检修用。当泥渣浓缩室排泥不能消除泥渣上浮时，利用放空管排泥，放空管进口处设排泥罩14，使排泥彻底。

机械搅拌澄清池处理效果除与池体各部分尺寸有关外，主要取决于搅拌速度、泥渣回流量与浓度。

（1）搅拌速度　为使泥渣和水中小絮体充分混合，防止搅拌不均引起部分泥渣沉积，要求加快搅拌速度。搅拌速度应根据污泥浓度决定。速度太快，会打碎已形成的絮体，影响处理效果。污泥浓度低时，搅拌速度要小，相反，要增大搅拌速度。

（2）泥渣回流量与浓度　一般情况下，回流量大反应效果好，但回流量太大，会影响分离室稳定，通常控制回流量为水量的3~5倍。泥渣含量越高，越容易截留水中悬浮颗粒，但泥渣含量越高，澄清水分离越困难，会使部分泥渣被带出，影响出水水质。在不影响分离室工作的前提下，尽量提高泥渣含量。泥渣含量可通过排泥来控制。

2. 水力循环澄清池

图6-31所示为水力循环澄清池剖面。

工艺过程：原水从池底进水管 1 进入，经过喷嘴 2 高速喷入喉管 3。在喉管下部喇叭口 4 附近形成真空吸入回流泥渣。原水与回流泥渣在喉管中剧烈混合，之后被送入第一絮凝室Ⅰ和第二絮凝室Ⅱ。第二絮凝室的泥水混合物，通过泥水分离室Ⅲ实现泥水分离后，清水经环形集水渠 5 收集，从出水管 6 流出。一部分泥渣进入泥渣浓缩室 7 进行浓缩，浓缩后由排泥管 8 排出，另一部分被吸入喉管重新循环，如此往复。原水流量与泥渣回流量之比，一般为 1∶2~1∶4。喉管和喇叭口的高度可用池顶的升降阀进行调节。图 6-31 所示是水力循环澄清池多种形式中的一种。

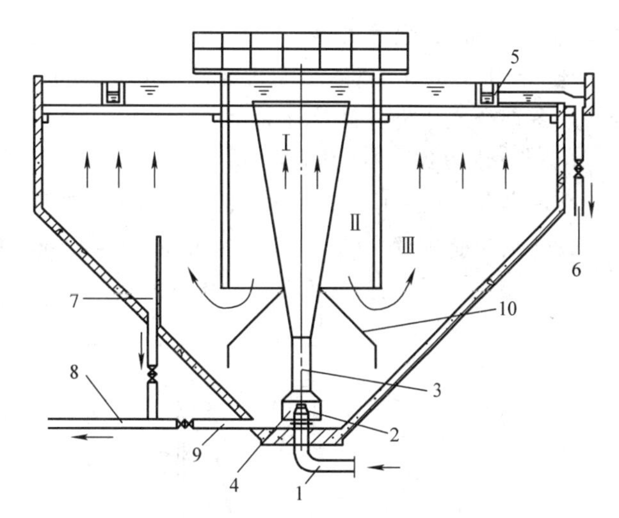

图 6-31　水力循环澄清池剖面

1—进水管　2　喷嘴　3　喉管　4—喇叭口　5—环形集水渠　6—出水管　7—泥渣浓缩室　8—排泥管　9—排空管　10—伞形罩　Ⅰ—第一絮凝室　Ⅱ—第二絮凝室　Ⅲ—泥水分离室

6.8.3　澄清池的工艺设计

1. 水力循环澄清池设计要求及主要设计参数

1）水在池内的总停留时间为 1.0~2.0h。第一絮凝室和第二絮凝室的停留时间分别为 15~30s 和 80~100s（按循环总流量计），且宜取较大值，以保证絮凝效果。

2）进水流量与回流污泥量之比为 1∶2~1∶4，即回流比为 1∶3~1∶5。

3）喷嘴直径与喉管直径之比，一般采用 1∶3~1∶4，两者截面面积之比为 1/13~1/12。喷嘴口与喉管口的间距一般为喷嘴直径的 1~2 倍。

4）喷嘴流速 6~9m/s，常用 7~8m/s，喷嘴的水头损失一般为 2~5m。

5）喉管流速 2~3m/s，喉管瞬间混合时间一般为 0.5~0.7s。

6）清水区上升流速一般采用 0.4~0.6m/s。清水区高度一般为 2~3m。

7）第二絮凝室（导流筒）的有效高度一般为 3m，池子超高为 0.3m。

8）池的斜壁与水平面的夹角一般为 45°。池底直径一般为 1~1.5m，为避免池底沉积泥渣，靠近喷嘴处做成弧形池底比平底好。

9）喷嘴顶离池底的距离一般不大于 0.6m，以免积泥。

10）澄清池直径较大时，第一絮凝室的下部应设倾角为 45°的伞形罩，罩底离池底 0.2~0.3m，以防止短流且便于泥渣回流。

11）分离区可装设斜板，以提高出水效果和降低药耗。

12）排泥耗水量一般为 5%左右。

2. 水力循环澄清池设计计算

以水力循环澄清池工艺设计为例。

【例 6-5】　已知：设计水量 $Q=100m^3/h$，考虑 5%排泥耗水量。回流比采用 1∶4，喷嘴

流速 $v_0=7.5\text{m/s}$，喉管流速 $v_1=2.5\text{m/s}$，第一絮凝室出口流速 $v_2=0.06\text{m/s}$，第二絮凝室进口流速 $v_3=0.04\text{m/s}$，清水区上升流速 $v_4=0.5\text{mm/s}$，喉管混合时间 $t_1=0.6\text{s}$，试对水力循环澄清池各部分尺寸进行设计计算。

【解】 水力循环澄清池各部分尺寸符号如图6-32所示。

总进水量　$Q_0=100\times1.05\text{m}^3/\text{h}=105\text{m}^3/\text{h}=0.0292\text{m}^3/\text{s}$

设计循环总流量　$Q_1=4Q_0=4\times105\text{m}^3/\text{h}=420\text{m}^3/\text{h}=0.117\text{m}^3/\text{s}$

（1）喷嘴计算　喷嘴直径，如图6-33所示。

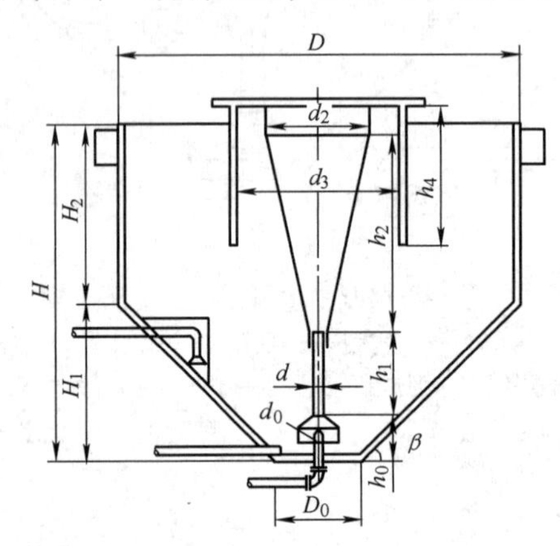

图6-32　水力循环澄清池各部分尺寸

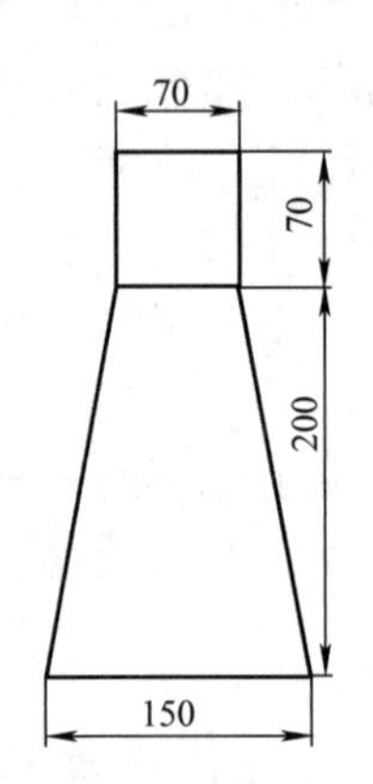

图6-33　喷嘴计算草图

$$d_0=\sqrt{\frac{4Q_0}{\pi v_0}}=\sqrt{\frac{4\times0.0292}{\pi\times7.5}}\text{m}=0.0704\text{m},\text{取 }70\text{mm}$$

设进水管流速 $v=1.5\text{m/s}$，则进水管径

$$d=\sqrt{\frac{4Q_0}{\pi v}}=\sqrt{\frac{4\times0.0292}{\pi\times1.5}}\text{m}=0.157\text{m},\text{取 }d=150\text{mm}$$

设喷嘴收缩角为15°，则

$$\text{斜壁高}=\left(\frac{150-70}{2}\cot15^\circ\right)\text{mm}=200\text{mm}$$

喷嘴直段长度取70mm，则喷嘴管长 = (70 + 200) mm = 270mm

要求净作用水头 $h_p=0.06\times v_0^2=0.06\times7.5^2\text{m}=3.3\text{m}$

（2）喉管　如图6-34所示。

直径　$d_1=\sqrt{\dfrac{4Q_1}{\pi v_1}}=\sqrt{\dfrac{4\times0.117}{\pi\times2.5}}\text{m}=0.244\text{m}$，取250mm

喉管实际流速　$v'_1=\dfrac{4Q_1}{\pi d_1^2}=\dfrac{4\times0.117}{\pi\times0.25^2}\text{m/s}=2.38\text{m/s}$

喉管长度　$h_1=v_1{'}t_1=2.38\times0.6\text{m}=1.428\text{m}$，取1450mm

喇叭口直径　$d_5=3d_1=3\times250\text{mm}=750\text{mm}$

喇叭口斜边采用45°倾角，则喇叭口高度为

$$\left(\frac{750-250}{2}\times\tan45^\circ\right)\text{mm}=250\text{mm}$$

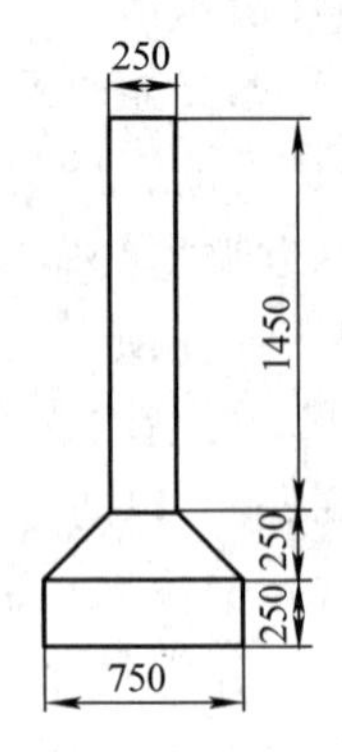

图6-34　喉管计算草图

采用连接喇叭口大端圆筒部分高 $d_1=250\text{mm}$，见图 6-34。

喷嘴与喉管的距离：$S=2d_0=2\times70\text{mm}=140\text{mm}$，并设调整装置。

(3) 第一絮凝室

上口直径 $d_2=\sqrt{\dfrac{4Q_1}{\pi v_2}}=\sqrt{\dfrac{4\times0.117}{\pi\times0.06}}\text{m}=1.58\text{m}$，取 $d_2=1.60\text{m}$

上口面积 $w_1=\dfrac{\pi d_2^2}{4}=\dfrac{\pi}{4}\times1.60^2\text{m}^2=2.01\text{m}^2$

实际出口流速 $v'_2=\dfrac{4Q_1}{\pi d_2^2}=\dfrac{4\times0.117}{\pi\times1.6^2}\text{m/s}=0.058\text{m/s}$

设第一絮凝室高度为 h_2，锥形角 α 取 30°，则

$$h_2=\frac{d_2-d_1}{2}\times\frac{1}{\tan\alpha/2}=\frac{1.60-0.25}{2}\times\frac{1}{\tan15}\text{m}=2.52\text{m}，取 2.50\text{m}$$

(4) 第二絮凝室

第二絮凝室进口断面面积 $w_2=\dfrac{Q_1}{v_3}=\dfrac{0.117}{0.04}\text{m}^2=2.93\text{m}^2$

第二絮凝室直径（包括第一絮凝室）

$$d_3=\sqrt{\frac{4(w_1+w_2)}{\pi}}=\sqrt{\frac{4(2.01+2.93)}{\pi}}\text{m}=2.51\text{m}，取 d_3=2.50\text{m}$$

实际进口断面面积

$$w'_2=\frac{\pi d_3^2}{4}-w_1=\left(\frac{\pi}{4}\times2.50^2-2.01\right)\text{m}^2=2.90\text{m}^2$$

实际进口流速 $v'_3=\dfrac{Q_1}{w'_2}=\dfrac{0.117}{2.90}\text{m/s}=0.0403\text{m/s}$

第二絮凝室高度取 $h_4=2.70\text{m}$，其中第二絮凝室出口至第一絮凝室上口高度取 $h_5=2.10\text{m}$。

第一絮凝室上口水深 $h_3=0.3\text{m}$，第二絮凝室出口断面面积

$$w_3=\frac{\pi(d_3^2-d'^2_2)}{4}$$

$$d'_2=d_2\left(1-\frac{h_5}{h_2}\right)+d_1\frac{h_5}{h_2}=\left[1.60\times\left(1-\frac{2.1}{2.5}\right)+0.25\times\frac{2.1}{2.5}\right]\text{m}=0.466\text{m}$$

则出口流速

$$v_5=\frac{Q_1}{w_3}=\frac{0.117}{4.74}\text{m/s}=0.025\text{m/s}$$

如图 6-35 所示。

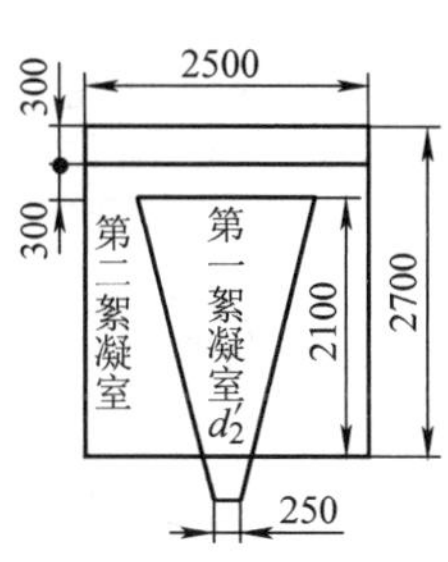

图 6-35 絮凝室计算草图

(5) 澄清池直径 D

分离室面积 $w_4=\dfrac{Q_0}{v_4}=\dfrac{0.0292}{0.0005}\text{m}^2=58.40\text{m}^2$

澄清池直径 $D=\sqrt{\frac{4(w_1+w'_2+w_4)}{\pi}}=\sqrt{\frac{4\times(2.01+2.90+58.4)}{\pi}}\text{m}=8.98\text{m}$

取 $D=9.0\text{m}$

实际上升流速

$$v'_4=\frac{Q_0}{\frac{\pi}{4}D^2-w_1-w'_2}=\frac{0.0292}{\frac{\pi}{4}\times 9.0^2-2.01-2.90}\text{m/s}=0.0005\text{m/s 即 }0.5\text{mm/s}$$

（6）澄清池高度 H　喷嘴顶距池底 h_0 取0.46m，其中喷嘴长度0.27m，喷嘴与喉管间距0.14m，喉管喇叭口高度0.25m，喉管长度为1.45m，第一絮凝室高度为2.50m，第一絮凝室顶水深0.30m，超高0.30m，则池体总高度为

$$H=(0.46+0.14+0.25+1.45+2.50+0.3+0.3)\text{ m}=5.40\text{m}$$

（7）坡度　池底直径采用 $D_0=2.0\text{m}$，池底坡度采用 $\beta=45°$，则池底斜壁部分的高度为

$$H_1=\frac{D-D_0}{2}\tan\beta=\left(\frac{9.0-2.0}{2}\tan 45°\right)\text{ m}=3.5\text{m}$$

池子直壁部分的高度为

$$H_2=(5.4-3.5)\text{m}=1.9\text{m}$$

（8）澄清池各部分容积及停留时间

1）第一絮凝室容积 V_1

$$V_1=\frac{\pi}{12}h_2(d_1^2+d_2^2+d_1d_2)=\frac{\pi}{12}\times 2.50\times(0.25^2+1.60^2+0.25\times 1.62)\text{ m}^3=1.98\text{m}^3$$

2）第一絮凝室停留时间

$$t_2=\frac{V_1}{Q_1}=\frac{1.98}{0.117}\text{s}=17\text{s}$$

3）第二絮凝室容积

$$V_2=\frac{1}{4}\times\pi\times d_3^2h_4-\frac{\pi}{12}h_5(d_1^2+{d'_2}^2+d'_2d_2)$$

$$=\left[\frac{1}{4}\pi\times 2.5^2\times 2.7-\frac{\pi}{12}\times 2.1\times(1.60^2+0.48^2+1.60\times 0.48)\right]\text{ m}^3=11.29\text{m}^3$$

4）第二絮凝室停留时间

$$t_3=\frac{V_2}{Q_1}=\frac{11.29}{0.117}\text{s}=96.5\text{s}$$

5）分离室停留时间

$$t_4=\frac{h_5}{v'_4}=\frac{2.1}{0.0005}\text{s}=4200\text{s}$$

6）水在池内的净水历时

$$T'=t_2+t_3+t_4=(17+96.5+4200)\text{ s}=4314\text{s}=72\text{min}$$

7）澄清池总体积

直壁部分体积　$V_3=\frac{1}{4}\pi D^2H_2=\frac{1}{4}\pi\times 9.0^2\times 1.9\text{m}^3=120.8\text{m}^3$

锥体部分体积

$$V_4 = \frac{\pi}{12}H_1(D^2 + D_0^2 + DD_0)$$

$$= \frac{\pi}{12} \times 3.5 \times (9.0^2 + 2.0^2 + 9.0 \times 2.0)\text{m}^3 = 94.3\text{m}^3$$

池的总体积　$V = V_3 + V_4 = (120.8 + 94.3)\ \text{m}^3 = 215.1\text{m}^3$

8）总停留时间　　　　$T = \dfrac{V}{Q_0} = \dfrac{215.1}{105}\text{h} = 2.05\text{h}$

（9）排泥设施　泥渣室容积按澄清池总容积 1%计，即

$$V_泥 = 0.01V = 0.01 \times 215.1\text{m}^3 = 2.15\text{m}^3$$

设置两个排泥斗,形状采取倒正四棱锥体,其锥底边长和锥高均为 Z,则其体积为

$$V_泥 = \frac{1}{3}ZZ^2 = \frac{1}{3}Z^3$$

则　　　　$Z = \sqrt[3]{3V_泥} = \sqrt[3]{3 \times 2.15}\text{m} = 1.95\text{m}$

排泥历时取 t_5=30s，排泥管中流速取 v_5=3m/s，则

排泥流量　　　　$q_0 = \dfrac{V_泥}{t_5} = \dfrac{2.15}{30}\text{m}^3/\text{s} = 0.072\text{m}^3/\text{s}$

排泥管直径　　$d_5 = \sqrt{\dfrac{4q_0}{\pi v_5}} = \sqrt{\dfrac{4 \times 0.072}{\pi \times 3}}\text{m} = 0.174\text{m}$,取 200mm

（10）进出水系统

1）进水管，进水管采用 d=150mm，管内流速 v=1.65m/s。

2）集水槽，如图 6-36 所示。环形集水槽设在池壁外侧，采用淹没孔进水，流量超载系数取 K=1.3，则槽中流量

$$q = \frac{1}{2}Q_0K = \frac{1}{2} \times 0.0292 \times 1.3\text{m}^3/\text{s} = 0.019\text{m}^3/\text{s}$$

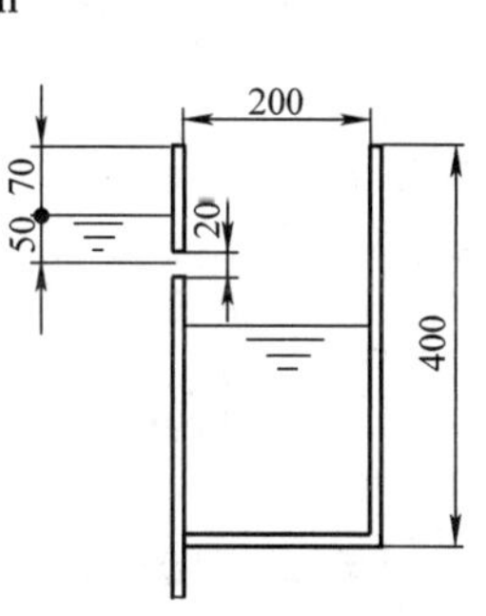

图 6-36　集水槽计算草图

槽宽　$b=0.9q^{0.4}=0.9\times0.019^{0.4}\text{m}=0.184\text{m}$，取 0.20m

孔眼轴线的淹没水深取 50mm，超高取 70mm。

起点槽深　$h' = (0.75b + 0.05 + 0.07)\ \text{m} = 0.27\text{m}$

终点槽深　$h'' = (1.25b + 0.05 + 0.07)\ \text{m} = 0.37\text{m}$

为加工和施工简单，采用等断面，b=0.20m，h=0.40m

3）槽孔孔口

孔口总面积　　　　$\sum f = \dfrac{q}{\mu\sqrt{2gh}}$

式中　μ——流量系数，取 0.62；

h——孔口中心线以上水头，取 0.05m。

则　　　$\sum f = \dfrac{0.019}{0.62\sqrt{2g \times 0.05}}\text{m}^2 = 0.0309\text{m}^2$ 即 309cm^2

孔口直径采用 20mm，单个孔眼面积 f=3.14cm²

孔口数 $$n=\frac{\sum f}{f}=\frac{309}{3.14}=98$$

孔口流速 $$v_7=\frac{q}{\sum f}=\frac{0.019}{0.0309}\text{m/s}=0.61\text{m/s}$$

孔口中心间距 $$S=\frac{\pi D}{n\times 2}=\frac{\pi\times 9.0}{98\times 2}\text{m}=0.14\text{m}$$

出口管径取 $d=150\text{mm}$，放空管取 $d=100\text{mm}$。

水力循环澄清池的工艺计算如图6-37所示。

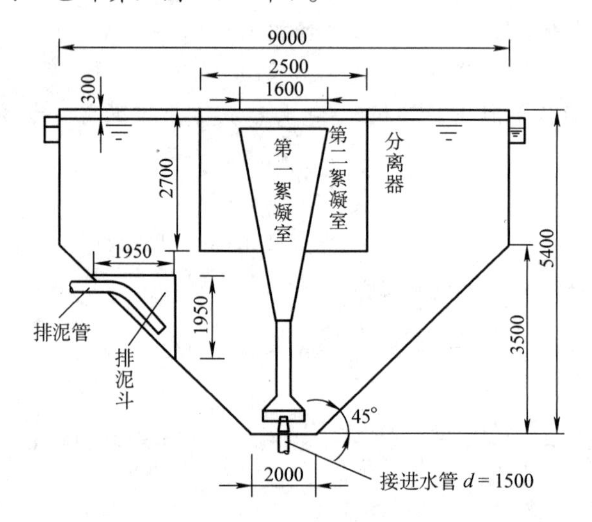

图6-37 水力循环澄清池的工艺计算

6.9 沉砂池

平流式、曝气式和涡流式三种形式沉砂池主要用于从原水中分离相对密度较大的无机颗粒，一般设于泵站、倒虹管、沉淀池前。设置沉砂池可以减轻或避免后续处理构筑物和机械设备的磨损，减少管渠和处理构筑物的沉积，减少重力排泥困难，降低对生物处理系统和污泥处理系统的干扰。污水处理厂中的沉砂池一般按去除相对密度为2.65、粒径为0.2mm以上的砂粒进行设计。

平流式沉砂池是常用的形式，具有构造简单，处理效果好的优点。曝气沉砂池是在池的一侧通入空气，使水沿池旋转前进，产生与主流垂直的横向恒速环流。曝气沉砂池的特点是通过调节曝气量控制水的旋流速度，其受流量变化影响较小，除砂效率较稳定。同时，它对污水起预曝气作用。涡流式沉砂池是利用水力涡流，使泥砂和有机物分开，以达到除砂目的。常用的涡流式沉砂池为多尔沉砂池和钟式沉砂池。本节主要介绍平流式沉砂池和曝气沉砂池。

6.9.1 平流式沉砂池

进入平流式沉砂池的污水，从池的一端流入，另一端流出，沿水平方向流动。

1. 平流式沉砂池的构造

如图6-38所示，平流式沉砂池由进水装置、出水装置、沉淀区和排砂装置等组成。池

的上部是水流部分，水在池中沿水平方向流动，下部是沉砂部分。

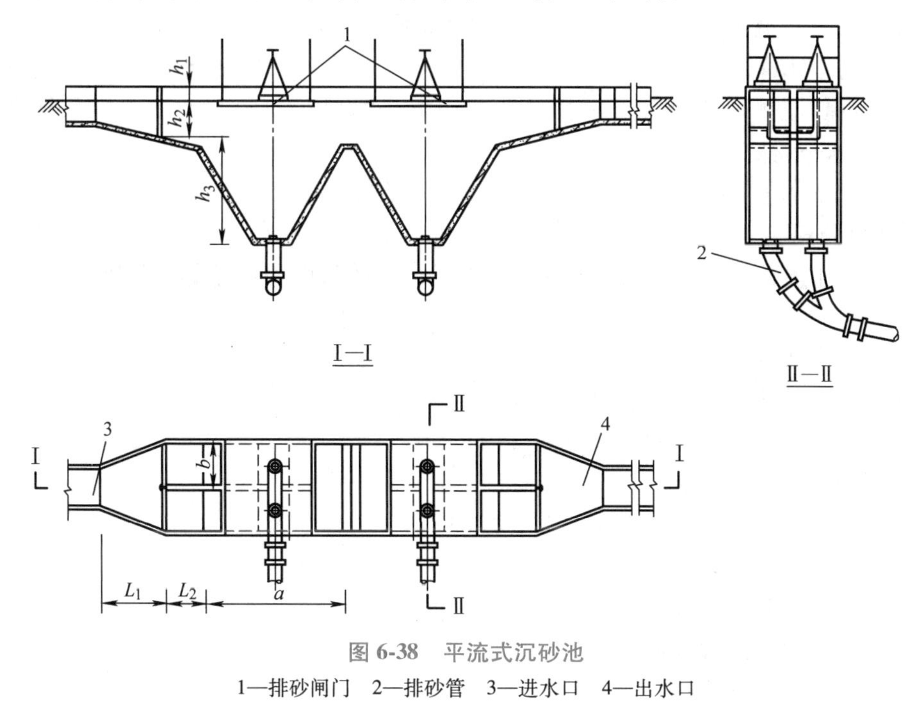

图 6-38　平流式沉砂池

1—排砂闸门　2—排砂管　3—进水口　4—出水口

（1）进水装置　平流式沉砂池实际上是一个比入流渠道和出流渠道宽和深的渠道。当原水流经沉砂池时，由于过水断面增大，水流速度下降，水中夹带的无机颗粒将在重力作用下下沉，密度较小的有机物则仍处于悬浮状态，随水流走，从而达到去除无机颗粒的目的。

（2）出水装置　一般采用自由堰出流，沉砂池的过水断面不随流量变化而变化过大，出水堰还可以控制池内水位，防止池内水位频繁变化，保证水位恒定。

（3）沉淀区和排砂装置　在平流式沉砂池的沉淀区内，流速不宜过高或者过低，一般为0.15~0.30m/s。沉渣多数为砂粒，常用重力排砂或机械排砂装置排砂。采用重力排砂时，沉砂池与贮砂池应尽量靠近，缩短排砂管的长度，排砂闸门宜选用快开闸门；采用机械排砂时，应设置晒砂场，避免排砂时的水分溢出。

2. 设计要求

1）沉砂池设计流量应按分期建设考虑。当原水直接流入池时，按最大设计流量计算；当原水用水泵抽升入池时，按工作水泵的最大组合流量计算；对于合流制污水处理系统，按降雨时的设计流量计算。

2）沉砂池的座数或分格数不得少于2个，按并联设计。当原水量小时，一备一用；当原水量大时，则两格同时工作。

3）池底坡度一般为0.01~0.02，沉砂池的超高 h_1 不宜小于0.3m。

4）沉砂量：生活污水按每人每天0.01~0.02L计，城市污水按每10万 m^3 污水的砂量为 $3m^3$ 计算，沉砂含水率约为60%。沉砂斗的容积按2天的沉砂量计算，斗壁倾角55°~60°。

5）设计流量时的水平流速：最大流速为0.30m/s，最小流速为0.15m/s。要保证大部分无机颗粒能够沉掉。

6）在最大设计流量时，原水池内的停留时间不少于30s，一般为30~60s。

7）设计有效水深不应大于1.2m，一般采用0.25~1.0m。每格池宽b不小于0.6m。

8）进水部位应采取消能和整流措施，并设置进水阀控制流量。出水应采取堰跌落出水，保持池内水位稳定。

3. 平流式沉砂池的设计计算

（1）计算公式

1）沉砂池水流部分的长度L。沉砂池两闸板之间的长度为水流部分长度

$$L = vt \tag{6-49}$$

式中 L——水流部分长度（m）；

v——最大设计流量时的流速（m/s）；

t——最大设计流量时的停留时间（s）。

2）水流断面面积

$$A = \frac{Q_{max}}{v} \tag{6-50}$$

式中 A——水流断面面积（m^2）；

Q_{max}——最大设计流量（m^3/s）。

3）沉淀池的总宽度

$$B = \frac{A}{h_2} \tag{6-51}$$

式中 B——池总宽度（m）；

h_2——设计有效水深（m）。

4）沉砂斗容积

$$V = \frac{86400 Q_{max} x_1 T}{10^3 K_z} \quad 或 \quad V = N x_2 T \tag{6-52}$$

式中 V——沉砂斗容积（m^3）；

x_1——城市污水沉砂量，取0.03L/m^3；

x_2——生活污水沉砂量［L/(人·天)］；

T——清除沉砂的时间间隔（天）；

K_z——流量总变化系数；

N——沉砂池服务人口数。

5）池总高度

$$H = h_1 + h_2 + h_3 \tag{6-53}$$

h_1——超高（m），h_1=0.3m；

h_3——沉砂斗高度（m）。

6）验算最小流速

$$v_{min} = \frac{Q_{min}}{n_1 w_{min}}$$

式中 Q_{min}——最小流量（m^3/s）；

n_1——最小流量时工作的沉砂池数目；

w_{min}——最小流量时沉砂池中的水流断面面积（m^2）。

（2）平流式沉砂池设计计算

【例6-6】　已知某城市污水处理厂的最大设计流量为$0.5m^3/s$，最小设计流量为$0.2m^3/s$，总变化系数$K_z=1.5$，求平流式沉砂池各部分尺寸。

【解】　（1）沉砂池长度L，式中取最大设计流量时的流速$v=0.25m/s$，最大设计流量时的停留时间取$t=50s$。则

$$L=vt=0.25\times50m=12.5m$$

（2）水流断面面积A

$$A=\frac{Q_{max}}{v}=\frac{0.5}{0.25}m^2=2m^2$$

（3）池总宽度B　取分格数$n=4$，每格宽度$b=1.0m$，则

$$B=nb=4\times1.0m=4.0m$$

（4）有效水深h_2

$$h_2=\frac{A}{B}=\frac{2}{4}m=0.5m$$

（5）沉砂斗容积V　沉砂量按每立方污水0.03L计算，排砂周期取$T=2$天，则

$$V=\frac{86400Q_{max}x_1T}{10^3K_z}$$

$$=\frac{0.5\times0.03\times10^{-3}\times2\times86400}{1.5}m^3$$

$$=1.73m^3$$

（6）每个砂斗容积V_0　每一分格设两个沉砂斗，共有8个沉砂斗。则

$$V_0=\frac{1.73}{8}m^3=0.22m^3$$

（7）沉砂斗尺寸

1）沉砂斗上口宽a，取斗高$h'_3=0.4m$，斗底宽取$a_1=0.5m$，倾角$60°$，则上口宽为

$$a=\left(\frac{2\times0.4}{\tan60°}+0.5\right)m=1.0m$$

2）沉砂斗容积

$$V=\frac{h'_3}{3}\times(a^2+aa_1+a_1^2)$$

$$=\frac{0.4}{3}\times(1^2+1\times0.5+0.5^2)m^3=0.23m^3$$

（8）沉砂室高度

采用重力排砂，设池底坡度为0.02，坡向砂斗。沉砂室由沉砂斗与沉砂池坡向沉砂斗的过渡部分两部分组成，沉砂池的长度为

$L=2(L_2+a)+0.2$，其中0.2为两个沉砂斗之间的隔壁厚。L_2为沉砂室的长度，则

$$L_2 = \frac{L - 2a - 0.2}{2} = \frac{12.5 - 2 \times 1 - 0.2}{2}\text{m} = 5.15\text{m}$$

$$h_3 = h'_3 + 0.02L_2 = (0.4 + 0.02 \times 5.15)\text{m} = 0.50\text{m}$$

(9) 沉砂池总高度 H

取超高 h_1=0.3m，则

$$H = h_1 + h_2 + h_3 = (0.3 + 0.5 + 0.5)\text{m} = 1.30\text{m}$$

(10) 验算最小流速 $v_{\min}$，在最小流量时，则

$$v_{\min} = \frac{0.2}{2 \times 1 \times 0.5}\text{m/s} = 0.2\text{m/s} > 0.15\text{m/s}$$

6.9.2 曝气沉砂池

平流式沉砂池的主要缺点是沉砂中夹杂有约15%的有机物，增大了沉砂的后续处理难度，故常需配洗砂机，排砂经清洗后，有机物含量低于10%（称为清洁砂）后再外运。曝气沉砂池可克服这一缺点。

1. 曝气沉砂池的构造

如图6-39所示，曝气沉砂池由进水装置、出水装置、沉砂区、曝气系统和排砂装置组成。它是一个狭长形的渠道，在沿池壁一侧的整个长度上设置曝气装置。为增强曝气推动水流回旋的作用，可在曝气器的外侧设置导流挡板。

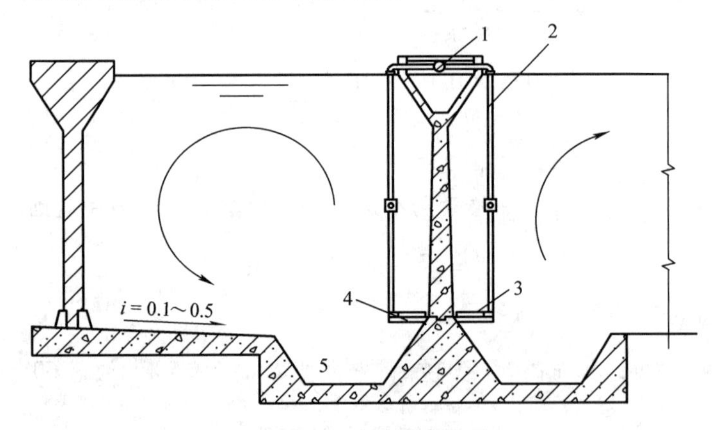

图6-39 曝气沉砂池

1—空气干管 2—空气支管 3—扩散设备 4—支座 5—集砂斗

池底内侧设置集砂斗5，池底以0.1~0.5的坡度坡向集砂斗。原水进入沉砂池后，在水平和回旋双重推动作用下沿螺旋形轨迹向前流动，若设计合理，曝气造成的横向环流有稳定的环流速度（一般取0.4m/s），足以保证较重的无机颗粒沉淀下来，而较轻的颗粒悬浮于水中。通过颗粒相互摩擦和水流的剪切力作用，把附着在砂粒上的有机物洗下，获得较为洁净的沉砂。

沉砂池可以起到预曝气的作用，设计时池的结构不需改变，只需延长池的长度，将停留时间延长到预期时间即可。

2. 设计参数

1）原水在池内的水平流速一般取0.08~0.12m/s，在过水断面周边的旋流速度为0.25~0.30m/s。

2）最大流量时的停留时间应大于2min。如考虑预曝气，则增大池长，使停留时间为10~30min。

3）池的有效水深一般为2.0~3.0m，宽深比宜为1~1.5，长宽比可达5。当长宽比大于5时，应考虑设置横向挡流板。

4）曝气沉砂池使用的空气扩散装置，安装在池的一侧，距池底0.6~0.9m。曝气装置多采用穿孔曝气器，孔径为2.5~6.0mm。曝气量为0.1~0.2m^3（空气）/m^3（水）或3~5m^3/(m^2·h)。

练 习 题

思考题

6-1 沉淀的类型有哪几种？各有什么特点？

6-2 什么是理想沉淀池？实际平流式沉淀池偏离理想沉淀池的主要因素有哪些？

6-3 按池内水流方向沉淀池可分为哪三种？沉淀池内各个区域按其功能分为哪五种？

6-4 设计中如何考虑沉淀池堰口负荷的取值？

6-5 试说明斜板沉淀池的理论依据。

6-6 试说明澄清池的功能和分类。

6-7 沉砂池的作用是什么？平流式沉砂池和曝气沉砂池的主要设计参数有哪些？

选择题

6-1 关于沉淀理论的说法，正确的是________。

A. 砂粒在沉砂池中的沉淀方式大致为区域沉淀

B. 活性污泥法在二次沉淀池上部的沉淀大致为絮凝沉淀

C. 浓缩池开始阶段及二沉池下部的沉淀过程为压缩沉淀

D. 污泥在二沉池污泥斗中的沉降过程为自由沉淀

6-2 在常规条件下设计平流沉淀池，单格设计水量10万m^3/天，下列各组平流沉淀池内净尺寸数据中，________是不适宜的。

A. 池长100m，池宽15m，有效水深4.5m

B. 池长100m，池宽12m，有效水深4.5m

C. 池长100m，池宽25m，有效水深3.5m

D. 池长100m，池宽15m，有效水深3.5m

6-3 关于斜板（管）沉淀池特点叙述不正确的是________。

A. 斜板（管）沉淀池对原水浊度的适应性较平流式沉淀池强，能适应各种水质变化情况

B. 斜板（管）沉淀池是浅池理论在实际中的具体应用，按照斜管（板）中的水流方向，分为异向流、同向流和侧向流三种

C. 斜板（管）沉淀池具有停留时间短、沉淀效率高、节省占地面积等优点，但存在费用较高，而且需要定期更新等问题

D. 斜板（管）沉淀池适用范围广，在大、中、小型水厂均可采用

6-4 对于沉淀池特点的描述不正确的是________。

A. 平流式沉淀池对冲击负荷和温度变化的适应力较强

B. 竖流式沉淀池排泥方便，管理简单

C. 竖流式沉淀池对冲击负荷及温度的适应力较差

D. 辐流式沉淀池中水流速度稳定

6-5　初次沉淀池一般按旱流污水量设计，按合流设计流量校核，校核沉淀时间不宜小于________min。

A. 20　　B. 30　　C. 45　　D. 60

6-6　城市污水处理厂沉淀池排泥管直径不应小于________mm。

A. 100　　B. 150　　C. 200　　D. 250

6-7　关于机械搅拌澄清池叙述不正确的是________。

A. 机械搅拌澄清池对水质、水量变化的适应性较强，处理效率高

B. 机械搅拌澄清池应用最多，一般适用于大、中型水厂

C. 机械搅拌澄清池属泥渣循环型澄清池，其特点是利用机械搅拌的提升作用来完成泥渣回流和接触反应

D. 机械搅拌澄清池需要一套真空设备，较为复杂，并需设气水分离器

6-8　下面关于澄清池叙述错误的是________。

A. 澄清池把絮凝和沉淀这两个处理过程综合在一个构筑物中完成，主要依靠活性泥渣层达到澄清目的

B. 当脱稳杂质随水流与活性泥渣层接触时，便被活性泥渣层截留下来，水得到了澄清

C. 澄清池分为两大类，泥渣悬浮形澄清池（悬浮澄清池和脉冲澄清池），泥渣循环型澄清池（机械搅拌澄清池和水力循环澄清池）

D. 脉冲澄清池对原水水质和水量变化适应性较强

6-9　平流式沉砂池的设计，规定最大流速、最小流速和最大流速时的停留时间是因为________。

A. 最大流速为0.3m/s，最小流速为0.15m/s，最大流速时的停留时间不少于30s，一般为30~60s，这样能够基本保证无机颗粒能沉掉，而有机物不能下沉

B. 最大流速为0.3m/s，最小流速为0.15m/s，最大流速时的停留时间不少于30s，一般为30~60s，这样能够保证无机颗粒和有机物都能沉掉

C. 最大流速为0.6m/s，最小流速为0.3m/s，最大流速时的停留时间不少于30s，一般为30~60s，这样能够保证无机颗粒和有机物都能沉掉

D. 最大流速为0.6m/s，最小流速为0.3m/s，最大流速时的停留时间不少于30s，一般为30~60s，这样能够基本保证无机颗粒能沉掉，而有机物不能下沉

6-10　曝气沉砂池的曝气量为________m^3（空气）/m^3（污水）。

A. 0.1~0.2　　B. 0.2~0.3　　C. 0.3~0.4　　D. 0.4~0.5

6-11　沉淀池或澄清池的类型选择，应按原水水质、设计生产能力、出水水质要求，并考虑原水水温变化、制水均匀程度以及是否持续运转等因素，结合当地条件通过________比较确定。

A. 工程造价　　B. 同类型水厂　　C. 施工难度　　D. 技术经济

6-12　机械搅拌澄清池是否设置机械刮泥装置，应根据池径、底坡大小，进水________含量及颗粒组成等因素确定。

A. 浊度　　B. 悬浮物　　C. 含砂量　　D. 有机物

6-13　平流沉淀池的有效水深，一般可采用________。

A. 2.0~3.0　　B. 1.5~2.0　　C. 2.0~3.5　　D. 2.0~2.5

6-14　以下各种滤池中属于恒速水位过滤的是________。

A. 重力式无阀滤池　B. 虹吸滤池　　C. 普通快滤池　　D. V形滤池

6-15　对于给水厂的平流沉淀池，一般采用________是合适的。

A. 沉淀时间90min，有效水深3.2m，长宽比取5，长深比取20

B. 沉淀时间45min，有效水深3.2m，长宽比取5，长深比取20

C. 沉淀时间90min，有效水深2.5m，长宽比取5，长深比取10

D. 沉淀时间4h，有效水深4.5m，长宽比取5，长深比取10

6-16　某水厂的快滤池正常滤速是8m/h，强制滤速取10m/h，则滤池最少为________个。

A. 2　　B. 4　　C. 5　　D. 6

6-17　某工业水处理站，处理水量为2000m³/天，悬浮物浓度C_o=200mg/L，要求沉淀后出水的悬浮物浓度不超过60mg/L，则沉淀池的去除率应为________。

A. 70%　　B. 30%　　C. 43%　　D. 7%

6-18　表面负荷是沉淀池主要设计参数，其单位是________。

A. $m^3/(m^2 \cdot h)$　　B. $L/(m \cdot s)$　　C. m/h　　D. m^3/h

6-19　污水处理厂过格栅的流速宜采用________m/s。

A. 0.3~0.6　　B. 0.6~1.0　　C. 1.0~1.5　　D. 1.5~2.0

6-20　对于城市污水处理厂，沉淀池的有效水深一般为________。

A. 1~2m　　B. 2~4m　　C. 4~5m　　D. 5~6m

6-21　设计平流式沉淀时，每格池长度与宽度之比不小于________，长度与有效水深的比值不小于________。

A. 4；8　　B. 2；6　　C. 4；6　　D. 2；8

6-22　污水除油时常采用气浮法、电解法、混凝沉淀法去除________。

A. 乳化油　　B. 分散油　　C. 溶解油　　D. 浮油

6-23　水处理中，平流沉淀池的水平流速可采用________mm/s。

A. 5~10　　B. 10~15　　C. 15~20　　D. 10~25

6-24　某厂净水车间，设计水量20000m³/天，原水浊度200~300NTU，在下列四种沉淀（澄清）池中，净水车间沉淀（澄清）部分占地面积最小的是________。

A. 圆形机械搅拌澄清池　　B. 圆形水力循环澄清池

C. 矩形澄清池　　D. 平流沉淀池

6-25　沉淀池内设斜管，水流自下而上经斜管进行沉淀，沉泥沿斜管向下滑动的沉淀池其名称为________。

A. 同向流斜管沉淀池　　B. 异向流沉淀池

C. 上向流沉淀池　　D. 异向流斜管沉淀池

6-26　某工厂自用水系统，水源取自江水，浊度50~150NTU，处理后的水用于锅炉补给水及循环冷却水的补充水，要求浊度不大于5NTU，原水中的钙、镁离子去除90%，其他无特殊要求，选用________是较经济合理的处理工艺。

A. 混凝沉淀+过滤+消毒　　B. 混凝沉淀+过滤+消毒+软化

C. 混凝沉淀+过滤+软化（部分水）　　D. 混凝沉淀+软化+消毒

6-27　水处理中，气浮池池长不宜超过________。

A. 5　　B. 10　　C. 15　　D. 20

6-28　利用机械使水提升和搅拌，促使泥渣循环，并使原水中固体杂质与已形成的泥渣接触、絮凝而分离沉淀的水处理构筑物应称为________。

A. 加速澄清池　　B. 机械加速澄清池

C. 机械搅拌澄清池　　D. 机械加速搅拌澄清池

6-29　设计一座大阻力配水的普通快滤池，配水支管上的孔口总面积设为F。干管的断面为孔口总面积的5倍，配水支管过水面积是孔口总面积的3倍，当采用水反冲洗时，滤层呈流化状态，以孔口平均流量代替干管起端支管上孔口流量，孔口阻力系数μ=0.62，此时滤池配水均匀程度约为________。

A. 95%　　　B. 97%　　　C. 90%　　　D. 93%

计算题

6-1　一球形颗粒直径 $d=0.5\text{mm}$，密度 $\rho_g=2.60\text{g/cm}^3$，$\rho_y=1\text{g/cm}^3$，在20℃的静水中自由沉淀时，该颗粒理论沉速为多少？（水的动力黏度为 $\mu=1.0\times10^{-3}\text{Pa}\cdot\text{s}$，雷诺数小于1）

6-2　平流式沉淀池，设计流量为 $720\text{m}^3/\text{h}$，要求沉速大于和等于0.4mm/s的颗粒全部去除，按理想沉淀池条件，则所需沉淀池面积为多少？

6-3　设计一座平流式沉淀池，水深2.5m，沉淀时间2h，原水浊度50NTU，原水水质分析结果见表6-5，按理想沉淀池计算，该沉淀池总去除率是多少？

表6-5　计算题6-3表

颗粒沉速 u_i/(mm/s)	0.05	0.10	0.35	0.55	0.60	0.75	0.82	1.00	1.20	1.30
$\geqslant u_i$ 颗粒占总颗粒质量分数（%）	100	94	80	62	55	46	33	21	10	3

6-4　某城市污水处理厂的最大设计流量为 $2450\text{m}^3/\text{h}$，采用机械刮泥，试计算辐流式沉淀池的表面积 A 和有效水深 h，已知，表面水力负荷 $q=2\text{m}^3/(\text{m}^2\cdot\text{h})$，$n=2$，沉淀时间 $t=1.5\text{h}$。

第 7 章
气　　浮

学习要点

本章提要：介绍了气浮法的基本原理，气浮系统的分类及气浮装置，气浮装置的设计计算以及气浮法在水处理中的应用。

本章重点：气浮系统的分类和气浮装置、气浮装置的设计与计算。

本章难点：水中杂质颗粒与微气泡相粘附的机理。

7.1　气浮法的基本原理

气浮法是通过电解、散气、溶气等方式，在水中形成大量均匀的微气泡，使之与水中悬浮固态或液态颗粒粘附，形成水-气-固三相混合体系，使颗粒粘附气泡后上浮于水面，从而使水中的固态或液态颗粒物质得到分离的过程。实现气浮过程需具备下述条件：①水中存在足够数量的微气泡，气泡的理想粒径为 15~30μm；②水中的固态或液态污染物质呈悬浮状态且具有疏水性质，能附着于气泡上上浮；③有适合于气浮工艺的设备。

气浮过程包括气泡产生、气泡与颗粒（固体或液滴）附着及上浮分离等连续步骤。气浮法的基本原理可以从水中杂质颗粒与微气泡相粘附的过程、药剂对气浮工艺的影响等方面来了解。

7.1.1　水中杂质颗粒与微气泡相粘附的机理

研究三相混合体系的界面张力和界面自由能、颗粒表面疏水性和润湿接触角，可以探讨颗粒与微气泡的粘附条件以及它们间的内在规律。

1. 界面张力、接触角和体系界面自由能

在水、气、固（杂质颗粒或液滴）三相混合体系中，不同相之间的界面上因受力不均存在界面张力 σ。气泡与颗粒一旦接触，界面张力的存在会产生表面吸附作用。当三相达到平衡时，三相间吸附界面构成的交界线称为润湿周边，如图 7-1 所示，水、气、固三相分别用 1、2、3 作为角标来表示。

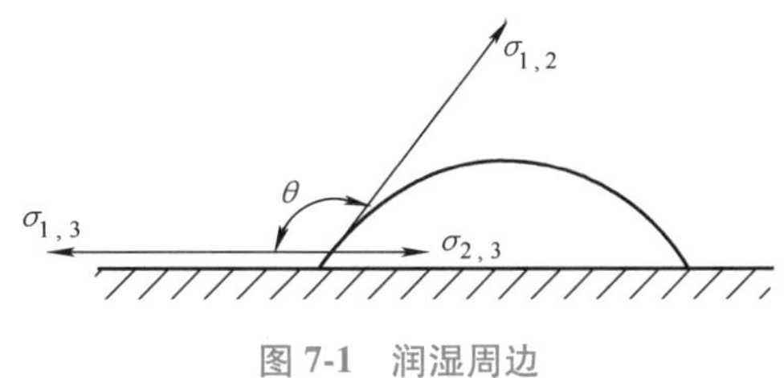

图 7-1　润湿周边

通过润湿周边（即相界面交界线）作水-固界面张力 $\sigma_{1,3}$ 作用线与水-气界面张力 $\sigma_{1,2}$ 作用线，两条作用线的交角（包含液相的）为润湿接触角 θ。水中表面性质不同的颗粒，其润湿接触角存在差异。将 $\theta>90°$ 的颗粒表面称为疏水表面，这种颗粒表面易与气泡粘附；将 $\theta<90°$ 的颗粒表面称为亲水表面，这种颗粒表面不易与气泡粘附。

从物理化学热力学可知，由水、气泡和颗粒三相构成的混合液中，两相间的界面上都存在界面自由能，简称界面能。界面能有降低到最小的趋势，使分散相总表面积减小。界面能用 W 表示

$$W=\sigma\times S \tag{7-1}$$

式中　S——界面面积（m^2）；

σ——单位面积界面上的界面能，在数值上等于界面张力（N/m）。

颗粒与气泡粘附前，颗粒和气泡单位面积（$S=1$）上的界面能分别为固-液界面能（$\sigma_{1,3}\times1$）与气-液界面能（$\sigma_{1,2}\times1$），这时单位面积上的界面能之和 W_1 为

$$W_1=\sigma_{1,3}\times1+\sigma_{1,2}\times1 \tag{7-2}$$

颗粒与气泡粘附后，由于气-液界面能和固-液界面能减小，形成了新的固-气界面，此时粘附面上单位面积的界面能为

$$W_2=\sigma_{2,3}\times1 \tag{7-3}$$

因此，界面能的减少值 ΔW 为

$$\Delta W=W_1-W_2=\sigma_{1,3}+\sigma_{1,2}-\sigma_{2,3} \tag{7-4}$$

由于气泡和颗粒的附着过程是向体系界面能降低的方向进行的，因此 ΔW 值越大，界面的气浮活性越高，越易于进行气浮处理。

2. 气-粒的亲水粘附和疏水粘附

由于水中颗粒表面性质的差异，构成的气-固气浮体的粘附情况也不同，如图7-2所示。亲水性颗粒润湿接触角 θ 小，气-固两相接触面积小，气浮体结合不牢容易脱落，称为亲水粘附。疏水性颗粒的润湿接触角 θ 大，气-固结合牢固不易脱落，称为疏水粘附。

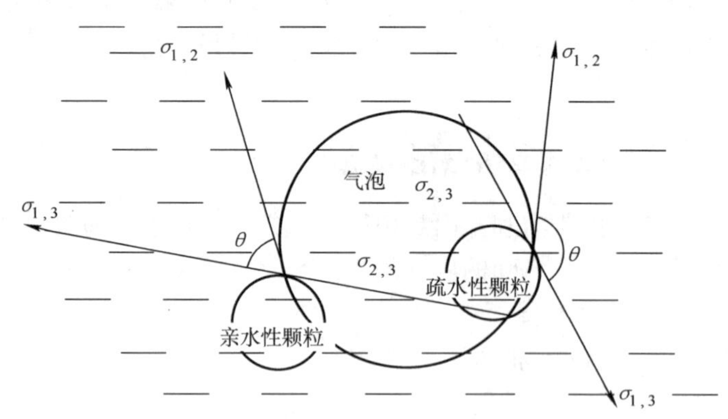

图7-2　亲水性和疏水性颗粒的接触角

平衡状态时，三相界面张力间的关系为

$$\sigma_{1,3}=\sigma_{1,2}\times\cos(180°-\theta)+\sigma_{2,3} \tag{7-5}$$

代入式（7-4），得到

$$\Delta W=\sigma_{1,2}(1-\cos\theta) \tag{7-6}$$

从式（7-6）可知，$\theta\to0°$，$\cos\theta\to1$，$(1-\cos\theta)\to0$，这种物质不易与气泡粘附，不宜于

用气浮法去除。当 $\theta \to 180°$，$\cos\theta \to -1$，则（$1-\cos\theta$）$\to 2$，这种物质易于与气泡粘附，宜于用气浮法去除。

如图 7-2 所示，当接触角 $\theta<90°$时，由式（7-5）可得

$$\sigma_{1,2}\cos\theta = \sigma_{2,3} - \sigma_{1,3}$$

或

$$\cos\theta = (\sigma_{2,3} - \sigma_{1,3})/\sigma_{1,2} \tag{7-7}$$

由此可知，水中颗粒的润湿接触角 θ 是随水的表面张力 $\sigma_{1,2}$的不同而改变的。增大水的表面张力 $\sigma_{1,2}$，可以增大固体接触角，有利于气-固结合；反之，则防碍气-固结合。

7.1.2 药剂对气浮工艺的影响

同体积的空气形成分散的小气泡的表面积大于形成大气泡的表面积。因此，形成分散的小气泡会增加气泡与颗粒碰撞粘附的机会，而大气泡承受剪切力的能力比小气泡弱，在不稳定的水力环境下，小气泡更加稳定，形成小气泡更有利于气浮。实践证明，气泡直径在 100μm 以下才能很好地与颗粒粘附。但在待处理水中形成一定直径和密度的小气泡需要一定的条件。

气泡本身具有相互粘附使界面能降低的趋势，即存在气泡合并作用。合并作用使得表面张力大的洁净水中的气泡粒径常常不能达到气浮操作要求的极细分散度，并且会使气泡和杂质颗粒碰撞粘附的机会减少。因此，气泡和颗粒的结合体（泡沫）在上升到水面以后很快破灭，使已被吸附的颗粒来不及被刮渣设备去除而再次进入水中，影响去除效果。这就需要通过技术手段使泡沫保持稳定。研究表明，当水中含有定量的表面活性物质时可以有效地增强泡沫的稳定性，防止气泡合并和泡沫快速破灭。

表面活性物质又称起泡剂，大多数起泡剂由极性-非极性分子组成，极性-非极性分子通过对气泡壁进行包裹来增强气泡稳定性，使气泡壁增厚从而增大气泡抗剪切的能力。表面活性物质具有一端为极性基而另一端为非极性基的结构特点，当表面活性物质包裹在气泡壁上时，因为水分子是强极性分子，所以表面活性物质的极性端伸入水中，而非极性端则伸向气泡内部。表面活性物质的极性端带有同号的电荷，同性相斥，气泡和气泡之间存在微弱的电斥力，可有效地抑制气泡的合并作用，防止气泡的合并与破灭，增强泡沫稳定性。当表面活性物质不足时，为保证气浮效果，应根据试验确定投加定量化学药剂。

如果水中表面活性物质过多，气泡或颗粒由于带同号电荷而过于稳定，难以形成泡沫。水中含有的粉砂、黏土等亲水性固体粉末，其润湿角为 0°~90°，因此，这些亲水性固体表面的一小部分被油所粘附，大部分被水润湿。油珠被这些固体粉末所包裹，难以形成泡沫。这时需投加混凝剂（又称破乳剂），给水处理中增加带有相反电荷的胶体，以压缩双电层，消除电荷的相斥作用，使颗粒能够与气泡粘附。

7.2 气浮系统的分类与气浮装置

气浮法按生成气泡的方式，可分为电解气浮法、散气气浮法和溶气气浮法。

气浮设备通过向水中通入压缩空气或形成真空，产生高度分散的微小气泡，微小气泡作为载体与固体颗粒粘附，将水中的悬浮颗粒浮于水面，实现固液分离。

按照产生气泡的方式不同，气浮设备可分为电解气浮装置、微孔曝气气浮装置和压力溶

气气浮装置等类型，其中压力溶气气浮装置应用最广泛。

7.2.1 电解气浮法

电解气浮法是电化学方法，电极在直流电的作用下使水电解，在电极周围产生细小均匀的氢气泡和氧气泡，这些气泡粘附水中的固体或液体污染物，共同上浮，从而去除水中污染物。

电解气浮装置是将多组电极正负相间地安装在水溶液中，在直流电的作用下，在正负两级间产生氢气和氧气的细小气泡。气泡与水中悬浮颗粒相粘附，一起上浮至水面，达到固液分离的目的。早期采用的电极是铝或钢制的损耗电极。现在一般使用复合电极，其使用寿命大大延长。电解气浮装置所需的电能是经变压器和整流器后提供的5~10V的直流低压电源，溶液的导电率和极板之间的距离决定了电解气浮装置所需的电能。

电解气浮装置可分为平流式和竖流式两种。电解气浮装置产生的气泡尺寸比微孔曝气气浮装置和压力溶气装置产生的气泡都要小得多，上浮过程中不产生絮流。电解气浮装置可去除水中多种污染物，除了可降低有机废水的BOD外，还可起到氧化、脱色和杀菌作用，这种装置对废水负荷变化的适应性强，生成污泥量少，占地少，无噪声。但由于电能消耗、极板消耗量大及操作运行管理要求高，电解气浮装置主要用于处理水量不大的工业废水处理。

1. 平流式电解气浮装置

平流式电解气浮装置一般采用矩形气浮池，如图7-3所示，设备构造中电极组3安装在接触区4里。气浮池运行时，水先从入流室1进入，经过整流栅2整流后进入电极组3，在电极组中电极在直流电的作用下使水电解产生细小的氢气泡和氧气泡，这些气泡粘附水中的固体或液体颗粒后，随水流进入分离室5，上浮至水面形成含有大量固体或液体颗粒的泡沫状浮渣，被刮渣机6将浮渣刮入浮渣室9，通过排渣阀7排出，出水则通过水位调节器8经出水管排出，一些不能被分离的沉淀物通过排泥口10排出。

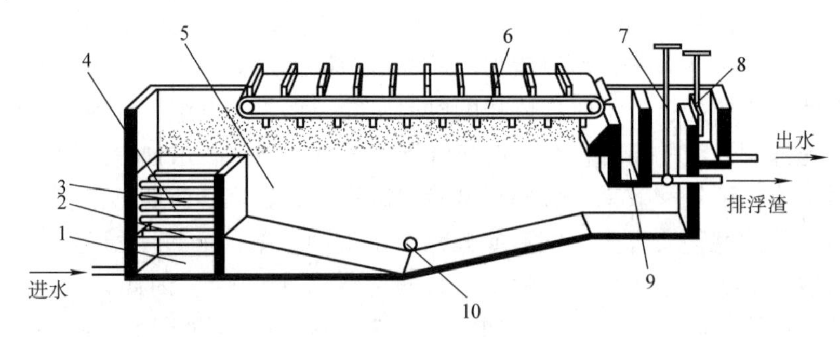

图7-3 平流式电解气浮装置

1—入流室 2—整流栅 3—电极组 4—接触区 5—分离室 6—刮渣机 7—排渣阀 8—水位调节器 9—浮渣室 10—排泥口

2. 竖流式电解气浮装置

竖流式电解气浮装置如图7-4所示，一般采用中央进水方式。电极组置于中央整流区4，原水由入流室1进入，经过整流栅2整流后进入电极组3，电极在直流电的作用下使水电解产生细小的氢气泡和氧气泡，气泡粘附水中的固体或液体颗粒后随水流通过出流孔5进入分离室6，并上浮至水面形成含有大量固体或液体颗粒的泡沫状物质，这些物质经刮渣机10刮进浮渣室11而排出，出水通过集水孔7进入出水管8再经过水位调节器9排出，不能被

分离而沉于分离室底的沉淀物则通过排泥管12排出。

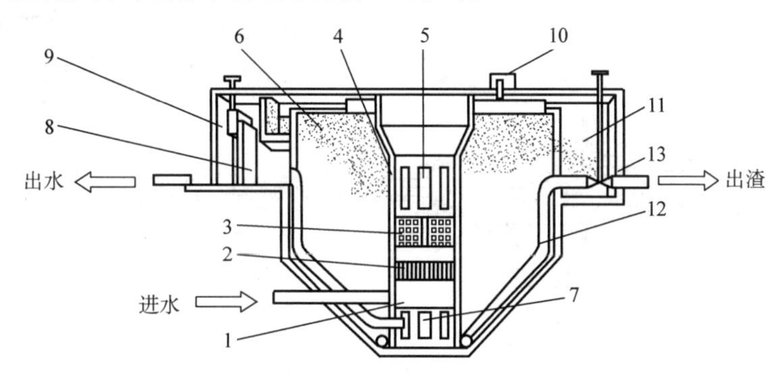

图7-4 竖流式电解气浮装置

1—入流室 2—整流栅 3—电极组 4—整流区 5—出流孔 6—分离室 7—集水孔 8—出水管 9—水位调节器 10—刮渣机 11—浮渣室 12—排泥管 13—排泥阀

电解气浮法具有去除颗粒范围广、泥渣量少、工艺简便与设备简单等优点，多用于去除细小分散的悬浮固体和乳化油。但电耗较大，电极清理更换不方便。

7.2.2 散气气浮法

散气气浮法指直接向水中充入气体，利用散气装置使气体均匀分布于水中的气浮法。按照散气装置分为微孔曝气气浮法、剪切气泡气浮法和泵吸水管吸气气浮法。

1. 微孔曝气气浮法

微孔曝气气浮法是使压缩气体通过微孔散气装置，利用压缩气体的爆破力和微孔的剪切力使气体在水中分裂成微气泡分布于水中的一种散气气浮法。

在生产实践中主要采用扩散板曝气气浮法，如图7-5所示。压缩气体经过位于气浮池底的微孔陶瓷扩散板1形成大量小气泡，小气泡粘附水中的固体或液体颗粒，通过分离区2，形成含有大量固体或液体颗粒的浮渣浮至水面。浮渣从上部的排渣口3排出，水从位于气浮池下部的出水管排出。

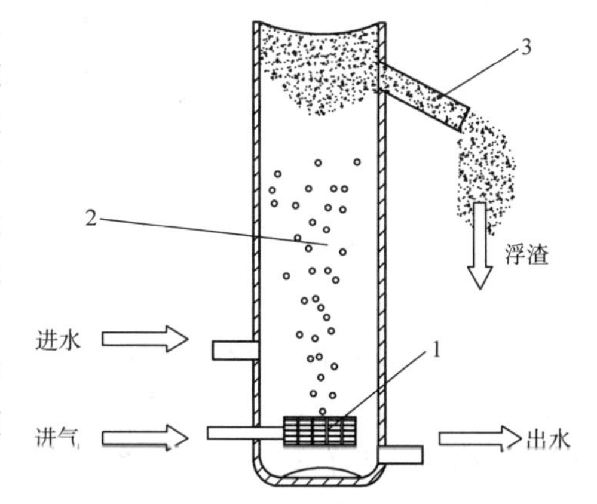

图7-5 扩散板曝气气浮装置

1—微孔陶瓷扩散板 2—分离区 3—排渣口

扩散板曝气气浮法简便易行，但散气装置中的微孔容易堵塞，产生的气泡直径较大且难以控制，效果不理想。

2. 剪切气泡气浮法

剪切气泡气浮法是采用散气装置形成的剪切力来破碎、分割、散布气体的气浮法。按分割气泡的方法又分为射流气浮法、叶轮气浮法和涡凹气浮法等。

（1）射流气浮法 如图7-6所示，射流气浮法采用射流器向水中充入空气。气浮过程中，高压水经过喷嘴1喷射产生负压，使空气从吸气管2吸入并与水混合形成气水混合物。气水混合物在通过喉管3时将水中的气泡撕裂、剪切、粉碎成微气泡，并在进入扩散管4后，将气水

混合物的动能转化为势能，进一步压缩气泡，最后进入气浮池完成气液分离过程。射流器可与加压泵联合供气进入溶气罐，构成加压溶气气浮装置。射流气浮池多为圆形竖流式，这种方法设备简单，但受设备工作特性的限制，吸气量不大，一般不超过进水量体积的10%。

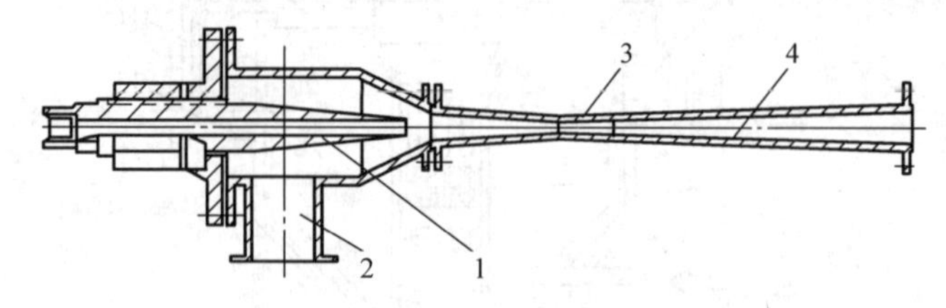

图7-6 射流器的构造

1—喷嘴 2—吸气管 3—喉管 4—扩散管

（2）叶轮气浮法 叶轮气浮法及叶轮示意图如图7-7、图7-8所示。该方法利用叶轮高速旋转，在盖板下形成负压，从盖板上的进气管中吸入空气，使水由盖板上的小孔进入。在叶轮的搅动下，空气被剪切破碎成小气泡，与水充分混合成气水混合体后甩出导向叶片，经整流板稳流后，在池体内垂直上升，产生气浮作用。

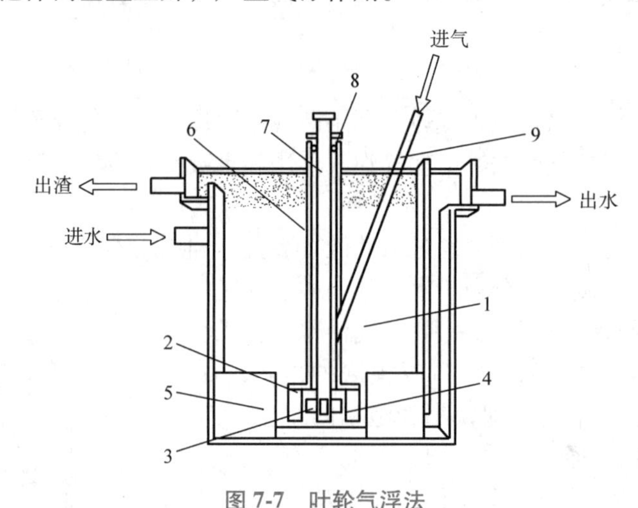

图7-7 叶轮气浮法

1—分离区 2—盖板 3—叶轮 4—导向板 5—整流板 6—轴套 7—转轴 8—轴承 9—进气管

叶轮气浮适用于水量不大、悬浮物浓度高的废水处理，如洗煤废水或含油脂、羊毛的废水，去除率可达80%左右，设备不易堵塞、运行管理较为简单。

（3）涡凹气浮法 涡凹气浮法又叫空穴气浮法（Cavitation air flotation，CAF），是美国Hydrocal公司的专利产品。如图7-9所示。污水流经涡凹曝气机1的涡轮2，涡轮利用高速旋转产生的离心力使涡轮轴心产生负压，从进气孔3吸入空气，空气沿涡轮的四个气孔排出，被涡轮叶片打碎，形成大量微小的气泡均匀分布在水中，微气泡与水中悬浮的固态或液态颗粒粘附，形成水-气-颗粒三相混合

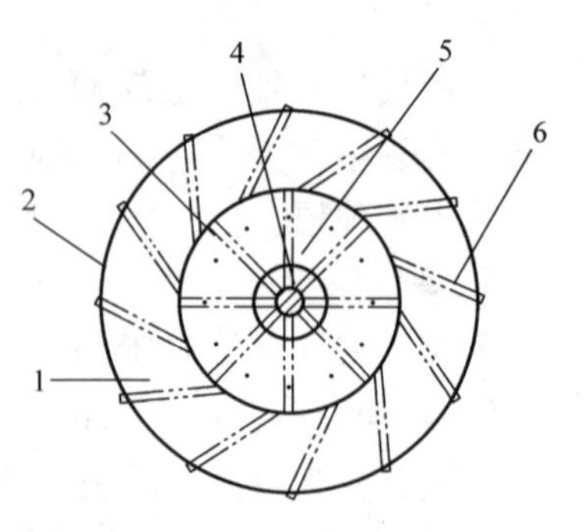

图7-8 叶轮

1—导向板 2—盖板 3—循环进水孔 4—转轴 5—轴套 6—叶轮叶片

体系，颗粒粘附上气泡后，密度变小上浮到水面。刮泥机4将浮渣刮进集渣槽5，通过螺旋输送器排出。气浮池底部回流管6的循环作用可以大大减少固体沉淀。污水和循环水不需要通过强制的孔或喷嘴，因此，不会产生堵塞，不需要泵等循环设备。

CAF涡凹气浮系统是专门为处理工业废水和城市污水中的油脂、胶状物以及固体悬浮物而设计的系统。

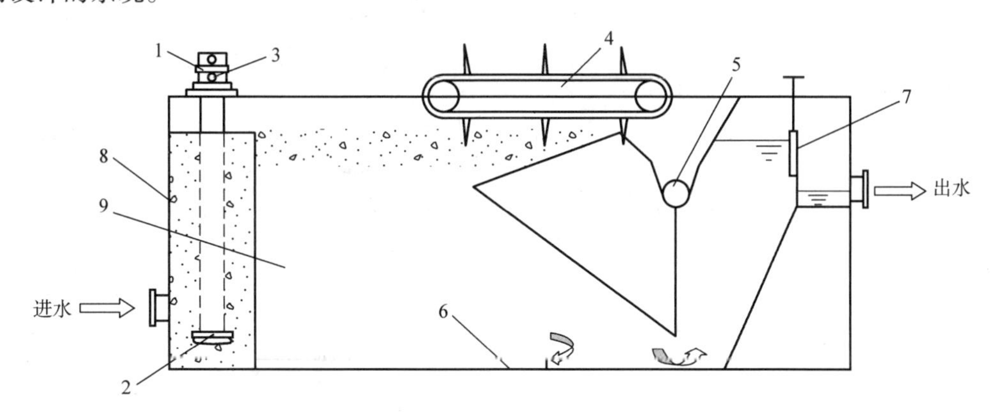

图7-9 涡凹气浮系统

1—涡凹曝气机 2—涡轮 3—进气孔 4—刮泥机 5—集渣槽 6—回流管 7—水位调节器 8—接触区 9—分离区

3. 泵吸水管吸气气浮法

它是最简单的气浮装置，在水泵吸水管上开孔接吸气管，并在吸气管上安装进气量调节阀和计量仪表。当水泵运行时，吸水管为负压，将空气吸入水泵，在水泵叶轮的高速搅拌和剪切作用下形成气水混合体，进入气浮池后，气泡与水中固体颗粒粘附共同上浮，实现固液分离。它结构简单，但由于水泵工作特性的限制，吸入空气量不能过多，一般不大于吸水量的10%（按体积计算），否则将破坏水泵吸水管的负压工作条件。此外，气泡在水泵内破碎得不够完全，粒度大，因此，处理效果不够理想。这种分离装置可用于处理经除油池去除可浮油后的石油废水，除油效率一般为50%~60%。

7.2.3 溶气气浮法

溶气气浮法利用气体在水中的溶解度随压力的增加而增加的原理，通过增减压力，使气体在高压时溶入水中，低压时从水中析出，产生大量气泡，达到气浮效果。其气泡是由溶解于水中的气体自然析出的，气泡粒径小且均匀，气泡量大，上升速度慢，对池搅动小，分布均匀，气浮效果好，因此应用广泛。

相比其他气浮法，溶气气浮法设有溶气释气设备，根据产生压力差的方法不同，分为真空溶气气浮法和加压溶气气浮法。

1. 真空溶气气浮法

真空溶气气浮法是通过产生负压的方法形成压力差，使气体在常压下溶入水，在低压下析出并实现溶气气浮的过程。真空气浮设备的构造如图7-10所示。原水通过入流调节器1进入曝气室，由曝气器2进行预曝气，使废水中的溶气量接近常压下的饱和值。未溶空气在消气井3中脱除，废水被提升到分离区4。分离区压力低于常压，因此预先溶入水中的空气就以非常细小的气泡析出。废水中悬浮的固态或液态颗粒粘附在这些细小的气泡上，并随气泡上浮到浮渣层，刮渣板5将浮渣刮至集渣槽6，经出渣室9排出。处理后的水由环形出水槽7收集后排出。在真空气浮设备底部装有刮泥板8，用以排除沉到池底的污泥。

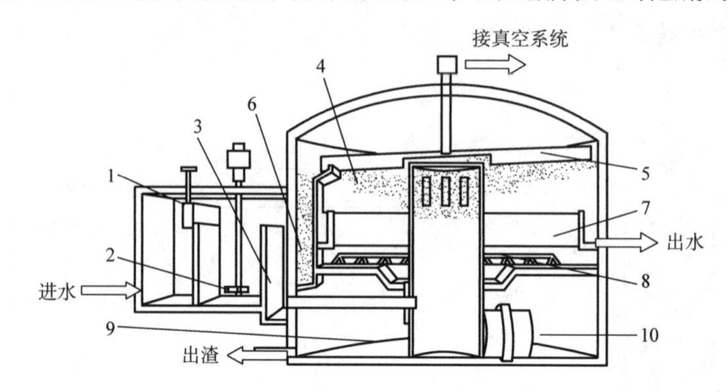

图7-10　真空气浮设备

1—入流调节器　2—曝气器　3—消气井　4—分离区　5—刮渣板　6—集渣槽　7—环形出水槽　8—刮泥板　9—出渣室　10—操作室（包括抽真空设备）

在真空溶气气浮装置中，空气溶解于水中所需压力比加压溶气气浮装置低，动力装置和电能消耗少。但由于气浮过程在负压下进行，有些设备部件（如除渣设备、刮泥设备）要在密封的气浮池内，因此，气浮池结构较复杂，运行与维护不便。容易受到真空度的限制，一般运行真空度为0.04MPa，故可逸出的微气泡数量有限。这种装置正逐渐被加压溶气气浮装置所代替。

2. 加压溶气气浮法

加压溶气气浮法是通过产生正压实现气体在水中的高压溶入和低压析出的过程。根据溶气水的来源或数量的差异可以分为全部废水溶气气浮、部分废水溶气气浮和回流溶气气浮三类。

（1）全部废水溶气气浮　全部废水溶气气浮工艺法是将全部废水进行加压溶气，再经减压释放装置进入气浮池进行气浮分离，如图7-11所示。与其他气浮法相比，全部废水溶气气浮工艺电耗高，但因为不另加溶气水，所以气浮池容积小。关于泵前投加混凝剂形成的絮凝体，在加压及减压释放过程中是否会受到影响，目前尚无定论，但从分离效果来看并无明显区别。其原因是气浮法对混凝反应的要求与沉淀法不一样，气浮法并不要求生成大的絮体，只要求混凝剂与水充分混合。

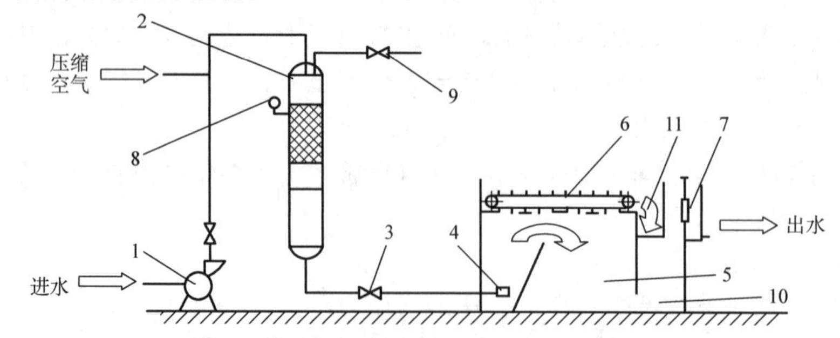

图7-11　全部废水溶气气浮法工艺流程

1—加压泵　2—压力溶气罐　3—减压阀　4—溶气释放器　5—分离区　6—刮渣机　7—水位调节器　8—压力计　9—放气阀　10—排水区　11—浮渣室

（2）部分废水溶气气浮　它是将部分废水进行加压溶气，其余的直接进入气浮池，如图7-12所示。该工艺比全部废水溶气气浮工艺省电。由于部分废水经溶气罐加压，溶气罐的容积比较小，但因部分废水加压溶气所能提供的空气量较少，要提供较大的空气量，必须加大溶气罐的压力。

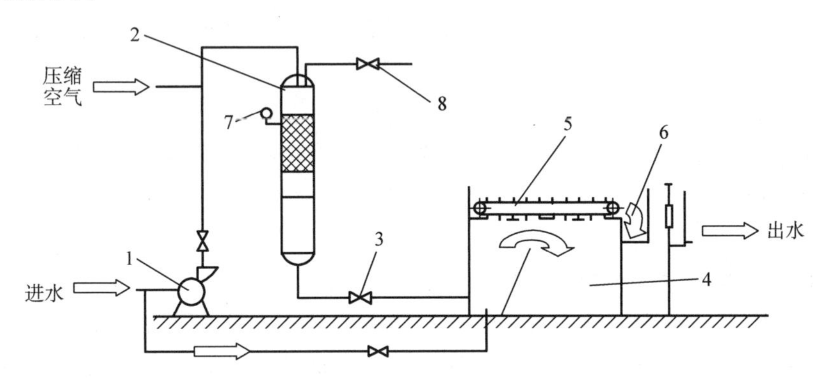

图7-12　部分废水溶气气浮法工艺流程

1—加压泵　2—压力溶气罐　3—减压阀　4—分离区　5—刮渣机　6—水位调节器　7—压力计　8—放气阀

（3）部分回流溶气气浮　如图7-13所示，部分回流加压溶气气浮工艺是将部分出水进行回流，加压后送入气浮池，而废水则直接送入气浮池中。该法适用于含悬浮物浓度较高的废水的固液分离，但气浮池的容积比前两种气浮工艺大。

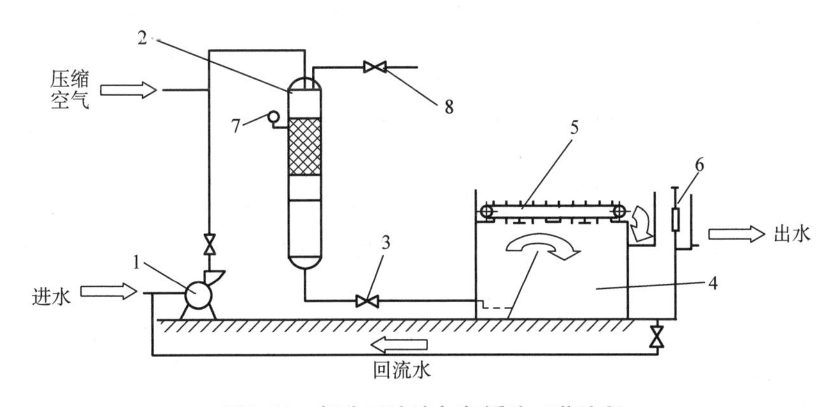

图7-13　部分回流溶气气浮法工艺流程

1—加压泵　2—压力溶气罐　3—减压阀　4—分离区　5—刮渣机　6—水位调节器　7—压力计　8—放气阀

加压溶气气浮法的特点如下：

1）气体溶解量大。

2）经减压释放产生的气泡粒径小，一般为20～100μm，粒径均匀，微气泡在气浮池中上升速度慢，上浮稳定，对池扰动较小，对于松散、细小絮凝体的固液分离效果显著，是目前应用较为广泛的气浮装置，该装置适用于给水处理、废水处理和污泥浓缩处理，特别是含油废水的处理。

3）工艺流程简单，设备维护理方便。

7.3 气浮装置的设计计算

加压溶气气浮是目前广泛采用的气浮工艺。加压溶气气浮装置由空气饱和设备、溶气水的减压释放设备和气浮池等组成。本节主要介绍加压溶气气浮装置的设计计算。

7.3.1 空气饱和设备

空气饱和设备一般由加压水泵、空气压缩机与溶气罐组成。水泵和空气压缩机供水和气到溶气罐，空气在压力下溶入水中，两者充分混合。

1. 加压水泵

加压水泵是用来供给一定量的溶气水。其压力过高时，由于单位体积溶解的空气量增加，经减压后能析出大量的空气，它会促进微气泡的并聚，对气浮分离不利。此外，高压下所需的溶气水量减少，不利于溶气水与原废水的充分混合。加压水泵压力过低时，势必增加溶气水量，这就会增加气浮池的容积。离心泵提供的压力一般为0.25~0.35MPa，流量为10~200m^3/h，可满足处理要求。加压泵的选择，除满足溶气水的压力外，还应考虑管路系统的压力损失。

根据亨利定律，溶入水中的空气量V为

$$V = pK_T \tag{7-8}$$

式中 V——水中的空气量［L/m^3(水)］；

p——空气所受的绝对压力（Pa）；

K_T——溶解常数，见表7-1。

表7-1 不同温度下的K_T值

温度/℃	0	10	20	30	40	50
K_T值	0.038	0.029	0.024	0.021	0.018	0.016

设计空气量应按照溶气量的1.25倍考虑，以留有余地，保证气浮效果。通常空气的实际用量为处理水量的1%~5%（按体积计）。

水泵与空气压缩机要匹配，为防止压力水和压缩空气因压力不匹配而倒流，常采用自上而下地同向流入溶气罐的方式。

2. 溶气罐

溶气罐的作用是使水和空气充分接触，加速空气的溶解。压力溶气罐的形式较多，由于效率较高填充式溶气罐采用较多。填料多采用阶梯环、拉西环或波纹片卷，高度0.5~0.8m。

溶气罐容积为

$$W = \frac{Q_r T}{60} \tag{7-9}$$

式中 W——溶气罐容积（m^3）；

Q_r——溶气罐加压废水流量（m^3/h）；

T——水在溶气罐内的停留（溶气）时间，一般取3~5min。

溶气罐加压废水流量 Q_r 涉及参数气固比。气固比是指气浮池中析出的空气量 A 与流入的固体量 S 之比，可按式（7-10）确定。

$$\frac{A}{S}=\frac{S_a(fp-1)Q_r}{Q_0c_0/1000} \tag{7-10}$$

式中 A——析出空气量（kg/h）；

S——流入固体量（kg/h）；

S_a——标准状态下空气在水中的溶解度（kg/m^3）；

f——回流溶气水的空气饱和度（%）；

p——溶气罐中的绝对压力，0.1MPa；

Q_0——废水流量（m^3/h）；

c_0——原水中悬浮物浓度（mg/L）。

气固比与出水水质、分离效果、设备等有关。为避免原水进水中悬浮物对溶气罐的影响，溶气罐加压废水流量 Q_r 常来自气浮池出水的回流水，即压力溶气气浮常采用回流式，A/S 值为0.005~0.006。

溶气罐的表面负荷一般为 300~2500$m^3/(m^2\cdot$天)，远超过生物滤池的表面负荷 10$m^3/(m^2\cdot$天)，基本不会发生堵塞，但对于较大的溶气罐，因布水不均匀，特别是对于悬浮物浓度高的废水，在某些部位可能发生堵塞。

7.3.2 溶气水的减压释放设备

减压释放设备主要功能是将压力溶气水减压后，迅速将溶于水中的空气以微气泡形式释放出来。生产中常用的减压释放设备为减压阀和释放器。

（1）减压阀 可以利用截止阀，其缺点是①多个阀门相互间的开启度不一致，难以调节控制最佳开启度，每个阀门的出流量不同，且释放出的气泡尺寸大小不一致；②阀门安装于气浮池外，减压后需经过一段管道才送入气浮池，如果管道较长，则气泡合并现象严重，影响气浮效果；③在压力溶气水长期冲击下，阀芯与阀杆螺栓易松动，造成流量改变，运行不稳定。

（2）专用释放器 根据溶气释放规律制造。如英国水研究中心研制的 WRC 喷嘴、针形阀等。国内生产有 TS 型、TJ 型和 TV 型等释放器。其特点是①当压力为 0.15MPa 以上时，即能释放溶气量的99%左右；②能在 0.2MPa 以上的压力下工作，能取得良好的净水效果，节约能耗；③释放出的气泡平均直径为 20~40μm，气泡微细均匀、密集且附着性能好。

7.3.3 气浮池

常用的气浮池均为敞式水池，分为平流式气浮池和竖流式气浮池两种。

1. 平流式气浮池

平流式气浮池一般为矩形，池深通常为 1.5~2.0m，最深不超过 2.5m，池深与池宽比大于0.3。气浮池的表面负荷常为5~10$m^3/(m^2\cdot h)$，总停留时间为30~40min。为了防止进水水流对池中上浮的气泡产生干扰，一般把气浮池的上浮部分分隔出来，将前面的整流部分称为接触区，将上浮部分称为分离区，如图7-14 所示。

2. 竖流式气浮池

如图 7-15 所示，竖流式气浮池一般采用圆柱形池体，中央进水，池高度为 4~5m，直径为 9~10m。

竖流式气浮池一般采用行星式刮渣机，平流式气浮池一般采用桥式刮渣机。

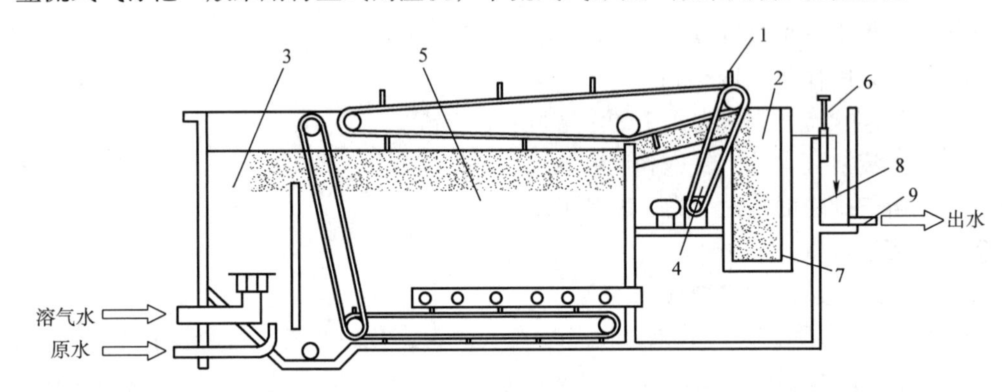

图 7-14 平流式气浮池

1—刮渣板 2—排泥口 3—接触区 4—传动链 5—分离区 6—水位调节器 7—集渣槽 8—集水槽 9—出水管

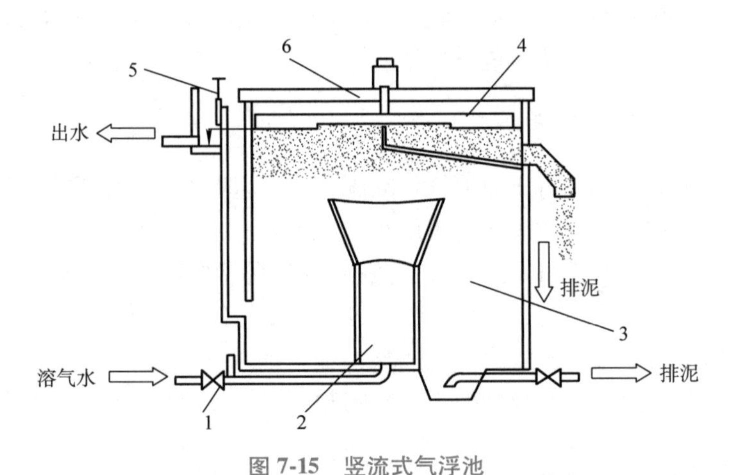

图 7-15 竖流式气浮池

1—减压阀 2—接触区 3—分离区 4—刮渣板 5—水位调节器 6—刮渣机

7.3.4 浮沉池

将斜管（板）沉淀池的进水和出水部分进行改造，并安装气浮设备，即可成为兼有气浮和沉淀作用的浮沉池。浮沉池在藻类大量繁殖时期或冬季、初春季节原水低温低浊时，以气浮方式运行；当夏天雨季原水浊度较高时，按沉淀池方式运行。浮沉池内兼有池底排泥系统和池面刮渣装置，有回流水、压力溶气、溶气释放的完整气浮系统。浮沉池的池型有异向流斜管浮沉池（见图 7-16）和侧向流斜板浮沉池（见图 7-17）两种。异向流斜管浮沉池按沉淀方式运行时，絮凝后的水由下向上经斜管进行泥水分离，清水向上流到集水槽、出水管流出；按气浮方式运行时，清水由斜管下部的清水区排出，污泥沿斜管浮到水面成为浮渣，由刮泥机刮入排泥槽后排出池外。侧向流斜板浮沉池是在气浮池的分离区安装侧向流斜板，斜板一般按三层布置，在每层的连接处斜板有一定的重叠。当原水浊度高时，按沉淀池方式

运行，即水流沿斜板水平方向流动，清水经穿孔墙出水进入集水槽流出，沿斜板下沉的污泥由底部穿孔排泥管排出；当原水浊度低时，按气浮方式运行，通入溶气水的原水在斜板区进行气浮分离，清水经穿孔花墙流入集水槽，水面浮渣由刮渣机刮入排泥槽。

浮沉池适用于处理含藻类和浊度变化较大的原水。当处理水量在 $2\times10^4m^3$/天以下时，多采用异向流斜管浮沉池，底部为穿孔管或多斗底排泥；处理水量较大时，宜采用侧向流斜板浮沉池，侧向机械刮泥或穿孔管排泥。

浮沉池的设计应对气浮和沉淀两种工艺综合考虑，其主要设计参数如下：

1）浮沉池的液面负荷 $10\sim11m^3/(m^2\cdot h)$。

2）浮沉池接触室上升流速为10~20mm/s，回流比7%，气浮溶气压为0.3~0.35MPa。

3）为使斜板安装、维修方便，配水均匀，刮渣机运行平稳，浮沉池宽度宜小于8m。

4）絮凝时间15~20min，絮凝池与浮沉池之间的穿孔墙孔口流速应小于0.05~0.1m/s。

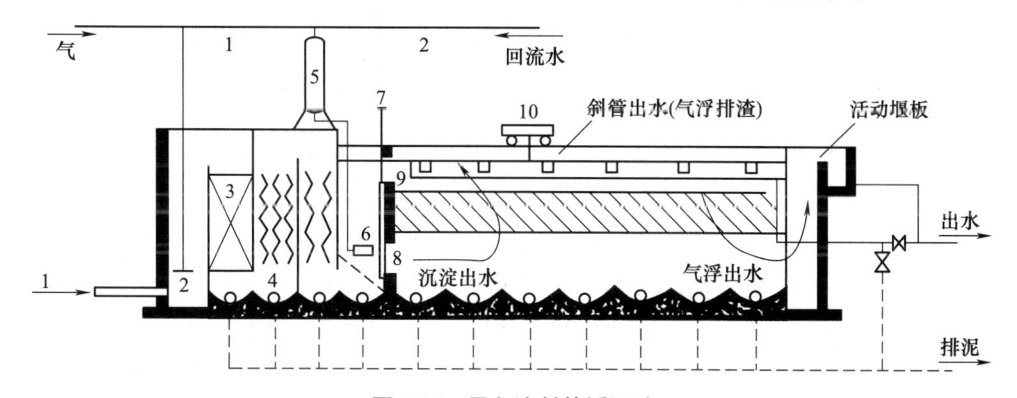

图7-16 异向流斜管浮沉池

1—进水管 2—微孔曝气 3—填料 4—折板絮凝池 5—溶气罐
6—溶气释放器 7—阀板 8、9—进水孔 10—刮渣机

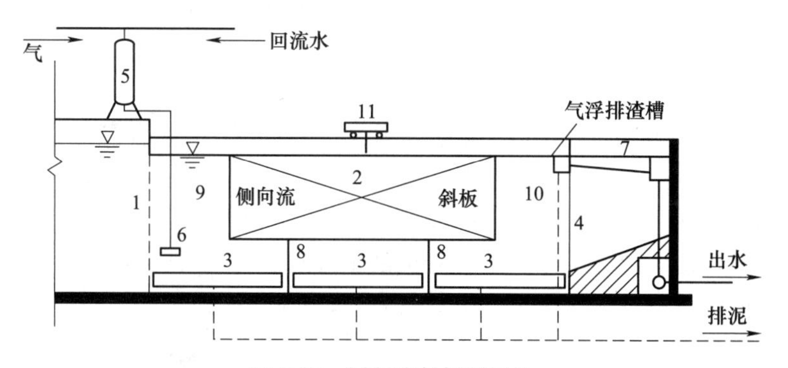

图7-17 侧向流斜板浮沉池

1—配水花墙 2—侧向流斜板 3—刮泥机 4—出水穿孔墙 5—溶气罐
6—溶气释放器 7—出水堰 8—阻流墙 9、10—稳定区 11—刮渣机

7.4 气浮法的应用

气浮法在水处理中得到广泛应用。在给水处理中，气浮法用于处理含藻类等密度小的悬

浮物的原水以及浊度小于100NTU的原水。在污水处理中，广泛应用于：①分离回收含油废水中的悬浮油和乳化油；②回收工业废水中的有用物质，如造纸厂废水中的纸浆纤维及填料等；③代替二次沉淀池，特别适合易于产生污泥膨胀的生化处理工艺；④浓缩剩余活性污泥；⑤分离回收以分子或离子状态存在的表面活性物质和金属离子等。这里主要介绍压力溶气气浮法在含藻水处理、含油废水处理、强化一级污水处理中的应用及涡凹气浮法在废水处理中的应用。

7.4.1　压力溶气气浮法在含藻水处理中的应用

某水厂的源水为水库水，因为藻类增多使原处理工艺无法正常运行，所以在尽量保留原有构筑物的基础上进行了改扩建，采用气浮除藻工艺处理。项目启用后运行效果良好，对藻类的平均去除率达到92.5%，出水水质大为改善，滤池反冲洗周期由改造前的2~3h增加到24h，恢复正常运行。气浮系统出水水质满足滤池正常运行要求。改造前、后水厂运行效果比较见表7-2。

表7-2　改造前、后水厂运行效果比较

项　　目	浊度/NTU	藻类/(10^3 个/L)	气　　味
进水	20	200	强烈腥味
气浮池出水	7	15	有腥味
滤池出水	<1	1.5	无味
改造前水厂出水	5	7	有腥味

7.4.2　压力溶气气浮法在含油废水处理中的应用

某厂经平流式隔油池处理后的含油废水量为250m^3/h，主要污染物含量：石油类80mg/L、硫化物5.45mg/L、挥发酚21.9mg/L、COD_{Cr}400mg/L，pH值7.9，废水处理采用回流加压溶气气浮工艺。

含油废水经平流式隔油池处理后，在进水管加入20mg/L的聚合氯化铝，搅拌混合后流入气浮池。气浮的处理出水，部分送入生物处理构筑物处理，部分用泵进行加压溶气后送入溶气罐，进罐前加入5%的压缩空气。在0.3MPa压力下使空气溶于水中，然后在顶部减压后由释放器进入气浮池。池面的浮渣用刮渣机刮至排渣槽。

主要构筑物的设计参数和实际运行参数见表7-3。

表7-3　主要构筑物的设计参数和实际运行参数

设备	设计参数			实际运行参数		
	流速/(m/min)	停留时间/min	回流量(%)	流速/(m/min)	停留时间/(min)	回流量(%)
气浮池	0.55	53	100	0.21	148	80
溶气罐		3.2			9.6	

出水水质：石油类17mg/L，硫化物2.54mg/L，挥发酚18.4mg/L，COD_{Cr}250mg/L，pH值7.5。

7.4.3 压力溶气气浮法在强化一级污水处理中的应用

城市污水处理的初沉池表面负荷通常约为 $2m^3/(m^2 \cdot h)$，能去除的颗粒直径约为 50μm，一般可以去除约50%的悬浮固体和约30%的有机物。

在强化一级污水处理中，通常投加絮凝剂，使胶体脱稳，凝结成大颗粒后去除。去除颗粒的直径可降到0.1μm，去除效率得到显著提高。

强化一级污水处理的主要目的是强化对磷的去除，对有机物、细菌及微污染物也有较好的去除效果。因此，溶气气浮（DAF）在代替初次沉淀池进行城市污水强化一级处理方面得到了广泛的应用。

当采用混凝-气浮工艺处理城市污水时，设计参数如下：

水力停留时间采用25~30min。絮凝池尽可能采用推流式，当采用完全混合（搅拌）式时，混合池至少应分为两格，G 值采用 $60 \sim 80s^{-1}$。

气浮池设计水力负荷为 $5 \sim 6m^3/(m^2 \cdot h)$，最高可达 $10m^3/(m^2 \cdot h)$，当水量变化小时，推荐采用 $8m^3/(m^2 \cdot h)$。溶气压力为0.5MPa时，回流比采用10%~20%。

表7-4给出了挪威5座采用混凝-气浮工艺强化一级处理的小型（$1 \sim 40m^3/h$）城市污水处理厂运行数据。实践表明，采用混凝-气浮工艺强化一级处理的城市污水处理厂总磷的去除率高达97%，COD_{Cr} 的去除率达78%。

表7-4 混凝-气浮工艺强化一级处理的小型城市污水处理厂运行数据（括号内为最大值）

序号	表面负荷/[$m^3/(m^2 \cdot h)$]	TP			COD_{Cr}		
		进水/(mg/L)	出水/(mg/L)	去除率（%）	进水/(mg/L)	出水/(mg/L)	去除率（%）
1	1.9（4.0）	5.9（9.3）	0.12（0.42）	98.0	337（710）	62（120）	81.6
2	4.2（8.7）	4.6（7.3）	0.21（0.59）	95.4	109（190）	8.9（15.3）	91.8
3	1.9（6.9）	4.4（7.6）	0.19（0.34）	97.7	343（643）	97（151）	71.7
4	4.6（7.3）	4.6（7.3）	0.38（1.63）	91.7	93（180）	28（58）	69.9
5	4.4（6.6）	1.9（2.7）	0.06（0.07）	96.8	119（167）	30（30）	74.8

用三氯化铁作为混凝剂时，投加量为15~25mg/L。在某些情况下也可采用其他聚合物，投加量取决于原水水质。强化一级污水处理厂采用溶气气浮工艺进行固液分离的运行效果相当于或好于用沉淀池进行固液分离的运行效果。

7.4.4 涡凹气浮法在废水处理中的应用

CAF涡凹气浮系统广泛应用于含油废水和造纸废水处理中，取得了较好的效果，表7-5为CAF涡凹气浮系统在部分行业废水处理的运行效果。

表7-5 CAF涡凹气浮系统在部分行业废水处理的运行效果

废水类型	流量/(m^3/h)	进水/(mg/L)				出水/(mg/L)				去除率（%）			
		BOD_5	COD_{Cr}	SS	油	BOD_5	COD_{Cr}	SS	油	BOD_5	COD_{Cr}	SS	油
造纸废水（白纸）	100		6325	4366			2875	100			54.5	97	
造纸废水（牛皮纸）	150		9200	1760			5100	92			44.5	94.7	

（续）

废水类型	流量/(m^3/h)	进水/(mg/L)				出水/(mg/L)				去除率（%）			
		BOD_5	COD_{Cr}	SS	油	BOD_5	COD_{Cr}	SS	油	BOD_5	COD_{Cr}	SS	油
乳品废水	150		44400	6410	250		4800	334	55		89.1	94.7	78
肉类加工废水	100	1440		3880	826	810		290	25	43.8		92.5	96.9
炼油废水	100				50000				65				99.8
重工业洗剂废水	25			5950	3995			77	28			98.7	99.3
鸡肉加工废水	50	510		395		120		36		76.5		90.8	
食品加工废水	163	540		10800	59000	232		318	608	57		97	99
鱼肉加工废水	58	2600		2500	765	1100		190	29	57.6		92.4	96.7
精炼脱盐废水	50			3320	350			11	6			99.6	98.3
含油废水	5		883.8		40.7		546.3		4.7		32.62		87.0

某石化炼油厂建有第一、第二两个污水处理厂（以下简称一、二污厂）。污水处理厂进水为厂内各车间排出的含油污水，出水则排往生化净水装置。污水处理厂内设有污水调节池、隔油池、气浮池等处理设施。气浮均采用部分回流二级溶气气浮。一污厂设计处理能力200m^3/h，局部改造后达到300m^3/h；二污厂设计处理能力200m^3/h。由于800万t/年含硫原油改扩建工后，污水厂处理负荷增至600m^3/h，冲击负荷达800m^3/h，原污水厂能力不足，且厂区内无扩容场地，改造采用的设施应小型化，故采用涡凹气浮工艺。改造后涡凹气浮工艺污水含油去除率为88.2%（见表7-6），污水处理电耗下降了0.221kW·h/t，降幅达86%，处理成本下降了0.09元/t（见表7-7）。该项目突显了涡凹气浮工艺占地面积小、节能降耗、运行成本低等优势。

表7-6　涡凹气浮工艺设计水质指标

项目	进水	出水
流量/(m^3/h)	600	600
油质量浓度/(mg/L)	≤200	≤20
硫化物质质量浓度/(mg/L)	≤50	≤20
COD值/(mg/L)	≤1000	≤650

表7-7　改造前后污水处理消耗对比

项　目	改造前	改造后
药剂消耗PAC/(kg/t)	0.0670（固体）	0.1590（液体）
药剂消耗PAM/(kg/t)		0.033（固体）
电耗/(kW·h/t)	0.257	0.036
非净化风消耗/(m^3/t)	0.14	0

练 习 题

7-1　气浮分离的对象是什么？实现气浮过程必须具备哪些条件？

7-2　微气泡与悬浮颗粒相粘附的基本条件是什么？如何改善微气泡与颗粒的粘附性能？

7-3　为什么表面活性剂可以增加泡沫的稳定性？

7-4　试述加压溶气气浮法的基本原理。它有哪几种基本流程与溶气方式？各有何特点？

7-5　加压溶气气浮装置主要由哪些部分组成？在设计时应注意什么？

7-6　说明气固比（A/S）的意义，在设计选用气固比值时应考虑哪些因素？

第 8 章

过　　滤

学习要点

本章提要：过滤是利用过滤材料分离水中杂质的工艺过程，完成水的过滤过程的构筑物称为滤池。本章介绍了过滤技术及其发展，快滤池过滤工艺原理及过滤水力学基本理论，滤料及承托层，滤池的配水系统与冲洗方法。过滤可用于污水的预处理或用于最终处理。对于常规给水处理，它是去除水中悬浮物和细菌、病原体等微生物的主要工序之一，也是水处理工艺中确保水质的关键单元过程。重点掌握快滤池过滤的技术原理、滤池构造要求及配套系统，能够进行普通快滤池的设计计算。了解等速过滤、变速过滤的控制过程，以及 V 形滤池、无阀滤池、虹吸滤池、移动冲洗罩滤池、滤布滤池等的特点与工艺过程。

本章重点：过滤技术原理、滤池冲洗，各种滤池的设计与计算。

本章难点：过滤水力学理论。

8.1　过滤概述

8.1.1　过滤工艺及其发展

按过滤对象与目的，过滤设备可分为水处理和污泥处理两类。水处理过滤设备用来截留水中所含的悬浮固体，以获得低浊度的水。污泥处理过滤设备主要是滤掉污泥中的部分水分，得到较干的污泥。但习惯上常把过滤限定为水的过滤。根据过滤材料的不同，分为多孔材料过滤和颗粒材料过滤两大类。用于截留悬浮固体的过滤材料称为过滤介质。水处理中，根据颗粒的大小，采用结构不同的过滤介质，又把过滤分为粗滤、微滤、膜滤和粒状材料过滤等类型。

粗滤以筛网或类似带孔材料为过滤介质，截留颗粒粒径约在 100μm 以上。微滤所用的介质有筛网、多孔材料和形成在支撑结构上的滤饼等，截留颗粒粒径范围为 0.1～100μm。膜滤一般采用合成的滤膜为过滤介质，不同孔径的滤膜可以截留相应尺度的杂质。

粒状材料过滤是饮用水处理中最常见的过滤形式。石英砂是常用的粒状材料，也称为滤料。滤料所构成的滤层能截留水中从数十微米到胶体级的微粒。清澈的井水是经过地层的过滤作用得到的，它启发了人类用过滤方法来处理经过沉淀仍然浑浊的地表水。慢滤池和快滤池是粒状材料过滤的典型构筑物。图 8-1 所示为慢滤池构造，慢滤池以滤速慢，过滤初期存在成熟期为特点，其核心部分是厚约 1m 的细砂构成的滤层，用来截留水中的悬浮固体，滤层下的卵石构成承托层，用来支承滤层以防止漏砂。

滤速是指水流过滤池的速度，是按整个池子面积计算的水流速度，而不是水在滤料间空隙中的真实速度，又称空池水流速度。慢滤池的滤速为 0.1～0.3m/h。慢滤池的成熟期是指滤池的滤层顶部几厘米厚，由原来松散的砂粒变成发黏的滤层（称滤膜）所需的时间，对新建的滤池约经过 1～2 周，过滤后的水才能清澈。

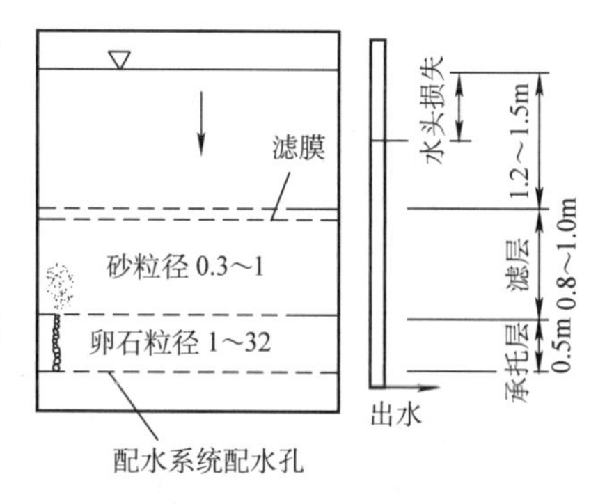

图 8-1 慢滤池构造

慢滤池去除原水浊度和细菌主要依靠滤膜的作用。滤膜是藻类、原生动物和细菌等在滤层表层大量繁殖的结果。滤膜形成后，原来松散砂粒间的孔隙结构更有利于截留悬浮固体。这种净化作用一是藻类和细菌分泌的酶可使胶体脱稳，使之粘附在砂粒上，二是微生物发挥了生物氧化作用，有机物被分解而去除。滤膜下有一个自养细菌区，消耗水中 CO_2和氮，释放 O_2，对氨、氮起硝化作用。在滤膜下约 0.3m 处还存在一个异养细菌区，在有氧条件下分解有机物。

在慢滤池运行中，悬浮固体不断在滤膜内累积，水流阻力增大，过滤水头损失逐渐增长，滤速逐渐降低。一般在运行 2～3 月后，慢滤池必须停止进水，将滤层表面 2～3cm 厚的砂刮掉。刮砂破坏了滤膜，慢滤池需重新经历一个成熟期，出水才能恢复到原来的水质。但在池中已有微生物的生长基础上，一般只需 2～3 天。慢滤池在过滤、刮砂的循环运行过程中，需要用清洁的滤砂补充滤层。

慢滤池可用来处理经过自然沉淀或混凝沉淀后的水，出水的浊度和细菌指标均可满足水质标准要求，同时能有效地去除水的色、臭、味。有些水厂在快滤池之后，再用慢滤池作为终极处理来解决水中的色、臭、味等问题。实践证明，慢滤池对水中微量污染物的去除效果不佳、占地面积大、效率低，新建净水厂很少采用。

8.1.2 快滤池的工艺过程

慢滤池滤速低的不足促使快滤池发展了起来。初期的快滤池滤速约为 5m/h，目前的快滤池滤速可达 40m/h，高速滤池滤速可达 60m/h。因此，必须解决好在高速水流条件下如何使水中悬浮固体附着在滤料表面，如何清除滤层中截留的大量悬浮固体等问题。

石英砂滤料表面一般带负电荷，与带负电荷的悬浮固体间存在排斥作用，因此，悬浮固体不会自动附着在滤料表面，一些因直接撞击在砂粒上而被截留的颗粒，也会因水流的剪切作用而被冲刷下来。悬浮固体的附着必须通过水的混凝过程才能实现，即进入快滤池的水必须经过常规混凝沉淀处理或凝聚过程。

快滤池的滤速是慢滤池的几十倍到几百倍，其单位滤层在一两天内所截留的悬浮固体量，与慢滤池在几个月截留的悬浮固体量相当，因此，必须解决好快滤池的洗砂问题。反冲洗是快滤池构造定型的关键。图 8-2 所示为普通快滤池构造，这是全部滤池单行排列的布置形式。滤池主体包括进水渠（集水渠）、冲洗排水槽、滤料层、承托层和配水系统五个部分。廊道内主要是浑水进水、清水出水、初滤水、反冲洗来水、反冲洗排水等五种管渠，以及相应的控制阀门。快滤池的运行包括过滤—反冲洗两个过程的循环。

（1）过滤 过滤即生产清水的过程，滤速可以由进水阀控制或流量控制器自动控制。

其过程：混凝沉淀池来水→浑水进水干管1→进水支管阀门2→浑水渠6→冲洗排水槽13，从槽的两边溢流而出，均匀分布在整个滤池面上。浑水经过滤料层7→承托层8→配水系统的配水支管9汇集→配水干管10→清水支管阀门3→清水干管12→清水池。

过滤过程中，随着水中絮体的不断被截留，滤料间的孔隙不断减小，水流的阻力不断增大。当水头损失达到最大值，滤速降到设定值以下或过滤的水头损失虽未达到最大值，但滤出水的浊度等水质参数不合格时，必须停止过滤进行反冲洗。

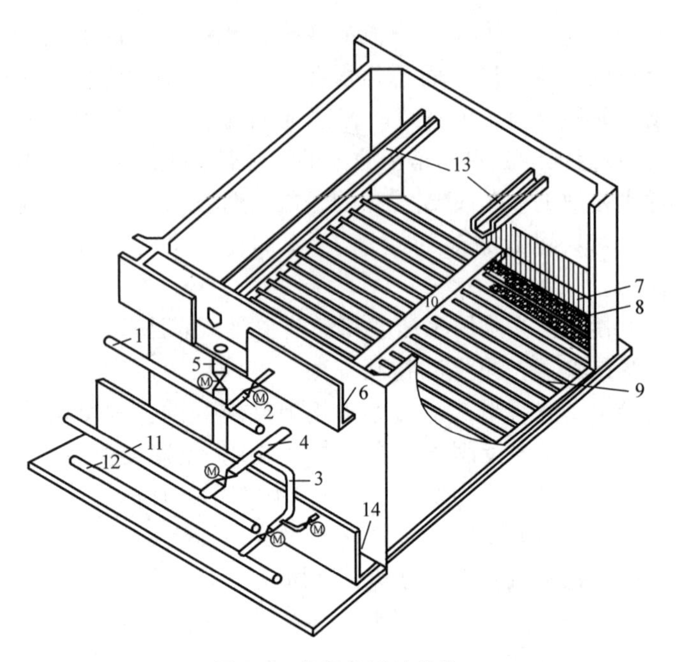

图8-2　普通快滤池构造

1—浑水进水干管　2—进水支管阀门　3—清水支管阀门　4—支管　5—排水阀　6—浑水渠　7—滤料层　8—承托层　9—配水支管　10—配水干管　11—冲洗水干管　12—清水干管　13—冲洗排水槽　14—废水渠

（2）反冲洗　反冲洗是用清洁水对滤层进行清洗以去除其所截留的悬浮固体的过程。反冲洗时水的流向和过滤完全相反。具体过程如下：①关闭2号阀门，让已经进入滤池的浑水继续过滤；②关3号阀门停止过滤，但要保持滤池水位在砂面以上10cm，以防止空气进入滤层而干扰冲洗；③开启4号、5号阀门，使清水从冲洗水干管11→支管4→配水干管10→配水支管9及孔口→承托层→滤料层，均匀分布在滤池面积上。滤料在由下而上均匀分布的水流中处于悬浮状态，滤料得到清洗。冲洗废水→冲洗排水槽→浑水渠→排水阀5→废水渠14→厂区下水道；④当冲洗排水变清后，依次关4号、5号阀门，反冲洗工作完成。

反冲洗结束后，重新开始过滤。从过滤开始到过滤结束的历时，称为滤池的过滤周期。冲洗操作所需要的总时间称为滤池的冲洗周期，一般需20~30min。滤池的过滤周期与冲洗周期之和称为滤池的工作周期或运转周期。一般快滤池的工作周期为12~24h，反冲洗所消耗的水量，约占滤池生产总水量的1%~3%。

8.2　过滤理论

8.2.1　截留机理

1. 滤料孔隙与杂质大小的关系

经过混凝处理的水流经快滤池后，浊度有明显的降低，而对于未经混凝的原水直接进入快滤池，出水水质却变化很小，这是为什么？

以单层石英砂滤池为例，其滤料粒径为0.5~1.2mm，滤层厚度一般为700mm，孔隙率为40%~43%，经反冲洗水力分级后，滤料粒径由上而下总体按由小到大排列，表层最小砂粒间的孔隙约为80μm（按0.5mm球体粒径计算）。但一般混凝沉淀后进入滤池的水中，絮凝体最大尺寸为10~20μm，藻类最大也只有30μm，却能得到90%以上的去除率，且在滤层深处也能被截留，显然如此大的去除率的过滤效果并不是机械筛滤的作用所致。

2. 过滤机理

研究表明，过滤主要是悬浮颗粒具有表面活性、滤料颗粒具有表面能，两者之间粘附作用的结果。涉及以下两个机理：在滤层的孔隙内，悬浮颗粒如何从水中运动到滤料颗粒表面，即颗粒如何脱离水流流线而向滤料颗粒表面靠近的迁移机理；颗粒与滤料表面接触或接近后，如何粘附于滤料表面上，即悬浮颗粒与滤料颗粒的粘附机理。

（1）迁移机理（物理-力学作用） 在过滤过程中，滤料孔隙很小，水流在孔隙内的流动属层流。因此，被水流挟带的颗粒，依靠物理-力学作用脱离水的流线而与滤料表面接近的，主要包括拦截、沉淀、惯性、扩散和水动力等五种基本作用。对一个颗粒而言，可能同时存在几种作用，但起主导作用的只能是一到两种，主要取决于颗粒的大小。影响迁移机理的因素很复杂，有滤料尺寸、形状、滤速、水温、水中颗粒尺寸、形状和密度等，如图8-3所示。

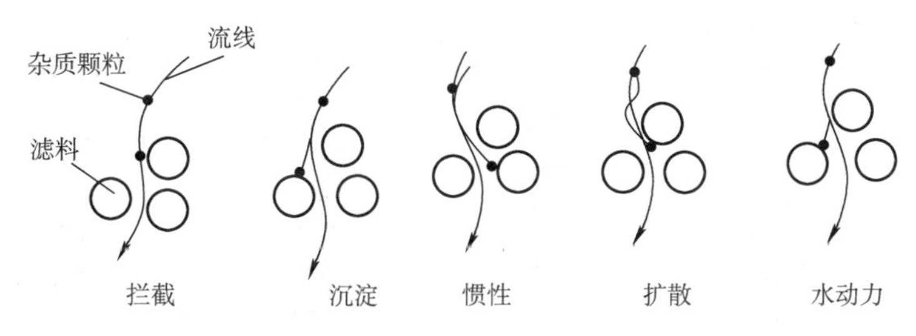

图8-3 颗粒迁移机理

1）拦截作用：尺寸较大的悬浮颗粒沿一条水流线运动，直到最后直接接触滤料表面。

2）沉淀作用：把滤料层看成类似叠起的多层沉淀池，较重的颗粒接近滤料表面时，由于水流速度很小，颗粒在重力作用下脱离流线沉淀下来。

3）惯性作用：具有较大惯性的颗粒脱离流线被抛到滤料表面时，即完成了迁移过程。

4）扩散作用：颗粒较小，布朗运动较剧烈时会扩散到滤料表面完成迁移过程。

5）水动力作用：层流运动存在着速度梯度，非球体颗粒在速度梯度作用下会产生转动，从而脱离流线而与滤料表面接触。

（2）粘附机理 粘附作用是一种物理化学作用。把滤料看作凝聚中心，滤料与水中悬浮颗粒相比，其粒径较大，当水中颗粒迁移到滤料表面时，在强大的吸引力作用下被粘附在滤料表面或粘附在滤料表面上已粘附的絮粒上。这种吸附力包括范德华引力、静电引力、某些化学键和特殊的吸附力及絮凝颗粒的吸附架桥等。这种粘附作用和前述澄清池中的泥渣作用类似，只是滤料作为固定介质，比悬浮泥渣排列得更紧密，接触絮凝作用也更好。粘附作用主要取决于滤料和水中颗粒的表面理化性质。

滤料被已沉积的颗粒覆盖，致使滤料表面之间的孔隙不断减小，孔隙中水流速度增加，甚至流态从层流变为湍流，对粘附在滤料表面的颗粒有较大的剪切和冲刷作用，会使颗粒从滤料表面脱落。脱落的颗粒随水流向下迁移，并被下层滤料截留，发挥了下层滤料截留颗粒的作用。但在滤池实际运行中，下层滤料截留作用还未得到充分发挥时，过滤过程就得停止。因为滤料经反冲洗后，滤层存在水力分级，表层滤料粒径最小，孔隙尺寸也最小，能容纳的悬浮固体物也最少，而单位体积滤料截留的悬浮物量却最多。过滤一段时间后，表层孔隙逐渐被堵塞，水头损失迅速上升，在筛滤作用下甚至会形成泥膜。所以在一定过滤水头下滤速急剧下降或滤速一定情况下，水头损失达到最大，有时滤层表面因受力不均匀而使泥膜产生裂缝，大量水流从裂缝中流出，杂质穿过滤层，出水水质也会恶化。只要上述两种情况出现一种，过滤将被迫停止，这是单层分级滤料滤池的缺点。

3. 提高滤池性能的途径

在整个滤层内，新装入滤池的石英砂均质滤料的级配是基本相同的，如图 8-4a 所示。沿滤层厚度每一点，滤料颗粒间所形成的空隙大小均匀分布，其容纳悬浮固体的能力是一样的，称为均质滤层。要保持这点，必要的条件是反冲洗时滤料层不能膨胀乱层，目前应用较多的是气水反冲洗。但当滤池单独进行水反冲洗时，向上流动的水流把滤层浮托起来，使砂粒处于悬浮状态，且自动地出现水力分级现象，这样所构成的滤层成为分级滤料滤层，如图 8-4b 所示。

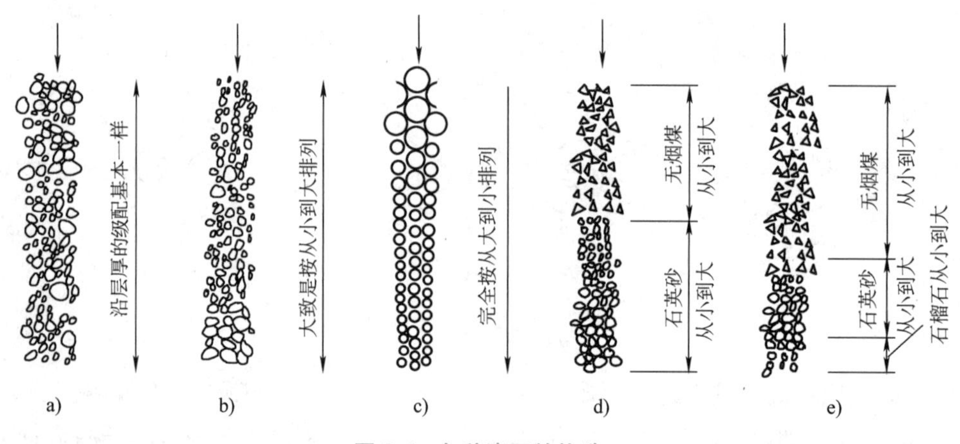

图 8-4　各种滤层的构造

a）均质滤层　b）实际的分级滤层　c）理想滤层　d）双层滤料滤层　e）三层滤料滤层

由于分级滤料滤层在过滤时存在上述缺点，悬浮固体在滤层中的分布从上到下呈指数关系递减，使得滤料截留作用不能得到充分发挥。一个过滤周期结束后，滤层中所截留的悬浮颗粒量沿滤层深度方向的分布如图 8-5 所示。滤层含污量是指过滤结束时，单位体积滤层中所截留的杂质量，单位为 g/cm^3 或 kg/m^3。从图中可以看出，滤层含污量沿滤层深度方向变化很大，即表层滤料截污最多，滤层深度越大，含污量越小。在一个过滤周期内，整个滤料层单位体积滤料中的平均含污量称为滤料含污能力，单位为 g/cm^3 或 kg/m^3。图 8-5 所示曲线与纵坐标轴所包围的面积除以滤层总厚度即为滤料含污能力。当滤层厚度一定时，此面积越大，滤料含污能力越强，表明整个滤层所发挥的作用越大，反之亦然。

（1）“反粒度”过滤理论　可见，如果能保持滤层在过滤过程中仍是均质滤层，则滤料含污能力将会增大。分析过滤过程，最理想的滤层应该是沿着过滤的水流方向，滤层中滤料的粒径是从大到小递减的，颗粒间的孔隙也沿水流方向从大到小递减，如图 8-4c 所示。这样就产生了两个有利条件：一方面是进入滤池的水先接触到的那部分滤层能够比后接触到的那部分滤层多容纳悬浮固体；另一方面是孔隙较大的部分在容纳更多的悬浮固体后，仍然保留了一定的孔隙，允许水中的悬浮物进入滤层的内部，从而在水头损失达到最大允许值时，整个滤层截留悬浮固体的能力都得到充分的利用，即滤料含污能力达到最大。这就是“反粒度”过滤理论，这一理论推动了滤料层组成和过滤方式的发展。

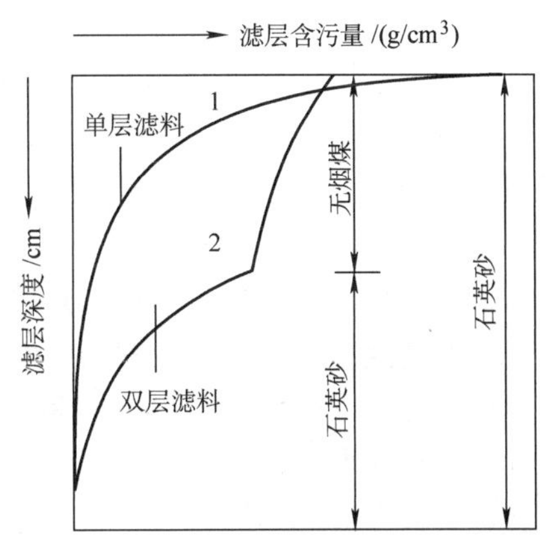

图 8-5 滤料层含污量变化

（2）上向流过滤滤池 对分级滤料滤池采用上向流过滤可得到类似的理想滤层效果。滤池构造与普通快滤池相同，水流从下向上通过滤料层进行过滤和反冲洗，冲洗的废水从下部穿过整个滤层从上部排出。这种滤池在生产实践中存在三个问题：①截留在滤层底部的大量悬浮固体、难以冲洗干净；②不适合大面积滤池；③滤速必须小于5m/h。

（3）双层和三层滤料滤池 双层滤料滤池的构造和过滤、反冲洗方式都未变，只改变滤料组成。上层采用密度小、粒径大的轻质无烟煤滤料，反冲洗后仍保持在上部；下层用密度大、粒径小的重质石英砂滤料，构成双层滤料，如图 8-4d 所示。反冲洗时，在无烟煤层和石英砂层本身内仍存在水力分级作用，但对整个滤层而言，双层滤料体现了过滤水先进入粗粒滤料后通过细粒滤料的理想滤层概念。实践证明，双层滤料含污能力比单层滤料约提高1倍以上。在相同滤速下，可延长过滤周期；在相同过滤周期下，可提高流速。图 8-5 中曲线 2（双层滤料）与纵坐标轴所包围的面积大于曲线 1（单层分级滤料），表明滤层厚度、滤速均相同时，双层滤料的含污能力大。三层滤料是双层滤料的延伸，是在无烟煤层和石英砂层的下面，加设一层密度比石英砂大、粒度比石英砂小的石榴石或磁铁矿滤料，构成如图 8-4e 所示。

（4）双向流过滤滤池 双向流滤池由苏联开发，尽管这种滤池的阀门多，结构较复杂，但由于其工艺上的优点，法国也把它列为一种常用的池型。双向流滤池的滤层中设有供滤后出水的集水管，经过混凝沉淀的水从池子上部和下部同时进入进行过滤。其滤层厚度约为单向过滤池子的两倍。它的特点：由于集水管上下都进水，一座双向流滤池相当于两座单向快滤池的作用，集水管下面的滤层有近似理想滤层的作用。

（5）均质粗滤料 一般将粒径为 0.9~1.5mm、不均匀系数 K_{80}<1.4 的粗滤料称为均质粗滤料，通常采用气水反冲洗以节约用水，同时能减少水力分级给滤层带来的不利影响。空气辅助冲洗时，空气泡振动对滤层产生强烈的扰动，将杂质擦洗下来，冲洗水的强度虽小，但水流剪切力大，水气的共同作用将滤料冲洗干净，且低流速水流使滤料难以分级。

粗滤料滤层比表面积较小，截留的悬浮颗粒也较少，过滤水头损失增长较慢，可较好地进行深层过滤，增大了滤料的含污能力。但为了获得相同的过滤效果，应相应地加大滤层厚度，以防杂质过早穿透滤层而缩短工作周期。

8.2.2 过滤水力学

在过滤过程中，滤层中悬浮颗粒量的不断增加，必然会导致过滤中水力条件的改变。这里讨论水流通过滤层的水头损失和滤速的变化。

1. 清洁滤层水头损失

清洁滤层水头损失是指过滤开始时水流通过干净滤层的水头损失，也称起始水头损失。在通常的滤速范围内，清洁滤层中的水流是层流，水头损失和滤速一次方成正比，即服从达西定律。假定在滤层厚 l_0 的滤料是均匀的，并把孔隙度为 m_0 的 l_0 厚度滤料理想化为同样孔隙度的球形滤料，专家提出了不同的水头损失计算公式。虽然公式的表达形式和有关参数不同，但所包含的基本因素的关系大体一致，计算结果相近。这里给出卡曼-康采尼（Carman-Kozeny）公式

$$h_0 = 180\frac{\nu}{g}\frac{(1-m_0)^2}{m_0^3}\left(\frac{1}{\varphi d_0}\right)^2 l_0 v \tag{8-1}$$

式中 h_0——水流通过清洁滤层的水头损失（cm）；

ν——水的运动黏度（cm^2/s）；

g——重力加速度，$g=981cm/s^2$；

l_0——滤层厚度（cm）；

v——滤速（cm/s）；

m_0——滤料孔隙率；

d_0——与滤料体积相同的球体直径（cm）；

φ——滤料颗粒的球度系数。

实际滤层是非均匀的。计算非均匀滤料滤层水头损失，可按筛分曲线分成若干层，取相邻两筛子的筛孔孔径平均值作为各层的计算粒径，则各层水头损失之和为整个滤层总水头损失。设粒径为 d_i 的滤料质量占全部滤料质量之比为 p_i，则清洁滤层总水头损失为

$$H_0 = \sum h_0 = 180\frac{\nu}{g}\frac{(1-m_0)^2}{m_0^3}\left(\frac{1}{\varphi}\right)^2 l_0 v \sum_{i=1}^{n}(p_i/d_i^2) \tag{8-2}$$

分层数 n 越多，计算精确度越高。

清洁砂层水头损失测定方便，公式计算只作为估算，说明水头损失与各参数的关系。对普通砂滤池，滤速为 8~10m/h 时，清洁滤层水头损失约为 30~40cm。随着过滤时间的延长，滤层中截留的悬浮物量逐渐增多，滤层孔隙率逐渐减小。由式（8-2）可知，当滤料粒径、形状、滤料级配和厚度以及水温一定时，孔隙率减小；当水头损失不变时，将引起滤速的减小。反之，当滤速不变时，将引起水头损失的增加。这就出现了变速过滤和等速过滤两种基本过滤方式。

2. 等速过滤

在过滤过程中，进水流量保持不变（即滤速不变）的过滤称为等速过滤。可通过两种不同的方式来体现。

（1）在滤池出水管上装流量控制器，利用它来实现等速过滤 图 8-6 所示为一组由 4 格滤池构成的处于过滤状态时的池子。每个滤池的流量是相同的，滤池的水面保持不变。开始

过滤时，总水头 H 由以下五部分组成：

1）水流过清洁滤层所产生的水头损失 H_0（变值）。

2）水流过承托层、配水系统的水头损失 h_1（定值）。

3）流量控制设备所产生的水头损失 h_0（变值）。

4）出水管中的流速水头 $v^2/2g$（定值）。

5）备用水头 h_2。

$$H = H_0 + h_1 + h_0 + \frac{v^2}{2g} + h_2 \tag{8-3}$$

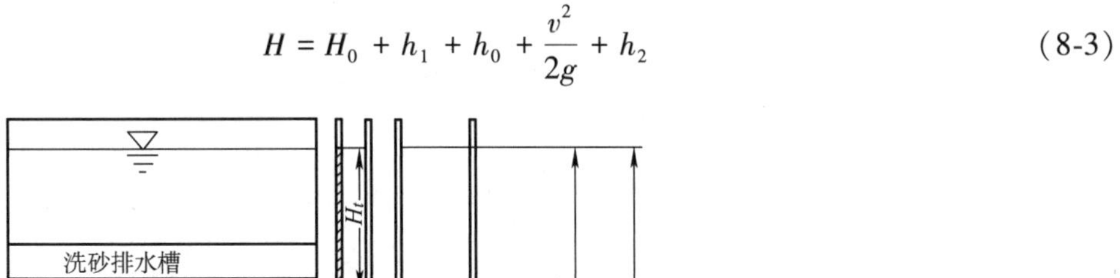

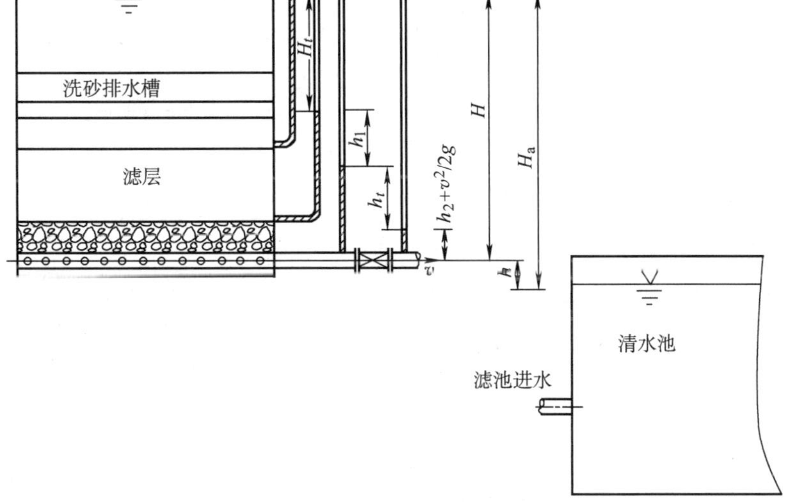

图 8-6 快滤池工作过程中的水头损失示意

在过滤时间 t 时，滤层由于截留了悬浮固体，其阻力从 H_0 增长到 H_t，过滤结束前 h_2 是保持不变的，为了保持滤池的流量不变，通过流量控制设备的阻力即自动减小为 h_t，得到

$$H = H_t + h_1 + h_t + \frac{v^2}{2g} + h_2 \tag{8-4a}$$

试验得出，只要不出现表面过滤现象，H_t 随时间的变化是线性关系，如图 8-7 所示。当达到过滤时间 T 时，滤层水头损失达到最大值 H_T，这时流量控制设备也达到了它的最小阻力 h_T（阀门全开，阻力最小），如果继续要保持原来的流量过滤，就要动用备用水头 h_2。在过滤时间达 T'，h_2 恰好消耗完之后，H_T的继续增长会导致流量的逐渐减小。这说明 T'是滤池的最大可能过滤时间，实际采用的过滤时间应为 T，即为滤池的过滤周期。在最大过滤时间 T'时，由式（8-4a）可得

$$H = H_{T'} + h_1 + h_T + \frac{v^2}{2g} \tag{8-4b}$$

式中 $H_{T'}+h_1$——滤池内的水头损失最大值，规范要求采用 2.0~3.0m。则式（8-4b）可写成

$$H - h_T - \frac{v^2}{2g} = H_{T'} + h_1 \tag{8-4c}$$

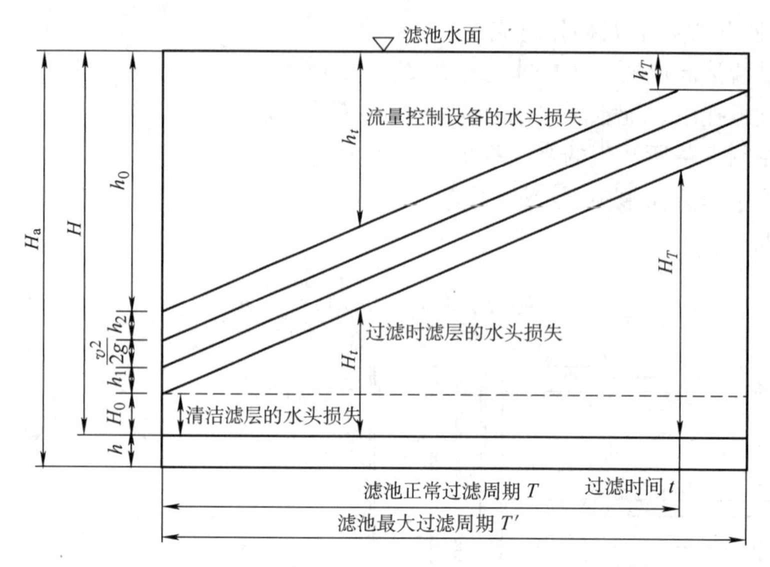

图 8-7 过滤过程中各项水头损失的变化

当 $H_{T'}+h_1$ 给定后，式（8-4c）即为确定池深和滤池出水管路设计的约束条件。滤池最高水位与清水池最高水位高差为 H_a，h 为控制阀门后到清水池的出水管道系统的各种水头损失之和。

（2）提高滤池水位，实现等速过滤　当进水总渠通过溢流堰将进水量均匀分配给每个滤池时，在等速过滤状态下，随着过滤时间的延长，滤层水头损失不断增加，滤池水位逐渐上升，上升速度应等于此流速所产生的水头损失，如图 8-8 所示。当水位上升至最高允许水位时，过滤结束，进行冲洗。无阀滤池、虹吸滤池属于等速过滤滤池。

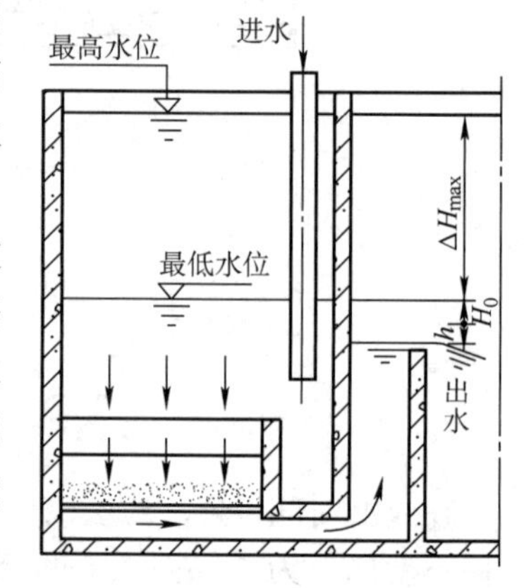

图 8-8 等速过滤

开始过滤时，清洁滤层水头损失为 H_0。t 时刻后，滤层水头损失增加 ΔH_t，过滤时滤层的总水头损失为

$$H_t = H_0 + h + \Delta H_t \tag{8-5}$$

式中 H_0——清洁滤层水头损失（cm）；

h——配水系统、承托层及管道系统水头损失之和（cm）；

ΔH_t——在时间为 t 时的水头损失增值（cm）。

在整个等速过滤过程中，h 保持不变。ΔH_t 随时间 t 增加而增大，实际上反映了滤层截留杂质量与过滤时间的关系，即滤层孔隙率随时间的变化关系。根据实验，ΔH_t 与 t 呈直线关系，如图 8-9 所示。图中 H_{max} 是水头损失增值为最大时的水头损失，设计时应按技术经济条件决定，一般为 1.5~2.0m。图中 T 为过滤周期，在不出现因操作不当造成滤后水质恶化的情况下，T 不仅取决于最大允许水头损失，还与滤速有关。设滤速 $v'>v$，一方面 $H_0'>H_0$，同时单位时间内被滤层截留的杂质较多，水头损失增加较快，即 $\tan\alpha'>\tan\alpha$，得周期 $T'<T$。其中忽略了配水系统、承托层及管道系统水头损失之和 h 的微小变化。

上述为整个滤层水头损失的变化。滤池中每一滤料层水头损失变化则更为复杂。上层滤

料截污量多，越往下层越少，故水头损失增值 ΔH_t 也由上而下逐渐减少。

对于滤池或过滤柱，由上而下接出几根测压管，如图 8-10 所示。显然，各测压管中水位差将由上而下递减。滤池滤层厚 70cm，滤料表层下 4cm 处，在过滤开始，表层水头损失较少。随着过滤进行，表层水头损失增长很快，在 $t=6h$ 时，表层水头损失占总损失的 50%，说明大量杂质被截留在表层滤料中，引起滤层孔隙急剧减小，而下层滤料水头损失增加较少。继续过滤，表层水头损失增长变慢，表层截留杂质能力减小，杂质向下层迁移，使下层水头损失增长加快。由此说明，表层水头损失增长规律同滤料层截留杂质规律类似。

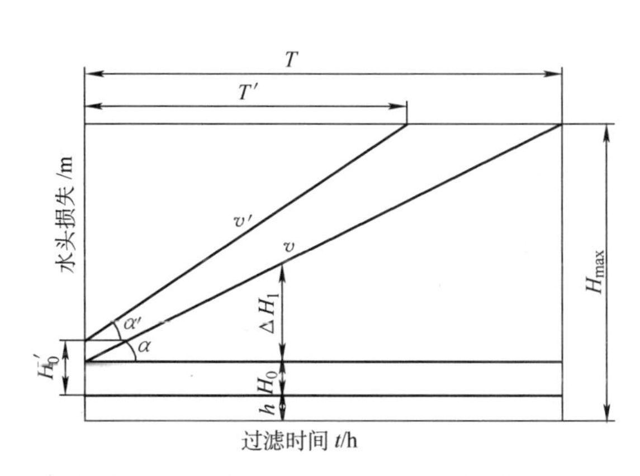

图 8-9 水头损失与过滤时间关系

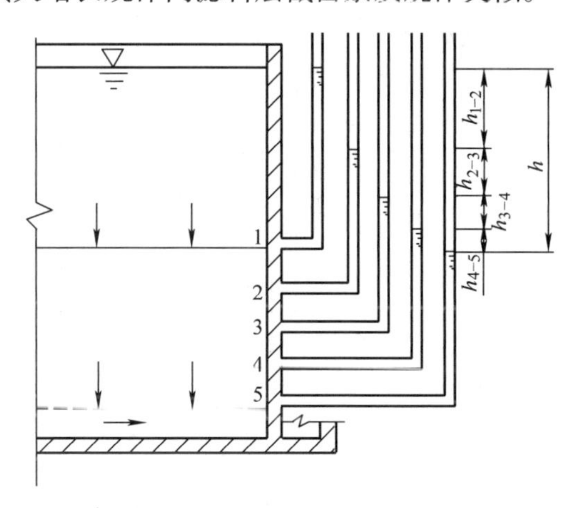

图 8-10 水头损失沿滤层深度的变化

3. 变速过滤

滤速在过滤周期中随着悬浮颗粒被截留而逐渐降低，流量逐渐减小，称为变速过滤，又称降速过滤。降速过滤情况比较复杂。操作方式不同，滤速变化规律也不同，通常有连续降速过滤和变降速过滤两种类型。

连续降速过滤是指在过滤过程中，滤池水位和水头损失始终保持不变。由式（8-1）可知，随着滤层孔隙率的逐渐减小，滤速必然连续减小。移动冲洗罩滤池在分格数很多的情况下，可以近似达到连续降速过滤。普通快滤池则多为变降速过滤方式。

（1）变降速过滤中的滤速变化　变降速过滤是常用的过滤形式，在过滤周期中，其滤速呈阶梯形下降，如图 8-11 所示，这是一个由 4 座滤池构成的滤池组的理想情况，进行下列假定：

1）每座滤池的性能完全一样，4 座滤池进水渠连通，进入滤池总流量不变，因此，4 座滤池内的水位或总水头损失在任何时间内都基本相等。

2）最干净的滤池滤速最大，截污量最多的滤池滤速最小，4 座滤池截污量由多到少依次排列，其滤速则由低到高依次排列，但 4 座滤池的平均滤速始终保持不变，且恰好按它的编号顺序等间隔时间进行冲洗。

图 8-11 所示为 1 号滤池的过滤周期分成 4 个阶段。1 号滤池刚冲洗完毕进行过滤为第一阶段，此时 1 号池的滤速最大，其余滤池滤速大小顺序依次为 2 号、3 号、4 号。由于此时 1 号滤池能最大限度地承担过滤水量，使滤池组的水位达到最低值。之后，滤池水位逐渐上升，当水位达最高值时，截留悬浮固体最多的 4 号滤池必须冲洗，第一阶段结束。在 4 号滤

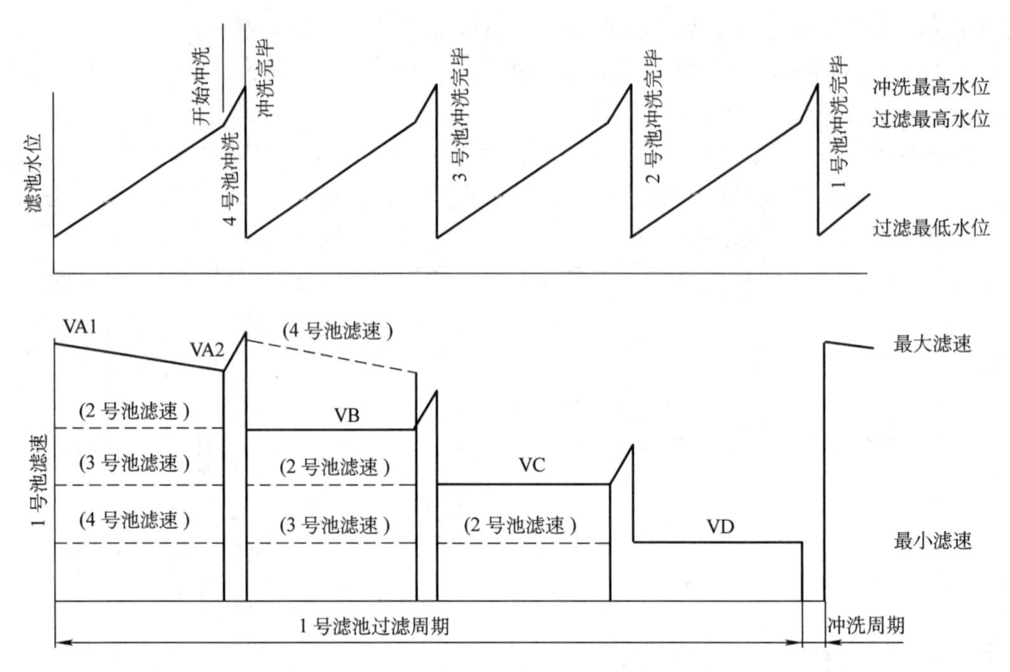

图 8-11 变降速滤池组的水位和 1 号滤池滤速

池冲洗期间，1 号、2 号、3 号滤池分担原先 4 号滤池的过滤水量，以保持滤池组总出水量不变，使滤池水位暂时上升，出现峰值。4 号滤池冲洗完毕后成为产水量最大的滤池，滤池组的水位又回到最低水位，这是 1 号滤池的第二阶段。在此阶段，滤池出水量大小顺序是 4 号、1 号、2 号和 3 号。随着过滤持续进行，滤池水位又逐渐上升，但各滤池的滤速仍保持不变，当达到最高水位时，截留悬浮固体最多的 3 号滤池必须冲洗，1 号滤池的第二阶段结束。如此下去，直到 1 号滤池的工作周期结束，又重复上述过程为止。其他滤池的工作过程也和 1 号滤池一样。

在图 8-11 中，第二到第四阶段的滤速是不变的，但第一阶段的滤速却是递减的，因为配水系统、出水管道系统等部分的水头损失与滤速的二次方成正比关系，当滤速较大时，这部分损失在总损失中所占比例较大，所以滤池第一阶段的滤速是呈递减状态。总体上，每座滤池的滤速以阶梯形式下降，在一座滤池冲洗时，其他滤池滤速也出现一个峰值，如图所示，表明变速过滤时各种水头损失间的情况复杂。

（2）变降速过滤中的水位变化（见图 8-12）

水位 1——4 座池子全部处于清洁滤料的条件下，并按设计滤速运行时的水位为最低水位。在实际生产中，除了刚投产的滤池以外，一般不会出现此情形。图中 h_1 为清洁滤料、承托层、配水系统及管道配件等水头损失之和。

水位 2——1 号滤池刚完成冲洗投入运行时的水位，此为 4 座滤池实际运行时的最低水位，即图 8-11 中过滤最低水位。h_2 为 1 号清洁滤池在实际滤速下，滤池组的水头损失与 4 座干净滤池在平均滤速下运行的水头损失之差。

水位 3——截留杂质量最多的 4 号滤池即将进行冲洗前的滤池组最高水位，即图 8-11 中过滤最高水位。h_3 为滤池组在相邻两次冲洗之间的水头损失增值。

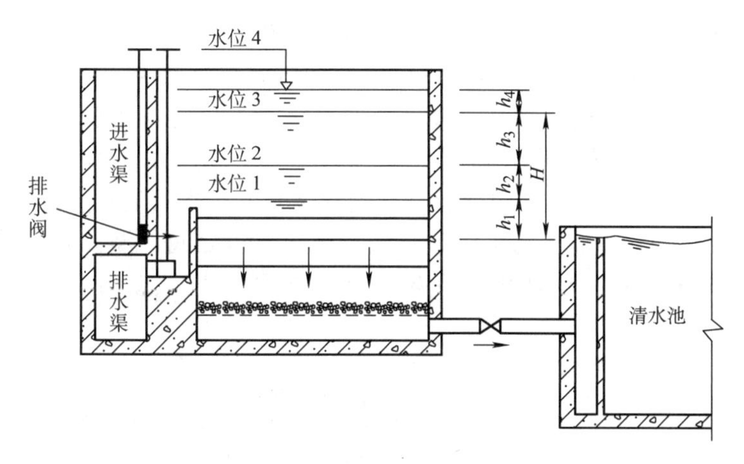

图 8-12 变降速过滤中的水位变化

水位 4——4 号滤池因正在进行冲洗而停止运行时，其余 3 座滤池的短期运行水位，即图 8-11 中冲洗最高水位。h_4 为 3 座滤池共同承担原 4 座滤池的负荷而增加的水头损失。

由上述分析可知，若一组滤池的池数较多，相邻两座滤池的冲洗时间间隔很短，则水位 2 和水位 3 的高差（图中 h_3）很小，接近等水头变速过滤。移动冲洗罩滤池每组分格数为十几格甚至几十格，几乎连续逐格依次清洗，且整组滤池进水和出水完全相连，因此，任一格滤池接近等水头连续降速过滤，图 8-11 中滤速阶梯式折线变为近似连续下降曲线。

（3）等速过滤与变速过滤 研究表明，当平均滤速相同时，变速过滤具有下列优点：单位水头损失的产水量较高；工作周期相等时水头损失较小；省去了对单个滤池进行流量控制的设备和相应的保养工作。有研究表明，变速过滤的滤后水质优于等速过滤的出水水质。

4. 滤层中的压力变化和负压现象

（1）滤层中的压力变化 图 8-13 所示为单层滤料滤池在过滤过程中压力曲线分布图。图中滤层上水深为 AB，滤层厚度为 BD。曲线 0 为滤池静止时的水压分布曲线，曲线 1 为滤池刚开始运行（滤层清洁）的压力分布曲线，水流在通过滤层的损失呈直线，曲线 2~4 是随着过滤时间增加而变化的压力曲线。各水压线与静水压力线间的水平距离为过滤时滤层中的损失。

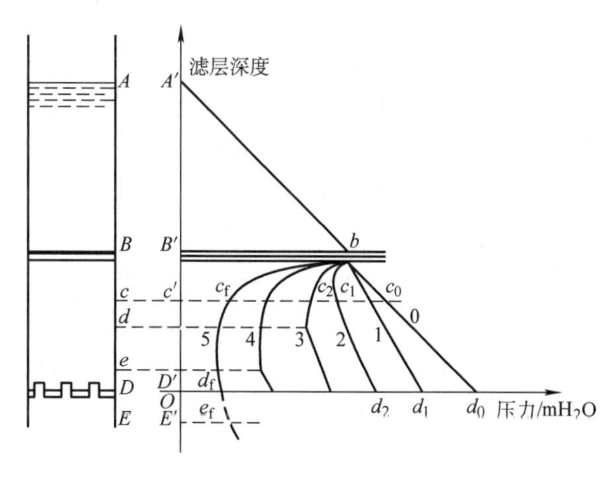

图 8-13 过滤中的压力曲线分布

由曲线 2 可见，滤层深度 c 点以上因有悬浮杂质截留，b–c_2 段水头损失明显增大，而 c_2 以下呈直线，表明悬浮杂质尚未穿透 c 点深度。随着过滤的进行，穿透位逐渐向下移动，由 c 点移向 e 点。2~4 每条曲线的下部都有一段与清洁滤层压力线平行的直线，但随时间的延长直线逐渐缩短。清洁滤层逐渐变薄的过程可解释为滤层中存在一个截留悬浮固体的前峰，这个前峰在过滤过程中缓慢地向下运动。当截污点已到达滤层底时（见图 8-13 的曲线 5），滤层已穿透，失去截污能力。为保证出水水质，滤池设计时应考虑安全保护层，厚度约为20~30cm，即选择曲线4较为合理。

（2）滤层中的负压现象　过滤时，滤层内部的压力与滤层上的水深和滤层阻力有关。当滤层截留了大量杂质，砂面以下某一深度处的水头损失超过该处水深时，便出现负压现象。如图8-14a所示，滤层厚60cm，滤层上水深为1.5m，最终水头损失设定为2m，曲线2表示在该滤池达到设定水头时的压力变化。由曲线2可知，水流通过砂面以下$B(D)$点的水头损失恰好等于$B(D)$点以上的水深。但在B点和D点之间，水头损失则大于各点相应的水深，于是在B-D范围内出现负压现象，且在砂面以下C点出现最大负压，负压值为20cm。

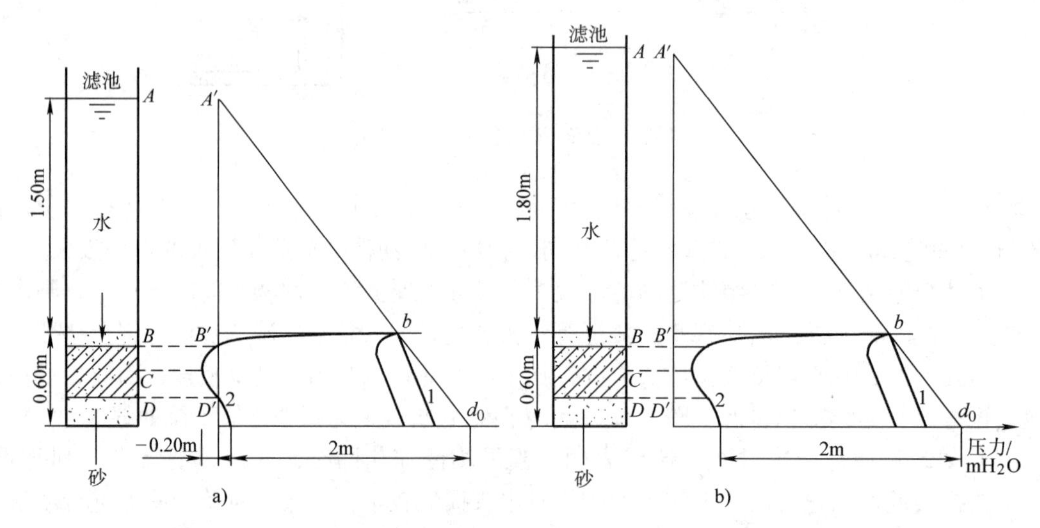

图8-14　不同滤层上水深的滤层压力分布

滤池仅有滤层中某一部分会出现负压，其压力小于大气压，水流过负压区后恢复到高于大气压状态（图中阴影部分表示过滤周期结束时，处在真空状态下的砂层）。在负压区，原来溶于水中的气体会不断释放出来，逸出的气体带来两种后果：一是减小有效过滤面积，增加滤层局部阻力，增加水头损失；二是气泡会穿透滤层，上升到滤池表面，带走轻质或细质滤料，破坏滤层结构。在反冲洗时，气泡更容易带走大量滤料。

避免产生负压区的两项措施：一是增加滤层上的水深，如图8-14b所示，将砂面上水深提高到1.8m，不仅不会出现负压，而且还有一定富裕水头。二是限制过滤时的最大水头损失，如控制滤池最大水头损失为1.8m，使过滤时C点的水头损失值小于C点的水深，整个BD区域也就不会出现负压。出水水位高于滤料表面的无阀滤池和虹吸滤池，总水头损失小于砂面上水深，则不会出现负压。

8.3　滤料与承托层

8.3.1　滤料

滤料的选择是滤池设计的关键，至今没有合适的理论，滤料设计一般直接采用设计规范的数据，有条件时应通过对不同滤料进行试验比较确定。当选用天然材料为滤料时，一般需满足下列要求：滤料应该具有足够的机械强度和化学稳定性，减少在冲洗过程中的磨损和破碎，避免在过滤中发生溶解影响水质；价格合理且能就地取材；滤料颗粒形状接近于球状，表面比较粗糙且有棱角。

滤料的基本功能是为水中悬浮固体的附着提供所需要的面积。滤料选择包括确定滤料品种、颗粒的大小和组成分布，滤床深度。常用的滤料有石英砂、无烟煤、颗粒活性炭以及石榴石、钛铁矿石等天然材料，还有陶粒、陶瓷等烧制滤料及人工合成的聚苯乙烯塑料珠等。

1. 滤料的粒径和厚度

滤料滤层的厚度与滤料粒径有关。滤料颗粒小，滤层不易穿透，滤层厚度可较薄；相反，滤料的粒径大，滤层容易泄漏，需要的滤层厚度较深，但过滤的水头损失较小。因此，从保证水质考虑，可采用较小的滤料粒径和较薄的滤层厚度，或者较粗的滤料粒径和较深的厚度。此外，滤料粒径和厚度也与滤速有关。过滤周期相同时，采用滤速高，要求滤层总的截污容量也高，为发挥滤层的深层截污能力，一般可采用较粗的滤料颗粒和较厚的滤层。现行的《室外给水设计标准》（GB 50013—2018）要求，在满足出水水质的前提下，滤料厚度与有效粒径之比 L/d_{10}：细砂及双层滤料过滤应大于 1000，粗砂及三层滤料过滤应大于 1250。

2. 滤料的级配和级配曲线

滤料的级配是指滤料中各种粒径颗粒所占的质量比例。滤料粒径分布参数主要描述方法有：

（1）有效粒径和不均匀系数　滤料有效粒径 d_{10} 和不均匀系数 K_{80} 表示滤料的级配。

$$K_{80}=\frac{d_{80}}{d_{10}} \tag{8-6}$$

式中　d_{10}——通过滤料质量 10%的筛孔孔径，反映细滤料尺寸；

d_{80}——通过滤料质量 80%的筛孔孔径，反映粗滤料尺寸；

K_{80}——不均匀系数。

过滤时，表层细滤料水头损失增长快，占总水头损失的比例大，故当滤料的 d_{10} 相等时，即使级配曲线不同，过滤时产生的水头损失也基本相等。因此，在水处理术语中，称 d_{10} 为滤料的有效粒径。不均匀系数越大，表明大小颗粒粒径差别越大，滤料粒径的分布越不均匀，对过滤和反冲洗都不利。

（2）滤料的级配曲线　滤料粒径的分布关系通常用级配曲线来表示。级配曲线通过筛分资料得出，又称筛分曲线。

筛分方法：取滤料 300g 洗净后置于 105℃恒温箱中烘干，从中称取 100~200g，精准至 0.01g，用一组不同孔径的筛子过筛，称取留在各筛子上的滤料质量，并列于表 8-1 进行计算。

如图 8-15 所示，绘制筛孔孔径与累积通过筛孔的滤料质量百分比的关系曲线，即得滤料筛分曲线，由图查得天然滤料中设计要求 d_{10} 的质量百分比 p_{10} 和 d_{80}（$d_{80}=K_{80}d_{10}$）的质量百分比 p_{80}；按式（8-7）和式（8-8）求出需要筛去的小颗粒和大颗粒的质量百分比 p_{min} 和 p_{max}

$$p_{min}=p_{10}-\frac{(p_{80}-p_{10})\times 0.1}{0.8-0.1} \tag{8-7}$$

表 8-1　滤料筛分结果

筛号	筛孔/mm	留在筛上的砂的质量/g	通过该号筛的砂量	
			质量/g	百分数（%）
10	1.68	1.9	98.1	98.1
12	1.40	3.2	94.9	94.9
14	1.17	8.4	86.5	86.5
16	1.00	21.6	64.9	64.9
20	0.83	20.3	44.6	44.6
24	0.70	18.6	26.0	26.0
32	0.50	15.1	10.9	10.9
35	0.42	6.2	4.7	4.7
60	0.25	3.7	1.0	1.0
底盘	—	1.0	—	—

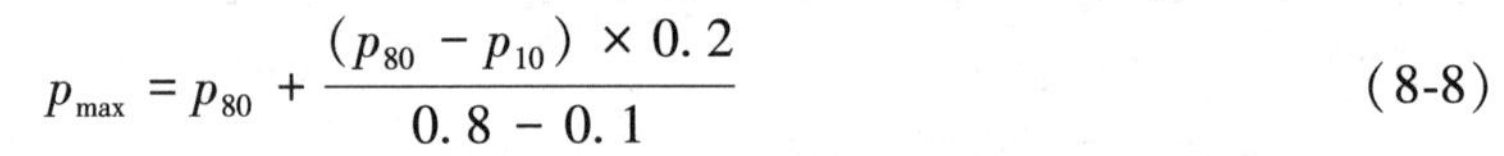

$$p_{max} = p_{80} + \frac{(p_{80} - p_{10}) \times 0.2}{0.8 - 0.1} \tag{8-8}$$

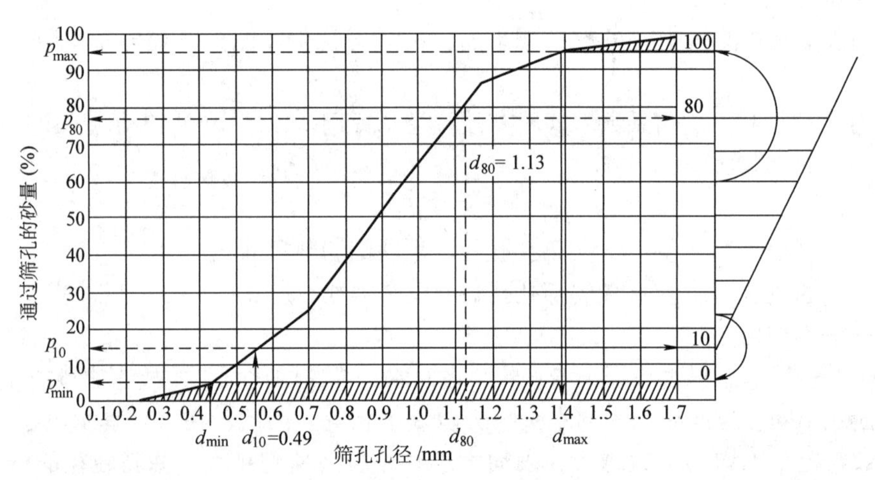

图 8-15　滤料筛分曲线

由 p_{min} 和 p_{max} 在筛分图上查得相应的颗粒粒径 d_{min} 和 d_{max}。天然滤料筛去粒径小于和大于标准的颗粒即可得到设计要求的滤料级配。也可采用作图法得出筛选后的滤料组成，如图 8-15 中右侧所示。

筛分试验所列筛孔孔径，是生产中的一种表示方法，并不能准确代表通过该筛孔滤料的粒径，因为滤料形状不同，通过同一筛孔的滤料粒径也不同。一般滤料颗粒形状是不规则的，常用其等体积球体的直径来表示。

滤料等体积球体的直径 d' 的求法如下（见图 8-16）：先将筛去细砂的筛子上截留的砂粒全部倒掉，再将卡在筛孔中的那部分砂粒振动掉下来，并从这些砂粒中取出 n 个，在分析天平上称重得 G（通常称约 100mg），由砂的密度 ρ 和质量 G 可得

$$\frac{\pi d'^3}{6}=\frac{G}{n\rho}$$

由此得等体积球体直径的计算式为

$$d'=\sqrt[3]{\frac{6G}{\pi n\rho}} \tag{8-9}$$

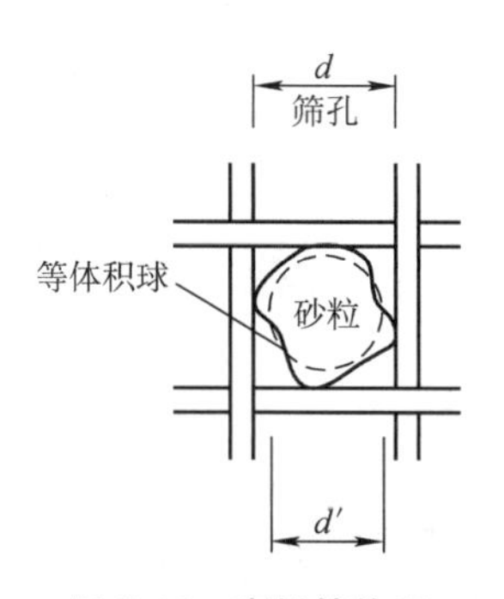

图 8-16 滤料等体积球体直径 d'

3. 滤料的其他参数

（1）滤料的孔隙率 m　滤料的孔隙率指滤料中的净孔隙总体积与整个滤料的堆积体积的比值，可以用实验方法测定。取一定量的滤料，在 105℃ 下烘干称重，并用比重瓶测出密度，放入过滤筒中，用清水过滤一段时间后，量出滤层体积，即可求出滤料孔隙率

$$m=\frac{孔隙体积}{滤料总体积}=1-\frac{G}{\rho V} \tag{8-10}$$

式中　G——烘干的砂的质量（g）；

ρ——砂子密度（g/cm^3）；

V——滤层体积（cm^3）。

滤料层孔隙率与滤料颗粒形状、滤料的级配以及压实程度等有关，用式（8-10）求出的是整个滤料的平均值。一般所用级配石英砂滤料孔隙率约 0.42。均匀粒径滤料、不规则形状滤料及无烟煤滤料，孔隙率大，平均孔隙率大约为 0.50~0.55。

（2）滤料的球度系数 Φ　滤料颗粒形状影响滤层中水头损失和滤层孔隙率。迄今尚无满意的方法可以确定不规则形状颗粒的形状系数，现有方法只能反映颗粒大致形状。这里介绍颗粒球度概念，球度系数为

$$\Phi=\frac{体积为V的球形表面积}{体积为V的颗粒的表面积} \tag{8-11}$$

形状规则的颗粒，可以算出球度系数的值，形状不规则的颗粒，只能通过试验来求球度系数。根据实际测定滤料形状对过滤和反冲洗水力学特性的影响得出，天然砂滤料的球度系数一般宜采用 0.75~0.80。球度系数的倒数称颗粒的形状系数 α。

（3）滤料的当量粒径 d_e　对于粒径为 d 的球形颗粒滤料，颗粒滤料的体积为 $\pi d^3/6$，其表面积为 πd^2。在孔隙率为 m 的单位体积滤料中，滤料所占体积为（$1-m$），相应的球形滤料颗粒数为$(1-m)/(\pi d^3/6)$，则单位体积球形滤料的总表面积为（比表面积）

$$a=\pi d^2\times\frac{1-m}{\pi d^3/6}=\frac{6(1-m)}{d}$$

对于非球形颗粒滤料，其表面积将大于球形颗粒。引入球度系数 Φ，得单位体积滤料中非球形颗粒的比表面积为

$$a=\frac{6(1-m)}{\Phi d} \tag{8-12}$$

对于粒径不等的非均匀滤料，可看作是由许多粒径相同的均匀滤料所组成，且粒径为 d_1，d_2，…，d_n的颗粒在滤料中所占百分数分别为 p_1，p_2，…，p_n，则由式（8-12）可得

$$a_b = \frac{6(1-m)}{\Phi}\left(\frac{p_1}{d_1}+\frac{p_2}{d_2}+\cdots+\frac{p_n}{d_n}\right) = \frac{6(1-m)}{\Phi}\sum\frac{p_i}{d_i} \tag{8-13}$$

滤料的当量粒径 d_e 是假想的均匀滤料的粒径，该均匀滤料的比表面积与实际非均匀滤料的比表面积相等，即

$$\frac{6(1-m)}{\Phi d_e} = \frac{6(1-m)}{\Phi}\sum\frac{p_i}{d_i}$$

整理得当量粒径

$$\frac{1}{d_e} = \sum\frac{p_i}{d_i} \quad 或 \quad d_e = \frac{1}{\sum\frac{p_i}{d_i}} \tag{8-14}$$

（4）滤层设计的控制指标 L/d_e　水中悬浮颗粒的去除与滤料表面积有密切关系。设滤层厚度为 L，得单位面积滤层的体积为 $1\times L=L$，滤料的当量粒径为 d_e，则单位面积滤层的滤料表面积为

$$a = L\frac{6(1-m)}{\Phi d_e} = \frac{6(1-m)}{\Phi}\frac{L}{d_e} \tag{8-15}$$

可知，滤层滤料的表面积与 L/d_e 成正比，如果 L/d_e 过小，则滤料表面积过小，滤池的除浊效果难以保证，工程上将 L/d_e 作为滤层设计的一项控制指标。实际工程可按规范 L/d_{10} 要求选用。

4. 均质滤料

当滤料的不均匀系数 $K_{80}<1.4$ 时，水力分级作用降低到不明显程度，整个滤层厚度内滤料组成一致，则称为均质滤料。采用单层均质石英砂滤料，滤料粒径大于单层非均质石英砂且小于无烟煤，同时滤料具有较大的深度，以满足 $L/d_{10}>1250$ 的要求，即满足截留悬浮颗粒所需的滤料表面积要求。采用气水反冲洗系统，可获得较好的冲洗效果，且滤料损失微乎其微。滤料具体组成见“V 形滤池”小节。

5. 双层及多层滤料的级配

在选择双层或多层滤料级配时，要解决两个问题：一是如何预示不同种类滤料的混杂程度；二是滤料混杂对过滤的影响。

以煤-砂双层滤料为例。铺设滤料时，粒径小、密度大的砂粒位于滤层下部；粒径大、密度小的煤粒位于滤层上部。在反冲洗之后，有可能出现三种情况：一是分层正常，即上层为煤，下层为砂；二是煤砂相互混杂，可能在煤-砂交界面部分混杂，也可能完全混杂；三是煤、砂分层颠倒，即上层为砂、下层为煤。这三种情况的出现，主要取决于煤、砂颗粒的相对密度。上升水流中引起水力分级的悬浮滤料层的相对密度 ρ'_m，表示为

$$\rho'_m = (\rho_s - \rho_1)(1-m) \tag{8-16}$$

式中　ρ_s——滤料颗粒密度；

ρ_1——水的密度；

m——滤料孔隙率。

研究表明，在悬浮状态下，煤滤层的相对密度比砂滤层的相对密度小时，两者会在交界

面处出现部分混杂，且反冲洗强度越大，混杂程度也越大。当煤-砂双层滤料的相对密度相等时，则滤层出现完全混杂。选择适当的反冲洗强度和煤-砂滤料的粒径比，使在该反冲洗强度条件下，煤-砂滤料形成的悬浮层的相对密度有一定差值，可控制两层间的混杂不过大。

煤-砂双层级配滤料，在同一冲洗强度条件下，每一层滤料都形成上细下粗的粒径分布。因此，在煤-砂滤料层交界面上，是最大无烟煤粒径的颗粒和最小石英砂粒径的颗粒接触，要达到不产生严重混杂，最大无烟煤粒径 d_{1max} 和最小石英砂粒径 d_{2min} 之比应满足

$$\frac{d_{1max}}{d_{2min}} = K\frac{2.65 - 1}{\rho - 1} \tag{8-17}$$

式中　2.65——砂的密度；

ρ——煤的密度；

K——不均匀系数，一般采用1.5~1.25。

若煤的密度 $\rho = 1.82$，K 取 1.25，则 $\frac{d_{1max}}{d_{2min}} \leqslant 2.515$；若煤的密度 $\rho = 1.50$，则 $\frac{d_{1max}}{d_{2min}} \leqslant 4.125$。当级配相同时，使用密度小的无烟煤可减少混杂。

表8-2给出了滤料组成及滤池滤速，这些常用的粒径级配，在反冲洗强度为13~16L/(s·m^2)时，不会产生严重混杂状况。但根据经验所确定的粒径和密度之比，并不保证在任何水温或反冲洗强度下都能保持分层正常。因此，在反冲洗操作中必须十分小心。必要时，可通过实验来制订反冲洗操作要求，至于三层滤料是否混杂可参照上述原则。

滤料混杂对过滤影响存在不同观点。有人认为煤-砂交界面上适度混杂，可避免交界面上积聚过多杂质而使水头损失增加较快，故适度混杂是有益的；也有人认为煤-砂交界面不应有混杂现象，由于煤层起截留大量杂质作用，砂层则起精滤作用，界面分层清晰，起始水头损失较小。但在实际生产中，煤-砂交界面上不同程度的混杂是难免的，实践表明，煤-砂交界面混杂厚度在5cm左右，对过滤有益无害。

另外，选用无烟煤时，应注意煤粒流失问题。煤粒流失原因较多，如粒径级配和密度选用或冲洗操作不当等。煤的机械强度不高，经多次反冲后破碎也是煤粒流失的原因之一。

表8-2　滤料组成及滤池滤速

滤料种类	滤料组成			正常滤速/(m/h)	强制滤速/(m/h)
	粒径/mm	不均匀系数 K_{80}	厚度/mm		
单层细砂滤料	石英砂 $d_{10}=0.55$	<2.0	700	7~9	9~12
双层滤料	无烟煤 $d_{10}=0.85$	<2.0	300~400	9~12	12~16
	石英砂 $d_{10}=0.55$	<2.0	400		
三层滤料	无烟煤 $d_{10}=0.90$	<1.7	450	16~18	20~24
	石英砂 $d_{10}=0.50$	<1.5	230		
	重质矿石 $d_{10}=0.25$	<1.7	70		
均匀级配粗砂滤料	石英砂 $d_{10}=0.9\sim1.2$	<1.4	1200~1500	8~10	10~12

注：滤料密度一般为石英砂2.60~2.65g/cm^3，无烟煤1.40~1.60g/cm^3，重质矿石4.7~5.0g/cm^3。

经过大量的实验研究表明：滤出水水质方面，三层滤料并不优于双层滤料；过滤的水头

损失方面，三层滤料的增长总是比双层滤料快；单位面积滤池的产水量方面，三层滤料低于双层滤料。因此，目前主要采用双层滤料。

8.3.2 承托层

承托层的主要作用是支承滤料，防止过滤时滤料通过配水系统漏出而进入滤出水中，同时要求承托层在反冲洗时保持稳定，并形成均匀的孔隙，对均匀配水和过滤水收集起协助作用。因此，对承托层材料的机械强度、化学稳定性、形状都有一定的要求。承托层由若干层卵石或经破碎的石块、重质矿石构成，按上小下大的顺序排列。由于也常采用天然卵石，承托层也称卵石层。承托层的密度与滤层的密度直接相关。为了避免在反冲洗时，承托层中那些与滤料粒度接近的层次出现不稳定或发生浮动的情况，这部分承托层材料的密度必须至少与滤料的密度相当。

最下层承托层与配水系统接触，必须按配水孔口的大小确定卵石的大小，一般为孔径的4倍左右。最下一层承托层的顶部至少应高于配水孔口100mm。表8-3所示为常见的管式大阻力配水系统的承托层材料、粒径与厚度。

当采用长柄滤头配水（气）系统时，承托层可采用粒径2~4mm粗砂，厚度50~100mm。承托层规格实际是水中反滤层的构造。当水流经反滤层时，这种构造能防止反滤层前面的细颗粒土壤随水流进入反滤层。在反滤层相邻的两层中，较细一层的颗粒也不会进入较粗的一层内，这由两层间的过滤系数来控制。

表8-3 承托层材料、粒径与厚度

层次（自上而下）	单层细砂级配滤料			三层级配滤料		
	材料	粒径/mm	厚度/mm	材料	粒径/mm	厚度/mm
1	砾石	2~4	100	重质矿石	0.5~1	50
2	砾石	4~8	100	重质矿石	1~2	50
3	砾石	8~16	100	重质矿石	2~4	50
4	砾石	16~32	本层顶面应高出配水系统孔口100	重质矿石	4~8	50
5				砾石	8~16	100
6				砾石	16~32	本层顶面应高出配水系统孔口100

反滤层内相邻两层的平均尺寸比称过渡系数。由表8-3可以看出，承托层各层间的过渡系数为2。承托层最上一层与滤层底层间的过渡系数也约为2。过渡系数值的要求可结合图8-17来理解。当承托层某层的尺寸为d_1时，大于$d_1/6.5$的颗粒都不能通过本层间的孔隙。过渡系数2表明相邻的较细一层的颗粒尺寸为$d_1/2$，这远大于$d_1/6.5$，说明这些颗粒绝不可能进入本层内。另有一种推荐用砂层滤料承托层的对称卵石层，其规格见表8-4。

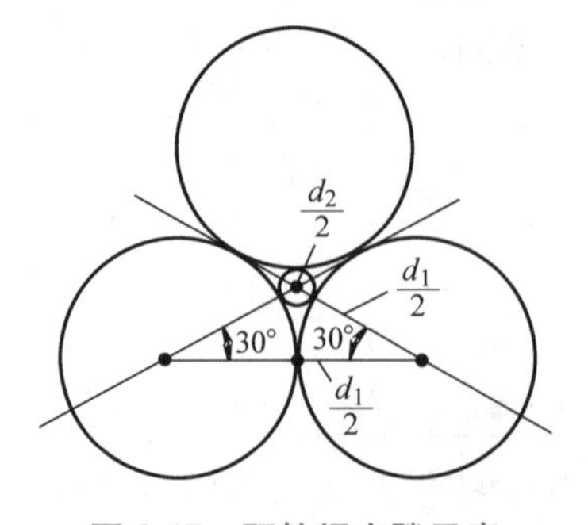

图8-17 颗粒间空隙示意

表 8-4 对称的卵石层规格

层次（自上而下）	尺寸/mm	厚度/mm	层次（自上而下）	尺寸/mm	厚度/mm
1	25~50	100	5	6~12	50
2	12~25	50	6	12~25	50
3	6~12	50	7	25~50	125
4	3~6	100	—	—	—

8.4 滤池冲洗

8.4.1 概述

1. 滤池冲洗中的问题

运行中的滤池，当其过滤水头损失、滤出水浊度、滤速和过滤时间4个参数中的某一项或某几项同时达到设定值时，应终止运行并进行反冲洗，以恢复生产能力。冲洗效果是影响滤池运行的关键因素之一，但现有的滤池冲洗方法，均不能使滤层的清洁程度完全恢复。上海市自来水公司的实践表明，在通常的冲洗条件与时间下，冲洗水排水的浊度仍达10~20NTU，滤料的含泥量仍有2.5~10g泥/100g滤料，且滤料上沉积的泥是逐年增长的。

在过滤过程中，存在部分悬浮颗粒，其附着在滤料表面的力总是大于滤池冲洗时所能提供的剥离力，颗粒被长期保留下来，这是滤料积泥的根本原因。特别是当滤池的反冲洗水在整个滤池面积上分配不均匀时，冲洗强度低的部分滤料上积泥量更多。

滤池的冲洗效果不佳，冲洗后在滤层内遗留了较多的黏性絮体，将出现一系列不利影响。

（1）在滤层中出现泥球　在滤层表面，一些表面有较多絮体的砂粒黏结成数毫米大的小泥球。如果不及时消除这些小泥球，它们将逐渐长大而进入滤层内部，长出更大的泥球，有的直径达到100~200mm。大泥球通常出现在冲洗水上升流速较低的池子四角或池边，在大泥球所形成的不透水部位的周围，使反冲洗水产生高流速，破坏卵石层的稳定性，影响滤池的正常工作。

（2）在滤床表面形成泥膜　滤床表面的砂层，由于残留在上面絮体的黏结作用，形成一层柔软的覆盖层。覆盖层越厚、黏结得越强，产生的危害就越大。覆盖层使滤床形成一个过滤的整体，过滤中滤床受垂直方向上的水压力作用，表面下沉并引起整体收缩，造成滤床表面出现裂缝，过滤进水便通过裂缝形成短流，不被过滤，恶化出水水质。池壁处的裂缝甚至可能使滤床产生横向过滤的作用。

2. 滤池冲洗的要求

滤池的冲洗要求满足下列条件：

1）冲洗水在整个滤池的底部平面上应均匀分布，并防止水中带有气泡。

2）冲洗水流必须保证有足够的上升流速，即有足够的冲洗强度，使砂层达到一定的膨胀高度。

3）要有足够的冲洗时间。

4）冲洗水的排出要迅速，以免杂质滞留影响冲洗效果。

8.4.2 滤池冲洗的方法

滤池冲洗的质量直接影响滤池的性能。滤层的冲洗方法应结合滤层的设计来考虑，因此也会影响滤池的整体构造。常用的冲洗方法有三种。

1. 高速水流反冲洗

反冲洗是滤池最常用的冲洗方法，该方法利用流速较大的反向水流冲洗滤料层，使整个滤层达到流态化状态，且具有一定的膨胀度，悬浮颗粒在水流剪切力和颗粒碰撞摩擦力双重作用下脱落去除。根据理论计算，水流所产生的剪切力数值较小，对剥离滤料表面所沉积的悬浮颗粒的能力有限，因此，单纯用水反冲洗很难完全冲洗干净。为了改进滤层冲洗的效果，快滤池反冲洗常辅以表面冲洗或气洗。

2. 反冲洗加表面冲洗

表面冲洗指从滤池上部，用喷射水流向下对上层滤料进行清洗的操作，该方法利用喷嘴所提供的射流冲刷作用，使滤料颗粒表面的污泥脱落去除。喷嘴孔径一般为3~6mm。由理论计算可知，表面冲洗对滤料表面沉积的悬浮颗粒具有较大的剥离作用。表面冲洗设备主要有固定管式和旋转管式两种形式，如图8-18所示。

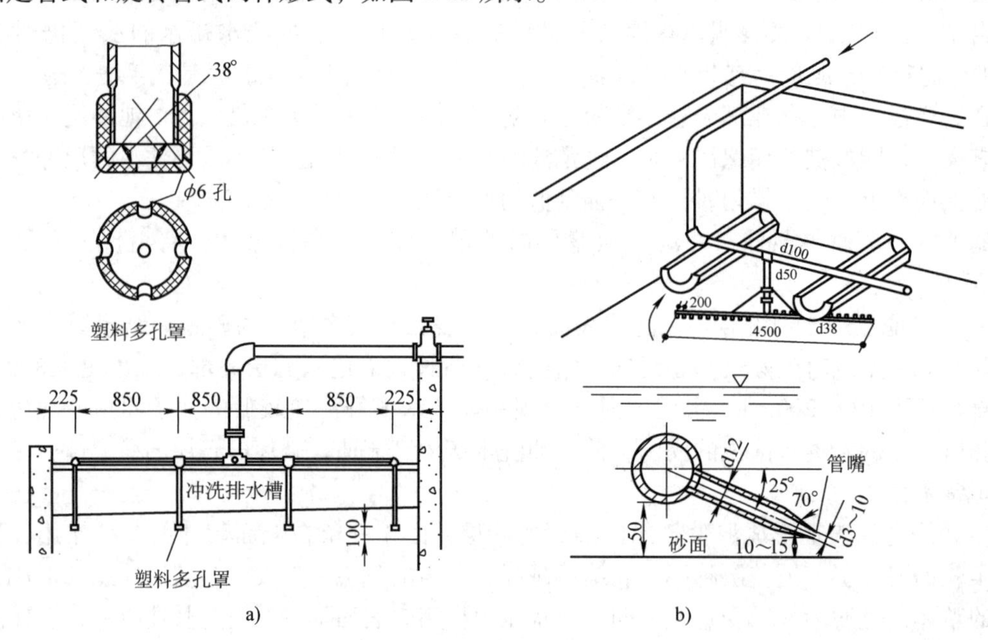

图8-18 表面冲洗装置
a）固定管式 b）旋转管式

固定管式一般由布置在砂面上5cm处带有防砂孔口装置的水平管道系统组成，孔口与水平方向成30°角向下，冲洗强度为1.4L/(s·m^2)。还可采用图8-18a所示的固定管式，喷水穿孔帽位于砂面上5~10cm处，喷口压力约0.5MPa，冲洗强度为2~3L/(s·m^2)。

旋转管式是借位于中心两侧方向相反的两组射流的反作用力，推动喷水管旋转，如图8-18b所示。由于旋转管式射流的湍动作用容易把滤料冲入反冲洗水流中，必须注意使射流的位置处于膨胀后滤层的更内部，冲洗强度一般为2~3L/(s·m^2)。

3. 水冲洗加气冲洗

气冲洗就是借助空气对滤层的搅动作用，使附着在滤料上的悬浮颗粒脱落。水反冲洗与气冲洗相结合，可以大大提高冲洗效果，同时可节省冲洗水量。采用均质滤料的气水混合冲洗可以避免使滤料膨胀，详见“V形滤池”小节中的冲洗过程。

水冲洗加气冲洗的三种方式：

1）先气冲洗后水冲洗。空气擦洗使悬浮颗粒从滤料表面脱落，水流反冲洗以较小的冲洗强度使滤层膨胀，把悬浮颗粒带出滤池。这种方式能够避免滤料被反冲洗水带出滤池，适用于细滤料和密度小的滤料的冲洗。

2）先气水同时冲洗，再单独水冲洗。

3）按气冲洗、气水混合冲洗和水冲洗的顺序进行冲洗。气水冲洗强度及冲洗时间见现行的《室外给水设计标准》。

对于气水冲洗系统，过去常采用在滤池底另装一套布气管道系统的方式。现在采用较多的是长柄滤头布水布气系统，如图8-19所示。长柄滤头安装在滤池下部的滤板上。滤帽上有0.25~0.40mm的缝隙，滤杆上端有1~3个小孔，下端有一条细缝。当气水同时冲洗时，滤板下空间的上部形成空气垫层，下部是水层。空气垫层的厚度取决于进气流量的大小。空气通过气垫内的小孔和缝隙进入管内，水流则通过滤杆下部管端和淹没部分的缝隙流入杆内，水、气在滤杆内混合，最后由滤帽上的细缝喷出来，自下而上对滤层进行反冲洗。气垫的存在，保证了气和水的均匀分布。采用长柄滤头可以不设砾石承托层。滤头采取网状布置，一般为50~60个/m^2。长柄滤头也可用于单独配气配水。

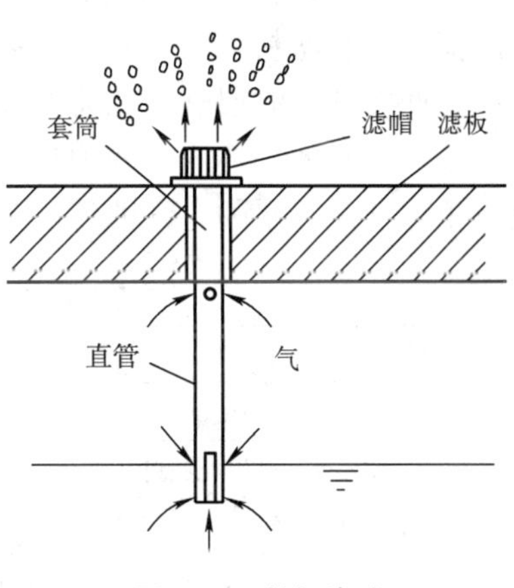

图8-19 长柄滤头

实验表明，单独采用气冲洗时，滤头上方滤层中空气量很大，而滤头之间的滤层中空气量较小，这会造成滤料层少量的循环移动，长期的微量横向移动有利于提高整个滤层的冲洗效果；当气、水同时冲洗时，在常用的2~8L/(s·m^2)水冲洗强度下，滤料层虽没有悬浮，但滤料层循环移动速度的加大，提高了冲洗效果。最后的单独水冲洗，在带走冲洗下来的污物的同时，也将残留在滤层中的气泡带出，确保下一周期过滤的正常进行。因为气、水同时冲洗时，滤料可能被上升气泡带动脱离滤层而造成滤料流失，所以气、水同时冲洗更适用于粗滤料滤层。

8.4.3 高速水流反冲洗水力学

高速水流反冲洗是最常用的冲洗方法，该方法利用颗粒碰撞和水流剪切力的共同作用，使污物从滤料表面脱落下来。

1. 冲洗强度、滤层膨胀率和冲洗时间

（1）冲洗强度 q 冲洗强度是指单位滤层面积上所通过的反冲洗水流量，单位为L/(s·m^2)，也可换算成以cm/s计的反冲洗流速，即1L/(s·m^2)=0.1cm/s。

（2）滤层膨胀率 e 反冲洗时，滤料悬浮于上升水流中，使滤层厚度增大而出现膨胀，

滤层膨胀后所增加的厚度与膨胀前厚度之比称为滤层膨胀率，表示为

$$e=\frac{L-L_0}{L_0}\times 100\% \tag{8-18}$$

式中 L_0、L——滤层原来的厚度和膨胀后的厚度。

由于滤料膨胀前、膨胀后单位滤池面积上滤料体积不变，于是

$$L(1-m)=L_0(1-m_0) \tag{8-19}$$

将式（8-19）代入式（8-18）得

$$e=\frac{m-m_0}{1-m} \tag{8-20}$$

式中 m_0、m——膨胀前的孔隙率和膨胀后的孔隙率。

（3）冲洗时间 t　当冲洗强度或滤层膨胀率符合要求，但冲洗时间不足时，也不能充分地洗掉包裹在滤料表面的悬浮固体，同时，冲洗废水排出不彻底也将导致悬浮物重新返回滤层。长期如此，滤层表面将形成泥膜。因此，应当保证必要的冲洗时间。生产上，冲洗强度、滤层膨胀率和冲洗时间根据滤料层不同，可以参考表8-5选定。实际操作中，冲洗时间也可根据冲洗废水的允许浊度决定。

表8-5　冲洗强度、滤层膨胀率和冲洗时间（水温20℃）

滤料种类	冲洗强度/[L/(s·m²)]	膨胀率（%）	冲洗时间/min
单层细砂级配滤料	12~15	45	7~5
双层煤、砂级配滤料	13~16	50	8~6
三层煤、砂、重质矿石级配滤料	16~17	55	7~5

注：1. 当采用表面冲洗设备时，冲洗强度可取低值。
2. 应考虑全年水温、水质变化的因素，并有适当调节冲洗强度的措施。
3. 选择冲洗强度应考虑所用混凝剂品种的因素。
4. 膨胀率数值仅供设计计算用。

2. 石英砂滤层的反冲洗水力学

预测滤层在给定冲洗强度下的膨胀率是反冲洗水力学的重要内容。

1）冲洗时，滤层膨胀前，假定滤料粒径是均匀的，水流通过均匀滤料层的水头损失可用欧根（Ergun）方程计算

$$h=150\frac{\mu}{\rho g}\frac{(1-m_0)^2}{m_0^3}\left(\frac{1}{\varphi d_0}\right)^2 L_0 v+1.75\frac{1}{g}\frac{1-m_0}{m_0^3}\frac{1}{\varphi d_0}L_0 v^2 \tag{8-21}$$

式中 h——滤层的水头损失（m）；

L_0——滤层膨胀前的厚度（m）；

μ——水的动力黏度；

ρ——水的密度；

m_0——滤层膨胀前的孔隙率；

d_0——滤料同体积球体的直径（m）；

φ——滤料颗粒的球形系数；

v——冲洗流速（m/s）；

g——重力加速度，$g=9.81\text{m/s}^2$。

式（8-21）的右边第一项表示由水的黏滞力所引起的水头损失，属于层流项。因膨胀前，反冲洗相当于反向过滤，故与过滤清洁滤层水头损失计算公式相同。第二项表示由动能所引起的水头损失，属湍流项。因此，式（8-21）适用于过滤和反冲洗两种情况，适用范围为层流、湍流及过渡区。

滤层反冲洗实验表明，当反冲洗水流速较小时，滤层厚度 L_0、孔隙率 m_0 保持不变，反冲洗水所产生的水头损失 h 与同样条件下过滤速度为 v 的水头损失一样。随着反冲洗流速的增大，滤层开始松动，水头损失 h 也随着 v 的增大而增长，当滤层全部处于悬浮状态时，水头损失 h 趋于一稳定值，不再随 v 的增大而变化，此时的冲洗流速值 v 称为最小流态化速度 v_{mf}。

从 $v>v_{mf}$起，滤层孔隙率开始加大，滤层厚度开始膨胀，这被称为流化现象。流化的程度随着 v 的增大而加强，孔隙率 m 从 $v=v_{mf}$时的 m_0 起逐渐上升，理论上可达1.0。$m=1.0$ 时的 v 相应于颗粒的自由沉淀速度，而滤层的厚度趋近于无穷大，滤料将被上升水流带出池外。

2）滤层膨胀起来后，悬浮滤层处于动态平衡状态，滤料对冲洗水流的阻力，应等于它们在水中的质量乘以重力加速度 g（单位面积上），取反冲洗状态下的一个单元体来进行推导：

① 滤料反冲洗平衡时的重力 G，单位面积滤层滤料的重力在数值上等于滤料在水中的质量乘以重力加速度 g，即

$$G=\rho_s g(1-m)L-\rho g(1-m)L=(\rho_s-\rho)g(1-m)L \tag{8-22}$$

式中 G——单位面积滤层的滤料在水中的重力；

ρ_s——滤料的密度；

m——滤料膨胀后的孔隙率；

L——滤料膨胀后的滤层厚度（m）；

其余符号同前。

② 水流对滤料所产生的阻力 p，其数值等于单位面积上悬浮滤层上、下界面的水压降，即

$$p=\rho g h \tag{8-23}$$

式中 h——水流在悬浮滤层中的水头损失。

重力 G 与水流阻力 p 大小相等，方向相反，悬浮滤层处于动态平衡状态，由式（8-22）和式（8-23）得

$$h=\left(\frac{\rho_s-\rho}{\rho}\right)(1-m)L \tag{8-24}$$

将式（8-19）代入式（8-24）得出

$$h=\left(\frac{\rho_s-\rho}{\rho}\right)(1-m_0)L_0 \tag{8-25}$$

如果滤层是由大小均匀的球形颗粒组成，结合式（8-21）和式（8-25）可得滤料在反冲洗中的水头损失 h 和冲洗流速 v 的关系，如图 8-20 所示。图中 v_{mf} 即为式（8-21）和式（8-25）所表达的两条线交点处的冲洗流速，是反冲洗时滤料刚刚开始流态化的冲洗流

速，即最小流态化流速。

由此可知，水在悬浮状态下的水头损失，在数值上等于单位面积滤层的滤料在水中的重力，而与冲洗强度 q（冲洗流速 v）无关。

3）滤层反冲洗的流速、冲洗强度与滤层膨胀率间的关系。当冲洗流速超过 v_{mf} 以后，随着冲洗流速的增大，滤层中水头损失保持不变但滤层不断膨胀，且冲洗流速越大，膨胀率越大（见图 8-20）。滤层悬浮于上升水流中，这可以看作是水流通过孔隙率较大的滤层的过滤过程。将膨胀后滤层孔隙率 m 代替式（8-21）中的 m_0，并将式（8-24）代入其中，经整理后可得反冲洗流速和膨胀后滤层孔隙率间关系为

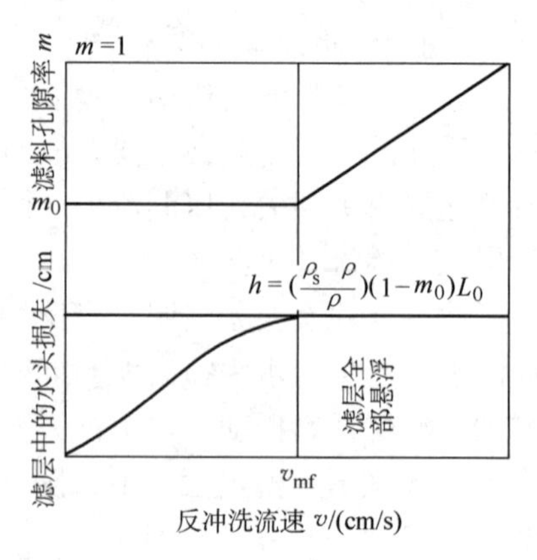

图 8-20 反冲洗产生的流化过程

$$\frac{1.75\rho}{(\rho_s-\rho)g}\frac{1}{\varphi d_0}\frac{1}{m^3}v^2+\frac{150\mu}{(\rho_s-\rho)g}\left(\frac{1}{\varphi d_0}\right)^2\frac{1-m}{m^3}v=1 \tag{8-26}$$

由式（8-26）可知，当滤料粒径、形状、密度及水温已知时，冲洗流速仅与膨胀后滤层孔隙率 m 有关。将膨胀后的滤层孔隙率按式（8-20）关系换算成膨胀率，并将冲洗流速以冲洗强度代替，则可得冲洗强度和膨胀率的关系，但计算过程很复杂。

水在滤层中的水头损失与水通过滤层的流态有关。在生产实际中应用的石英砂滤料粒径和冲洗强度范围内，水流主要处于过渡区。根据试验数据，考虑雷诺数 Re 的各种影响因素，可以得出

$$q=12260\frac{d^{1.31}}{\alpha^{1.31}\mu^{0.54}}\frac{(e+m_0)^{2.31}}{(1+e)^{1.77}(1-m_0)^{0.54}} \tag{8-27}$$

式中 q——冲洗强度[$L/(s\cdot m^2)$]；
d——砂滤料直径（m）；
α——砂滤料形状系数；
其余符号同前。

最小流态化反冲洗强度，可由式（8-27）中的 $e=0$ 得出

$$q_{mf}=12260\frac{d^{1.31}}{\alpha^{1.31}\mu^{0.54}}\frac{m_0^{2.31}}{(1-m_0)^{0.54}} \tag{8-28}$$

对非均匀滤料，如果取砂层的最大粒径代入式（8-27）和式（8-28）计算，所得出的冲洗强度将使最大颗粒处于临界流态化状态，其他颗粒则处于完全流态化状态，整个滤层发生膨胀，其膨胀率为最低值，相应的 q_{mf} 则为最小冲洗强度。滤池设计或操作中，应以底层最粗滤料刚刚开始膨胀，即底层滤料最小流态化流速作为确定冲洗强度的依据。如果由此引起上层细滤料膨胀率过大甚至引起滤料流失，则应调整滤料级配。

8.4.4 滤池的配水系统

配水系统是指布置在整个滤池面积上、位于滤池底部，过滤时均匀收集清水，反冲洗时保证均匀分布冲洗水流量的设备。因为滤池反冲洗水的强度比过滤水负荷要大得多（一般为4~5倍），且在整个滤池面积上均匀分布冲洗流量，所以配水系统是快滤池可靠工作的关

键条件。滤池的配水系统一般按反冲洗的要求进行设计。

由前述可知，冲洗水分布不均匀将产生严重后果。冲洗强度小或大都将导致不良后果。在冲洗强度小的范围内，滤料清洗不干净，表面上残留悬浮颗粒的滤料，会逐渐形成“泥饼”或“泥球”，长久运行后会进一步削弱冲洗效果，影响出水水质，最终将不得不对整个滤层进行翻洗。在冲洗强度大的范围内，高速水流会破坏承托层结构，造成滤料和承托层卵石的混合，产生走砂现象，严重不均匀时，会使滤板损坏。

1. 配水系统及其阻力

了解配水不均匀的原因可以很好地设计配水系统，使其均匀配水。图8-21所示为滤池冲洗的水流路程情况。冲洗水在进入滤池后可以按任意路线穿过滤层。图中给出了Ⅰ、Ⅱ两条路线。A和C两点分别位于路线Ⅰ和Ⅱ上，且是距进水口最近和最远的两点，即冲洗强度相差最大的两点。在整个滤池面积上的冲洗强度平均值为q，单位为$L/(s \cdot m^2)$。

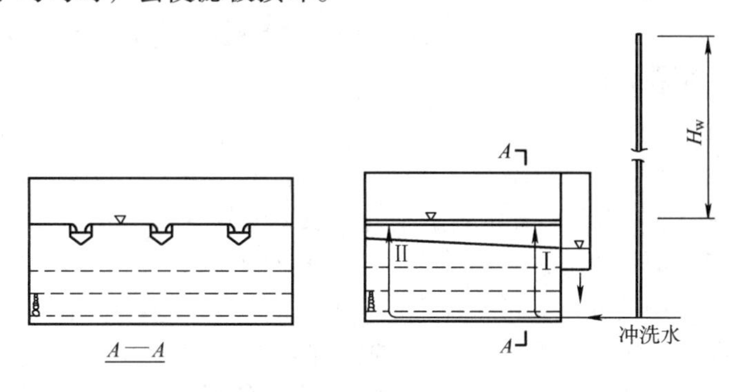

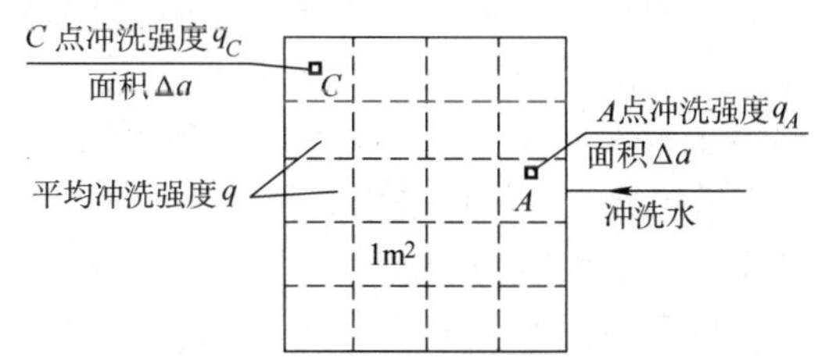

图8-21 滤池冲洗时的水流路程情况

反冲洗水在滤池内任一路线上的水头损失均由四部分组成。故A点和C点水头损失计算如下（按单位滤池面积进行计算）：

1）水在配水系统内的沿程损失和局部损失h_1。

$$h_{1A} = s_{1A} q_A^2, \qquad h_{1C} = s_{1C} q_C^2 \tag{8-29}$$

式中 s_{1A}、s_{1C}——A点和C点处配水系统的阻力系数；

q_A、q_C——A点和C点的冲洗强度。

2）配水系统孔口出流的水头损失h_2。

$$h_{2A} = s_{2A} q_A^2, \qquad h_{2C} = s_{2C} q_C^2 \tag{8-30}$$

式中 s_{2A}、s_{2C}——A点和C点处孔口的阻力系数。

3）水在承托层中的水头损失h_3。

$$h_{3A} = s_{3A} q_A^2, \qquad h_{3C} = s_{3C} q_C^2 \tag{8-31}$$

式中 s_{3A}、s_{3C}——A点和C点处承托层的阻力系数。

4）水在滤料层中的水头损失h_4。

$$h_{4A} = s_{4A} q_A^2, \qquad h_{4C} = s_{4C} q_C^2 \tag{8-32}$$

式中 s_{4A}、s_{4C}——A点和C点处滤料层的阻力系数。

冲洗水流在A点和C点的总水头损失分别为

$$H_A = h_{1A} + h_{2A} + h_{3A} + h_{4A}$$

$$H_C = h_{1C} + h_{2C} + h_{3C} + h_{4C}$$

冲洗水通过配水系统分别沿着Ⅰ和Ⅱ两条路线流动，但两条路线的进口和最终出口压力（冲洗排水槽口）是相同的，即两条线路的总水头损失相等，各点的总水头损失也相等，即

$$H_A = H_C = H_w \tag{8-33}$$

将式（8-29）~式（8-32）代入式（8-33）

$$s_{1A}q_A^2 + s_{2A}q_A^2 + s_{3A}q_A^2 + s_{4A}q_A^2 = s_{1C}q_C^2 + s_{2C}q_C^2 + s_{3C}q_C^2 + s_{4C}q_C^2$$

整理后得

$$\frac{q_A}{q_C} = \sqrt{\frac{s_{1C} + s_{2C} + s_{3C} + s_{4C}}{s_{1A} + s_{2A} + s_{3A} + s_{4A}}} = \sqrt{\frac{\sum s_C}{\sum s_A}} \tag{8-34}$$

式中，$\sum s_A$及$\sum s_C$分别表示到A点及C点两条路线的总阻力系数。配水系统中配水孔口大小相等，即Ⅰ、Ⅱ两条路线上A点、C点的s_{2A}、s_{2C}值基本相等，在整个滤池面积上各点滤料及承托层的粒度和铺设厚度基本相同，即s_{3A}、s_{3C}及s_{4A}、s_{4C}值也基本一样。但是在Ⅰ、Ⅱ任意路线上的A点和C点所走的路程是不同的，即s_{1A}和s_{1C}值不同，进而q_A、q_C值不可能相等，这说明在配水系统中要做到配水的绝对均匀是不可能的。但根据式（8-34）可以尽量使配水均匀，即设法使$\sum s_A$及$\sum s_C$尽量接近。

由于s_{3A}、s_{3C}及s_{4A}、s_{4C}是不能变动的，只有靠改变s_1或s_2的数值尽可能使总阻抗$\sum s_A$和$\sum s_C$值相接近。一般可采用两种方法。

第一，加大阻力系数s_2的数值，使s_{1A}和s_{1C}在总阻力系数$\sum s_A$和$\sum s_C$中所引起的差值很微小，即可得到$\sum s_A \approx \sum s_C$，$q_A/q_C$趋近于1。加大$s_2$即减小配水孔口的面积，可以使流量通过孔口的速度加大，产生的水头损失增大，按这种原理设计的配水系统，称为大阻力配水系统。

第二，在适当保持s_2值比较小的条件下，尽量减小阻力系数s_1的值，使s_{1A}和s_{1C}在总阻力系数$\sum s_A$和$\sum s_C$中所引起的差值，对配水系统的不均匀性影响可以忽略，同样可得到$\sum s_A \approx \sum s_C$，$q_A/q_C$趋近于1。因为$s_2$值较小，也就是配水孔口的流速比较小，整个系统所产生的水头损失都较小，所以这样设计的配水系统为小阻力配水系统。小阻力配水系统的总水头损失值可为1~1.5m，甚至更小。

引入大阻力和小阻力的概念，是便于理解配水系统构造的设计原理。但阻力的大小只是相对的，是从考虑问题的不同角度提出来的，并无严格划分的科学依据，除了管式大阻力配水系统外，其余各种配水系统都可称为小阻力配水系统。一般小阻力配水系统可以靠滤池本身的水位提供冲洗所需的水头，而大阻力配水系统的冲洗水头数值较高，需要专设反冲洗设备。

2. 大阻力配水系统的构造和设计要求

图8-22所示的管式大阻力配水系统是大阻力配水系统的唯一构造形式。

图8-22a表示系统的平面布置，滤池中心是一根配水干管，干管两侧均匀布置许多配水支管，在支管下部管中心垂直线两侧的45°方向，左右交错开有许多孔口，如图8-22b所示。一般干管和支管用铸铁管、钢管或塑料管，但断面大的干管则采用钢筋混凝土渠道。

设计中，要求每根支管的配水面积相等，支管上每个孔口的配水面积也相等。图8-22a只是示意，没有表示出干管、支管各部分的尺寸比例关系。图8-22b则只给出了尺寸比例关

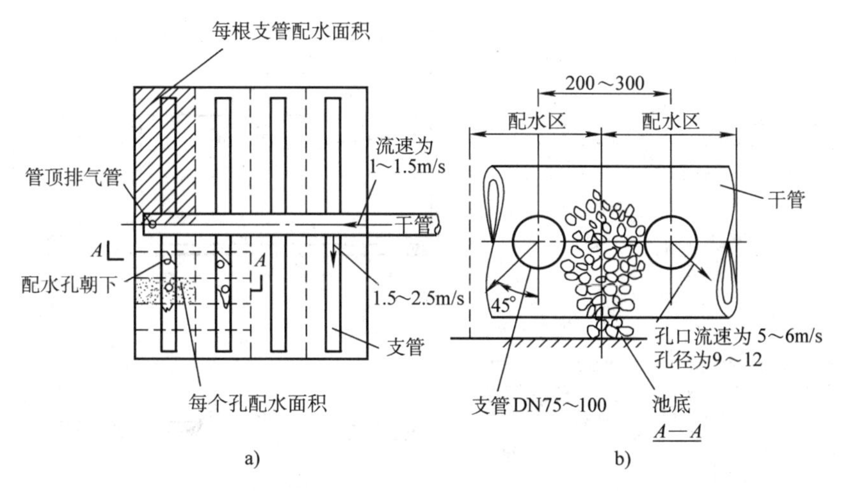

图 8-22 管式大阻力配水系统

系，可以看出卵石承托层能起到进一步均匀分布反冲洗水的作用。

管式大阻力配水系统的尺寸，可以根据表 8-6 数据来确定。为了排除冲洗时配水系统中的空气，常在干管（渠）的高处设排气管，排出口需高出滤池水面。

表 8-6 管式大阻力配水系统设计数据

干管（渠）进口流速	1.0~1.5m/s	开 孔 比	0.2%~0.28%
支管进口流速	1.5~2.0m/s	配水孔径	9~12mm
孔口出口流速	5~6m/s	配水孔口间距	75~300mm
支管间距	0.2~0.3m		

由图 8-22 可以看出，当滤池面积较大，即干管直径过大时，会出现两个问题：①支管在池底上过高，池子深度加大，承托层也必须加厚，增加了滤池的投资；②干管在池中宽度过大，占据滤池的面积，无法按支管布置配水孔的要求来均匀配水。解决的方法如下：

1）对于管径小于 400~500mm 的配水干管，可在干管顶上适当加装一些配水滤头，如图 8-23a 所示。

2）对于管径更大的配水干管，可以把干管埋入滤池底板下面，上面接出短管穿过底板与支管相连，或将干管部分埋入滤池底板下部，便于管道安装，如图 8-23b 所示，这样减小主体部分的深度。

3）对面积在 $80m^2$ 以上的滤池，采用如图 8-23c 所示的配水干渠布置方法，此时，冲洗排水槽及配水支管都分别按滤池的一半来布置，长度相应缩短，更容易满足配水均匀性的要求。

3. 多叉管水力特性

通过沿程孔口出流来分配流量或进水以收集流量的短管，属于沿途均匀泄流管道系统，又称多叉管。多叉管上两个相邻沿程出流口的距离很近，出流后干管流速的减小，使原有流速水头恢复所产生的水头的增长值大于管段本身的沿程水头损失，管道沿程压力逐渐增大，出现了压力及孔口流量沿水流方向逐渐上升的现象，这就是多叉管的特性。

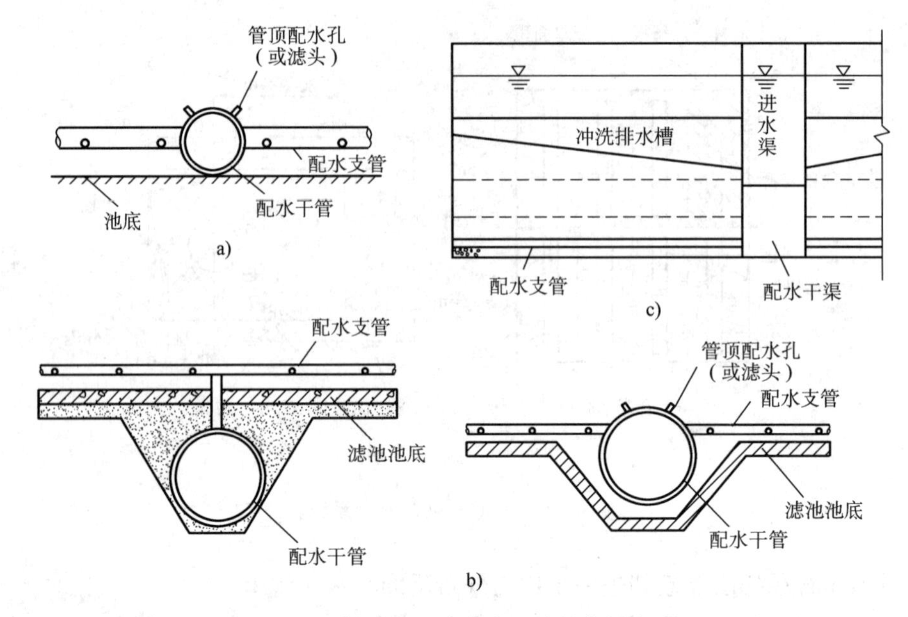

图 8-23 管式大阻力配水系统的布置方法

图 8-24 所示为管式大阻力配水系统的水头和孔口流量变化。进入滤池的反冲洗水，从干管起端 O 点直到末端 P 点，流量和流速沿程不断减小，流速从 O 点的 v_1 变到 P 点的零。这种流动，使管内压力由于克服管道的阻力逐渐减小，同时管内动能转变为势能使静水压力逐渐增大。因此，干管末端的水头（见图 8-24b）可以表示为

$$H_P = H_O + \alpha_1 \frac{v_1^2}{2g} - h_1 \tag{8-35}$$

式中 H_P——干管末端 P 点的水头（m）；

H_O——干管起端 O 点的水头（m）；

v_1——干管进口处流速（m/s）；

α_1——干管流速水头转化为压力水头的系数；

h_1——干管沿程水头损失（m）。

由式（8-35）可知，当 $h_1>\alpha_1 \frac{v_1^2}{2g}$时，干管的压力由起端 O 点到末端 P 点逐渐减小，当 $h_1<\alpha_1 \frac{v_1^2}{2g}$时，则干管的压力将逐渐增大，即 P 点的压力将大于 O 点的压力。

根据实验，当管径 D(mm) 和管长 L(mm) 存在式（8-36）的关系时，P 点的压力将大于 O 点的压力，这样的沿程出流管便属于多叉管。

$$D > \sqrt[1.33]{0.00606L} \tag{8-36}$$

从管式大阻力配水系统的构造可知，干管流量通过沿程均匀配置的支管来出流，而支管则是通过均匀布置的配水孔口来沿程出流，且它们的管径与管长都符合式（8-36）关系，都属于多叉管。在图 8-24 中，干管上 P 点的压力大于 O 点的压力，支管中 C 点的压力大于 B 点的压力，即在管式大阻力配水系统中，A 点压力最小，C 点压力最大。对管式大阻力配水

系统的配水均匀性计算如下。

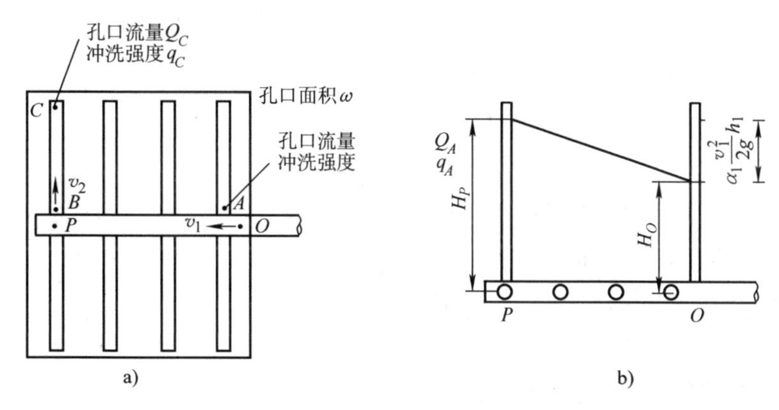

图8-24 管式大阻力配水系统的水头和孔口流量变化

支管的水头同样可以表示成类似式（8-35）的形式。因为每根支管的流量大致相等，所以假定每根支管的进口处流速都为v_2。支管内水流速度从进口的v_2变到管末端的零。

$$H_C = H_B + \alpha_2 \frac{v_2^2}{2g} - h_2 \tag{8-37}$$

此外，支管进口端A、B点的水头可表示为

$$H_A = H_O - \zeta \frac{v_2^2}{2g} \tag{8-38}$$

$$H_B - H_P - \zeta \frac{v_2^2}{2g} \tag{8-39}$$

式中 ζ——支管进口的水头损失系数；

α_2——支管流速水头转化为压力的系数；

v_2——支管进口处流速（m/s）；

h_2——支管沿程水头损失（m）。

将式（8-35）、式（8-38）、式（8-39）代入式（8-37）可以得出压力最大的C点的水头关系为

$$H_C = H_A + \zeta \frac{v_2^2}{2g} + \alpha_1 \frac{v_1^2}{2g} - h_1 - \zeta \frac{v_2^2}{2g} + \alpha_2 \frac{v_2^2}{2g} - h_2$$

假定干管和支管沿程水头损失忽略不计，取$\alpha_1 = \alpha_2 = 1$，则可得到A孔和C孔处的压头H_A和H_C的关系为

$$H_C = H_A + \frac{1}{2g}(v_1^2 + v_2^2) \tag{8-40}$$

由于干管和支管的沿程水头损失不等于零，这样得出的H_C值是偏于安全的。$\frac{1}{2g}$（$v_1^2 + v_2^2$）是水流自干管起端O点流至支管末端C点时的压头恢复。

4. 大阻力配水系统的计算

滤池冲洗时，承托层和滤料层对布水均匀性影响较小。实践证明，当配水系统配水均匀

性符合要求时，基本上可实现均匀反冲洗的目的。

图8-24中，在整个配水面积上，孔口均匀分布且各孔口面积相等，A孔和C孔出流量在不考虑承托层和滤料层的阻力影响时，按孔口出流公式计算。

$$Q_A = \mu\omega\sqrt{2gH_A}$$

$$Q_C = \mu\omega\sqrt{2gH_C}$$

式中 Q_A——A点孔口流量（最小）（m^3/s）；

Q_C——C点孔口流量（最大）（m^3/s）；

μ——孔口流量系数；

ω——孔口面积（m^2）；

g——重力加速度，$g=9.81m/s^2$；

反冲洗水在池中分布的均匀性，常以池中反冲洗强度相差最大的q_A和q_C的比值来表示，要求比值不小于0.95。即孔口流量及冲洗强度的均匀性系数为

$$\beta = \frac{Q_A}{Q_C} = \frac{\mu\omega\sqrt{2gH_A}}{\mu\omega\sqrt{2gH_C}} = \frac{q_A}{q_C} \geqslant 0.95 \tag{8-41}$$

式中 q_A——A点的冲洗强度；

q_C——C点的冲洗强度。

将式（8-40）代入式（8-41），取$\beta \geqslant 0.95$计算得

$$\frac{Q_A}{Q_C} = \frac{\sqrt{H_A}}{\sqrt{H_A + \frac{1}{2g}(v_1^2 + v_2^2)}} \geqslant 0.95 \tag{8-42}$$

经整理得

$$H_A \geqslant 9\frac{v_1^2 + v_2^2}{2g} \tag{8-43}$$

为简化计算，设H_A以孔口平均水头损失计，当冲洗强度已定时，H_A为

$$H_A = \left(\frac{qF \times 10^{-3}}{\mu f}\right)^2 \frac{1}{2g}$$

式中 q——滤池冲洗强度[$L/(s \cdot m^2)$]；

F——滤池面积（m^2）；

f——配水系统孔口总面积（m^2）；

μ——孔口流量系数；

g——重力加速度，$g=9.81m/s^2$；

当按实验公式进行近似计算时得

$$H_A = 8\frac{v_1^2}{2g} + 10\frac{v_2^2}{2g}$$

式中 v_1——干管起点流速（m/s）；

v_2——支管起点流速（m/s）。

干管和支管起端流速分别为

$$v_1 = \frac{Q}{\omega_1} = \frac{qF \times 10^{-3}}{\omega_1}$$

$$v_2 = \frac{Q}{n\,\omega_2} = \frac{qF \times 10^{-3}}{n\,\omega_2}$$

式中 ω_1——干管截面面积（m^2）；

ω_2——支管截面面积（m^2）；

n——支管根数。

将各式代入式（8-43），得

$$\frac{1}{2g}\left(\frac{qF \times 10^{-3}}{\mu f}\right)^2 \geqslant 9\frac{1}{2g}\left[\left(\frac{qF \times 10^{-3}}{\omega_1}\right)^2 + \left(\frac{qF \times 10^{-3}}{n\omega_2}\right)^2\right]$$

令孔口流量系数 $\mu=0.62$，经整理得

$$\left(\frac{f}{\omega_1}\right)^2 + \left(\frac{f}{n\,\omega_2}\right)^2 \leqslant 0.29 \tag{8-44}$$

式（8-44）是配水均匀性达到95%以上时，计算大阻力配水系统构造尺寸的依据。可见，配水均匀性只与配水系统构造尺寸有关，而与冲洗强度和滤池面积无关。但滤池面积不宜过大，否则会影响布水均匀性的其他因素。单池面积一般不宜大于100m^2。承托层的铺设及冲洗废水的排除等不均匀程度也将对冲洗效果产生影响。

配水系统不仅是为了均布冲洗水，也是过滤时的集水系统，由于冲洗流速远大于过滤流速，当冲洗布水均匀时，过滤时集水均匀性也将满足要求。

根据式（8-44）的要求和生产实践经验，大阻力配水系统设计要点如下：

1）配水干管进口处的流速取1.0~1.5m/s，配水支管进口处的流速取1.5~2.0m/s，配水支管孔口出口流速取5~6m/s。这组数据反映了式（8-44）的基本要求，是决定配水均匀性的关键参数。

2）配水系统孔口总面积与滤池面积之比称为“开孔比”，其值为

$$\alpha = \frac{q}{1000v} \times 100\% \tag{8-45}$$

式中 α——配水系统开孔比（%）；

q——滤池的反冲洗强度[L/(s·m^2)]；

v——孔口流速（m/s）。

对普通快滤池，若取 $v=5\sim6$m/s，$q=12\sim15$L/(s·m^2)，则 $\alpha=0.20\%\sim0.28\%$。开孔比 α 虽与配水均匀性有关，但在大阻力配水系统中不是关键参数，主要考虑经济效果。

3）支管中心间距约0.25~0.3m，支管长度与直径之比一般不大于60。

4）孔口直径取9~12mm。当干管直径大于300mm时，干管顶部也应开孔布水，并在孔口上方设置挡板。

5）干管横截面与支管总横截面之比应大于1.75~2.0。

【例8-1】 设某一滤池，平面布置及相关尺寸如图8-25所示，试设计大阻力配水系统。

【解】 设计冲洗强度取 $q=14$L/(s·m^2)，则冲洗水流量 $Q=14\times8\times3.5\times2$L/s=784L/s=0.784$m^3$/s。

1）配水干渠。

采用钢筋混凝土配水渠道。取干渠起端流速 $v_1=1.0\text{m/s}$，则干渠断面面积 $\omega_1=\dfrac{0.784}{1.0}\text{m}^2=0.784\text{m}^2$。采用断面尺寸：宽800mm，高980mm，干渠长8000mm。

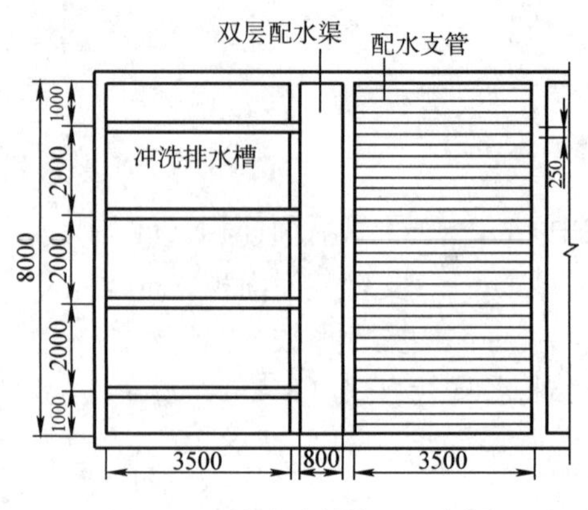

图 8-25 某滤池单格平面布置

2）配水支管。

配水干渠上部是浑水进水渠，渠道将滤池分成两格，配水支管沿渠道两边均匀分布，支管中心间距采用250mm。

支管数 $n=\dfrac{8.0}{0.25}\times2$ 根$=64$ 根（每侧32根）。

支管长3500mm。每根支管进口流量为 $\dfrac{784}{64}\text{L/s}=12.25\text{L/s}$。

取支管起端流速 $v_2=2.0\text{m/s}$，则支管截面面积为 $\omega_2=\dfrac{0.784}{2.0\times64}\text{m}^2=6.125\times10^{-3}\text{m}^2$，支管直径 $d=\sqrt{4\omega_2/\pi}=\sqrt{4\times6.125\times10^{-3}/3.14}\,\text{m}=0.088\text{m}$，选用直径80mm的支管，则实际支管面积 $\omega_2'=5.0\times10^{-3}\text{m}^2$，得实际支管始端流速为2.45m/s。

3）配水孔口。

孔口流速取5.6m/s，孔口总面积 $f=\dfrac{0.784}{5.6}\text{m}^2=0.14\text{m}^2$。

配水系统开孔比 $\alpha=0.14/(8\times3.5\times2)=0.25\%$。

孔口直径采用9mm，每个孔口面积为 $6.36\times10^{-5}\text{m}^2$。

孔口数 $m=0.14/(6.36\times10^{-5})=2201$。

每根支管孔口数$=2201/64=34.4$，取34个孔口，分两排布置，孔口向下与中垂线夹角45°交错排列，每排17个孔。孔口中心间距$=3.5\text{m}/17=0.20\text{m}$。

4）配水系统校核。

实际孔口数 $34\times64=2176$，实际孔口总面积 $f'=0.1384\text{m}^2$，实际孔口流速 $v'=5.66\text{m/s}$。

$$\left(\frac{f'}{\omega_1}\right)^2+\left(\frac{f'}{n\omega_2'}\right)^2=\left(\frac{0.1384}{0.80\times0.98}\right)^2+\left(\frac{0.1384}{64\times5.0\times10^{-3}}\right)^2=0.22<0.29 \quad \text{（符合95\%要求）}$$

开孔比 $\alpha=\dfrac{q}{1000v'}=\dfrac{14}{1000\times5.66}=0.247\%$

---

5. 小阻力配水系统

大阻力配水系统的优点是配水均匀性较好，但结构较复杂，孔口水头损失大，冲洗时能耗较大，而且管道易结垢，增加检修困难。此外，大阻力配水系统也不适用于冲洗水头较小的无阀滤池、虹吸滤池，小阻力配水系统可解决这些问题。

小阻力配水系统通过减小配水系统沿程损失和局部损失，使整个系统的压力变化对配水均匀性的影响很小，基本实现了配水均匀。同时，减小孔口阻力 s_2，以减小孔口水头损失，

这就是小阻力配水系统的基本原理。鉴于此，小阻力配水系统将底部改成较大的配水空间，上部设穿孔滤板、滤砖或滤头，如图8-26所示。

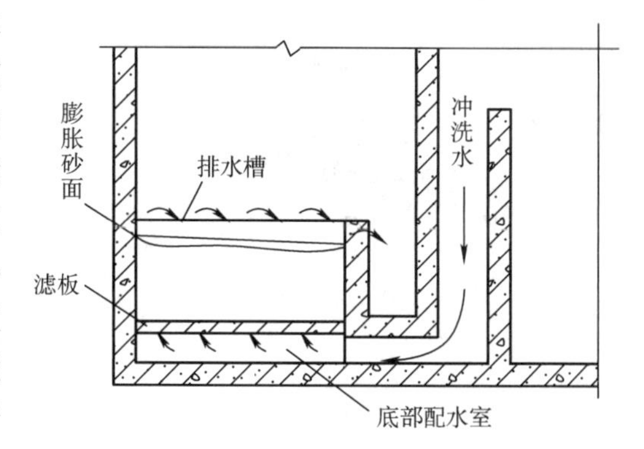

图8-26 小阻力配水系统

配水系统阻力的大小，主要取决于配水系统的开孔比。生产中采用的配水系统形式很多，包含大阻力配水系统在内，开孔比约为0.2%~2.0%，且在此之间已形成一个连续的数列，按其中的任何一个开孔比，都可以设计出一种配水均匀的构造形式。新型的小阻力配水系统，只要做到设计合理，且施工满足设计要求，单池面积较大情况下也能配水均匀，因此认为小阻力配水系统只适用于小面积滤池的说法也并不准确。小阻力配水系统的形式和材料多种多样，不断发展，这里仅介绍几种。

1）钢筋混凝土穿孔（或缝隙）滤板。在钢筋混凝土板上开圆孔或条式缝隙。板上铺设一层或两层尼龙网。板上开孔比和尼龙网眼尺寸不尽相同，视滤料粒径、面积等情况决定。图8-27所示滤板的尺寸为980mm×980mm×100mm，每块板孔口数168个。板面开孔比为11.8%，板底为1.32%。板上铺设尼龙网两层，网眼孔径为0.595~0.355mm（30~50目）。

这种配水系统造价较低，孔口不易堵塞，配水均匀性较好、强度高、耐腐蚀。但必须注意，上铺的尼龙网接缝要做好，尽可能保证其完整性，且沿滤池四周应压牢，以免受力不均被拉开。尼龙网上可适当铺设一些卵石。

图8-28所示为西南地区使用的管板式滤板，构造有如空心楼板，在其面层预留若干孔口，上铺承托层。管板安装后试水，孔口布水均匀，水柱高度基本一致，铺设承托层后，反冲洗砾石层无水平移动现象，使用效果良好。

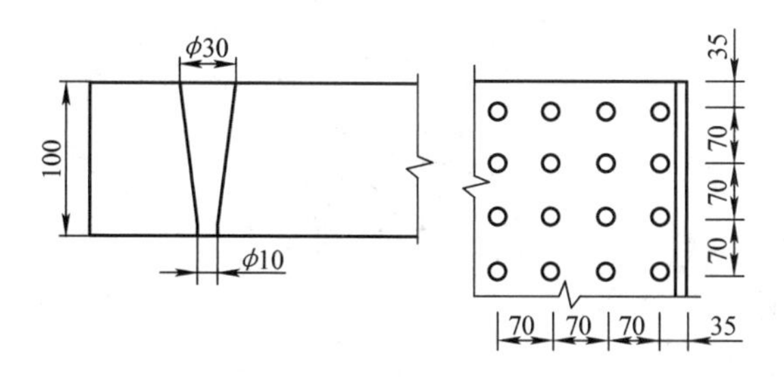

图8-27 钢筋混凝土穿孔滤板

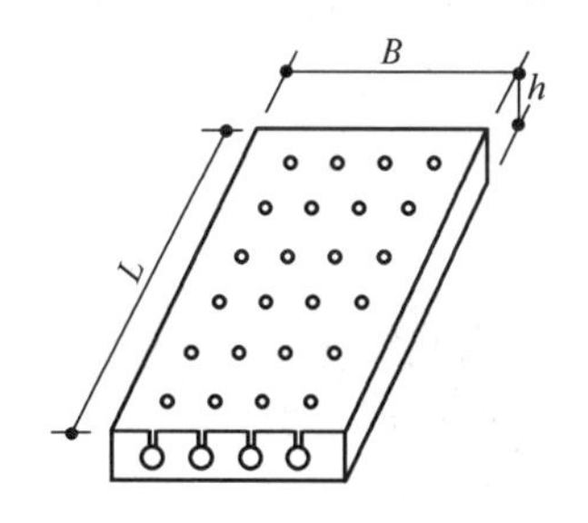

图8-28 管板式滤板

2）穿孔滤砖。图8-29所示为二次配水的穿孔滤砖，用钢筋混凝土或陶瓷制成，滤砖尺寸为600mm×280mm×250mm。每平方米滤池面积上铺设6块。一次配水孔为4×ϕ25mm，二次配水孔为96×ϕ4mm，开孔比各为1.10%和0.72%。滤砖构造上下两层连成整体。铺设时，各砖的下层相互连通，起到配水渠的作用；上层各砖单独配水，用板分隔互不相通。

穿孔滤砖的上下层为整体，反冲洗水的上托力能自行平衡，不致使滤砖浮起，因此只需较小的承托层防止滤料落入配水孔即可，从而降低了滤池的高度。二次配水穿孔滤砖配水均

匀性较好，但价格较高。

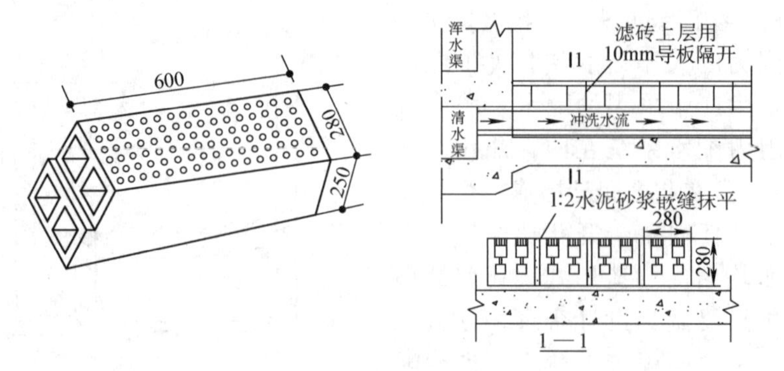

图 8-29　穿孔滤砖

如图 8-30 所示是另一种二次配水、配气穿孔滤砖，即复合气水反冲配水滤砖。该滤砖既可单独用于水反冲洗，也可用于气水反冲洗。倒 V 形斜面开孔比和上层开孔比均可按要求制造，一般上层开孔比小（0.5%~0.8%），斜面开孔比稍大（1.2%~1.5%），水、气流方向见图中箭头。该滤砖一般可用 ABS 工程塑料一次注塑成型，加工精度易控制，安装方便，配水均匀性较好，但价格较高。

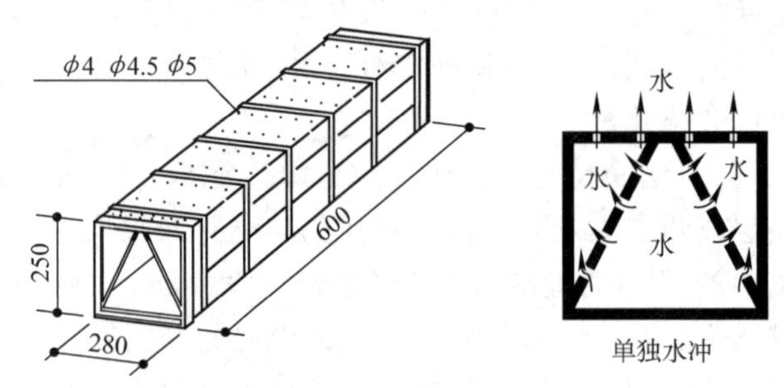

图 8-30　复合气水反冲洗配水滤砖

3）滤头。滤头由具有缝隙的滤帽和滤柄（具有外螺纹的直管）组成。短柄滤头如图 8-31a 所示，是早期采用过的配水形式，用于单独水冲洗系统，每平方米滤池面积上一般装 40~60 个滤头，按每个滤头上所开的配水缝隙计，开孔率合 0.5%~2%。

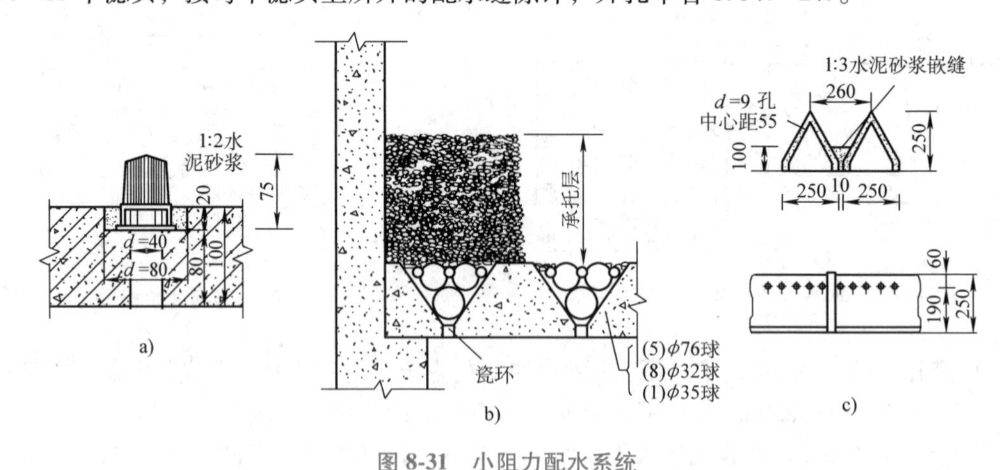

图 8-31　小阻力配水系统

a）滤头　b）滤球　c）三角槽孔板

长柄滤头是目前气水反冲洗滤池中应用最普遍的配水、配气系统构件，如图 8-19 所示。长柄滤头的滤帽上开有许多缝隙，缝宽为 0.25~0.40mm，以防滤料流失。直管上部开 1~3

个小孔，下部有一条直缝。当气水同时反冲时，在混凝土滤板下面的空间内，上部形成气垫，下部为水。气垫中的空气先由直管上部小孔进入滤头，气量加大后，气垫厚度相应增大，部分空气由直管下部的直缝上进入滤头，此时气垫厚度基本停止增大。反冲水则由滤柄下端及直缝进入滤头，气和水在滤头内充分混合后，经滤帽缝隙均匀喷出，使滤层得到均匀冲洗。滤头布置数一般为50~60个/m^2，开孔比约为1.5%。

4）滤球。图8-31b所示为滤球配水系统，滤球为瓷质，大球直径76mm共5只，小球直径35mm一只、直径32mm共8只。滤球配水系统实际运行情况良好，出水和反冲洗都较均匀。

5）三角槽孔板。图8-31c所示为三角槽孔板，三角槽下部起到配水渠的作用，上部孔口均匀配水，据实际使用测试，该系统配水均匀性高，均匀度在98%以上，建议的开孔比为0.8%~1.2%。

8.4.5　滤池冲洗的构筑物

滤池冲洗的构筑物包括反冲洗排水设施和冲洗水供给设备。

1. 滤池反冲洗的排水设施

滤池反冲洗废水中含有大量的污泥，为了有利于冲洗废水的排除，要求在整个滤池面积上按一定间距均匀布置冲洗排水槽，使反冲洗废水自由跌落进入槽内，以满足各排水槽进水流量相同的要求，同时每个排水槽内的废水要自由跌落流入废水渠内。反冲洗过程中的水流情况如图8-32所示。

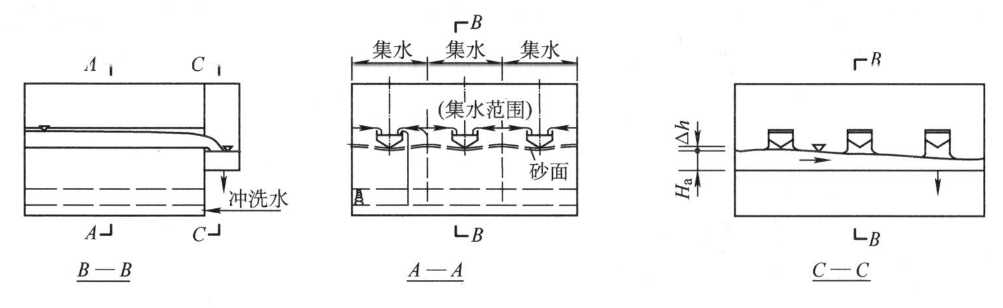

图8-32　反冲洗过程中的水流情况

（1）冲洗排水槽　冲洗排水槽的断面一般有图8-33所示的两种形式，其中半圆形底的断面对水流的阻力较小，最合适钢制水槽。冲洗排水槽可以采用平底，也可以采用0.01~0.02的底坡以适应变流量过程。

冲洗排水槽的具体要求：①从每个排水槽的单位长度上溢流到槽内的流量必须相等，即在滤池面积上均匀布置排水槽，同时，将全部排水槽堰口的水平误差控制在±2mm内；②为满足反冲洗废水自由跌落要求，防止槽内外的水面连成一片，排水槽内的水面要有足够的保护高度；③为避免排水槽间过水面积太小，水流速度过大而影响出水均匀性，要求全部排水槽的总平面面积应小于滤池面积的25%。

图8-33a所示为常用的标准五角形排水槽，其断面模数为x，槽宽$b=2x$，则槽断面面积$\omega=4x^2$，考虑排水槽自由跌落出流，取$\omega=3.5x^2$，每个排水槽流量为q_t。当排水槽内的废水自由跌落进入废水渠时，排水槽过水断面面积为

$$\omega = 1.73 \times \left(\frac{q_t^2 b}{g}\right)^{1/3} \tag{8-46}$$

将相关数据代入式（8-46）得

$$x = 0.475 q_t^{0.4} \tag{8-47}$$

$$q_t = \frac{qF}{1000n} \tag{8-48}$$

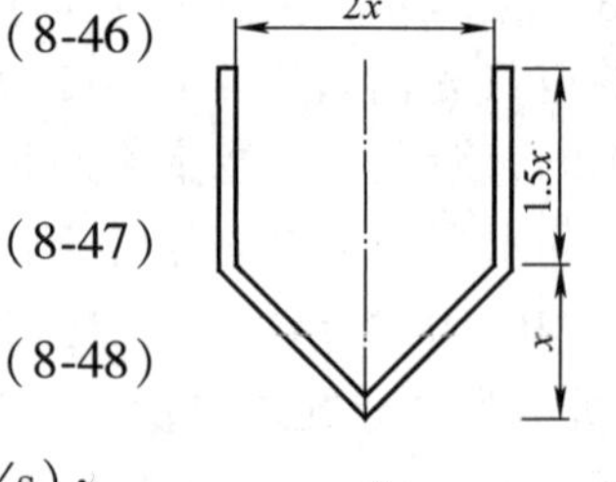

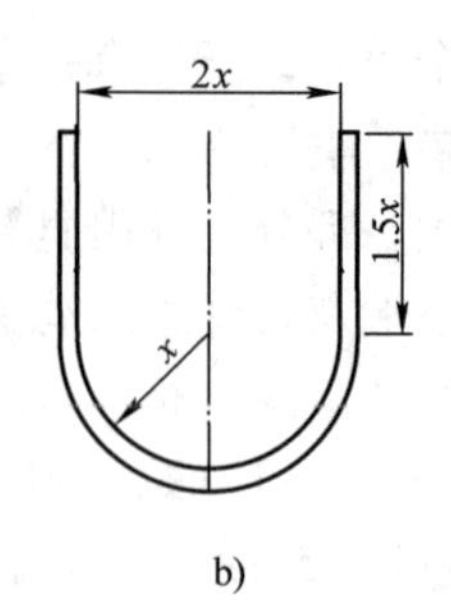

图 8-33 冲洗排水槽的断面

式中 q_t——冲洗排水槽的出口流量（m^3/s）；

q——冲洗强度［$L/(s \cdot m^2)$］；

F——单个滤池面积（m^2）；

n——单个滤池的冲洗排水槽数目，排水槽中心间距一般为 1.5~2.0m。

当采用图 8-33b 所示的半圆形底断面时，断面模数为

$$x = 0.44 q_t^{0.4} \tag{8-49}$$

为了防止排水槽间的流速增高而把滤料带进槽内，冲洗排水槽口距未膨胀时滤料表面的高度 H 为

$$H = eH_2 + 2.5x + \delta + (0.10 \sim 0.15) \tag{8-50}$$

式中 δ——冲洗排水槽底厚度（m）；

e——冲洗时滤料膨胀率；

0.10~0.15——考虑防止排水槽带进滤料的保护高度（m）。

（2）废水渠 每个冲洗排水槽的流量都是相等的，要求排水槽内的废水要以自由跌落的方式流入废水渠内，废水渠内的水面不能顶托排水槽的出水。由图 8-32c 可清楚地看出，废水渠也是一个沿途集流的变流量过程。废水渠起端的水深为

$$H_c = 1.73 \times \left(\frac{Q^2}{g B^2}\right)^{1/3} \tag{8-51}$$

式中 H_c——废水渠起端水深（m）；

Q——滤池冲洗总流量（m^3/s）；

g——重力加速度，$g=9.81m/s^2$；

B——废水渠宽度（m）。

废水渠实际高度可按 H_c 值另加保护高度 0.2m 考虑，以使冲洗排水槽排水通畅。

【例 8-2】 如图 8-25 所示滤池，配水干渠将滤池分为两格，每格平面尺寸为 $L=8.0m$，$B=3.5m$，$F=28.0m^2$。滤层厚 $H_2=70cm$，冲洗强度 $q=14L/(s \cdot m^2)$。滤层膨胀率 $e=45\%$。试设计冲洗排水槽断面尺寸和槽顶距砂面高度 H。

【解】 设冲洗排水槽之间的间距为 2m，则每格排水槽数量为 8/2 = 4 条，槽长 $l=B=3.5m$。

每条冲洗槽排水流量 $Q=\frac{1}{4}qF=\frac{1}{4}\times 14\times 28.0L/s=98L/s=0.098m^3/s$。

冲洗排水槽断面采用图 8-33a 所示形状。按式（8-47）求断面模数为

$$x = 0.475Q^{0.4} = 0.475 \times 0.098^{0.4}m = 0.187m$$

冲洗排水槽底厚 $\delta=0.06m$，保护高度 0.10m，则槽顶距砂面高度

$H = eH_2 + 2.5x + \delta + 0.10\text{m} = (0.45 \times 0.7 + 2.5 \times 0.187 + 0.06 + 0.10)\text{m} = 0.94\text{m}$

校核：冲洗排水槽总面积与滤池面积之比

$4 \times l \times 2x/F = 4 \times 3.5 \times 2 \times 0.187/28.0 = 0.187 < 0.25$ （符合要求）

2. 滤池冲洗水的供给设施

滤池一般都用滤后水进行反冲洗。反冲洗所需的流量由冲洗强度和滤池面积确定，反冲洗所需总水量则由冲洗时间和冲洗流量确定。为保证滤层在冲洗过程中有稳定的膨胀率，既能把滤料冲洗干净，又不致把滤料冲走，要求冲洗水的流量和水头尽量保持稳定。普通快滤池冲洗水的供给方式有两种，一是利用高位水箱或水塔，二是利用专设的冲洗水泵。

（1）冲洗水箱或水塔　冲洗水箱或水塔贮存的水量一般为冲洗一个滤池所需水量的1.5倍。水箱的容积为

$$V = \frac{1.5qFt \times 60}{1000} = 0.09qFt \tag{8-52}$$

式中　t——冲洗历时（min）。

为防止在冲洗过程中流量和水头变化过大，冲洗水箱或水塔的水深不宜超过3m。每次冲洗完毕后，可在一段时间内由专用水泵从清水池向水箱或水塔充水。专用水泵的功率小，供水时对水厂的用电均匀性影响也小。高位水箱特别是水塔因容量大，造价较高。

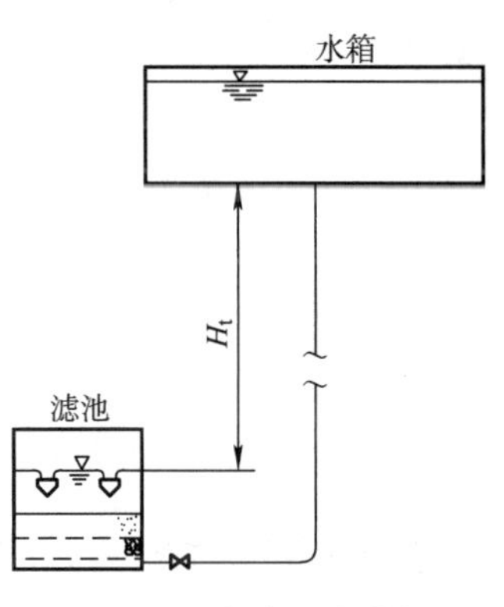

图8-34　水箱或水塔供给滤池冲洗水

冲洗水箱的底距冲洗排水槽顶的高度 H_t(m) 按式（8-53）计算，如图8-34所示。

$$H_t = h_1 + h_2 + h_3 + h_4 + h_5 \tag{8-53}$$

$$h_2 = \frac{1}{2g}\left(\frac{qF \times 10^{-3}}{\mu f}\right)^2 = \frac{1}{2g}\left(\frac{q}{10\mu\alpha}\right)^2 \tag{8-54}$$

$$h_3 = 0.022qz \tag{8-55}$$

式中　h_1——水箱（水塔）至滤池冲洗管道的总水头损失（m）；

h_2——配水系统水头损失（m）。大阻力配水系统见式（8-54）；

h_3——承托层水头损失（m）；

z——承托层厚度（m）；

h_4——冲洗时滤层的水头损失（m），见式（8-25）；

h_5——备用水头，一般取1.5~2.0m；

q——设计的冲洗强度[L/(s·m²)]；

μ——孔口流量系数，为孔径与管壁厚的函数，一般采用0.65~0.70，见表8-7；

α——配水系统开孔比（%），大阻力配水系统 α=0.20%~0.28%，以0.20~0.28代入计算；

g——重力加速度，g=9.81m/s²；

10——由 q 所采用的单位和以 α 值代表开孔比所引入的常数；

F——滤池平面面积（m²）；

f——配水系统孔口总面积（m²）。

表 8-7 孔口的流量系数μ

孔口直径与管壁厚之比 d/δ	1.25	1.5	2.0	3.0
流量系数μ	0.76	0.71	0.67	0.60

（2）冲洗水泵　用水泵冲洗滤池时，布置如图 8-35 所示。水泵流量按冲洗一个池子的所需水量确定，水泵扬程 H_p(m) 应为

$$H_p = H_e + h_1 + h_2 + h_3 + h_4 + h_5 \tag{8-56}$$

式中　H_e——冲洗排水槽顶与清水池最低水位间的高程差（m）；

h_1——清水池至滤池冲洗管道的总水头损失（m）。

冲洗水泵比冲洗水箱或水塔的建造费用低，且可连续冲洗几个滤池，在冲洗过程中冲洗强度变化也较小，便于自控，在供电充足情况下，特别是对气水同时冲洗的滤池，为确保配水、配气压力的均衡稳定，常采用水泵冲洗。

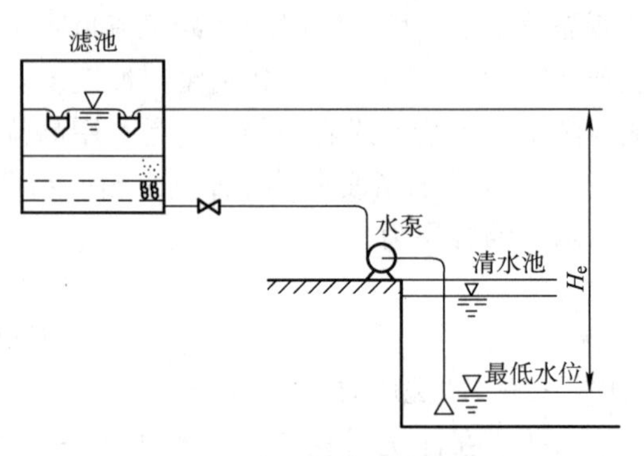

图 8-35　水泵供给滤池冲洗水

8.5　几种常用滤池的设计

8.5.1　普通快滤池的设计

普通快滤池的设计与计算，包括下列内容：

1）确定滤池的工作方式和滤速，确定滤池的总面积。

2）确定滤池的分格数、平面尺寸及系统布置方式。

3）确定滤池内各个组成部分的形式和尺寸。

4）确定管廊内各管渠的尺寸，进行管廊布置。

5）选用仪表和控制设备。

上述工作常交叉进行，在设计过程中，常会出现原设计尺寸与实际数据不符或其他矛盾情况，需要对相关的设计进行复核和修改。这是设计工作与一般计算工作的不同点。

1. 滤池的面积和滤池的长宽比

滤池的总面积 F(m^2) 可由式（8-57）计算，

$$F = \frac{Q}{VT} \tag{8-57}$$

式中　Q——设计水量，含水厂自用水量（m^3/天）；

V——设计滤速（m/h）；

T——滤池每日实际生产合格水的过滤时间（h/天），$T=T_0-t_0$；

T_0——滤池每日工作时间（h/天）；

t_0——滤池每日冲洗时间、操作间歇时间和排放初滤水时间之和（h/天）。

（1）滤速的选择　滤速的选择对水质、滤池面积大小、工程投资及运转灵活性都有很

大影响。影响滤速的因素有进水浊度、滤料种类、滤池个数以及水厂规划等。常用滤池滤速及滤料组成见表8-2。强制滤速是指1格或2格滤池停产检修，其余滤池负担整个滤池产水量，在此超负荷下的滤速。

滤速确定后，即可由式（8-57）计算滤池总面积。

（2）滤池个数及单池面积　滤池个数的选择，需综合考虑两个因素：

1）从运行考虑，滤池数目较多为好。滤池数目多，单池面积小，冲洗效果好，运转灵活，强制滤速低。但操作管理较麻烦且滤池总造价高。

2）从滤池总造价考虑，滤池数目较少为好。单池面积大，单位面积滤池的造价低。滤池数目少，管件虽大，但总数减少，且隔墙也少，土建和管件费用都降低。

池滤数一般经技术经济比较确定，但个数一般不得少于4格。当滤池个数超过6格时应采用双排布置。滤池的单格面积与生产规模、操作运行方式、滤后水汇集和冲洗水分配有关。

最佳的单池面积与过滤总面积 F 的关系为

$$f=\beta\sqrt{F} \tag{8-58}$$

系数 β 反映了包括阀门等设备在内的滤池本身造价和冲洗设备投资的综合影响。据现有资料，β 值为2.5~3.2。单池面积可参考表8-8选用。滤池面积及个数确定以后，以强制滤速进行校核。

表8-8　快滤池的最佳单池面积　　（单位：m^2）

总面积	单池面积	总面积	单池面积
60	15~20	250	40~50
120	20~30	400	50~70
180	30~40	600	60~80

（3）滤池的长宽比　滤池的长（指垂直于管廊方向）宽比，应根据滤池本身的土建费用、管廊及操作廊的土建费用以及管廊内的纵向管道费用综合考虑，在同样的单池面积条件下，存在最经济的长宽比。目前，各种费用市场化，根据经验经济指标，管廊单位长度的造价远高于池壁单位长度的造价，因此经济可行的长宽比为1.5∶1~4∶1。

2. 滤池的深度

滤池的深度设计主要包括：保护高度取0.25~0.3m，滤层表面以上的水深取1.5~2.0m，滤层厚度见表8-2，承托层厚度见表8-3和表8-4。

再考虑配水系统孔口中心距池底的高度，滤池总深度一般为3.2~3.8m。单层级配砂滤料滤池深度小一些，双层和三层滤料滤池深度稍大一些。

3. 管廊布置

管廊布置要考虑管道设备安装和维修的必要空间、采光、通风及排水，方便与滤池和操作室的联系。由于管廊的深度和荷载与滤池不同，为避免不均匀沉降造成裂缝，一般管廊均与滤池分开建造，进入各单池的管道要设置软接头。

每个滤池一般有5个阀门：进水阀、出水阀、冲洗水进水阀、冲洗水排水阀和初滤水排水阀，有时还有表面冲洗阀。现代阀门都采用气动控制、电动控制的蝶阀。蝶阀体积小、质量轻，易于安装，节流作用较好，使管廊设计和施工得到简化，节省了空间。

管廊设计注意点：初滤水排水管与废水渠间应设足够的空气间隙，以防止废水通过倒虹吸作用进入滤池内。滤池进水管应接入浑水渠内，通过冲洗排水槽进入滤池内。要防止水流直接搅乱滤层表面。管廊内应提供充足的空间和走道，便于人员和设备的进出。提供足够的柔性接头，以便在施工中的管道定线和修理时拆除阀门。钢筋混凝土的管渠或外包混凝土的管道只能用于地板上，不宜架空，以防出现裂缝和漏水。

常见的快滤池管廊布置形式如图 8-36 所示。

1）图 8-36a 所示布置方式：进水、冲洗水和清水管均采用金属管道，排水渠单独设置。通常适用于小水厂滤池的单排布置。

2）图 8-36b 所示布置方式：冲洗水和清水渠布置于管廊内，进水和排水以渠道形式布置于滤池另一侧。特点是节省金属管件及阀门，管廊内管件简单，施工和维修方便，但造价较高。

3）图 8-36c 所示布置方式：为减少滤池阀门，对于较大型滤池，可用虹吸管代替进水和排水支管，其他构造基本不变。虹吸管的布置形式有多种，通常采用真空系统控制。

4. 管渠设计流速

滤池的管道和渠道断面一般可按下列流速进行设计。若考虑到今后水量增大的可能，流速宜取其下限。

进水管（渠）	0.8~1.2m/s
出水管（渠）	1.0~1.5m/s
冲洗水管（渠）	2.0~2.5m/s
冲洗水排水管（渠）	1.0~1.5m/s
初滤水管	2.0~3.5m/s

5. 设计中应该注意的几个问题

1）滤池底部应设排空管，其入口处设栅罩，池底坡度约为 0.005，坡向排空管。

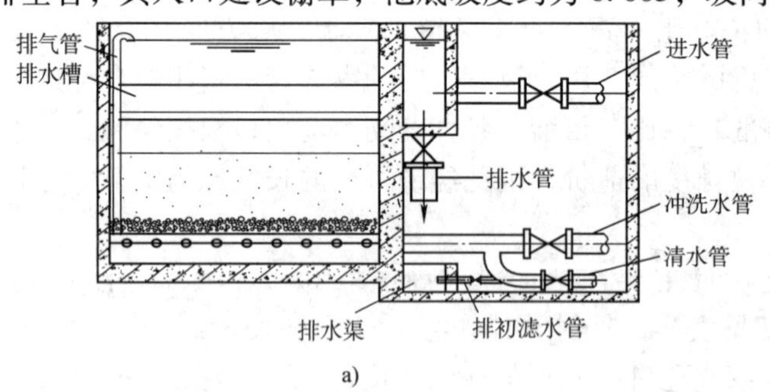

a)

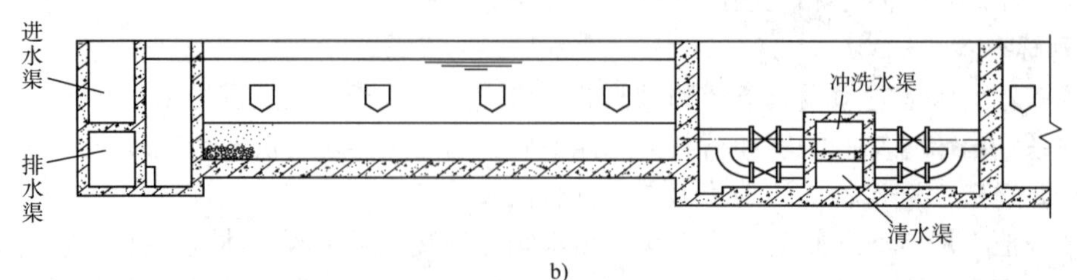

b)

图 8-36 快滤池管廊布置

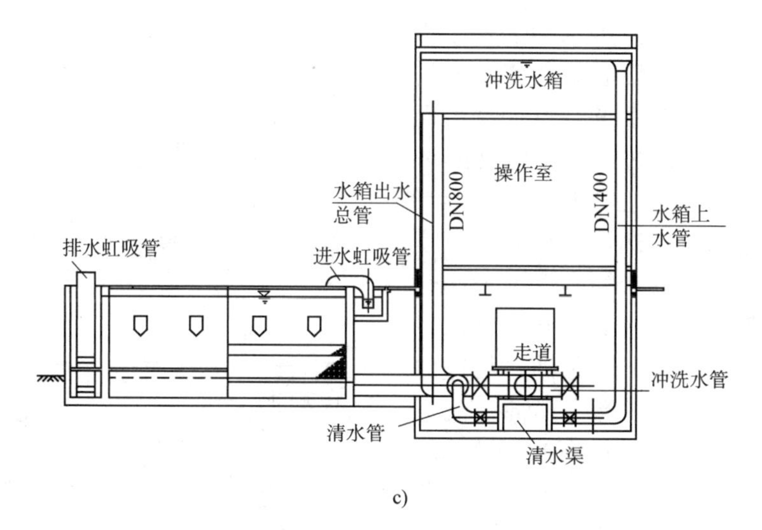

c)

图 8-36 快滤池管廊布置（续）

2）每个滤池宜设水位控制器和滤后水质检测仪，以控制滤池的运行。

3）各种密封渠道上应设人孔，以便检修。

4）滤池壁与砂层接触处应拉毛成锯齿状或在滤料层高度以上池壁贴瓷砖，以免过滤水发生短路而影响水质。

普通快滤池效果好，冲洗效果得到保证，特别是有表面冲洗或气水冲洗的情况，适用任何规模的水厂，其主要缺点是管配件及阀门较多，操作比较复杂，必须设置独立的冲洗设施。

8.5.2 V形滤池

1. 概述

V形滤池是法国德格雷蒙公司设计的采用气水反冲洗的一种快滤池，因池壁两侧或一侧进水槽设计成V形而得名，适用于大中型水厂，在我国得到广泛应用。V形滤池通常是由数只滤池组成的滤池组，每只滤池构造如图8-37所示。

滤池平面为矩形，被中间的双层渠道分为两个过滤室。渠道上层是排水渠，供冲洗排污用，下层是气、水分配渠，过滤时汇集滤后清水，冲洗时分配气和水。滤池采用均匀级配粗砂滤料，粒径为0.90~1.50mm，有效粒径 $d_{10}=0.9\sim1.2$mm，不均匀系数 $K_{80}<1.4$，滤层厚度 $L=1.2\sim1.5$m，$L/d_{10}>1250$。采用长柄滤头配水系统，并要求同格滤池所有滤头滤帽或滤柄顶表面在同一水平高程，误差不得大于5mm。下面介绍V形滤池的工艺流程。

（1）过滤过程　待滤水由进水总渠经进水气动隔膜阀和方孔后，通过溢流堰经过侧孔进入V形槽。水通过V形槽底的小孔和槽顶溢流，均匀进入滤池，然后通过滤料层和长柄滤头流入底部空间，再经方孔汇入中央下层水渠内，最后由管廊中的水封井、出水堰、清水渠进入清水池。

根据原水水质和滤料组成，V形滤池正常滤速为8~10m/h。滤层表面以上的水深一般大于1.2m，根据滤池水位的微量变化自动调节出水蝶阀的开启度或采用出水虹吸管与水位控制器联动来实现等水头等速过滤。

（2）冲洗过程 关闭进水阀，开启排水阀将滤池内中央排水渠堰口高度以上的水从排水槽中排出，然后进行反冲洗。通常采用气水冲洗，冲洗过程：①起动鼓风机，打开进气阀，空气经气水分配渠上部的小孔均匀进入滤池底部，由长柄滤头喷出。滤料表面的杂质被空气擦洗下来并悬浮于水中。由于进水渠两侧方孔常开，仍有一部分原水继续进入V形槽通过槽底的小孔进入滤池，在滤池中产生横向水流进行表面扫洗，将杂质推向中央排水渠。②起动冲洗水泵，打开冲洗水阀，空气和水同时进入气水分配渠，通过方孔、小孔和长柄滤头均匀地进入滤池，滤料得到进一步冲洗。③停止气冲，单独水冲洗及表面扫洗，将悬浮于水中的杂质全部送入排水槽。

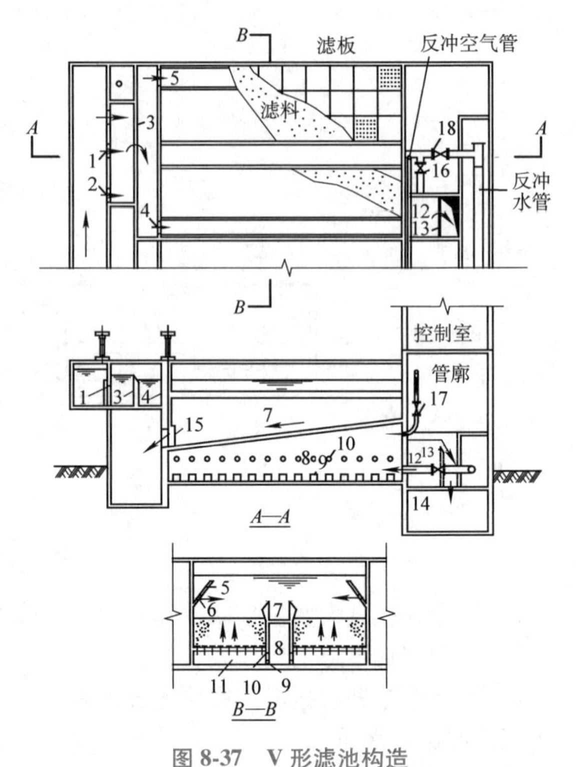

图8-37 V形滤池构造

1—进水气动隔膜阀 2—进水方孔 3—堰口 4—侧孔 5—V形槽 6—扫洗水小孔 7—中央排水渠 8—气水分配渠 9—配水方孔 10—配气小孔 11—底部空间 12—水封井 13—出水堰 14—清水渠 15—排水阀 16—清水阀 17—进气阀 18—冲洗水阀

气冲强度一般为14~17L/(s·m^2)，水冲强度约为4L/(s·m^2)，横向扫洗强度为1.4~2.0L/(s·m^2)，总的反冲洗时间约为12min。因水流冲洗强度小，滤料不会膨胀。

V形滤池冲洗过程实行自动控制。在进行气、水同时反冲洗时，由于气泡高速穿过滤层，常会携带少量滤料脱离滤层，为减少滤料的流失，溢流堰顶应高出滤层表面0.5m，且将堰顶做成45°斜坡形。

2. V形滤池的特点

采用气水反冲洗，滤料不发生水力分级，整个滤层沿深度方向的粒径分布基本均匀，属均质滤料；深层过滤，滤层含污能力大，水头损失增长缓慢，过滤周期长达30~40h，且出水水质好。气、水反冲洗，滤料流态化前剪切力最大，再加上空气振动，表面水扫洗，使滤料冲洗得很干净，且不会流失，同时冲洗水量大大减少，滤池有效产水量高。

缺点是需要增加一套气冲设备，此外，气、水的压力要调控稳定。

8.5.3 无阀滤池

1. 构造与工作原理

图8-38所示为无阀滤池。过滤过程：原水从进水分配槽经进水U形管及配水挡板消能和分散作用，均匀地分布在滤层的上部。水流通过滤层、承托层、小阻力配水系统进入集水空间，经三角连通渠上升到冲洗水箱，水箱水位逐渐上升达到出水管喇叭口上缘时，便从喇叭口溢流到清水池。

冲洗水箱内贮存的过滤水即为无阀滤池的冲洗用水。冲洗水箱的容积按照一座滤池一次

冲洗水量设计。

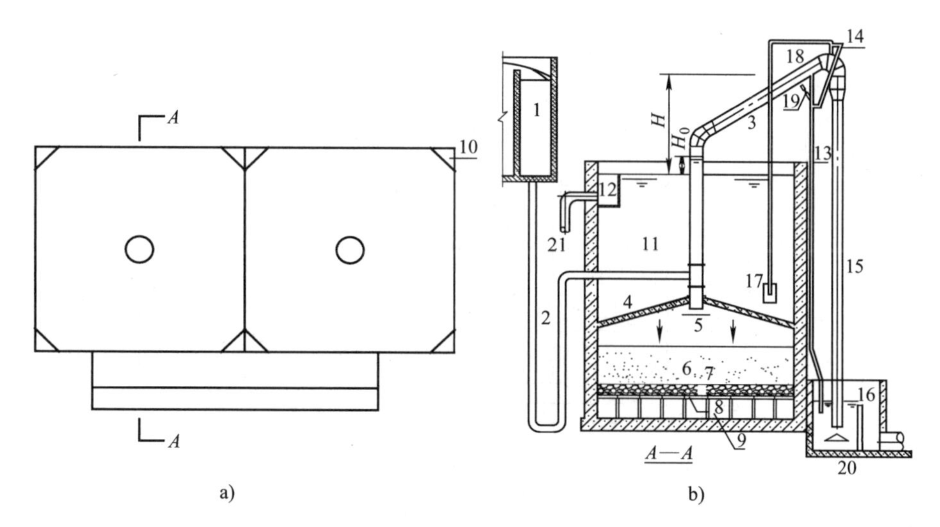

图 8-38 无阀滤池构造

a）无阀滤池平面 b）无阀滤池过滤过程

1—进水分配槽 2—进水管 3—虹吸上升管 4—伞形顶盖 5—挡板 6—滤料层 7—承托层 8—配水系统 9—底部配水区 10—连通渠 11—冲洗水箱 12—出水渠 13—虹吸辅助管 14—抽气管 15—虹吸下降管 16—水封井 17—虹吸破坏斗 18—虹吸破坏管 19—强制冲洗管 20—冲洗强度调节器 21—出水管

当滤池刚投入运转时，虹吸上升管内水位与冲洗水箱的水位高差 H_0 代表清洁滤层过滤水头损失，又称初期水头损失，一般在20cm左右。由于滤池进水量不变，随着过滤过程中滤层水头损失逐渐增加，虹吸上升管内的水位也缓慢上升。虹吸上升管中水位的上升使其中原存的空气受到压缩，部分空气从虹吸下降管的下端穿过水封进入大气。当虹吸上升管中的水位达到虹吸辅助管上端管口时，过滤水头最大，这时的水头损失 H 称为期终允许水头损失，一般为1.5m。

当虹吸上升管中的水位超过虹吸辅助管上端管口时，水便从虹吸辅助管中流进水封井内，水流经过抽气管与虹吸辅助管连接处时产生抽吸，把抽气管中的空气带走使它产生负压，同时把虹吸下降管上端的空气抽走，使其也产生负压，虹吸辅助管也能带走一部分空气，更加速了虹吸管中真空度的形成，虹吸上升管和虹吸下降管中的水位同时上升，当两股水柱汇合后即产生虹吸作用，冲洗水箱的水便沿着与过滤相反的方向，通过三角连通渠从下而上经过滤层，从虹吸管流入水封井再溢流到排水井中排掉，自动完成冲洗过程。

如图8-39所示，在冲洗过程中，冲洗水箱的水位逐渐下降，当降到虹吸破坏斗缘口以下时，虹吸破坏管会吸走斗中的水，使管口露出水面，空气便进入虹吸管破坏虹吸，冲洗即停止，虹吸上升管中的水位又回到开始过滤时的水位进行下一周期的过滤。

2. 无阀滤池的特点

无阀滤池优点：能实现无人操作，自动冲洗，不会出现负水头，造价较低，多用于中小水厂。无阀滤池缺点：若无反冲停水装置，则会浪费部分沉淀水；池内的伞形顶盖使进砂和出砂困难；冲洗水箱在顶部，滤池总高度大，抬高了前处理构筑物高程，整体布置困难等。

为解决砂的装卸问题，生产上多采用敞开的钟罩管式或半敞开式无阀滤池。

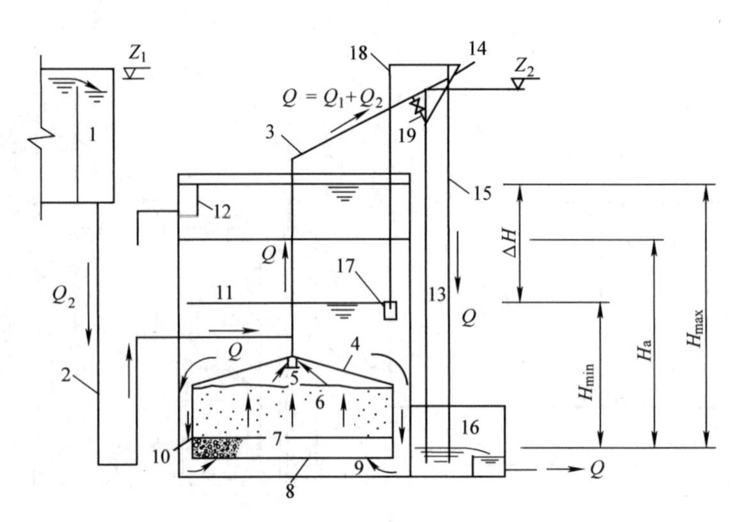

图 8-39 无阀滤池冲洗过程

1—进水分配槽 2—进水管 3—虹吸上升管 4—伞形顶盖 5—挡板 6—滤料层 7—承托层 8—配水系统 9—底部配水区 10—连通渠 11—冲洗水箱 12—出水渠 13—虹吸辅助管 14—抽气管 15—虹吸下降管 16—水封井 17—虹吸破坏斗 18—虹吸破坏管 19—强制冲洗管

3. 无阀滤池的设计要点

无阀滤池在滤速选择、滤料级配及组成、反冲洗强度、历时等方面与快滤池相同。池体一般为正方形或矩形，单格面积一般不大于 $16m^2$，也有面积接近 $25m^2$ 的实例。

（1）虹吸管计算 在冲洗过程中，水箱水位不断下降，冲洗水头不断降低，冲洗强度不断减小，平均冲洗水头为 $H_a=\frac{H_{max}+H_{min}}{2}$。按设计规范要求选择的冲洗强度为平均冲洗水头时的冲洗强度，按此求得平均冲洗水流量为 Q_1；若冲洗时不停止进水，进水流量为 Q_2，则虹吸管的计算流量为 $Q=Q_1+Q_2$。其余部分如清水连通渠、配水系统等计算流量仍为 Q_1。

冲洗水头 H_a 与冲洗中各部分水头损失 $\sum h$ 关系应满足 $H_a \geqslant \sum h$，$\sum h$ 为各部分的损失之和，即

$$\sum h = h_1 + h_2 + h_3 + h_4 + h_5 + h_6 \tag{8-59}$$

式中 h_1——清水连通渠水头损失；

h_2——配水系统水头损失；

h_3——承托层水头损失；

h_4——滤料层水头损失；

h_5——挡板水头损失，取 0.05m；

h_6——虹吸管沿程和局部水头损失。

$h_2 \sim h_4$ 均按前面所讲公式进行计算。h_6 与虹吸上升管、虹吸下降管管径有关，可采用试算法。

选用一管径 D，根据计算流量 Q，管中流速 v，可算得 h_6，即可得 $\sum h$，满足 $H_a \geqslant \sum h$ 即可。也可按不同情况，选几组数据代入计算，绘成曲线，选择最佳冲洗强度 q 及虹吸管管径 D。

由上所述可知，虹吸管管径 D 主要取决于冲洗水头 H_a。若能降低排水槽标高，增大冲

洗水头，可减小虹吸管管径，也可减小箱内水深变化的影响和冲洗强度的不均匀性。即$\frac{\Delta H}{H_a}$越小，不均匀性也越小，因此，常采用几格合用冲洗水箱。

此外，排水槽中设有冲洗强度调节器，用锥形挡板的升降来调节。锥形挡板上升，水头损失大，$\sum h$ 增大，冲洗强度相应减小。

（2）冲洗水箱容积　无阀滤池的冲洗水箱与滤池整体浇制，位于滤池上部，水箱容积按冲洗1次所需水量确定。根据设计流量 Q、滤速 v，得滤池面积 $F=Q/v$。

所需反冲洗水箱的体积 $W=0.06qFt$，冲洗水箱面积 $F'=W/\Delta H$，ΔH 为水箱中水深。则

$$W=0.06qFt=\Delta HF'$$

因为冲洗水量较大，若单格滤池单独工作会造成 ΔH 过大，所以应以全部滤池的清水箱来冲洗一格滤池，即 $F=nF$。水深 $\Delta H=0.06qt/n$，n 为分格数。该式未考虑一格冲洗、其余格继续向水箱供水的情况，所求出的水箱容积偏大，偏安全。

若考虑其他格过滤水向水箱中补充，则水箱高度为

$$\Delta H=\frac{W-\frac{60VFt}{3600}(n-1)}{nF}=\frac{0.06qFt-(n-1)\times 0.06VFt/3.6}{nF}$$

$$=\frac{0.06t}{n}\left[q-\frac{V}{3.6}(n-1)\right] \tag{8-60}$$

由此得出，滤池格数越多，合用一个水箱的水深就越小，滤池高度也可降低。但若格数太多，则会因过滤后水量大量补充，虹吸破坏管口露出时间过短，虹吸破坏不彻底，造成时断时续地冲洗。实际生产中，分格数一般采用2~3格。

（3）进水系统　进水系统要求每个滤池进水流量均匀，在反冲洗时不能由进水管将气体带到虹吸管中破坏冲洗过程。

1）进水U形管计算。设置U形进水管的目的是防止滤池冲洗时进水管携带空气从而破坏虹吸。当滤池反冲洗时，进水管停止进水，U形存水弯即相当于一根测压管。由进水管与虹吸管连接三通处和排水水封井水面两断面能量方程可知，连接三通处断面处于负压状态，会产生强烈的抽吸作用，U形存水弯中的水位将在三通位置以下。若不设U形存水弯，无论是否停止进水，都会将空气吸入虹吸管。为确保反冲洗过程的正常运行，同时方便安装，常将存水弯底部置于水封井水面以下。此外，进水管流速为0.5~0.7m/s，速度过大也会挟气。

2）进水分配槽。进水分配槽的作用是通过槽内堰顶溢流均匀给每格分配进水量，同时尽量减少进水管挟气。

进水分配槽堰顶标高=辅助虹吸管口 C 标高+进水U形管水损+10~15cm的富余水头，以保证堰顶自由跌水。

在早期国标图集中，进水分配槽槽底标高仅比辅助虹吸管口 C 点标高低0.5m。此时若进水管中水位低于槽底，水流由堰顶落入管中时会大量挟气。过滤中，因进水管流速大，空气不能排出，将聚集在伞形顶盖下受到压缩。压缩的空气常将进水管中的水顶出，影响正常过滤。反冲洗时，若继续进水，部分空气随水流排出，但有部分空气会聚集在虹吸管顶端，使虹吸提前破坏，但因气量不够大，虹吸破坏不彻底，若遇顶盖下压缩空气把水顶出，又会

使真空度增大，产生虹吸，产生连续冲洗现象。

解决方法是降低分配槽底高程，使气在槽内低流速下排出。进水分配槽槽底标高为清水出水堰口下0.5m，保证过滤时不会露出进水管口。但槽底降低，槽深增大，对分配槽的施工、布置会产生一定的困难。可采用钢筋混凝土分配槽，也可采用钢板槽，要综合考虑再选择。

（4）强制冲洗设备　滤池进行过滤水头损失未达到最大值时，因特殊原因需提前冲洗，可采用人工强制冲洗系统。

8.5.4　虹吸滤池

1. 虹吸滤池的构造和工作原理

如图8-40所示，将普通快滤池的进水及反冲洗排水管用两个虹吸管替代，同时将另外两个阀门也去掉，改用渠道来连接清水，反冲洗水也由滤池本身来提供。由于冲洗水头小，大阻力配水改为小阻力配水，就构成了虹吸滤池。

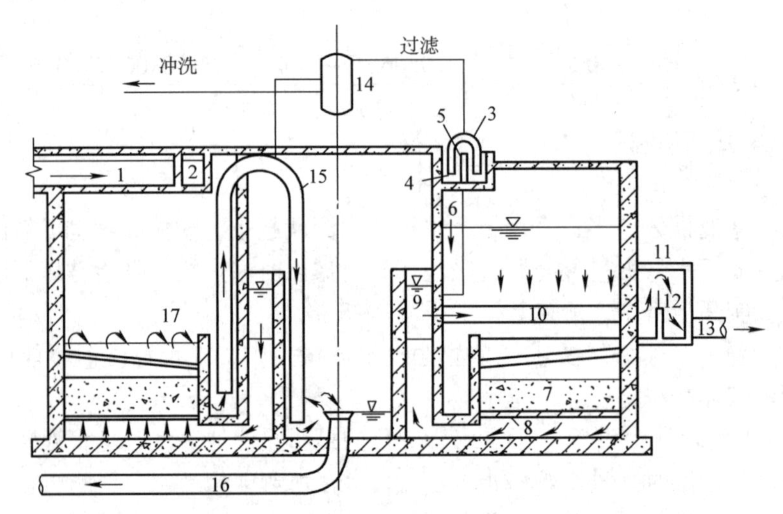

图8-40　虹吸滤池

1—进水槽　2—配水槽　3—进水虹吸管　4—单格滤池进水槽　5—进水堰　6—布水管　7—滤层　8—配水系统　9—集水槽　10—出水管　11—出水井　12—出水堰　13—清水管　14—真空系统　15—冲洗虹吸管　16—冲洗排水管　17—冲洗排水槽

虹吸滤池工艺过程：原水由进水总渠通过进水虹吸管进入滤池，经滤料→承托层→配水系统→出水连通渠→出水管→清水池。过滤达到最高水位时，进行反冲洗。冲洗水由出水连通渠水→配水空间→滤板→滤料→排水槽→排水虹吸管→废水渠→废水管排出。

虹吸滤池一般由6~8格组成一组，每格过滤是独立的，但底部出水渠是相通的，其中一格滤池的反冲洗水，是由其他格的过滤水提供的，属于自动冲洗。因此，虹吸滤池不能单格独立生产，但每一格必须能够单独维修。

滤池在运行中，滤层含污量不断增加，水头损失不断上升，因为各池进出水量不变，所以滤池水位不断上涨，达到最高水位时需进行反冲洗。虹吸滤池属于等速变水头过滤。最大过滤水头H_7为最高水位与清水出水管的进口溢流水位差。过滤时，因为虹吸滤池的滤后水

位远高于滤层，能保持正水头损失过滤，所以不存在负水头现象。

排水虹吸管开始工作后，滤池水位不断降低，水位降至清水溢流水位以下时，滤池开始反冲洗。清水溢流水位与滤池内水位差即为反冲洗水头。随着池内水位的不断降低，反冲洗水头越来越大。清水溢出水位与洗砂排水槽顶的高差为最大反冲洗水头，此时冲洗强度 q 最大。

2. 虹吸滤池设计要点

虹吸滤池的滤速、滤料组成、冲洗强度等设计参数都与普快滤池相同。虹吸滤池深度较大，滤池总高一般为4.5~5.0m。单池面积小，配水均匀性较差，因此，适用于水量规模为5000~50000m³/天的水厂。此处主要讨论几个特殊问题。

（1）滤池分格数与单格面积　因虹吸滤池是小阻力配水系统，且冲洗水由其他格过滤清水供给的，冲洗水头很小，为保证配水均匀性，单池面积不宜过大，一般 F 不大于 $25m^2$。为满足冲洗要求，滤池分格数应符合一格冲洗，其他格承担总进水量，因此，滤速提高为 $v/(n-1)$，根据冲洗要求，应满足

$$\left(v+\frac{v}{n-1}\right)F(n-1)\geqslant 3.6qF$$

$$n\geqslant\frac{3.6q}{v} \tag{8-61}$$

根据规范的设计参数要求，按滤池低负荷运行时仍能满足一格冲洗水量要求计算分格数。一般虹吸滤池分格数为6~8格。

（2）滤池深度

$$H=H_1+H_2+H_3+H_4+H_5+H_6+H_7+H_8 \tag{8-62}$$

式中 H_1——底部配水空间高度，一般 $H_1\geqslant 0.4m$；

H_2——配水系统结构厚度，钢筋混凝土滤板0.10~0.12m，对双层滤砖，H_1 与 H_2 总计0.25m；

H_3——承托层厚度，依配水系统孔口大小而定，有时可不设；

H_4——滤料层厚度，单层滤料0.7m，双层滤料0.7~0.8m；

H_5——滤料层到排水槽顶高；

H_6——反冲洗水头1.0~1.2m（溢流水头0.05m），出水口处应有调节 H_6 的措施；

H_7——最大允许水头损失（过滤水头），一般为1.5m；

H_8——滤池超高，0.2~0.3m。

（3）虹吸管真空系统　虹吸滤池的重要组成部分，由真空泵、真空罐、管路和排水虹吸管及进水虹吸管组成，虹吸管常为矩形（圆形）断面、钢板焊接。

虹吸管断面尺寸可根据管内流速、流量计算。进水虹吸管流速为0.6~1.0m/s，排水虹吸管流速为1.4~1.6m/s。要求在2~5min内抽气使虹吸管投入正常运转。

8.5.5　移动冲洗罩滤池

1. 概述

移动罩滤池兼具无阀滤池和虹吸滤池的部分特点，如图8-41所示，移动罩滤池冲洗方式别具一格，它利用冲洗罩可以在人工或机械装置作用下移动的特点，使其一旦移动到滤池

某一滤格上方对准位置后，在确保罩体与滤格严格密封情况下，进行反冲洗。为提高冲洗设备利用率，提高滤池冲洗的均匀性，滤池被分为许多格，每滤格的面积不宜过大，滤料层上部相互连通，滤池底部配水区也相连，整座滤池只有一个进水口和一个出水口。

（1）过滤过程　过滤时，待滤水由进水管经穿孔配水墙及消力栅进入滤池，通过滤层过滤后由底部配水室流入钟罩式虹吸管的中心管。虹吸中心管内水位上升到管顶且溢流时，带走虹吸管钟罩和中心管的空气，达到一定的真空度，虹吸形成，滤后水便从钟罩和中心管间的空隙流出，经出水堰流入清水池。滤池内水面标高 Z_1 减去出水堰上水面标高 Z_2，为过滤水头，一般为 1.2~1.8m。

（2）反冲洗过程　图 8-41 所示为虹吸式冲洗系统，当某一格滤池需要冲洗时，冲洗罩由起重设备带动移至该滤格上，对准后封住滤格顶部，用水泵抽吸或虹吸方式进行反冲洗，冲洗水来自各滤格的过滤水，由滤池底部的配水室和配水孔进入该滤格。冲洗废水可排放或送回絮凝池（泵吸式），减少自耗水。出水堰顶水位 Z_2 减去排水渠中水封井上的水位 Z_3，为冲洗水头，一般为 1.0~1.2m。冲洗完毕，冲洗罩移动到下一格，准备进行下一格的冲洗。

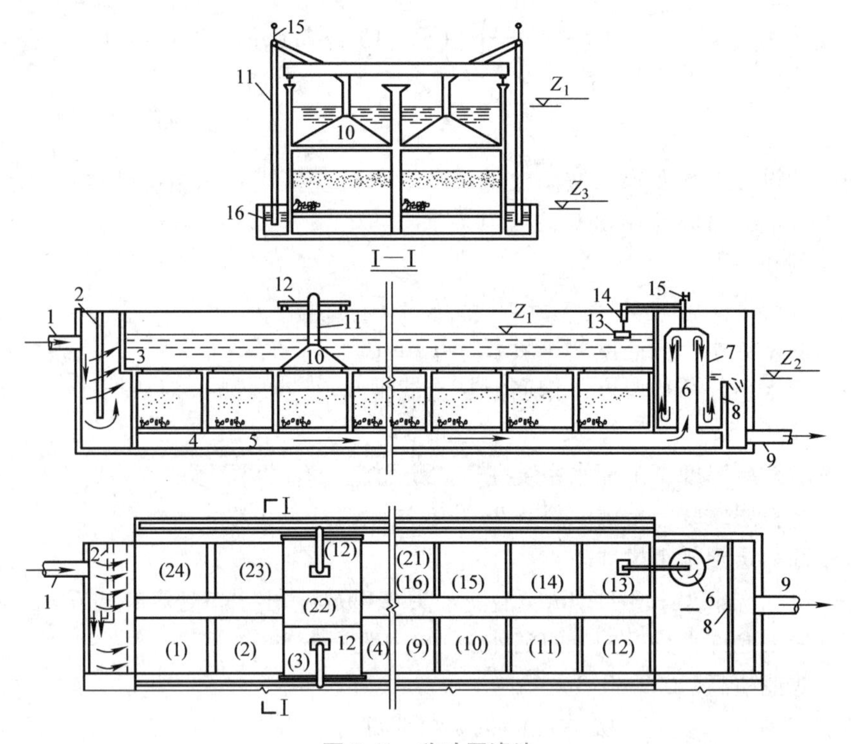

图 8-41　移动罩滤池

1—进水管　2—穿孔配水墙　3—消力栅　4—小阻力配水系统的配水孔　5—配水系统的配水室　6—出水虹吸中心管　7—出水虹吸管钟罩　8—出水堰　9—出水管　10—冲洗罩　11—排水虹吸管　12—桁车　13—浮筒　14—针形阀　15—抽气管　16—排水渠

2. 移动冲洗罩滤池特点

移动冲洗罩滤池特点：池体结构简单，造价低廉，占地面积小，施工方便（用预制板）；无须冲洗水塔或水箱操作运行，可自动控制；无大型阀门，管配件少；但增加机电设备及控制装置，对机电维修能力有要求，适用于大中型水厂。

3. 工艺设计

（1）滤格数　由设计流量 Q，滤速 v，普快滤池计算公式可得总面积 F。

而滤池的分格数由过滤周期 T(h)，冲洗历时 t(min)，移动罩在两格间的移动时间 s(min) 及停留时间 t_i(min) 决定。

$$n \leqslant \frac{60T}{t+s+t_i} \tag{8-63}$$

分格数 n 越多，单格面积越小，冲洗设备利用率越高。但分格数也不能太多，否则移动罩动作太频繁，容易损坏，且会使投资有所增加，一般为 8~28 格，水厂要有两组能独立运行的滤池，保证供水安全。

由于整座滤池进、出水系统全部连通，且分格数较多，两格间冲洗时间间隔很短，每格的滤速变化几乎连续，池水位基本保持不变，因此该情况为变速等水头过滤。

（2）进、出水系统　进水采用穿孔墙和消力栅，使水流均匀分散，同时消除进水动能，以防止集中水流的冲击，造成起端滤格中滤料移动，特别是当滤池建成投产或放空后重新开始运行时，水位落差大，操作不当会破坏滤料的平整性。

出水采用虹吸钟罩管，用浮筒和针形阀控制出水量，即控制整座池子的滤速。当滤池出水量大于进水时，池内水位下降，浮筒下降，针形阀打开，空气进入虹吸管，使出水量减小，这样可防止滤池速度过高而影响出水水质。当滤池出水量小于进水量时，情况正好相反。

（3）小阻力配水系统　小阻力配水系统类似于无阀滤池或虹吸滤池，但要确保其质量可靠。由于整座滤池都相通，一旦某格损坏，会使出水水质变差，但因格数多，水质影响小，在运行中较难发现。当发现滤后水的水质不达标时，表明整个配水系统已严重损坏，故应有两座独立滤池。

（4）池体高度　一旦发生设备故障，为确保滤池运行安全，可让池内水位上升一定高度，保证有足够的缓冲时间，以等待设备维修。因此，滤池的保护高度较大，常取0.4~0.5m。

如图 8-41 所示的形式，滤池高度为

$$H = h_1 + h_2 + h_3 + h_4 + h_5 + h_6 \tag{8-64}$$

式中　h_1——底部集水区高度，h_1=0.3~0.4m；

h_2——配水系统厚度，h_2=0.10~0.15m；

h_3——承托层厚度，约 0.25m；

h_4——滤料层厚度，h_4=0.7~0.8m；

h_5——过滤水头，h_5=1.2~1.5m；

h_6——保护高度，h_6=0.4~0.5m。

滤池总高约 3~4m。

（5）冲洗罩　冲洗罩工作的好坏，直接影响滤池的正常运行，故要求冲洗罩结构合理，定位准确，密封良好，集水均匀，移动灵活，维修方便。

8.5.6　滤布滤池

1. 概述

早在 1942 年滤布就在气体过滤中得以应用，之后又在化工行业中被用于进行固体废物的收集。1978 年，欧洲开发了滤布表面流过滤系统。1992 年，Aqua Aerobic Systems 公司将该技术引入美国并发展为过滤装置——滤布滤池。滤布滤池作为新型过滤器被广泛应用在循环冷却水处理、废水深度处理及回用、污水厂提标改造等领域。相比其他过滤工艺，滤布滤池具有出水水质好、运行能耗低和水头损失小、占地面积小、运行维护简便等优点。

滤布滤池的过滤介质是滤布，滤布一般是由高分子纤维堆积而成，平均孔径小于10μm，除污精度较高。由于高分子纤维材质对污水处理厂二级处理出水中有机物及SS等具有很好的粘附性能，可以在极小的过滤深度（约1~2cm）条件下有效地去除污水中的颗粒污染物。滤布滤池的设计滤速视滤池进水水质而定，一般为4~8m/h。滤池水头损失一般可设为0.3~0.5m，反冲洗水的消耗量不大于3%。

滤布滤池系统有转盘式、钻石式和竖片式几种形式。过滤时，转盘式滤布滤池滤盘静止，而在清洗时，滤盘以0.5~1.0r/min的转速旋转，滤池内部设有转轴、齿轮、链条等滤盘转动的部件，故障时检修难度较大。钻石式和竖片式滤布滤池的滤布支撑骨架横截面分别为菱形和矩形。在过滤和清洗时，过滤装置均静止，过滤过程和清洗过程同时进行，实现连续过滤。相比于转盘式滤布滤池，钻石式和竖片式滤布滤池的设备故障率要低。

2. 滤布滤池的组成

滤布滤池组成如图8-42所示，主要由池体、滤盘、中心排水管、驱动电动机、反冲洗装置、排泥装置、PLC控制系统等组成。主要组成部分描述如下：

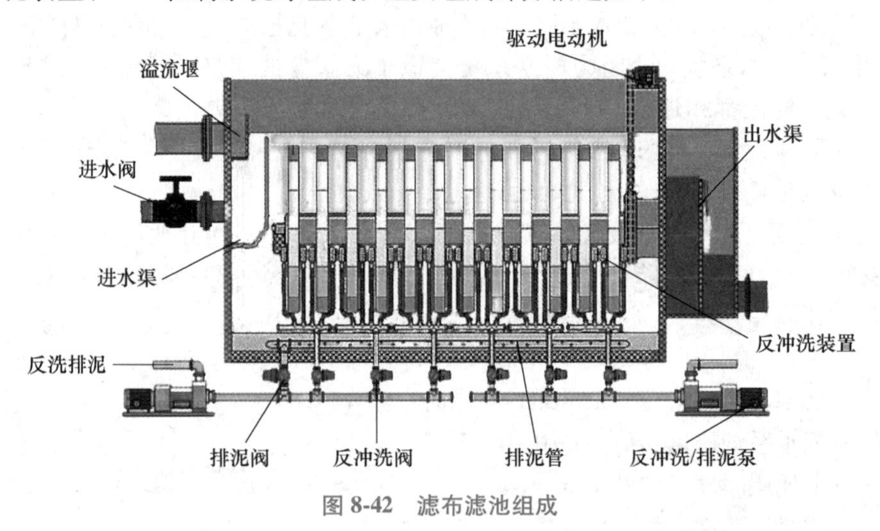

图8-42 滤布滤池组成

（1）池体 池体一般采用钢筋混凝土结构，小型一体化滤池一般为塑钢结构，单格池体净空尺寸一般为5m×10m×4m，与同规模的砂滤滤池相比，滤布滤池的占地面积仅为砂滤池的一半。

（2）滤盘 滤盘分成前、后两个部分，由支架和固定在支架上的滤布介质组成。两个部分与六角型的中心进水管组合成可以360°旋转的过滤转盘。滤布一般为尼龙针状结构，具有较强的截留能力和耐腐蚀性，过滤等级一般为10μm。支架一般为聚酯材料，具有较强的硬度和良好的透水性。

（3）中心排水管 中心排水管是滤盘的支架，也是排水的通道。中心排水管一般是六角型的，一端封闭，开口的一端与排水池墙上的开孔紧密连接。排水池中建有中心排水管的前半部分支撑件，后半部分支撑件由不锈钢制成，安置于污水池中。

（4）反冲洗/污泥去除装置　反冲洗/污泥去除装置主要由抽吸泵、排水泵、驱动装置及管路等组成。反冲洗开始时，抽吸泵开始工作将滤盘内抽为负压，滤盘内的水在负压的作用下，由内向外喷射出来，带走滤布表面及内部的污垢，后由管道汇流到污水收集处，经排水泵加压排出，同时在驱动装置的作用下，清扫口绕着滤盘表面旋转，从而全面的清洗滤布。

3. 滤布滤池的工作流程

（1）静态过滤　污水进入滤池，滤池中设有挡板消能设施。污水连续通过滤布过滤，过滤液通过中空管收集，重力流通过溢流槽排出滤池。

（2）负压反冲洗　过滤时部分污泥吸附在滤布外侧，逐渐形成污泥层。随着污泥的积累，滤布过滤阻力增加，滤池水位逐渐升高。通过测压装置可以监测滤池与出水池之间的水位差。当该水位差达到反冲洗设定值时，PLC 即启动反冲洗泵，开始反冲洗过程。

过滤期间，滤盘处于静态，有利于污泥的池底积泥。反冲洗期间转盘式滤布滤池的滤盘以 0.5~1r/min 的转速旋转。抽吸泵间歇负压抽吸滤布表面，吸除滤布上积聚的污泥颗粒，滤盘内的水被同时抽吸，水自里向外对滤布进行清洗，并排出清洗过的水。抽洗面积仅占全滤盘面积的 1%。

（3）排泥　滤池的斗型池底有利于池底污泥的收集。污泥池底沉积减少了滤布上的污泥量，可延长过滤时间，降低反冲洗水量。经过一设定的时间段，PLC 启动排泥泵，通过池底排泥管将污泥排放至污水厂污泥脱水机房。其中，排泥间隔时间及排泥历时可予以调整。

4. 工艺特性

1）滤布孔径很小，可截留粒径为几微米的微小颗粒，出水稳定性优于粒料滤池。常规滤池冲洗前因穿透问题导致水质较差，滤层中残存的清洗水对出水有影响，另外过滤的水量也随阻力变化。

2）颗粒大的污泥直接沉淀到斗形池底，不会堵塞滤布，因为不是所有的悬浮物（SS）都必须经过滤料，所以其过滤周期长，清洗间隔长，承受的水力负荷及污泥负荷也远远大于常规砂滤池。滤布滤池更抗高悬浮物浓度和大颗粒悬浮物的冲击。

3）滤池采用小型水泵负压抽吸滤后水自动清洗，省去传统滤池的反冲洗水池、水塔等设备。传统滤池因反冲洗强度大，不仅需要鼓风机，还有气水两套较大直径的管阀系统，且投资高，系统极为庞大复杂。

4）冲洗时间短，用水少。设备采用抽吸泵抽吸产生的负压使水从内向外喷射冲洗滤布，冲洗时间一般为 2min，节约了大量的反冲洗用水。

5）负压抽吸清洗过程及排泥过程的间隔时间可调整。滤布滤池的检修量小，基本不需专人维护。滤布滤池机械设备较少，滤布磨损较小，滤布易于更换，假如由于某些原因造成滤布堵塞，更换也十分简单。而对于砂滤池而言，若滤料堵塞，则需要较大的清洗工作量。

6）水头损失小，能耗低。设备的运行主要是利用滤布内外压差作为传质推动力，且过滤的水头损失很小，约为 0.2~0.3m，设备的能耗很低。

7）占地面积小。小的占地面积可保证大的过滤面积，减少了池容，减少了材料量及土方量。日处理 1 万 t 的滤布滤池，占地面积不大于 $20m^2$，高度仅为 3.3m。对于技术改造，可以解决空间不够的困难。

8）易于安装，维护简便。滤布滤池零配件少，采用了 PLC 自动控制系统，操作简单。易损件件滤布 5 年更换一次，维护方便。现场连接管配件及电气设备之后，即可投入使用。

而粒料滤池则往往需要进行滤料安装。

9）设计和施工方便并快捷且易于扩建。

5. 滤布滤池的技术参数与适用范围

滤布滤池主要技术参数见表8-9。

表8-9 滤布滤池主要技术参数

型号	盘片直径/mm	处理能力/(m^3/h)	盘片数/个	设备总功率/kW
MFT 220	2000	220	4	4.75
MFT 450	2200	450	8	4.75
MFT 650	2000	650	12	8.75

滤布滤池主要用于污水的深度处理，设置于常规活性污泥法、延时曝气法污水处理系统和SBR系统、氧化沟系统、滴滤池系统、氧化塘系统之后。滤布滤池可用于去除总悬浮固体，结合投加药剂可去除磷、重金属等。若滤布滤池用于过滤二沉池出水，需设计进水水质SS≤30mg/L，出水SS≤10mg/L。

8.5.7 精密过滤器

1. 概述

精密过滤指能从液体或气体中除去粒径为微米级的微细颗粒的过滤技术。常将过滤精度为1~30μm的过滤器称为精密过滤器，又称保安过滤器，它可使水的浊度降到1NTU以下。

精密过滤器一般设置在电渗析装置和反渗透装置之前、砂滤器或活性炭吸附过滤池之后，以除去浊度1NTU以下的微米级小颗粒，来满足后续工序对进水的要求。有时也将它设置在水处理系统的末端防止细小的颗粒（如破碎成粉状的离子交换树脂等）进入成品水中。在污水深度处理工艺中，常设置在污水处理厂二级出水进一步混凝沉淀处理工艺之后。

精密过滤器筒体外壳一般为不锈钢材质，内部将聚丙烯（PP）熔喷滤芯、线绕滤芯、折叠滤芯、钛滤芯、活性炭滤芯等管状滤芯作为过滤元件，实际使用中要根据过滤介质不同及设计工艺选择过滤元件，以达到出水水质的要求。随着行业的发展，越来越多的行业和企业用到了精密过滤器。它能够用于地下水和地表水的除泥沙过程，特别是回转式精密过滤器还常常应用于污水的深度处理。

2. 工作原理

在压力的作用下，原液通过成型的滤料，使滤渣留在管壁上，滤液透过滤料流出，从而实现过滤。成型的滤料有滤布、滤网、滤片、烧结滤管、线绕滤芯、熔喷滤芯等。滤料的不同使得过滤孔径不同，去除微粒的范围也有所不同。部分精密过滤材料去除微粒的范围见表8-10。

表8-10 部分精密过滤材料去除微小颗粒的范围

材料	去除颗粒的最小粒径/μm	材料	去除颗粒的最小粒径/μm
天然及合成纤维织布	100~10	泡沫塑料	10~1
一般网过滤	10000~10	玻璃纤维纸	8~0.03
尼龙编织网滤芯	75~1	烧结陶瓷（或烧结塑料）	100~1
纤维纸	30~3	微孔滤膜	5~0.1

3. 常见精密过滤器

（1）滤布精密过滤器 滤布过滤器是把尼龙网布等包扎在多孔管上，组成过滤单元。过滤单元可以单独装在一根进水管上，也可以把数个单元装在一块多孔板上，再置于承压容器内成为过滤器。设置几只过滤器应根据处理水量确定。因过滤器芯需冲洗、更换等，所以应设置备用过滤器。

图8-43所示为聚氯乙烯套管式滤布过滤器，这种滤布过滤器可去除粒径大于80μm的杂质，因此活性炭吸附过滤后的水不采用此种过滤器，但经砂滤池过滤后可采用。

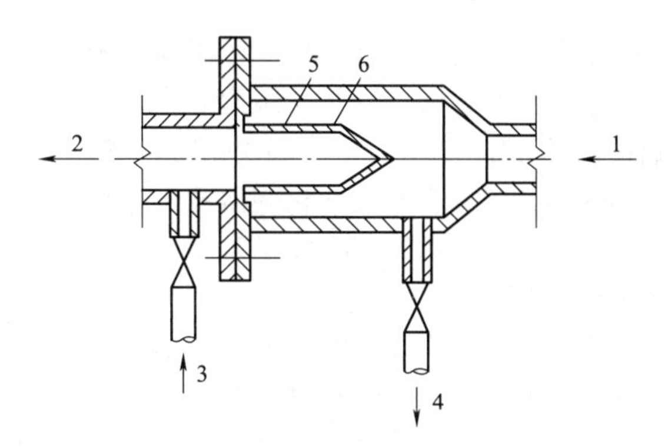

图8-43 聚氯乙烯套管式滤布过滤器
1—进水口 2—出水口 3—反冲洗进水口
4—反冲洗水排放口 5—多孔管
6—包在多孔管外面的滤布（滤布内衬窗纱）

在图8-43中，正常运行过滤时水由进水口1进入，经滤布6除去杂质后由出水口2流出。当滤布被逐步堵塞出水量减小到设定值时，关闭进、出水口的闸门，开启反冲洗进水阀和排水阀进行反冲洗。

（2）烧结滤管精密过滤器 烧结滤管过滤器去除的微粒很小，出水优良。根据壳体和产水量的大小，过滤器内可设置单支滤管和多支滤管，产水量较大的可同时采用若干个多支滤管过滤器。这种过滤器目前应用较普遍，滤管材料有陶瓷、玻璃砂、塑料（聚乙烯或聚氯乙烯）等多种。

1）塑料滤管。PE和PA型微孔滤管采用聚乙烯材料烧结制成，适用于水质要求高的工业用水和饮用净水，水中粒径大于0.5μm的颗粒均可去除。

PE和PA型微孔滤管的特点：微孔孔径5~120μm；能耐酸、碱、盐及一般化学溶剂；操作简便，可用压缩气体反吹方式除渣和再生；机械强度高，使用寿命长；无味、无毒，无异物溶出；耐温性能好，PE管使用温度为80℃，PA管为120℃。

这类微孔滤管的规格有10余种，其外径24~150mm，相应的内径为8~120mm，长度一般为1000mm，每根滤管的有效过滤面积0.039~0.30m^2。

由PE或PA管组成的精密过滤器，适用于不同水处理对象，每台精密过滤器的过滤面积为0.5~100m^2。

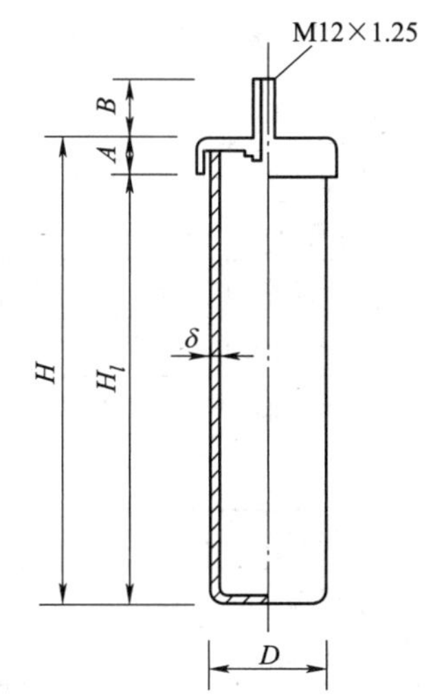

图8-44 烧结陶瓷滤管

2）陶瓷滤管。烧结陶瓷滤管的微孔孔径一般小于2.5μm，孔隙率为47%~52%，其构造有多种形式，图8-44所示为其中一种，规格见表8-11。烧结过滤管过滤器的外壳材料及构造有多种形式，用铝合金材料制成的过滤器如图8-45所示，适用于以烧结陶瓷滤管作为过滤单元，通常由单支滤管或多支滤管组成。处量水量为600~1500L/h，一般适用工作压力0.3MPa以下。

表 8-11 烧结陶瓷滤管规格

尺寸/mm						过滤面积/m^2
H	H_1	A	B	δ	D	
290	273	17	25	10	75	0.06
210	197	13	25	6	50	0.03

烧结陶瓷滤管过滤器工作一段时间后阻力会增大，出水量相应减少，阻力和水量减小到设定值时，则应停止运行并将滤管卸出，用水砂纸磨去表层堵塞物并清洗干净后继续使用。当滤管的壁厚减薄至2~3mm时，必须更换滤管。

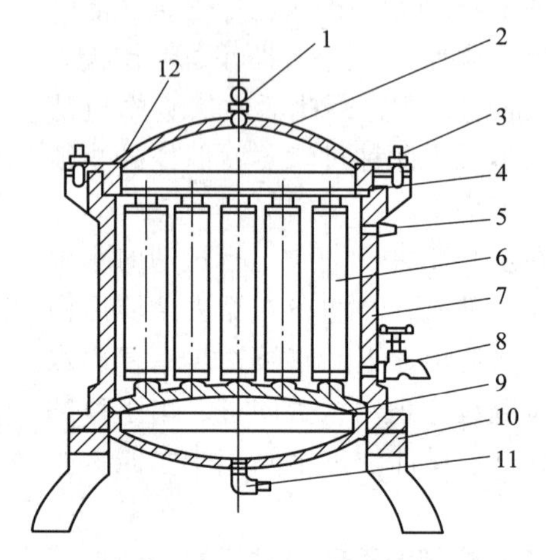

图 8-45 烧结滤管过滤器

1—放气阀 2—上盖 3—紧固螺栓 4—上篦子 5—进水口 6—滤管 7—过滤器壳体 8—排污龙头 9—下篦子 10—下盖 11—出水口 12—密封胶圈

3）蜂房过滤器或线绕过滤器 蜂房滤芯又称线绕滤芯，由纺织纤维粗纱精密缠绕在多孔骨架上而成，通过控制滤芯的缠绕密度而制成不同精度的滤芯，滤芯的孔径外层大，越往中心越小，这种深层网孔结构滤芯具有较高的过滤效果。

蜂房滤芯有多种材料可选，如骨架有聚丙烯塑料、不锈钢、马口铁等；缠绕纤维有化学纤维、合成纤维、天然纤维等。过滤精度分为11个等级，过滤精度与流量的关系见表8-12，蜂房滤芯规格见表8-13。

表 8-12 过滤精度与流量的关系

精度/μm		0.5	0.8	1	3	5	10	20	30	50	78	1000
流量/(m^3/h)	棉纤维	0.22	0.43	0.54	0.72	0.90	1.08	1.15	1.30	1.44	1.62	1.80
	腈纶	0.36	0.72	0.90	1.20	1.50	1.80	1.92	2.16	2.40	2.70	3.00
	聚丙烯	0.47	0.94	1.17	1.56	1.95	2.34	2.50	2.80	3.12	3.51	3.90

注：测试条件压差为0.014MPa，骨架长L=250mm，介质为自来水。

表 8-13 蜂房滤芯规格

项目	规格
滤芯尺寸	外径65mm，内径29mm
骨架长度	250mm，500mm，750mm，1000mm
工作温度	0~65℃（聚丙烯骨架），0~120℃（金属骨架，棉纤维绕线）
工作压力	≤0.5MPa
制作材料	粗砂、聚丙烯纤维、棉纤维、聚丙烯腈纤维（腈纶）

蜂房滤芯的特点：有效地去除水中微小的悬浮和胶体颗粒；可承受较高的过滤压力；过滤精度0.5~100μm；独特的深层网孔结构使滤芯有较高的滤渣负荷能力；滤芯可用多种材质制成，适用于多种过滤需要。

选用蜂房过滤器时应注意：有机玻璃蜂房过滤器运行压力小于或等于0.2MPa，温度小于或等于50℃，适用于有机溶液类；不锈钢蜂房过滤器运行压力小于或等于0.3MPa；在选用过滤器时，宜采用较小流速。

蜂房过滤器具有体积小、过滤面积大、阻力小、含污率高、使用寿命长等优点。在一般条件下，经反冲洗后可重复使用，在预处理中应用较多。

4）叠片式过滤器。叠片式过滤器又称卡盘式过滤器，是一种高效、简便、耐用的新型净水设备。

叠片式过滤器外壳是不锈钢或钢衬胶制成的压力容器，内装有聚丙烯滤片，如图8-46所示，有流量为$40m^3/h$，$60m^3/h$，$80m^3/h$，$100m^3/h$，$120m^3/h$这5种规格型号。为了最大限度地延长过滤通道，每个滤片正反面均有专门设计的微细通水槽，通水槽进水方向与中心线具有一定的角度，有利于水流在方向上达到最佳效果。

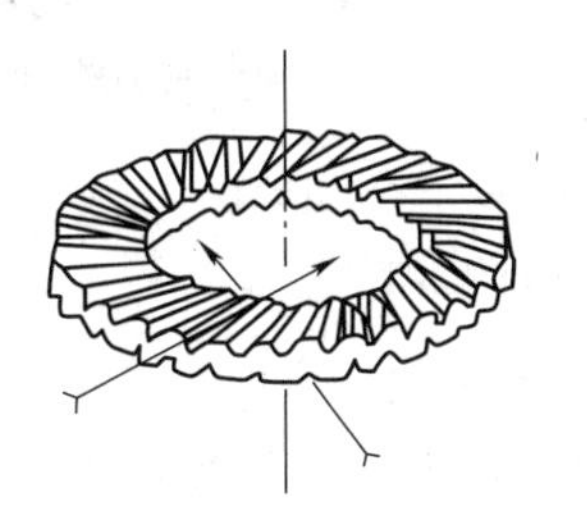
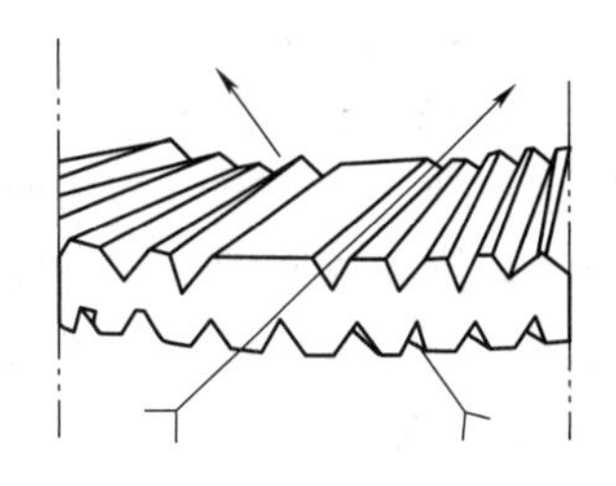

图8-46 聚丙烯滤片

叠片式过滤器内由若干根滤元组成，每根滤元又各装有数百片滤片，由于滤片上通水槽的间隙大小是根据型号专门设计的，不能装错。而同一型号的滤片正反两面都是由相同间隙的通水槽组成，因此不必考虑正反面，只要一片片地串在一根人字形的三棱主轴上即可，滤片之间的紧密度由每根滤元头部的弹簧张力来保证，使运行时滤片间隙始终保持在一定范围内。

技术特性：进水浊度小于3NTU，过滤流量为$40 \sim 120m^3/h$，过滤精度为$20 \sim 50\mu m$，最大操作压力0.4MPa，启动初始压力0.03MPa，最高使用温度不大于40℃。

工作过程：原水进入过滤单元，水力和弹簧张力压紧滤片，水穿过压紧的叠片，杂质则截留在沟纹内。叠片式过滤器运行一个阶段后，压降从0.03MPa左右上升到0.1MPa时，需要进行反洗，此时控制器发出信号，进水阀关闭，反洗排污阀打开，压力活塞松动，卸去压在叠片上的压力，使其可以自由转动，从喷嘴喷出的沿切线方向的水流推动叠片转动，同时清洗了叠片。反洗后压力重新降到0.03MPa左右时，即可再投入运行。连续运行半年后，可拆开封头，取下滤元，分别卸下滤片，用毛刷清洗或用超声波洗净器处理。连续运行两年后，用10%工业盐酸将滤片清洗一次，清洗后效果可恢复初始状态。

（3）回转式精密过滤器　回转式精密过滤器是一种去除悬浮固体的过滤装置，如图8-47所示，由设备主体模块、核心过滤模块、反冲洗系统、驱动系统、自控系统等组成，滚筒上装有便于拆卸的滤网。

工作过程：污水流入空心滚筒内，滚筒上为高强度不锈钢滤网，污水由滤网内侧向外侧流出，悬浮物被截留在滤网内侧。设备连续过滤，内部设有自动启闭开关，当滚筒有水进入时，液位传感器将发出信号，启动减速驱动系统驱动滚筒转动，同时启动反冲洗泵，冲洗水通过位于滚筒顶部的喷头由滤网外侧向内侧对滤网进行冲洗，冲洗下来的细小颗粒物质由设备内部的反冲洗水收集槽收集，并通过排污管排出设备。当无水通过设备时，设备将自动停止。

当进水 SS<20mg/L 时，出水 SS 可稳定低于一级 A 标准（10mg）。

相较砂滤池、滤布滤池，回转式精密过滤器具有下列优点：

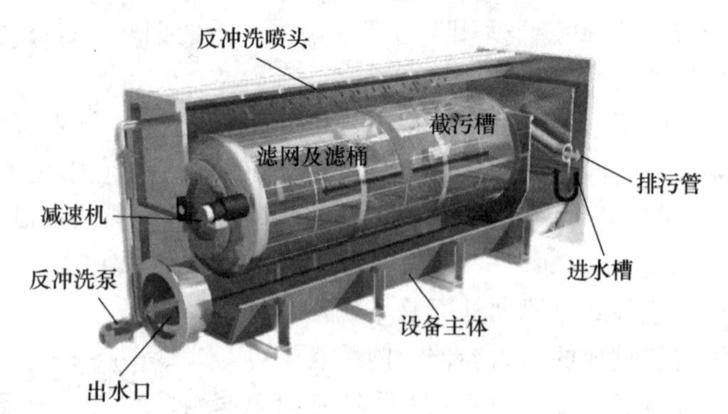

图 8-47 回转式精密过滤器

1）滤网由 316L 不锈钢通过纤维化技术编织而成，以点焊技术无缝焊接固定在不锈钢细筋上，微生物难以附着，不易堵塞，无须化学清洗，寿命长，出水水质较稳定。

2）滤网更换方便，每套设备由若干块独立的弧形分片组成，分片可方便地拆卸和装配；构造简单，维护方便；反冲洗水量小，单台反洗水量约为 60ml。

3）工艺简单，设备少，占地小；水头损失小，约为 0.45m；主驱动电机和反冲洗水泵电机功率小，运行能耗低，单位水运行电耗约为 0.005kW · h。

4）虽然其设备投资较高，但具有长期运行费用较低、寿命较长的优点。

4. 精密过滤器的特点

1）过滤精度高，滤芯孔径均匀；滤芯材料洁净度高，对过滤介质无污染。

2）过滤阻力小，通量大，截污能力强，使用寿命长。

3）强度大，耐高温，滤芯不易变形，耐酸、碱等化学溶剂。

4）价格低廉，运行费用低，易于清洗，滤芯可更换。

8.5.8 翻板滤池

在滤池设计、运行中，控制冲洗强度将滤料洗干净是其关键问题之一。适当加大水冲洗强度，有利于将滤料冲洗干净，但可能导致滤料流失。气水联合冲洗可有效地改善冲洗效果，但冲洗强度与滤料流失的平衡问题仍然存在。在应对水源污染中，应用活性炭进行过滤越来越多。活性炭滤料密度小，冲洗强度与滤料流失的矛盾尤其突出。

因此，瑞士苏尔寿（Sulzer）公司研发了翻板滤池，之所以名为翻板，是因为在工作过程中，该型滤池的反冲洗排水阀（板）是在 0°~90°来回翻转的。

1. 工作原理与特点

翻板滤池构造如图 8-48 所示，其工作原理与小阻力气水反冲滤池基本相同，不同的是滤池的反冲洗排水方式和过程。翻板滤池不设其他滤池溢流堰式排水槽，而是在紧邻排水渠的池壁上高出滤料层 0.15~0.22m 处开设排水孔，并装设翻板式排水阀。反冲洗进水时，排水阀关闭，池内水位上升，冲洗废水暂存在池内。当池内水位达到设定高度时，停止反冲洗进水并静止一段时间，约为 20~30s，膨胀的滤料迅速回落，而冲起的泥渣因其密度远小于滤料而悬浮于滤料顶端。此时逐步开启翻板阀，将池内冲洗废水排出池外，如此反复 2~3 次，滤料得以冲洗干净。

翻板滤池的配水配气系统由设在池底板下方的配水配气渠和池底板上方的配水配气支管组成，支管与配水配气渠通过垂直列管相连。垂直列管设有配气管和配气孔。支管呈马蹄形，顶部设有配气孔，底部设有配水孔。反冲洗时，配水配气渠和配水配气支管上部形成两

个气垫层，可使配水配气更加均匀。

翻板滤池的特点：

1）由于排水时并不进水，滤料层不膨胀，水冲洗强度较大且不会产生滤料流失。滤料选择的灵活性增强了对滤前水质的适应性，可以选择石英砂、陶粒、无烟煤、颗粒活性炭等多种滤料，也可以采用单层均质滤料、双层或多层滤料。

2）较大的水冲洗强度确保了滤料冲洗效果，使得过滤周期长，冲洗耗水量低。一般经两次水冲洗过程，滤料的截污能力可以达到 2.5kg/m^3，滤料中泥渣遗留量少于 0.1kg/m，反冲洗周期达 40~70h，冲洗耗水率不足 1%。

3）冲洗干净的滤料保证了出水水质优于一般低强度水冲洗滤池。实践表明，当进入滤池的浊度小于 5NTU 时，双层滤料翻板滤池出水浊度低于 0.5NTU 的保证率达 100%，小于 0.2NTU 的保证率达 95%。

4）翻板滤池在配气配水渠和配气配水支管形成的两个均匀气垫层，保证了配水、配气均匀，避免因气水分配出现脉冲现象影响反冲洗效果。

5）翻板滤池对滤池底板施工平整度的要求较低，布气布水管水平误差不大于 10mm 即可，施工难度小、周期短，节约了施工费用。

2. 运行程序和设计要点

（1）翻板滤池运行过程

1）出水阀开启度达到最大时，水头损失达到最大，此时应关闭进水阀，使滤池继续过滤，待池中水面降至距滤料层 0.15m 时，关闭出水阀。

2）开启反冲进气阀门进行单独气洗，历时 3~4min，开启反冲进水阀门，进行气水同时冲洗，历时 4~5min。

3）关闭反冲进气阀门，同时加大冲洗水量，进行单独水洗。

4）经 1min 高强度水冲后，关闭反冲进水阀门，此时池中水位达最高。

5）静止 20s 后开启翻板阀进行排水，开启角度由 50°加大到 90°，排水历时 60~80s。排水完毕后，关闭翻板阀。

6）单独水洗重复数次，直至冲洗水变清，完成冲洗过程。

7）为防止进水跌落扰动滤料层，可再次开启冲洗进水阀，待池中水位上升到滤料层以上 1.5m 时，关闭冲洗进水阀，打开进水阀和出水阀，进入新一轮过滤周期。

（2）翻板滤池设计要点和参数

1）考虑到翻板排水及配气管配水配气的均匀性，翻板滤池单池面积不宜过大，宽度一般为 8m，长度不宜超过 15m。

2）翻板滤池过滤时池内水位基本恒定，池内需设滤前水位仪，出水管上设可调节阀。滤池通过自动控制系统调整阀门开启度，保持池内水位变化幅度不超过 0.02m。

3）因为水冲洗时池内水位上升，所以要求在池内最高水位处设溢流口，防止冲洗废水进入进水渠或溢入相邻滤池。

4）配水配气支管中心间距取 0.2~0.25m，最大水流速度不超过 0.8m/s。垂直列管的配水管反冲洗时最大水流速度不超过 3.5m/s，配气管反冲洗时最大空气流速度不超过 25m/s。

5）滤料组成：根据进水水质与出水水质要求差异，可选择单层均质滤料或双层、多层

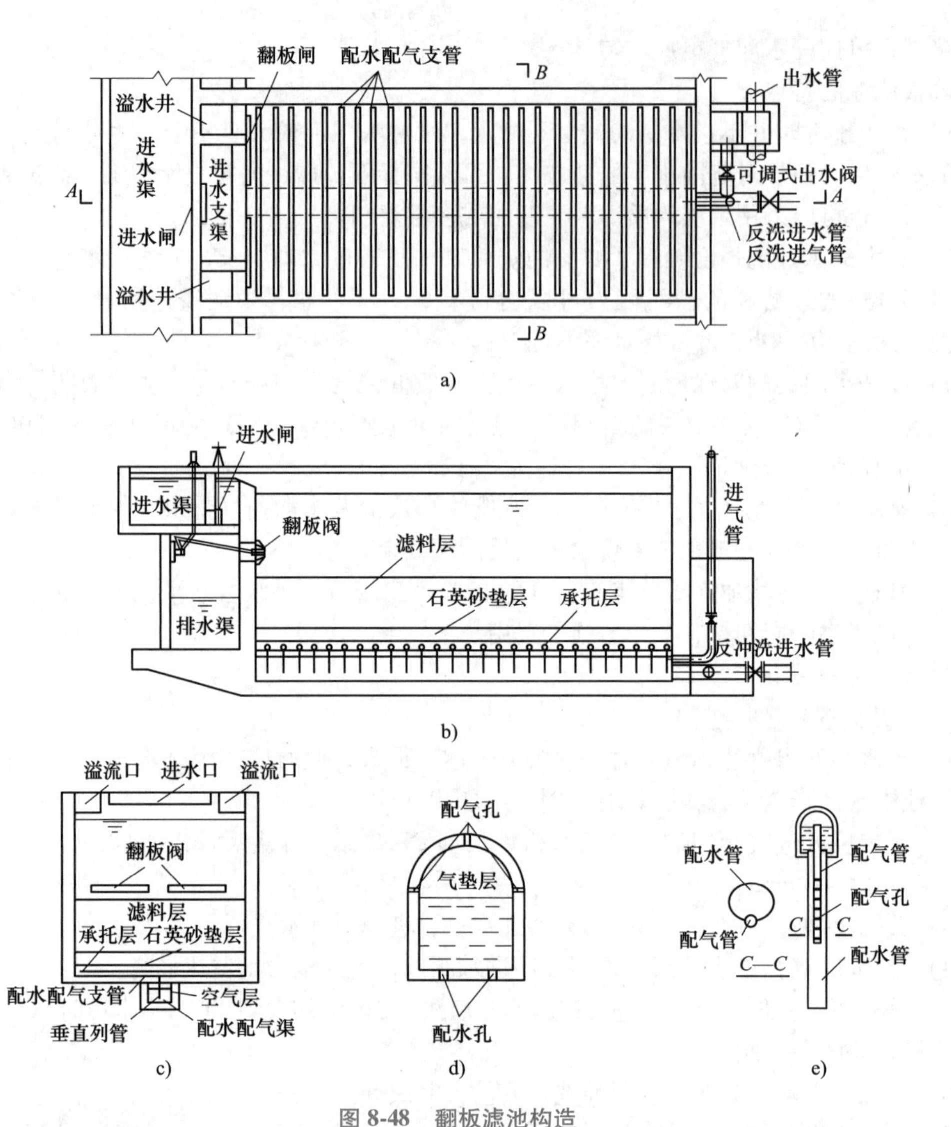

图 8-48 翻板滤池构造

a）平面图 b）A—A 剖面图 c）B—B 剖面图 d）配水配气支管 e）垂直列管

滤料，也可更改滤层中的滤料。一般单层均质滤料采用石英砂或陶粒；双层滤料采用无烟煤与石英砂或陶粒与石英砂。当滤池进水水质较差，如原水受到微污染，含 TOC 较高时，可用颗粒活性炭置换无烟煤等滤料。

滤料厚度一般为 1.5m。当采用双层滤料时，陶粒（或石英砂）粒径取 1.6~2.5mm，厚 800mm；

石英砂（烟煤或活性炭）粒径取 0.7~1.2mm，厚 700mm。

6）过滤速度：单层滤料时滤速为 8~10m/h，双层滤料时滤速为 9~12m/h。

7）过滤周期为 40~70h，最大过滤水头损失为 2.0m，双层滤料滤池的纳污率为 2.5kg/m^3。

8）采用气水联合冲洗时，冲洗过程分为三个阶段。

第一阶段：单独空气冲洗时，冲洗强度为 16~17L/(m^2·s)，历时 3~4min。

第二阶段：气水同时冲洗时，气洗强度不变，水洗强度为 4 ~ 5L/(m^2 · s)，历时 4~5min。

第三阶段：单独水冲洗时，水洗强度 15~16L/(m^2s)，每次 1~2min，重复 2~3 次。

9）为保证滤料层不出现负压，水封井出水堰顶不低于滤料层。

10）承托层总高度 0.45m，分为两层。第一层为分层细砾石，粒径 3.0~12.0mm，厚度一般为 0.45m；第二层为粗砂，粒径 3~6mm，厚度 0.2m。

3. 配气配水系统

翻板滤池采用独立纵向配水、配气管和横向配水管组成的配水系统。横向配水管横断面为上圆下方形，上部为配气区，下部为配水区。横向配水管一般采用 PE 管，安装时用膨胀螺栓固定在滤池底板。纵向配水、配气管与横向配水、配气管一一对应配套，纵向配水管上端伸入横向配水管 10mm，下端伸入冲洗总渠的水层中，纵向配气管上端开孔与横管反冲洗气孔水平，下端封闭，在侧面开进气孔。纵向配水、配气管采用不锈钢材质，安装时先定位在预埋的托板上，二次浇捣时固定在反冲洗总渠的顶板上。

4. 滤池高度

滤池高度 H 可用式（8-65）进行计算，

$$H = H_1 + H_2 + H_3 + H_4 + H_5 + H_6 \tag{8-65}$$

式中 H_1——承托层厚度（m），一般为 0.4~0.5m；

H_2——滤料层厚度（m）；

H_3——滤层上面水深（m），一般不小于 1.5m；

H_4——进水堰距滤层上水面的超高，一般为 0.15m；

H_5——进水系统水头损失俗称跌差（m），包括进水槽、孔洞水头损失及过水堰，一般为 0.3~0.5m；

H_6——进水总渠超高（m），一般为 0.3~0.5m；

中央下沉式配水配气渠可不计入总高。

练 习 题

思考题

8-1 为什么粒径小于滤层孔隙尺寸的杂质颗粒会被滤层拦截下来？

8-2 从滤层中杂质分布规律，分析改善快滤池的几种途径和滤池发展趋势。

8-3 什么叫“等速过滤”和“变降速过滤”？“变降速过滤”的滤速和水头损失如何变化？有哪几种滤池属于“等速过滤”？

8-4 什么叫滤料“有效粒径”和“不均匀系数”？不均匀系数过大对过滤和反冲洗有何影响？什么是“均质滤料”？它的不均匀系数是否等于 1？

8-5 为什么将 L/d_e 作为滤层设计的控制指标？

8-6 什么叫“负水头”？它对过滤和冲洗有何影响？如何避免滤层中负水头的产生？

8-7 滤料承托层有何作用？大阻力配水系统承托层粒径级配和厚度如何考虑？

8-8 什么叫“最小流态化冲洗流速”？当滤层全部膨胀以后，随着反冲洗强度增大，水流通过滤层的水头损失是否同时增大？滤层膨胀率又如何变化？

8-9 现在常用的滤池反冲洗方式有哪几种？各有什么优缺点？

8-10 大阻力配水系统的含义是什么？有什么优缺点？

8-11　冲洗水塔（或水箱）底的高度如何确定？水柜深度的大小对冲洗强度有何影响？

8-12　无阀滤池虹吸上升管中的水位变化是如何引起的？虹吸辅助管口和出水堰口标高差表示什么？

8-13　无阀滤池反冲洗时，冲洗水箱内水位和排水水封井上堰口水位之差表示什么？若有地形可以利用，降低水封井堰口标高有何作用？

8-14　为什么无阀滤池通常采用2~3格滤池合用1个冲洗水箱？合用冲洗水箱的滤池格数过多对反冲洗有何影响？

8-15　V形滤池的主要优点是什么？

选择题

8-1　滤池的正常滤速，一般按滤料类型选用，当采用石英砂滤料时，滤速范围为________。

A. 8~12m/h　　B. 10~14m/h　　C. 18~20m/h　　D. 上述范围都不是

8-2　水冲洗滤池根据选用的滤料不同其冲洗强度及冲洗时间分别为________。

①$q=12\sim15L/(s\cdot m^2)$，$t=7\sim5min$

②$q=13\sim16L/(s\cdot m^2)$，$t=8\sim6min$

③$q=16\sim17L/(s\cdot m^2)$，$t=7\sim5min$

如果采用双层滤料过滤其冲洗强度和冲洗时间应选________。

A. ①　　B. ②　　C. ③　　D. 不在上述范围内

8-3　三层滤料滤池宜采用________配水系统。

A. 小阻力　　B. 中阻力　　C. 中阻力或大阻力　　D. 大阻力

8-4　滤池形式的选择，应根据________、进水水质和工艺流程的高程布置等因素，结合当地条件，通过技术经济比较确定。

A. 建设资金　　B. 施工水平　　C. 管理水平　　D. 设计生产能力

8-5　三层滤料滤池承托层除满足粒径要求外，其材料选择上小粒径宜选择________及大粒径为砾石。

A. 重质矿石　　B. 石英砂　　C. 无烟煤　　D. 砾石

8-6　关于单层滤料和双层滤料滤池的不同之处叙述错误的是________。

①单层滤料是正粒度排列，滤池上层滤料粒径小，下层粒径大

②双层滤料是反粒度排列，滤池上层滤料粒径大、密度小，下层滤料粒径小、密度大

③双层滤料含污能力比单层滤料高得多

④单层滤料是正粒度排列，滤池上层滤料粒径大、密度小，下层滤料粒径小、密度大

⑤双层滤料是反粒度排列，滤池上层滤料粒径小、下层粒径大

A. ①②　　B. ①②③　　C. ③④⑤　　D. ④⑤

8-7　除铁滤池的滤料一般宜采用________。

A. 天然锰砂或石英砂滤料，厚度为800~1200mm

B. 均质滤料，厚度为700mm

C. 无烟煤滤料，厚度为1200mm

D. 天然锰砂和无烟煤滤料，厚度为1000mm

8-8　平流沉淀池设计过程中是以________来判断平流沉淀池中水流的稳定性。

A. 水池宽深比　　B. 水平流速　　C. 弗劳德数　　D. 雷诺数

8-9　设计滤池单池的平面长宽比例，一般是根据________来决定。

A. 造价与地形　　B. 总体布置与造价

C. 水质与地形　　D. 总体布置与地形

8-10　设计折板絮凝池时，絮凝时间按规范规定一般是________min。

A. 6~15　　B. 20　　C. 15~20　　D. 30

8-11　气浮池的单格宽度不宜超过________m。

A. 5　　B. 10　　C. 15　　D. 20

8-12　为保证无阀滤池虹吸作用在反冲洗时不被破坏，工程上采取________方式解决这一问题。

A. 进水管管径小于虹吸管管径

B. 进水管U形弯管置于排水井挡水堰以下

C. 虹吸管下降管出口设置了调节器

D. 虹吸破坏管下端设置了小斗

8-13　用大阻力配水系统的滤池，配水干管进口流速为0.9m/s，配水支管进口的流速为1.8m/s，孔口流速为3.6m/s，配水系统因________影响了配水的均匀性。

A. 支管进口流速偏大　　B. 干管进口流速偏小

C. 孔口流速偏大　　D. 孔口流速偏小

计算题

8-1　某天然海砂筛分结果见表8-14，根据设计要求：$d_{10}=0.55$mm，$K_{80}=1.8$。试问筛选滤料时，共需筛除百分之几天然砂粒（分析砂样200g）？

8-2　根据8-1题所选砂滤料，求滤速为8m/h的过滤起始水头损失约为多少cm？

表8-14　筛分试验记录

筛孔/mm	留在筛上砂量		通过该号筛的砂量	
	质量/g	%	质量/g	%
1.68	17.2			
1.40	22.4			
1.00	30.2			
0.70	56.4			
0.50	28.6			
0.42	33.4			
0.25	9.2			
筛底盘	2.6			
合计	200			

已知：砂粒球度系数$\varphi=0.85$，砂层孔隙率$m_0=0.42$，砂层总厚度$L_0=80$cm，水温按15℃计。

8-3　根据第8-1题所选砂滤料做反冲洗试验。设冲洗强度$q=15\text{L/(s}\cdot\text{m}^2)$且滤层全部膨胀起来，求滤层总膨胀度约为多少（滤料粒径按当量粒径计）？

已知：滤料密度$\rho_s=2.62\text{g/cm}^3$，水的密度按$\rho=1\text{g/cm}^3$计，其余数据同8-2题。

8-4　现设计一座大阻力配水的普通快滤池，配水支管上的孔口总面积$f=0.15\text{m}^2$，干管的断面积$w_1=5f$，配水支管过水总面积$w_2=3f$。采用反冲洗时滤层呈流化状态，以孔口平均流量代替干管起端支管上孔口流量，孔口阻力系数$\mu=0.62$，计算该滤池反冲洗时配水均匀性的数值，可否满足配水均匀性95%的要求？

8-5　设滤池平面尺寸为6.0m（长）×4.0m（宽）。滤层厚70cm。冲洗强度$q=14\text{L/(s}\cdot\text{m}^2)$，滤层膨胀率$e=40\%$。采用3条排水槽，槽长4.0m，中心距为2.0m。求：

①标准排水槽断面尺寸；②排水槽顶距砂面高度；③校核排水槽在水平上总面积是否符合设计要求。

8-6　滤池平面尺寸、冲洗强度及砂滤层厚度同8-5题，并已知：

冲洗时间6min，承托层厚0.45m，大阻力配水系统开孔比$\alpha=0.25\%$，滤料密度为2.62g/cm^3，滤层孔隙率为0.4，冲洗水箱至滤池的管道总水头损失按0.6m计。求：

①冲洗水箱容积；②冲洗水箱至滤池排水冲洗槽顶高度。

8-7　两格无阀滤池合用一个冲洗水箱。滤池设计流量为5000m^3/天。试设计滤池平面尺寸和冲洗水箱深度（设计参数自己选用）。

8-8　一组虹吸滤池分成六格，设计滤速为9m/h。当任一格滤池反冲洗时，该组滤池总进水量不变，但滤池完全停止向清水池供水。求：

①滤池的反冲洗强度至少为多少L/(s·m^2)？②单格滤池反冲洗水量是其正常过滤水量的多少倍？

8-9　一组4格的等水头变速滤池，设计滤速为8m/h。正常过滤时，第1格滤速为6m/h，第2格滤速为10m/h。当有一格滤池反冲洗时，如果过滤总流量不变，且滤速按相等比例增加，求第2格滤池的滤速。

8-10　以石英砂为滤料的普通快滤池，反冲洗强度为15L/(s·m^2)时，膨胀后的滤层厚度$l=1.2$m，孔隙率$m=0.55$，滤料密度$\rho_s=2.65g/cm^3$，水的密度$\rho=1.00g/cm^3$，水的动力黏度$\mu=1.0\times10^{-3}$Pa·s。求滤池反冲洗时水流速度梯度G。

第 9 章

活性炭吸附

学习要点

本章提要：介绍活性炭吸附的基本原理、类型，影响吸附的因素，活性炭吸附工艺及活性炭再生。吸附是一种物质附着在另一种物质表面上的过程，常发生在气-液、气-固或液-固二相之间。活性炭吸附法是常用的水处理工艺之一，它是利用多孔性的活性炭，使水中的一种或多种杂质被吸附在固体表面而去除的方法。其吸附中心点有两种：一种是物理吸附活性点，数量很多，没有极性，是活性炭吸附能力的主体；另一种是化学吸附活性点，主要是一些具有专属反应性能的含氧官能团，如羧基、羟基、羰基等。活性炭对有机物吸附多以物理吸附作用为主。活性炭一般会制成颗粒状或粉末状。粉末状活性炭的吸附能力强，制备容易，成本低，但再生困难，不易重复使用。颗粒状活性炭的生产成本较高，但再生后可重复使用，使用操作管理方便。在水处理中大多采用颗粒状活性炭。

本章重点：活性炭吸附工艺及其特性，活性炭吸附池的设计计算。

本章难点：活性炭的吸附机理。

9.1 吸附机理与类型

9.1.1 吸附机理与吸附类型

1. 吸附机理

当二相物质相互接触时，二者界面上呈现一个内部组成不同于原来任何一相的区域，同原来相内的物质浓度相比，界面上物质浓度的增加即称为吸附。或者说，吸附是指物质在二相之间界面上的积聚或浓缩，是一种建立在分子扩散基础上的物质表面现象。分子之间的吸引力促成吸附。

吸附作用可发生在气-液、气-固或液-固二相之间。活性炭净水是液-固二相之间的吸附，是利用多孔性的固体物质，使水中的一种或多种杂质被吸附在固体表面而去除的方法。具有吸附能力的物质如活性炭、沸石等，称为吸附剂；而被吸附的物质则称为吸附质或溶质；水是液相介质，称为溶剂。被吸附分子离开固体表面进入液相（或气相），是吸附剂恢复吸附能力的再生过程，称为解吸。如果吸附质分子不停留在吸附剂的表面（包括几何外表面和由孔隙壁形成的内表面）上，而是近乎均匀地渗进固体的结构内部，有时甚至进入固体晶格的原子之间，这类过程称为吸收。在某些情况下，吸收与吸附可能同时发生，可以通过固体相参与的化学反应（如浸有产生催化反应的盐类的活性炭上）或其他的吸附质结合机理而结合起来（如蒸汽的毛细凝聚或离子交换），这类过程一般称为吸着，它通常表示一相的组成物被移出，并积聚在另一相（特别是固相）上。固体物质上的吸着，既可在静态条件下发生，也可在吸附质与吸附剂相互移动的条件下发生（从气流或液流中的吸附）。在静态吸附平衡时，吸附质在气相（或液相）和吸附相之间的分布在整个吸附剂层内是均匀的，且仅由给定温度下的吸附等温线，即具体物质的可吸附性来决定。动态吸附的吸附质在二相之间的分布不仅取决于吸附等温线，还取决于其他因素，如吸附动力学（包括吸附质向吸附剂表面的迁移速度和吸附剂表面对分子的捕获速度）、放出的热量及其放热速度、吸附剂层的不同部位的流体相中吸附质浓度和流体相通过吸附剂层的速度分布等。动态条件下，吸附剂层的静态活性利用程度一般为70%~80%。

活性炭用于水与废水的处理，它在液相中不仅吸附溶质，同时也吸附溶剂。活性炭在液相中，不仅发生非极性分子间作用力的吸附、氢键力吸附、范德华力吸附，还发生静电力（库仑力）吸附。因此，液相吸附机理很复杂，至今没有统一的液相吸附理论。活性炭吸附机理，基本上多是根据气相吸附的条件得出的。

吸附作用虽然可发生在不同的相界面上，但在废水处理中，主要利用固体物质表面对废水中物质的吸附作用。这里仅讨论固体表面的吸附作用。

物质内部的分子，由于完全被周围分子包围，其引力在不同方向被相互抵消，而处于表面的分子具有剩余能量，趋向于吸引其他分子来实现平衡。不同物质的表面之间存在一个界面，那么在这个界面区两边的物质将产生吸附，吸附也可是物质间的化学作用。

吸附是一种表面现象，与表面张力、表面能的变化有关。吸附剂颗粒中，固体界面上的分子受力不均衡，因此产生表面张力，具有表面能。当它把溶质吸附到其界面后，界面上的分子受力就会更均衡，这会导致表面张力减小，表面自由焓降低，进而会发生吸附，符合热力学第二定律，这种能量有自动变小的趋势。吸附与表面张力的关系可由吉布斯方程表示

$$a=-\frac{C}{RT}\frac{\mathrm{d}r}{\mathrm{d}c} \tag{9-1}$$

式中 C——溶质浓度（mg/L）；

a——吸附量；

$\frac{\mathrm{d}r}{\mathrm{d}c}$——表面张力的变化。

表面张力降低，$\frac{\mathrm{d}r}{\mathrm{d}c}$为负，$a$为正，产生正吸附。但一些可溶性的无机盐、金属的氢氧化物等会增加溶液的表面张力。

2. 吸附类型

根据固体表面吸附力性质的不同，吸附可分为物理吸附、化学吸附和离子交换吸附三种类型。

（1）物理吸附　吸附剂和吸附质之间通过分子间力产生的吸附称为物理吸附，是一种常见的吸附现象。因为吸附是由分子力引起的，所以吸附热较小，一般在41.9kJ/mol以内。物理吸附因为不发生化学作用，所以低温时就能进行。被吸附的分子由于热运动还会离开吸附剂表面，这种现象称为解吸，它是吸附的逆过程。物理吸附可形成单分子或多分子吸附层。由于分子间力是普遍存在的，所以一种吸附剂可吸附多种吸附质。由于吸附剂和吸附质

的极性强弱不同，吸附剂对吸附质的吸附量存在差异。其特征：①吸附时表面能降低，属放热反应；②吸附无选择性，对不同物质来说，只是分子间力的大小有所不同。分子引力随相对分子质量增大而增加；③不需化学反应，因此不需活化能，低温就能进行。

（2）化学吸附　电子在吸附质和吸附剂表面之间交换或共有而出现化学反应，使得吸附质和吸附剂之间产生化学键吸附作用，这一过程称为化学吸附（或化学吸着）。吸附质与吸附剂之间由于化学键力发生了化学作用，使得其化学性质改变。如石灰吸附 CO_2，形成 $CaCO_3$。化学吸附一般在较高温度下进行，吸附热较大，相当于化学反应热，一般为 83.7~418.7kJ/mol。化学吸附具有选择性，表现为一种吸附剂只能对某种或几种吸附质发生吸附。由于化学吸附是靠吸附剂和吸附质之间的化学键力进行的，吸附只能形成单分子吸附层。当化学键力大时，化学吸附是不可逆的。

物理吸附和化学吸附并非独立，常伴随发生。在水处理中，大部分的吸附往往是几种吸附综合作用的结果。由于吸附质、吸附剂及其他因素的影响，常以某一种吸附为主，如有的吸附在低温时主要是物理吸附，在高温时主要是化学吸附。

在化学吸附中，吸附质是通过价电子的交换或共有所产生的力而结合在吸附剂的表面上。在物理吸附中，吸附质与吸附剂之间作用的力与分子间的内聚力一样，即与固相、气相和液相中作用的范德华力一样，是静电力。吸附质吸引到吸附剂表面的带电位上，而使吸附质富集在吸附剂表面，这种吸附过程属于离子交换范畴，常称为交换吸附。当溶液中存在两种或两种以上浓度相似的被吸附物离子时，若无其他吸附因素的干扰，则所带电荷将是交换吸附的决定因素。上述条件下，溶液中若含有一价和三价离子，且这两种离子留在液相中的动能相等，则三价离子所受的趋向吸附剂表面上相反电荷位上去的静电引力较一价离子的大得多。对电荷数相等的离子，分子大小（水合半径）决定吸附的优先次序，小离子更容易趋向于吸附位置，有利于被吸附。引起物理吸附和化学吸附的力具有不同性质，这两种吸附在吸附质与吸附剂相互作用时放出的吸附热上存在差异。气体的物理吸附，其吸附热一般与它们的凝聚热是同一数量级，通常不大于 10kcal/mol（1kcal = 4.187kJ）；化学吸附，其吸附热一般高得多，相当于化学键的能量，约 10^4 ~ 10^5kcal/mol，但在某些情况下，化学吸附热与物理吸附热没有实质性的差异。两种吸附过程的温度范围也有区别。在比气态吸附质的沸点高得多的温度下，不会发生物理吸附，但可能发生化学吸附，然而这种不同并不能用于区别弱化学吸附和物理吸附。两种吸附还有 1 个不同点是活化能，像凝聚一样，物理吸附不需要任何活化能，吸附速度极快，在无孔表面上该吸附过程几乎在无法测量的短时内完成的，其吸附速度几乎与温度无关；化学吸附的速度，在很宽的范围内随温度变化，并与其他几种因素有依赖关系，其中活化能即是一个重要因素。它的影响结果之一是当所需的活化能相当大时，化学吸附在低于某一极限温度下会以可测量出的速度而停止。物理吸附和化学吸附二者在吸附过程的特殊性上也不相同。例如，在铁催化剂上，当温度为 -183℃ 时，一氧化碳可以被化学吸附，但氮和氢则不能被化学吸附；而温度为 450℃ 时，该催化剂的表面被化学吸附的氮覆盖 50%，而氢的化学吸附却很少，一氧化碳的化学吸附等于零。与化学吸附不同，在适宜的温度和压力下，任何吸附质的物理吸附都可以不同程度地在所有的物质表面上进行，可以认为物理吸附是没有特殊性的。吸附层数也是区分这两种吸附的又一特征。化学吸附是单分子层吸附，吸附质和吸附剂必须直接接触才能通过它们之间的电子转移或共有而形成化学吸着链；而物理吸附可以是单层吸附，但经常能形成多分子层吸附。

除某些工业废水处理之外，活性炭用于水处理一般均以物理吸附为主，范德华力是活性炭对水中一般杂质吸附的主要作用力。活性炭用于净水是溶剂-溶质-固体系统的液相吸附过程。活性炭吸附作用的主要驱动力可能来自溶质对特定溶剂的疏液特性（疏液性），或者是来自溶质对固体的高度亲合性。在水处理实践中，多数情况是这两种驱动力的联合作用结果。水中常存在不同性质的溶质，它们争相被活性炭吸附，存在着竞争吸附现象。根据它们与活性炭表面之间的吸引力的大小及水合作用的强弱，吸附有先后强弱之分，即使是有的已被吸附在活性炭表面的溶质，也可能被吸附容量高的溶质从表面上取代。

（3）离子交换吸附　吸附质的离子由于静电引力聚集到吸附剂表面的带电点上，同时吸附剂也会释放出一个等当量离子，离子所带电荷越多，吸附越强。对于电荷相同的离子，水化半径越小，越易被吸附。

水处理中大多数的吸附现象往往是上述三种吸附作用的综合结果。

9.1.2　吸附平衡与吸附等温线

1. 吸附平衡

活性炭净水作为液-固体系的吸附，能除去水中杂质，使其浓集在活性炭表面上，这个过程会一直保持，直到留在液相中的溶质浓度与固相表面上的溶质浓度处于动态平衡为止，即吸附平衡。如果吸附过程是可逆的，当废水与吸附剂充分接触后，一方面吸附质被吸附剂吸附；另一方面，一部分已被吸附的吸附质，由于热运动的结果，可能脱离吸附剂的表面，又回到液相中去。当吸附速度和解吸速度相等时，即单位时间内吸附的数量等于解吸的数量时，则吸附质在溶液中的浓度和吸附剂表面上的浓度都不再改变而达到平衡，此时吸附质在溶液中的浓度称为平衡浓度。

2. 吸附容量

吸附能力可用吸附容量与吸附速度等特性来表示。吸附容量指单位质量的吸附剂在一定t和p下，达到吸附平衡时所吸附的溶质的质量。如向含吸附质浓度为C_o(g/L)、容积为V(L)的水样投加质量为W(g)的活性炭，当吸附达到平衡时，废水中剩余的吸附质浓度为C(g/L)，则吸附容量q(g/g)为

$$q=\frac{V(C_o-C)}{W} \tag{9-2}$$

为了测定活性炭对水溶液中一定溶质的吸附容量，可以采用表观测定法。称取一定量的活性炭，将其粉碎后，与一定容积V(L)的含某种溶质原始浓度为C_o(g/L 或 mol/L）的水，在一定的温度和常压下，充分混合振荡一段时间。达到吸附平衡后，经过滤纸过滤，分析测定滤液中的溶质剩余浓度C(g/L 或 mol/L)，可得出活性炭吸附的溶质总量x(g 或 mol)，即

$$x=(C_o-C)V \tag{9-3}$$

因此，吸附容量q_e(g/g 或 mol/g)也可表示为

$$q_e=x/m=(C_o-C)V/m \tag{9-4}$$

吸附容量是衡量活性炭的一个重要指标。q_e的大小与活性炭的品种、被吸附物的性质和浓度、水温和水的 pH 值等有关。当温度一定时，吸附容量随吸附质平衡浓度的提高而增加，吸附容量随平衡浓度而变化的曲线称为吸附等温线。

3. 吸附速度

活性炭的吸附是污染物质从水中迁移到活性炭颗粒表面上，再扩散到活性炭内部孔隙的表面吸附过程。吸附速度指单位质量的吸附剂在单位时间内所吸附的物质的量。吸附速度决定了废水和吸附剂的接触时间，吸附速度越快，接触时间就越短，所需的吸附设备容积也就越小。吸附速度取决于吸附剂对吸附质的吸附过程的具体情况。水中多孔的吸附剂对吸附质的吸附过程可分为三个阶段。

第一阶段为颗粒外部扩散（膜扩散）阶段。被吸附物质向活性炭颗粒表面的迁移速度与浓度成正比。在吸附剂颗粒周围存在一层固定的溶剂薄膜，当溶液与吸附剂做相对运动时，这层溶剂薄膜不随溶液一同移动，吸附质需要先通过这个薄膜才能到达吸附剂的外表面，因此，吸附速度与液膜扩散速度有关。

第二阶段为颗粒内部扩散阶段。此阶段速度即为被吸附物质在活性炭颗粒内部孔隙中的扩散速度。吸附质经液膜扩散到吸附剂表面后再向细孔深处扩散。

第三阶段为吸附反应阶段。吸附质被吸附在细孔内表面上，速度即为被吸附物质向活性炭颗粒内部孔隙表面上的吸附反应速度。

吸附速度与上述三个阶段进行的快慢有关。一般情况下，第三阶段进行的吸附反应速度很快，其中最慢的过程决定活性炭吸附总速度。因此，吸附速度主要由液膜扩散和颗粒内部扩散速度来控制。

试验得知，颗粒外部扩散速度与溶液浓度成正比，溶液浓度越高，吸附速度越快。对一定质量的吸附剂，外部扩散速度还与吸附剂的外表面积（即膜表面积）的大小成正比。因为表面积与颗粒直径成反比，所以颗粒直径越小，扩散速度就越快。增加溶液和颗粒之间的相对速度，会使液膜变薄，可提高外部扩散速度。

颗粒内部扩散比较复杂。扩散速度与吸附剂细孔的大小、构造、吸附质颗粒大小、构造等因素有关。颗粒大小对内部扩散的影响比外部扩散要大些。颗粒越小，吸附速度就越快。采用粉状吸附剂比粒状吸附剂有利，它不需要很长的接触时间，因此吸附设备的容积小。对连续式粒状吸附剂的吸附设备，如外部扩散控制吸附速度，则通过提高流速，增加颗粒周围液体的搅动程度，可提高吸附速度。也就是说，在保证同样出水水质的前提下，采用较高的流速缩短接触时间，可减小吸附设备的容积。

根据不同的假设，可以推导出多种吸附速度公式。但因为吸附速度公式较复杂，又与实际情况相差较大，所以吸附速度多通过试验来确定。

在水处理中，活性炭对污染物质（溶质）的吸附，是污染物质从水中迁移到活性炭颗粒表面上，然后再扩散到活性炭内部孔隙的表面而被吸附的过程。当使用粉末活性炭时，由于炭粒呈微粉状，被吸附物质向活性炭颗粒表面的迁移速度决定着吸附速度。因此，要求炭与水混合均匀，接触良好，并有充分的接触时间。对于粒状活性炭，被吸附的物质在活性炭孔隙内部的扩散速度是影响吸附速度的主要因素。因此，使用粒状活性炭处理时，其吸附速度必须由炭柱通水实测确定。

4. 吸附等温线

在一定温度下，活性炭的吸附容量与其周围浓度之间的相应关系可用吸附等温线来表示。吸附等温线被广泛用于研究吸附系统的吸附平衡过程。根据吸附等温线，可了解吸附剂的吸附表面积、孔隙容积、孔隙大小分布及判定吸附剂对被吸附溶质的吸附性能等。实际操作中常通过测定吸附剂的吸附等温线，作为选用某特定用途的吸附剂的重要参考。

一般说来，吸附等温线不呈线性关系，但当溶质浓度极稀时，吸附等温线基本呈直线型，可作为理想吸附看待，溶质的吸附量 x/m 与溶质的平衡浓度 C 成正比，即

$$q_e = x/m = HC \tag{9-5}$$

H 是常数，通常称为 Henry 系数。然而，对溶质浓度极稀的溶液，根据浓度变化测定的吸附量，误差很大，Henry 系数的实验测定很困难。同时，活性炭这样微孔发达的多孔吸附剂，表面能量很不均匀，理想吸附的条件是不容易满足的。虽然直线型吸附等温线只在非常有限的范围内与实际情况一致，但从理论角度处理各种问题时，经常用平均值表示其近似值。

活性炭用于水处理时，绝大多数具有代表性的杂质的吸附平衡关系式均为非直线型。曲线型吸附等温式类型很多，常用的有朗格谬尔（Langmuir）、BET（为 Brunauer，Emmett 和 Tellers 三人的字首组成）和费兰德利希（Freundlich）等。在浓度不高的水处理中，可近似采用费兰德利希的吸附等温公式。

（1）吸附等温线　用表观法对液相吸附测得的一系列 q_e 与 C 的对应数据，可点绘在坐标纸上，归纳成如图 9-1 所示的三种类型。不同类型吸附等温线，也可用不同的函数表达方程式——吸附等温式表达

$$q_e = f(C)_T \tag{9-6}$$

即当吸附试验温度 T 不变时，q_e 只是 C 的函数。

在图 9-1 中，等温线的吸附容量 q_e 随着溶液吸附平衡浓度 C 增加而增大，初期线性上升，随后逐渐变缓并趋于恒定，曲线形状与固-气吸附等温线 a 型相似，只是横坐标用浓度 C 替代原来的气体压强 p，因此可以 Freundlich 经验式或 Langmuir 吸附式来描述。

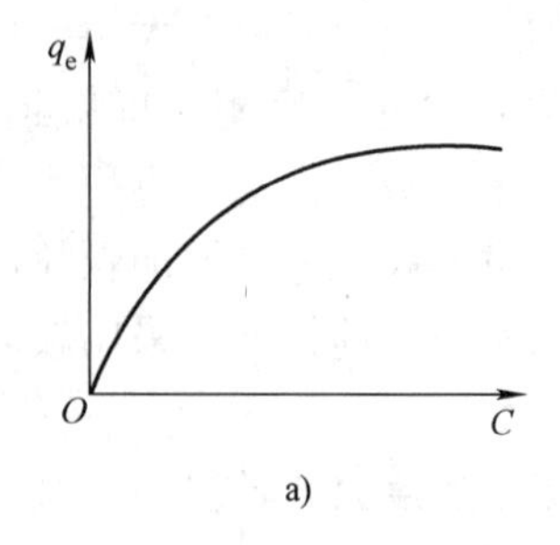

a)

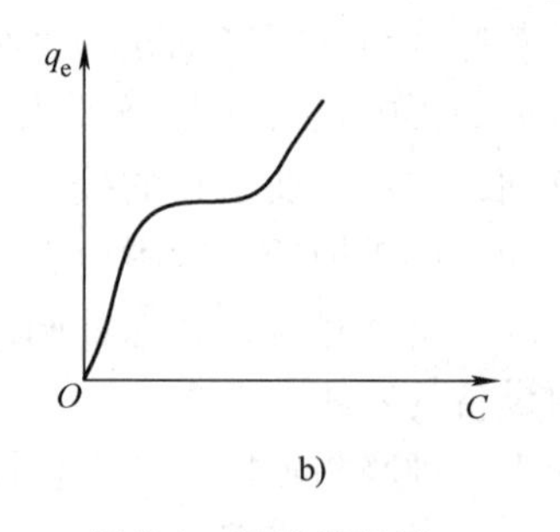

b)

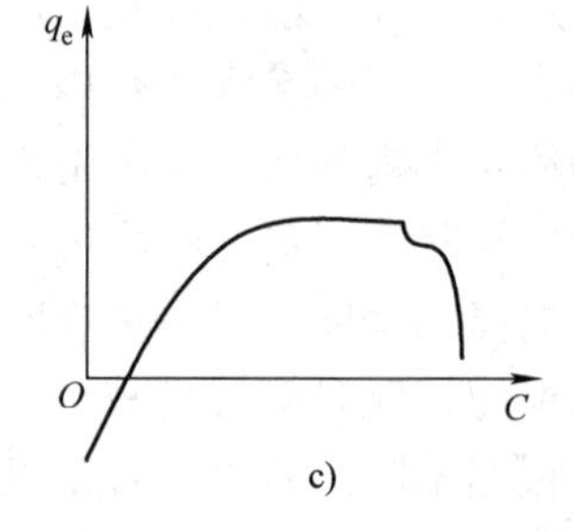

c)

图 9-1　吸附等温线

因为液相吸附机理尚不清楚，所以 Langmuir 式只能作为经验式使用。图 9-1b 所示的等温线形状与固-气吸附等温线 b 型相似，可以用 BET 吸附等温式描述。第三类型等温线比较特殊，有时出现负值或极小值，主要是由于活性炭不仅吸附溶质，还吸附溶剂，有时甚至对溶剂的吸附量超过对溶质的吸附量，从而在表观上出现负吸附。

吸附量在稀溶液时偏差较小，在浓溶液中情况复杂，所得结果就不能代表真实的溶质吸附。活性炭一般用于水的深度处理，杂质的浓度较小，因此通常用表观法测定吸附量偏差不大。注意，由于水处理中实际吸附过程甚为复杂，实际工程时，必须结合等温线数据再通过炭柱通水实测确定。

（2）吸附等温线的分析与应用

1）通过吸附等温线的测定，可得出活性炭对水中某污染物的吸附效果，按处理水中污染物的出水浓度，可求出活性炭的极限吸附容量。

2）由此估算出工程中活性炭的用量——剂量值（处理每吨水的活性炭用量），并进行炭床滤池的设计。

3）了解处理水的pH值和污染物浓度变化对活性炭吸附容量的影响。

4）吸附等温线在炭种选择中，可借以评价各炭种的吸附性能。应用等温线斜率可确定活性炭适宜的过滤形式。

5）用类似的方法还可研究时间等运转条件改变对吸附效果的影响。

（3）吸附等温式　由于液相吸附很复杂，至今尚无统一的吸附理论，因此液相吸附的吸附等温式一直沿用气相吸附等温式。表示a型吸附等温式有朗格缪尔公式和费兰德利希公式，表示b型吸附等温式有BET公式，现分述如下。

1）朗格缪尔公式。Langmuir等温式是最早表示气相在吸附剂的平板表面上的吸附公式（1918年），它适用于单层吸附。该公式认为在吸附剂表面与被吸附的气体分子之间起作用的结合力是由化学吸附所造成的。它从理论上导出被吸附到吸附剂中的物质数量和气体压力之间的关系，认为吸附结合力的作用范围最多不过是单分子层的厚度，超过这个范围就不会发生吸附，并以此为基础推导出朗格缪尔公式。朗格缪尔吸附也称单分子层吸附。

图9-2所示是Langmuir吸附等温线，也是图9-1中a型曲线的集中反映。图9-2中，C_s代表给定温度下，溶液中溶质的饱和浓度，Q^0为饱和吸附容量。

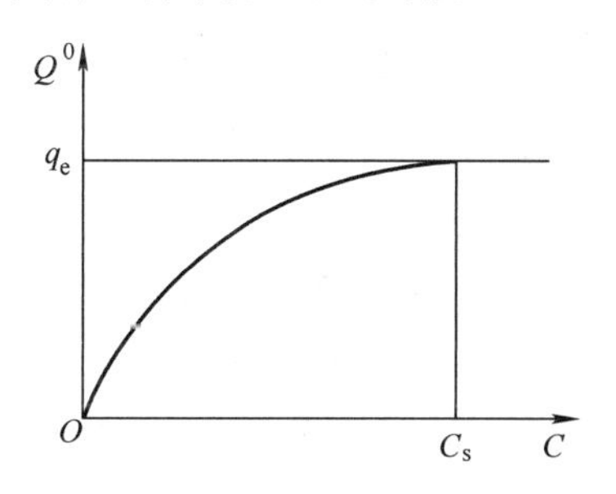

图9-2　Langmuir吸附等温线

Langmuir吸附等温式是根据动力学，基于下列假定条件推导得出的。①吸附剂表面的吸附能是均匀分布的；②被吸附在吸附剂表面的溶质分子只有一层，为单层吸附，单层饱和时，吸附量为最大；③被吸附在吸附剂平板表面上的溶质分子不再迁移；④吸附能为常数。Langmuir等温线可表示为

$$q_e = \frac{Q_0 bC}{1 + bC} \tag{9-7}$$

式中　Q_0——与最大吸附量有关的常数；

b——与吸附能有关的常数。

当吸附量很小时，吸附平衡浓度C很小，$bC \ll 1$，式（9-7）为直线关系，并由式(9-5)得

$$q_e = Q_0 bC = HC \tag{9-8}$$

Henry系数H和Langmuir公式中的常数b之间关系为

$$H = Q_0 b \tag{9-9}$$

当吸附量很大，即C很大时，$bC \gg 1$，则$q_e \approx Q_0$，此时q_e与b无关。

为了方便求解，可将式（9-7）取倒数，变换成Langmuir吸附等温式的直线表达式

$$\frac{1}{q_e} = \frac{1}{Q_0} + \frac{1}{Q_0 b}\frac{1}{C} \tag{9-10}$$

从式（9-10）可看出，$1/q$与$1/C$成直线关系，利用这种关系可求Q_0、b。图9-3即为

按式（9-10）表达的 Langmuir 吸附等温式的线性图解，纵坐标取 $1/q_e$，横坐标取 $1/C$，在纵轴上的截距为 $1/Q_0$，该直线的斜率为 $1/(Q_0 b)$。

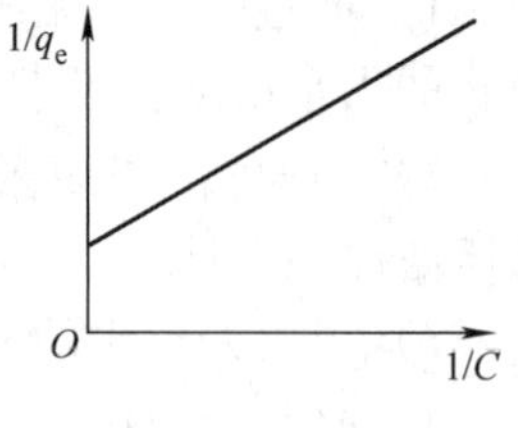

图 9-3　Langmuir 等温式线性图解

2）BET 公式。BET 公式是表示吸附剂上有多层溶质分子被吸附的吸附模式，各层的吸附符合朗格缪尔单分子吸附公式。公式为

$$q = \frac{BCq_0}{(C_s - C)\left[1 + (B - 1)\dfrac{C}{C_s}\right]} \tag{9-11}$$

式中　q_0——单分子吸附层的饱和吸附量（g/g）；
C_s——吸附质的饱和浓度（g/L）；
B——常数。

为计算方便，可将式（9-11）改为倒数式，即

$$\frac{C}{(C_s - C)q} = \frac{1}{Bq_0} + \frac{B - 1}{Bq_0}\frac{C}{C_s} \tag{9-12}$$

从式（9-12）可看出，$\dfrac{C}{(C_s-C)\ q}$与$\dfrac{C}{C_s}$呈直线关系，利用这个关系可求 q_0、B。

3）费兰德利希经验公式

$$q = KC^{\frac{1}{n}} \tag{9-13}$$

式中　q——吸附量；
C——吸附质平衡浓度（g/L）；
K、n——常数。

将式（9-13）改写为对数式

$$\lg q = \lg K + \frac{1}{n}\lg C \tag{9-14}$$

把 C 和与其对应的 q 点绘在双对数坐标纸上，便得到一条近似的直线。这条直线的截距为 K，斜率为 $1/n$。当 $1/n$ 较大时，即吸附质平衡浓度越高，则吸附量越大，吸附能力发挥得越充分，这种情况最好采用连续式吸附操作。当 $1/n$ 较小时，多采用间歇式吸附操作。

吸附量是选择吸附剂和设计吸附设备的重要参数。吸附量的大小决定吸附剂再生周期。吸附量越大，再生周期就越长，再生剂的用量和再生费用就越小。市场上供应的吸附剂，在产品样本中附有各种吸附量的指标，如对碘、亚甲蓝、糖蜜液、苯、酚等的吸附量。这些指标虽然反映了吸附剂对该吸附质的吸附能力，但它与对废水中吸附质的吸附能力不一定相符，应通过试验确定吸附量和选择合适的吸附剂。

测定吸附等温线时，吸附剂的颗粒越大，则达到吸附平衡所需的时间越长。因此，为了在短时间内得到试验结果，往往将吸附剂破碎为较小的颗粒后再进行试验。由颗粒变小所增加的表面积虽然是有限的，但由于能够打开吸附剂原来封闭的细孔，使吸附量有所增加。此外，影响实际吸附设备运行效果的因素很多，由吸附等温线得到的吸附量与实际的吸附量并不一致，但通过吸附等温线所得吸附量的方法简便易行，为选择吸附剂提供了可比较的数据，对吸附设备的设计有一定的参考价值。

9.2 影响吸附的因素及吸附的操作方式

9.2.1 影响吸附的因素

活性炭在水处理中的吸附是很复杂的。参与吸附的固相（活性炭）、溶液（水）、溶质（污染物微量、多成分）将产生相互影响。影响吸附的因素很多，包括吸附剂与吸附质的性质、吸附过程的操作条件等。了解影响吸附因素是选择合适的吸附剂和控制操作条件的前提。

1. 吸附剂的性质

吸附剂的比表面积、种类、颗粒大小、细孔构造和分布情况等对吸附影响很大。吸附剂的比表面积越大，吸附能力就越强。吸附剂的种类不同，吸附效果也就不同，一般是极性分子（或离子）型的吸附剂易吸附极性分子（或离子）型的吸附质，非极性分子型的吸附剂易于吸附非极性的吸附质。

2. 吸附质的性质

（1）溶解度　吸附质在废水中的溶解度对吸附有较大的影响，一般吸附质的溶解度越低，越容易被吸附。

（2）表面自由能　能够使液体表面自由能降低得越多的吸附质，也越容易被吸附。例如活性炭自水溶液中吸附脂肪酸，因为脂肪酸分子含炭越多，就可使炭液界面自由能降低得越多，所以吸附量也越大。

（3）极性　如上所述，极性的吸附剂易吸附极性的吸附质，非极性的吸附剂则易于吸附非极性的吸附质。活性炭是一种非极性的吸附剂或称疏水性吸附剂，可从溶液中有选择地吸附非极性或极性很低的物质。硅胶和活性氧化铝为极性吸附剂或称亲水性吸附剂，它们可从溶液中有选择地吸附极性分子（包括水分子）。填充硅胶的吸附柱先向吸附柱通苯达到吸附饱和后再向吸附柱通苯和水的混合液，则原先被吸附的苯逐渐为水所置换而被解吸出来，这是由于硅胶为极性吸附剂，它对极性的水分子的吸附能力比非极性的苯分子为大，故优先吸附水。又如填充活性炭的吸附柱先通水使之达到吸附饱和，再通苯和水的混合液，则原先被活性炭吸附的水逐渐为苯所置换而解吸出来，因为活性炭为非极性吸附剂，它对非极性的苯的吸附能力比对极性的水为大，所以优先吸附苯。

（4）吸附质分子的大小和不饱和度　吸附质分子的大小和不饱和度对吸附也有影响。例如活性炭与沸石相比，前者易吸附分子直径较大的饱和化合物，而合成沸石易吸附分子直径小的不饱和（$>C=C<$，$—C\equiv—$）化合物。注意，活性炭对同族有机化合物的吸附能力，虽然随有机化合物的相对分子质量的增大而增加，但是相对分子质量过大，会影响扩散速度。故当有机物相对分子质量超过1000时，需进行预处理，将其分解为较小的相对分子质量后再用活性炭进行处理。

（5）吸附质的浓度　吸附质的浓度对吸附也有影响。浓度比较低时，吸附剂表面大部分是空着的，提高吸附质浓度会增加吸附量。但浓度提高到一定程度后，再提高浓度时，吸附量虽仍有增加，但速度减慢。这说明吸附表面已大部分被吸附质所占据。当全部吸附表面被吸附质占据吸附量达到极限状态时，吸附量就不再随吸附质浓度的提高而增加了。

3. 吸附过程的操作条件

（1）pH值 水的pH值对吸附剂及吸附质的性质有影响。活性炭一般在酸性溶液中比在碱性溶液中有更高的吸附率。另外，pH值对吸附质在水中存在的状态（分子、离子、络合物等）及溶解度有时也有影响，从而对吸附效果也有影响。

（2）温度 物理吸附过程是放热过程，温度升高吸附量减少，反之吸附量增加。温度对气相吸附影响较大，但对液相吸附影响较小。

（3）共存物质 物理吸附，吸附剂可吸附多种吸附质。一般共存多种吸附质时，吸附剂对某种吸附质的吸附能力比只含该种吸附质时的吸附能力差。

（4）接触时间 在吸附过程中，应保证吸附质与吸附剂有一定的接触时间，使吸附接近平衡，充分利用吸附能力。吸附平衡所需时间取决于吸附速度。吸附速度越快，达到平衡所需的时间就越短。

9.2.2 吸附操作种类和方式

水处理中，吸附操作分为静态的间歇操作和动态的连续操作。

1. 静态吸附

在废水不流动的条件下进行的吸附操作为静态吸附操作。静态吸附操作的工艺过程：把一定数量的吸附剂投到预处理的废水中，不断地进行搅拌，达到吸附平衡后，再用沉淀或过滤的方法使废水和吸附剂分开。如经一次吸附后，出水的水质达不到要求时，往往采取多次静态吸附操作。由于操作麻烦，多次吸附在废水处理中采用较少。

2. 动态吸附

动态吸附是在废水流动条件下进行的吸附操作。常用的动态吸附设备有固定床、移动床和流化床。

（1）固定床 这是水处理工艺中最常用的方式。当废水连续通过填充吸附剂的吸附塔或吸附池时，废水中的吸附质便被吸附剂吸附。若吸附剂数量足够时，从吸附设备流出的废水中吸附质的浓度可以降低到零。吸附剂使用一段时间后，出水中的吸附质的浓度逐渐增加，当增加到某一数值时，应停止通水，将吸附剂进行再生。吸附和再生可在同一设备内交替进行，也可将失效的吸附剂卸出，送到再生设备进行再生。由于这种动态吸附设备中吸附剂在操作中是固定的，因此叫固定床。

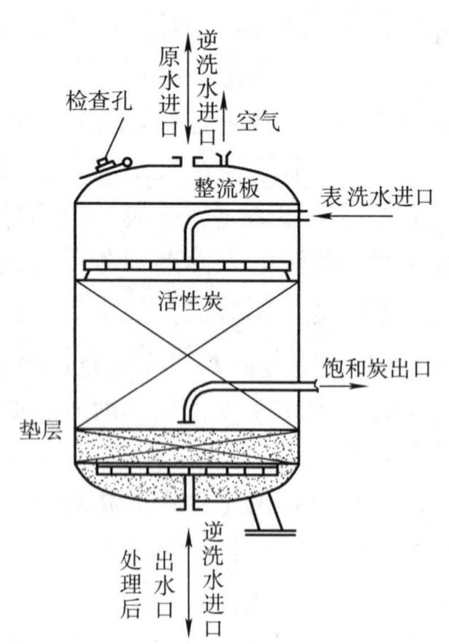

图9-4 降流式固定床吸附塔构造

固定床根据水流方向又分为升流式和降流式两种形式。降流式固定床吸附塔构造如图9-4所示。

降流式固定床的出水水质较好，但经过吸附层的水头损失较大，特别是处理含悬浮物较高的废水时，为了防止悬浮物堵塞吸附层，需定期进行反冲洗，有时需要在吸附层上部设反冲洗设备。在升流式固定床中，当发现水头损失增大时，可适当提高水流流速，使填充层稍有膨胀（上下层不能互相混合）就可以达到自清的目的。这种方式的优点是层内水头损失增加较慢，运行周期较长，但对废水

入口处（底层）吸附层的冲洗难于降流式，且由于流量变动或操作一时失误会使吸附剂流失。

固定床根据处理水量、原水的水质和处理要求不同，可分为单床式、多床串联式和多床并联式三种，如图9-5所示。

（2）移动床　移动床的运行操作方式如下（见图9-6）：原水从吸附塔底部流入和吸附剂进行逆流接触，处理后的水从塔顶流出，再生后的吸附剂从塔顶加入，接近吸附饱和的吸附剂从塔底间歇地排出。这种方式较固定床更能充分利用吸附剂的吸附容量，且水头损失小。因为采用升流式，废水从塔底流入、从塔顶流出，被截留的悬浮物随饱和的吸附剂间歇地从塔底排出，所以不需要反冲洗设备。但这种操作方式要求塔内吸附剂上下层不能互相混合，对操作管理要求高。

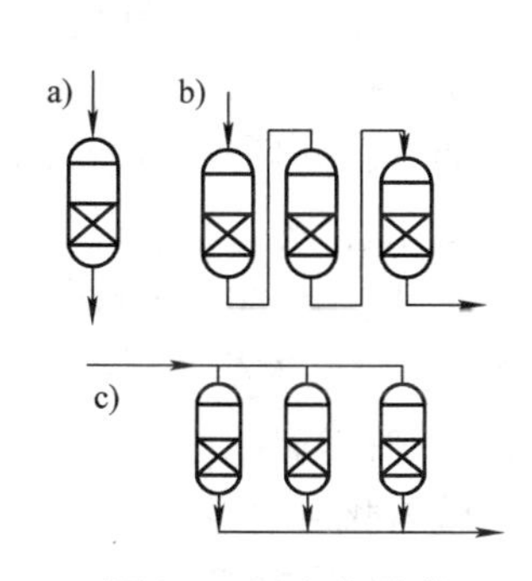

图9-5　固定床吸附

a）单床式　b）多床串联式　c）多床并联式

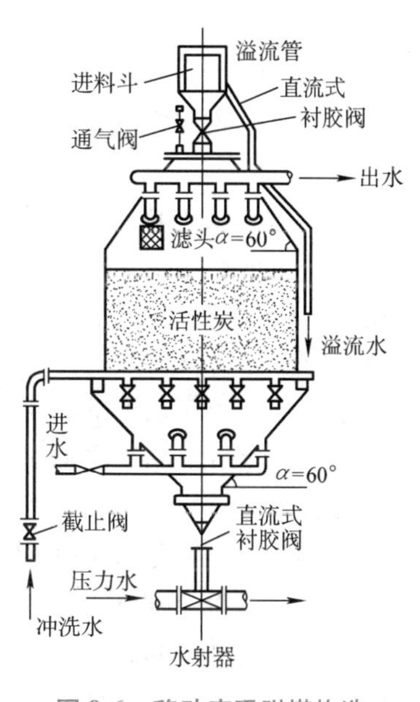

图9-6　移动床吸附塔构造

移动床一次卸出的炭量一般为总填充量的5%~20%，在卸料的同时投加等量的再生炭或新炭。卸炭和投炭的频率与处理的水量和水质有关，从数小时到一周不等。移动床进水的悬浮物浓度不大于30mg/L。移动床高度可达5~10m。移动床占地面积小、设备简单、操作管理方便、出水水质好，目前多用于较大规模的废水处理工程中。

（3）流化床　这种操作方式与固定床和移动床的差别在于吸附剂在塔内处于膨胀状态或流化状态。被处理的废水与活性炭基本上是逆流接触。由于活性炭在水中处于膨胀状态，与水的接触面积大，因此用少量的炭可处理较多的废水，基建费用低。这种操作适于处理含悬浮物较多的废水，不需进行反冲洗。流化床一般可连续卸炭和投炭，空塔速度要求上下不混层，保持炭层成层状向下移动，运行操作要求严格，但多层流化床克服了这个缺点。这种床每层的活性炭可以相混，新炭从塔顶投入，依次下移，移到底部时达到饱和状态时卸出。

9.3 活性炭及其特性

活性炭具有吸附能力强、吸附效果好等优点，在水处理中有着较广泛的应用。它能有效地去除水的臭味、天然和合成溶解有机物、微污染物质等。大部分比较大的有机物分子、芳香族化合物、卤代烃等能牢固地吸附在活性炭表面上或孔隙中，并对腐殖质、合成有机物和低相对分子质量有机物有明显的去除效果。实践证明，活性炭可降低总有机碳 TOC、总有机卤化物 TOX 和总三卤甲烷 TTHM 等指标。

活性炭对于某一种物质的吸附能力与活性炭的原材料性质、碳化及活化的整个过程、吸附的环境因素以及再生操作过程都有密切的关系。

1. 活性炭的制造

活性炭是用含碳为主的物质（如木材、煤）作为原料，经高温制成的疏水性吸附剂，外观呈黑色，粒径一般在 0.4~1.0mm，级配系数为 1.4~2.0。其制造分碳化及活化两个过程。

（1）碳化　碳化又称热解，是在隔绝空气的条件下对原材料加热（温度一般在 600℃以下）形成炭渣，生成类似石墨的多环晶型结构的过程。有时原材料先经无机盐溶液处理后再碳化。碳化作用有多种：一种是使原材料分解放出水气、一氧化碳、二氧化碳及氢等气体；另一种是使原材料分解成碎片，并重新集合成稳定的结构。这些碎片可能是由一些微晶体组成。微晶体是由两片以上的、由碳原子以六角晶格排列的片状结构堆积而成的，但堆积无固定的晶型。碳化后微晶边界原子上还附有一些残余的碳氢化合物。由碳原子微晶体构成的孔隙结构比表面积（每克吸附剂所具有的表面积称为比表面积）为 200~400m^2/g。

（2）活化　活化是在氧化剂的作用下，对碳化后的材料加热，以生成活性炭产品。当氧化过程的温度在 800~900℃时，一般用蒸汽或 CO_2 为氧化剂；当氧化温度在 600℃以下时，一般用空气作为氧化剂。在活化过程中，碳化时吸附的碳氢化合物及原有孔隙边上的碳原子被烧掉，甚至孔隙之间被烧穿，使得活性炭的孔隙扩大，进而形成良好的多孔结构。经活化后，活性炭的孔隙结构更完善，比表面积达 1000~1300m^2/g，同时其表面的化学结构被固定下来。

经碳化和活化后的活性炭比表面积大，具有较好的吸附性能。

2. 活性炭的细孔构造和分布

活性炭在制造过程中，晶格间生成的空隙形成各种形状和大小的细孔。吸附作用主要发生在细孔的表面上。活性炭的比表面积可达 500~2000m^2/g。其吸附量并不一定相同，是由于吸附量不仅与比表面积有关，而且还与细孔的构造和细孔的分布情况有关。

活性炭的孔隙结构，通常按孔径分为大孔、中孔和微孔。它们的容积及比表面积在炭中所占的比例见表 9-1。

大小不同的细孔，在吸附过程中所引起的作用不同。在活性炭的吸附过程中，这三种孔隙的作用分别如下：

1）大孔主要起通道作用。

2）中孔除了使被吸附物质到达微孔，起到通道作用外，对于分子直径较大的吸附质也具有吸附作用。由于水处理中被吸附物质的分子直径要比气相吸附过程中相同的被吸附物的

分子直径大，因此用于水处理的活性炭，要求中孔有适当的比率。

表 9-1 活性炭的孔隙

孔隙名称	孔隙半径/Å	水蒸气活化活性炭		
		孔容积/(mL/g)	表面积/(m^2/g)	比表面积比率（%）
微孔	0~20	0.25~0.6	700~1400	95
中孔（过渡孔）	20~1000	0.02~0.2	1~200	5
大孔	1000~100000	0.2~0.5	0.5~2	甚微

注：1. 比表面积比率=孔隙的比表面积/孔隙的全部比表面积×100。

2. 1Å=10^{-10}m。

3）微孔对于活性炭是最重要的，因为吸附主要是 100Å 以下微孔的表面作用。在一般情况下，微孔的容积及比表面积标志着活性炭吸附的性能。

活性炭的孔隙结构及其各种表面氧化物的存在与比例，取决于活性炭的制造原理和制造工艺。例如：煤制水蒸气活化的活性炭一般呈碱性。用锯木屑作为原料，氧化锌作为活化剂，在 600℃空气中活化的活性炭一般呈酸性。

3. 活性炭的种类

按外观形状活性炭可以分为粉末活性炭和颗粒活性炭。

（1）粉末活性炭　一般将 90%以上通过 80 目标准筛或粒度小于 0.175mm 的活性炭统称为粉末活性炭或粉末炭。粉末炭在使用时有吸附速度较快、吸附能力利用充分等优点，但需专有的分离方法。随着分离技术的进步和某些应用要求的出现，粉末炭的粒度有越来越细化的倾向，有的场合已达到微米甚至纳米级。

粉末活性炭在去除水的臭味中的应用已有数十年历史。一般和混凝剂一起连续地投加于原水中，经混合、吸附水中有机和无机杂质后，粘附在絮体上的炭粒大部分在沉淀池中成为污泥被排除，常应用于原水季节性水质较差时的间歇处理。一般粉末炭投加量不高，为了提高出水的质量，在给水的常规处理中，技术的关键是炭种的选择与投加点的选择。应该充分利用混凝作用去掉水中的杂质，使粉末活性炭与混凝竞争吸附降至最低程度，同时使絮凝体对粉末活性炭包裹减少，并保证足够的炭水接触时间。

（2）颗粒活性炭　通常把粒度大于 0.175mm 的活性炭称为颗粒活性炭。颗粒活性炭常用于城市给水处理中，可以铺在快滤池砂层上或在快滤池之后单独建造活性炭池，以去除水中有机物，当炭的吸附能力饱和后，可以再生后重复使用。每再生一次损失 15%，再生费用较高。颗粒活性炭又分为下列几种。

1）不定型颗粒活性炭。不定型颗粒活性炭一般由颗粒状原料经碳化、活化，然后破碎筛分至需要粒度制成，也可以用粉状活性炭加入适当的黏结剂经适当加工而成。

2）圆柱形活性炭。圆柱形活性炭又称柱状炭，一般由粉状原料和黏结剂经混捏、挤压成型再经碳化、活化等工序制成。也可用粉状活性炭加黏结剂挤压成形。柱状炭有实心和中空之分，中空柱状炭是炭柱中有人造的一个或若干个有规则的小孔。

3）球形活性炭。顾名思义是圆球形的活性炭，其制取方法与柱状炭类似，有造球过程，也可以用液态含碳原料经喷雾造粒、氧化、碳化、活化制成，还可以用粉状活性炭加黏结剂成球加工而成，球形活性炭有实心和空心球之分。

4. 活性炭的表面化学性质

活性炭的吸附特性不仅与细孔构造和分布状况有关，而且还与活性炭的表面化学性质有关。活性炭的表面氧化物通常分为碱性和酸性两类。碱性的表面氧化物在液相中能吸附酸性物质，而酸性的表面氧化物在液相中易吸附碱性物质。

活性炭是由形状扁平的石墨型微晶体构成的。处于微晶体边缘的碳原子，由于共价键不饱和而易与氧、氢等其他元素结合形成各种含氧官能团，使活性炭具有极性。目前对活性炭含氧官能团（又称表面氧化物）的研究还不够充分，但已证实的有—OH 基、—COOH 基等。

活性炭的脱氯作用主要指使游离氯变成氯离子的催化作用，受温度高、pH 值低的影响。当有机物存在时，脱氯能力降低，且氯分解时所生成的氧可对活性炭表面起氧化作用，使其性能下降。可以引入某些基团—COOH、—C ═O、—OH，它们对外有特殊的亲和作用力。

5. 活性炭的质量指标

我国已有活性炭质量国家标准见表 9-2。表 9-3 列出的是水处理用粒状活性炭特性指标。

表 9-2 GB/T 7701. 2—2008《煤质颗粒活性炭 净化水用煤质颗粒活性炭》

指标名称	指 标	粒度/mm	指 标
外观	暗黑色炭素物质呈颗粒状	>2. 50	≤2%
水分（%）	≤5	1. 25~2. 50	≥83%
强度（%）	≥85	1. 00~1. 25	≤14%
碘吸附值/(mg/g)	≥800	<1. 00	≤1%

表 9-3 水处理用粒状活性炭特性指标

指 标	一般范围	指 标	一般范围
粒度	0. 44~3mm	真密度	2~2. 2g/cm^3
长度	0. 44~6mm	堆积密度	0. 35~0. 5g/cm^3
强度	≥80	总孔容积	0. 7~1. 0cm^3/g
碘值	700~1200mg/g	总表面积	590~1500m^2/g
亚甲蓝值	100~1500mg/g	pH 值	8~10
水分	≤3%	灰分	≤8%

6. 使用条件

活性炭的选用是活性炭系统设计必须解决的重要问题。一般从去除污染物的能力、炭层水头损失、炭的输送和再生等方面来考虑颗粒大小、密度和硬度。商品活性炭的品种颇多，影响活性炭吸附性能的因素也很复杂，因此需要通过吸附等温线试验来确定。

9. 4 活性炭改性技术

活性炭是一类广谱吸附材料，其物理化学性质决定了其吸附能力。为了提高活性炭对不同污染物的吸附能力，需要对活性炭进行改性处理。改性方法包括化学改性与物理改性两大类。

1. 化学改性

化学改性即通过对活性炭表面的官能团进行种类修饰与数量增加，使活性炭的吸附活性位点发生改变，从而提高其亲水/疏水性能及对污染物的吸附能力。目前，常用的化学改性技术有氧化改性、还原改性、酸碱改性、金属负载改性和等离子体改性等。

（1）氧化改性　氧化改性是利用氧化剂改变活性炭表面含氧官能团数量，增强活性炭表面的亲水性、酸性和极性，使其对极性物质吸附性能得到提高。目前常用的氧化剂主要有 HNO_3、H_2O_2、臭氧和 $KMnO_4$ 等。

（2）还原改性　还原改性是在一定的温度下加入还原剂对活性炭进行改性，改性后活性炭表面的碱性官能团数量增加，使活性炭表面碱性、非极性和疏水性增加，使其对非极性物质的吸附能力增强。常用的还原剂有 H_2、N_2 和氨气。

（3）酸碱改性　酸碱改性是指将活性炭放在非氧化还原性酸溶液（H_2SO_4、H_3PO_4）或碱溶液（NaOH）中进行改性，可以除去活性炭表面杂质以及改变活性炭表面化学官能团。酸碱改性使活性炭表面官能团数量发生改变，提高对污染物的吸附能力。

（4）金属负载改性　金属负载改性是将金属元素负载于活性炭表面上，通过负载物对吸附质的络合作用来提高活性炭吸附效果的一种改性方法。负载物改性主要包括负载贵金属离子改性和负载金属氧化物改性。金属负载改性使活性炭对有害物质，如水中的重金属离子 Cu^{2+}、Cr^{3+} 及 Pb^{2+} 等吸附能力显著提升，同时由于活性炭本身的还原性与金属自身的特殊性能（催化性和还原性等），可以使 Cu、Fe 等金属重复利用性好。但对不同物质的吸附，需要负载不同的金属离子或化合物。

（5）等离子体改性　等离子体表面改性利用离子、电子或活性粒子的等离子体与活性炭表面相互作用，改变其表面微观物理化学特性。等离子体改性是近年来发展很快的一种材料表面改性技术，改性效果主要与放电功率、时间、压力和远程距离等因素有关。等离子体改性技术在不改变活性炭界面物性的条件下，改变其表面化学性质，使等离子体改性技术优于传统改性技术。但因等离子体技术运行成本高又不易控制使其在一些应用方面受到限制。

以上各种化学改性方式特点及优缺点列于表 9-4 中。

表 9-4　不同化学改性方式特点及优缺点

改性方式	特点	优点	缺点
氧化改性	含氧官能团的数量增加	活性炭表面的亲水性、酸性、极性增加，从而使得比表面积增大，对极性物质吸附性增强	对非极性物质吸附能力降低
还原改性	含碱性官能团的数量增加	活性炭表面的非极性增加，对非极性物质吸附性增强	对极性物质吸附能力降低
酸碱改性	改变活性炭表面官能团数量和种类	能够得到针对某类物质吸附的专用活性炭	比表面积减少
金属负载改性	调控活性炭表面基团类型	对金属离子的吸附性增强；再生性和重复性利用好	对不同物质吸附，需要负载的原子和化合物不同
等离子体改性	改变活性炭表面微观物理化学特性	效率高、速度快、功能多、可大面积工业化运行	运行成本高，不易控制

2. 物理改性

活性炭的物理改性可以改变比表面积、调整孔隙结构及分布，从而改变活性炭表面物理吸附性能，主要包括高温热处理改性与微波改性两大类。

（1）高温热处理改性　高温热处理改性在惰性气体（常为 N_2）氛围下对活性炭进行高温加热，从而改变其外表面的孔隙结构。一般来讲，活性炭在高温改性后的变化主要体现在比表面积受热变大，内部微孔体积扩大。高温改性可增大活性炭的比表面积和孔容，减少含氧官能团，降低活性炭表面极性，有利于吸附弱极性或非极性的挥发性有机物。

（2）微波改性　微波改性是通过调节微波功率和辐射时间来控制活性炭表面化学成分或孔结构的一种改性方法。微波改性与高温改性的效果类似，可以增加活性炭表面的碱性官能团含量，增强对特定污染物的吸附能力。

不同物理改性方法的对比见表9-5。

表9-5　不同物理改性方法的对比

改性方式	特点	优点	缺点
高温热处理改性	改变孔隙结构	化学性质稳定，活性炭比表面积和总孔容增加	孔道易收缩导致吸附能下降
微波改性	既改变孔隙结构，又影响表面官能团种类和数量	加热快、无污染、高效节能和控制方便	孔径变小，表面粗糙和碳骨架容易收缩

9.5　活性炭的吸附工艺

9.5.1　固定床吸附装置的处理性能

采用的固定床吸附设备处理废水的操作条件，结合设备的运行资料建议采用下列数据：

1）塔径：1~3.5m。

2）吸附塔高度：3~10m。

3）填充层与塔径比：1∶1~4∶1。

4）吸附剂粒径：0.5~2mm（活性炭）。

5）接触时间：10~50min。

6）容积速度：$2m^3/(h \cdot m^3)$ 以下（固定床），$5m^3/(h \cdot m^3)$ 以下（移动床）。

7）线速度：2~10m/h（固定床），10~30m/h（移动床）。

9.5.2　泄漏曲线和吸附容量的利用

1. 泄漏曲线

活性炭吸附性能试验分为静态和动态两种。静态吸附实验可得到吸附容量（单位质量吸附剂所吸附的吸附质的数量）与水中剩余吸附质浓度的关系。同温不同水样投加相同炭量或同水样投加不同炭量。

（1）动态吸附试验　动态吸附试验是在活性炭柱中，在流动条件下进行吸附的过程，用以测定吸附速度常数，得到工程所需的参数。对于大型工程，还有必要进行活性炭的再生

试验。

当缺乏设计资料时，应先做吸附剂的选择试验。通过吸附等温线试验得到的静态吸附量可粗略地估计处理单位废水所需吸附剂的数量。因为在动态吸附装置中废水处于流动状态，所以还应通过动态吸附试验确定设计参数。

向降流式固定床连续通入待处理的废水，有的填充层呈明显的吸附带，有的则无。吸附带是指正在发生吸附作用的那段填充层。在这段下部的填充层几乎没有发生吸附作用，在其上部的填充层由于已达到饱和状态，也不再起吸附作用。

当存在明显的吸附带时，随废水的不断流入吸附带将缓慢地向下移动。吸附带的移动速度比废水在填充层内流动的线速度要小得多。当吸附带下缘移到填充层下端时，装置中的出水中便开始出现吸附质。如果继续通水，出水中吸附质的浓度将迅速增加，直到等于原水的浓度 C_0 时为止。以通水时间 t（或出水量 Q）为横坐标，以出水中吸附质浓度 C 为纵坐标作如图 9-7 所示的曲线，该曲线称为穿透曲线。

图 9-7 中 a 点称穿透点，b 点为吸附终点，在从 a 到 b 这段时间 t 内，吸附带所移动的距离称为吸附带长度。一般 C_b 取（0.9~0.95）C_0，C_a 取（0.05~0.1）C_0 或根据排放要求确定。

如图9 8 所示，一般利用多柱串联试验绘制穿透曲线，通常采用4~6 根吸附柱串联。填充层高度一般采用 3~9m。在不同高度的填充层处设取样口，通水后定时测定各取样口的吸附质浓度。如果最后一个吸附柱的出水水质达不到试验要求，应适当增加吸附柱的个数。吸附柱的个数确定后进行正式通水试验。当第一个吸附柱出水吸附质浓度为进水浓度的 90%~95%时，停止向第一个吸附柱通水，进行再生。将备用的装有新的或再生过的吸附柱串联在最后。接着向第二个吸附柱通水，直到第二个吸附柱出水中吸附质浓度为进水浓度的 90%~95%时，停止进水，再将再生后的吸附柱串联在最后。如此反复试验，直到稳定状态为止。以出水量 Q 为横坐标，以各柱出水浓度 C 为纵坐标，作如图 9-8 的所示的各柱穿透曲线。达到稳定状态是指各柱的吸附量相等时的运行状态。例如图中第 1 和第 2 条曲线所包围的面积 A 为第 2 个吸附柱的吸附总量（kg）。第 2 条和第 3 条曲线所包围的面积 B 为第 3 个吸附柱的吸附总量（kg）。当 $A=B$ 时，吸附操作即达到稳定状态。

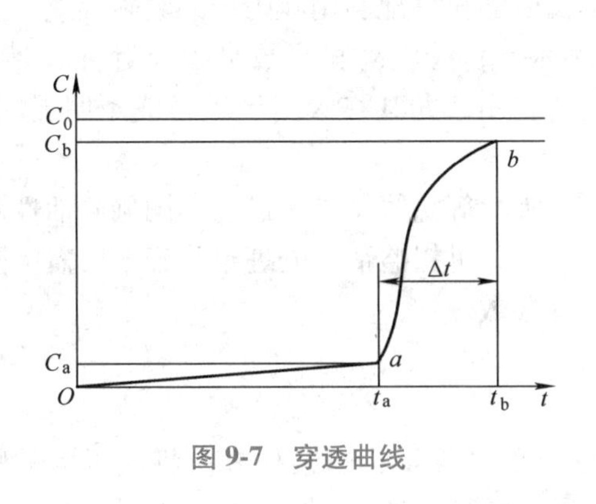

图 9-7　穿透曲线

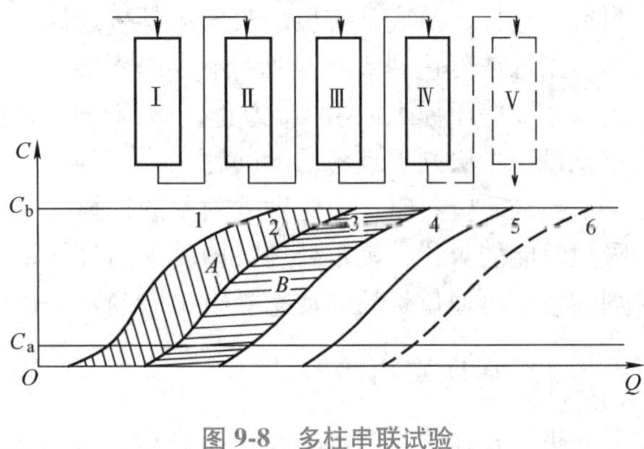

图 9-8　多柱串联试验

（2）穿透曲线　当废水流入固定床，发现填充层有明显吸附区。

1）吸附区。发生吸附作用的填充层，该段下面几乎不发生吸附作用，而上部则已达到饱和状态，也不再起吸附作用。随水流缓慢向下移动。当吸附区下缘移至填充层下端时，从装置里流出的废水中便开始出现吸附质，继续通水，出水中吸附质浓度不断增加，直至等于原水浓度 C_0 为止。

2）穿透曲线　当泄漏达到最大允许浓度，以滤出水量（或时间 T）为横坐标，出水中吸附质相对浓度 C/C_0（或 C）为纵坐标作一条曲线，如图9-7所示，形状与进水水质、水量及活性炭容积有关。

2. 吸附容量的利用

从穿透曲线可知，吸附柱出水浓度达到 C_a 时，吸附带并未完全饱和。如继续通水，尽管出水浓度不断增加，但仍能吸附相当数量的吸附质，直到出水浓度等于原水浓度 C_0 为止。这部分吸附容量的利用问题，特别是吸附带比较长或不明显时，是设计时必须考虑的关键问题之一，一般有以下两个途径。

（1）采用多床串联操作　如采用图9-9所示的三柱串联操作。开始时按Ⅰ柱→Ⅱ柱→Ⅲ柱的顺序通水，当Ⅲ柱出水水质达到穿透浓度时，Ⅰ柱中的填充层已接近饱和，再生Ⅰ柱，将备用的Ⅳ柱串联在Ⅲ柱后面。以后按Ⅱ柱→Ⅲ柱→Ⅳ柱的顺序通水，当Ⅳ柱出水浓度达至穿透浓度时Ⅱ柱已接近饱和，将Ⅱ柱进行再生，把再生后的Ⅰ柱串联在Ⅳ柱后面。这样进行再生的吸附柱中的吸附剂都是接近饱和的。

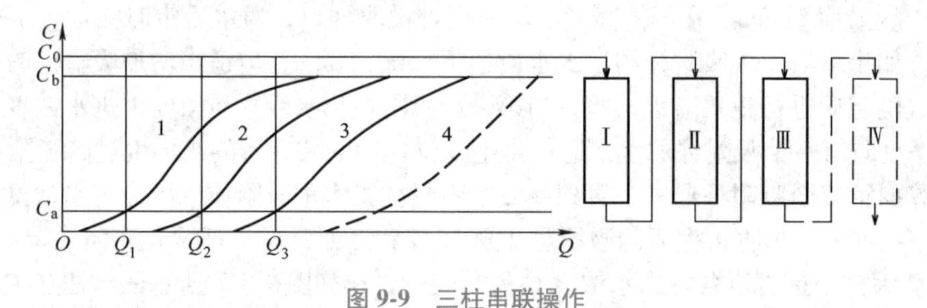

图9-9　三柱串联操作

（2）采用升流式移动床操作　废水自下而上流过填充层，最底层的吸附剂先饱和。如果每隔一定时间从底部卸出一部分饱和的吸附剂，同时在顶部加入等量的新的或再生后的吸附剂，这样，从底部排出的吸附剂都接近饱和，从而能够充分地利用吸附剂的吸附容量。

出水浓度达到 C_b 时，吸附区并未饱和，继续通水，仍能吸附相当数量的吸附质，直至出水浓度等于原水浓度 C_0 为止，这部分吸附容量的利用，尤其在吸附区较长或不明显时，也是设计中必须重点考虑的问题之一。

当缺乏资料时，应先做吸附剂的选择实验。通过吸附等温线试验，进行不同型号活性炭吸附效能的对比，确定处理某种废水的最佳型号的炭，并可粗略估计处理单位废水所需吸附剂的量，再通过炭柱的动态吸附试验确定具体的设计参数。

9.5.3　活性炭再生方法

再生是在吸附剂本身结构不发生或极少发生变化的情况下，用某种方法将被吸附的物质，从吸附剂的细孔中除去，以实现重复利用的过程。活性炭的再生指饱和后的活性炭，用某种方法将吸附质除去，活性炭本身的结构不发生变化的过程。再生的目的是恢复吸附活性，以便重复使用。

水处理中，一般一个月内就要更换几吨或几十吨的活性炭。但利用活性炭去除微量臭味成分和分解剩余游离 Cl 时则不同，有时可连续运行数年才更换一次。活性炭由于部分被氧化、部分损耗，再生后存在一定的损耗。活性炭的再生方法主要有以下几种。

1. 加热再生法

加热再生法可以在加热条件下使吸附在活性炭孔隙中的吸附质解吸、炭化或氧化，从而恢复活性炭的吸附能力。加热再生法是目前工业上最成熟的颗粒活性炭再生方法，在 20 世纪 50 年代再生炉技术就已基本成熟。该方法通用性很强，许多污染物都能通过加热得到去除。加热再生法分低温和高温两种方法。前者适于吸附浓度较高的简单低相对分子质量的碳氢化合物和芳香族有机物的活性炭的再生，由于沸点较低，一般加热到 200℃ 即可脱附，多采用水蒸气再生，再生可直接在塔内进行，被吸附有机物脱附后可利用。后者适于水处理粒状炭的再生。高温加热再生过程按以下五步进行：

（1）脱水　使活性炭和输送液体进行分离。

（2）干燥　加温到 100~150℃，将吸附在活性炭细孔中的水分蒸发出来，同时部分低沸点的有机物也能够挥发出来。

（3）碳化　加热到 300~700℃，高沸点的有机物由于热分解，一部分成为低沸点的有机物进行挥发；另一部分被碳化，留在活性炭的细孔中。

（4）活化　将碳化留在活性炭细孔中的残留炭，用活化气体（如水蒸气、二氧化碳及氧）进行活化，达到重新造孔的目的。活化温度一般为 700~1000℃。碳化的物质与活化气体的反应如下：

$$C + O_2 \longrightarrow CO_2$$

$$C + H_2O \longrightarrow CO + H_2$$

$$C + CO_2 \longrightarrow 2CO$$

（5）冷却　活化后的活性炭用水急剧冷却，防止氧化。

热再生法的再生效率较高，再生过程不需要溶剂，不产生废液，但形成高温环境所需的能耗高，且活性炭需在接触装置和再生设施间转移，这些操作可能导致活性炭的损耗，同时再生后炭的孔隙结构和表面性质发生改变，影响再生炭的吸附效率。

活性炭高温加热再生系统由再生炉、活性炭贮罐、活性炭输送及脱水装置等组成。活性炭再生炉有立式多段炉、转炉、盘式炉、立式移动床炉、流化床炉及电加热炉等。

1）立式多段炉。饱和炭的干燥、碳化及活化三个步骤在炉内完成。炉外壳用钢板焊成圆筒形，内衬耐火砖，炉腔分多段（层），一般为 4~9 层。在活化段的几层分别设火嘴和蒸汽注入口，再生炭由炉顶进料斗进入第一层，单数层炉盘的落下孔在盘中央，双数层炉盘的落下孔在炉盘边缘，用耙齿将再生炭耙到下层，由最底层的出料口卸出。六段再生炉第一、二段用于干燥，第三、四段用于碳化，第五、六段为活化。为防止尾气对大气的污染，将其送入燃烧器燃烧后，再进入水洗塔除尘及除去有臭味物质。

2）转炉。转炉有内热式、外热式和内外联合式三种形式。转炉具有设备简单、操作容易等优点，但占地面积大，热效率低，适用于小规模再生使用。

2. 药剂再生法

吸附高浓度、低沸点的有机物后，活性炭宜采用化学药剂再生的方法。化学药剂再生主要分为无机药剂再生和有机药剂再生。

(1) 无机药剂再生法 用无机酸（H_2SO_4、HCl）或碱（NaOH）等无机药剂使吸附在活性炭上的污染物脱附。例如，吸附高浓度酚的饱和炭，用NaOH再生，脱附下来的酚或酚钠盐，可回收利用。

(2) 有机溶剂再生法 用苯、丙酮及甲醇等有机溶剂萃取吸附在活性炭上的有机物。例如吸附含二硝基氯苯的染料废水饱和活性炭，用有机溶剂氯苯脱附后，再用热蒸汽吹扫氯苯，脱附率可达93%。

药剂再生可在吸附塔内进行，设备和操作管理简单，具有经济优势，可从再生液中回收有用物质。但药剂再生，一般随再生次数的增加，吸附性能明显降低，存在再生液二次污染的问题。

3. 化学氧化法

化学氧化法有下列几种：

(1) 湿式氧化法 湿式氧化法在高温（125~320℃）、高压（0.5~20MPa）条件下，用氧气或者空气作为氧化剂，将液相中的有机物分解为CO_2、H_2O或小分子有机物。近年来为了提高曝气池的处理能力，向曝气池投加粉末活性炭，吸附饱和的粉末炭可采用湿式氧化法进行再生。其工艺流程如图9-10所示。饱和炭用高压泵经换热器和水蒸气加热器送入氧化反应塔。在塔内被活性炭吸附的有机物与空气中的氧反应，进行氧化分解，使活性炭得到再生。再生后的炭经换热器冷却后，再送入再生贮槽。在反应器底积集的无机物（灰分）定期排出。但将湿式氧化法用于粒状炭的再生尚处于试验阶段。可采用53kg/cm² 的压力，$T=221℃$，利用空气中的氧对吸附在活性炭上的有机物进行氧化分解。

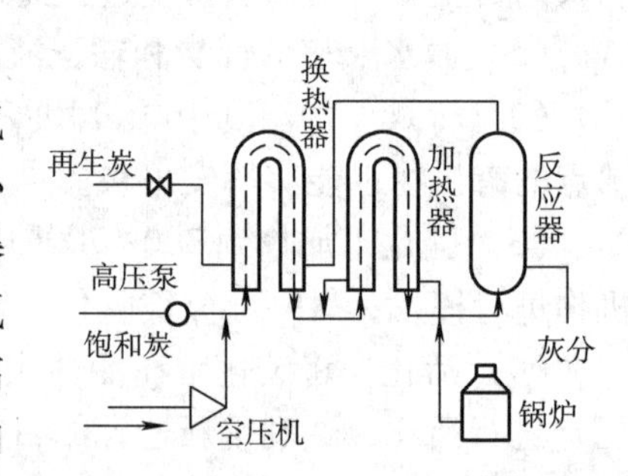

图9-10 湿式氧化再生流程

与热再生法相比，湿式氧化再生活性炭损失小，无二氧化硫、氮氧化物等大气污染物产生，适于再生吸附质为难降解有机物的活性炭。

(2) 电解氧化法 将失效的活性炭浸没在电解质溶液中，使活性炭与阳极相接触，同时把阴极插入电解质溶液中。通电后，由于电解作用，活性炭颗粒内外产生氧，可以利用这些新生态氧氧化分解被吸附的有机物。

(3) 臭氧氧化法 利用强氧化剂臭氧，将吸附在活性炭上的有机物加以分解。

4. 生物法

利用微生物的作用，将活性炭吸附的有机物加以氧化分解，从而使活性炭得到再生。由于活性炭能够将有机物长时间吸附在其表面，因此微生物能够将一些不易降解的有机物进行降解，使活性炭再生。但对于不能被微生物降解的有机物，生物再生法的使用会受到限制。

生物再生法的优点是工艺简单，投资和运行费用都很低，对活性炭无危害作用。缺点是再生时间长，吸附率恢复缓慢，对于难生物降解的有机物不适用。

5. 超声波再生法

超声波再生仅对物理吸附有效。该技术对活性炭的吸附表面施加能量，通过“空化泡”爆裂的冲击使被吸附物质得到足以脱离吸附表面重新回到溶液中去的能量，即达到活性炭再生的目的。超声波再生的优点是能耗小，工艺及设备简单，活性炭损失小，可回收有用物

质。但再生效率有待提高。

6. 光催化再生法

光催化再生法将活性炭与光催化剂组成复合物，直接在光照下即可发生催化反应，使活性炭恢复吸附能力。该方法简单、不消耗化学试剂、能降解多种污染物，是一种有别于传统再生的绿色、可持续发展的新兴技术。光催化再生法是一种可行、有潜力的新技术，缺点是再生效率较低，如何提高活性炭光再生效率是急需解决的问题。

练 习 题

9-1 活性炭等温吸附试验的结果可以说明哪些问题？

9-2 活性炭柱的接触时间和泄漏时间指什么？两者有什么关系？

9-3 吸附区高度对活性炭柱有何影响？如何从泄漏曲线估计该区的高度？

9-4 活性炭为何要再生？主要有哪些再生方法？

9-5 活性炭的种类有哪些？它们的应用情况如何？

9-6 在做静态吸附实验时，当吸附剂与吸附质达到吸附平衡时（此时吸附剂未饱和），再往废水中投加吸附质，请问吸附平衡是否被打破？吸附剂吸附是否有变化？

9-7 什么是吸附等温线？常见的吸附等温线有哪几种类型？吸附等温式有哪几种形式？应用场合如何？

9-8 什么是吸附带与穿透曲线？吸附带的吸附容量如何利用？

9-9 如何绘制动态吸附的穿透曲线？它能为设计提供什么资料？

第 10 章 消　毒

学习要点

本章提要：介绍氯消毒、臭氧消毒、紫外线消毒等水消毒方法的基本原理，消毒设备和工艺。消毒分为化学消毒和物理消毒两大类型。化学消毒是通过消毒剂与水中的致病微生物机体发生化学反应而灭活的过程。氯消毒是应用得最早和最广泛的化学消毒方法。加氯点和余氯是影响氯消毒效果的两个重要因素。氯气溶于水中产生的次氯酸是导致细菌死亡的直接原因。物理消毒法是通过紫外线照射、辐射、加热等方式杀灭水中致病微生物的过程，消毒效果好，但成本高，一般在特定场合或配合化学消毒法使用。

本章重点：水的常用消毒方法、消毒机理及应用。

本章难点：氯消毒。

10.1 概述

水中微生物往往会粘附在悬浮颗粒上，给水处理中的混凝、沉淀和过滤单元在去除悬浮物、降低水的浊度的同时，也去除了大部分微生物。为了防止饮用水传播疾病，对生活饮用水消毒必不可少，它是用水安全、卫生的最后保障。消毒并非把水中微生物全部消灭，主要是消除水中致病的微生物，包括病菌、病毒及原生动物胞囊等。

水的消毒方法较多，包括氯消毒、臭氧消毒、紫外线消毒及某些重金属离子消毒等。氯消毒历史悠久、经济有效、使用方便，是目前应用最广泛的消毒方法。20 世纪 70 年代发现受污染原水经氯消毒后会产生三卤甲烷等有害的消毒副产物以来，国际上更加重视其他消毒方法与消毒剂的研发，二氧化氯消毒日益受到重视。但对于不受有机物污染或在消毒前已预先去除消毒副产物的前驱物的水源来说，氯消毒仍是安全、有效、经济方便的消毒方法。除氯以外，其他各种消毒剂的副产物以及残留于水中的消毒剂本身对人体健康的影响，仍需深入研究。2020 年在世界范围内爆发的新冠病毒事件，使得针对水体中病毒的消毒受到更广泛的重视。

10.2 氯消毒

10.2.1 氯的性质

氯气是具有刺激性气味的黄色气体，密度为 3.2kg/m^3，极易被压缩成琥珀色的液氯。

液氯密度为1460kg/m^3(0℃，0.1MPa)，常温常压下，液氯极易汽化，沸点为-34.5℃。1kg液氯可汽化成0.31m^3 氯气。液氯汽化时需要吸热（约2900J/kg)，常采用淋水管喷水降温处理。

氯气与水发生歧化反应时，生成盐酸和次氯酸。次氯酸是弱酸，在水中能发生离解

$$Cl_2 + H_2O \longrightarrow HOCl + HCl$$

$$HOCl \longrightarrow H^+ + OCl^-$$

上述反应受温度和pH值的影响，HOCl与OCl^-的相对比例取决于温度和pH值。其平衡常数为K

$$K = \frac{[H^+][OCl^-]}{[HOCl]}$$

10.2.2 氯的消毒过程

1. 氯消毒机理

一般认为，氯消毒过程中起消毒作用的主要是次氯酸HOCl，当HOCl分子到达细菌内部时，与机体发生氧化作用而使细菌死亡。虽然OCl^-也具有氧化性，但由于静电斥力难以接近带负电的细菌，消毒作用有限。实践表明，pH值越小则消毒作用越强，说明HOCl是起消毒作用的主要成分。

多数受污染的水源中含有一定量的氨氮，加氯后会发生如下反应：

$$NH_3 + HOCl \longrightarrow NH_2Cl + H_2O$$

$$NH_2Cl + HOCl \longrightarrow NHCl_2 + H_2O$$

$$NHCl_2 + HOCl \longrightarrow NCl_3 + H_2O$$

因此，在水中同时存在次氯酸（HOCl)、一氯胺（NH_2Cl)、二氯胺（$NHCl_2$）和三氯胺（NCl_3）时，上述反应的平衡状态及各成分的比例将取决于氯与氨的相对浓度、pH值和温度。

氯消毒分为自由性氯消毒和化合性氯消毒两大类。一般自由性氯的消毒效果比化合性氯要高，但化合性氯持续消毒效果好。在不同比例的混合物中，氯消毒效果是不同的，或者说，消毒的主要作用来自于次氯酸，氯胺的消毒作用在于上述反应中维持平衡所不断释放出来的次氯酸。因此，氯胺的消毒效果缓慢而持续。有实验证明，用氯消毒，5min内可灭菌99%以上；相同条件下，用氯胺消毒时，5min内仅达60%，需要将水与氯胺的接触时间延长到十几小时，才能达到99%的灭菌效果。当水中所含的氯以氯胺的形式存在时，称为化合性氯。传统的氯制剂，如84消毒液，主要是依靠次氯酸的氧化作用实现物体表面和环境的消毒。虽然次氯酸能穿透细菌的细胞壁，破坏细菌的酶系统，使细菌死亡，但是对无细胞结构的病毒的消毒效率低、持续性差。

2. 折点加氯法

加氯量可分为需氯量和余氯两部分。需氯量是指用于灭活水中微生物、氧化有机物和无机还原性物质等所消耗的氯量。当水中余氯为游离性余氯时，消毒过程迅速，并能同时除臭和脱色，但有氯味残留；当余氯为化合性氯时，消毒作用缓慢而持久，氯味较轻。加氯量与剩余氯量间的关系如下：

1）若水中不存在消耗氯的微生物、有机物和还原性物质，则所有加入水中的氯都不被

消耗，即加氯量等于剩余氯量。如图 10-1 中的虚线①。

2）天然水中存在微生物、有机物以及还原性无机物等。加氯后，水中的部分氯被消耗（即需氯量），氯的投加量减去消耗量即得到余氯，如图 10-1 中的实线②。

在生产实践中，水中往往含有大量可与氯反应的物质，使加氯量、余氯的关系变得非常复杂。为了控制加氯量，在生产中常常需要测量图 10-1 中的曲线②，特别是当水中含有氨和氮化合物时。

如图 10-2 所示，当起始的需氯量 *OA* 满足以后，随着加氯量增加，剩余氯也增加（曲线 *AH* 段），超过 *H* 点加氯量后，虽然加氯量增加，余氯量反而下降，如 *HB* 段，*H* 点称为峰点。此后，随着加氯量的增加，余氯量又上升，如 *BC* 段，*B* 点称为折点。*AHBC* 与虚线间的纵坐标 b 值表示需氯量；曲线 *AHBC* 的纵坐标值 Q 表示余氯量。曲线可分为四个区域。

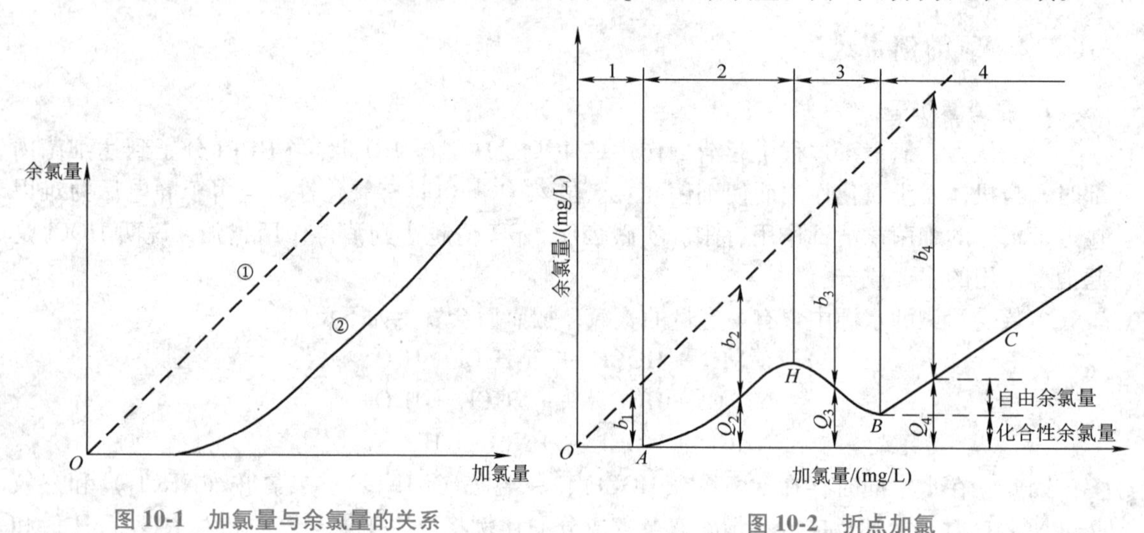

图 10-1　加氯量与余氯量的关系　　图 10-2　折点加氯

在第一区域，即 *OA* 段，表示水中杂质把氯耗尽，余氯量为零，需氯量为 b_1，这时消毒效果不能保证。在第二区域，即曲线 *AH*。加氯后，氯与氨反应，有余氯存在，有一定消毒效果，但余氯为化合性氯，其主要成分为一氯胺。在第三区域，即 *HB* 段，仍然产生化合性余氯，加氯量继续增加，发生下列氧化还原反应

$$2NH_2Cl + HOCl \longrightarrow N_2\uparrow + 3HCl + H_2O$$

反应结果使氯胺氧化成一些不起消毒作用化合物，余氯量反而逐渐减少，最后到达折点 *B*。

第四区域，即曲线 *BC* 段。至此，消耗氯的物质已经基本反应完全，余氯基本为游离性余氯，该区消毒效果最好。

从整个曲线看，到达峰点 *H* 时，余氯量最高，但这是化合性余氯而非自由性余氯。到达折点时，余氯量最低。如继续加氯，余氯量增加，此时所增加的氯是自由性余氯。加氯量超过折点需要量时称为折点氯化。

上述曲线的测定，应结合生产实际进行。考虑到消毒效果和经济性，当水中的氨含量较低时，可以将加氯量控制在折点以后；当水中氨含量较高时，加氯量可控制在折点以前。加氯消毒实践表明，当原水游离氨含量在 0.5mg/L 以上时，峰点以前的化合性余氯量已够消

毒，加氯量可控制在峰点以前；当原水游离氨浓度为0.3~0.5mg/L时，加氯量难以掌握，控制在峰点以前，往往化合性余氯减少，有时达不到要求，控制在折点后又不经济。

10.2.3 加氯点的确定

加氯点主要从加氯效果、卫生要求以及设备维护来确定，大致情况如下：

1）多数情况是在过滤后的清水中加氯，加氯点设在过滤水到清水池的管道上或清水池的进口处，以保证氯与水的充分接触，这样加氯量少，效果也较好。

2）过滤之前加氯或与混凝剂同时加氯，可以氧化水中的有机物，对于污染较严重的原水或色度较高的水，能提高混凝效果，降低色度和去除铁锰等杂质。尤其是对采用硫酸亚铁作为混凝剂时，加氯可促使亚铁氧化为三价铁，还可改善处理构筑物的工作条件，防止沉淀池底部的污泥腐败，防止青苔滋长或微生物在滤料层生长，延长滤池的工作周期。对于污染较严重的原水，加氯点放在滤池前为好，也可以采用二次加氯，滤前、滤后各一次。

3）当配水管网很长时，要在管网中途补加氯，加氯点设在中途加压水泵站内。

4）循环冷却水系统的加氯点通常有两处，一是循环水泵的吸入口，二是冷却塔水池底部。由于冷却塔水池是微生物重要的滋长地，此处加氯，杀菌的效果最好。

10.2.4 加氯设备、加氯间和氯库

人工操作的加氯设备主要有加氯机、氯瓶、磅秤等。近年来，水厂的加氯自动化设备发展很快，新建的大、中型水厂，大多数采用自动检测和自动加氯技术。因此，加氯设备除了加氯机（自动）和氯瓶外，还相应设置了自动检测（如余氯自动连续检测）和自动控制装置。一般通过加氯机将氯瓶的氯安全、准确地输送到加氯点。加氯机型号很多，可根据需氯量、操作要求等选用。手动加氯机搭配相应的自动检测和自动控制设备，能随流量、氯压等变化自动调节加氯量，保证出水质量。氯瓶内应该保持一定的余压防止潮气进入氯瓶。

但是，生产实践中发现，正压加氯存在漏氯和加氯不稳定的情况，这会导致加氯机运转不正常，严重影响余氯合格率，且设备腐蚀较快，既污染环境、又威胁人身安全。当前，国内外普遍采用真空加氯机加氯，如图10-3所示，它可以保证系统不产生正压，减少了漏氯和加氯不稳定的问题。

图10-3 真空加氯机及相关阀门

除加氯机漏氯外，在气源间内也有可能漏氯。如阀门泄漏，加氯系统中长时间使用的大小阀门因杂质沉积关闭不严；真空调节阀前是正压操作，易出现漏点；氯气瓶针形阀慢性泄漏。氯气瓶表体一旦泄漏最为危险，在几分钟内就能使瓶内氯气大量泄出，一旦发生，后果严重。

为了解决氯气泄漏问题，可在气源间内设置氯气吸收装置。氯气吸收系统是将泄漏到厂房的氯气，用风机送入吸收系统，经化学物质吸收而转化为其他物质，避免氯气直接排入大气，污染环境。碱性吸收剂有NaOH、Na_2CO_3、$Ca(OH)_2$等，常选用的吸收剂为碱性强、吸收率高的NaOH。NaOH与Cl_2的反应如下：

$$2NaOH + Cl_2 \longrightarrow NaClO + NaCl + H_2O$$

氯气吸收需要备有足够的氢氧化钠，避免氯气过量而逸到空气中。吸收系统分为正压氯吸收系统和负压氯吸收系统两种。

设计时要充分考虑加氯间与氯库的安全性。加氯间是安置加氯设备的操作间，氯库是储备氯瓶的仓库。加氯间、氯库的设计请参阅相关设计规范与手册。

10.3 氯胺消毒和漂白粉消毒

10.3.1 氯胺消毒

氯胺消毒作用缓慢，杀菌能力比自由氯弱。当水中含有酚等有机物时，氯胺消毒不会产生氯臭和氯酚臭，大大减小了THM_S产生的可能，能较长时间地保持水中余氯，适用于供水管网较长的场合。但因为氯胺消毒杀菌能力较弱，所以单独采用氯胺消毒的水厂很少，氯胺通常作为辅助消毒剂以抑制管网中细菌繁殖，提高给水管网水质的生物稳定性。

人工投加的氨可以是液氨、硫酸铵或氯化铵，水中存在的氨也可利用。硫酸铵或氯化铵应先配成溶液，再投加到水中。液氨的投加方法和液氯相似，氯和氨的投加比例视水质而异，一般采用氯：氨=3：1~6：1。在以防止氯臭为主要目的时，氯和氨之比应小些，而以杀菌和维持余氯为主要目的时，氯和氨之比应大些。

采用氯胺消毒时，一般先加氨，待其与水充分混合后再加氯，这样可减少氯臭。特别是当水中含酚时，这种投加顺序可避免产生氯酚恶臭。当管网较长，投加的主要目的是为了维持管网余氯量时，可先加氯后加氨。以地下水为水源的水厂，可采用进厂水加氯消毒，出厂水加氨减臭并稳定余氯，氯和氨液也可同时投加。有研究认为，氯和氨同时投加与先加氨后加氯相比可降低三卤甲烷、卤乙酸等有害副产物的生成。

10.3.2 漂白粉消毒

漂白粉由氯气和石灰加工而成，分子式可为$Ca(ClO)_2$，有效氯约30%。漂白精分子式为$Ca(ClO)_2$，有效氯约60%。两者均为白色粉末，有氯的气味，易受光、热和潮气作用而分解使有效氯降低，故必须存放在阴凉干燥和通风良好的地方。漂白粉加入水中后发生反应，生成HOCl

$$Ca(ClO)_2 + 2H_2O \rightleftharpoons 2HOCl + Ca(OH)_2$$

漂白粉消毒一般用于小水厂或临时性给水设施，消毒原理与氯气相同。漂白粉需配成溶液加注，溶解时先调成糊状物，然后再加水配成质量分数为1.0%~2.0%（以有效氯计）的溶液。当在过滤后水中投加时，溶液必须经过4~24h澄清，以避免杂质带进清水中；若加入浑水中，则配制后可立即使用。

10.4 二氧化氯消毒

10.4.1 二氧化氯的理化性质

二氧化氯（ClO_2）是深绿色的气体，臭味与氯相同，比氯更加刺激、更毒。其沸点为

11℃，熔点为-59℃，易溶于水，溶解度是氯的5倍，不与水发生化学反应。它在常温条件下既能压缩成液体，又极易挥发，在光线照射下将发生光化学分解。

ClO_2易爆炸，温度升高、暴露在光线下或与某些有机物接触摩擦，都可能引起爆炸。液体二氧化氯比气体更易爆炸。空气中ClO_2的体积分数大于10%或水中ClO_2体积分数大于30%时都将发生爆炸。因此，工业上采用空气或惰性气体来稀释二氧化氯气体，使其体积分数小于8%；溶于水时，水中的ClO_2浓度应小于6mg/L。由于二氧化氯具有易挥发、易爆炸的特性，故不宜贮存，应现制现用。

ClO_2还是一种强氧化剂，能将水中的S^{2-}、SO_3^{2-}、$S_2O_3^{2-}$、NO_2^-和CN^-等还原性酸根氧化去除。水中一些还原状态的金属离子Fe^{2+}、Mn^{2+}、Ni^{2+}等也能被其氧化。对水中残存有机物的氧化，ClO_2比Cl_2要优越。ClO_2以氧化反应为主，而Cl_2以亲电取代为主。被ClO_2氧化的有机物多降解为含氧基团（羧酸）为主的产物，无氯代产物出现。如对水中的酚，ClO_2可将其氧化成醌式支链酸；而经Cl_2反应后，则产生臭味很强的氯酚。ClO_2的强氧化性还表现在它对稠环化合物的氧化降解上。如ClO_2可将致癌物3、4—苯并芘氧化成无致癌作用的醌式结构。此外，灰黄霉素、腐殖酸也可被氧化降解，且降解产物不以氯仿出现，这是传统的氯消毒方法所不能实现的。

10.4.2 二氧化氯的消毒作用

ClO_2是一种强氧化剂，但ClO_2不与氨氮化合物等耗氯物反应，因此具有较高的余氯，杀菌消毒作用比氯更强。如果ClO_2合成时不出现自由氯，则ClO_2加入水中将不会产生有机氯化物。当pH值=6.5时，氯的灭菌效率比ClO_2高，但随着pH值的升高，ClO_2的灭菌效率很快超过氯。而且，在较大的pH值范围内，ClO_2具有氧化能力，氧化能力为自由氯的2倍，能比氯更快地氧化锰、铁，除去氯酚、藻类等引起的臭味，它具有强烈的漂白能力，可去除色度，但在设计与使用时应该注意以下几点。

1）ClO_2的投加量与原水水质和投加用途有关，为0.1~1.5mg/L。仅用作消毒时，一般投加量为0.1~0.3mg/L；当兼用作除臭时，一般投加量为0.6~1.3mg/L；当兼用作前处理、氧化有机物和锰、铁时，投加量为1.0~1.5mg/L。必须保证管网末端余氯的浓度不小于0.05mg/L。

2）投加浓度必须控制在防爆浓度以下，ClO_2水溶液浓度可采用6~8mg/L。

3）必须设置安全防爆措施。

制取设备要能自动地校正氯水溶液的pH值，使ClO_2产量最大，氯和次氯酸离子的残留量最小。制取设备要能调节产量的变化，适应供水量和投加量的变化。凡与氧化剂接触处应使用惰性材料，每种药剂应设置单独的房间及监测和报警装置，并要有排除和容纳溢流或渗漏药剂的措施。应设有从ClO_2制取过程中析出气体的收集和中和的措施；在工作区内要有通风装置和空气的传感、报警装置；在药剂贮藏室的门外应设置防护用具；要有冲洗药剂贮存池和混合池的措施。

为了观察反应，需在反应器上设置透明的玻璃窗口，在进出管线上设置流量监测设备；采用软水，以免钙积聚在设备上；要有现场测试设备，经常检测药剂溶液的浓度；要定期地停止运转，仔细地检查系统中各部件；避免制成的ClO_2溶液与空气接触，以防在空气中达到爆炸浓度。

10.4.3 二氧化氯的制取

ClO_2是高效、低毒的杀菌消毒剂，被世界卫生组织列为A1级产品，在发达国家得到了广泛应用，我国正逐步采用ClO_2替代氯消毒。ClO_2用于饮用水处理，除对一般的细菌有杀灭作用外，对孢子、甲型和乙型肝炎病毒等也有很好的灭活效果，杀菌效果不受pH值的影响，特别适于碱性水处理系统，如浓度为2×10~6×10mol/L稳定性ClO_2在30s内能够杀死水中全部的大肠杆菌，且不产生三氯甲烷和有机氯致癌物。

ClO_2的氧化性强于氯气，能除去工业废水中的氰化物、酚类、硫化物和恶臭物质。ClO_2还有除臭、除味、脱色、除铁、除锰等功能。对于工业冷却水，ClO_2的日投加量为氯气投加量的几十至几百分之一，ClO_2消毒成本较氯气更经济。ClO_2取代氯气作为合成氨厂冷却水的杀生剂经济效益更好。但液态或气态的ClO_2都不稳定，易挥发、爆炸，这使其应用受到限制。20世纪80年代，有了ClO_2的新型产品——稳定性ClO_2，它无色、无味、无毒、无腐蚀性、难燃、不挥发。近年又开发了固体稳定性二氧化氯。稳定性二氧化氯投加方式和测试系统与氯相同。

1. ClO_2的制备

ClO_2的制备方法主要分为电解法和化学法两大类。规模化生产中，应用最广的是化学法。电解法以食盐为原料在隔膜电解槽装置内电解获得ClO_2混合液，电解法生产的ClO_2纯度低，产气量不稳定，一次性投资大，对电极隔膜的材质要求较高、耗电量大，难以推广使用。在饮用水消毒中，也常用电解饱和食盐溶液制取二氧化氯，但反应中会产生氯气、臭氧、氢气等。

化学法是以氯酸钠或亚氯酸钠为原料，通过氧化还原反应产生ClO_2，根据原料和工艺特点不同，化学法生产ClO_2有十几种方法。化学法也存在氯酸盐还原法工艺较复杂、亚氯酸钠氧化法使用费用较高、所生成的气体中大多含有氯气、难以直接用稳定液吸收等问题。目前以甲醇为还原剂的ClO_2制备方法在工业上应用最广，其商品主要有R8、SVP-甲醇、SVP-LITE和Solvay。

化学氧化法主要以$NaClO_2$为原料生产ClO_2。包括酸化法、Cl_2氧化法、过硫酸根离子（$S_2O_8^{2-}$）氧化法、电化学法和有机物或过渡金属（如Fe^{3+}）氧化法等，其中大多数利用氧化过程，以氯氧化法居多。

氯氧化法用氧化剂Cl_2或HClO氧化$NaClO_2$或在酸性介质中使$NaClO_2$自身发生氧化还原反应生成ClO_2，其特点是一次性投资少、操作简便、易控，制取的ClO_2纯度高、副产物少。但其反应速度慢、耗酸量大、成本较高，对设备条件要求苛刻，只适于实验室和小规模生产。$NaClO_2$昂贵，决定了ClO_2的生产成本一般为氯酸盐法的3倍左右。国外多采用此法产生ClO_2，反应式为

$$Cl_2 + 2NaClO_2 \longrightarrow 2ClO_2\uparrow + 2NaCl$$

$$\text{或}\ 2NaClO_2 + HClO + HCl \longrightarrow 2ClO_2\uparrow + 2NaCl + H_2O$$

酸化法主要采用盐酸或硫酸/$NaClO_2$体系产生ClO_2。$NaClO_2$在酸性条件下，ClO_2^-以可测量的速率稳定地分解成ClO_2、ClO_3^-和Cl^-，反应式为

$$5NaClO_2 + 4HCl \longrightarrow 4ClO_2\uparrow + 5NaCl + 2H_2O$$

酸化法让盐酸或硫酸与亚氯酸钠 $NaClO_2$ 溶液在空气（或氯气）流下反应并吹出，由水射器将生成的 ClO_2 送至消毒系统。酸化法工艺简单，操作方便，但反应速率慢，产生的废酸多，产生定量的 Cl_2，影响 ClO_2 的纯度，给 ClO_2 的应用带来了麻烦。但可通过催化剂增加 ClO_2 的产率，也有用苯、四氯化碳有机溶剂提取 ClO_2，提取率比传统方法高 15%。用 $NaClO_2$ 与强酸性及还原性有机酸制取 ClO_2，在 90~95℃下反应 30min，产率大于 90%，产品的质量分数达 98%~99%。

过硫酸盐氧化法。采用过硫酸钠/$NaClO_2$ 体系产生 ClO_2，用过硫酸钠和亚氯酸钠为原料生产液态和固态片剂及粉状产品。过硫酸钠与亚氯酸钠溶液反应生成 ClO_2

$$2NaClO_2 + Na_2S_2O_8 \longrightarrow 2ClO_2\uparrow + 2Na_2SO_4$$

用片剂和粉剂现场配制或产生 ClO_2 操作简单，片剂只要溶于水即可。由于片剂等效比率，无须测定剂量。在实际消毒系统中，只要用定量的片剂溶于定体积的水中，可获得目的浓度的 ClO_2 溶液。

2. 稳定性 ClO_2 产品的制备

20 世纪，美国成功开发了无色、无味、无腐蚀性的稳定性 ClO_2。它便于储存和运输，是一种选择性较强的安全氧化剂，使用范围涵盖欧美和亚洲。利用氯酸盐或亚氯酸盐经酸化生产高纯度的 ClO_2 气体，经空气或惰性气体稀释后，通入稳定剂溶液中吸收，可制备稳定性 ClO_2，是在 ClO_2 的基础上经特殊加工制成的化合物或混合物。其工艺流程：原料混合→酸化→ClO_2 吸收→成品→储存。

常见的稳定性 ClO_2 产品有液态和固态两种。液态稳定 ClO_2 是用硫酸钠或过碳酸钠、硼酸盐、过硼酸盐等惰性溶液为吸收剂直接吸收制得，含 ClO_2 质量分数大于 2%。用于固态稳定性 ClO_2 产品的吸附剂，它们具有较高的吸附能力、较大的比表面和较小的粒径，常用的吸附剂有硅胶、硅酸钙、硅藻土、滑石粉、分子筛、活性炭等。吸附剂的 pH 值最好在 8.5~9.0，避免吸附的溶液过早分解，释放出 ClO_2。pH 值对 ClO_2 溶液的稳定性影响较大，pH 值越大，溶液的稳定性越好。液态稳定性 ClO_2 可分碱性和中性两种制剂。

（1）碱性条件下稳定性 ClO_2 溶液的制备　碱性稳定性 ClO_2 水溶液的主要制备原料均为氯酸钠，其生产装置包括反应器、冷凝器、吸收和负压产生装置。以氯酸钠为氧化剂，甲醇为还原剂，在质量分数为 26%~33%的硫酸介质中进行反应，连续滴加甲醇，生成的 ClO_2 用 1%~3%的 NaOH 溶液（5%~8%的 Na_2CO_3 溶液）与 0.5%~1.5%的 H_2O_2 进行稳定和吸收。该装置由水力喷射器产生 99.3~100.5kPa 的负压，保证反应器和吸收装置在负压条件下运行，控制吸收液温度在 30℃以下，可制成 pH 值为 8.2~9.2、ClO_2 含量在 2.0%以上的稳定性 ClO_2 水溶液。

以盐酸为还原剂制备稳定性 ClO_2 溶液。生产装置包括发生器、纯化器、吸收塔、水射器和残留罐。以氯酸钠为氧化剂，亚氯酸钠为纯化剂。将氯酸钠配制成 25%~40%的水溶液，并与盐酸（$NaClO_3$/HCl=1/0.7~1.4）在负压条件下向 ClO_2 反应器中加料，将生成的 ClO_2 和氯气的混合气体在负压条件下通过质量分数为 20%~40%的 $NaClO_2$ 水溶液进行纯化。将纯化的 ClO_2 气体用 NaOH 溶液或 Na_2CO_3 溶液与 H_2O_2 混合溶液进行吸收。在残液罐和纯化器顶部设有防爆塞，保证生产安全。为保证生产过程的连续性，残液罐和纯化器与 ClO_2 的发生器的连接采用二级并联方式。该工艺具有设备投资少、占地面积小和 ClO_2 浓度高、生产连续化、无残留液排放、不污染环境等优点。

（2）中性条件下稳定性ClO_2溶液的制备　使用碱性的稳定性ClO_2溶液时，需加酸化剂进行激活，获得高效杀菌、除臭和漂白效能。中性稳定性ClO_2溶液的稳定性略差，但可直接使用，无须活化。根据生产原料其制备方法可分为三种。

1）以亚氯酸盐制备稳定性ClO_2溶液。在常温常压下，将NaOAc和适量的HOAc、$NaClO_2$溶于水中，充分混合均匀即可获得中性长效型ClO_2水溶液。使用时，可用水将本品稀释到所需浓度（控制pH值在6~8，ClO_2含量控制在10.5~10.1mg/L，产品稳定性一年以上），用于浸泡、淋洗、泼洒等需要消毒、除臭、防霉、保鲜的对象，还可用于口腔含漱、消炎、除臭以及通过喷雾方式对空气和环境进行消毒、杀菌和除臭。

2）以氯酸盐制备稳定性ClO_2溶液，工艺简便、反应温和、容易控制和操作、无三废排放、工艺清洁。制备的原料包括主剂氯酸盐（质量分数4%~6%）、乙酸、柠檬酸、酒石酸、乳酸和硼酸等酸化剂（质量分数2%~3%）、亚硫酸盐还原剂（质量分数3%~10%）和可溶性弱酸强碱盐、过氧酸盐等复合控制剂（质量分数5%~16%）及水。

制备步骤：将主剂和还原剂及部分水按计量投入混合槽，升温至50~55℃，搅拌，混合溶解15~20min，冷却至室温，获得混溶物A；将复合控制剂和部分水按计量投入另一混合槽，升温至50~55℃，搅拌，混合溶解15~20min，降至室温，获得混溶物B；将酸化剂和部分水按计量投入溶解槽中，升温至40~60℃，搅拌，混合溶解15~20min，降至室温，获得混溶物C；将混溶物A和按计量剩余水量投入反应器内，搅拌，维持温度25~30℃，投入混溶物B，反应20min，缓慢地加入混溶物C，将C加完后，继续搅拌10~30min，卸料，包装，即得稳定ClO_2的缓释水溶液产品，使用时不需要添加任何助剂。

3）以氯化钠制备稳定性ClO_2溶液。由15~60份的氯化钠溶液，0.1~0.5份pH值为3.3~4.0的盐酸溶液，0.1~1.0份Na_2CO_3和0.1~0.5份Na_2HPO_4的混合溶液组成，即得到pH值为6.5~7.5的稳定性ClO_2溶液。它具有很强的氧化性和漂白作用，用于饮用水的杀菌消毒，效果好。

（3）固体型稳定性ClO_2　固态稳定性ClO_2指在一定条件下能够挥发出ClO_2气体的固体制品，可以是胶体、膏体、片剂、粉状以及其他各种形状的固体。根据ClO_2的释放原理，固态ClO_2可分为反应型和吸附型两种类型。反应型将不同的固体反应原料按一定比例混合在一起，使之直接发生缓慢的化学反应，释放出ClO_2气体；或直接生成比稳定性ClO_2溶液浓度高出很多倍的固体ClO_2，使用时加水配制成所需浓度的稳定性ClO_2溶液，也可直接加水使用。吸附型是把稳定性ClO_2水溶液吸附到固体吸附载体上（如硅酸钙、二氧化硅微粒、活性炭、硅藻土、琼脂、火山灰、高岭土、分子筛、聚合物和无机多孔型材料等），再加入其他辅助剂制备成缓释型固体ClO_2。它可缓慢释放出ClO_2气体，有效清除室内空气中的异味，杀灭空气中的病菌，它分解出的原子态的氧还能清新空气，对人体无害，是非常安全有效的室内空气净化剂。

显著降低ClO_2生产成本，提高ClO_2产率、纯度是加快和促进ClO_2在水处理等领域应用的基础。设计更合理的单室法反应器制备ClO_2，使反应、蒸发和结晶一体化；通过降低硫酸消耗，减少废液的排放，简化工艺流程。氯酸盐法组合工艺制备ClO_2系统几乎无芒硝产生。单室法（SVP）是在SVP-GLS工艺的基础上，将产生的芒硝电解为硫酸和烧碱，硫酸可循环回发生器重复使用。如以糖类为还原剂产生ClO_2的HJL法，利用蔗糖与氯酸钠和硫酸，使用廉价的还原剂，在适当条件下产生ClO_2。

10.5 臭氧消毒

10.5.1 臭氧（O_3）的理化性质

臭氧是氧的同素异形体，由三个氧原子呈三角形排列，其夹角为116°49′±30″，两个O—O键长为127.8±0.3pm，其结构如图10-4所示。纯的O_3常温常压下为淡蓝色气体，液体呈深蓝色，密度为2.143kg/m³（0℃，760mmHg），与空气的密度比为1.657。浓度低时有清新气味，高浓度时则有强烈的漂白粉味，有毒、有腐蚀性。在标准压力和温度下，臭氧在水中的溶解度比氧气大10倍，比空气大25倍。臭氧极不稳定，常温常压下会缓慢地分解成O_2，同时放出大量的热量。当体积分数在25%以上时，很容易爆炸。

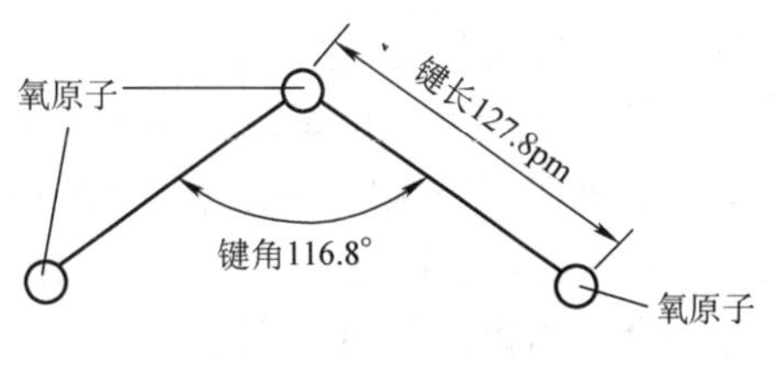

图10-4 臭氧分子结构

臭氧在水中的分解速度比在空气中快得多，常温常压下，当水中O_3浓度为3mg/L时，其半衰期仅为5~10min。在水中臭氧分解反应式为

$$O_3 + 3H_2O \longrightarrow H_3O^+ + 3OH^-, \qquad H_3O^+ + 3OH^- \longrightarrow 2H_2O + O_2$$

$$O_3 + OH^- \longrightarrow HO_2^- + O_2, \qquad O_3 + HO_2^- \longrightarrow OH^- + 2O_2$$

10.5.2 臭氧消毒

臭氧既是消毒剂，也是强氧化剂。臭氧作为一种反应活性分子，其氧化电位为2.07V，高于过氧化氢、二氧化氯、氯气和高锰酸根等氧化剂，具有强的氧化能力。在水中投加臭氧消毒或氧化的过程称为臭氧化。它可迅速杀灭细菌、病毒等。作为消毒剂，由于臭氧在水中很不稳定，易消失，故在臭氧消毒后，往往仍需投加少量氯、二氧化氯或氯胺以维持水中剩余消毒剂，臭氧单独作为消毒剂使用的情况极少。当前，臭氧作为氧化剂以氧化去除水中有机污染物应用较多。

臭氧的氧化作用分直接作用和间接作用两种。臭氧直接与水中物质反应有选择性，且反应较慢。间接作用是指臭氧在水中先分解产生氢氧自由基·OH，·OH是一种非选择性的强氧化剂（$E°=3.06V$），可以使许多有机物彻底氧化，且反应速度很快。不过，仅由臭氧产生的·OH量很少，需要与其他物理化学方法配合才能产生较多·OH。有观点认为，水中OH^-及某些有机物是臭氧分解的引发剂或促进剂，臭氧消毒机理实际上仍是氧化作用。臭氧的直接和间接氧化不仅可以降解水中污染物，还可以消毒杀菌，如臭氧及其衍化产生的自由基能够灭活各种病原体，如细菌、原生动物、真菌和病毒等。

基于臭氧氧化技术的协同消毒方法主要有紫外线协同臭氧（$UV+O_3$）、过氧化氢协同臭氧（$H_2O_2+O_3$）、超声协同臭氧及非均相催化协同臭氧技术。研究表明，臭氧氧化及其协同技术在阻断新冠病毒传播和灭杀病毒方面具有很好的应用前景。臭氧作为消毒剂或氧化剂的主要优点是不产生三卤甲烷等副产物，其杀菌和氧化能力均比氯强。但近年来有关臭氧化的副作用也引起人们的关注。有观点认为，水中有机物经臭氧化后，有可能将大分子有机物分解成分子较小的中间产物，在中间产物中，可能存在毒性物质或致突变物，或有些中间产物与氯作用后致突变增强。因此，当前通常把臭氧与粒状活性炭联用，一方面可避免上述副作用产生，另一方面改善了活性炭吸附条件。

10.5.3 臭氧的制备

臭氧是在现场用空气或纯氧通过臭氧发生器高压放电产生的。图10-5所示为臭氧生产设备。以空气为气源，臭氧生产系统包括臭氧发生器、空气净化和干燥装置及鼓风机或空气压缩机等，所产生的臭氧化空气中臭氧含量一般在2%~3%（质量分数）。如果以纯氧作为气源，臭氧生产系统应包括纯氧制取设备，生产的是纯氧/臭氧混合气体，其中臭氧含量约为6%（质量分数）。由臭氧发生器出来的臭氧化空气（或纯氧）将进入接触池与待处理水充分混合。为提高传质效率，臭氧化空气（或纯氧）可以通过微孔扩散器形成微小气泡均匀分散于水中。

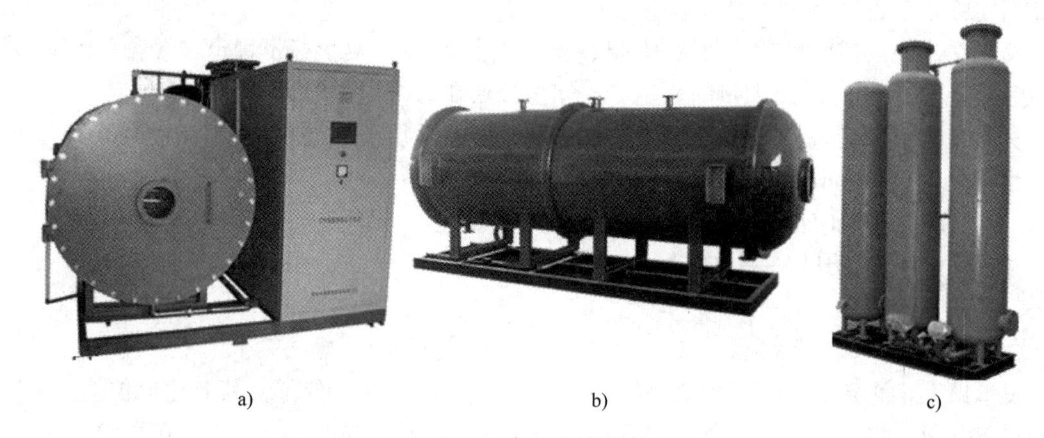

图10-5 臭氧生产设备

a）大型变频臭氧发生器 b）大型臭氧发生器放电系统 c）大型臭氧发生器干燥系统

臭氧生产设备较复杂，投资较大，耗电量也较大，一些欧洲国家应用较多。随着臭氧发生系统的技术进步，设备投资及生产臭氧的电耗均会有所下降，臭氧在国内水处理中应用也将逐渐增多。

10.6 物理消毒法

10.6.1 紫外线消毒法

紫外线（ultraviolet，UV）消毒是一种典型的物理消毒技术，由于它具有无须额外添加化学药剂、就可以有效灭活致病细菌、不产生有害DBPs等优点，近年来越来越多地应用于水体消毒过程中。紫外线能穿透细胞壁并与细胞质反应达到消毒的目的，波长为250~360nm的紫外光杀菌能力最强。紫外光需要照射透过水层才能起消毒作用，而污水中的悬浮物、浊度、有机物和氨氮都会干扰紫外光的传播。因此，处理水水质越好，光传播系数越高，紫外线消毒的效果也就越好。

紫外线光源是高压石英水银灯，杀菌设备主要有浸水式和水面式两种。浸水式是把石英

灯管置于水中，其特点是紫外线利用率较高，杀菌效能好，但设备的构造较复杂。水面式的构造简单，但由于反光罩吸收紫外线及光线散射，杀菌效能不如前者。紫外线消毒的照射强度为0.19~0.25W·s/cm^2，浅水层深度为0.65~1.0m。

紫外线消毒与液氯消毒比较，具有以下优点：

1）消毒速度快，效率高，不影响水的物理性质和化学成分，不增加水的臭和味。实践表明，经紫外线照射几十秒钟即能杀菌。一般大肠杆菌的平均去除率可达98%，细菌总数的平均去除率达96.6%。并能去除液氯难以杀死的芽孢和病毒。

2）操作简单，便于管理，易于实现自动化。

但紫外线消毒不能解决消毒后在管网中二次污染问题，耗电量较大，存在水中悬浮杂质会妨碍光线投射等问题。在饮用水、污水处理过程中，由于紫外线消毒没有持续消毒能力，在后续水体输送过程中有细菌发生复活的可能，进而无法保障水体的消毒效果。因此，紫外线消毒与其他消毒技术联合使用是解决上述问题的出路。紫外线与氯（UV/Cl）消毒工艺可以快速、高效的灭活致病细菌，保障水质安全，该工艺的消毒效果主要受UV辐射剂量和光照强度、氯投加时间及氯投加种类等因素的影响。

另外，紫外线与臭氧联合（UV/O_3）工艺可产生大量强氧化性羟基自由基（·OH），可以去除水中大多数难降解的有机污染物。其反应机理主要包括UV直接光降解、O_3分子氧化降解和自由基的间接氧化降解，其中O_3分子在紫外线辐照下生成大量·OH，对污染物的间接氧化降解占主导作用。UV/O_3工艺因其反应条件温和（常温常压）、氧化的选择性可调控、反应速率快、适用范围广及不需要添加催化剂等优点，在水处理中得到广泛研究，对难降解的微量污染物（如农药、抗生素、食品 添加剂等）均有较好的去除效果。

10.6.2　辐射消毒法

辐射消毒是指利用电子射线、γ射线、X射线、β射线等高能射线来实现对微生物的灭菌消毒。由于上述射线有较强的穿透能力，可瞬时完成灭菌作用，一般不受温度、压力和pH值等因素的影响。采用辐射法对污水灭菌消毒是有效的。控制照射剂量，可以任意程度地杀死微生物且效果稳定。但是一次投资大，还必须获得辐照源，建设复杂的安全防护设施。目前此法在污水或废水消毒处理过程中，还未见有应用。

10.6.3　加热消毒法

通过加热提高温度来达到消毒目的是一种有效实用的饮用水消毒方法。加热消毒仅适用于水量很小，特殊场合的消毒。此法应用于污水消毒所需费用太高。例如处理医院污水量为400m^3/天的建造费与运行费，不同消毒方法对医院污水进行消毒的费用，以液氯法、次氯酸钠法为最低，臭氧法、紫外线法次之，而加热消毒法（采用蒸汽加热）为最高。它们的费用比值大致为1∶4∶20。可见，污水加热消毒虽然有效，但很不经济。

10.6.4　膜消毒法

膜技术去除水中杂质的主要原理是机械筛分，出水水质与膜的孔径有关。膜按孔径可分为微滤膜（MF）、超滤膜（UF）、纳滤膜（NF）和反渗透膜（RO）。MF的孔径为0.05~5μm，UF为5~100nm，NF约为几个纳米，RO为0.1nm以下。膜技术应用于饮水消毒具有水质优良、操作简单、占地面积少等优点，已成为提高水质的一项重要措施。在国外，膜技术用于饮用水消毒的研究多且复杂，膜对病毒、致病细菌以及贾第虫和隐孢子虫的消毒灭菌效果很好。在国内，膜消毒技术已广泛应用于公共场所及家庭饮用水净化及消毒。但由于膜工艺成本高，清理困难，其在城市饮用水消毒中的应用受到了一定限制。

10.6.5 超声波消毒法

超声波辐射技术是一项非常好的水处理技术，发展前景很好，它在浮游生物的灭活、过滤膜及陶瓷滤芯的清洗等方面已有应用。高频率超声的主要作用是将水体的菌胶团解聚，但对于细菌的灭活效用并不好，低频率的超声波才能真正地起到消毒灭菌的效果，但是单纯地依靠超声波消毒能耗较高。因此，一般将超声波与紫外线联合应用进行消毒，不仅比单纯的超声波或紫外线消毒工艺节约能耗，还能产生很好消毒效果。

10.6.6 TiO_2 光催化消毒法

TiO_2 光催化能够杀灭微生物细胞。当细胞附着在 TiO_2 微粒上时，TiO_2 表面的光生空穴会直接破坏细菌的外层细胞壁；当细胞与 TiO_2 微粒相距 1μm 以内时，TiO_2 表面产生的氧化性极强的·OH 自由基具有杀菌作用，但·OH 自由基的存在时间极短，只有 9~10s，且在有机污染物的水溶液环境下，扩散距离很难超过 1μm，因此，更远距离的消毒是通过生成 H_2O_2 来进行反应的，当存在 Fe^{2+} 时，H_2O_2 与 Fe^{2+} 会发生芬顿反应产生·OH 自由基，杀菌效果会增强。

TiO_2 光催化消毒法仍处于实验室阶段，包括对光源的利用效率、催化剂的活性和反应器的设计等均在研究中。TiO_2 光催化技术更适用于处理低 BOD_5 及低的或适中的 COD 和 TOC 市政废水，作为深度处理技术，与其他多项工艺联合使用也是光催化在当今水处理领域的发展方向。

水的消毒方法除了以上介绍的消毒方法以外，还有高锰酸钾法、重金属离子（如银）消毒以及微电解消毒等。综合以上的各种消毒方法，并不是每种方法都完美无缺，不同的消毒方法配合使用往往可以达到更好的处理效果。

10.7 新型消毒剂

10.7.1 过氧乙酸

过氧乙酸（PAA）的化学式为 CH_3COOOH，是无色透明的液体，酸性易挥发，有强烈的刺激性气味，溶于水和乙醇、乙醚等有机极性溶剂，不溶于苯等芳香族溶剂。

PAA 的水溶液可以杀灭各种微生物，已广泛应用于医疗卫生及农副产品的消毒，温度在 0℃以下时仍可保持活性，对细菌繁殖体、真菌、病毒、结核杆菌、细菌芽孢和 SARS 病毒均有杀灭作用。PAA 具备广谱杀菌能力，能够有效去除水中的病原微生物，提升饮用水水质。同时，PAA 在水溶液中也能生成羟基自由基，与有机物进一步反应。此外，PAA 在活性炭作为催化剂的作用下可以去除染料有机物质污染。

PAA 消毒后的副产物主要为羧酸类物质，副产物无毒且在饮用水中发生后续反应生成

有毒物质的可能性不大。目前，PAA 在废水处理中应用较多，其致突变性低于二氧化氯和次氯酸钠等其他消毒剂。饮用水原水使用 PAA 作为消毒剂可以得到更好的处理效果并大大减弱消毒副产物带来的威胁。将 PAA 应用于饮用水处理有望在未来替代氯成为饮用水处理消毒氧化剂。但 PAA 简单合成纯度不高，工业合成工艺复杂效率低，当前其在水处理领域的应用较少。

10.7.2 单过硫酸氢钾复合粉

单过硫酸氢钾复合粉是一种新型消毒剂，具有较强的氧化能力，其中单过硫酸氢钾（$KHSO_5$，Peroxymonosulfate，PMS）是复合粉的活性成分和氧化势能的来源。单过硫酸氢钾复合粉在水中可释放多种高能量、高活性的小分子自由基、新生态氧和活性氧等过氧化氢衍生物，并可形成微量次氯酸等活性物质强化消毒作用，对多种致病微生物具有杀灭作用，其反应方程式如下：

$$HSO_5^- \rightarrow HSO_4^- + [O] \quad HSO_4^- + 2H_2O \rightarrow HSO_5^- + 2H^+ + 2e^-$$

$$HSO_5^- + Cl^- \rightarrow SO_4^{2-} + HOCl \quad HSO_5^- + 2Cl^- + H^+ \rightarrow SO_4^2 + Cl_2 + H_2O$$

单过硫酸氢钾饮用水消毒粉在国内多个省份的水厂得到了应用，该消毒剂性质稳定、易于贮存、便于运输、操作管理简单。虽然每吨水处理费用略高于其他几种消毒方式，但是仍具有很好的工程应用前景。

练 习 题

思考题

10-1 什么叫折点加氯？出现折点的原因是什么？折点加氯有何影响？

10-2 什么叫余氯？余氯的作用是什么？

10-3 制取 ClO_2 方法有哪几种？写出其化学反应式，并简述 ClO_2 消毒原理和主要特点。

10-4 用什么方法可以制取 O_3 和 NaClO？简述其消毒原理和优缺点。

选择题

10-1 生活饮用水必须消毒，一般可采用加________漂白粉或漂粉精法。

A. 氯氨　B. 一氧化氯　C. 臭氧　D. 液氯

10-2 选择加氯点时，应根据________工艺流程和净化要求，可单独在滤后加氯，或同时在滤前或滤后加氯。

A. 原水水质　B. 消毒剂类别　C. 水厂条件　D. 所在地区

10-3 氯的设计用量，应根据相似条件下的运行经验，按________用量确定。

A. 冬季　B. 夏季　C. 平均　D. 最大

10-4 用氯消毒时，消毒的主要因素是________。

A. Cl_2　B. Cl^-　C. HClO　D. ClO^-

10-5 不是通过消毒剂与水反应产生 HOCl 来达到消毒目的的消毒方法是________。

A. 漂白粉消毒　B. 液氯消毒　C. 二氧化氯消毒　D. 氯氨消毒

10-6 用液氯对生活污水进行消毒，二级处理水排放时，投氯量为________mg/L。

A. 10~20　B. 15~35　C. 10~30　D. 5~10

第 11 章

离子交换

学习要点

本章提要：介绍了离子交换的基本原理，离子交换装置和运行方式，离子交换设备的设计计算及离子交换在水处理中的应用。离子交换法利用固相离子交换剂功能基团所带的可交换离子与接触交换剂溶液中相同电性的离子进行交换反应，以实现离子的置换、分离、去除或浓缩等。按被交换离子带电的性质可分为阳离子交换和阴离子交换。离子交换过程不仅受离子浓度、树脂对离子亲合力的影响，还受离子扩散过程（交换速度）的影响。其设计计算包括树脂层高度、交换器直径、树脂装量、湿树脂装量、再生剂用量等。

本章重点：离子交换设备的工作原理，操作运行，设计计算及应用。

本章难点：离子交换设备的设计计算。

11.1 离子交换基本原理

11.1.1 离子交换树脂的类型

1. 离子交换树脂的性质与类型

离子交换剂指能用于一种离子交换另一种离子的物质，它能暂时占有某种离子，再将它释放到再生液中。它被广泛用于含有各种溶解盐类的原水处理。采用适当的再生剂就可用目标离子取代原有的离子。离子交换树脂是由空间网状结构骨架（母体 R）与附属在骨架上的许多活性基团所构成的不溶性高分子化合物，是最常用的交换剂。

离子交换技术有百余年历史，树脂种类繁多。按树脂结构分为凝胶型（树脂干燥时无孔，只有水溶胀孔，且孔隙大小不等，价格低，制作简单）、大孔型（海绵状孔是网络管架本身所有，有利于离子的迁移）和等孔型；按单体种类可分为苯乙烯系、酚醛系、丙烯酸系等；按基团可分为强酸性、弱酸性阳离子交换树脂（只能与阳离子发生交换反应），强碱性、弱碱性阴离子交换树脂（只能与阴离子发生交换反应）等。

树脂的活性基团遇水合电离成固定部分和活动部分。固定部分是与骨架结合牢固，不能自由移动的固定离子，活动部分指能在一定空间内自由移动，并与溶液中的同性离子进行交换的离子，称为可交换离子或反离子。

观察树脂颗粒的微观结构时会发现，树脂在水中是一个微观的立体网状结构，这种类似海绵的结构形成了无数的四通八达的孔隙，其尺寸平均为 2~4nm。微孔内充满了水（树脂的组成部分），树脂内部离子化的功能团使树脂具有浓缩水溶液的性质，它既有带正电荷的

阳离子又有带负电荷的阴离子。但它与水溶液不同的是它只有一种离子是游离的，另一种离子则被附着在树脂母体上。

当原水中的钙、镁或钠等阳离子扩散进入树脂结构内部后，氢离子逆向进入水中，于是就发生了离子交换。水中硫酸根离子、氯离子等阴离子受到固定在树脂上的负电荷的排斥，不能渗透到树脂中去。

2. 离子交换树脂的命名方式

树脂的全名由基本名称、分类名称（微孔型态）、骨架名称和基团性质组成。如凝胶型苯乙烯系强酸性阳离子交换树脂。为区别同类树脂的不同品种，常在全名前以三位阿拉伯数字构成型号。第一位数字为产品分类名称，第二位数字为骨架名称，见表11-1和表11-2，第三位数字为顺序号。连接符号后的阿拉伯数字表示交联度。例如 RSO_3H 树脂的型号为001×7。对于大孔型离子交换树脂，可在型号前加“D”表示。国内各种类型树脂产品的型号及性能参数详见有关手册。

表11-1　分类代号（第一位数字）

代　号	0	1	2	3	4	5	6
分类名称	强酸性	弱酸性	强碱性	弱碱性	螯合性	两性	氧化还原

表11-2　骨架代号（第二位数字）

代　号	0	1	2	3	4	5	6
骨架名称	苯乙烯系	丙烯酸系	酚醛系	环氧系	乙烯吡啶系	脲醛系	氯乙烯系

11.1.2　树脂的基本性能

（1）外观　离子交换树脂外观为不透明或半透明球状颗粒，其优点：球形易制造，树脂填充状态好，流量易分布均匀，水通过树脂层的水头损失小，耐磨性好，单位体积容器装载量最大。颜色有乳白、淡黄、棕色等多种。树脂粒径指出厂交换基团形式在水中充分膨胀后的直径，一般为0.3~1.2mm。

（2）交联度　树脂结构骨架的交联度取决于制造过程。常用的凝胶型树脂以二乙烯苯作为交联剂，苯乙烯系树脂的交联度指二乙烯苯的质量占苯乙烯和二乙烯苯总量的百分数。交联度对树脂的性能具有重要影响。改变交联度，树脂的交换容量、含水率、溶胀度、机械强度等性能均会改变。水处理常用的离子交换树脂，其交联度宜为7%~10%。

（3）含水率　含水率一般指每克湿树脂在水中充分膨胀后所含水分的百分比。它取决于树脂的交联度、活性基团的类型和数量等。交联度越小，孔隙率越大，含水率越高。一般树脂的含水率为40%~60%，故在冬季贮存树脂时，应注意防冻。

（4）溶胀性　树脂因为吸水或转型等条件改变而引起的体积变化称为溶胀性。溶胀是指活性基团遇水后产生离解，形成水合离子，使树脂交联网孔胀大的现象。树脂溶胀可产生很大的压力，使树脂破碎。一般树脂均以湿的状态贮存。树脂内溶液的活性离子与外围水溶液因浓度差产生的渗透压被交换体骨架网络弹性强度抵消，孔隙内溶液浓度达到平衡，这一过程称为绝对溶胀。相对溶胀则是指树脂在转型时，因水合离子半径不同，体积发生相应的变化。如强酸阳离子交换树脂由钠型转成氢型，强碱阴离子交换树脂由氯型转成氢氧型，体积膨胀约为5%~7%。影响树脂溶胀程度因素很多，如树脂交联度越高，可交换离子价数越高，树脂溶胀度则越小，含水率越低。进行交换的溶液中离子浓度越高，离子渗透压越低，树脂溶胀性也越小。在其他条件相同时，树脂在纯水中膨胀率最大。此外，可交换基团在水中的离解能力越强，树脂所含的交换活性基团越多，吸水性越强，树脂溶胀性越大。强酸树脂、强碱树脂在不同形态时溶胀度大小顺序分别为

$$强酸树脂的溶胀度：H^+ > Na^+ > NH_4^+ > K^+ > Ag^+$$

$$强碱树脂的溶胀度：OH^- > HCO_3^-(\approx CO_3^{2-}) > SO_4^{2-} > Cl^-$$

在交换柱设计中必须考虑树脂溶胀性。对弱型树脂，如RCOOH树脂，由于H^+部分电离，溶胀性较低。当交换变成RCOONa型时，全部离解，树脂体积膨胀约为65%~100%。

（5）密度　离子交换树脂的密度是指湿的状态下的密度，分为湿真密度和湿视密度两种。湿真密度指树脂溶胀后的质量与树脂本身所占体积（不含颗粒间孔隙体积）的比值（g/mL）

$$湿真密度 = \frac{湿树脂的质量}{树脂颗粒本身所占体积}$$

同种高分子骨架的树脂，因活性基团不同，湿真密度也不同。其大小对树脂的反洗强度、膨胀率、混合床及双层床的反洗分层有很大影响。如苯乙烯系强酸阳离子交换树脂湿真密度约为1.3g/mL，强碱阴离子交换树脂湿真密度约为1.1g/mL。

湿视密度（g/mL），即堆积密度，指树脂溶胀后的质量与堆积体积（含颗粒间孔隙体积）之比，一般为0.60~0.85g/mL。常用来计算交换柱所需装填湿树脂的数量。

$$湿视密度 = \frac{湿树脂的质量}{湿树脂堆积体积}$$

（6）交换容量　通常用单位质量或单位体积树脂所能交换离子的物质的量（摩尔数）表示交换容量，定量地表示树脂交换能力。交换容量可分为全交换容量和工作交换容量。全交换容量是指一定量树脂所具有的活性基团或可交换离子的总数量，可用滴定法测定，也可从理论上进行计算。如交联度为8%的苯乙烯系强酸阳离子交换树脂，其单元结构式为$CH(C_6H_4SO_3H)CH_2^-$，相对分子质量为184.2，即每184.2g树脂中含有1mol可交换的H^+，故全交换容量为

$$q_m = \frac{1}{184.2} \times (1 - 8\%) \times 1000\text{mmol/g} = 4.99\text{mmol/g}(干树脂)$$

计算结果与实际滴定测得的全交换容量大于或等于4.5mmol/g（干树脂）接近。

在离子交换过程中，无论是哪种型号的树脂（H型、Na型、Cl型、OH型），交换离子都为1价离子，而水中被交换离子则为1价或2价离子。若以当量粒子为基本单元，则树脂全交换容量可定义为树脂所能交换的离子的物质的量n_B除以树脂体积V或质量m，即

$$体积全交换容量\ \text{mmol/L}(湿树脂): q_V = n_B/V$$

$$质量全交换容量\ \text{mmol/g}(干树脂): q_m = n_B/m$$

q_V和q_m之间的关系为

$$q_V = q_m \times (1 - 含水率\ \%) \times 湿视密度$$

对于强酸树脂，含水率取48%，q_m取4.5mmol/g（干树脂），湿视密度为800g/L，则

$$q_V = 4.5\text{mmol/g}(干树脂) \times (1 - 48\%) \times 800\text{g}(湿树脂)/\text{L} = 1870\text{mmol/L}$$

工作交换容量指在给定工作条件下，实际树脂可利用的交换能力，它与运行条件有关。如再生方式、原水含盐量及其组成、树脂层高度、水流速度、再生剂用量等。当其他条件一定时，逆流再生方式可获得较高的工作交换容量。工作交换容量可通过模拟试验确定。

（7）pH 值　它对弱酸树脂与弱碱树脂的工作交换容量影响较大。弱酸树脂和弱碱树脂分别在 pH 值为 5~14 与 0~7 的溶液中才会有较高的交换能力。但强酸、强碱树脂活性基团电离能力强，pH 值对其交换容量几乎没有影响。

（8）其他性质

1）机械强度（耐磨性）。在交换和再生过程中，树脂发生胀缩现象，胀缩次数有极限，管理得好，使用寿命可长达 10 年。保存要有水分，且水质要好。

2）抗干扰性。水中含有 CO_2、O_2、Fe 等对树脂有干扰。

3）耐热性。树脂属高分子化合物，使用时的正常温度为 40℃，不能高于 100℃。

11.1.3　离子交换平衡

离子交换的实质是一种不溶性的电解质（树脂）与溶液中的另一种电解质所进行的可逆化学反应。

（1）一价对一价的离子交换与平衡常数　即离子交换选择系数 $K_{A^+}^{B^+}$。

$$R^-A^+ + B^+ \longleftrightarrow R^-B^+ + A^+$$

$$K_{A^+}^{B^+}=\frac{[R^-B^+]\cdot[A^+]}{[R^-A^+]\cdot[B^+]}=\frac{\dfrac{[RB]}{[RA]}}{\dfrac{[B^+]}{[A^+]}} \tag{11-1}$$

式中　[RA]、[RB]——树脂相中 A^+、B^+的浓度（mmol/L）；

[A^+]、[B^+]——溶液中 A^+、B^+离子的浓度（mmol/L）。

$K_{A^+}^{B^+}$为树脂中 B^+与 A^+浓度比率与溶液中 B^+与 A^+浓度比率的比值。$K_{A^+}^{B^+}>1$，说明该树脂对 B^+的亲和力大于对 A^+的亲和力，即有利于离子交换反应的进行。

选择系数也可用离子浓度分率来表示。

令　$C_0=[A^+]+[B^+]$，即溶液中两种交换离子的总浓度（mmol/L）；

$q_0=[R^-A^+]+[R^-B^+]$，树脂全交换容量（mmol/L）；

$C=[B^+]$，溶液中的 B^+离子浓度（mmol/L）；

$q=[R^-B^+]$，树脂中的 B^+离子浓度（mmol/L）。

则　$\dfrac{[R^-B^+]}{[R^-A^+]}=\dfrac{q}{q-q_0}$　　$\dfrac{[B^+]}{[A^+]}=\dfrac{C}{C_0-C}$

代入式（11-1），得

$$\frac{q}{q-q_0}=K_{A^+}^{B^+}\times\frac{C}{C_0-C}\quad 或\quad \frac{\dfrac{q}{q_0}}{1-\dfrac{q}{q_0}}=K_{A^+}^{B^+}\times\frac{\dfrac{C}{C_0}}{1-\dfrac{C}{C_0}} \tag{11-2}$$

式中　q/q_0——树脂中 B^+离子浓度与树脂全交换容量之比；

C/C_0——溶液中 B^+ 离子浓度与溶液总离子浓度之比。

将式（11-2）绘成图 11-1。

（2）二价对一价的离子交换反应通式及离子交换选择系数

$$2R^-A^+ + B^{2+} \longleftrightarrow R_2^-B^{2+} + 2A^+$$

$$K_{A^+}^{B^{2+}} = \frac{[R_2^-B^{2+}][A^+]^2}{[R^-A^+]^2[B^{2+}]} = \frac{\dfrac{[R_2B]}{[RA]^2}}{\dfrac{[B^{2+}]}{[A^+]^2}} \tag{11-3}$$

或
$$\frac{\dfrac{q}{q_0}}{\left(1-\dfrac{q}{q_0}\right)^2} = K_{A^+}^{B^{2+}} \times \frac{q_0}{C_0} \times \frac{\dfrac{C}{C_0}}{\left(1-\dfrac{C}{C_0}\right)^2} \tag{11-4}$$

式中 $K_{A^+}^{B^{2+}} q_0/C_0$ 为无量纲数，即表观选择系数，将式（11-4）绘成图 11-2。

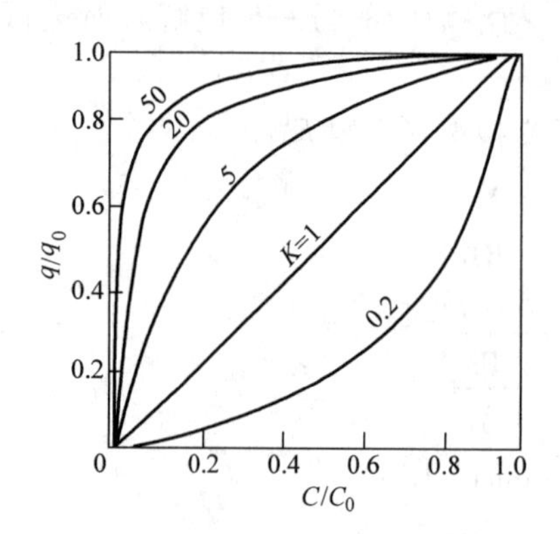

图 11-1 一价对一价离子交换平衡曲线

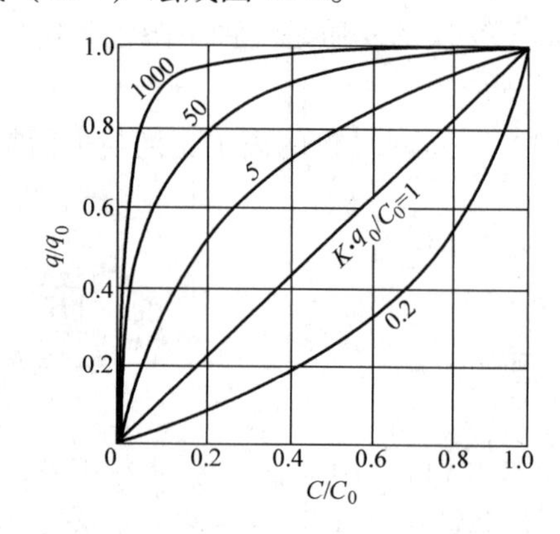

图 11-2 二价对一价离子交换平衡曲线

可以看出，系数 $K_{A^+}^{B^{2+}} q_0/C_0$ 随 $K_{A^+}^{B^{2+}}$ 的增大和 C_0 的减小而增大，有利于离子交换，反之则有利于再生。可见，改变液相中离子浓度 C_0，可改变离子交换系统的反应方向。常见离子交换树脂的选择系数的近似值见表 11-3。

表 11-3 强酸树脂与强碱树脂选择系数近似值

$K_{H^+}^{Na^+}$	$K_{Li^+}^{Na^+}$	$K_{H^+}^{K^+} K_{H^+}^{NH_4^+}$	$K_{Na^+}^{Ca^{2+}}$	$K_{Na^+}^{K^+}$	$K_{Na^+}^{Mg^{2+}}$
1.5	2.0	2.5	3~6	1.7	1.0~1.5
$K_{Cl^-}^{NO_3^-}$	$K_{Cl^-}^{SO_4^{2-}}$	$K_{Cl^-}^{Br^-}$	$K_{Cl^-}^{NO_3^-}$	$K_{Cl^-}^{F^-}$	$K_{NO_3^-}^{SO_4^{2-}}$
4	0.15	3	1.6	0.1	0.04

（3）离子交换和再生过程中的某些极限值

1）离子交换出水泄漏量。在离子交换初期，出水组成与树脂底层组成处于平衡状态，此时，式（11-3）和式（11-4）中符号表示为

q——树脂底层经过再生后仍旧残留的B^+离子浓度（mmol/L）；

C——离子交换初期出水的B^+离子浓度，即出水泄漏量（mmol/L）。

2）树脂极限工作交换容量。在离子交换后期，出水离子组成接近或等于进水离子组成，求得的q值减去原有残留量即等于最大可能的吸着量。此时，式（11-3）和式（11-4）中符号表示为

q——树脂极限工作交换容量，即树脂吸着B^+离子浓度的最大值（mmol/L）；

C——进水中的B^+离子浓度（mmol/L）。

3）树脂再生度极限值。再生度极限值是指用已知浓度的再生液无限量地进行再生而达到的树脂最大再生程度。此时，式（11-3）和式（11-4）中符号表示为

q——经再生后树脂上仍旧残留着的B^+离子浓度（mmol/L）；

C——新鲜再生液中含有的B^+离子浓度（mmol/L）。

11.1.4　离子交换速度

离子交换过程不仅受离子浓度、树脂对离子亲和力的影响，还受离子扩散过程中交换速度的影响。交换速度是指树脂上的活动离子与溶液中的同种离子在接触时相互扩散的速度，或溶液中离子组成改变的速度。

（1）离子扩散过程　以$2RNa+Ca^{2+}\rightarrow R_2Ca+2Na^+$为例，说明离子扩散过程，如图11-3所示。溶液中$Ca^{2+}$因浓度差要向树脂中扩散，同时树脂中$Na^+$向溶液中扩散。进去$1/2Ca^{2+}$，出来1个$Na^+$，不改变树脂内部的电量，树脂仍是一个中性的不带电的颗粒，为等量浓度交换过程。其过程可分三个步骤：

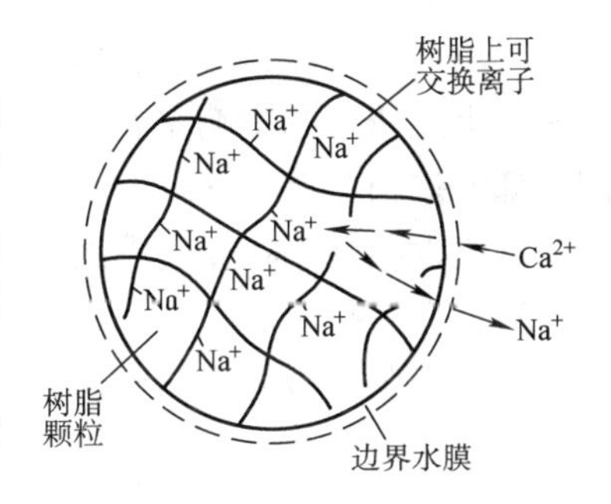

图11-3　离子交换过程

1）待交换的Ca^{2+}从水中向树脂表面迁移，并通过树脂表面的水膜。

2）Ca^{2+}进一步通过交联网孔向内部扩散到某交换部位，在交换位置上，$1/2Ca^{2+}$与Na^+发生交换反应。

3）被交换下来的Na^+从树脂内部扩散到树脂表面，然后穿过树脂表面的水膜，进入主体水溶液中。

实际上，上述三个步骤是同时进行的，即水中有一个向着树脂内运动的Ca^{2+}离子群，树脂内有一个朝溶液中运动的Na^+离子群，直至$1/2Ca^{2+}$、Na^+的交换达到平衡。由于水不断在树脂颗粒间流动，起混合作用，使步骤1、3两个过程能很快完成而不影响交换速度，而步骤2是离子交换的化学反应，是瞬间可完成的。因此，控制交换速度过程的是水膜和交联结构对离子扩散所产生的阻力。水膜阻力很大时，离子通过水膜的速度很慢，成为整个交换速度的控制因素，即水膜扩散控制；当树脂内部阻力很大时，离子在树脂内的扩散速度很慢，成为交换运动的控制因素，即孔道扩散控制。

（2）影响交换速度的因素　影响交换速度的因素有溶液离子浓度、水流速度、选择性、树脂颗粒大小等。

1）溶液离子浓度。浓度梯度是离子扩散的推动力，直接影响扩散过程。当水中离子浓度大于0.1mol/L时，离子的膜扩散速度快，孔道扩散成为控制步骤，如树脂的再生过

程（软化，用5%NaCl再生）。孔道扩散与树脂颗粒直径有关，服从费克定律

$$\frac{\partial q}{\partial t}=D_{\mathrm{p}}\frac{\partial^2 q}{\partial r^2} \tag{11-5}$$

式中 D_{p}——树脂颗粒内离子扩散系数，约为$10^{-8}\sim10^{-6}\mathrm{cm}^2/\mathrm{s}$；

r——树脂颗粒半径（cm）；

q——离子（Na^+）在树脂中的浓度(mmol/L)。

当水中离子浓度小于0.003mol/L时，离子膜扩散速度慢，此时膜扩散起控制作用，如离子交换软化过程。扩散速度服从费克第一定律

$$\frac{\mathrm{d}C}{\mathrm{d}t}=\frac{D_{\mathrm{f}}}{\delta}\Delta C \tag{11-6}$$

式中 D_{f}——溶液中的扩散系数，约为$10^{-5}\mathrm{cm}^2/\mathrm{s}$；

δ——水化膜厚度（cm）；

ΔC——交换离子在膜内外的浓度差（mmol/L）。

2）流速或搅拌速率、树脂粒径。树脂表面水膜厚度与流速或搅拌速率有关，因此膜扩散速度与流速及搅拌速率有关，而孔道扩散基本不受流速的影响。膜扩散过程，离子交换速度与粒径成反比。孔道扩散过程，离子交换速度与粒径二次方成反比。

3）交联度。交联度对孔道扩散速度影响较大，对膜扩散速度影响相对较小。值得注意的是，上述浓度的影响是针对强酸、强碱树脂的。对弱酸、弱碱树脂的离子交换过程则不同，如弱酸树脂R—COOH，在进行离子交换时，先要使—COOH发生电离，此过程很缓慢，且其溶胀性很低，在孔道内的扩散速度比低浓度时的膜扩散速度还慢。因此，弱酸、弱碱树脂交换，孔道扩散起控制作用。弱酸、弱碱型树脂再生时，较低浓度溶液即可获得较好的再生效果，由膜扩散起控制作用。利用无量纲的交换半寿期$\Theta_{1/2}$，可对控制条件进行判断。

$$\mathrm{RA}+\mathrm{B}^+\longleftrightarrow\mathrm{RB}+\mathrm{A}^+$$

$$\Theta_{1/2}=\frac{q_V D_{\mathrm{p}}\delta_1}{C D_{\mathrm{f}} r_0}(5+2\alpha_A^B) \tag{11-7}$$

式中 α_A^B——分离系数，对于一价离子，$\alpha_A^B=K_A^B$；

r_0——树脂半径（cm）；

δ_1——水膜厚度（cm）；

q_V——树脂交换容量（mmol/mL）；

D_{f}——水膜内的离子扩散系数（cm^2/s）；

C——溶液中B^+的浓度（mmol/L）；

D_{p}——离子在树脂内的扩散系数，（cm^2/s）。

当$\Theta_{1/2}<1$时，颗粒内阻力很大，交换速度由颗粒阻力决定，属于孔道扩散控制；当$\Theta_{1/2}>1$时，膜阻力远大于颗粒阻力，交换速度由膜阻力决定，属于膜扩散控制；当$\Theta_{1/2}\approx1$时，膜阻力与颗粒阻力的大小同数量级，交换速度由两者共同决定。

【例11-1】 RNa树脂的交联度为10%，其半径r_0为0.02cm，交换容量q_V为2.8mmol/L，与1mol/L浓度的HCl进行离子交换，判别交换的控制条件。

【解】　因一价离子的$K_A^B=\alpha_A^B$（分离系数），查表11-3得$\alpha_H^{Na}=1.5$。

其中常数可参考下列数值选用：

$\delta_1=10^{-3}\sim10^{-2}cm$，取$\delta_1=10^{-3}cm$；$D_f=10^{-5}cm^2/s$；

$D_p=10^{-6}\sim10^{-5}cm^2/s$，取$D_p=10^{-6}cm^2/s$；$C=1mol/L$。

代入式（11-7）得

$$\Theta_{1/2}=\frac{2.8\times10^{-6}\times10^{-3}}{1\times10^{-5}\times0.02}\times(5+2\times1.5)=0.112<1$$

因此，交换为孔道扩散控制。由计算可知，当HCl浓度小于0.1mol/L时，$\Theta_{1/2}>1$，交换为膜扩散控制。

11.1.5　树脂层离子交换过程

为说明动态条件下树脂层中的离子交换过程，需要进行实验。在离子交换柱中装填RNa，从上而下通以含有一定浓度Ca^{2+}的原水。交换反应进行一定时间后停止，逐层取出树脂样品，并测定其所吸附的Ca^{2+}含量，计算每层树脂的饱和程度，得到图11-4和图11-5。

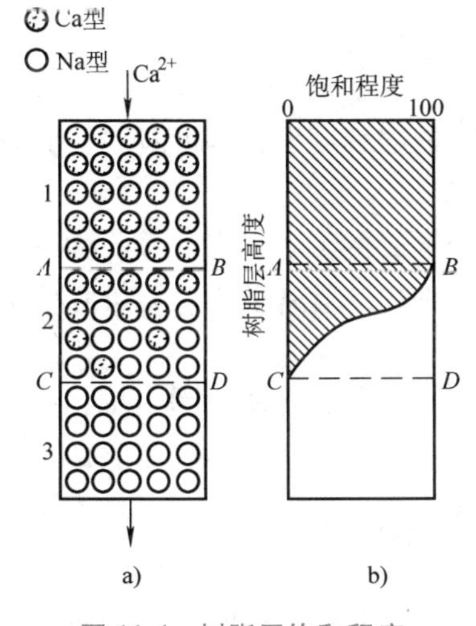

图11-4　树脂层饱和程度

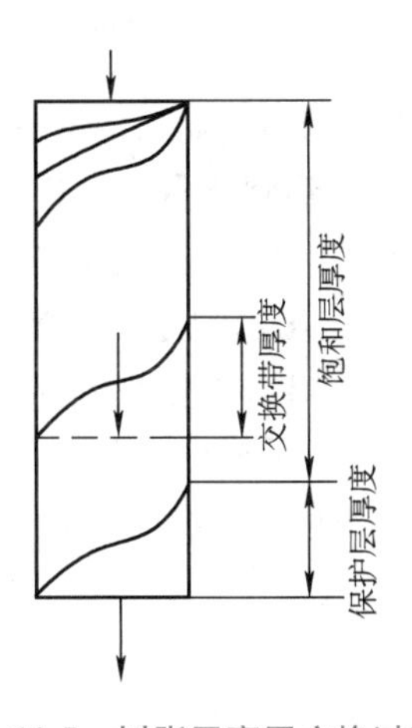

图11-5　树脂层离子交换过程

饱和程度是指在水的软化过程中，单位体积树脂所吸附的Ca^{2+}、Mg^{2+}含量与其全交换容量之比，以百分数表示。树脂由RNa完全转化为R_2Ca时，饱和度为100%；树脂仍保持RNa，则饱和度为0。正在进行交换的部分，其饱和程度顺着水流方向逐渐减小，把饱和度各点都连起来，则形成饱和程度曲线。

如图11-5所示，实验证明，树脂层离子交换过程可分为两个阶段。第一阶段，刚开始交换反应时，树脂饱和程度曲线形状不断变化，随即形成一定形式的曲线，此阶段称为交换带形成阶段。第二阶段，已形成的交换带，沿着水流方向以一定速度向前推移的过程。进水的Ca^{2+}、Mg^{2+}在瞬间与某一定厚度的交换带中的树脂进行交换，直到交换柱底部泄漏为止。交换带指正在进行交换反应的软化工作层，其厚度为处于动态的软化工作层的厚度（$AB\rightarrow CD$）。

当交换带前锋达到树脂床底部，出水的水质恰好达泄漏点，交换柱停止工作。这时整个交换床树脂分为两部分：树脂交换容量得到充分利用的饱和层与仅部分被利用的保护层。可见，交换带厚度等于保护层厚度，在整个树脂床的交换容量中，必须扣除一部分，才得到实际的有效交换容量。在水的离子交换中，树脂交换带厚度主要与进水流速、进水总硬度和树脂再生程度有关。

11.2 离子交换软化方法与系统

按原水水质特点和对软化水质的不同要求，可采用不同的软化方法。常用的有 RNa 交换软化法、RH 交换软化法和 RH—RNa 交换软化法等。

11.2.1 RNa 交换软化法

水的 RNa 软化法是最简单、最常用的软化方法，反应如下：

$$2RNa+\left.\begin{matrix}Ca\\Mg\end{matrix}\right\}(HCO_3)_2 \Longleftrightarrow R_2\left\{\begin{matrix}Ca\\Mg\end{matrix}\right.+2NaHCO_3$$

$$2RNa+\left.\begin{matrix}Ca\\Mg\end{matrix}\right\}SO_4Cl_2 \Longleftrightarrow R_2\left\{\begin{matrix}Ca+2NaCl\\Mg+Na_2SO_4\end{matrix}\right.$$

该方法把水中的 Ca^{2+}、Mg^{2+}盐转化为 Na^+盐（Na^+盐的溶解度大），随温度升高溶解度增大，无沉积，达到软化目的。RNa 软化的特点如下：

1）水中每一个 Ca^{2+}或 Mg^{2+}都换成两个 Na^+，即 40mg 的 Ca^{2+}或 24.3mg 的 Mg^{2+}换成 46mg 的 Na^+。软化水中除了残余的 Ca^{2+}和 Mg^{2+}外，均为 Na^+，阳离子的总质量发生了变化，残渣质量增大，出水含盐量升高。

2）由于阴离子成分未变化，软化后水的碱度不变。RNa 经软化后变成 R_2Ca、R_2Mg 型，需用 8%~10%的 NaCl 水溶液将其再生为 RNa。

$$R_2\left\{\begin{matrix}Ca\\Mg\end{matrix}\right.+2NaCl \longrightarrow 2RNa+\left.\begin{matrix}Ca\\Mg\end{matrix}\right\}Cl_2$$

在锅炉给水中，有时要求软化的同时还要求降低碱度，因为 $NaHCO_3$ 在加热时会发生如下反应：

$$2NaHCO_3 \xrightarrow{\triangle} Na_2CO_3+H_2O+CO_2\uparrow$$

$$Na_2CO_3+H_2O \xrightarrow{\triangle} 2NaOH+CO_2\uparrow$$

其中，CO_2 会引起金属腐蚀，NaOH 会引起金属的苛性脆化，危害锅炉。因此，既要除去硬度，又要降低碱度，应采用 RH 树脂。

11.2.2 RH 交换软化法

RH 树脂的软化反应如下：

$$2RH+\left.\begin{matrix}Ca\\Mg\end{matrix}\right\}(HCO_3)_2 \Longleftrightarrow R_2\left\{\begin{matrix}Ca\\Mg\end{matrix}\right.+2H_2CO_3,\quad H_2CO_3\rightarrow H_2O+CO_2\uparrow$$

$$RH+NaHCO_3 \Longleftrightarrow RNa+H_2CO_3 \rightarrow CO_2\uparrow +H_2O$$

$$\left.\begin{matrix}2RH+Ca\\Mg\end{matrix}\right\}SO_4Cl_2 \Longleftrightarrow R_2\left\{\begin{matrix}Ca\\Mg\end{matrix}\right.+\left\{\begin{matrix}H_2SO_4\\2HCl\end{matrix}\right.$$

$$RH+NaCl \Longleftrightarrow RNa+HCl$$

从上述反应可看出，树脂 RH 经交换后变成 R_2Ca、R_2Mg 或 RNa。树脂可用 HCl 再生，也可用 H_2SO_4 再生：$CaCl_2$、$MgCl_2$ 溶解度较大，可随水流排出。

$$\left.\begin{matrix}R_2Ca\\R_2Mg\\RNa\end{matrix}\right\}+HCl \Longleftrightarrow 2RH+\left\{\begin{matrix}CaCl_2\\MgCl_2\\NaCl\end{matrix}\right.$$

$$R_2\left\{\begin{matrix}Ca\\Mg\end{matrix}\right.+H_2SO_4 \Longleftrightarrow 2RH+\left\{\begin{matrix}CaSO_4\\MgSO_4\end{matrix}\right.$$

用 HCl 再生时，$CaCl_2$、$MgCl_2$ 溶解度较大，可随水流排出。而用 H_2SO_4 再生时，则会产生溶解度低的 $CaSO_4$，堵塞树脂的交联孔隙，使再生不完全，工作交换容量降低。但 SO_4^{2-} 不会钻入树脂孔内，交联网孔内并无 $CaSO_4$。为防止 $CaSO_4$ 堵塞孔道，应控制再生液的浓度和流速，进行分步再生法。先用1%的 H_2SO_4 快速流过树脂柱，使树脂孔隙内具有一定的酸性；同时再生出少量 $CaSO_4$、$MgSO_4$ 随水流快速流出；再用5%的 H_2SO_4 按正常流速进行再生，可减少堵塞。在我国 HCl 较 H_2SO_4 便宜，用 HCl 再生基本可避免堵塞。

RH 交换的特点：水中的每一个 Ca^{2+}、Mg^{2+} 交换两个 H^+；Na^+ 也参与交换，一个 Na^+ 交换一个 H^+，交换后 H^+ 与水中原有的阴离子结合形成酸。

当 H_c 产生的 H_2CO_3 被分解去除后，相当于去除了水中的 H_c 硬度，所以经 RH 软化后的水实际上是稀酸溶液，其酸度与原水中 SO_4^{2-}、Cl^- 浓度之和相当。

同种树脂对不同离子交换反应时的选择系数不同，选择系数越大，则树脂和离子间的亲和力越大。强酸树脂对水中常见离子的选择性顺序为

$$Fe^{3+} > Ca^{2+} > Mg^{2+} > K^+ > NH_4^+ > Na^+ > H^+ > Li^+$$

即前列离子可取代后列离子，且阳离子原子价越高，其亲和力越强。在同价碱金属与碱非金属离子中，原子序数越大，水和离子半径越小，其亲和力越大。

在常温、稀溶液中，选择性顺序符合上述规律；当浓度过高时。则浓度大小成为决定离子交换反应方向的关键因素。

图11-6反映了 RH 交换出水水质变化的过程。RH 对离子的选择顺序为 $Ca^{2+}>Mg^{2+}>Na^+>H^+$，因此出水中离子泄漏的顺序应为 H^+、Na^+、Mg^{2+} 和 Ca^{2+}。曲线共分为四段：

第一段（$0a$ 段）Na^+ 泄漏之前，出水阳离子只有 H^+，强酸酸度保持定值，并与原水中（$1/2SO_4^{2-}+Cl^-$）的浓度相等。

$$c(H^+) = c(HCO_3^- + 1/2SO_4^{2-} + Cl^-)$$

$$H^+ + HCO_3^- \longrightarrow H_2CO_3 \longrightarrow CO_2 + H_2O$$

$$H^+ + Cl^-(SO_4^{2-}) \longrightarrow HCl(H_2SO_4)$$

第二段（ad 段），从 Na^+ 泄漏到 Na^+ 浓度达到最高值。从 a 点开始，Na^+ 泄漏，出水中阳离子为 Na^+ 与 H^+。$c(H^++Na^+)=c(HCO_3^-+1/2SO_4^{2-}+Cl^-)$ 且不变，随着出水中 Na^+ 含量的上

升，H^+含量下降，即酸度下降。到达 c 点时，$c(Na^+)$泄漏量与原水中 $c(1/2SO_4^{2-}+Cl^-)$相等，出水中 H^+只能满足 $H^+ + HCO_3^- \rightarrow CO_2 + H_2O$ 的反应，无 HCl、H_2SO_4，只有 NaCl、Na_2SO_4，此时酸度为 0。随着交换继续进行，其出水呈碱性，Na^+越来越多。在 d 点时，出水 Na^+含量达到最高，出水中 $c(Na^+)=c(HCO_3^-+1/2SO_4^{2-}+Cl^-)$，树脂已全部转为 RNa。

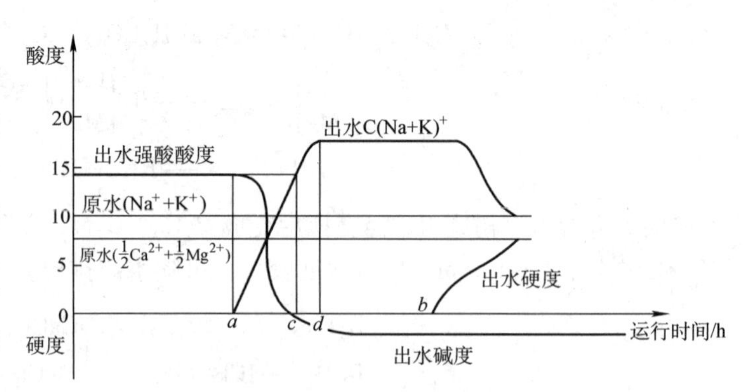

图 11-6 氢离子交换出水水质变化的全过程

第三段（db 段），在该段时间里，出水碱度与 Na^+含量保持不变。

第四段（b 点后段）b 点，Ca^{2+}、Mg^{2+} 开始泄漏。随着出水 Ca^{2+}、Mg^{2+} 含量增加，Na^+（K^+）减少，直到树脂全部失效。

综合 RH 交换的全过程，得到如下规律：①当同时存在几种离子的原水进行 RH 交换时，所交换吸附的阳离子可互相反复地进行交换，且选择性差别越大，交换中互相排斥和交替越充分；②交换过程中，最先出现在出水中的离子，是交换能力最小的离子，即从树脂中被排出的阳离子的顺序与交换时的顺序相反；③交换能力相近的离子（Ca^{2+}、Mg^{2+}），其泄漏的时间相同或相近，但在出水中浓度的比例不一定和原水相同，且选择性小的离子所占比例较大。

11.2.3 RH—RNa 并联离子交换系统

把原水分成两部分，分别用 RH、RNa 交换柱进行软化，出水进行瞬间混合。利用 RNa 软化水中的 HCO_3^- 碱度中和 RH 产生的酸，并使出水保留一定的碱性，产生的 H_2CO_3 由脱气塔除掉。中和反应式为

$$HCl(H_2SO_4) + NaHCO_3 \longrightarrow Na_2SO_4(NaCl) + H_2CO_3$$

产生的 H_2CO_3 的量相当于 RNa 软化水量中的碱度总量。设 RNa 的软化水量为 Q_{Na}，RH 的软化水量为 Q_H，则有总水量 $Q(m^3/h)$为

$$Q = Q_{Na} + Q_H \tag{11-8}$$

其流量分配与原水水质及处理要求有关。通常 RH 运行到以 Na^+泄漏为准，其出水呈酸性。则流量分配为

$$Q_H c(1/2SO_4^{2-} + Cl^-) = (Q - Q_H)c(HCO_3^-) - QA_r \tag{11-9}$$

式中 $c(1/2SO_4^{2-}+Cl^-)$——原水酸度（mmol/L）；

$c(HCO_3^-)$——原水碱度（mmol/L）；

A_r——混合后软化水剩余碱度，$A_r \approx 0.5$mmol/L。

由此得

$$Q_H = \frac{c(HCO_3^-)-A_r}{c(\frac{1}{2}SO_4^{2-})+Cl^-+c(HCO_3^-)}Q = \frac{c(HCO_3^-)-A_r}{c(\sum A)}Q$$

$$Q_{Na}=\frac{c\ (\frac{1}{2}SO_4^{2-}+Cl^-)+A_r}{c\ (\sum A)}Q$$

式中　$c(\sum A)$——原水总阴离子浓度（mmol/L）。

若 RH 运行到 Ca^{2+}、Mg^{2+}泄漏，从运行曲线可知，运行前期所交换的 Na^+到后期几乎全部被置换出来。从整个运行过程看，周期出水平均 Na^+含量等于原水的 Na^+含量。可知，在 $H_t>H_c$的情况下，RH 交换周期出水平均酸度在数值上与原水 H_n相当。据此，可算出当 RH 运行以 Ca^{2+}、Mg^{2+}泄漏为准时，RH—RNa 并联的流量分配为

$$Q_{H'}=\frac{c(HCO_3^-)-A_r}{H_n+c(HCO_3^-)}Q\rightarrow\supset Q_H \tag{11-10}$$

但是 RH—RNa 出水一般采有瞬间混合方式，混合水立即进入脱气塔。要使任一时刻不出现酸性水，RH 应以 Na^+泄漏为宜；若以 Ca^{2+}、Mg^{2+}泄漏，则混合水初期仍为酸性，后期为碱性，这需要设计较大的调节池，且酸性水对管道、水泵和水池等都有腐蚀作用，不能保证安全。

【例 11-2】　采用 RH—RNa 并联软化后再混合的方案，软化水量 $Q=60m^3/h$，$c(1/2SO_4^{2-})=1.4mmol/L$，$H_t=4.0mmol/L$，$c(HCO_3^-)=3.0mmol/L$，$c(Cl^-)=0.6mmol/L$，软化后要求 $c(HCO_3^-)=0.3mmol/L$。试计算 RH、RNa 软化的水量和软化中产生的 CO_2 量。

【解】　运行到 Na^+泄漏

$$Q_H=\frac{c(HCO_3^-)-A_r}{c(\sum A)}Q=\frac{3.0-0.3}{3.0+1.4+0.6}\times 60m^3/h=32.4m^3/h$$

$$Q_{Na}=\frac{c(\frac{1}{2}SO_4^{2-}+Cl^-)+A_r}{c(\sum A)}Q=\frac{1.4+0.6+0.3}{3.0+1.4+0.6}\times 60m^3/h=27.6m^3/h$$

若以 Ca^{2+}、Mg^{2+}泄漏为控制点，则

$$Q_H'=\frac{c(HCO_3^-)-A_r}{H_n+c(HCO_3^-)}Q=\frac{3.0-0.3}{1.0+3.0}\times 60m^3/h=40.5m^3/h$$

$Q_{Na}=19.5m^3/h$，计算软化水中产生的 CO_2 量。原水碱度为 $c(HCO_3^-)=3.0mmol/L$。经 RH 软化产生的 CO_2 量：$3.0mmol/L\times 44\times 32.4=4276.8g/h$

RH、RNa 混合后产生 CO_2 量：$(1.4+0.6)\times 44\times 32.4g/h=2851.2g/h$

[或为 $(27.6\times 44\times 3.0-60\times 44\times 0.3)g/h=2851.2g/h$]

产生的 CO_2 总量：$(4276.8+2851.2)g/h=7128g/h=7.13kg/h$，

也可采用下式计算 CO_2 总量：CO_2 总量$=[c(HCO_3^-)-A_r]Q$

即 CO_2 总量：$(3.0-0.3)\times 44\times 60g/h=7128g/h=7.13kg/h$。

11.2.4　RH—RNa 串联交换系统

RH—RNa 串联离子交换系统适用于原水硬度较高的场合。部分原水 Q_H 流经 RH 交换器，出水与另一部分原水混合，进入脱气塔，再由泵抽入 RNa 交换器进一步软化。RH 软化

的出水呈酸性，与原水混合产生下列反应：

$$2HCl(H_2SO_4) + Ca(HCO_3)_2 \longrightarrow CaCl_2(CaSO_4) + H_2CO_3$$

使原水中 H_c 转化成 H_n。RNa 主要去除 H_n。

$$2RNa + CaCl_2(CaSO_4) \longrightarrow R_2Ca + NaCl(Na_2SO_4)$$

脱气塔中残留的 HCO_3^- 与 Na^+ 结合生成 $NaHCO_3$，其出水呈微碱性。流量分配 Q_H、$Q_原$ 与 RH—RNa 并联是一样的，取决于原水水质及处理要求，只是此时 RNa 处理的是全部的水量。

由于部分原水与 RH 出水混合后，硬度有所降低（$H_t \times Q_原 / Q_总$），这样再经过 RNa 交换，既减轻 RNa 的负荷，且能提高软化水的质量。

比较 RH—RNa 的并联与串联系统，前者只是部分水量经过 RNa 交换柱，设备系统紧凑，投资省；而后者全部水量经过 RNa 交换柱，系统运行安全可靠，出水水质得到保证，特别对高硬度原水。但是，脱气塔一定要在 RNa 之前，否则会重新产生碱度。

$$RNa + H_2CO_3 \longrightarrow RH^+ NaHCO_3$$

经过 RH、RNa 交换处理，蒸发残渣可减少 1/3~1/2，能满足低压锅炉对水质的要求。

离子交换软化水中蒸发残渣的变化情况。在蒸发过程中，HCO_3^- 进行下列反应：

$$2HCO_3^- \longrightarrow CO_3^{2-} + CO_2 \uparrow + H_2O$$

CO_2 逸出，残渣中只剩 CO_3^{2-}，即 2mol HCO_3^- 只生成 1mol CO_3^{2-}，其质量比为 60/(2×61)＝0.49。在计算时，应将 HCO_3^- 的质量数乘以 0.49 换算成 CO_3^{2-} 的质量数。

原水以及离子交换出水蒸发残渣分别表示如下：

$$\xrightarrow{\text{原水含盐量}} \begin{matrix} Ca(HCO_3)_2 \\ MgSO_4 \\ NaCl \end{matrix} \xrightarrow{\text{RNa 出水含盐量}} \begin{matrix} 2NaHCO_3 \\ Na_2SO_4 \\ NaCl \end{matrix} \xrightarrow{\text{RH-RNa 出水含盐量}} \begin{matrix} 2NaHCO_3(\text{残余量}) \\ Na_2SO_4 \\ NaCl \end{matrix}$$

$$\xrightarrow{\text{原水蒸发残渣}} \begin{matrix} CaCO_3 \\ MgSO_4 \\ NaCl \end{matrix} \xrightarrow{\text{RNa 出水蒸发残渣}} \begin{matrix} Na_2CO_3 \\ Na_2SO_4 \\ NaCl \end{matrix} \xrightarrow{\text{RH-RNa 出水蒸发残渣}} \begin{matrix} Na_2CO_3 = A_r(\text{出水剩余碱度}) \\ Na_2SO_4 \\ NaCl \end{matrix}$$

$$S_K(\text{原水}) = \rho(Na^+ + K^+) + \rho(Ca^{2+}) + \rho(Mg^{2+}) + \rho(A) \tag{11-11}$$

$$\begin{aligned} S_K(Na) &= \rho(Na^+ + K^+) + 1.15\rho(Ca^{2+}) + 1.89\rho(Mg^{2+}) + \rho(A) \\ &= S_K(\text{原}) + 0.15\rho(Ca^{2+}) + 0.89\rho(Mg^{2+}) \end{aligned} \tag{11-12}$$

$$\begin{aligned} S_{K(H\text{-}Na)} = S_K(\text{原水}) + 0.15\rho(Ca^{2+}) + 0.89\rho(Mg^{2+}) - \\ 53[c(HCO_3^-) - A_r] \end{aligned} \tag{11-13}$$

式中　$\rho(x)$ ——质量浓度（mg/L）；

$c(HCO_3^-)$ ——原水碱度（mmol/L）；

A_r——出水剩余碱度（mmol/L）；

1.15——2molNa^+所具有的质量与 1molCa^{2+}所具有的质量的比值；

1.89——2molNa^+所具有的质量与 1molMg^{2+}所具有的质量的比值；

53——相当于 1/2Na_2CO_3 的摩尔质量。

11.2.5　弱酸树脂的工艺特性及其应用

目前广泛使用丙烯酸型的111型弱酸树脂。其活性基团是—COOH，写成RCOOH，可交换离子为H^+。弱酸树脂的特点如下：

1）RCOOH主要与水中的碳酸盐起交换反应

$$2RCOOH+Ca(HCO_3)_2 \rightleftharpoons (RCOO)_2Ca+2H_2CO_3$$

$$2RCOOH+Mg(HCO_3)_2 \rightleftharpoons (RCOO)_2Mg+2H_2CO_3$$

反应产生的H_2CO_3只有极少量离解为H^+，不影响树脂中H^+继续离解，和水中Ca^{2+}、Mg^{2+}进行交换反应。碳酸极易分解成CO_2和H_2O，有利于H^+的继续离解。

2）RCOOH对Ca^{2+}与对Na^+的选择性的差别比R—SO_3H大得多，RCOOH几乎不与$NaHCO_3$及NaCl发生交换。

3）RCOOH对水中H_n基本不起反应，即使开始能进行部分反应，也很不完全。

$$RCOOH+CaCl_2(MgSO_4) \rightleftharpoons (RCOO)_2Ca(Mg)+HCl(H_2SO_4)$$

反应产物为强酸，离解出H^+立即产生逆反应，抑制了RCOOH中H^+离解。从反应式还可看出，RCOOH不仅去除了H_c，也去除了HCO_3^-（残余HCO_3^-=0.2~0.4mmol/L），而且RCOOH反应出水腐蚀性较小，水基本不呈酸性。

4）再生效率高，几乎接近理论值，即用1mol/L的酸再生，可得到0.9mol/L以上的工作交换容量，而强酸树脂则需2~3倍以上的酸再生。其再生反应如下：

$$(RCOO)_2Ca+2HCl \rightleftharpoons 2RCOOH+CaCl_2$$

由于$RCOO^-$与H^+结合产生的—COOH离解度很小，在有强酸HCl的抑制下基本不离解，故再生反应能自动进行，再生剂可得到充分利用，甚至强酸树脂的再生废液都可利用。

5）丙烯酸系RCOOH结合的活性基团多，交换容量大。如111#RCOOH的全交换容量大于或等于12.0mmol/g（干树脂），比RSO_3H高一倍多。但由于RCOOH电离能力弱，离子交换速度较慢，水流速度过大会导致交换容量显著下降。

在软化系统中，常联合使用RCOOH和RNa，进行水的脱碱软化。其联合方式有RCOOH—RNa串联系统和RCOOH/RNa离子交换双层床两种。

磺化媒是一种半人工的交换剂，它同时具有—SO_3H与—COOH两种活性基团，还有少量羟基。在使用过程中，当原水中SO_4^{2-}和Cl^-含量高时，会交换产生H_2SO_4和HCl，使pH值降低，抑制—COOH中H^+的离解，故磺化媒的交换容量会减小。另外，为发挥磺化媒中—COOH的弱酸功能去除H_c，可采用贫再生法。贫再生法是指对磺化媒进行再生时，只用与弱酸性基团等量浓度的再生液，对—COOH进行再生，将磺化媒只作为弱酸使用。将全部原水流量通过贫再生的磺化媒RCOOH交换器，去除H_c，脱除CO_2后，再进行RNa交换，则构成H型交换剂采用贫再生方式的H—Na串联离子交换系统。

11.2.6　RCl—RNa交换软化

此系统先用RCl去除水中HCO_3^-，再用RNa去除水中硬度，RCl反应如下：

$$2RCl+\left.\begin{matrix}Ca\\Mg\\Na_2\end{matrix}\right\}(HCO_3)_2 \rightleftharpoons 2RHCO_3+\left.\begin{matrix}Ca\\Mg\\Na_2\end{matrix}\right\}Cl_2$$

$$2RCl+\left.\begin{matrix}Ca\\Mg\\Na_2\end{matrix}\right\}SO_4 \rightleftharpoons R_2SO_4+\left.\begin{matrix}Ca\\Mg\\Na_2\end{matrix}\right\}Cl_2$$

几乎水中全部阴离子都变成 Cl^-，故去除了 HCO_3^-。再用 RNa 去除水中的硬度。RNa、RCl 失效后，都用 NaCl 再生。RCl 再生反应如下：

$$R_2\begin{cases}(HCO_3)_2\\SO_4\end{cases}+2NaCl \rightleftharpoons 2RCl+\begin{cases}2NaHCO_3\\Na_2SO_4\end{cases}$$

RCl—RNa 脱碱软化系统的特点：没有除盐作用，软化水中 Cl^- 含量增加，其增值为原水中 SO_4^{2-} 与 HCO_3^- 量之和；脱碱过程中不产生 CO_2，系统不需脱气塔；再生剂仅为食盐。

RCl—RNa 系统适用于 HCO_3^- 含量高，总含盐量低的原水，原水 HCO_3^- 占阴离子总量一半以上为宜。该系统可两台交换器串联运行，也可在一台交换器内 RCl—RNa 组成双层床来体现，其中 $V_{RCl}/V_{RNa}\approx 3:1$。

11.3 离子交换软化设备及其计算

离子交换软化设备包括离子交换器、除二氧化碳器及再生剂等。其中离子交换器是离子交换处理的核心设备。根据运行方式的不同，它可分成下列类型：

- 离子交换器
  - 固定床
    - 顺流再生固定床
    - 逆流再生固定床
    - 浮床
  - 连续交换床
    - 移动床
    - 流动床

其中固定床是离子交换装置中最基本的一种形式，树脂装填在离子交换器内，交换、再生等操作过程均在容器内进行。

11.3.1 逆流再生固定床

再生液与软化时水的流动方向一致的离子交换装置为顺流再生固定床；再生液与软化时水的流动方向相反的为逆流再生固定床。前者虽然设备结构及操作简单，但存在出水水质较差、再生剂耗量高和设备工作效率低等缺点。现在一般采用顶压操作的逆流再生固定床。

1. 逆流再生固定床的工作过程

逆流再生固定床与顺流再生交换器最大的不同点是逆流再生交换器在树脂层的表面处安装有中间排水装置，以便排出向上流的再生废液与清洗水，同时对压脂层进行小反洗。在排水装置上面装填压脂层，压脂层为厚约 15~20cm 的树脂或轻于树脂而略重于水的惰性树脂（聚苯乙烯白球），其作用是预过滤作用与使压缩空气较均匀而缓慢地从中间排出装置逸出。

当底部进再生液时，上部同时进入 30~50kPa 的压缩空气压住树脂层，即气压顶法，防止再生液的流速达到 5m/h 左右，软化结束时树脂层原有分布层次被液流搅乱。气压顶法的

再生过程如图 11-7 所示。

（1）小反洗　小反洗是从中间配水系统引进冲洗水，$V \approx 10 \sim 15\text{m/h}$，历时 10～15min，其作用是松动压脂层，去除其中悬浮固体并疏通中间排水装置滤网，如图 11-7a 所示。

（2）放水　放掉中间配水装置上部的水，使压脂层处于干的状态，如图 11-7b 所示。

（3）顶压　使气压维持 30～50kPa，如图 11-7c 所示。

（4）进再生液　从交换器底部进 NaCl 溶液，上升流速约 5m/h，如图 11-7d 所示。

（5）逆向清洗　用软化水逆流清洗，流速为 5～7m/h，直到排出水符合要求，如图 11-7e 所示。

（6）正洗　顺向清洗到出水水质合格为止，正洗流速为 10～15m/h，如图 11-7f 所示。

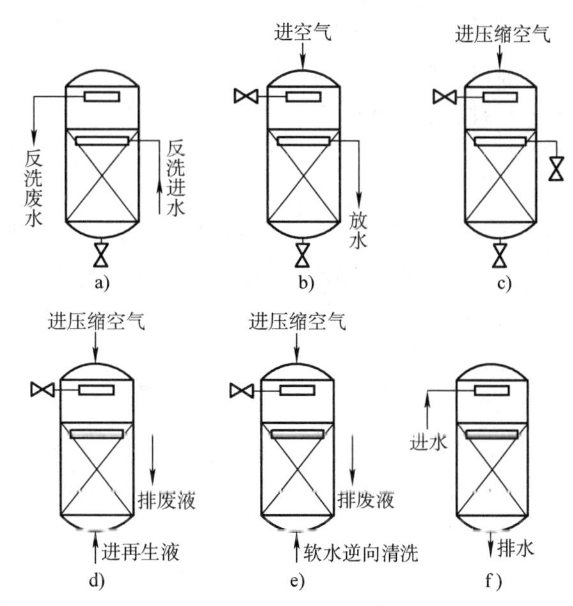

图 11-7　逆流式固定床气压顶法再生过程

a）小反洗　b）放水　c）顶压　d）进再生液　e）逆向清汽　f）正洗

在运行 10～20 周期后，需进行一次大反洗，以便去除树脂层里的污物与破碎树脂，并松动树脂层。由于大反洗使树脂乱层，故大反洗后第一次再生时要适当增加再生剂用量。

逆流再生还可采用无顶压。具体做法：增加中间排水装置的开孔面积，使小孔流速小于 0.1～0.2m/s。这样在压脂层厚为 20cm，再生流速小于 5m/h 情况下，仍可保持床层不变，而再生效果完全相同，并简化了逆流再生操作。

逆流再生固定床的特点：再生效果好，再生剂耗量可降低 20%以上；出水水质明显提高，原水水质适应范围扩大，对硬度较高原水仍能保证出水水质；再生废液中再生剂有效浓度低，树脂工作交换容量提高，但操作较复杂。

2. 固定床软化设备的设计计算

在 T 时间内，需要去除的总硬度为 QTH_t，树脂能够去除的硬度为 FHq_{op}，由物料平衡原理得

$$QTH_t = FHq_{op} \tag{11-14}$$

式中　Q——软化水水量（m^3/h）；

H_t——原水总硬度 $c(1/2Ca^{2+}+1/2Mg^{2+})$（mmol/L）；

T——软化工作时间，即软化开始到出现硬度泄漏（h）；

q_{op}——树脂工作交换容量（mmol/L）；

F——离子交换器截面面积（m^2）；

H——树脂层高度（m）。

得工作周期为

$$T=\frac{q_{op}FH}{QH_t}=\frac{q_{op}H}{H_t v} \tag{11-15}$$

式中 v——水流速度（m/h）。

一般离子交换器都有定型产品，它的主要尺寸和树脂装填高度也有相应规定。当需计算或验算时再考虑如下：

1）计算树脂层高度

$$h=\frac{TvH}{q_{op}} \tag{11-16}$$

式中 v——水流速度，对强酸树脂 $v=15\sim20\text{m/h}$；

T——工作周期，$T>8\text{h}$（否则再生太频繁，无意义）；

H——树脂层高度，为1.5~2.0m，若算出 h 不在此范围内，则应调整 v 或 T。

2）交换器直径

$$D=\sqrt{\frac{4Q}{\pi v}} \tag{11-17}$$

3）树脂装量。交换器树脂体积为 $V_R(\text{m}^3)$

$$V_R=Fh \tag{11-18}$$

4）湿树脂装量

$$W_R=V_R D_a \tag{11-19}$$

式中 D_a——树脂湿视密度，0.6~0.8kg/L。

5）再生剂用量计算

$$G=\frac{QH_t M_B nT}{1000a} \tag{11-20}$$

在实际生产中，固定床软化设备应不少于2台，以便于再生和检修。

11.3.2 再生附属设备

1. 食盐系统

食盐系统包括食盐贮存、盐液配制及输送等设备。食盐一般用湿法贮存，按15~30天的用量贮存。如图11-8所示，湿存配制系统食盐中往往含有较多的杂质，溶解后需经石英砂滤料过滤。石英砂+石层厚=35~45cm，级配规格分别为1~4mm、16~32mm。因滤料易堵，通常设2~3个贮盐池，轮换清洗使用。饱和食盐溶液食盐的含量约26%，经固体食盐层和滤料层过滤后流入计量箱。计量箱的容积一般为再生一次的用量。用水射器将饱和溶液稀释到所需的浓度，再经过盐过滤器（压力罐）精滤，用于RNa交换器再生。

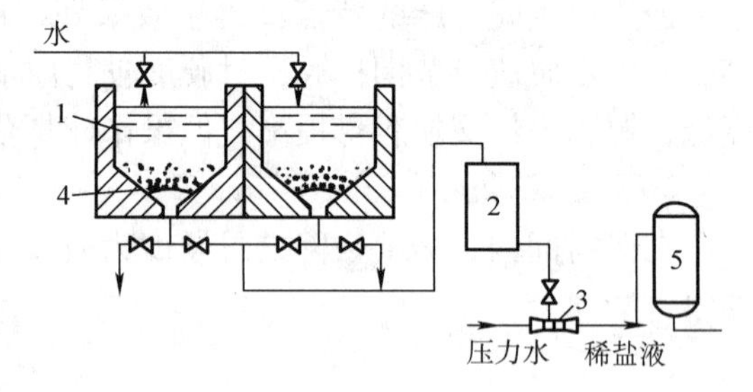

图11-8 湿存食盐系统（水射器输送盐液）

1—贮盐槽 2—计量箱 3—水射器 4—滤料层 5—过滤器

注意：①盐溶液的腐蚀性大，因此贮盐槽、计量箱、水射器或盐液泵及管道均要进行防腐设计；②水射器工作压力必须稳定，保证计量、输送准确，当日用盐量小于500kg时，食

盐可干法贮存，随用随溶解，设置溶解和过滤装置。

2. 酸系统及碱系统

（1）酸系统　由贮存、输送、计量和投加等设备组成。盐酸或硫酸通常由槽车送到贮酸槽，贮量按 15~30 天用量考虑。工业盐酸中盐酸的含量为 30%~31%，H_2SO_4 的含量为 91%~93%。

酸的输送与卸载注意事项：防止浓酸溅出，发生烧伤事故；严禁水进入浓酸罐中，防止引起爆炸事故。在酸与水混合处的酸管道上，必须设逆止阀。稀释浓酸时，只能将少量浓酸加入大量水中，以免产生大量的热，毁坏管路与设备。对于浓硫酸，浓度应先稀释至 20% 左右，再配制成所需的浓度。浓硫酸虽不引起腐蚀，如含量小于 75%，仍有腐蚀性。盐酸腐蚀性很强，容易释放 HCl 气体，腐蚀设备，污染环境，危害健康。酸槽一般设在仪表盘和水处理设备的下风向，保持必要的安全距离，必须密闭。

当前，较多采用压缩空气卸酸或者真空卸酸方法。图 11-9 所示为用压缩空气法卸酸、输酸系统。槽车运来的浓酸用压缩空气压送到低位（或高位）贮酸槽。使用时，用压缩空气压入计量箱（或重力流入），用水射器将浓酸稀释到所需浓度，输送到交换柱。

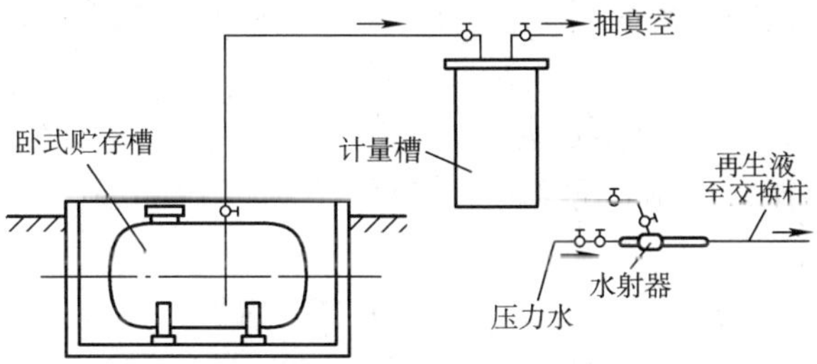

图 11-9　盐酸配制、投加系统

（2）碱系统　碱系统的系统组成及输送与酸系统相同，不同之处在于，强碱树脂为达到较好的除硅效果，常需采用温度为 40℃ 的碱液再生，提高再生度。因而需加设稀液箱，用电将碱液加热到所需温度再送到交换柱。

3. 再生剂耗用量的计算

再生剂用量 G 表示单位体积树脂所消耗的纯再生剂量。再生剂比耗 n 表示单位体积树脂所消耗的纯再生剂的量与树脂工作交换容量的比值（mol/mol），再生剂耗量 R 表示单位工作交换容量所需的纯再生剂量。其关系为

$$R = nM_{\mathrm{B}}$$

$$G = q_{\mathrm{op}}R = q_{\mathrm{op}}nM_{\mathrm{B}}$$

式中　R——再生剂耗量（g/mol）；

G——再生剂用量（g/L 或 kg/m^3）；

M_{B}——再生剂的摩尔质量（g/mol）；

q_{op}——工作交换容量（mol/L）。

每台离子交换器再生一次需要的再生剂总量

$$G_{总} = \frac{QH_{\mathrm{t}}M_{\mathrm{B}}nT}{1000a} \tag{11-21}$$

式中　$G_{总}$——再生一次需要的再生剂总量（kg）；

a——工业用酸和盐的浓度或纯度（%）。

11.3.3 除二氧化碳器

1. 基本原理

水中的CO_2腐蚀金属，侵蚀混凝土，同时，游离碳酸进入ROH交换器，将增加ROH的负荷。因此，在离子交换脱碱软化或除盐系统中，均应考虑去除CO_2的措施。

在平衡状态下，水温为15℃时，CO_2在水中的溶解度仅为0.6mg/L。当水中溶解的CO_2大于0.6mg/L时，CO_2将逐渐从水中逸出。空气中CO_2含量极低，约为0.03%，因此可使含有CO_2的水与大量新鲜空气接触，加速水中CO_2的逸出。完成这一过程的设备称脱气塔或除二氧化碳器。碳酸平衡式为

$$H^+ + HCO_3^- \Longleftrightarrow H_2CO_3 \Longleftrightarrow CO_2 + H_2O$$

当pH值降低时，反应向右进行，H_2CO_3几乎以游离CO_2形式存在于水中，为脱气创造了良好的条件。因此，在除盐或脱碱软化系统中，脱气塔一般放在RH交换柱之后。

2. 脱气塔的构造与计算

图11-10所示为鼓风填料式脱气塔。脱气塔的上部为配水系统和排气系统，中间为填料，下部设鼓风装置和出水口。

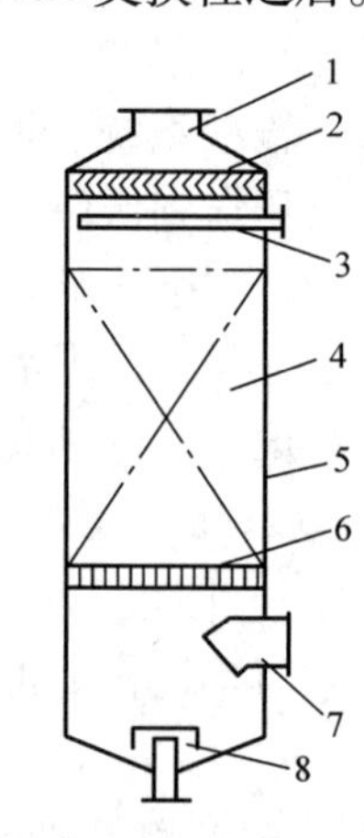

图11-10 鼓风填料式脱气塔
1—排风口 2—收水器 3—布水器 4—填料 5—外壳 6—承托架 7—进风口 8—水封及出水口

（1）工作过程 含有H_2CO_3的水，在配水系统经过填料层呈细滴或薄膜均匀淋下，水和空气充分接触。空气从下而上由鼓风机不断送入，在与水充分接触的同时，吸收了大量的CO_2气体并由上部排出。随着从上而下的水不断与新鲜空气接触，水中绝大部分CO_2随空气扩散出去，残余的CO_2一般为5mg/L，脱气后的水则经下部水箱排出。

（2）填料及其参数 在脱气塔中，效率高低的关键是填料。常用填料有材质为瓷、聚丙烯、硬聚氯乙烯的拉希环，聚丙烯鲍尔环，聚丙烯多面空心球等。瓷环规格为外径×高×厚=25mm×25mm×3mm，其单位体积的表面积E为204m^2/m^3（瓷环），空隙率为74%，堆积密度为532kg/m^3（瓷环），堆放数约52300个/m^3。

（3）脱气塔计算 脱气塔的截面积按淋水密度60$m^3/(m^2 \cdot h)$进行计算。瓷环填料层高度主要取决于需要装填瓷环的数量或总工作表面积，总工作表面积又取决于水中CO_2含量。

1）计算进水的CO_2量。进塔水中CO_2的量需要按具体软化工艺来定。当RH或RH—RNa出水直接进CO_2塔时，其浓度为

$$[CO_2]_1 = 44 \times c(HCO_3^-) + \rho(CO_2)$$

式中 $[CO_2]_1$——进塔水中CO_2的浓度（mg/L）；

$c(HCO_3^-)$——原水碱度（mmol/L）；

$\rho(CO_2)$——原水游离CO_2的质量浓度（mg/L）。

当无原水游离CO_2时

$$[CO_2]_1 = 44 \times c(HCO_3^-) + 0.268 \times c(HCO_3^-)^3$$

2）计算需要从水中去除的 CO_2 量

$$G = \frac{Q[(CO_2)_1 - (CO_2)_2]}{1000} \tag{11-22}$$

式中 G——需去除的 CO_2 量（kg/h）；

$(CO_2)_1$——进水中 CO_2 浓度（mg/L 或 g/m^3）；

Q——处理水量（m^3/h）；

$(CO_2)_2$——经脱气塔出水中剩余 CO_2 浓度，一般为 5mg/L。

3）所需瓷环的总工作表面积 F

$$F = \frac{G}{K\Delta C} \tag{11-23}$$

式中 F——总工作表面积（m^2）；

ΔC——平均解吸推动力（kg/m^3），$\Delta C = \dfrac{(CO_2)_1 - (CO_2)_2}{1.06\ln\dfrac{(CO_2)_1}{(CO_2)_2}}$或查图 11-11 求得；

K——解吸系数（$\dfrac{kg}{h \cdot m^2 \cdot kg/m^3}$或 m/h），$K$ 值与水温有关，由图 11-12 求出。

4）瓷环的总体积

$$W = F/E$$

$$F = Q/60$$

$$H = W/F$$

式中 W——瓷环总体积（m^3）；

F——脱气塔截面积（m^2）；

H——瓷环填料层高度（m）；

60——淋水密度[$m^3/(m^2 \cdot h)$]。

从上述计算过程可看出，处理水量决定脱气塔直径，而填料高度则取决于进水的 CO_2 量，主要与原水碱度有关。

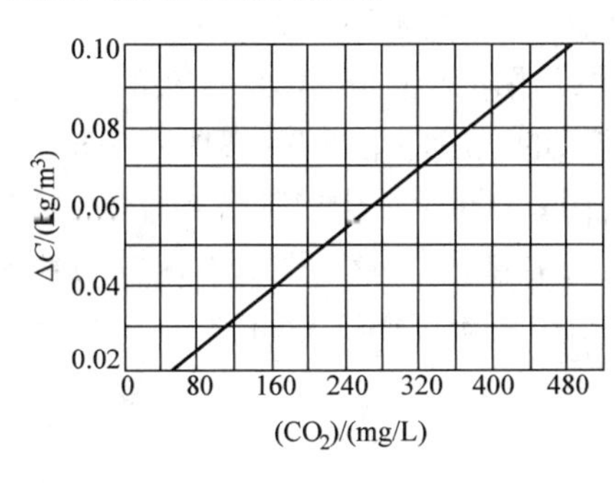

图 11-11 ΔC 值曲线 $(CO_2)_2 = 5mg/L$

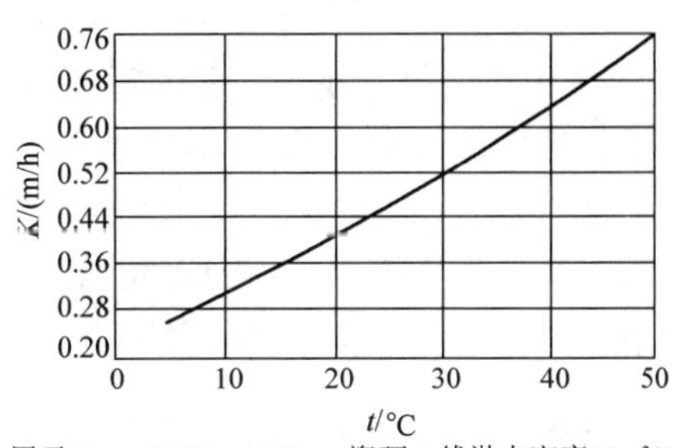

图 11-12 K 值曲线

（4）鼓风机选择 鼓风机风量 a 选用 $20 \sim 30m^3/m^3$（水），每米高瓷环阻力 A 为 0.3～0.5kPa，塔内局部阻力总和按 0.4kPa(Δh) 计算。根据计算的风量和风压，选择规格合适

的鼓风机，鼓风机风量及鼓风机风压分别为

$$W=KQa \tag{11-24}$$

$$H \geqslant 1.2\ (Ah+\Delta h)$$

式中 W——鼓风机风量（m^3/h）；

H——鼓风机风压；

K——水温的修正系数；

h——填料层高度（m）；

1.2——安全系数。

水温对脱气效果影响很大。水温越低，CO_2 在水中的溶解度越高，解吸系数 K 较小，不利于 CO_2 逸出，影响脱气效果。冬季应尽可能采取鼓热风的办法。

（5）设计和安装时应注意的问题　注意：底部水封高度应大于鼓风机风压，防止进风从下部出水管逸出；进风口应伸入器内壁少许，并应大于水面 25cm，防止水溅入进风口；鼓风机与脱气塔进风口之间的通风管应有一定下斜坡度，防止器内的水往鼓风机倒流；脱气塔出水管应有足够通水能力，使器内的水面不至升高漫入鼓风机；设备应有防腐蚀措施。

11.4　离子交换除盐系统与方法

11.4.1　水的纯度概念

水的纯度常以水中含盐量或水的电阻率来衡量。水的含盐量越高，导电性能越强，电阻率越小。当水温为25℃时，断面面积为 $1cm^2$，长 1cm 体积的水，所测得的电阻称为水的电阻率，单位为 Ω · cm。理论上，25℃时纯水的电阻率为 $18.3\times10^6\Omega\cdot cm$。电导率即为电阻率的倒数，纯水的电导率数值很小，常用单位为 μS/cm（微西门子/厘米）。

根据水质的不同，水的纯度分四种：

（1）淡化水　将含盐量超过 1000mg/L 的海水、苦咸水等处理到生活及生产用水的要求的水，即含盐量小于 500mg/L 的淡水。

（2）脱盐水（普通蒸馏水）　水中的强电解质（Ca^{2+}、Mg^{2+}、SO_4^{2-}、Cl^-、Na^+等）基本去除，得到剩余含盐量为 1~5mg/L。25℃时，脱盐水的电阻率为 0.1~1.0MΩ · cm。

（3）纯水（去离子水）　水中强电解质基本去除，弱电解质（HCO_3^-、$HSiO_3^-$）也大部分被去除。剩余含盐量为 0.1~1.0mg/L。25℃时，纯水的电阻率为 1.0~10MΩ · cm。

（4）高纯水（超纯水）　水中导电介质几乎全部去除，同时水中胶体微粒、微生物、水中溶解气体及有机物等都去除到最低程度。在使用前还需进行终端处理以确保水的高纯度。水中剩余含盐量小于 0.1mg/L。25℃时，超纯水的电阻率大于 10MΩ · cm。

11.4.2　阴离子交换树脂的特性

1. 阴离子交换树脂的结构

阴离子交换树脂分强碱型（包括Ⅰ型、Ⅱ型）和弱碱型。通过对聚苯乙烯母体树脂进行氯甲基化处理，构成阴树脂中间体，再进行胺化反应，可以制得相应的强、弱碱阴离子交换树脂。碱性强弱与所用胺化剂有关。交换基团分别为—$CH_2N(CH_3)_3^+Cl^-$ 和—CH_2—

$NH(CH_3)_2^+Cl^-$，交换离子均为 Cl^-，表示为 RCl；交换基团分别为—CH_2N（CH_3）$_3^+OH^-$和—CH_2NH（CH_3）$_2^+OH^-$，交换离子均为 OH^-，表示为 ROH。

弱碱阴离子交换树脂按其碱性从小到大顺序分为伯胺、仲胺和叔胺，强碱则为季铵，这是比照 NH_4OH 的结构得出的。NH_4OH 的一个 H 被树脂骨架 R 所置换，其余三个 H 依次被 CH_3—类基团所置换，则得伯、仲、叔和季胺型阴离子交换树脂。此外，用二甲基乙醇基胺 [$(CH_3)_2NC_2H_4OH$] 胺化形成的为强碱Ⅱ型。

2. 阴离子交换树脂的特性

（1）强碱树脂　Ⅰ型强碱树脂的碱性最强，与水中一切阴离子的亲和力都强，效率最高，且耐热性高（50~60℃），氧化稳定性好，除硅能力强，但选择性高，再生困难，再生剂用量高。Ⅱ型强碱树脂的碱性比Ⅰ型稍弱，耐热性较低（小于 40℃），不能在氧化条件下使用。它除硅能力较弱，当进水中 SiO_2 量大于 25%总阴离子或出水对硅有严格要求时不能使用。但其交换容量比Ⅰ型高约 30%~50%，水中 Cl^-含量对 q_{op}无影响。强碱树脂的选择性顺序一般为

$$SO_4^{2-} > NO_3^- > Cl^- > F^- > HCO_3^- > HSiO_3^-$$

可以看出，SO_4^{2-} 的选择性比 Cl 大得多，故 SO_4^{2-} 能置换已被吸附的 Cl^-，Cl^-又能置换被吸附的弱酸阴离子。

（2）弱碱树脂　与强碱树脂相比，弱碱树脂有如下特性：

1）弱碱树脂只能与水中的强酸阴离子（SO_4^{2-}、Cl^-）起交换作用，不能吸收弱酸阴离子，且因 OH^-离解能力弱，交换速度慢，在碱性介质中，R≡NHOH 几乎不离解，故对 OH^-选择性最高，易于再生。同时，若 pH 值升高，OH^-离解受到抑制，故要求 pH 值为 0~9。

2）弱碱树脂（特别是大孔型）能吸收水中的高分子有机酸（腐殖酸和富里酸等），故除有机物能力强，可保护强碱树脂。

3）提高弱碱树脂的 q_{op}(1000~1500mmol/L)，再生度增大，再生剂比耗降低（n=1.1），可用 NaOH、Na_2CO_3、NH_4OH 甚至强碱的再生废液进行再生。

4）弱碱树脂再生效率高，但与弱酸树脂不同，必须彻底再生，否则在交换过程中，强酸离子会释放出来，恶化水质。因此，最好在未完全失效前进行再生。

（3）影响阴离子交换树脂 q_{op}的因素　ROH 的 q_{op}和再生剂用量、工作周期、原水中 SO_4^{2-}/Cl^-比值、SiO_2/总阴离子比值、允许阴影离子泄漏浓度、原水总含盐量都有关。原水中 SO_4^{2-}/Cl^-比值增大、再生剂用量增多或再生剂温度升高，都会提高阴离子交换树脂的 q_{op}。

3. 强碱 ROH 的工艺特性

ROH 和强酸 RH 组合，可去除水中盐类。原水经 RH 交换，变成 HCl、H_2SO_4、H_2CO_3、H_2SiO_3，再经过 ROH 交换

$$ROH + HCl = RCl + H_2O \tag{11-25}$$

$$ROH + H_2SO_4 = RHSO_4 + H_2O \tag{11-26}$$

$$2ROH + H_2SO_4 = R_2SO_4 + 2H_2O \tag{11-27}$$

$$2ROH + H_2CO_3 = R_2CO_3 + 2H_2O \tag{11-28}$$

$$ROH + H_2CO_3 = RHCO_3 + H_2O \tag{11-29}$$

$$ROH + H_2SiO_3 = RHSiO_3 + H_2O \tag{11-30}$$

1）式（11-26）和式（11-27）反应同时进行。当树脂主要是 ROH 时，式（11-28）占优势；当水中 H_2SO_4 浓度大于 ROH 中的 OH^- 浓度时，式（11-27）占优势；当树脂全部转为 R_2SO_4 时，再进入交换器中的 H_2SO_4 又将树脂重新转为 $RHSO_4$ 型。

$$R_2SO_4 + H_2SO_4 = 2RHSO_4$$

2）式（11-29）和式（11-30）代表 ROH 吸收 CO_2 的反应，ROH 先转化成 R_2CO_3，再生成 $RHCO_3$，在一般中性及微碱性的水中最后几乎都是 $RHCO_3$。因此，当 RH 有 Na^+ 泄漏时，ROH 出水中存在微量 NaOH，为微碱性。

3）原水中最难去除的是硅酸，硅酸常和 SO_4^-、Cl^-、CO_3^{2-} 混合在一起，当 ROH 开始交换时，都可被去除。但因 ROH 对 H_2SiO_3 选择性最小，随着交换的进行，出水中的 H_2SiO_3 含量渐增，已被吸附的 H_2SiO_3 也因交替被置换出来。此外，阳床泄漏 Na^+ 也影响除硅。由此，要求尽可能减少 RH 的 Na^+ 泄漏量。

4）再生条件要求高。ROH 失效后，只能用 NaOH 再生，其剂量为理论量的 350%，即比耗 $n=3.5$，用量为 64~96kg(NaOH)/m^3(R)。用前要预热到 49℃（防止胶体硅的产生），再生液流速应缓慢，约为 2 个床体积/h（时间>1h）。

5）清洗。图 11-13 所示为 ROH 再生完毕，从正洗开始的整个运行过程中出水水质变化情况。正洗水用 RH 出水，先正洗到出水的总溶解固体 TDS 等于进水 TDS 为止，水排放；再将正洗水回收送到 RH 内，至 ROH 正洗出水合格投入运行为止。

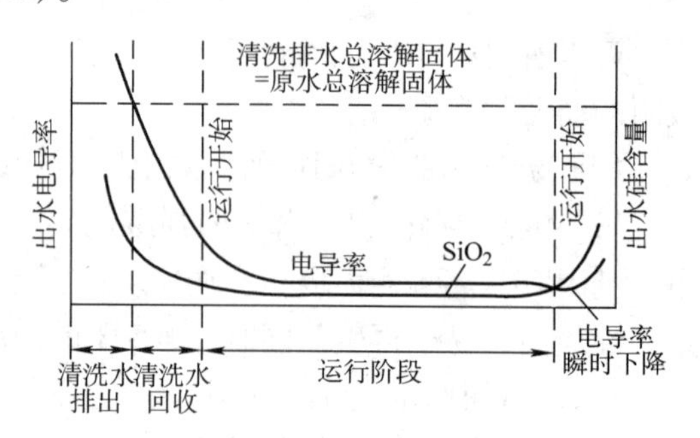

图 11-13 强碱阴离子交换器的运行过程曲线

6）ROH 失效终点控制。因原水经 RH、ROH 处理后，水中离子很少，故可用电导仪、SiO_2 测定仪或 pH 值控制。当 ROH 先失效，在运行阶段，出水电导率及 SiO_2 含量稳定，到达运行终点时，电导率上升前 H_2SiO_3 已开始泄漏，此时，电导率瞬间下降。由于原出水中存在微量的 NaOH，H_2SiO_3 泄漏中和了 NaOH 生成 $NaHSiO_3$、Na_2SiO_3，其电导率小于 NaOH，电导率下降，而后离子数增多，电导率上升。若 ROH 运行以 H_2SiO_3 泄漏为失效控制点，则电导率瞬时下降可作为周期终点的信号。正常运行时，微量 NaOH 泄漏，出水呈微碱性。当 H_2SiO_3 泄漏时，酸碱中和，继续泄漏，pH 值持续下降，甚至呈酸性。因此，pH 值也可判断失效终点。当 RH 先失效时，阴床出水由于 RH 泄漏 Na^+ 增多，pH 值升高，电导率升高，硅酸泄漏增大。

4. 弱碱阴树脂的交换特性

1）弱碱阴树脂只能与强酸起交换反应，反应形式也有所不同

$$RNH_3OH + HCl = R-NH_3Cl + H_2O \tag{11-31}$$

$$2RNH_3OH + H_2SO_4 = (RNH_3)_2SO_4 + H_2O \tag{11-32}$$

弱碱树脂与弱酸和中性盐不反应，故常放在强酸 RH 之后。

2）任何一种比弱碱树脂碱性强的碱都可对树脂再生，交换、再生都不可逆，且是酸碱反应，再生剂利用率高。如

$$RNH_3Cl[(RNH_3)SO_4] + NaOH = ROH + NaCl(Na_2SO_4) \tag{11-33}$$

$$RNH_3Cl + NH_4OH = ROH + NH_4Cl \tag{11-34}$$

$$RNH_3Cl + Na_2CO_3 + H_2O \xlongequal{} ROH + NaHCO_3 + NaCl \quad (11\text{-}35)$$

3）放置在 RH 后的弱碱阴离子交换器的运行过程曲线如图 11-14 所示。出水中含 H_2SiO_3、Na^+（RH 泄漏）、少量 CO_2，三者构成水的电导率。正常出水呈弱碱性（$NaHSiO_3$、$NaHCO_3$）。当 Cl^- 开始泄漏时，出水呈酸性，因酸的导电性比碱强，故电导率升高，达到周期终点。

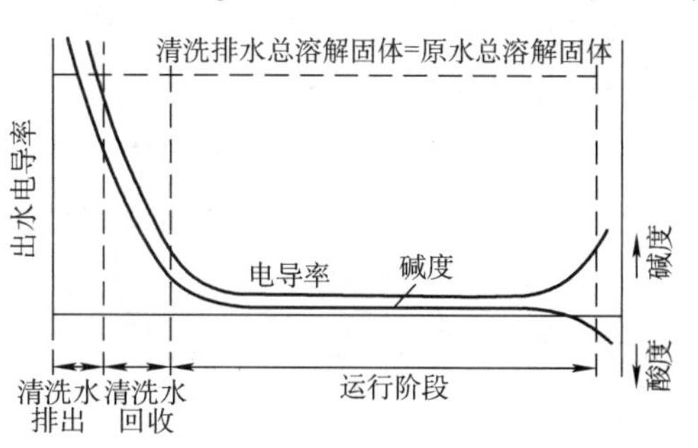

图 11-14　弱碱阴离子交换器的运行过程曲线

4）清洗。清洗过程同强碱，分两步进行。弱碱树脂再生程度越高，出水水质越好。若再生不完全，留在树脂中的 HCl，在下一个交换过程中会慢慢水解而流出，但只要 RH 出水泄漏少，弱碱出水水质仍可达到要求。

5）转型体积变化较大，从 ROH 转化成 RCl 体积约膨胀 30%。

11.4.3　离子交换除盐方法与系统

1. 复床式离子交换除盐系统

利用阴、阳树脂的交换特性，可组成下列最基本的系统：

（1）强酸-脱气-强碱系统　可去除阴、阳离子。当原水含盐量小于 500mg/L 时，出水电阻率在 0.1MΩ·cm 以上，SiO_2 浓度小于 0.1mg/L，pH 值=8~9.5。

（2）强酸-脱气-弱碱系统　只去除阳离子、强酸离子，出水电阻率为 $5\times10^4\Omega\cdot cm$。当再生剂为碳酸钠时，可做适当调整，将除碳器置于弱碱阴床之后，充分除去 CO_2。该系统适用于对出水 SiO_2 含量无要求场所。

（3）强酸-脱气-弱碱-强碱系统　出水水质同（1），运行费用低，适用于 SO_4^{2-}、Cl^- 含量高，有机物多，要求除硅的场合。再生时采用串联方式，可节省再生剂用量，强碱再生效果好，废液碱度低。

上述三个系统的共同点是阴床都设在阳床后。其原因：

1）阴床在酸性介质中易于交换。反离子少，尤其是除硅。若进水先进阴床，SiO_3^{2-} 以盐的形式存在，ROH 对 Na_2SiO_3 吸附力比对 H_2SiO_3 差得多。

2）原水先经 ROH，Ca^{2+}、Mg^{2+} 会在阴树脂颗粒间形成 $CaCO_3$，$Mg(OH)_2$ 等难溶盐类沉淀物，使 ROH 的 q_{op} 降低。

$$2ROH+\begin{cases}Ca(HCO_3)_2\\Mg(HCO_3)_2\end{cases}\longrightarrow R_2CO_3+CaCO_3\downarrow+2H_2O \quad (11\text{-}36)$$

$$2ROH+MgCl_2\longrightarrow 2RCl+Mg(OH)_2\downarrow \quad (11\text{-}37)$$

3）原水先经 ROH，本应由脱气塔去除的 H_2CO_3 将由 ROH 承担，影响 ROH 交换容量的利用率，增大了阴树脂再生剂耗量。

4）强酸 RH 的抗有机污染能力比强碱 ROH 强。RH 在前面起过滤作用，可保护 ROH 不受有机污染。

2. 混合床离子交换器

（1）混合床净水原理及其特点　将阴、阳树脂按一定比例均匀混合组成交换器的树脂层，即成为混合床离子交换器，简称混合床或混床。由于阴、阳树脂紧密接触，混床可看成是无数微型的复床除盐系统串联而成。原水通过混床交换时，水中阳离子和阳树脂、阴离子和阴树脂可以相应地同时进行离子交换反应。以强酸、强碱组成的混床为例，

$$RH + ROH + NaCl \longrightarrow RNa + RCl + H_2O \tag{11-38}$$

可以看出，影响 RH 交换反应的 H^+ 和影响 ROH 交换的 OH^- 结合生成水，有利于离子交换反应向右进行。据测定，8%交联度的 RSO_3H 对 Na^+ 的 $K_{阳}=1.5\sim2.5$，8%交联度的 ROH 对 Cl^- 的 $K_{阴}=1.5\sim2.5$。22℃时，水的电离常数 $K_{H_2O}=1\times10^{-14}$。分别取 $K_{阳}$、$K_{阴}$ 为 2，则反应平衡常数为

$$\begin{aligned} K &= \frac{[RNa][RCl][H_2O]}{[RH][ROH][Na^+][Cl^-]}\frac{[H^+][OH^-]}{[H^+][OH^-]} \\ &= \frac{[RNa][H^+]}{[RH][Na^+]}\frac{[RCl][OH^-]}{[ROH][Cl^-]}\frac{[H_2O]}{[H^+][OH^-]} \\ &= K_{阳}K_{阴}\frac{1}{K_{H_2O}} = 2\times2\times\frac{1}{10^{-14}} \end{aligned} \tag{11-39}$$

由 RH、ROH 组成的混床与复床相比，具有出水纯度高、水质稳定、间断运行影响小和失效终点明显等优点。

1）出水水质纯度高。混床中，水中离子几乎全部被去除，出水含盐量小于 0.1mg/t，是生产纯水的标准方法，二者出水水质比较见表 11-4。

表 11-4 混床与复床的出水水质比较

系统	混　床	复　床
出水电导率/(μS/cm)	0.20~0.05	10~1
电阻率/(MΩ·cm)	>5	0.1~0.5
剩余硅酸(SiO_2)/(mg/L)	0.02~0.10	0.1~0.5（<0.1）
pH 值（25℃）	7.0±0.2	8~9.5

2）水质稳定，工作周期较长。开始运行时有 2~3min 出水的电导率较高，然后急剧降到小于 0.5μS/cm，这是由于床内残留的微量酸、碱和盐很快被 RH、ROH 吸收。快速正洗是混床的特点，总再生时间少，工作周期长，原水水质变化和再生剂比耗对出水纯度影响小。

3）间断运行对出水水质影响小。当混床或复床再投入运行时，由于交换的逆反应，空气、交换器器体及管道对水质的污染，出水水质都会下降。混床容易恢复到原有状态，只需将其中的水量换出即可，而复床需要的时间常常大于 10min，出水水质才能达到要求。

4）失效终点明显。混床在 RH、ROH 中任何一种容量耗尽前，其出水电导率都稳定在低值。任何一种树脂失效，电导率都会很快上升，pH 值会发生变化，这有利于控制失效终止，实现自动化。

混床的缺点：

1）由于再生的原因，树脂层工作交换容量的利用率低，再生剂利用率低。

2）再生时，RH、ROH 很难彻底分层，特别当 RH 混杂在 ROH 层内或 RH 在 NaOH 再

生 ROH 时，转为 RNa，造成运行后 Na^+ 泄漏，形成交叉污染。

3）混床对有机物污染很敏感，使出水水质变差，正洗时间延长，q_{op} 降低。

为克服交叉污染所引起的 Na^+ 泄漏，近年开发了三层混床新技术。在普通混床中另装填一种厚度约 10~15cm 的惰性树脂，其密度介于阴、阳树脂之间；其颗粒大小也能保证在反洗时将阴阳树脂分开。故它的出水水质比普通混床好，出水 Na^+ 浓度小于 0.1μg/L。

（2）混床的装置及再生方式　混床内上部进水、中间排水、底部配水，树脂层上接碱管、下接酸管与压缩空气管。混床中阴树脂的体积为阳树脂的 2 倍。再生中主要利用 RH、ROH 湿真密度的差异。混床的再生方式有体内再生（含酸碱分别与酸碱同时再生）和体外再生。下面以体内酸、碱分别再生为例说明混床再生操作步骤，如图 11-15 所示。

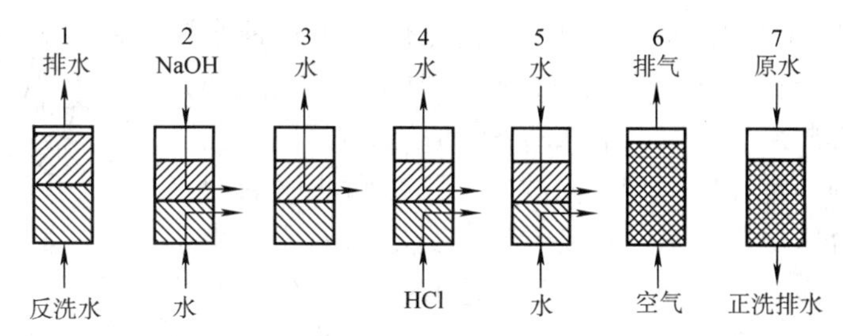

图 11-15　混合床体内酸、碱分别再生示意

1）反洗分层。反洗流速约 10m/h，洗到阴、阳树脂明显分层，阴树脂在上（密度 1.06~1.11g/mL），膨胀 73%；阳树脂在下（密度 1.23~1.27g/mL），膨胀约 32%；惰性树脂在中间。约 15~30min 后，反洗结束放水，树脂落下。

2）ROH 再生。4%NaOH 以 5m/h 的流速从上部经过 ROH 层，废液由中间排出。再生时，应从下部进少量的水，防止 NaOH 下渗。

3）洗 ROH。用一级除盐水以 12~15m/h 的流速从上部进入正洗到出水碱度小于 0.5mmol/L，正洗水量 10L/L（R）。混床前的复床出水，碱度为 0.1mmol/L，硬度为 0.01~0.05mmol/L。

4）RH 再生。用 3%~4%HCl（或 1.5%H_2SO_4）由下向上流过 RH，由中间排出，同时 ROH 仍进少量的水正洗，防止 HCl 进入 ROH 层区。

5）洗 RH。进酸完毕后，用脱盐水以 12~15m/h 的流速上、下同时正洗，到出水酸度为 0.5mmol/L 左右，正洗水量约 15L/L(R)。继续上下同时进水正洗树脂，至出水碱度小于 0.1mmol/L，硬度小于 0.01mmol/L。

6）混合。排水到树脂层上 10~20cm 处，通入压缩空气均匀搅拌 2~3min，使整个树脂层迅速稳定下沉，防止重新分层。

7）正洗。以 15~20m/h 的流速，正洗到出水电阻率大于 0.5MΩ·cm，即可投入运行。体内再生还可采用同步再生法，即以相同的流速从上、下同时进酸、碱，废液由中间排出，然后上、下同时清洗。

（3）影响混床运行的因素

1）再生剂用量增多，q_{op} 升高，但对出水水质无明显提高。

2）RH、ROH 体积比按等量浓度原则来选，它们恰好同时失效。

$$q_{阳op}V_{阳} = q_{阴op}V_{阴}$$

理论上，$q_{阳op} \approx (2.5\sim3.5)q_{阴op}$，即 $V_{阴}=(2.5\sim3.5)V_{阳}$。实际上，$V_{阴}=2V_{阳}$，保证 Na^+ 泄漏量小。

3）强碱树脂的有机污染。在离子交换中，树脂的玷污现象比较多玷污均指污物很难从树脂上再生或清除下来，表现为树脂的 q_{op} 下降，清洗水量增加。大致有三种：①树脂表面被水中的悬浮固体或交换过程中的产物（如 $CaSO_4$）所覆盖；②同树脂亲合力很强的离子交换后不能再生恢复树脂原型（Fe^{2+} 与 RNa 交换）；③有机物进入阴树脂内，因机械作用卡在树脂内。

混床中强碱阴树脂的有机污染最能反映其复杂性。ROH 受有机污染后所出现的正洗水量增加，q_{op} 降低，出水水质变差等情况。图 11-16 中 *A*、*B*、*C* 三条曲线代表了三种水质的交换结果。曲线 *A*，原水中不含有机物时，其出水电导率小于 0.1μS/cm；曲线 *B*，树脂受到一定程度污染；曲线 *C*，已受到沾污的旧混合床出水情况。容易看出，当电导率要求小于 1μS/cm 时，*cc′* 长度代表混床在水质 *C* 情况下的 q_{op}，与全交换容量相比减少了 21%。当要求出水电导率小于 0.5μS/cm 时，水质 *C* 的情况，树脂将完全丧失 q_{op}，这样的混床将无法生产合格水。对于水质 *B*，在出水电导率只要求小于 0.5μS/cm 时，其 q_{op} 为 *bb′* 间横长，只丧失 5% 的 q_{op}。但现行标准为小于 0.1μS/cm，水质 *B* 即无法使用。从图还可看出，污染越严重，正洗水量也越大。

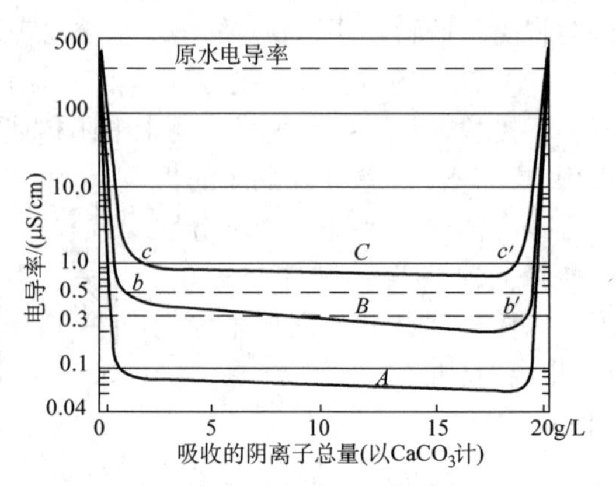

图 11-16 混床中强碱阴树脂的有机污染

生产树脂的反应过程是很复杂的，树脂内部的交联程度不均匀，就存在缠结得很密的部位。当那些大分子腐殖酸或富里酸等有机阴离子进入树脂，通过这些缠结得很密的部位时，必然会被卡住。随着时间的延长，所累积的有机物越来越多，相缠在一起。这些部位的交换性能发生变化，有机物把原有的阴离子交换基因遮住，这些部位的 OH^- 已不能进行阴离子交换反应。此外，当树脂内部卡住了有机酸时，相当于在树脂骨架上引入了—COOH，使这些卡住了有机弱酸的部位在交换过程当中，实际起了阳离子交换树脂的作用。用 NaOH 再生时，发生交换反应

$$RCOOH + NaOH = RCOONa + H_2O \tag{11-40}$$

在正洗及除盐过程中，发生水解反应

$$RCOONa + H_2O = RCOOH + NaOH \tag{11-41}$$

加入 NaOH，增加了出水的电导率，必须先洗去 Na^+ 后，水质才能合格，这就是正洗水量大大增加的原因。由于正洗水量增加，正洗水中的阴离子与阴树脂又进行了交换，必然降低阴树脂的 q_{op}。严重时，q_{op} 会丧失 50%～60% 以上，甚至使出水水质不合格。

防止树脂有机污染的最好办法是减少水中的污染物，去除水中的有机物的方法各异，一般原则如下：

a. 水中主要为悬浮、胶体有机物时，经混凝、澄清、过滤、消毒处理可除去 60%～80% 腐殖酸类物质。剩下 20%～40% 胶态或溶解状态的有机物对纯水系统仍有害，需进一步净化。

b. 对剩下 20%～40% 有机物，尤其是粒度为 1～2nm 的有机物需采用精密过滤、吸附或氯型有机物清除器予以去除。

c. 残留的溶解性有机物和极少量胶体有机物，可在除盐系统中用超滤、反渗透或抗污

染树脂予以去除。

树脂污染后可进行复苏处理。可先用 NaOH 再生[24~32kg/m^3(R)]，再用 NaCl 溶液清洗树脂层[105~128kg/m^3(R)]，NaCl 溶液流出时变为棕黑色，直到溶液颜色变淡为止。或用 10%NaCl 和 1%NaOH 混合液，加热并保持水温为 40℃，用 1.5 倍树脂层的体积，把阴树脂浸泡 24h。污染严重时还可用氧化剂处理，如用 10% NaCl 和 0.5% NaClO 混合液浸泡 12~24h。

（4）高纯水的制备与终端处理　复床与混床串联和二级混床串联是目前制取纯水或者高纯水的有效方法。如强酸-脱气-强碱-混床系统，出水电阻率达 10MΩ·cm，硅含量 0.02mg/L；强酸-弱碱-混床-混床系统的出水水质电阻率可达 10MΩ·cm 以上，硅含量 0.005mg/L。但电子工业对高纯水的要求越来越高，要求去除全部电解质、微粒及有机物。用于生产半导体、集成电路的高纯水，在使用之前，必须进行终端处理（如紫外线杀菌、精制混床和超滤等)，处理完后立即使用，不经输送与贮存。

3. 双层床离子交换器

在逆流再生床内，按一定的比例装填强、弱两种同性离子交换树脂所构成的交换器为双层床离子交换器。强、弱树脂密度、粒径不同，密度小颗粒细的弱型树脂在上部，密度大而颗粒粗的强型树脂在下部，交换柱内形成上下两层。

阳双层床、阴双层床组合成复床除盐系统。运行时，水自上而下，先经弱型树脂，再经强型树脂。逆流再生，再生液从下而上，先经强型、后经弱型，充分利用再生剂，强型树脂再生废液对弱型树脂仍有 80%~100%的再生效率。

（1）双层床特点　减少交换器数量，简化了系统，降低设备投资与占地面积；利用弱型 q_{op}高及易再生的特点，提高双层床交换能力，特别是强碱树脂增强了硅的交换容量；强型树脂的再生水平高，节省再生剂；排除的废酸碱液浓度降低，减轻了环境污染；保护强碱树脂，弱碱树脂对有机物有良好的吸收和解析能力。

（2）阳离子交换双层床　选用弱酸 111$^{\#}$，配强酸 001×11 树脂，两种树脂的密度差大于或等于 0.09g/mL，分层效果好。弱酸树脂主要用于去除 H_c，强酸去除其余阳离子。按照物料平衡关系，得出强、弱树脂的体积比

$$V_w q_{wop} = H_c - 0.3, \qquad V_s q_{sop} = C(\sum K) - H_c + 0.3$$

$$\frac{V_w}{V_s} = \frac{q_{sop}(H_c - 0.3)}{q_{wop}[C(\sum K) - H_c + 0.3]} \tag{11-42}$$

式中　0.3——弱酸树脂泄漏 H_c 平均值（mol/L）；
$\sum K$——原水阳离子含量总和（mol/L）；
V_s、V_w——强、弱型树脂体积（m^3）；
q_{sop}、q_{wop}——强、弱型树脂工作交换容量（mol/L）；
H_c——原水的碳酸盐硬度（mol/L）。

阳双层床适用于硬度/碱度接近或略大于 1 而 Na^+含量不高的水质的处理。两种树脂的体积比一般应通过试验求定，式（11-42）只作为估算参考，一般为 1.5。阳双层床再生剂均用 HCl，用量为

$$G_{HCl} = \frac{36.5(V_s q_{sop} \times 1.0 + V_w q_{wop} \times 1.1)}{(V_s + V_w) \times 1000} \tag{11-43}$$

式中　G_{HCl}——阳双层床再生剂用量（kg/m^3）；

1.0——强型再生剂比耗；

1.1——弱型再生剂比耗。

（3）阴离子交换层床　阴离子交换床有弱碱301和强碱201×7组成。再生时的湿真密度分别是1.04g/mL和1.09g/mL。在较高的反洗流速下，树脂层的膨胀率达80%，稳定一段时间后即可分层。弱碱树脂主要去除水中强酸阴离子（SO_4^{2-}、Cl^-），强碱去除弱酸阴离子（SiO_3^{2-}、$CO_3{}^{2-}$）。两种树脂的体积比为

$$\frac{V_w'}{V_s'}=\frac{q_{sop}'(SO_4^{2-}+Cl^-)}{q_{wop}'(SiO_3^{2-}+CO_3^{2-})} \tag{11-44}$$

式中　V_s'、V_w'——强、弱阴树脂体积（m^3）；

q_{sop}'、q_{wop}'——强、弱阴树脂q_{op}（mol/L）。

取q_{wop}'：$q_{sop}'=2:1$，则

$$\frac{V_w'}{V_s'}=\frac{SO_4^{2-}+Cl^-}{2(SiO_3^{2-}+CO_3^{2-})} \tag{11-45}$$

算出体积比后应进行校核：强碱树脂层高大于或等于80cm，当总高>1.6m时，据原水水质，弱碱树脂层高可超过总高的50%，但不少于30%。

阴双层床再生剂NaOH用量（kg/m^3）

$$G_{NaOH}=\frac{40(V_s'q_{sop}'\times1.0+V_w'q_{wop}'\times1.1)}{(V_s'+V_w')\times1000} \tag{11-46}$$

阴双层运行时，下层强碱树脂吸着了大量硅酸和碳酸，逆流再生时，会集中地把它们置换出来，这些废碱液中含有大量中性盐（Na_2SiO_3、Na_2CO_3），进入上层弱碱树脂时，中性盐将发生水解，使再生液pH值降低。

$$R-NH_3Cl+NaOH \longrightarrow R-NH_3OH+NaCl \tag{11-47}$$

$$2R-NH_3Cl+Na_2SiO_3+2H_2O \longrightarrow 2R-NH_3OH+2NaCl+H_2SiO_3 \tag{11-48}$$

$$2R-NH_3Cl+Na_2CO_3+2H_2O \longrightarrow 2R-NH_3OH+2NaCl+H_2CO_3 \tag{11-49}$$

废液中的NaOH与吸附在树脂上的强酸阴离子起交换反应，形成中性盐。废液中的Na_2SiO_3、Na_2CO_3因水解产生的NaOH也参加交换，产生等量的胶体氧化硅和碳酸。当pH值=5.5时，SiO_2从溶液中析出，积聚在弱碱树脂中，并使硅酸的聚合作用加强。进水的SiO_3^{2-}/（碱度+CO_2）比值越高，越易生成胶体硅，恶化水质，增大了清洗水耗，增大了再生难度。为此，阴双层床再生时可采取下列措施：

1）失效后应立即再生。长时间放置，强碱树脂上的硅酸发生聚合，将对再生带来困难，并影响下一周期的出水水质。

2）再生过程中，不仅对碱液加热，还应该使交换器内保持温度约40℃，这一点对避免产生胶体硅以及降低出水硅含量很重要。

3）分步再生　先用含量1%的碱液以较快的流速逆流通过树脂层，再生出较少量的硅酸，使弱碱树脂得到初步再生并使弱碱树脂呈碱性；然后再用3%～4%的NaOH溶液以较慢的流速再生，避免再生液pH值降低而引起胶体SiO_2析出。或采用含量2%的NaOH以先快后慢的流速进行再生。碱液与树脂的接触时间约1h。

11.4.4 树脂的污染与处理

在水处理中，多种原因会造成阴阳离子交换树脂的污染，尤其是钙、铁、有机物的污染。污染的标志为树脂性能下降、交换容量降低、出水水质恶化、颜色变深。由于树脂的结构并未遭到破坏，可以通过处理，恢复树脂性能。同时应针对树脂在使用过程中易出现污染的情况，采取合理措施加以预防。

（1）钙污染 钙污染指 $CaSO_4$ 沉淀对树脂所产生的污染。钙污染树脂的离子交换器出水发生 Ca^{2+} 和 SO_4^{2-} 的过早泄漏，树脂再生时交换器排水不畅，再生废液呈白色浑浊物。

用 H_2SO_4 溶液再生阳离子交换树脂时，树脂吸附的 Ca^{2+} 与再生剂的 H^+ 交换后，当再生液中 Ca^{2+} 和 SO_4^{2-} 离子浓度的乘积超过 $CaSO_4$ 溶度积至一定范围后，$CaSO_4$ 沉淀就会从水中析出覆盖在树脂表面上，而造成钙对阳离子交换树脂的污染。钙污染一般发生在一级除盐系统的阳离子交换器内。

（2）铁污染 树脂铁污染后颜色变深，甚至呈黑色。树脂床层压降增加，可能出现偏流，工作交换容量降低，再生效率下降。

造成树脂铁污染的原因主要有：①水和冷凝液中铁的影响。一级除盐进水和冷凝液中的铁进入交换器被树脂吸附后，以高价铁化合物的形态，牢固地沉积在树脂内部和表面，堵塞了树脂微孔，影响了孔道扩散；②再生剂烧碱溶液中含有杂质 $NaClO_3$ 和 Fe_2O_3，它们生成高铁酸盐（如 FeO_4^{2-}），高铁酸盐随碱液进入阴床后，因 pH 值降低，发生分解反应，生成的 Fe^{3+} 进一步形成 $Fe(OH)_3$，附着在阴树脂颗粒表面上；③H_2SO_4 溶液作为阳离子交换树脂的再生剂时，在再生时树脂内的铁很难与 H^+ 交换而得以洗脱。树脂内的铁积累越来越多，从而影响树脂的交换能力。

（3）有机物污染 有机物污染后的树脂颜色变深，工作交换容量降低，出水水质恶化，正洗水量增加。水中的有机物是由动植物腐烂后生成的腐殖酸、富维酸和丹宁酸等带负电基团的线型大分子，它们与阴树脂发生交换反应后，难以在再生时析出，逐渐累积以至影响树脂性能。

受无机盐离子污染的阳树脂通常用盐酸酸洗处理。必要时可以用压缩空气辅助擦洗。而受有机物污染的阳树脂可用 5%NaOH 溶液进行处理，提高再生液温度可增大有机物的洗脱率。

受铁、铝等金属离子污染的阴树脂可以浸泡在 10%~15%的 HCl 溶液中 12h，以获得较好的除铁效果。阴离子交换树脂受到有机物污染后，采用 NaCl 与 NaOH 溶液交替处理进行复苏，效果较为理想。

11.5 影响离子交换工艺的因素

11.5.1 树脂

在用离子交换法处理重金属离子废水时，树脂的选择与投加量都是处理工艺的关键。

（1）树脂的选择 为了充分发挥离子交换的优势，在处理重金属废水时，不仅要考虑树脂的选择性，也要考虑树脂工作交换容量、再生能力及对环境因素抵御的能力。

树脂不同，离子交换能力不同，树脂对重金属离子的交换能力主要取决于重金属离子对该种树脂的亲和力（又称选择性）的大小。

在常温、低浓度的条件下时，树脂对重金属离子的亲和力由大到小可以归纳为 $Fe^{3+}>Cr^{3+}>Al^{3+}>Ca^{2+}>Mg^{2+}>K^{+}>Na^{+}>Li^{+}$。重金属离子选择性螯合树脂的选择性顺序与树脂的种类有关。典型的螯合树脂为亚氨基醋酸型，其选择性的顺序为 Hg>Cu>Ni>Mn>Ca>Mg>Na。

（2）树脂投加量　树脂在最佳投加量范围时，随着树脂投加量增加，其所提供表面积增大，可利用的吸附位点增多，与重金属离子接触机会增大，进而能吸附更多的重金属离子，吸附效率提高。当树脂投加量超过最佳值时，再增加树脂会导致树脂表面未饱和的吸附位点增多，进而使树脂吸附量随树脂量的增加而降低。因此，应通过实验确定最佳树脂投加量。

11.5.2　重金属废水水质

重金属废水的水质（如重金属离子浓度、pH 值、水温等）都较大程度上影响离子交换法处理重金属离子废水效果。

（1）重金属离子的初始浓度　废水中重金属离子的初始浓度对离子的去除率影响较大，重金属离子初始浓度不同，树脂对重金属离子的去除率不同，为使树脂对重金属的去除率达到最高，应通过实验优选出最佳初始浓度。

（2）pH 值的影响　强酸与强碱树脂活性基团的电离能力很强，其交换能力基本上与 pH 值无关，但弱酸（弱碱）性树脂在低（高）pH 值的溶液中不电离或部分电离，因此，弱酸（弱碱）性树脂只有在碱（酸）性溶液条件下，才能获得较大的交换能力。螯合树脂对重金属离子的结合与 pH 值有较大的关系，对每种金属都有适宜的 pH 值，因此，要使弱酸（弱碱）性树脂与螯合树脂获得较大的交换能力，应充分控制 pH 值。

（3）水温　离子交换树脂的吸附过程需要一定能量，在适宜范围内，升高水温可使树脂颗粒外水膜厚度变薄，同时使溶液黏度降低，增大溶液中的传质，加速离子交换的扩散。但水温过高时，会使树脂交换基团热解破坏，减少离子交换树脂的寿命，从而降低离子交换树脂交换能力及稳定性。

11.5.3　接触时间

一般来说，在低流速运行下，接触时间越长，交换效果越好，但达到峰值后，去除率趋于平稳或有小幅度的下降。

11.6　离子交换树脂的发展趋势

（1）微纳米纤维离子交换树脂　针对我国离子交换树脂技术存在的吸附容量小、脱附液不能资源化或资源化成本较高等现状，将复合轴对称微射流聚焦的微纳米丝包覆成型技术和离子交换技术进行有效整合和集成创新，开发新型微纳米纤维离子交换树脂（sub-micron ion-exchange fiber，SMIF），大幅提升离子交换树脂的有效吸附比表面积及吸附选择性，实现高浓度富集，高效率去除废水中的重金属离子，脱附后废液金属离子浓度能够实现大幅提升，具备回用于生产车间条件或作为有价产品销售。

新型SMIF与传统方法比较有着较大的优势，将用于生物医药的微纳米成型及包覆技术引用到新型微纳米纤维离子交换树脂的制备，技术方法相对比较前沿；利用复合轴对称微射流聚焦原理，实现树脂基材料制成微纳米纤维的同时在其表面包覆离子交换功能基团技术，在有效增加离子交换树脂的比面积的同时，通过离子交换功能基团的筛选实现离子交换树脂交换吸附的选择性大幅提升，大幅提升了离子交换树脂的吸附容量和吸附效率，可以有效提高传统离子交换树脂的高浓度富集及高效率处理重金离子的性能；新型SMIF提高了微纳米材料的水力负荷，可以满足连续出水的需求；可以替代现有进口高性能树脂，降低重金属废水治理及资源化的投资及运营成本。

（2）磁性离子交换树脂　磁性离子交换树脂由于其骨架中含有无机磁性组分，可加速沉降分离，提高处理效率，使磁性离子交换技术成为近年来废水处理的常用方法之一。

澳大利亚开发了一种磁性离子交换（MIEX）树脂，可有效去除水源中的溶解性有机碳（DOC）。在其制备过程中于树脂母体上引入了$\gamma\text{-}Fe_2O_3$而具有磁性，在水力紊动条件降低时可自行聚集快速沉降到池底，利于饱和树脂与水的分离。同时，树脂粒径较小（平均150μm）成粉末状，在一定搅拌强度下可采用完全混合反应器方式使其与水中有机污染物充分接触而快速去除。此外，吸附饱和的树脂可用氯化钠溶液进行有效再生，且多次再生后仍对有机物具有较高的去除效率，与饱和活性炭的热再生相比具有较大优势。MIEX树脂正式引入我国后，发现溶解性有机物去除表现出一定的差异性，与水源水质及有机物性能有较大关系，应用中需根据水源水质试验确定。

练　习　题

思考题

11-1　离子交换速度有什么实际意义？影响离子交换速度的因素有哪些？

11-2　强酸性阳树脂和弱酸性阳树脂的交换特性有什么不同？在实际应用中应如何选择？

11-3　固定床离子交换器中树脂层的工作过程怎样？什么是树脂工作层高度？它有什么使用意义？

11-4　什么是树脂的工作交换容量？影响树脂工作交换容量的因素有哪些？

11-5　离子交换法处理工业废水的特点是什么？

11-6　石灰软化处理水质有何变化？为什么不能将水中硬度降为零？

11-7　以RNa交换水中Ca^{2+}为例，推导不等价离子交换的平衡关系式，并画出其概括性平衡曲线。

11-8　强碱性阴树脂和弱碱性阴树脂的工艺特性有什么区别？它们各适用于什么样的水质条件？

11-9　混床除盐和复床除盐有什么区别？为什么混床大都设在除盐系统的最后？

11-10　离子交换除盐和离子交换软化系统有什么区别？在生产实际中如何选择离子交换除盐系统？

填空题

11-1　离子交换剂由________、________和________组成。平衡离子带________为阳离子交换树脂，平衡离子带________为阴离子交换树脂。

11-2　常见的离子交换剂有________，________，________等。

11-3　离子交换树脂的基本要求有________，________，________和________。

11-4　影响离子交换选择性的因素主要有________，________，________，________，________等。

11-5　用钠型阳离子交换树脂处理氨基酸时，吸附量很低，这是因为________。

11-6　在酸性条件下用________树脂吸附氨基酸有较大的交换容量。

计算题

11-1　水质如下：

CO_2：30mg/L；HCO_3^-：3.6mmol/L；Ca^{2+}：1.4mmol/L；SO_4^{2-}：0.55mmol/L。

Mg^{2+}：0.9mmol/L；Cl^-：0.3mmol/L；Na^++K^+：0.4mmol/L；Fe^{2+}：0。

计算石灰软化时石灰投加量。如果市售石灰 CaO 为 50%，实际石灰投加量为多少？

11-2 水质同题 11-1，试计算经 RH 软化后产生的 CO_2 和强酸（H_2SO_4+HCl）各为多少毫升？

11-3 软化水量 $50m^3/h$，水质为：HCO_3^- 283mg/L，SO_4^{2-} 67mg/L，Cl^- 13mg/L，软化后要求剩余碱度为 0.3meq/L，采用 H-Na 并联软化系统，计算经 RH 和 RNa 软化的水量及每小时产生的 CO_2 的量。

11-4 在固定床逆流再生中，用工业盐酸再生强酸阳离子交换树脂。若工业盐酸中 HCl 含量为 31%，而 NaCl 含量为 3%，试估算强酸树脂的极限再生度（$K_{H^+}^{Na^+}=1.5$）。

第 12 章

氧化还原

学习要点

本章提要：介绍了药剂氧化法、药剂还原法、电解法、高级氧化技术及湿式催化氧化技术的基本原理、方法及其在水处理中的应用。氧化还原是通过药剂、电解等方式将水中一种物质转化为另外一种物质的过程，是处理含铬、含氰等有毒有害废水的常用方法，也是处理难降解有机物的有效方法。随着湿式氧化、超临界氧化、催化湿式氧化技术的发展，其在工业废水治理中应用将日益广泛。

本章重点：氧化还原法的原理及其在各类废水处理中的应用。

本章难点：高级氧化技术。

12.1 药剂氧化还原

12.1.1 概述

通过化学反应，将水中溶解态的无机物和有机物氧化或还原为低浓度或无毒的物质，或转化成易于分离的形态，从而实现水处理的目标，这种方法称为氧化还原法。

1. 无机物的氧化还原

对无机物而言，氧化还原过程为参与反应的物质得失电子的过程。反应中失去电子的物质称为还原剂，得到电子的物质称为氧化剂。只有当氧化剂、还原剂同时存在时，氧化还原反应才能进行。

氧化剂的氧化能力和还原剂的还原能力是相对的，可通过各自的标准电极电位 E^0 的数值来初步比较其强弱。E^0 是在标准状况下测定的，但在实际应用中的反应条件不会和标准状况完全相同，因此，必须了解一般情况下的电极电位 E 和 E^0 之间的定量关系，才能较为准确地比较物质的氧化还原能力。

$$\text{电极反应氧化型}+ne \rightleftharpoons \text{还原型}$$

其 Nernst 方程式为

$$E = E^0 + \frac{RT}{nF}\ln\frac{[\text{氧化态}]}{[\text{还原态}]} \tag{12-1}$$

式中 R——气体常数，$R=8.314\text{J/(mol·K)}$；

T——热力学温度（K）；

F——法拉第常数，$F=96500\text{C/mol}$；

n——反应中电子转移的数目。

当温度为25℃时，将 R、T、F 值代入，并换算为常用对数，则式（12-1）可写为

$$E = E^0 + \frac{0.0591}{n}\lg\frac{[\text{氧化态的 mol 浓度}]}{[\text{还原态的 mol 浓度}]} \tag{12-2}$$

应用 E^0，还可求出氧化还原反应的平衡常数 K

$$\ln K = \frac{n\,E^0}{0.0592} \tag{12-3}$$

可利用式（12-2）和式（12-3）求出 E 及 K，并分别判断氧化剂和还原剂的相对强弱、氧化还原反应进行的方向及其程度等。

2. 有机物的氧化还原

（1）有机物氧化还原的判断　无机物的氧化还原为电子的转移过程，可应用电极电位分析判断。但对有机物的氧化还原，由于涉及共价键，电子的变化关系较为复杂，不能直接用电子传递的概念进行分析判断。在有机物的氧化还原反应中，发生变化的只是它们之间共价键电子对位置的偏移，因此使电子对偏离碳原子的反应就是有机物的氧化，使电子对移近碳原子的反应就是有机物的还原。

生产实践中，可根据某些经验方法来判断有机物的氧化还原反应。具体的方法有：凡是使有机物加氧或脱氢的反应称为氧化，而加氢或脱氧的反应则称为还原；凡是与强氧化剂作用而使有机物分解趋向简单的无机物如 CO_2、H_2O 等的反应，可判断为氧化反应。

（2）有机物的氧化性　有机物都具有易燃烧的特性，而燃烧是一种高温氧化的过程，易被氧化也是有机物的共性。有机物因各自官能团的氧化还原电位的差异而具有不同的氧化性。对于各种有机物的氧化还原电位至今尚无系统的定量资料，不能像无机物的氧化还原那样明确地进行计算和选择氧化剂，多数情况下是根据经验性的资料加以判定和选择的。

按一般经验，有机化合物的氧化性可分为以下三类：

1）易于氧化的有机物。如酚类、醛类、芳香族胺类及某些有机硫化合物，如硫醇类等。

2）在一定条件（强酸、强碱或催化剂）下可以氧化的有机物。如醇类、烷基取代芳香族化合物、硝基取代芳香族化合物、不饱和烃类化合物、碳水化合物、脂肪族酮类及其胺类、酸类、酯类等。

3）难以氧化的有机物。如饱和烃类、卤代烃类、苯、人工合成的高分子化合物——DDT、六六六、聚乙烯、聚氯乙烯、聚丙烯腈、合成洗涤剂（ABS）等。

（3）有机物的氧化降解　复杂有机化合物逐步分解转化为简单化合物，所含碳原子的数目和相对分子质量都随之减少的过程称为有机物的氧化降解。

简单的脂族烃类化合物可以按以下的序列逐步氧化分解。以甲烷为例

$$CH_4 \rightarrow CH_3OH \rightarrow CH_2O \rightarrow HCOOH \rightarrow CO_2、H_2O$$

胺类化合物在强氧化剂作用下可逐步氧化成羟胺基、酚类、硝基化合物。如

$$\underset{\text{叔丁胺}}{R_3CNH_2} \rightarrow \underset{\text{羟胺基}}{R_3CNHOH} \rightarrow \underset{\text{亚硝基}}{R_2CNO} \rightarrow \underset{\text{硝基}}{R_3CNO_2}$$

芳香族胺类化合物较容易氧化，在不同情况下生成亚硝基苯、酚类、醌类化合物等。如

NH_2-苯环 ⟶ NH_2/OH-苯环 ⟶ OH/OH-苯环 ⟶ O/O-环 ⟶……

苯胺　　氨基酚　　氢醌　　苯醌……

通常碳水化合物氧化的最终产物为二氧化碳和水。而含氮、硫、磷元素的有机物的氧化产物除此以外，还会产生硝酸类、磷酸类和硫酸类的产物。有机物彻底氧化降解为简单的无机物的过程，即为有机物无机化的过程。

12.1.2　药剂氧化法

向废水中投加氧化剂，用于氧化水中的有毒有害物质，使其转变为无毒无害的或毒性小的物质的方法称为氧化法。根据所用的氧化剂不同，可分为空气氧化法、氯氧化法等。

1. 空气氧化

空气氧化法是以空气中的氧作为氧化剂来氧化分解废水中有毒有害物质的方法。常用十氧化脱硫、除铁、除锰、催化氧化和湿式氧化等。

石油炼制厂、石油化工厂、皮革厂等都产生大量含硫废水，硫化物一般以钠盐（Na_2S、NaHS）或铵盐［NH_4HS、$(NH_4)_2S$］的形式存在。当含硫量不高、无回收价值时，可采用空气氧化法脱硫。空气氧化脱硫在密闭的脱硫塔中进行，为加速反应，温度应维持在 70～90℃，需要向水中通入蒸汽，其反应式为

$$2HS^- + 2O_2 \longrightarrow S_2O_3^{2-} + H_2O$$

$$2S^{2-} + 2O_2 + H_2O \longrightarrow S_2O_3^{2-} + 2OH^-$$

$$S_2O_3^{2-} + 2O_2 + 2OH^- \longrightarrow 2SO_4^{2-} + H_2O$$

由上述反应式可计算出，将 1kg 硫化物氧化为无毒的硫代硫酸盐，理论需氧量为 1kg，约相当于 $3.7m^3$ 空气。约有 10%的硫代硫酸盐将进一步氧化为硫酸盐。图 12-1 所示为空气氧化法处理含硫废水的工艺流程。

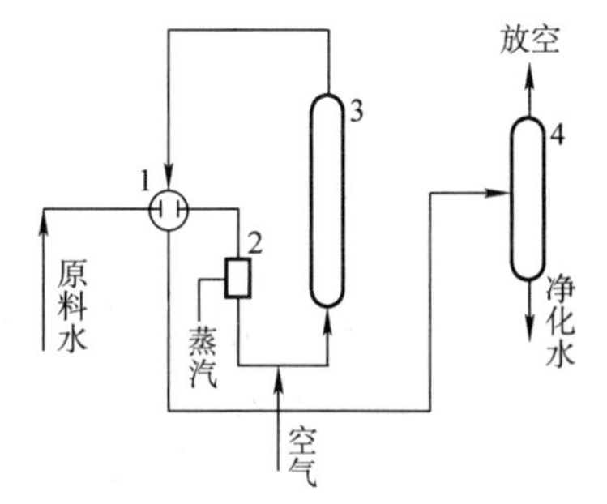

图 12-1　空气氧化法处理含硫废水的工艺流程

1—换热器　2—混合器
3—脱硫塔　4—气液分离器

含硫废水与脱硫塔出水进行热交换后，经蒸汽直接加热进入脱硫塔，空气从塔底进入，硫化物在脱硫塔内与空气充分接触，进行氧化还原反应，出水由塔顶部排出，经换热后进入气液分离器，废气排入大气，出水则排入相应的管道系统。

2. 氯氧化

氯氧化剂有氯气、液氯、漂白粉、漂粉精和次氯酸钠等。液氯是氯气压缩后变成的琥珀色的透明液体，可用氯瓶贮存远距离输送；漂粉精可加工成片剂，称为氯片；次氯酸钠可利用电解食盐水的方法，在现场由次氯酸钠发生器制备。

（1）氯氧化反应　氯的标准氧化还原电位较高，为 1.359V。次氯酸根的标准氧化还原

电位也较高，为1.2V，氯有很强的氧化能力。氯作为氧化剂可氧化废水中的氰、硫、醇、酚、醛、氨氮等，使某些染料脱色，也可杀菌、防腐。氯在水中水解的方程式为

$$Cl_2 + H_2O \rightleftharpoons H^+ + Cl^- + HOCl$$

$$HOCl \rightleftharpoons H^+ + OCl^-$$

1）氯与氰化物反应。氯、漂白粉、次氯酸钠与氰化物的反应式如下

$$2NaCN + 5Cl_2 + 8NaOH \longrightarrow N_2\uparrow + 2CO_2\uparrow + 10NaCl + 4H_2O$$

$$2NaCN + 5CaOCl_2 + H_2O \longrightarrow N_2\uparrow + Ca(HCO_3)_2 + 4CaCl_2 + 2NaCl$$

$$4NaCN + 5Ca(OCl)_2 + 2H_2O \longrightarrow 2N_2\uparrow + 2Ca(HCO_3)_2 + 3CaCl_2 + 4NaCl$$

$$2NaCN + 5NaOCl + H_2O \longrightarrow N_2\uparrow + 2NaHCO_3 + 5NaCl$$

上述反应分两阶段进行，首先将CN^-氧化成氰酸盐，在pH=10~11的条件下，反应速率较快，再将CNO^-完全氧化。

$$CN^- + OCl^- + H_2O \longrightarrow CNCl^- + 2OH$$

$$CNCl + 2OH^- \longrightarrow CNO^- + Cl^- + H_2O$$

$$2CNO^- + 3OCl^- \longrightarrow CO_2\uparrow + N_2\uparrow + 3Cl^- + CO_3^{2-}$$

当pH值=8~8.5时，氰酸根的完全氧化最有效，0.5h左右即可完成反应。

图12-2所示为含氰电镀废水氯氧化处理工艺流程。通过调节池均化废水水量和水质，第一反应池完成局部氧化，pH值为10~11，水力停留时间10~15min。第二反应池实现完全氧化，pH值为8~9，水力停留时间30min以上。采用石灰调节pH值时，须设置沉淀池和污泥干化场；如采用NaOH调节pH值，可不设，处理水从第二反应池直接排放。

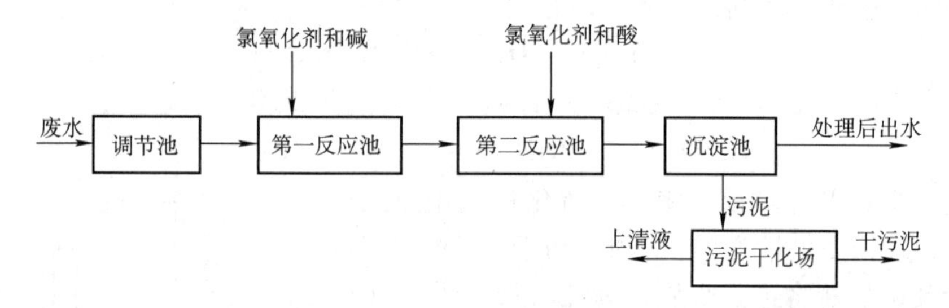

图12-2 含氰电镀废水氯氧化处理流程

2）氯与硫化物的反应。氯与硫化物的反应，先是部分氧化，将硫化物氧化成硫；再完全氧化，产物为SO_2。其反应式为

$$H_2S + Cl_2 \longrightarrow S\downarrow + 2HCl$$

$$H_2S + 3Cl_2 + 2H_2O \longrightarrow SO_2\uparrow + 6HCl$$

3）氯与氨的反应。处理中如需去除氨氮，可采用折点加氯法进行氧化，使之转为非溶解性的N_2O气体

$$2NH_3 + 4HOCl \longrightarrow N_2O + 4HCl + 3H_2O$$

4）氯氧化有机物。氯能与某些发色有机物反应，氧化破坏其发色基团而脱色。氯去除有机物引起的脱色效果与pH值有关，一般在碱性条件下效果较好。在相同pH值条件下，次氯酸钠比氯效果好。反应式如下：

$$R—CH═CH—R' + HOCl \longrightarrow R—\underset{\displaystyle Cl}{\underset{|}{CH}}—\underset{\displaystyle Cl}{\underset{|}{CH}}—R'$$

（2）氯氧化设备　氯氧化处理工艺的主要设备是反应池和投药设备。反应池可按水力停留时间设计；投药设备包括pH值调节设备和氯的投加设备。

pH值调节设备主要用于碱液和酸液的投加。投加设备视所用的氧化剂而定，常用的氯氧化剂有液氯和漂白粉。投氯量按氯氧化的理论需氯量加10%～15%计算或通过试验确定。

采用液氯作为氧化剂时，主要设备为氯瓶、加氯机和加氯间等。

氯瓶一般为贮存和运输液氯的钢瓶。使用时将液氯变为氯气投入水中。氯瓶内压力常为0.6～0.8MPa，不能在太阳下暴晒或靠近高温体，以免汽化时压力过高发生爆炸。氯瓶分卧式和立式两种。如图12-3所示，卧式氯瓶有两个出氯口，使用时务必安放成使两个出氯口的连线垂直于水平面，上出氯口为气态氯，下出氯口为液态氯。上出氯口与加氯机相连。立式氯瓶用于投量较小的场合，竖放安装，出氯口朝上。

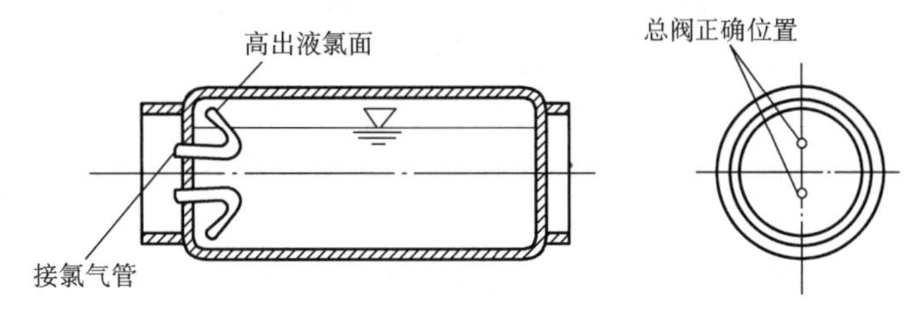

图12-3　卧式氯瓶

加氯机种类繁多，但原理都一样。图12-4所示为ZJ型转子加氯机。氯瓶中的氯气首先进入旋风分离器，以分离氯气中可能存在的杂质，再通过弹簧膜阀和控制阀进入转子流量计和中转玻璃罩，经水射器与压力水混合，溶解于水后被输送至加氯点。

加氯机的使用：先开启压力水阀，使水射器工作，待中转玻璃罩有气泡翻腾后开启平衡水箱进水阀，当水箱有少量水从溢水管溢出时，再开启氯瓶出氯阀和加氯机控制阀，调节加氯量，使加氯机进入正常工作状态。停止加氯时先关闭出氯阀，待转子流量计的转子跌落至零位后关闭加氯机控制阀，然后关闭平衡水箱的进水阀，待中转玻璃罩翻泡并逐渐无色后关闭压力水阀。

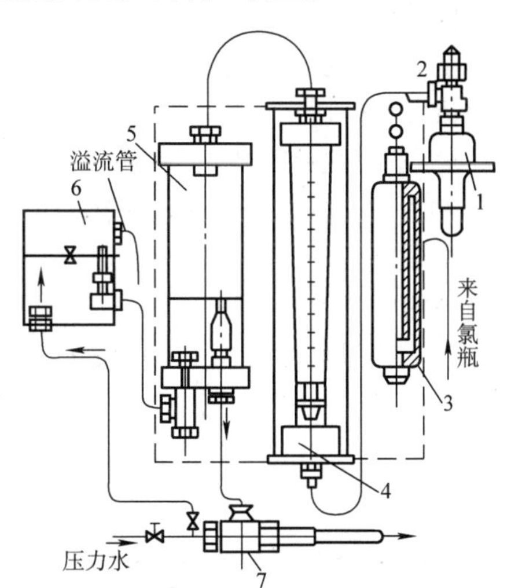

图12-4　ZJ型转子加氯机

1—弹簧膜阀　2—控制阀　3—旋风分离器
4—转子流量计　5—中转玻璃罩
6—平衡水箱　7—水射器

加氯间属危险品建筑，必须与其他工作间隔开。建筑应防火、保温、通风，大门外开，并设观察孔。设计时，加氯间应靠近加氯点，距离不宜大于30m。氯瓶仓库应靠近加氯间，库容量可按15～30天的需氯量考虑。如采用火炉，其火口应在室外，暖气片则应与氯瓶和加氯机相隔一定距离。氯气比空气重，通风设备的排气孔在房间下端，进气孔设于高处，通风可按每小时换气12次设计。加氯间内应有必要的检修工具，并设置防爆灯具和防毒面具。所有电力开关应置于室外，应有事故应急处理设施，如设置事故井处理氯瓶等。

3. 高铁酸钾氧化

高铁酸钾是一种集氧化、絮凝、吸附、杀菌、消毒、除臭为一体的新型绿色高效无机水处理药剂。在水溶液中，高铁酸钾以高铁酸根 FeO_4^{2-}［Fe(Ⅵ)］形式存在，具有极强的氧化性，在酸性和碱性条件下的氧化还原电位分别为+2.20V 和+0.72V。在酸性条件下它比臭氧、高锰酸钾和次氯酸盐等常规强氧化剂的氧化还原电位均高，具有极强的氧化去污能力，还能快速杀灭水中的细菌和病毒。

高铁酸盐在水中还原后的产物 Fe^{3+} 会水解产生水和配合物，而这些配合物具有良好的混凝作用，通过吸附、网捕卷扫作用可将水中的无机物、有机物和重金属离子从水中分离，起到很好的净水作用。与传统的氯消毒相比，不会生成三氯甲烷、氯酚等有害人体健康的消毒副产物，安全无异味且不会产生二次污染。

（1）高铁酸钾的制备　合成高铁酸钾的方法主要三种：干式氧化法、湿式氧化法、电解法。

1）干式氧化法又称高温氧化法，该法是将铁氧化物和硝酸钾进行混合，然后加热到1100℃煅烧制得高铁酸钾，但是此法得到的高铁酸钾纯度很低，且反应温度高，容易引起爆炸，导致安全系数降低，能量消耗大，成本高，不论在实验室制备还是工业化生产一般都不采用该法。

2）湿式氧化法是较成熟的方法，又称次氯酸盐法。其原理主要是用 ClO^- 在强碱条件下将三价铁离子氧化成六价铁离子，然后加入氢氧化钾使高铁酸钾析出，再经脱水、干燥制得。湿式氧化法中，强碱 KOH 用量多，成本较高，实验过程中腐蚀作用强，对设备要求高，因而该方法仅适用于小型实验室中的制备。

3）电解法是制备高铁酸钾最具潜力的方法，因其不需投加化学氧化剂，而被视为绿色制备方法。主要原理：铁材料在阳极发生氧化反应，在强碱溶液中电解析出高铁酸钾晶体。但是制备过程中的电流密度、阳极材料组成、电解质的类型和浓度、反应温度等都将影响高铁酸钾的生产效率。

（2）高铁酸钾在水处理中的应用　高铁酸钾可作为饮用水处理的氧化剂和消毒剂，通过其氧化絮凝双重功能，能去除饮用水源中的悬浮物、胶体、微污染物、藻毒素等，可以使大肠杆菌、总大肠菌群、枯草芽孢杆菌、梭状芽孢杆菌等失活，Fe(Ⅵ) 还能灭活各种病毒。

工业废水来源广，水质差异很大。高铁酸钾可以对废水中的油类污染物、有机污染物（如醇类、芳香族化合物等）、感官污染物、有毒污染物（如氰化物等）、生物污染物等进行氧化絮凝去除，能降低废水中的 SS、COD、BOD5、磷、氨氮、色度等指标的值。

含砷重金属废水，通过与高铁酸钾反应生成 Fe(Ⅲ) 对其进行吸附絮凝，最终通过固液分离去除。As(Ⅲ) 在水中的存在形式并不单一，且 Fe(Ⅵ) 被还原的过程中存在 Fe(Ⅴ)、Fe(Ⅳ) 等中间产物，所以 ${FeO_4}^{2-}$ 对 As(Ⅲ) 的氧化较为复杂。以 ${H_2AsO_3}^-$ 和 ${HAsO_3}^{2-}$ 为例，

$$3H_2AsO_3^- + 2FeO_4^{2-} + 5H_2O \longrightarrow 3H_2AsO_4^- + 2Fe(OH)_3 + 4OH^-$$

$$3HAsO_3^{2-} + 2FeO_4^{2-} + 5H_2O \longrightarrow 3HAsO_4^{2-} + 2Fe(OH)_3 + 4OH^-$$

$$3As^{3+} + 2FeO_4^{2-} + 8H_2O \longrightarrow 3As^{5+} + 2Fe(OH)_3 + 10OH^-$$

高铁酸盐对铅的去除，主要依靠反应所生成 $Fe(OH)_3$的吸附作用，而且在碱性条件下，铅会以络合态存在，最终形成 $Pb(OH)_2$沉淀后方可去除。Cr(Ⅵ）的去除是靠高铁酸钾反应产生具有较好的吸附性的 Fe(Ⅲ)，同时，Cr(Ⅵ）也是强氧化剂，可与还原性物质强烈反应，生成 Cr(Ⅲ)，进而生成 $Cr(OH)_3$沉淀从水中去除。

利用高铁酸盐处理水中重金属虽然还处于实验室研究阶段，但近年此法已得到了广泛的关注。随着对多项污染物处理条件和降解机理研究的不断深入、完善，该方法将体现出高效的应用价值。

12.1.3　药剂还原法

向废水中投加还原剂，使水中的有毒物质转变为无毒的或低毒的新物质的方法称为还原法。常用的还原剂有硫酸亚铁、亚硫酸钠、亚硫酸氢钠、硫代硫酸钠、水合肼、二氧化硫、铁屑等。下面以含铬废水的处理为例进行说明。

含铬废水多来源于电镀厂、制革厂等，如电镀的镀铬漂洗水、铬钝化漂洗水、塑料电镀粗化工艺漂洗水等。还原法处理含铬废水的基本原理是，在酸性条件下，通过化学还原剂将六价铬还原成三价铬，转化为氢氧化铬沉淀去除。

1. 亚硫酸盐还原法

亚硫酸盐还原法常用亚硫酸钠和亚硫酸氢钠，还原后的 Cr^{3+}在 NaOH 的作用下，生成 $Cr(OH)_3$ 沉淀。处理含铬废水的反应式为

$$2H_2Cr_2O_7 + 6NaHSO_3 + 3H_2SO_4 = 2Cr_2(SO_4)_3 + 3Na_2SO_4 + 8H_2O$$

$$H_2Cr_2O_7 + 3Na_2SO_3 + 3H_2SO_4 = Cr_2(SO_4)_3 + 3Na_2SO_4 + 4H_2O$$

$$Cr_2(SO_4)_3 + 6NaOH = 2Cr(OH)_3\downarrow + 3Na_2SO_4$$

用 NaOH 沉淀得到的 $Cr(OH)_3$ 纯度较高，可综合利用；而采用石灰沉淀时，费用较低，但操作不便，污泥量大且难以综合利用。

2. 硫酸亚铁还原法

硫酸亚铁还原法处理含铬废水较成熟。当 pH 值为 2~3 时，六价铬主要以重铬酸根离子形式存在。反应式为

$$H_2Cr_2O_7 + 6H_2SO_4 + 6FeSO_4 = Cr_2(SO_4)_3 + 3Fe_2(SO_4)_3 + 7H_2O$$

由此可知，最终废水中同时有 Cr^{3+}和 Fe^{3+}，因此氢氧化物沉淀是铬氢氧化物和铁氢氧化物的混合物。若用石灰乳进行中和，沉淀物中还有 $CaSO_4$，反应式为

$$Cr_2(SO_4)_3 + 3Ca(OH)_2 = 2Cr(OH)_3\downarrow + 3CaSO_4\downarrow$$

$$Fe_2(SO_4)_3 + 3Ca(OH)_2 = 2Fe(OH)_3\downarrow + 3CaSO_4\downarrow$$

可见生成的污泥量较大，回收利用价值低，需要妥善处置，以防止二次污染。

3. 水合肼还原法

在中性或微碱性条件下，水合肼 $N_2H_4 \cdot H_2O$ 能迅速地还原六价铬并生成氢氧化铬沉淀。可用于处理镀铬生产线第二回收槽带出的含铬废水或铬酸钝化工艺中产生的含铬废水，反应式为

$$4CrO_3 + 3N_2H_4 = 4Cr(OH)_3\downarrow + 3N_2\uparrow$$

12.2 电解法

12.2.1 基本原理

利用电解原理来处理水中有毒物质的方法称为电解法。电解过程中，阴极起还原作用，废水中某些阳离子得到电子被还原；阳极起氧化作用，废水中某些阴离子因失去电子被氧化。电解过程中，废水中的有毒物质在阳极和阴极分别进行氧化还原反应。产生的新物质在电解过程中沉积于电极表面或沉淀于电解槽内，或生成气体逸出。

1. 法拉第电解定律

电解过程的耗电量可用法拉第电解定律计算。实验证明，电解时电极上析出或溶解的物质的量与通过的电解液的总电荷量成正比，这一规律称为法拉第（Faraday）电解定律，其数学表达式为

$$G=\frac{1}{F}EQ=\frac{1}{F}EIt \tag{12-4}$$

式中 G——析出或溶解的物质的量（mol）；

E——1mol 物质电解时参与电极反应的电子的物质的量（mol）；

Q——电解槽通过的电量（C）；

I——电流强度（A）；

t——电解历时（s）；

F——法拉第常数（96500C/mol）。

在电解操作中，因存在某些副反应，实际消耗的电量比计算的理论值大得多。

2. 分解电压与极化现象

当外加电压很小时，电解槽几乎没有电流通过，也没有电解现象。电压逐渐增加，电流十分缓慢地增加，当电压升到某一数值后，电流随电压增加几乎呈直线上升，这时电解槽中的两极上才会出现明显的电解现象。这种开始发生电解所需的最小外加电压称为分解电压。

存在分解电压是因为电解槽本身相当于原电池，该原电池的电动势（由阳极指向阴极）与外加电压的电动势（由正极指向负极）方向相反，外加电压必须首先克服电解槽的这一反电动势。即使外加电压克服反电动势时，电解也不会发生，或者说，分解电压常常比电解槽的反电动势大。这种分解电压超过电解槽反电动势的现象称为极化现象。产生极化现象的原因如下：

（1）浓差极化 电解时，离子的扩散运动不能立即完成，在靠近电极的薄层溶液内的离子浓度与主液体内的浓度不同，结果产生浓差电池，其电位差也与外加电压的方向相反，这种现象称浓差极化。浓差极化可通过搅拌减弱，但无法消除。

（2）化学极化 电解时，在两极形成的产物也构成某种原电池，此原电池电位差与外加电压方向也相反，这就是化学极化现象。

电解废水所含离子的运动会受到一定阻力，需要外加电压予以克服，电压为

$$U=IR=Ir\frac{L}{A} \tag{12-5}$$

式中　U——克服电解槽内阻所需外加电压（V）；

I——电流强度（A）；

R——废水内阻（Ω）；

r——废水比电阻（Ω）；

L——极板间距离（m）；

A——两极板间电流通过的废水横断面面积（m^2）。

由上式可知，适当地缩短极板间距和降低电流密度（I/A），有利于减小为克服电解槽内阻所需的外加电压。此外，分解电压还与电极性质、废水水质以及温度等因素有关。

12.2.2　电解法的处理功能

在电流作用下，电解槽中的废水除电极的氧化还原反应外，实际反应过程是很复杂的，因此，电解法处理废水时具有多种功能，主要有以下几方面：

（1）氧化作用　在阳极除了废水总的离子直接失去电子被氧化外，水中的 OH^- 也可在阳极放电而生成氧，这种新生态氧具有很强的氧化作用，可氧化水中的无机物和有机物，例如

$$4OH^- - 4e \longrightarrow 2H_2O + 2[O]$$

$$NH_2CH_2COOH(\text{氨基酸}) + [O] \longrightarrow NH_3 + HCHO + CO_2\uparrow$$

$$CN^- + 2OH^- - 2e \longrightarrow CNO^- + H_2O$$

$$CNO^- + 2H_2O \longrightarrow NH_4^+ + CO_3^{2-}$$

$$2CNO^- + 4OH^- - 6e \longrightarrow 2CO_2\uparrow + N_2\uparrow + H_2O$$

为增加废水的电导率，减小电解槽的内阻，在电解槽中常加食盐，阳极生成的氯和次氯酸根，对水中的无机物和有机物也有氧化作用。

$$2Cl^- + 2OH^- \longrightarrow 2OCl^- + H_2 + 2e$$

$$2Cl^- - 2e \longrightarrow Cl_2$$

$$C_6H_5OH + 8Cl_2 + 7H_2O \longrightarrow COOHCH = CHCOOH + 2CO_2\uparrow + 16HCl$$

$$2CN^- + 5OCl^- + H_2O \longrightarrow 2HCO_3^- + N_2\uparrow + 5Cl^-$$

$$CN^- + Cl_2 + 2OH^- \longrightarrow CNO^- + 2Cl^- + H_2O$$

$$2CNO^- + 3Cl_2 + 4OH^- \longrightarrow 2CO_2\uparrow + N_2\uparrow + 6Cl^- + 2H_2O$$

（2）还原作用　废水电解时在阴极除了极板的直接还原作用外，在阴极还有 H^+ 放电产生氢，这种新生态氢也有很强的还原作用，可以还原废水中的某些物质，如废水中某些处于氧化态的色素，因氢的作用而脱色。

（3）混凝作用　若电解槽用铁或铝板作为阳极，则它失去电子后将逐步溶解在废水中，形成铝或铁离子，经水解反应而生成羟基配合物，这类配合物在废水中可起混凝作用，将废水中的悬浮物与胶体杂质去除。

（4）浮选作用　电解时，在阴、阳两极分别不断产生 H_2 和 O_2，有时还有其他气体，如电解处理含氰废水时会产生 CO_2 和 N_2 等。它们以微气泡形式逸出，可起电气浮作用，使废水中微粒杂质上浮至水面，作为泡沫去除。

在电解过程中有时还会产生温度效应，而起去除臭味的作用。电解法具有多种功能，处理效果是这些功能的综合结果。

12.2.3 电解槽的结构形式和极板电路

1. 电解槽的结构形式

如图12-5所示，电解槽多为矩形，按废水流动方式分为回流式和翻腾式。前者水流流程长，离子易于向水中扩散，容积利用率高，但施工和检修困难。翻腾式的极板采用悬挂式，极板与地壁不接触而降低了漏电的可能，更换极板较为方便。极板间距一般为30～40mm，但是间距过大则电压要求高，电耗大；过小安装不便，且极板材料耗量高。

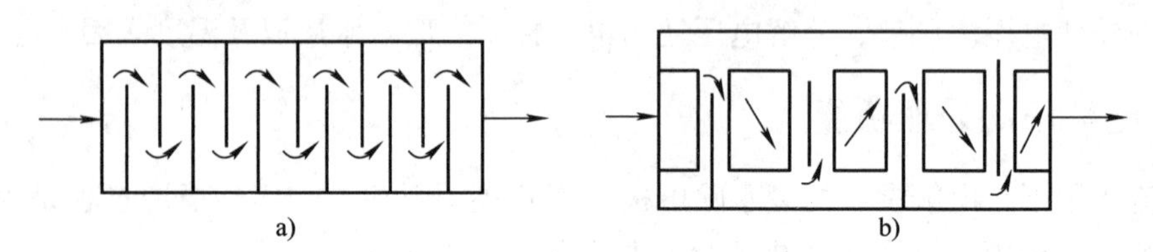

图12-5 电解槽

a）回流式（平面图） b）翻腾式（纵剖面图）

电解需要直流电源，整流设备可根据电解所需要的总电流和总电压选用。

2. 极板电路

如图12-6所示，极板电路分为单极板电路和双极板电路。双极板电路应用较多，因为双极板电路极板腐蚀均匀，相邻极板相接触的机会少，即使接触也不致引起短路事故。因此，双极板电路便于缩小极板间距，减少投资和运行费用等。

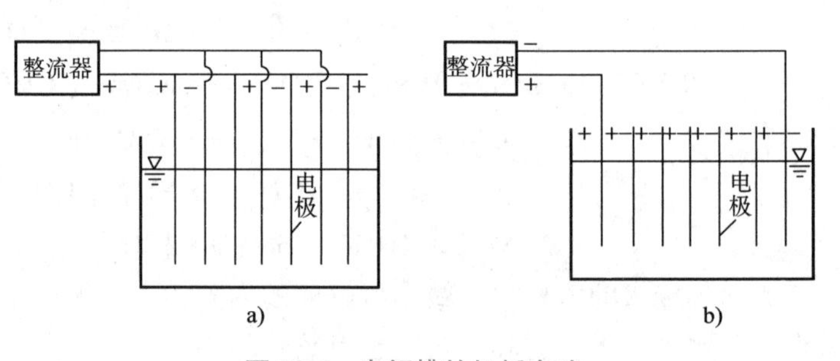

图12-6 电解槽的极板电路

a）单极性电路槽 b）双极性电路槽

12.3 电解法应用与实例

12.3.1 电解法处理含铬废水

1. 基本原理

在电解槽中，阳极为铁板，在电解过程中铁板阳极溶解产生强还原剂亚铁离子，在酸性条件下，可将废水中的六价铬还原为三价铬。

$$Fe - 2e \longrightarrow Fe^{2+}$$

$$Cr_2O_7^{2-} + 6Fe^{2+} + 14H^+ \longrightarrow 2Cr^{3+} + 6Fe^{3+} + 7H_2O$$

$$CrO_4^{2-} + 3Fe^{2+} + 8H^+ \longrightarrow Cr^{3+} + 3Fe^{3+} + 4H_2O$$

由反应式可知，还原1mol六价铬离子需要3mol亚铁离子，阳极铁板的消耗，理论上应为被处理六价铬离子的3.22倍（质量比）。若忽略电解过程中副反应消耗的电量和阴极的直接还原作用，理论上1A·h的电量可还原0.3235g铬。

在阴极除氢离子获得电子生成氢外，废水中的六价铬直接还原为三价铬。

$$2H^{+} + 2e \longrightarrow H_2$$

$$Cr_2O_7^{2-} + 6e + 14H^{+} \longrightarrow 2Cr^{3+} + 7H_2O$$

$$CrO_4^{2-} + 3e + 8H^{+} \longrightarrow Cr^{3+} + 4H_2O$$

由反应式可知，随着电解反应的进行，H^+逐渐减少，碱性增强，产生的Cr^{3+}、Fe^{3+}、OH^-形成氢氧化物沉淀

$$Cr^{3+} + 3OH^{-} \longrightarrow Cr(OH)_3\downarrow$$

$$Fe^{3+} + 3OH^{-} \longrightarrow Fe(OH)_3\downarrow$$

电解过程中，阳极腐蚀严重可以证明，阳极溶解的Fe^{2+}是还原Cr^{6+}为Cr^{3+}的主体。因此，在酸性条件下，采用铁阳极电解将有利于提高含铬废水电解的效率。但阳极在产生Fe^{2+}的同时，要消耗H^+，使OH^-浓度增大，造成OH^-在阳极抢先放出电子形成氧，此初生态氧将氧化铁板而形成钝化膜，这种钝化膜会吸附形成一层棕褐色$Fe(OH)_3$吸附层，从而妨碍铁板继续产生Fe^{2+}，最终影响电解处理效果。其反应式为

$$4OH^{-} - 4e \longrightarrow 2H_2O + O_2$$

$$3Fe + 2O_2 \longrightarrow FeO + Fe_2O_3$$

上述两反应连续进行，综合结果为

$$8OH^{-} + 3Fe - 8e \longrightarrow Fe_2O_3 \cdot FeO + 4H_2O$$

不溶性钝化膜的主要成分就是$Fe_2O_3 \cdot FeO$。

为减小阳极钝化，可定期用钢丝刷刷洗阳极，将阴、阳极板调换使用。当阳极形成$Fe_2O_3 \cdot FeO$钝化膜后，如变换为阴极，则在阴极产生的H_2可还原破坏钝化膜

$$2H^{+} + 2e \longrightarrow H_2$$

$$Fe_2O_3 + 3H_2 \longrightarrow 2Fe + 3H_2O$$

$$FeO + H_2 \longrightarrow Fe + H_2O$$

也可通过投加NaCl溶液来减小阳极钝化。不仅可减小内阻，节省能耗，而且Cl^-在阳极形成的Cl_2可取代钝化膜中的氧，生成可溶性的氯化铁而破坏钝化膜。

2. 工艺流程

电解法处理含铬废水的工艺流程如图12-7所示，该工艺既可间歇运行也可连续运行。电解槽可采用回流式或翻腾式。

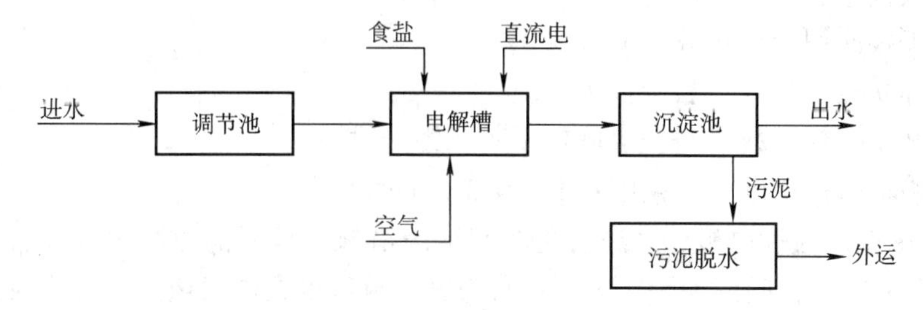

图12-7 电解法处理含铬废水工艺流程

为了满足搅拌需要，防止氢氧化物沉淀，电解槽中供气量为0.2~0.3m^3/[min·m^3(水)]。NaCl投量一般为1~2g/L。电解槽的主要运行参数是极水比，即浸入水中的有效极

板面积与槽中有效水容积（有电流通过的废水体积）之比，取决于极板间距。在总电流强度一定的条件下，极水比大时，放电面积大，电流密度小，超电势也小，可提高电解的效率。但极水比过大，极板材料的耗量也会变大，生产中极水比一般采用2~3dm^2/L。

沉淀池用来分离生成的$Cr(OH)_3$和$Fe(OH)_3$。电解处理含铬废水产生的含铬污泥含水率高，经24h沉淀后，含水率仍有99%左右，密度1.01。生产中沉淀时间一般按1.5~2.0h设计。

电解处理含铬废水操作简单，处理效果稳定，Cr^{6+}浓度可降至0.1mg/L以下。在原水含铬浓度不超过100mg/L时，电解法处理费用较化学法低，但钢材耗量大，污泥处置困难。

3. 电解槽的工艺设计计算

以电解法处理含铬废水为例，介绍电解槽的工艺设计计算。

（1）电解槽容积　电解槽应满足极板安装所需的空间，有效容积为

$$W = \frac{Qt}{60} \tag{12-6}$$

式中　W——电解槽有效容积（m^3）；

t——电解历时，当废水中Cr^{6+}浓度小于50mg/L时，t宜取5~10min；当Cr^{6+}浓度为50~100mg/L时，t宜取10~20min。

（2）电流强度　电流强度为

$$I = \frac{K_{cr}QC}{n} \tag{12-7}$$

式中　I——计算电流（A）；

K_{cr}——1gCr^{6+}还原为Cr^{3+}所需的电量，宜通过试验确定，无试验条件时，可取4~5A·h/g(Cr)；

Q——废水设计流量（m^3/h）；

C——废水中Cr^{6+}浓度（mg/L）；

n——电极串联次数，其值为串联极板数减1。

（3）极板面积　极板面积为

$$F = \frac{I}{\alpha m_1 m_2 i_F} \tag{12-8}$$

式中　F——极板单块面积（dm^2）；

α——极板面积减折系数，可取0.8；

m_1——并联极板组数（若干段为一组）；

m_2——并联极板段数（每一串联极板单元为一段）；

i_F——极板电流密度，可采用0.15~0.3A/dm^2。

电解槽宜采用双极性电极，并应有防腐和绝缘措施。极板的材料可采用普通碳素钢板，厚度宜为3~5mm，极板间的净距10mm左右为宜。电解槽的电极电路，应按可换向设计。

（4）电压　电解槽采用的最高直流电压，应符合现行的国家有关直流安全电压标准、规范的规定。计算电压为

$$U = nU_1 + U_2 \tag{12-9}$$

式中　U——计算电压（V）；

U_1——极板间电压降，一般宜小于 3~5V；

U_2——导线电压降（V）。

其中，$U_1=a+bi_F$，式中 a 为电极表面分解电压，宜通过试验确定，当无试验资料时，a 可取 1V 左右；b 为板间电压计算系数，宜通过试验确定，当无试验资料时，可按表 12-1 取值；i_F为极板电流密度。

表 12-1　板间电压计算系数 b

投加食盐浓度/(g/L)	温度/℃	板距/mm	电导率/(μS/cm)	b/(Vdm²/A)
0.5	10~15	5		8.0
		10		10.5
		15		12.5
		20		5.7
不投加食盐	13~15	5	400	8.5
			600	6.2
			800	4.8
		10	400	14.7
			600	11.2
			800	8.3

（5）电能消耗　电能消耗为

$$N=\frac{IU}{1000Q\eta} \tag{12-10}$$

式中　N——电能消耗（kW·h/m³）；

η——整流器效率，当无实测数值时，可取 0.8。

电解槽的整流器选择，应根据计算的总电流和总电压值，增加 30%~50%的备用量。

12.3.2　电解氧化法处理含氰废水

当不投加食盐电解质时，氰化物在阳极发生氧化反应，产生二氧化碳和氮气。

$$CN^- + 2OH^- - 2e = CNO^- + H_2O$$

$$CNO^- + 2H_2O = NH_4^+ + CO_3^{2-}$$

$$2CNO^- + 4OH^- - 6e = 2CO_2\uparrow + N_2\uparrow + 2H_2O$$

当投加食盐电解质时，Cl^-在阳极放出电子成为游离氯［Cl］，并促进阳极附近的 CN^-氧化分解，而后又形成 Cl^-继续放出电子再氧化其他 CN^-，反应式如下：

$$2Cl^- - 2e = 2[Cl]$$

$$CN^- + 2[Cl] + 2OH^- = CNO^- + 2Cl^- + H_2O$$

$$2CNO^- + 6[Cl] + 4OH^- = 2CO_2\uparrow + N_2\uparrow + 6Cl^- + 2H_2O$$

在电解氧化法处理含氰废水过程中，会产生一些有毒气体，如 HCN，因此应有通风措施。一般是将电解槽密闭，将产生的气体用抽风机抽后处理外排。极板一般采用石墨阳极，极板间距 30~50mm。为便于产生的气体扩散，一般用压缩空气对电解槽搅拌。

12.4 微电解法

微电解法的提出解决了传统污水处理工艺中存在的许多难题，该技术工艺简单、成本低、效果好，不会产生二次污染。微电解技术可以应用到污水处理中，对盐、COD、色度较高的污水处理效果更佳。微电解技术及其组合工艺的应用，可以显著改善废水的水质，有利于提高废水的可生化性，大大减轻后续处理单元的负担。微电解技术的应用广泛，不同种类的废水都可以使用，应用前景很好。

12.4.1 微电解技术原理

1. 电场作用

铁和碳化铁或其他杂质之间会构成一个原电池，在原电池的周围形成电场，污水中存在许多稳定的胶体，在电场的作用下这些胶体将产生电泳现象。微电解的原理就是电池产生的微电场使得污水中的胶体颗粒、细小污染物、极性分子等产生电泳现象，最后全部集中到电极上，从而形成较大的颗粒而沉淀，使废水中的COD大大降低。

2. 电极反应

在铁碳原电池体系中有惰性碳和废铁屑的存在，它们发生电极反应，反应式为

阴极：$2H^+ + 2e \rightarrow 2[H] \rightarrow H_2$

阳极：$Fe - 2e \rightarrow Fe^{2+}$

在铁碳原电池中，有机物因电子的得失而降解成为小分子，利于后续处理的进行，而金属离子不断生成，对阳极的极化作用能够很好地抑制，从而对金属的电化学腐蚀产生促进作用。

3. 氧化还原反应

铁是较为活泼的金属，当其置酸性溶液中会发生置换反应，

$$Fe + 2H^+ \longrightarrow Fe^{2+} + H_2\uparrow$$

由于污水中含有的氧化物Fe^{2+}被氧化成Fe^{3+}。排列在铁元素后面的金属都有可能被置换出来，并在铁的表面沉积。而氧化性较强的化合物或者粒子则会被铁及亚铁离子还原，从而变为毒性较小的还原态。

4. 铁的混凝作用

在用铁屑处理酸性废水时，铁会发生化学反应产生亚铁离子和正三价的铁离子，它们都是很好的絮凝剂，在含氧的情况下将溶液调至碱性，亚铁离子和三价铁离子就会生成$Fe(OH)_2$和$Fe(OH)_3$，产生絮凝沉淀

$$Fe^{2+} + 2OH^- \longrightarrow Fe(OH)_2\downarrow$$

$$4Fe^{2+} + 8OH^- + 2O_2 \longrightarrow 4Fe(OH)_3\downarrow$$

絮凝体氢氧化铁胶体具有很强的吸附能力，是典型的絮凝剂，污水中的悬浮物以及由于电极反应产生的不溶物等都可以被吸附而产生沉淀。

5. 物理吸附

当铸铁处于弱酸性的溶液中时，铸铁表面会产生很多孔隙，表面活性较强，对污水中的有机污染物具有吸附作用。铸铁的表面积大，其表面含有很多含氧活性基团和不饱和键，其对染料分子的吸附作用在pH值很大范围内都有效。

6. 电子传递作用

生物氧化酶中的细胞色素的重要组成部分是铁元素，三价铁离子和亚铁离子通过相互之间的氧化还原反应实现电子传递，水中微电解出的新生态铁离子也在电子传递中起到一定作用，进而促进生化反应。

12.4.2　微电解技术的影响因素

在采用铁屑工艺处理污水时，很多因素都会影响微电解反应和废水处理效果，如铁屑粒径、负荷、停留时间、pH值、通气量以及铁碳比等。

12.4.3　微电解技术的应用

微电解法作为预处理技术，在多种工业废水处理中都得到了应用。利用微电解技术可以很大程度的降低废水的色度和COD，同时大大提高废水的可生化性，减少了后续处理工艺的负荷，显著增强废水处理效果。但单独使用微电解技术的话，预期效果不佳，通常结合其他的处理技术构成组合工艺来有效处理工业废水。

12.5　高级氧化法

12.5.1　臭氧氧化法

1. 臭氧的物理化学性质

臭氧（O_3）是由三个氧原子组成的氧的同素异构体，常温下为淡蓝色气体，高压下可变成深褐色液体，具有特殊的刺激性气味。但浓度极低时有新鲜气味，使人感到清新，有益健康。当空气中臭氧浓度大于0.01mg/L时，可嗅到刺激性臭味，长期接触高浓度臭氧会影响肺功能，工作场所规定的臭氧最大允许浓度为0.1mg/L。

（1）溶解度　臭氧在水中的溶解度比氧气大10倍，臭氧在水中的溶解度符合亨利定律

$$C = k_H p \tag{12-11}$$

式中　C——臭氧在水中的溶解度（mg/L）；

k_H——亨利常数［mg/(L·kPa)］；

p——臭氧化空气在臭氧中的分压（kPa）。

生产中采用的多为臭氧化空气，臭氧的分压很小，故臭氧在水中的溶解度也很小。臭氧发生器制得的臭氧化空气中臭氧只占0.6%~1.2%（体积比），当水温为25℃时将臭氧化空气加入水中，臭氧的溶解度为3~7mg/L。

（2）臭氧的分解　臭氧在空气中会缓慢而连续地分解为氧气，

$$O_3 \rightarrow 3/2O_2 + 144.45kJ$$

由于臭氧分解时放出大量热量，当臭氧含量达25%（体积分数）以上时，易爆炸。但一般空气中臭氧的含量不超过10%，因此不会发生爆炸。臭氧在空气中的分解速度随温度升高而加快。含量为1%以下的臭氧，在常温常压下，其半衰期为16h左右，因此臭氧不易贮存，需边生产边用。水中臭氧浓度为3mg/L，在常温常压下，其半衰期仅5~30min。

臭氧在水中的分解速度比在空气中快得多。它在水中的分解速度随pH值的提高而加

快，在碱性条件下分解速度快，在酸性条件下分解较慢。当为了提高臭氧的利用率时，则要求水处理中臭氧分解得慢一些；为了减轻臭氧对环境的污染，则要求水处理后的臭氧分解得快一些。

（3）氧化能力　臭氧的氧化能力仅次于氟，比氧、氯及高锰酸钾等常用的氧化剂都强。臭氧可以把潮湿的硫氧化为硫酸，将 Ag^{+}盐氧化为 Ag^{2+}的盐。臭氧在水中的氧化能力较强，易氧化水中的无机物、有机物。在 pH 值≤7 的水中，用臭氧氧化醇、醛、甲酸和甲醛，其氧化速度随水溶液的酸性增加而减缓，且与温度有关。在碱性介质内，化合物被氧化成二氧化碳和水，氧化反应速度随 pH 值降低而降低。

除金和铂外，臭氧几乎对所有金属都有腐蚀作用，但不含碳的铬铁合金基本上不受臭氧腐蚀。因此，生产上常用含 Cr25%的铬铁合金（不锈钢）来制造臭氧发生设备、加注设备及与臭氧直接接触的部件。同时臭氧对非金属，如聚氯乙烯塑料板等，也有强烈的腐蚀作用，故不能用普通橡胶作密封件，而应采用耐腐蚀的硅橡胶或耐酸橡胶。

2. 臭氧的制备

臭氧容易分解，不能贮存与运输，必须在使用现场制备。目前臭氧的制备方法有无声放电法、放射法、紫外线辐射法、等离子射流法和电解法等，多采用气相中无声放电法。

（1）无声放电生产臭氧的原理　图 12-8 所示为无声放电生产臭氧的原理图。在两平行的高压电极之间隔以一层介电体（又称诱电体，通常是特种玻璃材料）并保持一定的放电间隙。当通入高压交流电后，在放电间隙形成均匀的蓝紫色电晕放电，空气或氧气通过放电间隙时，氧分子受高能电子激发获得能量，并相互发生弹性碰撞聚合形成臭氧分子

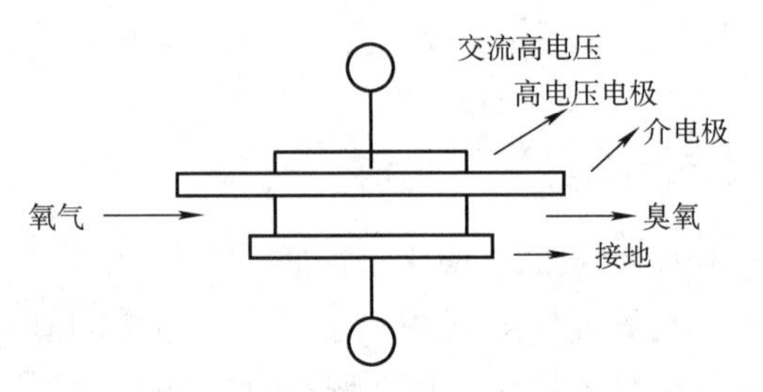

图 12-8　无声放电生产臭氧的原理图

$$O_2 + e \longrightarrow 2O + e$$

$$O + O_2 \rightleftharpoons O_3$$

从该逆反应可知，生成的臭氧会分解为氧原子和氧气。当臭氧发生器的散热不良时，分解更迅速。因此，通过放电区域的氧，只有一部分能生成臭氧。当空气通过放电区域时，生成的臭氧只占空气的 0.6%~1.2%（体积比）。因此，产生的臭氧通常含有一定的空气，称为臭氧化空气。总反应式为

$$3O_2 \longrightarrow 2O_3 - 288.9\text{kJ}$$

可见，在放电间隙将产生大量热量，它会使臭氧加速分解而影响产量。因此，进行适当的冷却并及时释放出热量，是提高产量和臭氧浓度，降低电耗的有效措施。

（2）臭氧发生器　工业上利用无声放电法制备臭氧的臭氧发生器，按其电极构造可分为板式和管式两类。目前使用较多的是管式臭氧发生器，其原理如图 12-9 所示，它又有立管式和卧管式两种。板式的臭氧发生器有奥托板式和劳泽板式两种。

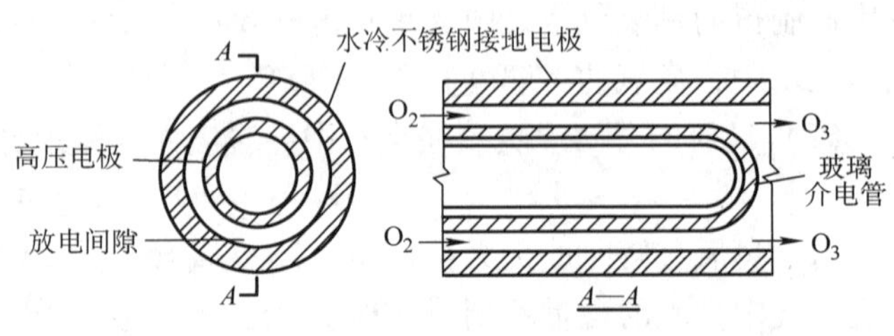

图 12-9　卧管式臭氧发生器的构造

臭氧发生过程中，电能大部分转化成热能，必须冷却电极。通常采用水冷或空冷两种方式，管式发生器常用水冷，劳泽板式发生器常用空气冷却。

臭氧的产量与电压的二次方成正比，增加电压可提高臭氧的产量。但电压高，耗电大，介电体容易被击穿，元件的绝缘性要求高，一般采用10~15kV。提高交流电的频率，可增加放电次数，从而可提高臭氧的产量，但需增加调频设备。国内目前仍采用50~60Hz的电源。

放电间隙越小，越容易放电，产生无声放电所需的电压越小，耗电量越小。但间隙过小，介电体或电极表面要求越高。管式（水冷）一般采用2~3.5mm间隙。理想的介电体应具有良好的绝缘和导热性能，玻璃、云母和塑料具有良好的绝缘性能。为了取得良好的散热性能，尽可能减少介电体的厚度。据研究，玻璃管的厚度增加1mm，臭氧产量约减少一半。但过薄易被高压电击穿。生产上管式臭氧发生器硼硅玻璃管厚度常采用2.1~3mm。

3. 臭氧氧化在水处理中的应用

（1）氧化无机物　臭氧能将水中的二价铁、锰氧化成三价铁及高价锰，使溶解态的铁、锰变成固态，便于通过沉淀和过滤除去。其反应式为

$$2Fe^{2+} + O_3 + 3H_2O \longrightarrow 2Fe(OH)_3$$

$$3Mn^{2+} + 2O_3 \longrightarrow 3MnO_2$$

$$3Mn^{2+} + 4O_3 \longrightarrow 3MnO_4$$

水中二价铁、锰极易氧化，采用廉价的空气即可将其氧化成三价铁和高价锰。只有为了去除其他杂质需要采用臭氧时，会附带将铁、锰去除。

常规方法对氰化物的去除效果不佳，而臭氧能很容易地将氰化物氧化成毒性只有氰化物1/100的氰酸盐。氰酸根在碱性或酸性条件下，都能进行水解，而转化成氮化物，反应式如下：

$$CN^- + O_3 \longrightarrow CNO^- + O_2$$

在碱性条件下

$$CNO^- + OH^- + H_2O \longrightarrow NH_3 + CO_3^{2-}$$

$$NH_3 + 3O_3 \longrightarrow 2NO_3^- + 3H_2O$$

在酸性条件下

$$CNO^- + 2H^+ + H_2O \longrightarrow NH_4^+ + CO_2$$

$$3NH_4^+ + 5O_3 \longrightarrow 3NO_3^- + 6H_2O$$

水中含有硫酸盐时，其中的金属离子对氰化物的氧化反应起催化作用。臭氧能将氨和亚硝酸盐氧化成硝酸盐，也能将水中的硫化氢氧化成硫酸，减轻水中的臭味。

（2）氧化有机物　臭氧能够氧化大多数有机物，如蛋白质、氨基酸、有机胺、链型不饱和化合物、芳香族化合物、木质素、腐殖质等。在氧化过程中，生成一系列中间产物，这些中间产物的COD_{Cr}和BOD_5有的比原反应物更高。为了降低COD_{Cr}和BOD_5，必须投加足够的臭氧，使有机物彻底氧化。因此，单纯采用臭氧氧化有机物降低COD_{Cr}和BOD_5一般不如生化处理经济。但在有机物浓度含量较低的废水处理中，如废水的三级处理及受有机物污染的水源的给水处理，臭氧氧化可以有效地去除水中有机物，且反应快，设备体积小。尤其当水中含有酚类化合物时，臭氧处理可以去除酚产生的恶臭。此外，某些微生物难分解的有机物如表面活性剂（ABS等），臭氧却很容易氧化分解这些物质。

12.5.2 过氧化氢氧化法

1. 过氧化氢的理化性质

纯过氧化氢（H_2O_2）是淡蓝色黏稠液体，沸点 150.2℃，熔点-0.43℃，0℃时密度为 1.4649g/cm^3。其物理性质和水相似，有较高的介电常数。纯的过氧化氢较稳定，在无杂质污染和良好的储存条件下，可在室内外长期储存。但必须与有机物及易燃物隔离。

H_2O_2 是常用的强氧化剂。试验证实，许多过氧化氢参与的反应都是自由基反应。从标准电极电位看，在酸性溶液中 H_2O_2 的氧化性较强，但在酸性条件下 H_2O_2 的氧化还原速率往往极慢，碱性溶液中却是快速的。由于 H_2O_2 作为氧化剂的还原产物是水，且过量的 H_2O_2 可以通过热分解除去，不会在反应体系内引进其他物质，故对去除水中的还原性物质具有优势。

H_2O_2 在酸性或碱性溶液中还具有一定还原性。在酸性溶液中，H_2O_2 只能被高锰酸钾、二氧化锰、臭氧、氯等强氧化剂所氧化；在碱性溶液中，H_2O_2 显示出更强的还原性，除还原一些强氧化剂外，还能还原如氧化银、六氰合铁（Ⅲ）配合物等一系列较弱的氧化剂。H_2O_2 被氧化的产物是 O_2，因此，它不会给反应体系带来杂质。

2. 过氧化氢的制备

工业上生产 H_2O_2 的方法有蒽醌法、电解法和异丙醇法三种。电解法和异丙醇法已淘汰。蒽醌法能耗低，仅为电解法的 1/10。蒽醌法的整个过程只消耗氢气、氧气和水，且蒽醌能够循环使用，技术成熟，为国内外广泛采用。其原理是将烷基蒽醌衍生物（乙基蒽醌、四氢烷基蒽醌等）溶解在有机溶剂内，在催化剂（钯、镍）存在下与氢气作用，生成相应的蒽醌醇（或氢代蒽醌），再经氧化、萃取得到过氧化氢。以 2—乙基蒽醌为例，主要化学反应式如下：

$$\text{2—乙基蒽醌醇 (OH, OH; } -C_2H_5) \xrightarrow{O_2} H_2O_2 + \text{2—乙基蒽醌 (O, O; } -C_2H_5)$$

2—乙基蒽醌醇　　　　2—乙基蒽醌

3. 过氧化氢在水处理中的应用

（1）Fenton 试剂　Fenton 试剂是亚铁离子和过氧化氢的组合，该试剂作为强氧化剂的应用已有百余年的历史，在精细化工、医药化工、卫生、环境污染治理等方面应用广泛。其原理如下：

$$Fe^{2+} + H_2O_2 \longrightarrow Fe^{3+} + \cdot OH + OH^-$$

$$Fe^{2+} + \cdot OH \longrightarrow Fe^{3+} + OH^-$$

$$Fe^{3+} + H_2O_2 \longrightarrow Fe^{2+} + \cdot HO_2 + H^+$$

$$\cdot HO_2 + H_2O_2 \longrightarrow O_2 + H_2O + \cdot OH$$

$$2RH + \cdot OH \longrightarrow CO_2 + H_2O$$

$$4Fe^{2+} + O_2 + 4H^+ \longrightarrow 4Fe^{3+} + 2H_2O$$

$$Fe^{3+} + 3OH^- \longrightarrow Fe(OH)_3\text{(胶体)}$$

Fe^{2+}与H_2O_2的反应很快，生成·OH自由基，·OH的氧化能力仅次于氟，三价铁共存时，由Fe^{3+}与H_2O_2缓慢生成Fe^{2+}，Fe^{2+}再与H_2O_2迅速反应生成·OH，·OH与有机物RH反应使其发生碳链裂变，最终氧化为CO_2和H_2O，大大降低了废水的COD_{Cr}，同时Fe^{2+}作为催化剂，最终可被O_3氧化为Fe^{3+}，当pH值较高时，可有$Fe(OH)_3$胶体出现，它有絮凝作用，可大量降低水中的悬浮物。

Fenton法是一种高级化学氧化法，一般在pH值小于3.5下进行，在该pH值时其自由基生成速率最大。常用于废水高级处理，以去除COD_{Cr}、色度和泡沫等。

Fenton试剂及各种改进系统在废水处理中的应用，一是单独氧化有机废水；二是与混凝沉降法、活性炭法、生物法、光催化等联用。

近年来，有人把紫外光（UV）、氧气等引入Fenton试剂，增强了Fenton试剂的氧化能力，节约了过氧化氢的用量。由于过氧化氢的分解机理与Fenton试剂极其相似，均产生·OH,因此将各种改进的Fenton试剂称为类Fenton试剂。主要有H_2O_2+UV系统、H_2O_2+UV+Fe^{2+}系统、引入氧气的Fenton系统。

（2）过氧化氢单独氧化　H_2O_2在水处理中应用广泛，一般用于处理含硫化合物（特别是硫化物）、酚类和氰化物的工业废水。具有以下特点：

产品稳定，储存时每年活性氧的损失低于1%；安全，无腐蚀性，较容易处理液体；与水完全混溶，无二次污染，满足环保排放要求；氧化选择性高，特别是在适当条件下选择性更高。

4. 过氧化氢氧化工艺的工业应用

（1）淀粉厂废水处理　某淀粉厂平均每天外排废水50t，废水的COD含量为2100mg/L，pH值为5.5，悬浮物SS为530mg/L，工艺流程如图12-10所示。

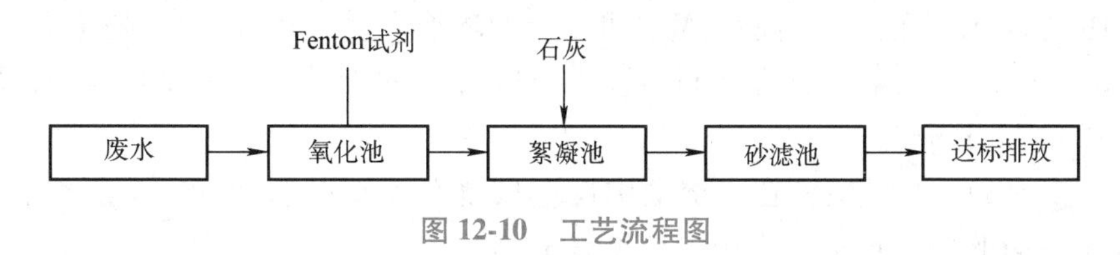

图12-10　工艺流程图

由表12-2可知，用Fenton试剂处理该废水可行，处理每吨废水需30% H_2O_2 0.2L、$FeSO_4\cdot7H_2O$ 2kg，加上能耗及设备折旧、人力工资等，综合成本不超过1.2元/t。

表12-2　实际处理效果和标准的比较

监测指标	处理前废水	处理后废水	标准	超标率
COD/(mg/L)	2100	94	150	0
SS/(mg/L)	530	72	100	0
pH	5.5	8	6~9	0

（2）含氰废水的处理　采用过氧化氢氧化法处理酸性含氰废水。其处理工艺流程如图12-11所示。

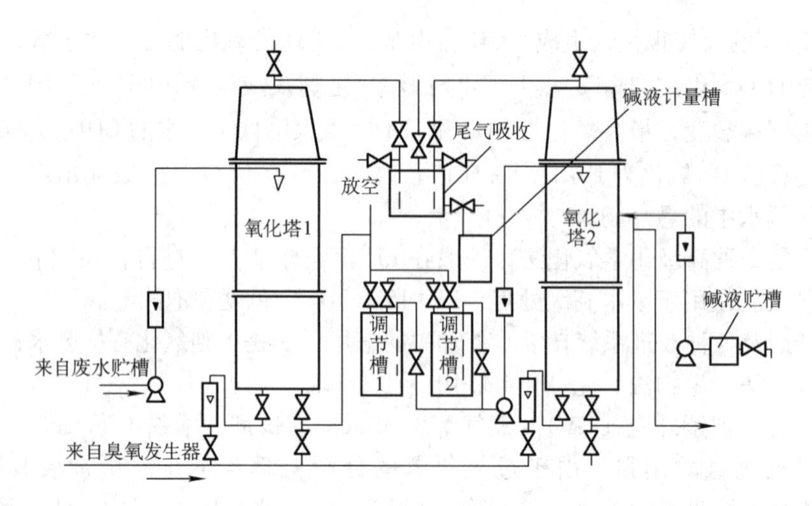

图 12-11 酸性含氰废水处理工艺流程

12.5.3 高锰酸盐氧化法

高锰酸盐包括高锰酸钾、高锰酸钠和高锰酸钙等，其中高锰酸钾应用最为广泛。

1. 高锰酸钾的性质

高锰酸钾（$KMnO_4$）是锰的重要化合物之一，为暗黑色棱柱状闪光晶体，易溶于水，水溶液呈紫红色，固体相对密度2.7，有很强的氧化性，加热至200℃以上分解释放出氧气。

$KMnO_4$ 属于过渡族金属氧化物，锰在水溶液中以多种氧化还原态存在，可相互转化。它在水中的形态主要有Mn(Ⅱ)、Mn(Ⅲ)、Mn(Ⅳ)、Mn(Ⅴ)、Mn(Ⅵ)、Mn(Ⅶ)等化合物。对应的标准摩尔吉布斯自由能：Mn(Ⅱ)（水溶液）为-54.4kcal，Mn(Ⅲ)（水溶液）为-19.6kcal，MnO_2（化合物）为-111.1kcal，MnO_4^{2-}（水溶液）为-120.4kcal，MnO_4^-（水溶液）为-107.4kcal。

1kcal=4.1868kJ。高锰酸钾在水溶液中反应较复杂，其形态受pH值等多种因素影响。锰的各种形态化合物间半反应的电极电位见表12-3。

表 12-3 锰的各种形态化合物间半反应的电极电位

半 反 应	E^0/V	半 反 应	E^0/V
$Mn^{2+}+2e = Mn$	-1.18	$MnO_2+2H_2O+2e = Mn(OH)_2+2OH^-$	-0.05
$Mn^{3+}+e = Mn^{2+}$	+1.51	$MnO_4^-+4H^++3e = MnO_2+2H_2O$	+1.69
$MnO_2+4H^++2e = Mn^{2+}+2H_2O$	+1.23	$MnO_4^{2-}+2H_2O+2e = MnO_2+4OH^-$	+0.60
$MnO_4^-+8H^++5e = Mn^{2+}+4H_2O$	+1.51	$MnO_4^{2-}+4H^++2e = MnO_2+2H_2O$	+2.26
$MnO_4^-+e = MnO_4^{2-}$	+0.56		

2. 高锰酸钾去除有机物的机理

高锰酸钾与有机物的反应很复杂，既有直接氧化作用，也有反应中形成的新生态水合二氧化锰对有机物的吸附与催化作用，还有反应中产生的介稳状态中间产物的氧化作用。在酸性条件下，$KMnO_4$ 的氧化还原电位较高，pH值=0时，$E^0=1.69V$，氧化能力较强。但在中

性条件下，其氧化还原电位相对较低，pH 值 = 7.0 时，$E^0 = 1.14V$。此时，$KMnO_4$ 在给水处理中除污染能力不强，但碱性条件下有某种自由基生成，氧化能力有所提高。

在中性条件下，$KMnO_4$ 氧化水中有机物的特有中间产物是新生态水合二氧化锰。原子显微镜证实其大小在纳米级别，具有巨大的比表面积和很高的活性，能通过吸附与催化等作用提高对污染物的去除率。新生态水合二氧化锰的表面羟基能够与有机污染物通过氢键等结合，提高了除微污染效率。此外，$KMnO_4$ 与水中少量还原性成分作用产生的其他 Mn（Ⅲ）~ Mn（Ⅴ）等介稳状态中间产物，对 $KMnO_4$ 除微污染有促进作用。

3. 高锰酸钾预氧化控制氯化消毒副产物及助凝作用

$KMnO_4$ 预氧化能够破坏水中氯化消毒副产物前驱物质，降低消毒副产物生成量。$KMnO_4$ 预氧化能够降低氯仿的主要前驱物质（间苯二酚）的氯仿生成势，随着投量增加，氯仿生成势的下降幅度更大。对于其他氯仿的前驱物质邻苯二酚、对苯二酚、单宁酸、腐殖酸等存在类似的作用。但对于苯酚而言，预氧化使氯仿生成势略有升高，而氯酚的生成量显著降低。高锰酸钾能够破坏氯酚的前质，但中间产物有可能部分地转化为氯仿的前驱物质。

在氧化过程中，高锰酸盐生成的中间产物具有很高的活性，能通过吸附促进絮体的成长，形成以水合二氧化锰为核心的密实絮体。$KMnO_4$ 对不同水质的地表水表现出不同程度的助凝作用，对于难处理水质的助凝效果更加明显，一般在小的剂量下即可得到较好的效果，对于特定水质存在最优投药量范围。少量的 $KMnO_4$ 即可达到强化脱稳的目的，形成以新生态水合二氧化锰为核心的絮体；过量的 $KMnO_4$ 可能导致水中 $KMnO_4$ 过剩，色度升高，产生过量的二氧化锰也会使浊度升高。对于特定地表水，高锰酸盐复合药剂的最优投量范围取决于水中有机物浓度和还原性物质成分。

研究表明，高锰酸盐预氧化与生物活性炭组合经济简便，能有效地去除水中的氨氮和有机物，提高水质。

12.5.4 湿式氧化法

1. 湿式氧化法的原理

湿式氧化是在较高的温度和压力下，利用氧来氧化废水中溶解态及悬浮态有机物和还原性无机物的一种方法。由于氧化过程在液相中进行，故称为湿式氧化。它具有适用范围广、效率高、二次污染低、速度快、装置小、可回收能量和有用物料等优点。

湿式氧化去除有机物的氧化反应主要属于自由基反应，经历链的引发（诱导期）、链的发展和传递（增殖期）、链的终止（结束期）三个阶段。

1）诱导期：湿式氧化过程链的引发指由反应物分子生成自由基的过程。在这个过程中，氧通过热反应产生 H_2O_2。

$$RH + O_2 \longrightarrow R\cdot + HOO\cdot$$

$$2RH + O_2 \longrightarrow 2R\cdot + H_2O_2$$

$$H_2O_2 + M \longrightarrow 2HO\cdot \text{（M 为催化剂）}$$

为提高自由基引发和繁殖的速度，可加入过渡族金属化合物。可变化合价的金属离子 M 可从饱和化合价中得到或失去电子，导致自由基的生成并加速链发反应。

2）增殖期：自由基与分子相互作用，交替进行使自由基数目迅速增加。

$$RH + HO\cdot \longrightarrow R\cdot + H_2O$$

$$R\cdot + O_2 \longrightarrow ROO\cdot$$

$$ROO\cdot + RH \longrightarrow ROOH + R\cdot$$

3）结束期：若自由基之间相互碰撞生成稳定的分子，链的增长过程将终止。

$$R\cdot + R\cdot \longrightarrow R-R$$

$$ROO\cdot + R\cdot \longrightarrow ROOR$$

$$ROO\cdot + ROO\cdot \longrightarrow ROH + R_1COR_2 + O_2$$

上述各阶段链反应所产生的自由基，在反应过程中的作用取决于废水中有机物的组成、氧化剂及其他试验条件。

H_2O_2 的生成说明湿式氧化反应属于自由基反应。Shibaeva 等在 160℃，DO 为 640mg/L，酚浓度为 9400mg/L 的含酚废水的湿式氧化试验中，得到 H_2O_2 生成浓度高达 34mg/L，证明酚的湿式氧化反应是自由基反应。酚与 HOO-直接反应，证实了 H_2O_2 生成。

$$ROH + ROO\cdot \longrightarrow R\cdot + H_2O_2$$

ROO·自由基具有很高的活性，但在液相氧化条件下浓度很低。从上述反应过程可清楚看出，它在碳氢化合物以及酚的氧化过程中起着重要的作用。

氧化反应的速度受制于自由基的浓度。初始自由基形成的速率与浓度控制了氧化反应速度。若在反应初期加入双氧水或一些 C-H 键薄弱的化合物作为启动剂，则可加速氧化反应。如在湿式氧化条件下，加入少量 H_2O_2，形成 HO·，这种增加的 HO·缩短了反应的诱导期，提高了氧化速度。

2. 影响湿式氧化的因素

影响湿式氧化的因素有温度、压力、反应时间及废水性质等。

温度是湿式氧化过程中的主要影响因素。温度越高，反应速率越快，反应进行得越彻底。温度升高有助于提高溶氧量及氧气的传质速度，降低液体的黏度，产生较小的表面张力，有利于氧化反应的进行。但过高温度不经济，操作温度通常控制在 150~280℃。

压力的作用是维持液相反应，总压不应低于该温度下的饱和蒸汽压。总压不是氧化反应的直接影响因素，它与温度耦合。氧分压也应保持在一定范围内，保证液相中的高溶解氧浓度。氧分压不足，供氧过程就会成为反应的控制步骤。有机物的浓度是时间的函数，为了提高反应速率，缩短反应时间，可提高反应温度或投加催化剂等。

由于有机物氧化与其电荷特性和空间结构有关，废水性质也是影响湿式氧化反应的因素之一。

3. 湿式氧化法的工艺流程

湿式氧化法已在炼焦、化工、石油、轻工等行业中的废水处理中得到应用，如有机农药、染料、合成纤维、CN^-、SCN^-等还原性无机物及难生物降解的高浓度有机废水的处理。湿式氧化系统的工艺流程如图 12-12 所示。

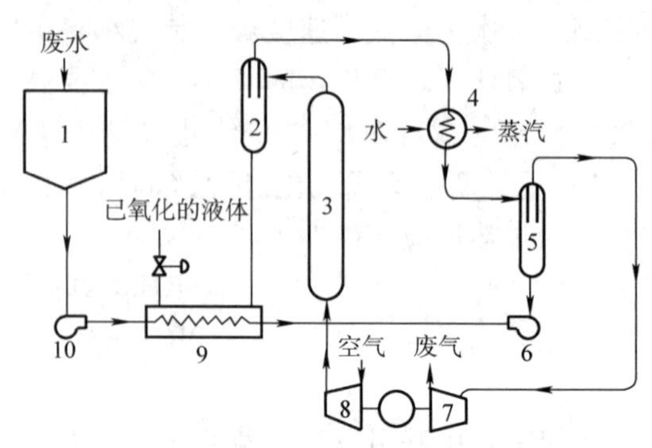

图 12-12 湿式氧化系统的工艺流程

1—储存罐 2、5—分离器 3—反应器 4—再沸器 6—循环泵 7—透平机 8—空气压缩机 9—换热器 10—高压泵

工作过程：废水通过储存罐由高压泵打入换热器，与反应后的高温氧化液体换热，温度上升到接近于反应温度后进入反应器。氧由空

气压缩机压入反应器。在反应器中，废水中的有机物与氧发生放热反应，将有机物氧化成二氧化碳和水，或低级有机酸等中间产物。反应后，气液混合物经分离器分离，液相经换热器预热进料，回收热能。高温高压的尾气首先通过再沸器（如废热锅炉）产生蒸汽或经换热器预热锅炉进水，其冷凝水由第二分离器分离后通过循环泵再泵入反应器，分离后的高压尾气送入透平机产生机械能或电能。这种典型的湿式氧化系统不仅处理废水，且对能量进行逐级利用，节省能耗，维持并补充湿式氧化系统本身所需的能量。

湿式氧化的氧化程度取决于操作压力、温度、空气量等因素。实际氧化程度按需要进行选择。温度操作范围为 180～370℃（水的临界温度为 374℃），操作压力一般不低于 5.0～12.0MPa，超临界湿式氧化的操作压力可达 43.8MPa。在湿式氧化过程中，除了要保证废水和空气不断输入外，为保持废水处于液态下进行氧化，控制水蒸气的产生量，必须使反应控制在一定的压力下进行。图 12-13 所示为反应塔内达到汽-液平衡时的温度、压力以及饱和水蒸气-空气比的关系。当操作温度一定时，压力越高，水蒸气与空气的比值就越小，即蒸汽的发生量少；当操作压力一定时，温度越高，蒸汽发生量越大。

图 12-14 所示为湿式氧化过程中反应温度、时间与氧化度的关系曲线。由图可知，一般反应 1h 就基本达到平衡，操作温度为 120℃时，只有 20%左右的有机物被氧化；当温度高于 320℃时，几乎所有的有机物都能被氧化。

湿式氧化法的主体设备是反应塔。反应塔的造价较高，其尺寸及材质应根据反应所需的时间、温度、压力等慎重选择。

湿式氧化法处理高浓度有机废水时 COD 去除率可接近 100%，但反应温度高、压力大、投资大，为降低投资，一般采用中等程度反应温度和压力的湿式氧化法。生产中可先采用中温、中压湿式氧化工序，将大分子有机物质氧化分解成低相对分子质量、可生物氧化降解的中间产物，如醋酸、甲酸、甲醛等，再用生化法处理氧化液，即两步法处理废水。除两步法外，湿式氧化还可以与其他处理方法一起组成新的处理系统。

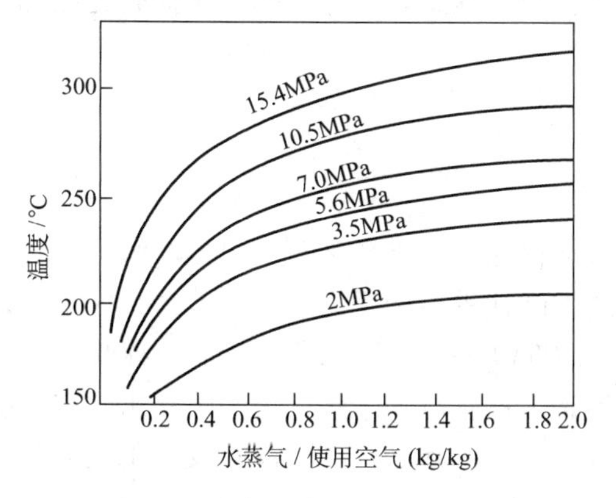

图 12-13　每千克干燥空气饱和水蒸气量与温度、压力的关系

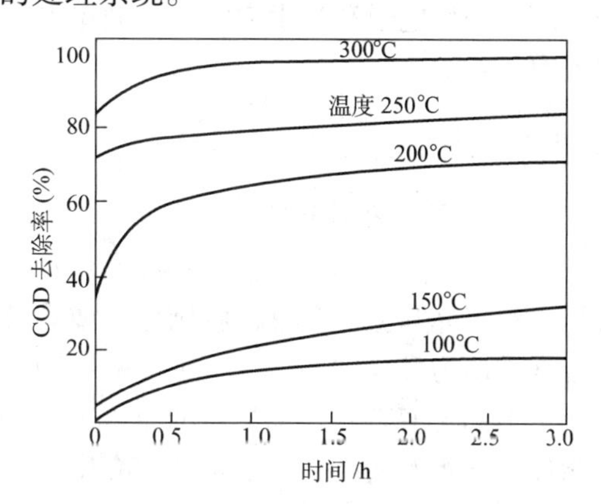

图 12-14　湿式氧化过程中反应温度、时间与氧化度的关系

12.5.5　光化学氧化法

1. 光化学理论

光化学反应指在光的作用下进行的化学反应。它需要分子吸收特定波长的电磁辐射，受

激产生分子激发态，之后才会发生化学变化到一个稳定的状态或变成引发热反应的中间产物。光化学反应治理污染的方法，包括无催化剂和有催化剂参与的光化学氧化。前者多采用臭氧和过氧化氢等作为氧化剂，在紫外光的照射下使污染物氧化分解；后者又称为光催化氧化，可分为均相和多相（非均相）催化两种类型。

光催化氧化法原理：通过氧化剂在光的激发和催化剂的催化作用下产生·OH氧化分解有机物。与传统的吸附法、混凝法、活性污泥法、物理法、化学法等处理方法比较，光催化氧化降解水中有机污染物具有能耗低、操作简便、反应条件温和、可减少二次污染等突出优点，日益受人们重视。常用的催化剂有TiO_2、ZnO、WO_3、CdS、ZnS、SnO_2和Fe_3O_4等。实验证明，TiO_2光催化反应对于工业废水具有很强的处理能力。

2. 光催化反应器

按反应器床层状态，负载型光催化反应器分为固定床型和流化床型两种。

固定床光催化反应器是研究较多的负载型光反应器，通过化学反应将光催化剂粉体固定于大的连续表面积的载体上，反应液在其表面连续流过。有平板式、浅池式、环形固定膜式、管式和光化学纤维束式等几种。管式光催化反应器是应用类型最多的一种，其反应都是在透光性能较好的玻璃管或塑料管中进行。

流化床光催化反应器主要有液固相流化床光催化反应器、气固相流化床光催化反应器和三相流化床光催化反应器。

3. 光电催化反应

光电催化反应可以看作是光催化和电催化反应的特例，同时具有光、电催化的特点。它是在光照下，在具有不同类型（电子和离子）电导的两个导体的界面上进行的一种催化过程。

将光电催化氧化用于去除水中有机污染物，主要是借助外加电压移去光阳极上的发光电子，减少光生电子和光生空穴发生简单复合的概率，通过提高量子化效率达到提高光催化氧化效率的目的。

12.5.6　超临界水氧化技术

1. 超临界水及其特征

在通常条件下，水以蒸汽、液态水和冰三种状态存在，是极性溶剂，可以溶解大多数电解质，对气体和大多数有机物则微溶或难溶，水的密度几乎不随压力改变。但是，如果将水的温度和压力升高到临界点（$T_c = 374.3℃$，$p_c = 22.05MPa$）以上，就会处于一种既不同于气态也不同于液态和固态的新的流体态——超临界态，该状态的水称之为超临界水。在超临界条件下，水的密度、介电常数、黏度、扩散系数、电导率和溶剂化性能等发生了极大的变化，不同于普通水。

2. 超临界水化学反应

超临界水具有许多独特的性质。如极强的溶解能力、高可压缩性，且水无毒、价廉、容易与许多产物分离。在实际过程中，许多要处理的物料本来就是水溶液，在多数情况下不必将水与最终产物分离，这就使得超临界水成为很有潜力的反应介质。

超临界水化学反应已受到了广泛的重视。表12-4给出了已开发研究的超临界水化学反应的主要类型及应用对象。

表 12-4　超临界水化学反应的主要类型及应用对象

反应类型	应用举例
氧化反应	处理有毒废物
脱水反应	乙醇脱水制乙烯
水热合成	合成无机材料
水解和裂解	煤和木材液化
加氢、烷基化	烃加工

3. 超临界水氧化原理与反应机理

超临界水氧化的主要原理是利用超临界水作为介质来氧化分解有机物。在水氧化过程中，由于超临界水对有机物和氧气都是极好的溶剂，有机物的氧化可以在富氧的均相中进行，反应不会因相间转移受限制。同时，很高的反应温度（建议温度范围 400～600℃）也使反应速度加快，可在几秒钟内对有机物达到很高的破坏效率。有机废物在超临界水中进行的氧化反应，概略地可用以下化学方程表示：

$$\text{有机化合物} + O_2 \longrightarrow CO_2 + H_2O$$

$$\text{有机化合物中的杂原子} \xrightarrow{[O]} \text{酸、盐、氧化物}$$

$$\text{酸} + NaOH \longrightarrow \text{无机盐}$$

超临界水氧化反应完全彻底。有机碳转化成 CO_2，氢转化为水，卤素原子转化为卤化物的离子，硫和磷分别转化为硫酸盐和磷酸盐，氮转化为硝酸根和亚硝酸根离子或氮气。超临界水氧化过程在某种程度上与燃烧相似，在氧化过程中释放出大量的热，反应一旦开始，可以自己维持，无须外界能量。

美国 Modar 公司给出了氯化有机物在超临界水氧化后的分解结果，反应条件：600～650℃，25MPa。多氯联苯的废料，在 918K 和停留时间仅为 5s 时，有 99.99%以上废料被分解。

目前，已成功地对硝基苯、尿素、氰化物、酚类、乙酸和氨等化合物进行了超临界水氧化的试验。

超临界水氧化反应的机理：自由基反应机理，认为自由基是由氧气进攻有机物分子中较弱的 C-H 键产生的。过氧化氢再进一步被分解成羟基。

$$RH + O_2 \longrightarrow R\cdot + HO_2\cdot$$

$$RH + HO_2\cdot \longrightarrow R\cdot + H_2O_2$$

$$H_2O_2 + M \longrightarrow 2HO\cdot$$

M 可以是均质或非均质界面。在反应条件下，过氧化氢也能热解为羟基。羟基具有很强的亲电能（586kJ），几乎能与所有的含氢化合物作用。

$$RH + HO\cdot \longrightarrow R\cdot + H_2O$$

而产生的自由基（R·）能与氧气作用生成过氧化自由基，它能与所有的含氢化合物作用。

$$R\cdot + O_2 \longrightarrow ROO\cdot$$

$$ROO\cdot + RH \longrightarrow ROOH + R\cdot$$

过氧化物通常分解生成分子较小的化合物，这种断裂迅速进行直至生成甲酸或乙酸为止。甲酸或乙酸最终转化为 CO_2 和水。不同的氧化剂如氧气或过氧化氢的自由基引发过程是不同的。一般认为自由基获取氢原子的过程为速度控制步骤。

4. 超临界水氧化技术的工艺及装置

由于超临界水具有溶解非极性有机化合物的能力，在足够高的压力下，它可以与有机物和氧或空气完全互溶，这些化合物可以在超临界水中均相氧化，并通过降低压力或冷却选择性地从溶液中分离产物。

超临界水氧化处理污水的工艺最早由 Modell 提出的，其流程如图 12-15 所示。先用泵压入氧化反应器的污水与一般循环反应物直接混合，加热升至高温，再将空气增压，通过循环用喷射泵把上述的循环反应物一并带入反应器。有机物与氧在超临界水相中迅速反应，直至完全氧化，氧化释放出的热量足以将反应器内的所有物料加热至超临界状态，在均相条件下，有机物和氧进行反应。离开反应器的物料进入旋风分离器，生成的无机盐等固体物料从流体相中沉淀析出。离开旋风分离器的物料一分为二，一部分循环进入反应器，另一部分作为高温高压流体先通过蒸汽发生器，产生高压蒸汽离开分离器，进入透平膨胀机，为空压机提供动力。液体物料（主要是水和溶在水中的 CO_2）经排出阀减压，进入低压气体分离器，排放分离出的气体（主要是 CO_2），液体则为洁净水，作为补充水进入水槽。研究表明，当温度为 550~600℃ 时，反应时间为 5s，转化率可达 99.99%。延长转化时间可降低反应温度，但会增大反应器体积，增加投资。对于高浓度有机物污水，要在进料中补充水。

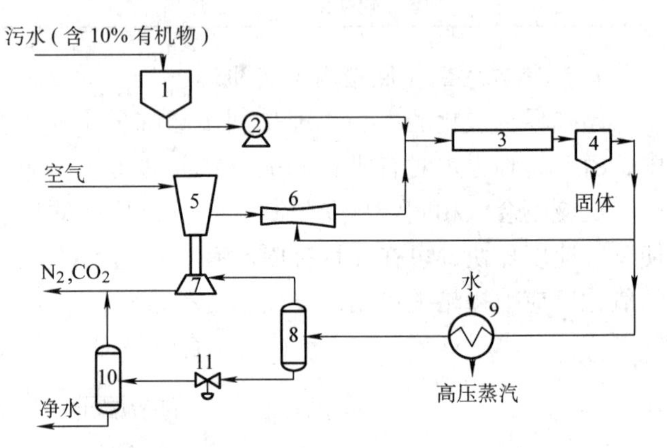

图 12-15 超临界水氧化处理污水流程

1—污水槽 2—污水泵 3—氧化反应器 4—固体分离器 5—空气压缩机 6—循环用喷射泵 7—透平膨胀机 8—高压气体分离器 9—蒸汽发生器 10—低压气体分离器 11—减压阀

12.5.7 低温等离子体氧化技术

（1）低温等离子体氧化法机理 低温等离子体是在特定的反应器内，由高压脉冲电源向水中或水面之上的空间注入能量产生。当陡前沿、窄脉冲的高压施加于放电极与接地极之间时，巨大的脉冲电流使系统温度剧升，在两极之间形成放电通道，同时高强电场使电子瞬间获得能量成为高能电子，与水分子碰撞解离，在高温条件下，通道内就形成了稠密的等离子体。低温等离子体主要由电子、正负离子、激发态的原子、分子以及具有强氧化性的自由基等组成，在放电作用下，这些活性物质轰击污染物中的 C—C 键及其他不饱和键，发生断键和开环等一系列反应或部分使大分子物质变成小分子，从而提高难降解物质的可生化性。

（2）低温等离子体氧化法特点 低温等离子体降解有机物的过程是集自由基氧化、紫外光解、高温热解、液电空化降解以及超临界水氧化等多种氧化技术相互交替作用的过程，既包括等离子体通道内有机物的直接降解，也包括等离子体通道外的高级氧化。

（3）低温等离子体氧化装置　低温等离子体水处理反应器是将电能转化成化学能的场所，是低温等离子体水处理技术的核心。根据电极结构的不同，低温等离子体处理废水反应器主要有针板式反应器、棒棒式反应器、线筒式反应器、环筒式反应器、泡沫式反应器、隔膜放电反应器、介质阻挡放电式反应器等。

（4）低温等离子体处理有机废水的研究进展　利用低温等离子体氧化法处理难降解有毒废水的研究现处于试验阶段，多为处理单一组分的模拟废水，如苯酚、TNT、苯乙酮、各种染料等。等离子体对这些有机物的去除率与多种因素有关，包括放电电极极性，放电峰压、放电频率、溶液电导率、pH 值、添加剂等。

12.5.8　超声高级氧化

超声氧化法是利用一定范围内的超声波辐射，使溶液产生超声空化，经过一定的物理化学过程产生强氧化性的自由基，从而完成对溶液中有机物的降解。超声氧化法具有氧化能力强、操作简单、反应速率快、不产生二次污染等优点，但缺点是单独使用时处理效果不佳。因此，超声氧化法通常与其他高级氧化技术联合使用，改善处理效果。

12.6　其他氧化方法

12.6.1　催化湿式氧化

催化湿式氧化法（Catalytic Wet Air Oxidation，CWAO）是在传统的湿式氧化（WAO）工艺中加入适宜的催化剂，降低反应所需的温度和压力，提高氧化分解能力，防止设备腐蚀并降低成本的方法。

湿式氧化的催化剂主要包括过渡族金属及其氧化物、复合氧化物和盐类。催化湿式氧化可分为均相催化和非均相催化两类。

均相催化湿式氧化法指通过向反应溶液中加入可溶性的催化剂，以分子或离子水平对反应过程起催化作用的氧化法。早期研究集中在均相催化剂上，均相催化的反应温度更温和，反应性能更专一，有特定的选择性。均相催化的活性和选择性，可以通过配体的选择、溶剂的变换及促进剂的增添等因素，精细地调配和设计。当前受到重视的均相催化剂是可溶性的过渡金属的盐类，以溶解离子的形式混合在废水中，以铜盐效果较为理想。因为在结构上，Cu(Ⅱ) 外层具有 d^9 电子层结构，轨道的能级和形状都使其具有显著的形成络合物的倾向，容易与有机物和分子氧的电子结合形成络合物，并通过电子转移或配位体转移使有机物和分子氧的反应活性得到提高。

在均相催化湿式氧化系统中，混溶于废水中的催化剂难以分离回收，对环境造成污染。非均相催化剂与废水的分离处理流程较简便，还具有活性高、易分离、稳定性好等优点。20 世纪 70 年代后期，注意力已经转移到高效稳定的非均相催化剂上。非均相催化剂主要有贵金属系列、铜系列和稀土系列三大类。贵金属作为催化剂的催化湿式氧化已有应用。为了降低价格，研究重点放在非贵金属催化剂上。

12.6.2 助加催化湿式氧化

由于WAO工艺需要在很高的反应压力和温度下进行，在WAO反应过程中，引入H_2O_2作为启动剂，在较温和的反应条件下，先由H_2O_2和Fe^{2+}组成Fenton试剂形成·OH自由基，再进行链的激发和繁殖，可缩短反应诱导期，启动并加速氧化反应。这种在催化湿式氧化体系中引入启动剂的工艺称为助加催化湿式氧化（Promoted Catalytic Wet Air Oxidation，PC-WAO）。

为降低催化湿式氧化反应所需的温度和压力，在该体系中引入了启动剂H_2O_2。试验温度为150℃，初始氧分压为1.92MPa，25℃，$FeSO_4$投入量以Fe^{2+}计为50mg/L，H_2O_2为30%的液体。含PVA的退浆废水进水COD为12600mg/L，当反应温度达到150℃，用高压氧气将高压容量瓶中的H_2O_2吹入反应器，计时取样分析，结果表明，随着H_2O_2加入量递增，反应速率明显加快，有机污染物的去除率显著提高。和不加H_2O_2的CWAO对比，加入5%COD的H_2O_2后，随着反应的进行，COD和TOC的去除率逐渐上升。当加入10%COD的H_2O_2后，TOC和COD的去除率比加入5%COD的H_2O_2有一个跃升。而加入40%COD的H_2O_2后，在反应的前期，去除率迅速增加；当反应30min以后，TOC的去除率变平缓，而COD的去除率还有明显的增加，直至反应90min以后，COD和TOC的去除率增加不显著。

在无H_2O_2诱导的体系中，尽管加入50mg/L的Fe^{2+}，由于150℃的反应温度下不能将O_2裂解成O·自由基，温度150℃所提供的能量也难以激发有机物RH和O_2反应形成R·自由基。当H_2O_2加入后，温度150℃条件下，H_2O_2与Fe^{2+}组成Fenton试剂形成·OH自由基，同时Fenton也会攻击RH的薄弱键产生R·和·OH自由基。R·和HO·自由基产生链发反应，从而达到启动反应的目的。

12.6.3 催化湿式双氧水氧化

WAO系统总压包括该温度下水的饱和蒸汽压与该反应条件下所需的初始氧分压两部分。如果要降低系统的反应总压，在高温反应条件下有效的途径是取消气态氧，替换为液态氧化剂。一方面，氧化剂H_2O_2的加入取代了高压氧或压缩空气，节省了高压动力设备或空气分离设备，降低了系统的总压，克服了湿式氧化工艺因高压所引起的设备腐蚀、操作安全等问题。另一方面，H_2O_2代替气态氧化剂，克服了气-液传质阻力，加快反应速度。因此，使H_2O_2在较高的温度和压力略高于水的饱和蒸汽压的状态下，可以维持液相反应，从而提高反应效果。

催化湿式双氧水氧化（Catalytic Wet Proxide Oxidation，CWPO）主要受温度、pH值、H_2O_2的加入量以及Fe^{2+}浓度的影响。研究表明，CWPO能在较低的反应温度和压力下取得较好的污染物去除效果，该工艺不需高温和高压，是一种很有前途的催化氧化工艺。然而，该工艺双氧水投加量大，运行费用高。但对于高浓度难降解有毒有害有机污染物来说，不失为一种高效的处理工艺。

12.6.4 催化超临界水氧化技术

超临界水氧化技术在处理废水和剩余活性污泥方面已有了成功的工业化应用。但苛刻的反应条件对金属腐蚀性强，设备材质要求高。另外，该技术对某些化学性质稳定的化合物，反应

时间较长，对反应条件要求较高。为了提高反应速率，缩短反应时间，降低反应温度，优化反应网络，使超临界水氧化技术能充分发挥出其优势，研究者将催化剂引入超临界水氧化技术，开发了超临界催化湿式氧化技术（Supercritic Catalytic Wet Air Oxidation，SCWAO）。

SCWAO 开发的关键是找到在超临界水中既稳定又具有活性的催化剂。对适合于 SCWAO 环境的催化剂的选择，主要是基于以往催化亚临界水氧化反应，即催化 WAO 过程的研究，催化 WAO 相对于传统的 WAO 过程，提高了反应转化率和总的氧化效率，期望这些催化剂在 SCWAO 中也能发挥类似的作用。

目前，研究已覆盖苯酚、氯苯酚、苯、二氯苯及较难反应的氨、乙酸等中间产物的催化超临界水氧化过程，研究主要集中于反应物去除速率、反应路径、从反应物直接生成 CO_2 的选择性以及催化剂的催化特性。研究表明，催化 SCWAO 过程比常规 CWAO 过程优势明显。但催化剂的活性、稳定性等受 SCWAO 环境的影响较大，并对催化 SCWAO 的效果影响明显，可能妨碍或限制催化剂在 SCWAO 中的应用。

练习题

12-1 臭氧氧化法的基本原理是什么？

12-2 比较二氧化氯与氯气氧化还原的优缺点。

12-3 以纳米 TiO_2 光催化降解有机磷农药为例说明光化学氧化的原理。

12-4 超临界水与常温常压下的水相比有哪些优点和不足？

12-5 试比较高级氧化技术与传统氧化技术的优缺点。

12-6 微电解技术的基本原理是什么？

第 13 章

膜法

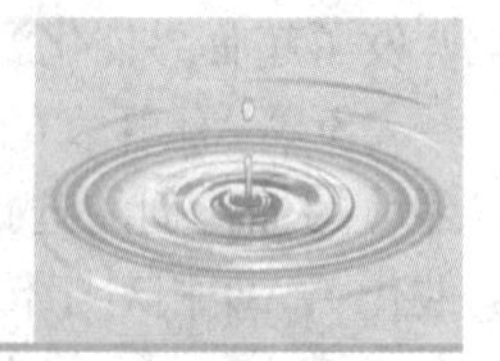

学习要点

本章提要：介绍了微滤（MF）、超滤（UF）、反渗透（RO）、渗析（D）和电渗析（ED）等膜法的基本原理与特点、技术方法及其在水处理中的应用。膜可看作是两相之间的一个半渗透隔层，当一定的推动力作用于膜的两侧时，它能按照物质的理化性质使物质得到分离。隔层可以是固态、液态，甚至是气态的。推动力可以是压力差、温度差、浓度差或电位差。

本章重点：各类膜技术的特点及其在水处理中的应用。

本章难点：膜法的基本原理。

13.1　膜的分类、组件及过滤机理

13.1.1　膜的分类及膜分离的特点

膜广泛存在于自然界中，尤其是在生物体内。20 世纪中期，随着物理化学、聚合物化学、生物学、医学和生理学等学科的发展，新型膜材料及制膜技术不断进步，膜分离技术随之得到了发展。通常按照物质的分离范围和推动力对膜分离法进行分类。主要有微滤（microfiltration，MF）、超滤（ultrafiltration，UF）、纳滤（nanofiltration，NF）、反渗透（reverse osmosis，RO）、渗析（dialysis，D）和电渗析（electro-dialysis，ED）等。

微滤膜和反渗透膜是利用压力使水透过的两种膜的分离过程，其中微滤膜只能分离微粒性物质，反渗透膜能截留很多小分子溶质，只能允许水分子通过膜。电渗析是根据水中离子的性质进行分离的，这种透过膜的物质是离子，推动力是电位差。膜的分类及基本特点见表 13-1。

表 13-1　膜的分类及基本特点

过程	示意图	膜类型	推动力	传递机理	透过物	截留物	膜孔径
微滤（MF）	原料液 → 滤液	多孔膜	压力差 ~0.1MPa 或<0.1MPa	筛分	水、溶剂、溶解物	悬浮物 各种微粒	0.03~10nm

（续）

过程	示意图	膜类型	推动力	传递机理	透过物	截留物	膜孔径
超滤（UF）	原料液 浓缩液 滤液	不对称膜	压力差（0.1~1MPa）	筛分	溶剂、离子、小分子	胶体及各类大分子	1~20nm
纳滤（NF）	原料液 浓缩液 渗透液	复合膜致密不对称膜	压力差（0.5~2.5MPa）	筛分、溶解、扩散	水和溶剂（分子量<200）	溶质、二价盐、糖和染料（相对分子质量200~1000）	1nm以上
反渗透（RO）	原料液 浓缩液 溶剂	不对称膜复合膜	压力差（2~10MPa）	溶剂的溶解-扩散	水、溶剂	悬浮物、溶解物、胶体	
电渗析（ED）	浓电解质 溶剂 阳极 阴极 阴膜 阳膜 原料液	阴、阳离子交换膜	电位差	离子在电场中的选择性传递	离子	非解离和大分子颗粒	
渗析（D）	原料液 净化液 扩散液 接受液	不对称膜离子交换膜	浓度差	溶质的扩散传递	相对分子质量的物质、离子	溶剂、大分子溶解物	>0.02μm，血液渗析中>0.005μm

膜分离技术的特点：分离过程通常在常温下进行，不发生相变化，能耗较低，因此特别适合处理热敏性物料，如对果汁、酶、药品的分离、分级、浓缩与富集，也适用于有机物、无机物、病毒、细菌及微粒等的分离。膜分离法装置简单，易操作，可实现全自动化，维护方便，分离效率高。

13.1.2 膜过滤机理

膜过滤脱除颗粒物的主要机理是筛分，但是也受吸附和滤饼层形成的影响。

1. 筛分

筛分，又称空间排阻，是膜过滤的主要过滤机理。理论上，大于膜过滤精度的颗粒会收集在膜表面，而水和更小的颗粒物会通过膜。但它是基于颗粒尺寸和膜过滤精度之间是阶梯函数关系，对尺寸大于膜过滤精度的颗粒其截留率 R = 100%，对于尺寸小于膜过滤精度的颗粒，其截留率 R=0，但颗粒去除率相对于膜过滤精度不是简单的阶梯函数。当颗粒尺寸接近于膜过滤精度时，就会发生非理想的膜过滤，过滤性能会受到孔道尺寸变化、颗粒的非球状形状和其他如静电排斥力等相互作用的影响。

2. 吸附

天然有机物能吸附到膜表面，因此，溶解性物质也可能被截留，尽管其物理尺寸比膜过滤精度小很多数量级。在新膜过滤初期，吸附可能是一个重要的截留机理。但是，随着吸附量迅速饱和，对于长期运行的膜过滤器，吸附不再是有效的机理。尽管如此，吸附对膜过滤操作仍有很大的影响。吸附的物质会降低膜中空隙尺寸，会增加膜通过筛分截留更小颗粒的能力，且吸附天然有机物是造成膜污染的首要因素。

3. 滤饼形成

在过滤过程中，由于筛分作用固体颗粒会迅速积累在新膜表面形成滤饼。膜表面的滤饼作为过滤介质，为固体截留提供另一种机理。滤饼厚度随过滤时间增加而增厚，但在反洗中滤饼可以部分或完全去除，其过滤性能随着时间变化，滤饼通常又被称为动态膜。

13.1.3 膜材料及其性能参数

1. 膜材料

目前使用的固体分离膜大多数是高分子聚合物，近年又出现了无机材料分离膜。高分子聚合物膜通常由纤维素类、聚砜类、聚酰胺类、聚酯类、含氟高聚物等材料制成。无机分离膜包括陶瓷膜、玻璃膜、金属膜等。

膜的传质阻力由膜的总厚度决定，降低膜的厚度可以提高透过速率。膜的种类较多，通常按膜的形态结构将分离膜分为对称膜和不对称膜两类。对称膜是一种均匀的薄膜，又称均质膜，膜两侧截面的结构及形态完全相同，厚度约 10~200μm。不对称膜的横断面为不对称结构，由厚度为 0.1~0.5μm 的致密皮层和 50~150μm 的多孔支撑层构成，其支撑层结构在较高的压力下也不会引起很大的形变。一体化不对称膜是由同种材料制成的，但不对称复合膜的皮层和支撑层由不同的聚合物构成，针对不同要求分别进行优化，可使膜整体性能达到最优。不对称膜的传质阻力小，分离主要或完全由很薄的皮层决定，其透过速率较对称膜高得多，应用广泛。

2. 膜的性能

膜是膜分离装置的核心部件，其性能直接影响分离效果、操作能耗及设备的规模。膜的性能主要包括透过性能与分离性能两方面。

（1）透过性能　能够使被分离的混合物有选择地透过是分离膜的最基本要求。表征膜透过性能的参数是透过速率，它是指单位时间单位膜面积透过组分的通量，对于水溶液体系，又称透水率或水通量，以 J 表示为

$$J=\frac{V}{At} \tag{13-1}$$

式中　J——透过速率 [$m^3/(m^2\cdot h)$ 或 $kg/(m^2\cdot h)$]；

V——透过组分的体积或质量（m^3 或 kg）；

A——膜有效面积（m^2）；

t——操作时间（h）。

膜的透过速率与膜材料的化学特性和分离膜的形态结构有关，随操作推动力的增加而增大。膜的透过速率决定分离设备的大小。

（2）分离性能　膜必须对被分离混合物中各组分具有选择透过的能力，即具有分离能力，这是膜分离过程得以实现的前提。膜分离性能包括截留率、截留相对分子质量、分离因数等。

1）截留率。对于反渗透过程，通常用截留率表示其分离性能。截留率反映膜对溶质的截留程度，对盐溶液又称为脱盐率，以 R 表示为

$$R=\frac{C_F-C_P}{C_F}\times 100\% \tag{13-2}$$

式中　C_F——原料中溶质的浓度（kg/m^3）；

　　C_P——渗透物中溶质的浓度（kg/m^3）。

截留率为100%表示溶质全部被膜截留，为理想的半渗透膜；截留率为0%表示溶质全部透过膜，无分离作用。通常截留率在0%~100%之间。

2）截留相对分子质量。截留相对分子质量是指截留率为90%时所对应的相对分子质量。在超滤和纳滤过程中，通常用截留相对分子质量表示其分离性能。它在一定程度上反映了膜孔径的大小，通常可用一系列不同相对分子质量的标准物质进行测定。

膜的分离性能主要取决于膜材料的化学特性和分离膜的形态结构，也与膜分离过程的操作条件有关。膜的分离性能对分离效果、操作能耗都有决定性的影响。

13.1.4　膜组件

工业应用中通常需要较大面积的膜。安装膜的最小单元称为膜组件。膜组件的设计有多种形式，通常根据平板膜与管式膜这两种膜构型进行设计，板框式和卷式膜组件大多使用平板膜，管式、毛细管式和中空纤维膜组件均使用管式膜。

1. 板框式膜组件

板框式膜组件构造如图13-1所示。

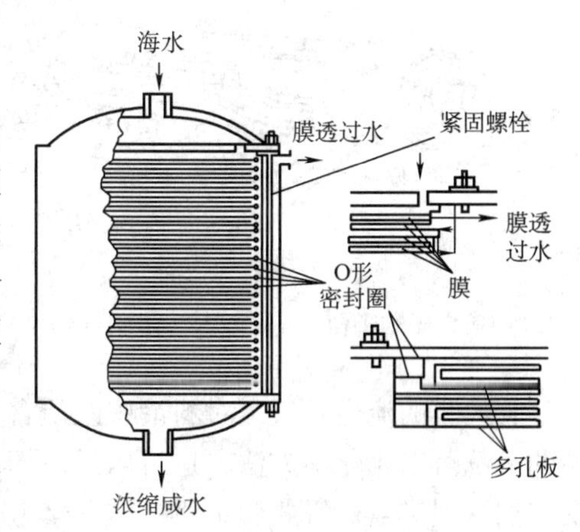

图13-1　板框式膜组件构造

板框式膜组件是最早将平板膜直接加以使用的一种滤器，类似于化工单元操作设备中的板框式过滤机。它们的区别在于板框式过滤机的过滤介质是帆布、棉饼，而板框式膜组件所用的是分离膜。由于处理对象及对料液的要求不同，板框式膜组件的结构设计与板框式过滤机略有区别，但基本部件都是平板膜、支撑盘和间隔盘。

板框式膜组件的突出优点是操作灵活，只需简单地增加膜的层数可以实现增大处理量，组装简单、坚固，现场作业的可靠性较强；每两片膜之间的渗透物都是被单独地引出来的，可以通过关闭个别膜对来消除操作中的故障，不必使整个组件停止运行。但板框式膜组件中需要个别密封的数目太多，装置越大对各零部件的加工精度要求也就越高，尽管组件结构简单，但成

本较高，装填密度仅能达到100~400m^2/m^3。

2. 卷式膜组件

卷式膜组件一般用多孔性的淡水隔网被夹在信封状的半透膜带内，半透膜的开口与中心集水管密封，然后衬上盐水隔网，连同膜带一起在中心管外缠绕成卷。膜带的数目称为叶数，叶数越多密封的要求也越高。在分离过程中，原料溶液从端面进入，轴向流过膜组件，而渗透物在多孔支撑层中沿螺旋路线流进收集管。盐水隔网不仅为原水提供通道，而且兼有湍流促进器的作用。隔网的大小、形状均会影响水流状态。针对不同的处理对象，可对卷式膜组件的结构做相应的改进。螺旋卷式膜组件结构简单，造价低廉，装填密度可达1000m^2/m^3，还具有一定的抗污染性，虽然有不易清洗等明显缺点，但应用较广，如图13-2所示为螺旋卷式膜组件构造。

3. 管式膜组件

除毛细管式膜和中空纤维膜外，管式膜组件一般是由圆管式的膜及膜的支撑体构成，如图13-3所示。由于膜本身的强度不高，需要具有良好透水性和承压的高强度材料来支撑。当膜处于支撑管的内壁或外壁时，构成了内压管式或外压管式组件。多数场合下分离皮层在膜的内侧，管状膜直径为6~24mm。陶瓷管式膜多采用特殊的蜂窝结构，在这种结构中，陶瓷载体中开有若干个孔，可以用溶胶-凝胶法在这些管的内表面制备分离皮层。料液走管内，渗透物穿过膜，然后从外套环隙中渗出。有的组件中滤液不能透过支撑管，则需在支撑管和膜之间安装一层很薄的多孔纤维网。这种纤维网不仅不会阻碍滤液向支撑管上紧密排布的钻孔口的横向传递，同时还为膜在钻孔范围内起到必需的支撑作用。根据管状膜多少，管式膜组件可分为单管式和列管式两种。列管式组件膜的组合形式有串联式和并联式两种。为了提高装填密度，许多制造商采用列管式。

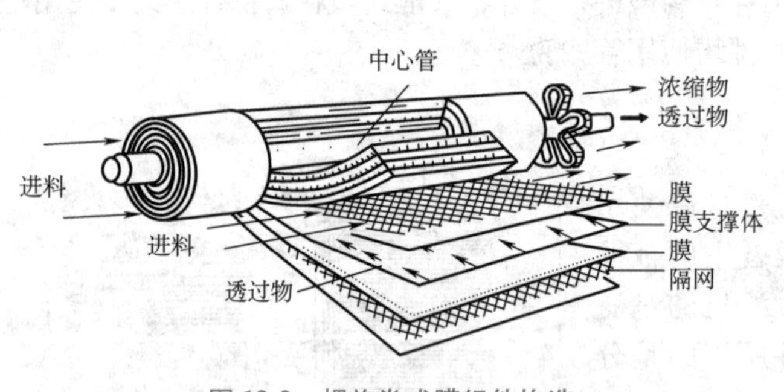

图13-2 螺旋卷式膜组件构造

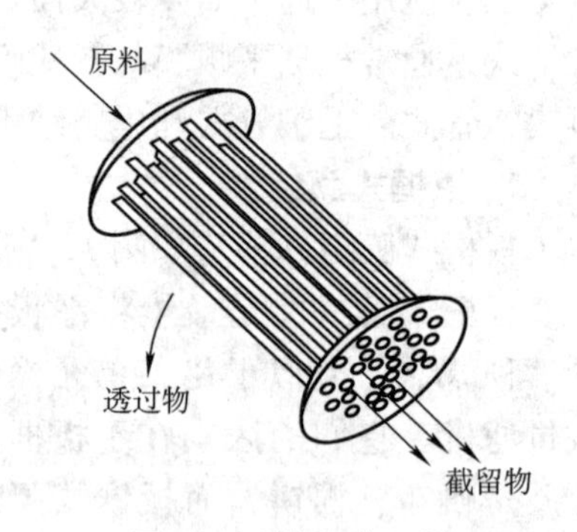

图13-3 管式膜组件

管式膜的流道较大，对料液中杂质含量的要求不高，可用于处理固体含量高的料液。膜面的清洗可以用化学方法，也可以用海绵球之类的机械清洗方法。为了改进流动状态，可以安装湍流促进器。管式膜组件的进料体积通量较大，通常需要弯头连接（压力损失较大）。管式膜组件装填密度小于300m^2/m^3。

4. 毛细管膜组件

毛细管膜组件的结构类似于管式膜，如图13-4所示，通常将很多的毛细管安装在一个组件中。膜的孔径较小，一般为0.5~6mm，可以承受高压，无须使用支撑管。毛细管膜的自由端一般用环氧树脂、聚氨酯和硅橡胶封装。毛细管膜主要按以下两种方式运行，可结合

具体应用场合选择：料液流经毛细管管内，在毛细管外侧收集渗透物；原料液从毛细管外侧进入组件，渗透物从毛细管管内流出。毛细管式膜组件装填密度较大，为600~1200m²/m³，制造费用低，但压缩强度较小，在多数情况下料液的流动为层流。目前多用于超滤、渗析、渗透汽化过程以及某些气体渗透过程。

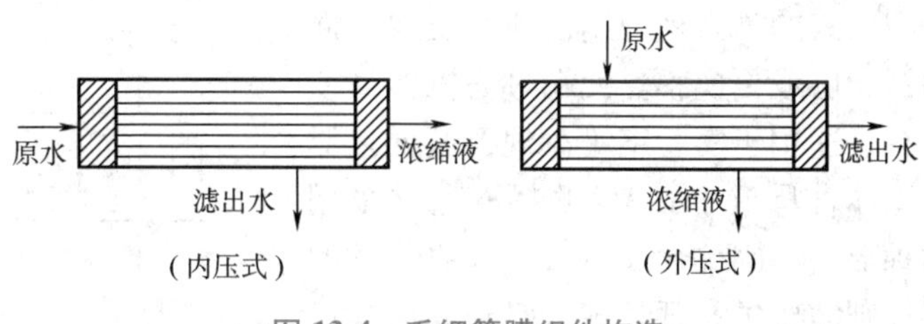

图 13-4　毛细管膜组件构造

5. 中空纤维膜组件

中空纤维膜组件与毛细管膜组件的形式相同，差别在于膜的规格不同，其构造如图13-5所示。中空纤维的外径通常约40~250μm，外内径之比为2~4，影响其耐压强度。大多数中空纤维膜组件中纤维呈U形，一端密封置于加压容器中，壳侧为加压侧，渗透物进入纤维管内，从纤维开端流出。

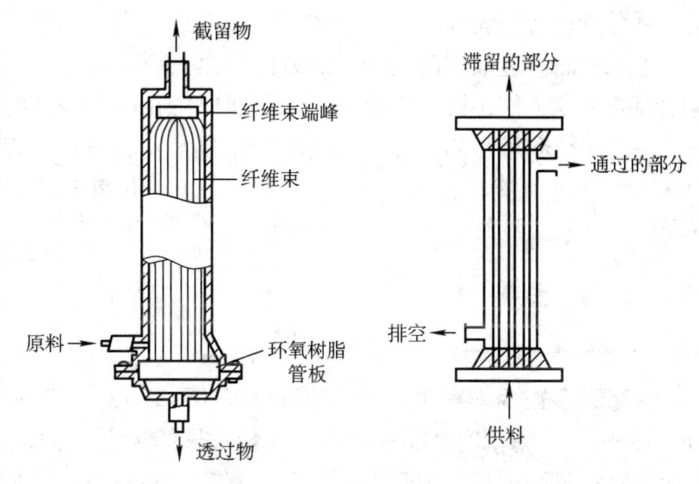

图 13-5　中空纤维膜组件构造

中空纤维主要的优点是装填密度可高达16000~30000m²/m³，对反渗透、气体分离、膜接触器、液膜等单位面积渗透通量很小的过程非常有利。但它清洗困难，只能采用化学清洗，中空纤维膜一旦损坏无法更换，液体在管内流动时阻力很大，压力损失较大。

13.2　微滤和超滤

微滤是一种精密过滤工艺，其孔径范围一般为0.03~10μm，介于常规过滤和超滤之间；超滤的孔径范围一般为1~20nm，可截留溶液中溶解的大分子溶质。

13.2.1　过滤原理与操作模式

微滤与超滤都是在压差推动力作用下的筛孔分离过程，两者原理基本相同，但所需压差和截留物质的微粒尺寸范围不同。微滤可滤除粒径为0.01~10μm的微粒。超滤膜截留的微粒相对分子质量（Molecular Weight Cutoff，MWCO）为10^3~10^6，能有效截留水中大部分胶体、大分子化合物等。

如图13-6所示，微滤有死端过滤和错流过滤两种操作模式。死端过滤时，水和小于膜孔径的溶质在压力差（该压差可通过原料液侧加压或透过液侧抽真空产生）的驱动下透过膜，大于膜孔径的颗粒被截留堆积在膜面上，随着操作的进行及压力的影响，颗粒在膜面的厚度逐渐增大，过滤阻力也越来越大，压力不变时，膜的渗透速率将下降。因此，死端过滤是间歇式的，必须周期性地清洗膜表面的污染层或更换膜。死端过滤操作简便易行，适用于实验室等小规模情况。对于固体含量低于0.1%的料液通常采用这种形式，固体含量在0.1%~0.5%的料液则需要进行预处理，对于固体含量超过0.5%的料液通常采用错流过滤操作。图13-6b所示为错流过滤操作方式，原料液平行于膜面流动，流出后成为浓缩液，而渗透液则沿垂直膜的方向流出，料液流经膜表面时产生的剪切力可将膜表面滞留的颗粒带走，使污染层不再无限增厚而保持在一个较薄的水平。错流操作对减少浓差极化和结垢是必要和可行的。微滤的错流操作技术发展很快，有代替死端过滤的趋势。利用特定膜材料的透过性能，在一定驱动力的作用下，可实现对水中颗粒、胶体、分子或离子的分离。

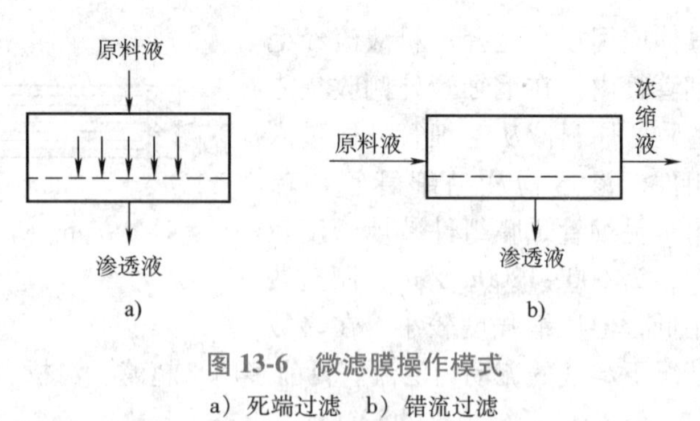

图13-6 微滤膜操作模式
a）死端过滤 b）错流过滤

13.2.2 微滤膜

1. 微滤膜的结构

微滤膜多数为对称膜结构，厚度为10~150μm。微滤膜的孔径比较均匀，孔隙率在70%~80%，过滤精度高、速度快。其最常见的类型一种是曲孔型，类似于内有相连空隙的网状海绵；另一种是毛细管型，膜孔呈圆筒状垂直贯通膜面，该类膜孔隙率小于5%，但厚度仅为曲孔型的1/15。也有不对称的微孔膜，膜孔呈截头圆锥体状贯通膜面，过滤时原水从孔径小的膜面流过，微孔膜的孔径较大，相对来说它的流动阻力较小。

2. 微滤膜的材质

微滤膜的材质分有机和无机两大类。其有机材质主要为聚合物，如纤维素酯、聚碳酸酯、聚酰胺、聚砜、聚醚砜、聚醚酰亚胺、聚氯乙烯、聚乙烯、聚丙烯、聚偏氟乙烯等。纤维素类膜因成本低，亲水性好，可热压灭菌，故应用广泛；而聚氯乙烯、聚四氟乙烯膜的化学稳定性高，可用于酸碱的过滤。无机膜主要有陶瓷膜和金属膜，具有良好的化学和热稳定性，目前主要用氧化铝、氧化锆制备陶瓷膜。

13.2.3 超滤膜的结构及操作方式

超滤膜多为不对称结构，由一层极薄（通常仅0.1~1μm）具有一定尺寸孔径的表皮层和一层较厚（常为200~500μm左右）、具有海绵状或指状结构的多孔层组成，表皮层微孔排列有序，孔径也均匀，主要起分离作用，多孔层支撑着表皮层，起支撑作用，使膜具有足够的强度。此外，多孔层疏松，孔径大，流动阻力小，从而保证高的透水速率。超滤膜的截留性能主要与膜的孔径结构及分布有关，也与膜材料及其表面性质相关。有磺化聚砜、聚砜、聚偏氟乙烯、纤维素类、聚丙烯腈、聚酰胺、聚醚砜等有机材质的超滤膜，也有用氧化铝、氧化锆制得的陶瓷超滤膜。超滤膜的工作条件受限于膜体的材质，只能应用于温和的环境。如醋酸纤维素膜只适用于pH值=3~8情况；芳香聚酰胺膜适用于pH值=5~9情况，使用温度是0~40℃；聚砜膜适用于pH值=2~12情况，使用温度是0~100℃。超滤膜有以

下三种基本操作方式。

1. 重过滤操作

重过滤主要用于大分子和小分子的分离。如图13-7所示为连续式重过滤操作过程示意图，料液中含有不同相对分子质量的溶质，通过不断地加入纯水以补充滤出液的体积，小分子组分逐渐地被滤出液带走，从而达到提纯大分子组分的目的。重过滤操作设备简单、能耗低，可克服高浓度料液渗透速率低的缺点，去除渗透组分，但浓差极化和膜污染严重。

2. 间歇操作

超滤膜的间歇错流操作主要是用泵将料液从贮罐送入超滤膜装置，通过它后再回到贮罐中。随着溶剂不断滤出，贮罐中料液液面下降，溶液浓度升高。间歇错流具有操作简单、浓缩速度快、所需膜面积小等优点，但截留液循环时耗能较大。常用于在实验室或小型处理工程。

3. 连续式操作

如图13-8所示，连续式操作多采用单级或多级错流过滤方式，常用于大规模生产。这种形式有利于提高效率，除最后一级在高浓度下操作渗透速率较低外，其他级操作的浓度不高，渗透速率较高。

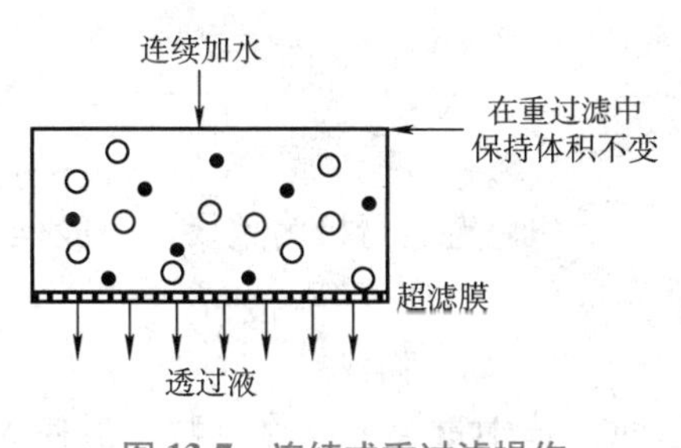

图13-7 连续式重过滤操作

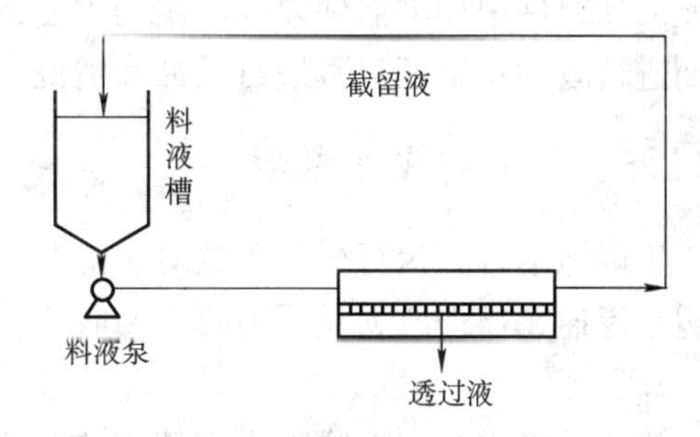

图13-8 多级错流过滤方式

13.2.4 浓差极化与膜污染

对于压力推动的膜过滤，无论是超滤、微滤还是反渗透，操作中都存在浓差极化现象。在操作过程中，由于膜的选择透过性，被截留组分在膜料液侧表面都会积累形成浓度边界层，其浓度大大高于料液的主体浓度，在膜表面与主体料液之间浓度差的作用下，将导致溶质从膜表面向主体料液的反向扩散，这种现象称为浓差极化，如图13-9所示。浓差极化使得膜面处浓度 c_i 增加，加大了渗透压，在一定压差 Δp 下使溶剂的透过速率下降，同时 c_i 的增加又使溶质的透过速率提高，使截留率下降。由于进行超滤的溶液主要含有大分子，其在水中的扩散系数极小，导致超滤的浓差极化现象较为严重。

膜污染是指料液中的某些组分在膜表面或膜孔中沉积导致膜透过速率下降的现象。膜污染主要发生在超滤与微滤过程中。组分在膜表面沉积形成的污染层将产生额外的阻力，该阻力可能远大于膜本身的阻力而成为过滤的主要阻力。组分在膜孔中的沉积，将造成膜孔减小甚至堵塞，实际上减小了膜的有效面积。

图13-10所示为超滤过程中压力差 Δp 与透过速率 J 之间的关系。对于纯水的超滤，其水通量与压力差成正比；而对于溶液的超滤，由于浓差极化与膜污染的影响，超滤通量随压

差的变化关系为曲线，当压差为一定值时，提高压力只能增大边界层阻力，而不能增大通量，从而存在极限通量 J_{∞}。

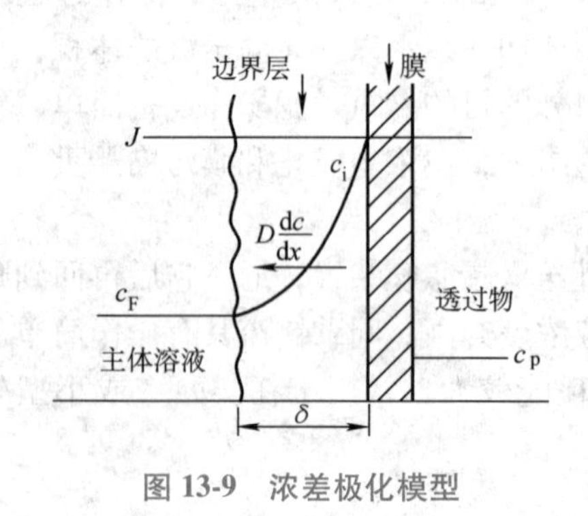

图 13-9 浓差极化模型

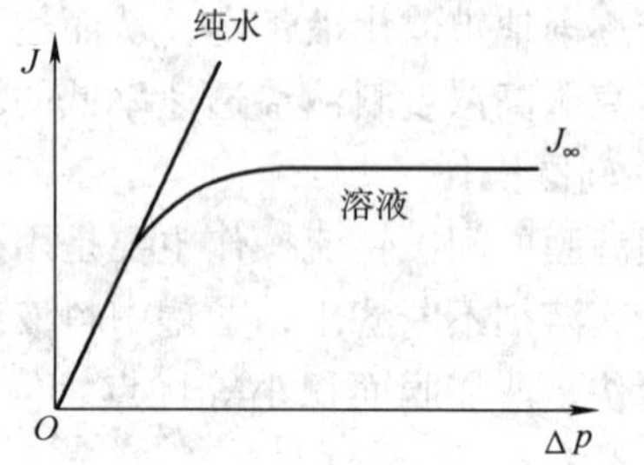

图 13-10 超滤通量与操作压力差的关系

由此可见，浓差极化与膜污染均会使膜透过速率下降，影响操作过程。因此，应设法减轻浓差极化与膜污染，主要途径：对原料液进行预处理，除去料液中的大颗粒；提高料液的流速或在组件中加内插件以提高湍动程度，减薄边界层厚度；选择适当的操作压力；对膜的表面进行改性；定期对膜进行反冲和清洗。

13.2.5 超滤的操作参数

正确地掌握和执行操作参数对超滤系统的长期、安全和稳定运行极为重要。一般操作参数包括流速、操作压力及压力降、回收比、浓缩水排放量和工作温度等。

1. 流速

流速是指供给水在膜表面上流动的线速度，是超滤系统中重要的操作参数。流速太快，不但会产生过大的压力降，造成水的浪费，还加速了超滤膜分离性能的衰退。反之，如果流速过慢，容易产生浓差极化现象，影响透水性能，使透水质量下降。最佳流速通常依据实验来确定。不同构型的超滤组件要求流速不一样，即便是相同构型的组件，处理不同的料液，要求的流速也可能相差甚远，如浓缩电泳漆的流速约等于处理水的 8~10 倍。供给水量的多少，决定了流速的快慢，实际运行中可按产品说明书标定的数值操作。

2. 操作压力及压力降

（1）操作压力　超滤工作压力泛指在超滤处理溶液通常所使用的工作压力，约为 0.1~0.7MPa。分离不同相对分子质量的物质，要选用相应截留相对分子质量的超滤膜，操作压力也有所不同。需要截留物质的相对分子质量越小，选择膜的截留相对分子质量也小，所需要的工作压力就比较高。在允许工作压力范围内，压力越高，膜的透水量就越大；但压力又不能过高，以防产生膜被压密的现象。

（2）压力降　组件进出口间的压力差称为压力降，又称压力损失。它与供水量、流速及浓水排放量密切相关。供水量与浓缩水排放量越大，流速越快，则压力降也就越大。压力降大，说明处于下游的膜未达到所需要的工作压力，直接影响到组件的透水能力。因此，实际生产中，尽量控制过大的压力降。随着运转时间的延长，污垢的积累增加了水流的阻力，使得压力降增大，当压力降值高出初始值 0.05MPa 时，应当进行清洗，疏通水路。

3. 回收比和浓缩水排放量

回收比是指透过水量与供给水量之比率，浓水排放量是指未透过膜而排出的水量。在超滤系统中，回收比与浓缩水排放量是一对相互制约的因素。由于供给水量等于浓缩水与透过水量之和，如果浓缩水排放量大，回收比就会小；反之，如果回收比大，浓缩水排放量就小。在使用过程中，应根据超滤组件的构型和进料液的组成及状态（主要指混浊度），通过调节组件进口阀及浓缩液出口阀门，选择适当的透过液量与浓缩水量比例。

4. 工作温度

生产厂家所给出组件的性能数据绝大多数是在25℃条件下测定的。超滤膜的透水能力随着温度的升高而增大，在工程设计中应考虑供给水的实际温度，实际使用中应当乘以温度系数。在允许操作温度范围内，温度系数约为0.0215/1℃，即温度每升高1℃，透水量相应地增加2.15%。

虽然透水量随温度的升高而增加，但操作温度不能过高，温度太高将会导致膜被压密，反而影响透水量。通常应控制超滤装置工作温度（25±9）℃为宜。无调温条件时，一般也不应超过（25±10）℃，特殊用途膜除外。

13.3　反渗透

13.3.1　渗透与反渗透

能够让溶液中一种或几种组分通过而其他组分不能通过的这种选择性膜称为半透膜。可用选择性透过溶剂水的半透膜将纯水和咸水隔开，开始时两边液面等高，即两边等压、等温，水分子将从纯水一侧通过膜向咸水一侧自发流动，结果使咸水一侧的液面上升，直至到达某一高度，这一现象叫渗透，如图13-11a所示。

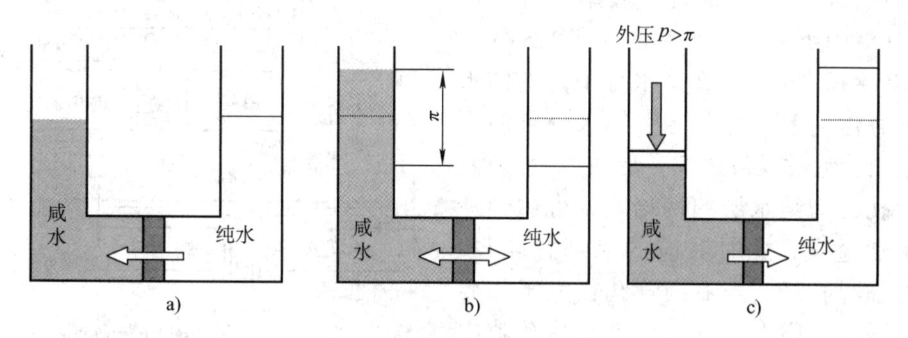

图13-11　渗透与反渗透现象

a）渗透　b）渗透平衡　c）反渗透

渗透的自发过程可由热力学原理解释，即

$$\mu = \mu^0 + RT\ln x \tag{13-3}$$

式中　μ——指定的温度压力下咸水的化学位；

μ^0——指定的温度压力下纯水的化学位；

x——咸水的摩尔分数；

R——摩尔气体常数，$R=8.314\text{J}/(\text{mol}\cdot\text{K})$；

T——热力学温度（K）。

由于 $x<1$，$\ln x$ 为负值，故 $\mu^0>\mu$，即纯水的化学位高于咸水中水的化学位，水分子便向化学位低的一侧渗透。可见，水的化学位的大小决定了质量的传递方向。

当两边的化学位相等时，渗透即达到动态平衡状态，水不再流入咸水一侧，这时半透膜两侧存在着一定的水位差或压力差，即为在指定温度下的溶液（咸水）渗透压 π。渗透压是溶液的一个性质，与膜无关。渗透压可由修正的范托夫（Van’t Hoff）方程式得出

$$\pi = icRT \tag{13-4}$$

式中 π——溶液渗透压（Pa）；

c——溶液浓度（mol/m^3）；

i——校正系数，对于海水，i 约为1.8。

如图13-11c所示，当在咸水一侧施加的压力 p 大于该溶液的自然渗透压 π 时，可迫使水反向渗透。此时，在高于渗透压的压力作用下，咸水中水的化学位升高并超过纯水的化学位，水分子从咸水一侧反向地通过膜透过到纯水一侧，称为反渗透。可见，发生反渗透的必要条件是选择性透过溶剂的膜，膜两边的静压差必须大于其渗透压差。在实际的反渗透中膜两边的静压差还要克服透过膜的阻力。因此，在实际应用中需要的压力比理论值大得多。海水淡化就是基于半透膜反渗透原理。

13.3.2 反渗透原理

目前反渗透膜的透过机理尚未有完善的解释，主要有溶解-扩散模型和优先吸附-毛细孔流动模型，其中以优先吸附-毛细孔流动模型多见，如图13-12所示。该理论以吉布斯吸附式为依据，认为膜表面优先吸附水分子而排斥盐分，因此在固-液界面上形成厚度为（5~10）×10^{-10}m（1~2个水分子）的纯水层。在压力作用下，纯水层中的水分子便不断通过毛细管流过反渗透膜，形成脱盐过程。当毛细管孔径为纯水层的两倍时，可达到最大的纯水通过量，此时对应的毛细管孔径，称为膜的临界孔径。当毛细管孔径大于临界孔径时，透水性增大，但盐分容易从孔隙中透过，导致脱盐率下降。反之，若毛细管孔径小于临界孔径时，脱盐率增大，而透水性下降。因此，在制膜时应获得最大数量的临界孔。

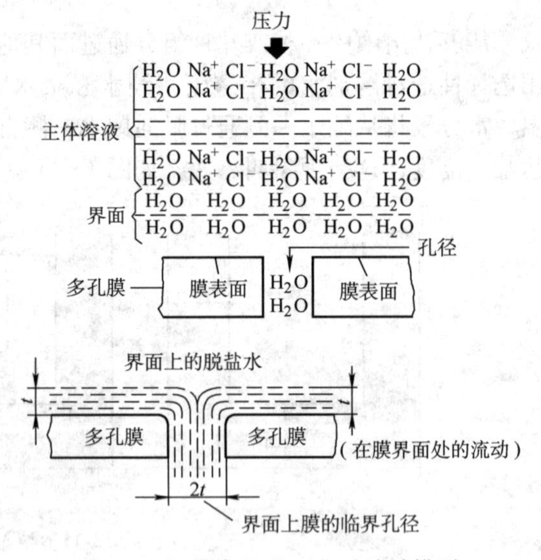

图13-12 优先吸附-毛细孔流动模型

13.3.3 反渗透装置

反渗透装置有板框式、管式、卷式和中空纤维式四种类型。应用较广的是卷式和中空纤维反渗透器。表13-2列出了几种反渗透器的性能。

表13-2 几种主要形式反渗透器的性能比较①

类型	膜装填密度/(m^2/m^3)	操作压力/MPa	透水率/[$m^3/(m^2$·天)]	单位体积透水量/[$m^3/(m^3$·天)]
板框式	492	5.5	1.02	501
管式	328	5.5	1.02	334
卷式	656	5.5	1.02	668
中空纤维式	9180	2.8	0.073	668

① 原水5000mg(NaCl)/L。脱盐率92%~96%。

13.3.4 反渗透工艺及应用

1. 反渗透工艺

反渗透的工艺一般由预处理、膜分离和后处理三部分组成。预处理是保证反渗透膜长期工作的关键，旨在防止进料水对膜的破坏，除去水中的悬浮物及胶体，阻止水中过量溶解盐沉淀结垢，防止微生物滋长。预处理通常有混凝沉淀、过滤、吸附、氧化、消毒等。对于不同的水源，不同的膜组件应根据具体情况采用合适的预处理方法。

预处理的方法确定以后，反渗透系统布置是工艺设计的关键，在规定的设计参数条件下，必须满足设计流量和水质要求。反渗透系统布置不合理，有可能造成某一组件的水通量很大，而另一组件的水通量很小，水通量大的膜污染速度加快，清洗频繁，造成损失，影响膜的寿命。如图13-13所示，反渗透布置系统有单程式、循环式、多段式等。在单程式系统中，原水一次经过反渗透器处理，水的回收率（淡化水量与进水量的比值）不高，工业上应用较少。循环式系统则是让一部分浓水回流重新处理，因此产水量增大，但淡水水质有所降低。多段式系统是将第一级浓缩液作为第二级的原料液，第二级的浓缩液再作为下一级的原料液，浓缩液逐渐减少，这样可充分提高水的回收率，增大脱盐率，它用于产水量大的场合。另外，为了保证液体的一定流速，控制浓差极化，膜组件数目应逐渐减少。

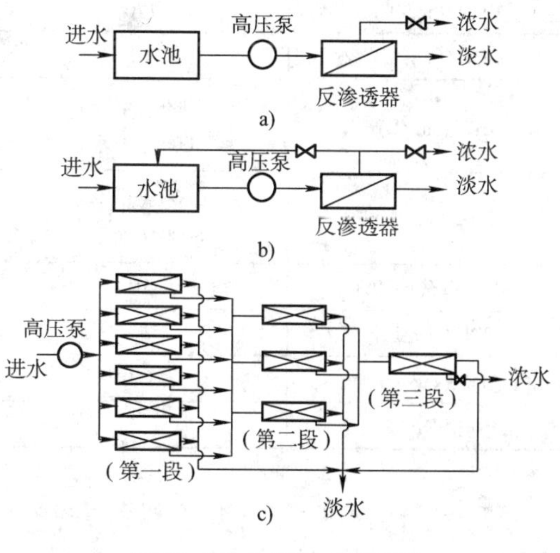

图13-13 反渗透布置系统

a）单程式 b）循环式 c）多段式

根据生产的需要，后处理一般包括离子交换树脂除盐和紫外线消毒。在城市给水工程应用中还要进行调节pH值、脱气与消毒。

2. 反渗透工艺在废水处理中的应用

天津某污水处理厂的二级出水，先投加NaClO抑制微生物繁殖，然后通过贮槽1和孔径为0.2μm的连续膜过滤水处理系统（CMF）。CMF产水分为两部分，一部分再生水用于绿化、浇洒道路、补充景观水体等；另一部分进入反渗透单元生产高品质再生水，作为工业企业的生产用水。CMF 处理规模为 6 万 m^3/天，RO 处理规模为 3 万 m^3/天，工艺流程如图 13-14 所示，处理效果见表 13-3。

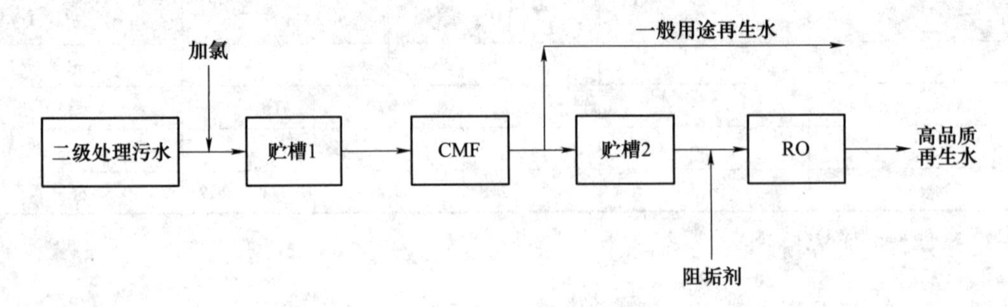

图 13-14 天津开发区“双膜法”再生水处理系统

表 13-3 CMF-RO 双膜法再生水处理效果

项目	原水水质	CMF 去除率（%）	CMF+RO 去除率（%）
浊度/NTU	15	—	—
SS/(mg/L)	30	—	—
COD/(mg/L)	120	35.7	低于检测限
BOD/(mg/L)	30	—	低于检测限
Cl^-/(mg/L)	1000（旱季） 3000（雨季）	—	94.8
TDS/(mg/L)	2000（旱季） 6000（雨季）	—	96.8
NH_4^+-N/(mg/L)	10	28.1	低于检测限
TN/(mg/L)	—	20.4	低于检测限
TP/(mg/L)	1.0	18.1	低于检测限
SDI	—	1.6~2.5	—

13.3.5 反渗透膜的分类及制备方法

1. 反渗透膜的分类

按反渗透膜的制备材料，反渗透膜可分为醋酸纤维素类（CA）膜和芳香族聚酰胺膜两大类。CA 膜具有良好的成膜性能、价廉、耐游离氯、不易污染和不结垢等优点，主要用于水的淡化除盐。但其适用 pH 值范围窄（4.0~6.5）、不抗压、易水解、性能衰减快。芳香族聚酰胺膜具有脱盐率高、通量大、适用 pH 值范围广（4~11）与耐生物降解等优点，但易受氯氧化、抗结垢和抗污染等性能差。

按反渗透膜的结构特点，反渗透膜可分为不对称膜和复合反渗透膜等。不对称膜的表皮层致密，皮下层呈梯度的疏松；通用的复合膜大多是用聚砜多孔支撑膜制成，表层为致密的芳香族聚酰胺薄层。

按反渗透膜的使用和用途，反渗透膜可分为低压膜、超低压膜、苦咸水淡化用膜、海水淡化用膜等。表 13-4 列出了 CA 膜与聚酰胺复合膜的比较。

表 13-4 CA 膜与聚酰胺复合膜的比较

CA 膜	聚酰胺复合膜
不可避免地会发生水解，脱盐率会下降	化学稳定性好，不会发生水解，脱盐率基本不变
脱盐率 95%，逐年递减	脱盐率高，大于 98%
易受微生物侵袭	生物稳定性好，不受微生物侵袭
只能在 pH 值 4~7 范围内运行	可在 pH 值 3~11 范围内运行
在运行中膜会被压紧，因而产水量会不断下降	膜不会被压紧，因而产水量不变
膜透水速度较小，要求工作压力高，耗电量也较高	膜透水速度高，故工作压力低，耗电量也较低
膜使用寿命一般为 3 年	一般使用 5 年以上性能基本不变
价格较便宜	抗氯性较差，价格较高

2. 反渗透膜的制备方法

不对称膜片的制备过程主要包括四个步骤：①配制含有聚合物-溶剂-添加剂的三组分制膜液；②将此制膜液展成一薄的液层，让其中的溶剂挥发一段时间；③将挥发后的液层浸入非溶剂的凝胶浴中，使凝胶成聚合物的固态膜；④将凝胶的膜进行热处理或压力处理，改变膜的孔径，使膜具有所需的性能。

13.3.6 反渗透膜的污染与清洗

1. 反渗透膜的污染

膜污染是由于膜表面上形成了滤饼、凝胶及结垢等附着层或膜孔堵塞等外部因素导致了膜性能的变化，具体表现为膜的产水量显著减少。

由于膜表面形成了附着层而引起的膜污染称之为浓差极化。液体膜分离过程中，随着透过膜的溶剂水到达膜表面的溶质，由于受到膜的截留而积累，使得膜表面溶质浓度逐步高于料液主体溶质浓度。膜表面溶质浓度与料液主体溶质浓度之差引起了从膜表面向料液主体的溶质扩散传递。当溶质的扩散传递通量与透过膜的溶剂（水）到达膜表面的溶质主体流动通量相等时，反渗透过程到了不随时间而变化的定常状态。

造成膜污染的另一个重要原因是膜孔堵塞。悬浮物或水溶性大分子在膜孔中受到空间位阻，蛋白质等水溶性大分子吸附在膜孔的表面及难溶性物质在膜孔中的析出等都可能使膜孔堵塞。当溶质是水溶性的大分子时，其扩散系数很小，造成从膜表面向料液主体的扩散通量很小，因此膜表面的溶质浓度显著增高形成不可流动的凝胶层。当溶质是难溶性物质时，膜表面的溶质浓度迅速增高并超过其溶解度从而在膜表面上结垢。此外，膜表面的附着层可能是水溶性高分子的吸附层和料液中悬浮物在膜表面上堆积起来的滤饼层。

此外，原水中盐在水透过膜后变成过饱和状态，在膜上析出，也可能造成膜污染。膜污染的一般特征见表 13-5。

2. 膜清洗

在膜分离技术应用中，尽管选择了较合适的膜和适宜的操作条件，经过长期运行，膜的透水量随运行时间增长而下降也是必然的，即产生膜污染。因此，必须进行清洗，以去除膜面或膜孔内污染物，恢复透水量，延长膜的寿命。

表 13-5 膜污染的一般特征

污染原因	一般特征		
	盐透过率	组件的压损	产水量
钙沉淀物	增加速度快≥2倍	增加速度快≥2倍	急速降低 20%~25%
胶体物质	增加 10%~25%	增加 10%~25%	稍微减少<10%
混合胶体	缓慢增加≥2倍	缓慢增加≥2倍	缓慢减少≥50%
细菌	增加速度快 2~4倍	缓慢增加≥2倍	缓慢减少≥50%
金属氧化物	增加速度快≥2倍	增加速度快≥2倍	减少≥50%

对原水进行有效的预处理，以达到满足膜组件进水的水质要求，可以减小膜表面的污染。预处理越完善，清洗间隔越长；预处理越简单，清洗频率越高。预处理指在原水膜滤前投加一种或几种药剂，去除一些与膜相互作用的物质，提高过滤通量，如进行预絮凝、预过滤或改变溶液 pH 值等方法。恰当的预处理有助于降低膜污染，提高渗透通量和膜的截留性能。在废水处理中，往往先在原水中加入氢氧化钙、明矾或高分子电解质以改变悬浮颗粒的特性来改变渗透通量，其原理是产生蓬松的无黏聚性的絮状物来显著降低膜的污染。在处理含重金属离子废水时，可预先加入碱性物质调节溶液的 pH 值或加入硫化物等，使重金属离子形成氢氧化物沉淀或难溶性的硫化物等除去。

（1）膜清洗的要素

1）膜的物化特性：指耐酸性、耐碱性、耐温性、耐氧化性等特性。它们对选择化学清洗剂类型、浓度、清洗液温度等极为重要。一般来讲，各生产厂家对其产品的化学特性均有简单说明，要慎重使用超出说明书中规定的化学清洗剂，可以先做小剂量实验检测，看是否存在对膜的危害。

2）污染物特性：指在不同 pH 值溶液中，不同种类盐及浓度溶液中，不同温度下的溶解性、荷电性、可氧化性及可酶解性等。应针对性地选择合适的化学清洗剂，以获得最佳清洗效果。

（2）清洗方法　通常有物理方法与化学方法。物理方法一般是指用高速水流冲洗，海绵球机械擦洗和反洗等，简单易行。对于中孔纤维膜，可以采用反洗方法，效果很好。抽吸清洗方法与反洗方法有一定的相似性，但在某些情况下，抽吸清洗效果更好一点。另外，电场过滤、脉冲电泳清洗、脉冲电解清洗及电渗透反洗、超声波清洗研究也十分活跃，效果很好。

化学清洗通常指用化学清洗剂清洗，如稀碱、稀酸、酶、表面活性剂，络合剂和氧化剂等。对于不同种类膜，选择化学清洗剂时要慎重，以防止化学清洗剂对膜的损害。选用酸类清洗剂，可以溶解除去矿物质及 DNA；而采用 NaOH 水溶液可有效地脱除蛋白质污染。对于蛋白质污染严重的膜，用含 0.5%胃蛋白酶的 NaOH 溶液清洗 30min 可有效地恢复透水量。对多糖等，温水浸泡清洗即可基本恢复初始透水率。

（3）膜清洗效果的表征　通常用纯水透水率恢复系数 r 来表达，具体为

$$r = J_Q / J_0 \times 100 \qquad (13\text{-}5)$$

式中　J_Q——清洗后膜的纯水透过通量；

J_0——清洗前膜的纯水透过通量。

13.4　电渗析

电渗析是在直流电场作用下，以电位差为推动力，利用离子交换膜的选择透过性（即理论上，阳膜只允许阳离子通过，阴膜只允许阴离子通过），使水中阴阳离子进行定向迁移，从而实现溶液的浓缩、淡化、精制和提纯。它具有耗能少、寿命长、装置设计与系统应用灵活、经济性、操作维修方便等特点，应用广泛。

13.4.1　电渗析原理

如图13-15所示，电渗析过程是使用带可电离的活性基团膜从水溶液中去除离子的过程。在阴极和阳极之间交替安置一系列阳离子交换膜（阳膜）和阴离子交换膜（阴膜），并用特制的隔板将这两种膜隔开，隔板内有水流通道。当离子原料液（如氯化钠溶液）通过两膜之间的腔室时，如果不施加直流电，则溶液不会发生任何变化；但当通直流电时，带正电的钠离子会向阴极迁移，带负电的氯离子会向阳极迁移。阴离子不能通过带负电的膜，阳离子不能通过带正电的膜，这意味着，在每隔一个腔室中离子浓度会提高而在与之相邻的腔室中离子浓度会下降，从而形成交替排列的稀溶液（淡化水）和浓溶液（浓盐水）。与此同时，在电极和溶液的界面上，通过氧化还原反应，发生电子与离子之间的转换，即电极反应。

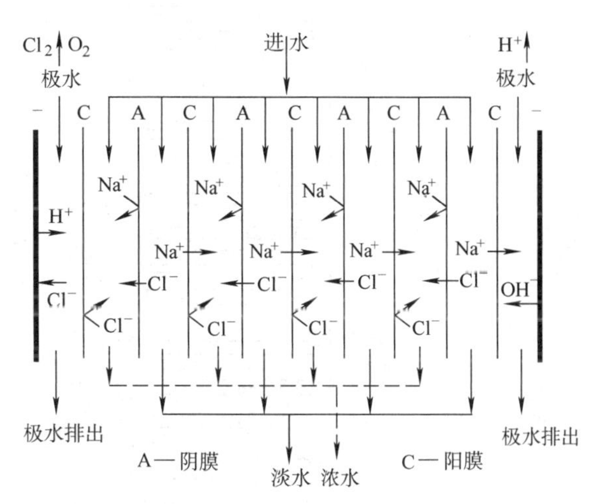

图13-15　电渗析原理

$$阴极：2H_2O + 2e^- \rightarrow H_2\uparrow + 2OH^-$$

$$阳极：2Cl^- \rightarrow Cl_2\uparrow + 2e^-$$

$$H_2O \rightarrow 1/2O_2\uparrow + 2H^+ + 2e^-$$

因此，在阴极会不断放出氢气，在阳极则会不断有氧气或氯气放出。此时，阴极室溶液呈碱性，当水中有 Ca^{2+}、Mg^{2+}、HCO_3^- 等离子时，会生成 $CaCO_3$ 和 $Mg(OH)_2$ 水垢，集结在阴极上，阳极室则呈酸性，对电极造成强烈的腐蚀。在电渗析过程中，电能的消耗主要用来克服电流通过溶液、膜时所受到的阻力以及进行电极反应。

13.4.2　电渗析设备

1. 电渗析器

电渗析器由电渗析器本体和辅助设备两部分组成，如图13-16所示。本体可分为膜堆、极区、紧固装置三部分，包括压板、电极托板、电极、板框、阴膜、阳膜、浓水隔板、淡水隔板等部件。辅助设备指整流器、水泵、转子流量计等。

（1）膜堆　一对阴、阳极膜和一对浓、淡水隔板交替排列，组成最基本的脱盐单元，称为膜对。电极之间由若干组膜对堆叠在一起即为膜堆。

隔板放在阴阳膜之间，起着分隔和支撑阴阳膜的作用，并形成水流通道，构成浓、淡室。隔板上有进出水孔、配水槽和集水槽、流水道及过水道。隔板常和隔网配合黏结在一起使用。隔板材料常用聚氯乙烯、聚丙烯、合成橡胶等。常用隔网有鱼鳞网、编织网、冲膜式网等。隔网起着搅拌作用，以提高液流的湍流程度。

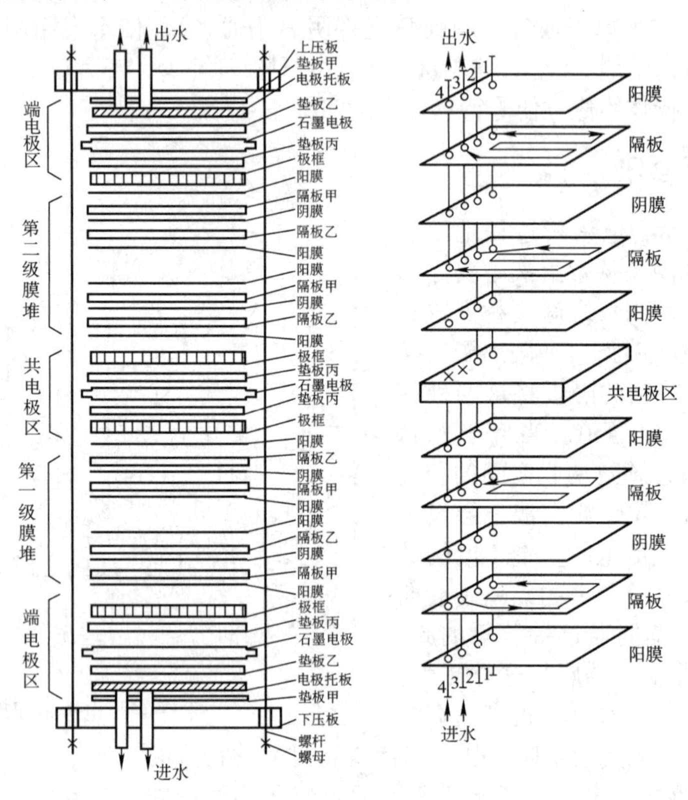

图 13-16 电渗析器的组成

隔板流水道分为回路式和无回路式两种。回路式隔板流程长、流速高、电流效率高、一次除盐效果好，适用于流量较小而除盐率要求较高的场合。无回路式隔板流程短、流速低，要求隔网搅动作用强，水流分布均匀，适用于流量较大的除盐系统。

（2）极区 电渗析器两端的电极区连接直流电源，还设有原水进口，淡水、浓水出口以及极室水的通路。电极区由电极、极框、电极托板、橡胶垫板等组成。极框较浓、淡水隔板厚，内通极水，放置在电极与阳膜之间，以防止膜贴到电极上，保证极室水流通畅，及时排除电极反应产物。电极应具有良好的化学与电化学稳定性、导电性、力学性能等。常用电极材料有石墨、铅、不锈钢等。

（3）紧固装置 紧固装置用来把整个极区与膜堆均匀夹紧，使电渗析器在压力下运行时不至漏水。压板由槽钢加强的钢板制成，紧固时四周用螺杆锁紧或用压机锁紧。

2. 电渗析器的组装

电渗析器的组装有串联、并联和串联-并联相结合几种方式，常用“级”和“段”来说明。一对电极之间的膜堆称为一级，具有同向水流的并联膜堆称为一段。增加膜对数，可提高水处理量。增加段数就等于增加脱盐流程，亦即提高脱盐效率。一台电渗析器的组装方式有一级一段、多级一段、一级多段和多级多段等，如图 13-17 所示。

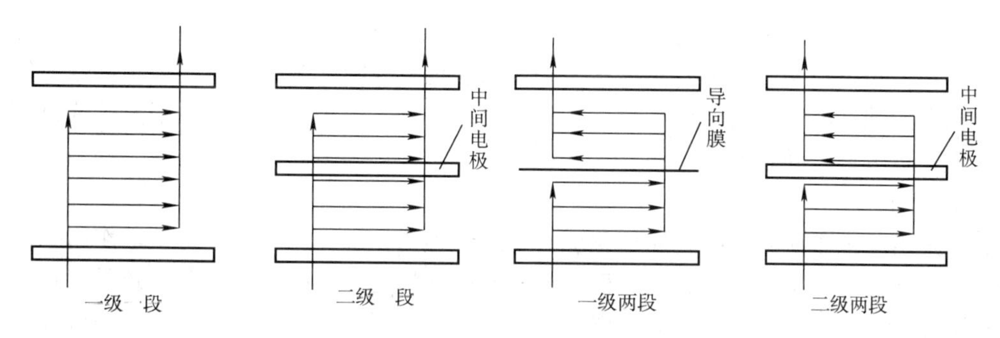

图 13-17 电渗析器的组装方式

一级一段是电渗析器的基本组装方式。可采用多台并联来增加产水量，亦可采用多台串联以提高除盐率。为了降低一级一段组装方式的操作电压，可以在膜堆中增设中间电极（共电极），即成为二级一段组装方式。对于小水量，可采用一级多段组装方式。

13.4.3 离子交换膜

离子交换膜是电渗析器的重要组成部分，它是一种具有选择透过性能的高分子片状薄膜，按其选择透过性能可分为阳膜与阴膜；按膜体结构可分为异相膜、均相膜和半均相膜三种。膜性能的优劣决定了电渗析器的性能。实用的离子交换膜应满足以下的要求：

1）膜对离子的选择透过性高，实用离子交换膜要求离子迁移数在 90%以上。

2）膜的电阻低、导电性能好，以利于降低膜堆电压、节省能耗。

3）膜具有较高的交换容量，一般为 1.0~2.5mol/kg（干）。

4）制作方便、成本低廉，尺寸稳定，膨胀和收缩性应尽量地减小而且均匀。

5）有足够的机械强度，一般要求膜的爆破强度大于 0.3MPa。

6）有良好的化学稳定性，要求膜有耐酸、碱及抗氧化的能力。

7）电解质的扩散和水的渗透量要小，水的电渗透量要小。

8）膜的外表完好无损，平整光洁，厚度均匀。

离子交换膜的选择性透过机理和离子在膜中的迁移历程可由膜的孔隙作用、静电作用和在外力作用下的定向扩散作用等说明。

1. 孔隙作用

膜具有孔隙结构。图 13-18 所示为磺酸型阳膜的孔隙结构，它是贯穿膜体内部的弯曲通道。这些孔隙作为离子通过膜的门户和通道，使被选择吸附的离子得以从膜的一侧到另一侧，这种作用称为孔隙作用。脱盐用的离子交换膜孔径多在几 Å 至 20Å。类似于作为固体吸附剂的分子筛，因其本身具有均一的微孔结构，能将大小不同的分子加以分离，因此，膜的孔隙作用又称分筛效应。孔隙作用的强弱主要取决于孔隙度的大小和均匀程度。

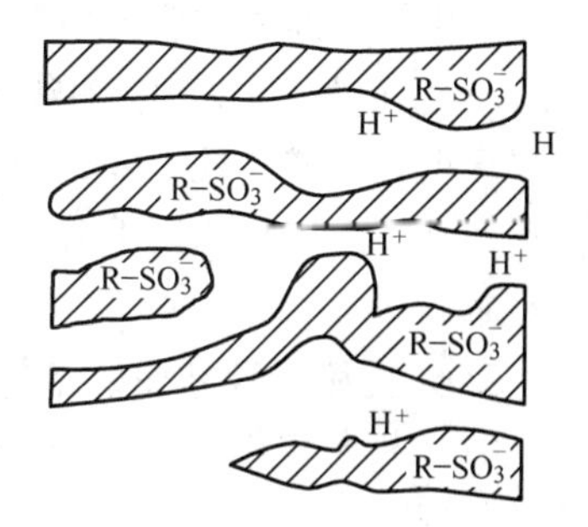

图 13-18 磺酸型阳膜的孔隙结构

2. 静电作用

在膜的化学结构中，膜体内分布着带电荷的固定离子交换基，如图 13-18 所示。膜内构成强烈的电场，阳膜产生负电场，阴膜产生正电场。根据静电效应原理，膜与带电离子将发生静电作用，阳膜只能选择吸附阳离子，阴膜只能选择吸附阴离子，它们分别排斥与各自电场性质相同的同名离子。对于双性膜，它们同时存在正、负电场，对阴、阳离子选择透过能力取决于正负电场之间强度的大小。

3. 扩散作用

膜对溶液中离子所具有的传质迁移能力，通常称为扩散作用，或溶解扩散作用。扩散作用源自膜内活性离子交换基和孔隙，而离子的定向迁移是外加电场力推动的结果。孔穴形成无数迂回曲折的通道，在通道口和内壁上分布有活性离子交换基，对进入膜相的溶液离子继续进行鉴别选择。这种吸附-解吸-迁移的方式，类似接力赛，直至把离子从膜的一端输送到另一端，这就是膜对溶解离子定向扩散作用的过程。

13.4.4 极化

1. 极化现象

在利用离子交换膜进行电渗析的过程中，电流的传导是靠水中的阴、阳离子的迁移来完成的，当电流增大到一定数值时，若再提高电流，由于离子扩散不及，在膜界面处将引起水的离解，H^+和OH^-分别透过阳膜和阴膜来传递电流，这种膜界面现象称为极化。此时的电流密度称为极限电流密度。极化发生后阳膜淡室的一侧富集着过量的OH^-，阳膜浓室的一侧富集着过量的H^+，而在阴膜淡室的一侧富集着过量的H^+，阴膜浓室的一侧富集着过量的OH^-。

2. 极化现象的危害性

（1）引起膜的结垢　极化的结果会使淡水室中的水电离成H^+和OH^-，OH^-穿过阴膜进入浓室，使阴膜表层带碱性，pH值上升。由于阳离子在阴膜浓室一侧膜面上富集的结果，在阴膜面上易产生$Mg(OH)_2$和$CaCO_3$等沉淀物，结垢后会减小渗透面积，增加水流阻力，增加电阻与电耗，影响正常运行。如

$$Mg^{2+} + 2OH^- \longrightarrow Mg(OH)_2 \downarrow$$

$$Ca^{2+} + OH^- + HCO_3^- \longrightarrow CaCO_3 \downarrow + H_2O$$

（2）极化　极化时，部分电能消耗在水的电离与H^+和OH^-的迁移上，使电流效率下降。极化和沉淀又使膜堆电阻增加。

（3）沉淀、结垢的影响　沉淀和结垢会使膜的交换容量和选择透过性下降，也改变了膜的物理结构，使膜发脆易裂，机械强度下降，膜电阻增加，缩短膜的使用寿命。

3. 防止极化和结垢的措施

（1）极限电流法　将电渗析器的操作电流控制在极限电流以下，以避免极化现象产生，抑制沉淀生成，但不能消除阴极沉淀。

（2）倒换电极法　如图13-19所示，定时倒换电极，使浓、淡室，阴、阳极室随之倒换。倒换电极后，

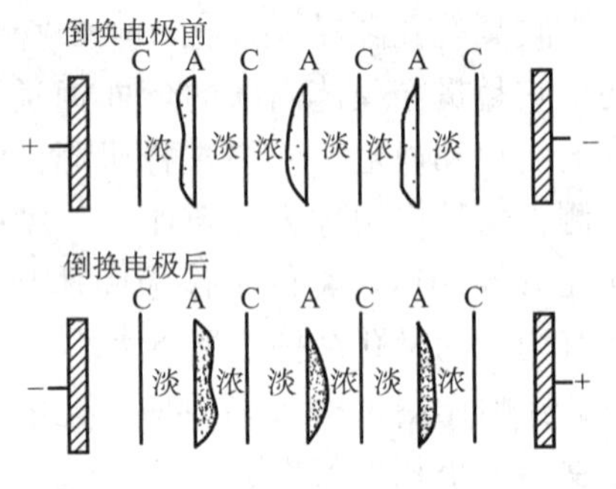

图13-19　倒换电极前后结垢情况

C—阳膜　A—阴膜

阴极室变为阳极室，水呈酸性可溶解原有沉淀，部分沉淀刚从电极表面脱落，随极水排出。原浓水室表面上的离子，当倒电极后就反向迁移，可使沉淀部分消解。阴膜表面两侧的水垢，溶解与沉淀相互交替，处于不稳定状态，有利于减缓水垢的生成。但频繁倒换，会影响淡水产量。

（3）定期酸性法　电渗析在运行一段时间后，总会有少量的沉淀物生成，积累到一定程度时，用倒换电极法也不能有效地去除，但可用酸洗。一般采用浓度为1.0%~1.5%的盐酸溶液在电渗析器内循环清洗以消除水垢，酸洗周期视实际情况从每周一次到每月一次。

13.4.5　电流效率及极限电流密度

1. 电流效率

电渗析器用于水的淡化时，一个淡室（相当于一对膜）实际去除的盐量 m_1(g) 为

$$m_1 = q(c_1 - c_2)tM_B/1000 \tag{13-6}$$

式中　q——一个淡室的出水量（L/s）；

m_1——实际去除的盐量（g）；

c_1、c_2——进、出水含盐量（mmol/L），计算时均以当量粒子作为基本单元；

t——通电时间（s）；

M_B——物质的摩尔质量，以当量粒子作为基本单元（g/mol）。

依据法拉第定律，应析出的盐量 m 为

$$m = \frac{It\,M_B}{F} \tag{13-7}$$

式中　I——电流（A）；

F——法拉第常数，F=96500C/mol。

电渗析器电流效率等于一个淡室实际去除的盐量与应析出的盐量之比。即

$$\eta = \frac{m_1}{m} = \frac{q(c_1 - c_2)F}{1000I} \times 100\% \tag{13-8}$$

电流效率与膜对数无关，电压随膜对增加而增大，电流则保持不变。

2. 极限电流密度

电流密度（i）为单位面积膜中通过的电流。在电渗析运行时，膜界面现象的产生，使工作电流密度受到一定的限制。

（1）极限电流密度公式　如图13-20所示，以阳膜淡水一侧为例，膜表面存在一层界面层（滞流层），其厚度为δ，当电流密度为i时，阳离子在阳膜内的迁移数为$\bar{t}_+$，则其迁移量为$\frac{i}{F}\bar{t}_+$，即单位时间单位面积所迁移的物质的量。阳离子在溶液中的迁移数为t_+，其迁移量为$\frac{i}{F}t_+$。由于$\frac{i}{F}\bar{t}_+ > \frac{i}{F}t_+$，造成膜表面处阳离子亏空，使界面两侧出现

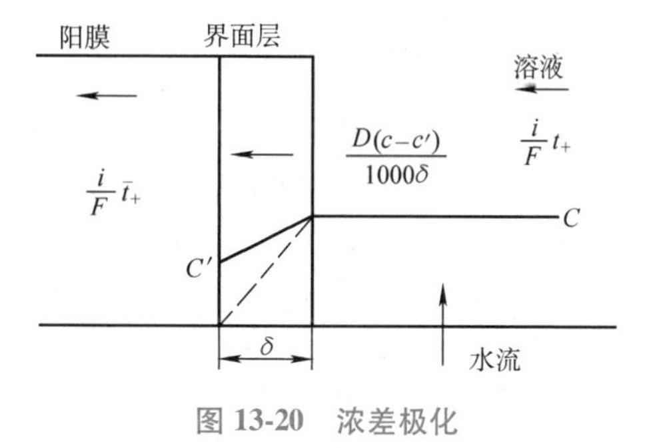

图13-20　浓差极化

浓度差，产生离子扩散的推动力。此时，离子迁移的亏空量由离子扩散的补充量来补偿。根据菲克定律，扩散物的通量可表示为

$$\varphi = D(c - c')/1000\delta \tag{13-9}$$

式中 φ——单位时间单位面积所通过的物质的量 [mol/(cm² · s)]；

D——膜扩散系数（cm²/s）；

c、c'——界面层两侧溶液的物质的量浓度（mol/L）；

δ——界面厚度（cm）。

当处于稳定状态时，离子的迁移与扩散之间存在着如下的平衡关系：

$$\frac{i}{F}(\bar{t}_+ - t_+) = D\frac{c - c'}{1000\delta} \tag{13-10}$$

式中 i——电流密度（mA/cm²）。

若逐渐增大电流密度 i，则膜表面的离子浓度 c' 必将逐渐降低，当 i 达到某一数值时，$c' \to 0$。如若再稍稍提高 i 值，由于离子扩散不及，在膜界面处会引起水的电离，H^+ 和 OH^- 分别透过阳膜和阴膜来传递电流，产生极化现象。此时的电流密度称为极限电流密度 i_{lim}。从式（13-10）得出 $c'=0$

$$i_{lim} = \frac{FD}{\bar{t}_+ - t_+} \times \frac{c}{1000\delta} \tag{13-11}$$

实验表明，δ 主要与水流速度或雷诺数有关，表示为

$$\delta = k/v^n \tag{13-12}$$

式中，n=0.3~0.9。n 越接近于1，则说明隔网造成水流紊乱的效果较好。系数 k 与隔板厚度等因素有关，将 δ 代入式（13-11）得

$$i_{lim} = \frac{FD}{1000(\bar{t}_+ - t_+)k} cv^n \tag{13-13}$$

在水沿隔板水道流动过程中，水的含盐浓度逐渐降低，其变化规律沿流向呈指数关系，因此式中 c 应采用对数平均值，即

$$c = \frac{c_1 - c_2}{2.3\lg(c_1/c_2)} \tag{13-14}$$

这样，极限电流密度与流速、浓度之间的关系最后可写成

$$i_{lim} = kcv^n \tag{13-15}$$

式中 i_{lim}——极限电流密度（mA/cm²）；

v——淡水隔板流水道中的水流速度（cm/s）；

c——淡室中水的对数平均浓度（mmol/L）。

$K = FD/1000(\bar{t}_+ - t_+)k$，称为水力特性系数，主要与膜的性能、隔板厚度、隔网形式、水的离子组成、水温等因素有关。式（13-15）称为极限电流密度公式，在给定条件下，式中 k 值和 n 值可通过实验确定。

从极限电流密度公式可以看出：在同一电渗析器中，当水质一定时，极限电流密度与 v^n 成正比；当速度一定时，极限电流密度随进水含盐量的变化而变化；当电渗析器为多段串联而各段膜对数相同时，各段出水的对数平均浓度逐段减少，极限电流密度亦依次相应降低。

（2）极限电流密度的测定　极限电流密度的测定，通常采用电压-电流法，其测定步骤为

1）当进水浓度稳定时，固定浓、淡水和极水的流量与进口压力。

2）逐次提高操作电压（单次 10V 左右），待工作稳定后，测定与其相应的电流值。

3）以电压对电流作图，并从两端绘出一条斜率不同的直线，如图 13-21 所示，其交点的电流密度即为极限电流密度。

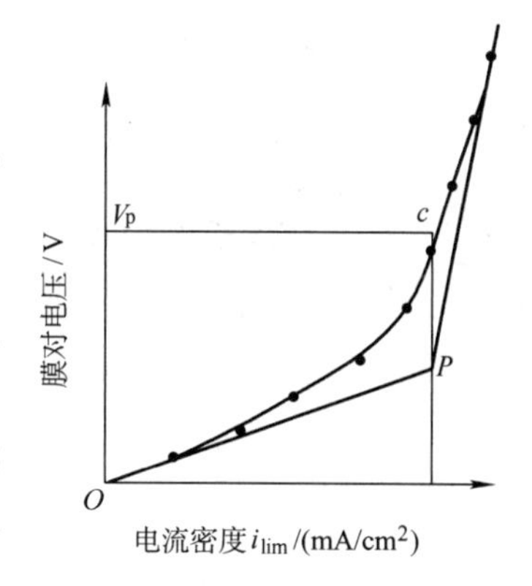

图 13-21　极限电流密度的确定

从图中看出，当电压加大到一定值时，电压-电流关系就以较大的斜率直线上升，这是由于极化、沉淀的产生，引起膜堆电阻增加所致。这样，对每一流速 v 值，可得出相应的 i_{lim}值以及淡室中水的对数平均浓度 c 值。再用图解法即可确定 K 值和 n 值。即

$$\lg\frac{i_{lim}}{c}=\lg K+n\lg v$$

13.4.6　电渗析的设计与计算

电渗析器有定型产品，可根据淡水量与处理要求来选择。一般增加段数可增加流程长度，有利于提高出水水质，而增加级数，则可降低所需电压，应根据具体情况选择合理的工作状况。

电渗析的设计步骤包括确定所需电渗析器的台数以及并联或串联的组装方式；选择水泵流量与扬程；根据所需电流与电压值选择整流器等。可按下列方法设计或验算。

1. 电渗析器总流程长度的计算

1）电渗析器总流程长度，即在给定条件下需要的脱盐流程长度。对于一级一段或多级一段组装的电渗析器，脱盐流程长度也就是隔板的流水道长度。

设隔板厚 d(cm)，隔板流水槽宽度为 b(cm)，隔板流水道长度为 l(cm)，膜的有效面积为 bl(cm^2)，则平均电流密度 i(mA/cm^2) 为

$$i=\frac{1000I}{bl}\tag{13-16}$$

一个淡室的流量 q(L/s) 为

$$q=\frac{dbv}{1000}\tag{13-17}$$

式中　v——隔板流水道中的水流速度（cm/s）。

将式（13-16）、式（13-17）代入，得出所需要的脱盐流程长度 l(cm) 为

$$l=\frac{vd(c_1-c_2)F}{1000\eta i}\tag{13-18}$$

对于多段组装的电渗析器，其所需脱盐总流程长度为

$$L=\frac{\mathrm{d}v(c_0-c_n)F}{i\eta} \tag{13-19}$$

式中 L——脱盐总流程长度（cm）；

c_0——第一段进水含盐量（mmol/L）；

c_n——最后一段出水含盐量（mmol/L）。

2）若一块隔板的流程长度 l，则电渗析器段数 $n=L/l$。极限电流工况下，脱盐流程长度的计算将式（13-15）代入式（13-18）和式（13-19），得出在极限电流密度下的脱盐流程长度表达式

$$l_{\mathrm{lim}}=\frac{2.3Fdv^{1-n}}{1000\eta K}\lg\frac{c_1}{c_2} \tag{13-20a}$$

$$L_{\mathrm{lim}}=\frac{2.3Fdv^{1-n}}{\eta K}\lg\frac{c_0}{c_n} \tag{13-20b}$$

由式（13-20a）和式（13-20b）可得出在极限电流工况下相应的除盐公式

$$c_2=c_1\exp\left(-\frac{\eta Kl_{\mathrm{lim}}}{Fdv^{1-n}}\right) \tag{13-21a}$$

$$c_n=c_0\exp\left(-\frac{\eta KL_{\mathrm{lim}}}{Fdv^{1-n}}\right) \tag{13-21b}$$

3）并联组装的膜对数 n_{p} 计算。并联组装电渗析器，采用长流程隔板，组装成一级（或多级）一段式，即各级正负电极之间具有若干同一水流方向的并联膜对。此类电渗析器的隔板流程长度可按式（13-18）或式（13-20）计算。并联膜对数 n_{p} 为

$$n_{\mathrm{p}}=278\frac{Q}{bdv}(\text{对}) \tag{13-22}$$

式中 Q——电渗析器淡水产量（$\mathrm{m^3/h}$）；

278——单位换算系数。

2. 电流、电压及电耗

（1）电流计算

$$I=1000iA \tag{13-23}$$

式中 I——电流（A）；

A——膜的有效面积（$\mathrm{cm^2}$）；

i——平均电流密度（$\mathrm{mA/cm^2}$）。

工作电流一般为极限电流的70%左右。

（2）电压计算

$$U=U_{\mathrm{j}}+U_{\mathrm{m}} \tag{13-24}$$

式中 U——一级的总电压降（V）；

U_j——极区电压降，约15~20V；

U_m——膜堆电压降（V）。

（3）电耗计算

$$W = \frac{UI}{Q} \times 10^{-3} \tag{13-25}$$

考虑到整流器的效率（$\eta_{整}$），其耗电量 W(kW·h/m³) 为

$$W = \frac{UI}{Q\eta_{整}} \times 10^{-3} \tag{13-26}$$

13.5　其他膜技术

在水处理中常用的膜技术除了上述介绍的外，还有纳滤和液膜分离。

13.5.1　纳滤

纳滤介于反渗透和超滤之间，是近年发展较快的一项膜技术，其推动力仍是压力差。纳滤所需的压力则介于反渗透与超滤之间，又称纳滤膜，为低压反渗透膜，其膜孔径在纳米级范围内，其截留相对分子质量在百量级，对不同价的阴离子有显著差异，可让原液中部分或绝大部分的无机盐通过。这些特点使纳滤膜在水的软化、除盐、有机物的去除等方面有独特的优点和明显的优势。

纳滤膜特殊的孔径范围和制备时的特殊处理（如复合化、荷电化），因此具有较特殊的分离性能。纳滤膜的一个重要特征是膜表面或膜中存在带电基团，因此纳滤分离具有筛分效应和电荷效应。分子量大于膜的截留分子量（MWCO）的物质，将被膜截留，反之则透过，即膜的筛分效应。纳滤膜的分离层一般由聚电解质构成，膜表面带有电荷，离子与膜所带电荷的静电相互作用使纳滤膜产生电荷效应（Donnan 效应）。对不带电荷的物质的分离主要靠筛分效应，对带有电荷的物质的分离主要靠电荷效应。大多数纳滤膜的表面带有负电荷，通过静电相互作用，阻碍多价离子的渗透。

1. 纳滤的分离特点

1）对不同价态的离子截留效果不同，对二价和高价离子的截留率明显高于单价离子。对阴离子的截留率按下列顺序递增：NO_3^-，Cl^-，OH^-，SO_4^{2-}，CO_3^{2-}；对阳离子的截留率按下列顺序递增：H^+，Na^+，K^+，Mg^{2+}，Ca^{2+}，Cu^{2+}。

2）截留率受离子半径的影响。在分离同种离子时，离子价数相等，离子半径越小，膜对该离子的截留率越小；离子价数越大，膜对该离子的截留率越高。

3）截留分子量在200~2000之间，适用于分子大小为1nm的溶质组分的分离。

4）对疏水型胶体、油、蛋白质和其他有机物具有较强的抗污染性。

5）相较反渗透膜，纳滤膜具有操作压力低、水通量大的特点。与超/微滤膜相比，纳滤膜又具有截留低分子量物质的能力。纳滤膜能有效去除许多中等分子量的溶质，如消毒副产物的前驱物、农药等微量悬浮颗粒有机物、致突变物等杂质。纳滤与电渗析、离子交换和传统热蒸发技术相比，它可以在脱盐水的同时兼浓缩，在水的软化、净化，有机物与无机物混合液的浓缩与分离方面具有无可比拟的优点。

2. 纳滤膜材料及其制备

纳滤膜按材料可分为有机高分子膜、无机膜和有机-无机杂化膜；按膜的结构特点分有非对称均质膜和复合膜；按膜的荷电性可分为荷正电膜、荷负电膜和中性膜；按荷电位置不同可分为表层荷电膜和整体荷电膜，其中，已工业化应用的多为表层荷负电膜。近年来在不断推出特色纳滤膜，按照待处理体系的极性，纳滤膜可分为水系纳滤膜和耐有机溶剂型纳滤膜，常见的纳滤膜均为水系纳滤膜，聚酰亚胺纳滤膜等耐有机溶剂型的纳滤膜正处于研制中。高分子复合纳滤膜是目前商品膜的主流。

（1）复合纳滤膜的材料。大多数复合纳滤膜的支撑膜均由聚砜类材料制成。聚砜类材料机械强度高，耐酸碱，介电性优异，对除浓硫酸和浓硝酸外的其他酸、碱、醇、脂肪族烃等相当稳定，可连续在 pH 值 1~13 的体系中运行。但聚砜作为疏水性聚合物，不易被水或其他高表面张力的液体浸润，作为纳滤膜支撑材料时，需要对其进行改性处理。复合纳滤膜的复合层材料有芳香聚酰胺、聚哌嗪酰胺、磺化聚砜、聚脲、聚醚、聚二烯醇/聚哌嗪酰胺混合物等。

（2）复合纳滤膜的制备　复合法是目前应用最广、最有效的纳滤膜制备方法，是在多孔基膜上，复合一层具有纳米级孔径的超薄复合层。复合膜的优点是可以分别选取不同的材料制备基膜和复合层，使其选择性、渗透性、化学和热稳定性等性能达到最优化。由于这类膜的复合层和支撑层由不同的聚合物材料构成，每层均可独立地发挥其最大作用。与相转化法制备的非对称结构膜相比，复合纳滤膜能制成具有良好重复性和不同厚度的超薄复合层。可以方便地调整膜的渗透性能和分离选择性及物化稳定性和耐压密性。

13.5.2　液膜分离

1. 液膜的分类与构成

液膜是悬浮在液体中的很薄一层乳液微粒。乳液通常是由溶剂（水或有机溶剂）、表面活性剂（作为乳化剂）添加剂制成的。溶剂构成膜的基体，表面活性剂含有亲水基和疏水基，可以定向排列以固定油水分界面而稳定膜形。通常膜的内相试剂与液膜是互不相溶的，而膜的内相（分散相）与膜外相（连续相）是互溶的，将乳液分散在第三相（连续相），就形成了液膜。

液膜按形状分为液滴型、乳化型和隔膜型三种。液滴型液膜寿命短、不稳定、易破裂，主要用于研究。乳化型液膜是液滴直径小到呈乳化状的液膜，是目前研究和应用较多的一种。这种乳化液膜的液滴直径为 0.05~0.2cm，乳化试剂滴直径范围为 10^{-4}~10^{-2}cm，膜的有效厚度为 1~10μm。隔膜型液膜有支撑型和含浸型两种，前者用赛璐玢膜从两侧以夹层状把液膜溶包围起来，后者是使液膜溶液含浸在聚四氟乙烯膜内而形成的。按液膜的组成不同，可将其分为油包水型（W/O）和水包油型（O/W）两种。油包水型（油膜）的内相和外相是水溶液，而膜是油质的；水包油型（水膜）的外相和内相都是油质的，而膜是水质的。按传质机理的不同又分为无载体输送的液膜和有载体输送的液膜。

无载体输送的液膜是将表面活性剂加到有机溶剂或水中所形成的膜。这种液膜是利用溶质或溶剂的渗透速度差进行物质分离，渗透速度差越大，则分离效果越好。它可以用来分离

物理化学性质相似的碳氢化合物，从水溶液中分离无机盐及从废水中去除有机物等。

有载体输送的液膜是由表面活性剂、溶剂和载体形成的。其选择性分离效果主要取决于所加入的载体。载体在液膜的两个界面间来回穿梭传递迁移物质，通过载体和被迁移物质间的选择性反应，极大地提高了被迁移物质在液膜中的有效溶解度，特别是通过不断地给载体输送能量，实现从低浓度区向高浓度区连续地迁移物质。液膜的分类归纳如下：

液膜
- 水膜（O/W）
  - 乳状液型
  - 单滴型
- 油膜（W/O）
  - 乳状液型
  - 隔膜型

2. 液膜分离机理

液膜分离机理较复杂，以无载体液膜分离机理为例讨论其分离机理，主要有选择性渗透、化学反应（含滴内和膜中化学反应）、萃取和吸附三种分离机理。

（1）选择性渗透　两种不同碳氢化合物的混合液（A 和 B），由于它们在液膜中的渗透速度不同，经过一定时间，A 透过膜而 B 透不过从而达到分离的目的。

（2）化学反应

1）滴内化学反应。料液中被分离物 C，通过膜进入滴内，与滴内试剂 R 产生化学反应生成 P，P 不能透过液膜。被分离物 C 在滴内浓度几乎为零，维持着迁移过程很大的推动力，使连续相中 C 物质不断地迁移到滴内，直到滴内反应试剂消耗完为止。如处理水中的酚、氰、有机碱等均属于这种类型。

2）膜中化学反应。料液中被分离物 D 与膜内载体 R_1 产生化学反应，生成络合物 P_1，P_1 进入滴内又与试剂 R_2 反应生成 P_2，分离物即从膜中转移到膜内。其中 R_1 类似于萃取剂，R_2 类似于解脱剂，如重金属废水中离子的去除过程等属于这种类型。

（3）萃取和吸附　液膜分离过程具有萃取和吸附的性质，它能把有机化合物萃取和吸附到碳氢化合物的薄膜上，也能吸附各种悬浮的油滴及固体等。

3. 液膜分离操作

以含镍废水处理为例说明液膜的分离操作。步骤如下：

（1）制乳　将表面活性剂 $L_{113}B$、煤油、流动载体 TBP（磷酸三丁酯）及增溶剂苯按一定比例混合，搅拌使其混合溶解。加入一定体积 1.0ml/L 的氨水溶液作为内相反萃取试剂，在制乳器中高速（2000r/min）搅拌 15~20min，得到白色均匀的乳状液。液膜体系的最佳配比为煤油：$L_{113}B$：TBP=91.4：1.8：6.8（体积比）；油相为内相水溶液=1.75：1（体积比）。

（2）混合分离　将含镍 100×10^{-4}%的配水调节 pH 值在 4.0 左右，注入一定量上述制好的乳状液，在分离器中以 300r/min 的转速搅拌 30min，然后在澄清槽中静置 15min，乳状液与水分层。

（3）破乳　破乳方法有离心、超声波、高速搅拌、高压电场等物理方法及加破乳剂、改变 pH 值等化学法。

把分离后的乳状液在破乳器中用高压静电使其破裂，内相的水溶液与油相分离。油相返回制乳器中循环使用，对水相中的镍进行回收。

练　习　题

13-1　微滤和超滤的原理分别是什么？它们有何联系与区别？

13-2　简述超滤膜的种类和作用机理。

13-3　电渗析的作用原理是什么？它与渗透有何区别？

13-4　电渗析器的级和段是如何规定的？级和段与电渗析器的出水水质、产水量以及操作电压有何关系？

13-5　试阐明在电渗析运行时，流经淡室的水沿隔板流水过程中的浓度变化规律。

第 14 章

水的冷却与水质稳定

学习要点

本章提要：介绍了湿空气的性质，水的冷却原理，冷却塔的工艺与设计，循环冷却水水质稳定。

本章重点：水的冷却原理，冷却塔的工艺与设计，循环冷却水水质稳定。

本章难点：水的冷却原理，水质稳定。

在生产过程中，常会存在大量的热量积累，必须及时对生产设备或产品进行冷却。水的热容量大，是吸收和传递热量的良好介质，常用来冷却生产设备或产品。在水的循环过程中，由于蒸发浓缩，容易形成盐垢；或由于水中所含 CO_2 逸出，含盐量过高或由于曝气使水中溶解氧含量过高，使设备产生腐蚀；或由于微生物滋长，尘埃污染形成黏垢等。上述结垢、腐蚀及黏垢是造成水质不稳定的主因。要实现循环冷却水系统的可靠运行，必须采用冷却塔等设施降低水温，同时进行水质稳定处理。

14.1 湿空气的性质

湿空气是干空气和水蒸气组成的混合气体。空气中都含有一定量的水蒸气，是某种意义上的湿空气，湿空气的性质直接影响水的冷却效果。

14.1.1 湿空气的压力

1. 湿空气的总压力

对冷却塔而言，湿空气的总压力是当地的大气压力 p_0，根据道尔分压定律，它等于干空气分压力与水蒸气分压力之和，表示为

$$p_0 = p_g + p_q \tag{14-1}$$

式中 p_0——湿空气压力，即大气压力（N/cm^2）；

p_g——干空气的分压力（N/cm^2）；

p_q——水蒸气的分压力（N/cm^2）。

干空气和水蒸气的分压力，由于空气中水蒸气含量很少，且大都处于过热状态，因此，均可当作理想气体来对待。

$$pV = RGT \times 10^{-4} \tag{14-2}$$

$$p = \frac{G}{V}RT \times 10^{-4} = \rho RT \times 10^{-4} \tag{14-3}$$

将式（14-3）分别用于干空气和水蒸气，则得

$$p_g = \rho_g R_g T \times 10^{-4} \tag{14-4}$$

$$p_q = \rho_q R_q T \times 10^{-4} \tag{14-5}$$

式中 p——气体的压力（N/cm^2）；

V——气体体积（m^3）；

G——气体质量（kg）；

$\rho = \frac{G}{V}$——气体的密度（kg/m^3），$\rho = 1.1268$；

R——气体常数；

T——气体热力学温度（K）；

R_g——干空气的气体常数，$R_g = 287.145 J/(kg \cdot K)$；

R_q——水蒸气的气体常数，$R_q = 461.53 J/(kg \cdot K)$；

ρ_g——干空气在其本身分压下的密度（kg/m^3）；

ρ_q——水蒸气在其本身分压下的密度（kg/m^3）。

2. 饱和水蒸气分压力

在一定温度下，空气吸湿能力达到最大时，空气中的水蒸气处于饱和状态。水蒸气的分压称为饱和水蒸气压力 p''_q。湿空气的饱和水蒸气分压只与温度有关，与大气压无关。

$$\lg p''_q = 0.0141966 - 3.142305 \times \left(\frac{10^3}{T} - \frac{10^3}{373.15}\right) + 8.21\lg\left(\frac{373.15}{T}\right) - 0.0024808 \times (373.16 - T) \tag{14-6}$$

式中 p''_q——饱和蒸汽分压力（atm）；

T——热力学温度（K），$T = 273.15 + t$；

t——空气的温度（℃）。

从式（14-6）可知，饱和蒸汽分压力 p''_q 只与空气温度有关，而与大气压无关。空气的温度越高，p''_q 越大。因此，在一定温度下已达饱和的空气，温度升高时则成不饱和空气；反之，温度降低时，不饱和空气又成为饱和空气。

14.1.2 温度、湿度与焓

湿度是指空气中所含水分子的浓度。它常用绝对湿度、相对湿度和含湿量来表示。

1. 绝对湿度

每立方米湿空气中所含水蒸气的质量称为空气的绝对湿度，其数值等于水蒸气在分压 p_q 和湿空气温度 T 时的密度

$$\rho_q = \frac{p_q}{R_q T} \times 10^3 = \frac{p_q}{461.53T} \times 10^3 \tag{14-7}$$

同样，饱和空气的绝对湿度为

$$\rho''_q = \frac{p''_q}{R_q T} \times 10^3 = \frac{p''_q}{461.53T} \times 10^3 \tag{14-8}$$

2. 相对湿度

在某一温度下，一定容积的湿空气所含水蒸气的质量与此时达到饱和所含水蒸气质量之比，称为该温度的相对湿度。它实际是湿空气的绝对湿度与同温度下的饱和湿度之比。用 φ 表示为

$$\varphi = \rho_q/\rho''_q = p_q/p''_q$$

$$p_q = \varphi p''_q \quad 或 \quad p''_q p_g = P - \varphi p''_q$$

相对湿度的计算公式为

$$\varphi = \frac{p''_\tau - 0.000662p(\theta - \tau)}{p''_\theta} \tag{14-9}$$

式中 θ、τ——湿空气的干、湿球温度（℃）。

p''_θ、p''_τ——温度分别为 θ、τ 的饱和水蒸气压力（kPa）。

p——大气压力（kPa）。

3. 含湿量

在含有 1kg 干空气的湿空气混合气体中，其所含水蒸气质量称为湿空气含湿量，也称为比湿，单位为 kg/kg（干空气）。

$$\chi = \frac{\rho_q}{\rho_g} = \frac{R_g p_q}{R_q p_g} = \frac{287.14 p_q}{461.53 p_g} = 0.622\frac{p_q}{p - p_q} = 0.622\frac{\varphi p''_q}{p - \varphi p''_q} \tag{14-10}$$

在一定温度下，每千克干空气中最大可容纳的水蒸气量称为饱和含湿量，以 χ'' 表示。

从式（14-10）可知，当 $\varphi=1$ 时，含湿量达最大值，此时含湿量即为饱和含湿量

$$\chi'' = 0.622\frac{p''_q}{p - p''_q} \quad (\varphi = 1) \tag{14-11}$$

一定温度下，χ 值等于 χ'' 时的空气称为饱和空气，不能再吸收水蒸气。如果 $\chi<\chi''$，则每千克干空气能吸收（$\chi''-\chi$）的水蒸气；（$\chi''-\chi$）值越大，吸湿能力越强。如已知含湿量 χ，由式（14-10）、式（14-11）可求得 p_q 及 p''_q

$$\chi = 0.622\frac{p_q}{p - p_q} = 0.622\frac{\varphi p''_q}{p - \varphi p''_q}$$

$$p_q = \frac{\chi}{0.622 + \chi}p$$

$$p''_q = \frac{\chi''}{0.622 + \chi''}p \tag{14-12}$$

4. 湿空气的密度 ρ

湿空气的密度 ρ 为单位体积湿空气所含干空气和水蒸气在其各自分压下的密度之和

$$\rho = \rho_g + \rho_q = \frac{p_g \times 10^3}{R_g T} + \frac{p_q \times 10^3}{R_q T} = \frac{(p - p_q) \times 10^3}{R_g T} + \frac{p_q \times 10^3}{R_g T}$$

$$= 3.483\frac{p}{T} - 1.316\frac{p_q}{T} \tag{14-13}$$

式（14-13）表明，湿空气的密度与大气压力成正比，和温度成反比。

5. 湿空气的比热容 c_{sh}

总质量为（$1+x$）kg 的湿空气（包括 1kg 干空气和 $x$kg 水蒸气），温度升高 1℃所需的热

量，为湿空气的比热容，用c_{sh}表示。

$$c_{sh}=c_g+c_q x$$

$$c_{sh}=1.005+1.842x \tag{14-14}$$

c_{sh}一般采用1.05kJ/(kg·℃)

式中 c_g——干空气的比热容［kJ/(kg·℃)］，在压力一定，温度变化小于100℃时，约为1.005kJ/(kg·℃)；

c_q——水蒸气的比热容［kJ/(kg·℃)］，约为1.842kJ/(kg·℃)。

6. 湿空气的焓 h

表示气体含热量大小的数值叫焓，用h表示

$$h=h_g+xh_q$$

式中 h_g——干空气的焓（kJ/kg）；

h_q——水蒸气的焓（kJ/kg）；

x——湿空气的含湿量［kg/kg(干空气)］。

计算含热量时，要有一个基点。国际水蒸气会议规定，在水气的热量计算中，将0℃的水所含的热量定义为零。因此，1kg干空气的焓h_g为

$$h_g=c_g\theta=1.005\theta \tag{14-15}$$

式中 θ——干空气的温度（℃）；

h_g——干空气的焓（kJ/kg）。

水蒸气的焓由两部分组成：即1kg 0℃的水变成1kg 0℃的水蒸气所吸收的热量，称为水的汽化热，用γ_0表示，$\gamma_0=2500$kJ/kg，以及1kg 0℃的水蒸气升高到θ时所需的热量，其值为

$$h_g=c_g\theta=1.842\theta \tag{14-16}$$

$$h=h_g+xh_q=1.005\theta+(2500+1.842\theta)x=(1.005+1.842x)\theta+2500x$$

$$=c_{sh}\theta+\gamma_0 x \tag{14-17}$$

式（14-16）中，前项与温度θ有关，称为显热；后项与温度无关，称为潜热。

14.1.3 湿空气的焓湿图

一个地区的气压p变化很小，可看作定值。当空气压力p一定时，含湿量x、温度t、相对湿度φ、焓h中只有两个独立变量，把湿空气的四个重要热力学参数同绘在一张图上，此图称为焓湿图；在t-x的直角坐标系上，同时绘出φ和h的等直线，图中的任一点，都代表焓h、温度t、含湿量x和相对湿度φ这四个参数所构成的一组固定数值，只要四个参数中的两个数值给定后，其他两个数值也就可以查出。湿空气含热量h可查图14-1。

14.1.4 湿球温度（τ）和水的冷却理论极限

干湿球温度是空气的主要热力学参数。图14-2所示为干湿球温度计，不包纱布的一支为干球温度计，指用一般温度计测得的气温；包有纱布并将纱布的自由端浸入水中的一支称为湿球温度计。在毛细管作用下，纱布表面吸收一层水，在贴近纱布的空气层不饱和的情况下，液体在气-液界面处的蒸汽分压高于气体中的蒸汽分压，湿布中这一层的水分必然要蒸发进入空气中，蒸发时所需的热量由水中取得，因此水温逐渐降低。当水层温度降至空气层

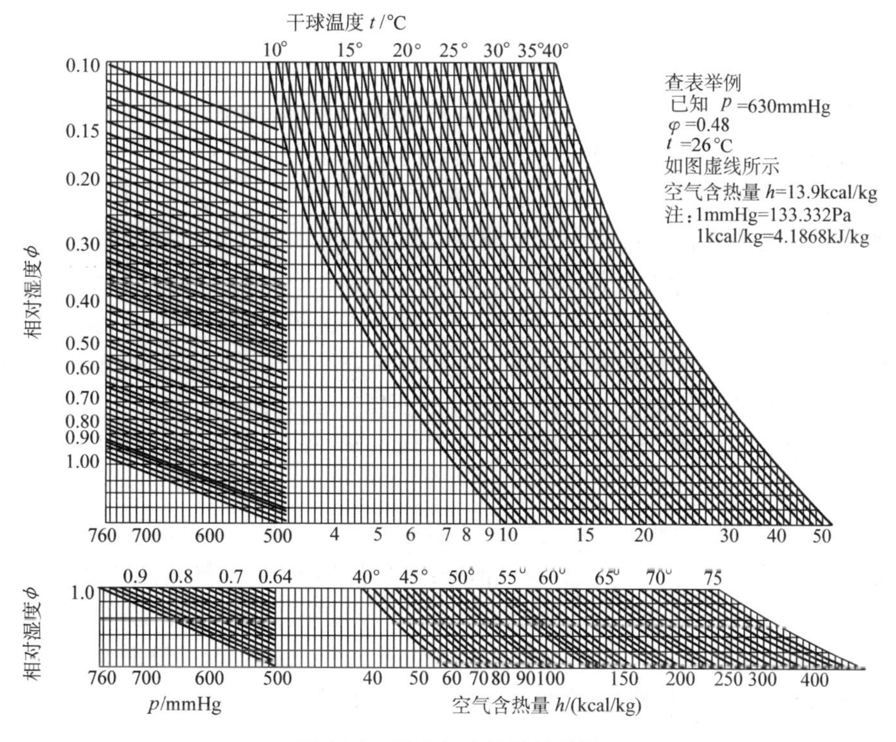

图 14-1　湿空气含热量计算图

温度以下时，由于温差的关系，空气层的热量又将通过接触传导作用传给纱布上的水层。当蒸发散热大于接触传热时，水温继续降低，当降低到某一值时，水的蒸发散热量和空气层传回给水的传导散热量相等，即处于动态平衡时，纱布上的水温将不再下降，稳定在一定温度上，此时温度计上显示的温度称为湿球温度。显然，水温将不会降到该温度值以下，τ 值反映了水银球周围湿纱布中水的温度和贴近纱布的被水蒸气所饱和的空气层的温度。

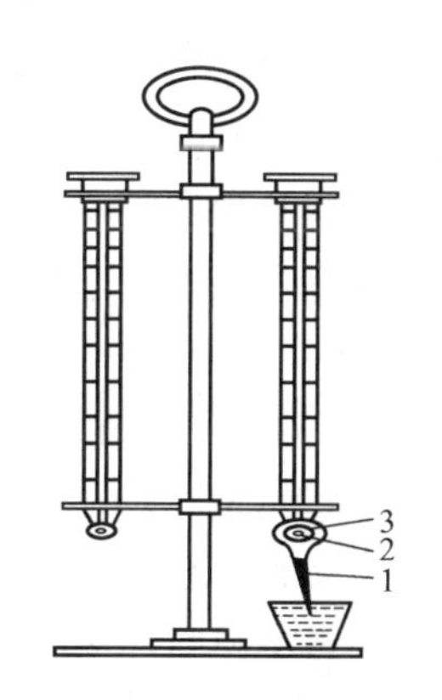

图 14-2　干湿球温度计

1—纱布　2—水层

3—空气层

测定湿球温度 τ 时，要求湿布必须完全包住水银球，使之始终处于湿润状态。补充水的水温与湿球温度 τ 相等，同时还要使气流以一定速度吹过水银球，一般要求风速在 3~5m/s 以上，以尽量减少辐射热对湿球温度的影响。

由此可见，湿球温度 τ 可以代表在当地气温条件下，水可能被冷却的最低温度，也即冷却构筑物出水温度的理论极限值。如要求出水温度 t_2 越接近 τ 值，则所需的冷却设备越大。一般，冷却后水温 t_2 比 τ 要高 3~5℃。

14.2　水的冷却原理

循环冷却水的冷却过程中，冷却构筑物以空气为冷却介质，由蒸发传热、接触传热和辐射传热三个过程共同完成。除冷却池外，辐射传热对各种冷却塔的影响不大，可忽略不计。湿式冷却塔中空气与热水混合时，热水主要通过与空气间的接触传热和蒸发传热降低温度。

14.2.1　空气-水的蒸发和接触传热过程

当热水表面直接与未被水蒸气所饱和的空气接触时，热水表面的水分子将不断地变为水蒸气，在此过程中，将从热水中吸收热量，实现冷却过程。

根据分子运动理论，水的表面蒸发是由分子热运动引起的。由于分子运动的不规则性，各个分子的运动速度的变化幅度很大。当液体表面的某些水分子足以克服液体内部对它的内聚力时，这些水分子就从液面逸出，进入空气中。由于水中动能较大的水分子逸出，剩下的其他水分子的平均动能就会减小，水的温度随之降低。这些逸出的水分子之间以及与空气分子相互碰撞过程中，又可能重新进入液面。若逸出的分子多于返回水面的分子，水即不断地蒸发，水温就不断降低。反之，若返回水面的分子多于逸出的分子，则产生水蒸气凝结；当逸出的与返回的水分子数的平均值相等时，蒸汽和水处于动平衡状态，此时空气中的水蒸气是饱和的。

在自然界中，水的表面蒸发大部分是在水温低于沸点时发生的。此时，水相和气相界面上存在一定的蒸汽压力差。一般认为空气和水接触的界面上有一层极薄的饱和空气层，称为水面饱和空气层。水首先蒸发到水面饱和空气层中，再扩散到空气中。水面饱和空气层的温度t'被认为和水面温度t_f相同。水滴越小或水膜越薄，t'与t_f越接近。设水面饱和空气层的饱和水蒸气分压为p''_q，而远离水面的空气中，温度为θ时的水蒸气分压为p_q，则分压差$\Delta p = p''_q - p_q$是水分子向空气中蒸发扩散的推动力。只要$p''_q > p_q$，水的表面开始蒸发，而与水面温度t_f高于还是低于水面以上空气温度θ无关。因此，蒸发所消耗的热量H_β总是由水流向空气。

除蒸发传热外，当热水水面和空气直接接触时，如水与空气间存在温度差，就会产生传热过程。当水温高于气温时，水将热量传给空气，空气接受了热量，温度就逐渐上升，使水面以上空气的温度不均衡，产生对流作用，最终使空气的温度达到均衡，并且水面温度与空气温度趋于一致，这种现象叫接触传热。温度差（$t_f-\theta$）是水和空气接触传热的推动力。接触传热所产生的热量H_α可以从水流向空气，也可以从空气流向水，这取决于两者温度的高低。因此，水的冷却过程是通过蒸发散热和接触散热实现的，而水温的变化则是两者作用的结果。

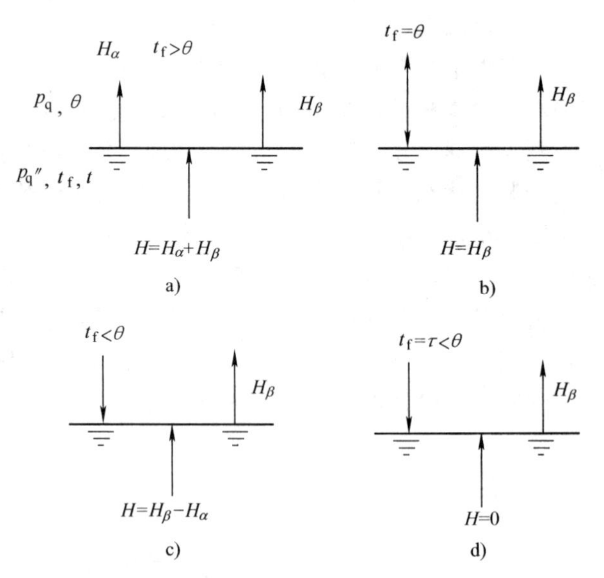

图14-3　不同温度下的蒸发传热和传导传热

1）当$t_f>\theta$时，蒸发和接触传热都朝一个方向进行，如图14-3a所示，使水冷却，单位时间内从单位面积上散发的总热量为$H=H_\alpha+H_\beta$。

2）当$t_f=\theta$时，接触传热的热量$H_\alpha=0$，此时，$H=H_\beta$，如图14-3b所示。

3）当$t_f<\theta$时，H_α从空气流向水，如图14-3c所示，这时只要表面蒸发所损失的热量H_β大于H_α，水温仍会继续降低，此时$H=H_\beta-H_\alpha$。

4）当 $t_f=\tau<\theta$ 时，水温会停止下降，这时蒸发传热和接触传热给水的热量处于动态平衡状态，如图 14-3d 所示，即 $H_\alpha=H_\beta$，即 $H=0$，液面温度达到冷却极限值。

实际运行中的冷却塔，一般多为图 14-3a 所示的情况，个别为图 14-3b、c 所示的情况。

在冷却过程中，虽然同时存在蒸发传热和接触传热，但是随季节而有差别。冬季气温低，（$t_f-\theta$）值很大，接触传热量可达 50%，严冬时甚至达到 70%；夏季气温较高，（$t_f-\theta$）值很小，甚至为负值，接触传热很小，蒸发传热量约占 80%～90%。另外，当夏季湿度较大时，空气虽未达到饱和值，水仍然可以蒸发，但条件不利。因此，在进行冷却塔热力计算时，均按夏季气温考虑。

14.2.2　传热量的计算

1. 蒸发传热量 Q_e

通过蒸发产生的传热过程称为蒸发传热，其传热通量的推动力为蒸汽压力差（p''_q-p_q），Q_e也称潜热。故可表示为

$$Q_e=\lambda k_p(p''_q-p_q) \tag{14-18}$$

式中　Q_e——蒸发传热通量（W/m^2）；

λ——水的蒸发通量系数（kJ/kg）；

k_p——压力传质系数［kg/(m²·h·Pa)］。

蒸汽压差（p''_q-p_q）与含湿差（$x''-x$）是相关的，同样，Q_e还可以表示成含湿量（$x''-x$）的关系，于是有

$$Q_e=\lambda k_x(x''-x) \tag{14-19}$$

式中　k_x——质量传质系数，［kg/(m²·h·kg)］。

2. 接触传热量 Q_c

温差（t_i-t）是另一个传热的推动力，所传热量属于接触传热，Q_c也称显热，传热通量表示为

$$Q_c=a(t_i-t) \tag{14-20}$$

式中　Q_c——接触传热通量（W/m^2）；

a——传热系数（W/m^2）。

3. 总传热量 Q

蒸发传热 Q_e与接触传热 Q_c之和代表了从水传入空气的总传热通量 Q

$$Q=Q_e+Q_c=\lambda k_x(x''-x_v)+a(t_i-t) \tag{14-21}$$

Q 也是水所损失的热量，水损失热量后水温下降，得到冷却。在冷却塔运行中，影响传热速率的主要因素有气水界面面积、相对流速、接触时间及冷却范围等。为增加气-水界面面积，通常在冷却塔内加设填料，相对流速的大小通过强化通风来定，而接触时间与塔的尺寸有关。

14.3 冷却塔的工艺与设计

14.3.1 冷却塔的工艺构造

水的冷却构筑物包括水面冷却池、喷水冷却池和冷却塔，其中冷却塔是循环冷却水系统中的主要构筑物。冷却塔一般由通风筒、配水系统、淋水装置、通风设备、收水器和集水池等部分组成。

1. 配水系统

配水系统的作用是将需要冷却的水均匀地分布到整个冷却塔淋水面积上。配水系统分为管式、槽式及池式三种。

管式又分为固定式与旋转式两种，由主管、配水支管及其喷嘴或旋转布水器组成。固定布置成环状或枝状（干管流速 1~1.5m/s），用于大中型逆流塔，管嘴有离心式和冲击式。小型逆流塔一般用旋转布水器，布水由进水管、旋转体和配水管（嘴）组成，水流通过喷嘴喷出，推动配水管与出水反向旋转，将热水洒在填料上，配水管转速为 6~20r/min。

槽式配水系统由主槽、配水支槽、管嘴及溅水碟组成，适宜大型逆流塔。配水槽可布置成支状或环状，主槽流速为 0.8~1.2m/s，支槽流速为 0.5~0.8m/s，槽断面净宽大于 0.12m，配水槽总面积与通风面积之比小于 30%，管嘴间距为 0.5~1m，溅水碟在管嘴下方 0.5~0.7m。

池式配水系统则是在池底开小孔（ϕ4~10mm）或装管嘴，管嘴顶部以上水深应大于 150mm，适用于横流塔。

2. 淋水填料

淋水填料的作用是将配水系统溅落下来的热水形成细小水滴或水膜，以增大水和空气接触面积，延长接触时间，创造良好的传热传质条件，它是冷却塔关键装置。填料应具有较大的比表面积，通风阻力小，亲水性强，价廉易得，施工维护方便，质轻耐腐蚀。根据水被洒成的冷却表面形成分为点滴、薄膜以及点滴薄膜三种类型。

点滴式填料主要依靠大小水滴来散热，适应于水质较差的系统。常见结构有矩形水泥板条（横剖面按一定间距倾斜排列）、石棉水泥角形、塑料十字形、M 形、T 形、L 形等，如图 14-4 所示。

薄膜式填料主要通过薄膜散热，由弯曲波纹板组成多层空心体，使水沿其表面呈膜状（厚 0.25~0.5mm）缓慢下流，流速约 0.15~0.3m/s。塑料填料比表面一般为 125~200m^2/m^3，有三种形式。

1）斜波交叉。由厚 0.3~0.4mm 的 PVC 薄片压成一定波高、波距，与水平成 60°（逆流）、30°（横流）倾角的斜波纹片组成。中波（波距×波高×倾角-填料总高）为 35×15×60°-800（1200），大波为 50×20×60°-1500。

2）梯形斜波。断面为梯形，波面上布满螺纹形花纹，波距 50mm，波高 25mm，与水平成 60°角梯形填料，表示为 T25°~T60°。

3）折波。波面为突出折波或圆锥体突头（高 25mm），利用圆锥保持片与片的距离，间距 12mm，锥体间距 75mm，各层间可布置成错排。

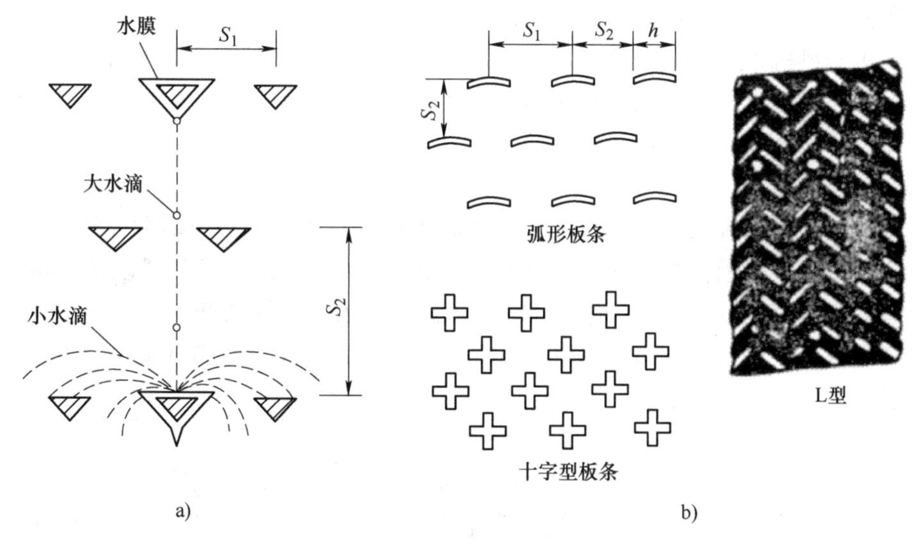

图 14-4　点滴式淋水填料

a）点滴式淋水填料散热情况　b）点滴式淋水填料排列

60°大、中斜波，折波，梯形波等填料多用于大中型逆流式自然通风冷却塔或机械通风冷却塔。大中型横流塔多采用 30°斜波、折波或弧形填料，小塔则采用中波斜交错或折波填料。

点滴薄膜式格网淋水填料，由 50mm×50mm×50mm 方格肋板、厚 5mm 矩形的用铅丝水泥砂浆浇灌而成的板块，网板尺寸 1280mm×490mm，上下两块间距 50mm。表示为层数×网孔-层距，如 G16×50-50。该填料可由塑料制成，适用水质较差的大中型逆流塔。

淋水填料应根据热力、阻力特性、塔型、负荷、材料性能、水质、造价及施工检修等因素综合选择。表 14-1 列出了大中小型冷却塔界限。

表 14-1　大中小型冷却塔界限

塔　型	大	中	小
风筒式	$F_m \geqslant 3500m^3$	$3500m^2 \geqslant F_m > 500m^2$	$F_m \leqslant 500m^2$
机械通风式	$D>8m$	$8m \geqslant D \geqslant 4.7m$	$D \leqslant 4.7m$

注：F_m 为淋水面积；D 为风机直径。

3. 风机

机械通风塔一般采用轴流式风机提供空气。风机由叶轮、传动装置、电动机三部分组成，叶片为 4~8 片，安装角度 2°~22°，叶轮转速 127~240r/min。运行中的风机其下部形成负压，冷空气便从下部进风口进入塔内。轴流风机风量大、风压小、能正反转，并可通过调整叶片数或叶片角改变风量或风压，提高片数或角度可增加风量、风压，但功率增大，效率下降。大中型塔常用 LF 系列风机，其叶轮直径有 4.7m、5.5m、6.0m、7.7m、8.0m、8.53m、9.14m 等，小型塔采用 LTF 系列风机。

4. 风筒

风筒式自然冷却塔靠高大的双曲线风筒（可达 150m）的抽力形成稳定的气流。机械塔风筒包括风机进风口和上部扩散筒。进风口成流线型喇叭口，除水器上到风机进风口间收缩段的高度不小于风机半径；风机出口风筒高度为风机半径。风筒扩散段圆锥角为14°~18°，风筒出口面积与塔的淋水面积比为0.3~0.6，风筒下口直径大于上口直径。用不饱和聚酯玻璃制作的风筒，分8瓣用螺栓连接而成。

5. 空气分配装置

空气分配装置包括进风口和导风装置。逆流塔进风口指填料以下到集水水面以上空间，机械通风冷却塔进风口面积与淋水面积比不小于0.5，否则应设导风装置以减少涡流，自然通风冷却塔的比值小于0.4，横流塔进风口等于整个淋水填料的高度。单塔四面进风，多塔单排并列两面进风，进风口应与夏季主导风向平行。小塔进风口四周设置向塔内倾斜与水平成45°的百叶窗。

6. 除水器

除水器的作用是回收即将出塔湿空气中挟带的雾状小水滴，自然冷却塔可不设。除水器一般由1~2层曲折排列的板条组成。逆流塔常用BO42/140、BO50/160和波160-45、170-50型除水器。横流塔常用HC-150-50、HC-130-50型等除水器。

7. 集水器

集水器起贮存和调节水量作用，其容积约为循环水小时流量的1/5~1/3，深度不小于2m。池底设深度为0.3~0.5m的集水坑，坡度大于0.5%，坡向集水坑，坑内设排泥管、放空管。集水池设溢流管，四周设回水台，宽度为1.5~2.0m，坡度为3%~5%。

8. 塔体

在大中型冷却塔中，主体结构和淋水填料的支架（柱、梁、框架）采用钢筋混凝土或防腐钢结构，塔体外围用混凝土大型砌块或玻璃钢装配结构，小塔则用玻璃钢。塔体起封闭和围护作用。塔体的水平横截面形状有方形、矩形、圆形、双曲线形等。

14.3.2 冷却塔的设计与计算

1. 热质传递方程

（1）接触散热 单位时间通过单位淋水填料体积传递的热量h_α表示为

$$h_\alpha = \alpha_V(t-\theta) \tag{14-22}$$

式中 α_V——容积散热系数［kJ/(m³·h·℃)］。

（2）蒸发散热 单位时间通过单位淋水填料体积蒸发的水量q_u可表示为

$$q_u = \beta_{pV}(p_t''-p_\theta) \tag{14-23}$$

$$q_u = \beta_{xV}(x_t''-x_\theta) \tag{14-24}$$

式中 β_{pV}、β_{xV}——以分压差、含湿量差为推动力的容积散质系数［kg/(m³·h·kPa)，kg/(m³·h)］；

x_t''、x_θ——水温t相应的饱和空气含湿量、空气温度为θ的含湿量（kg/kg）。

蒸发水量所带走的热量为

$$h_p = r_0 q_u = r_0\beta_{pV}(p_t''-p_\theta) = r_0\beta_{xV}(x_t''-x_\theta) \tag{14-25}$$

式中 r_0——水的汽化热（kJ/kg）。

（3）总散热速率与焓差方程 水温的下降是蒸发与接触散热二者作用的结果。总散热

速率可表达为

$$dh = dh_\alpha + dh_\beta = \alpha_V(t-\theta)dV + r_0\beta_{xV}(x''_t - x_\theta)dV \tag{14-26}$$

对一般循环水冷却而言，$\alpha_V/\beta_{xV}=c_{sh}=1.05\text{kJ}/(\text{kg}\cdot℃)$，称为刘易斯数，代入式（14-26）得

$$\begin{aligned} dh &= \beta_{xV}[(c_{sh}t + r_t x''_t) - (c_{sh}\theta + r_t x_\theta)]dV \\ &= \beta_{xV}(h'' - h)dV \end{aligned} \tag{14-27}$$

式中　h''——饱和空气焓，$h''=c_{sh}+r_0 x_t''$。

湿球温度 τ 是在水银球外纱布含水、蒸发与接触散热处于动平衡时测得的，称 τ 为冷却极限，实际冷却后的水温应是 $\tau+(3\sim5)℃$。

（4）逆流式冷却塔热力计算基本方程　将一定流量 Q 的热水由 t_1 降温至 t_2，放出的热量为

$$dh_s = \frac{1}{k}c_w Q dt \tag{14-28}$$

式中　c_w——水的比热容［$\text{kJ}/(\text{kg}\cdot℃)$］；

k——蒸发水量带走热量系数。k 由经验式求得

$$k = \frac{t_2}{586 - 0.56(t_2 - 20)} \tag{14-29}$$

在微元体积淋水填料中 $dh \approx dh_s$，假定 β_{xV} 为常数，积分得

$$\frac{\beta_{xV}\nu}{Q} = \frac{c_w}{k}\int_{t_2}^{t_1}\frac{dt}{i''-i} \tag{14-30}$$

式（14-30）右端表示冷却任务的大小，与外部气象条件、空气参数有关，与冷却塔的构造和形式无关，实际上是对冷却塔的要求，称为冷却数（或交换数），用 N 表示。N 是个无量纲数。对于各种淋水填料，当气水比相同时，N 值越大，则要求散发的热量越大。

左端表示在一定的淋水填料和塔型下，冷却塔本身具有的冷却能力。它与淋水填料的特性、构造、几何尺寸、散热性能及气、水流量有关，称为冷却塔的特性数，用 N' 表示。

2. 冷却塔的设计计算

冷却塔的设计计算就是使工艺要求的冷却任务与设计的冷却塔的能力相等，即 $N=N'$。冷却塔的工艺设计主要是热力计算。包括两类问题。

第一类问题：在规定的冷却任务下，即已知冷却水量 Q，冷却前后温度 t_1、t_2 和当地气象参数 τ、θ、φ、p 等，选定淋水填料，通过热力、空气动力和水力计算，确定冷却塔尺寸，选定段数、风机、配水系统和循环水泵等。

如果已经选定塔型，则按照选定的冷却塔与当地气象参数，确定冷却数曲线与特性数曲线的交点，从而求得所需要的气水比 λ_D，最后确定所需冷却塔的总面积、段数，校核或选定风机。

第二类问题：已知标准塔或定型塔的各项条件，在当地气象参数 τ、θ、φ、p 条件下，按照给定的气水比 λ 和水量 Q，选定冷却塔总段数，验算冷却塔的出水温度 t_2 是否符合要求。

1）设计内容。冷却塔的工艺设计主要包括三部分：冷却塔类型的选择，包括塔型、淋水填料、其他装置和设备的选择；工艺计算，包括热力、空气动力和水力计算；冷却塔的平

面、高程和管道布置及循环水泵站设计。

2）几个主要技术指标。

热负荷 H：冷却塔每平方米有效面积上单位时间内所能散发的热量 [kJ/(m²·h)]。

水负荷 q：冷却塔每平方米有效面积上单位时间内所能冷却的水量 [m³/(m²·h)]，即淋水密度

$$q=\frac{Q}{F_{\mathrm{m}}}$$

热负荷与水负荷的关系：单位时间内冷却水所散发的热量为 $c_{\mathrm{w}}Q\Delta t\times10^3$（kJ/h），即单位面积所散发的热量 H[kJ/(m²·h)]，具体为

$$H=\frac{c_{\mathrm{w}}Q\Delta t\times10^3}{F_{\mathrm{m}}}=\frac{Q}{F_{\mathrm{m}}}c_{\mathrm{w}}\Delta t\times10^3=4187\Delta tq \tag{14-31}$$

式中 c_{w}——水的比热容，$c_{\mathrm{w}}=4.187\mathrm{kJ/(kg\cdot ℃)}$。显然，热负荷越大，冷却的水量越多。

冷幅宽 Δt——冷却前、后的水温差，$\Delta t=t_1-t_2$。Δt 表示温降的绝对值大小，但不能表示冷却效果与外界气象条件的关系，Δt 很大，散热就多，并不能说明冷却后水温就很低，应结合下列指标一起考虑。

冷幅高 $\Delta t'$：冷却后水温 t_2 与当地湿球温度 τ 之差。$\Delta t'=t_2-\tau$。τ 值是水冷却所能达到的最低水温，又称极限水温，$\Delta t'$ 越小，即 t_2 越接近 τ 值，冷却效果越佳。

冷却塔效率：冷却塔的完善程度，通常用效率 η 来衡量

$$\eta=\frac{t_1-t_2}{t_1-\tau}=\frac{1}{1+\dfrac{t_2-\tau}{\Delta t}} \tag{14-32}$$

当 Δt 一定时，η 是冷幅高的函数。$\Delta t'$ 越小，说明 t_2 越接近理论冷却极限 τ 值，式（14-32）中分母越小，则效率系数 η 值越高。

冷却后的水温保证率。冷幅高（$t_2-\tau$）代表了冷却效果，因此选取 τ 值很重要。冷却塔通常按夏季的气象条件计算，如果采用最高的 τ 值，塔的尺寸就很大，而高 τ 值在一年中仅占很短时间，冷却塔未充分发挥作用；反之，如采用最低 τ 值，塔体积虽然小了，但冷效果经常达不到要求，因此，需采用频率统计法选择适当 τ 值。一般冶金、机械、石油、化工、电力等工业，可采用平均每年最热 10 天的日平均 τ 值，即 τ 的保证率为 90%。90%是指夏季三个月中，不能保证冷却效果的时间只有 92 天×10%=9.2 天，其余时间均能保证。

3）基础资料。包括冷却水量 Q，进水温度 t_1，工艺设备对水质要求。

a. 气象参数，按湿球温度频率统计法，绘制频率曲线，求出频率为 5%～10%的日平均气象条件，查出设计频率下的湿球温度 τ 值，并在原始资料中找出与此湿球温度相对应的干球温度 θ，相对湿度 φ 和大气压力 p 的日平均值。由此计算密度 ρ、焓 h 及含湿量 x 等。

b. 淋水填料的性能，定型塔设计，淋水填料的热力特性 $N=f(\lambda)$ 或 $\beta_{xV}=f(g、q)$，阻力特性 $\dfrac{\Delta p}{\rho_1 g}=f(v)$。

4）设计步骤与方法。首先根据设计地区的气象资料和工艺要求，算出有一定保证率下的 τ、θ、φ、p。再根据设计任务，选定冷却塔塔型和淋水填料。可参考表 14-2。最后，进行冷却塔工艺计算和平面布置，其步骤如下。

表 14-2　常用冷却塔比较

冷却塔类型	优　点	缺　点	适用条件
自然通风冷却塔	冷效稳定，风吹损失小，维护简单，管理费小，受场地建筑面积影响小	投资高，施工技术较复杂，冬季维护复杂	冷却水量大于 $1000m^3/h$。但高温、高湿、低气压地区及水温差 Δt 要求较小时不宜采用
机械通风冷却塔	冷效高、稳定，布置紧凑。可设在厂区建筑物和泵站附近，造价较自然通风冷却塔低	运行费高，机械设备维护复杂、故障多	气温、湿度较高地区；对冷却后水温及稳定性要求严格的场合，或者建筑场地狭窄，通风条件不良时
逆流塔	冷效高，占地面积小	通风阻力大，淋水密度低于横流塔；需有专门进风口，塔体增高，水泵扬程增大	淋水密度小，水温差 Δt 大，冷幅高（$\Delta t'$）小；不受建筑物场地限制
横流塔	通风阻力小，进风均匀；塔体低，水泵扬程小；配水方便	占地面积大，单位体积淋水装置的冷效低于逆流塔	淋水密度大，可用于大水量；水温差 Δt 小；冷幅高（$t_2-\tau$）大

a. 热力计算。热力计算的目的是确定冷却塔所需总面积，在规定的冷却条件下，即已知 Q、t_1、t_2、p、τ 和 φ（第一类问题）；或计算设计的冷却塔在不同情况下，冷却后的实际水温，亦即已知 Q、t_1、t_2、p、τ、φ、f（单塔面积）和 t_1 求 t_2（第二类问题）。

a）冷却数 N 的求解，应用近似积分法，将水温差 $\Delta t=t_1-t_2$ 分成 n 等份，n 应为偶数，则每份为 $dt=\Delta t/n$。求出相应水温为 t_2，t_2+dt，t_2+2dt，…，t_2+ndt 等于 t_1 时的焓差（$h''-h$）分别为 Δh_0，Δh_1，Δh_2，…，Δh_n，近似解

$$N=\frac{c_w}{k}\int_{t_2}^{t_1}\frac{dt}{h''-h}=\frac{c_w dt}{3k}\left(\frac{1}{\Delta h_0}+\frac{4}{\Delta h_1}+\frac{2}{\Delta h_2}+\frac{4}{\Delta h_3}+\frac{2}{\Delta h_4}+\cdots+\frac{2}{\Delta h_{n-2}}+\frac{4}{\Delta h_{n-1}}+\frac{1}{\Delta h_n}\right) \tag{14-33}$$

此式实际是近似计算每项分母 $\Delta h_n(h''_n-h_n)$ 中的 h_n 值。

$$h_n=h_{n-1}+\frac{c_w\Delta t}{k\lambda n} \tag{14-34}$$

式中　λ——气水流量比。

计算时应从淋水填料底层，先计算底层 h 值，再逐步计算其上各等份的 h 值，各等份的 k 值，可根据相应等份的出水温度 t_2，按式（14-29）求得。

水温差 $\Delta t<15℃$ 时可用简化式计算，具体为

$$N=\frac{c_w\Delta t}{6k}\left(\frac{1}{h''_2-h_1}+\frac{4}{h''_m-h_m}+\frac{1}{h''_1-h_2}\right) \tag{14-35}$$

式中　h_1——入塔空气焓（kJ/kg），当 τ_1、p 已知及 $\phi=1$ 时，查图求得

$$h_2=h_1+\frac{c_w\Delta t}{k\lambda n} \tag{14-36}$$

h''_1、h''_2——t_1、t_2 下饱和空气（$\phi=1$）的焓，查图可得

$$t_m=\frac{t_1+t_2}{2},\quad h_m=\frac{h_1+h_2}{2} \tag{14-37}$$

h''_m——t_m时的饱和焓。

b）冷却塔性能。

热力特性

$$\beta_{xV}=AG^m q^n \tag{14-38}$$

$$N^n=A'\lambda^{m'} \tag{14-39}$$

式中 A、m、n、A'、m'——试验常数。

G——空气质量流量［kg/(m^2·h)］；

q——淋水密度［kg/(m^2·h)］；

λ——气水流量比，$\lambda=G/q$。

阻力特性

$$\frac{\Delta p}{r_1}=A_1 v_m^n \tag{14-40}$$

式中 Δp——淋水填料风压损失（Pa）；

r_1——进塔空气重度（N/m^3）；

v_m——淋水填料中平均风速（m/s）；

A_1、n——与q有关的试验常数。

如前所述，$N=N'$即为设计所求。先任选几个λ_i，一般选择0.8~1.5，求出相应的N_i，将$N=f(\lambda)$曲线及填料特性曲线$N'=f(\lambda)$作同一图上，两线交点P即为所求工作点，如图14-5所示，由此求得设计所需λ_D值和相应N_D值。

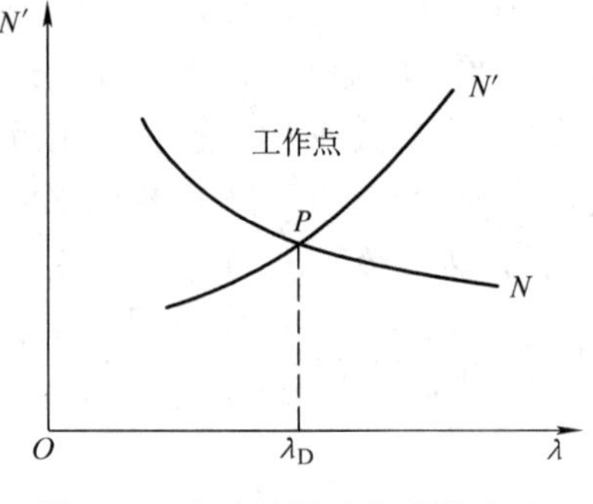

图14-5 气水比及冷却数的确定

b. 空气动力计算。

a）风速，查图14-5得λ_D，可求出风量G，从而有

$$v_i=\frac{G}{3600F_i\gamma_m}$$

式中 v_i——空气通过冷却塔各部位时的风速（m/s）；

F_i——空气通过冷却塔各部位的横截面积（m^2）；

γ_m——冷却塔的湿空气的平均重度［N/(m^3×9.81)］。

b）空气阻力，包括塔体从进风口到出口各部位阻力和淋水填料阻力两部分，总阻力为

$$H=\sum H_i=\sum\xi_i\frac{r_m v_i^2}{2g}$$

式中 ξ_i——各部分的局部阻力系数。

有时总阻力不需逐项计算，可测出的总阻力系数ξ（见表14-3），总阻力则为

$$H=\xi\frac{r_m v_m^2}{2g}$$

（1）机械通风冷却塔

1）风速。拟定风速，应先知风量。确定风机型号后，可在风机特性曲线高效区查得风量G；未确定风机型号时，可从工作点求得气水比λ_D，从而求得风量G。根据已知风量计算风速为

$$v_i = \frac{G}{3600F_i\rho_m} \tag{14-41}$$

式中　v_i——空气通过冷却塔各部位时的流速（m/s）；

G——风量（kg/h）；

F_i——空气通过冷却塔各部位时的横截面积（m^2）；

ρ_m——冷却塔内湿空气的平均密度（kg/m^3）。

表 14-3　冷却塔总阻力系数 ξ

序号	冷却塔形式	淋水密度/[$m^3/(m^2 \cdot h)$]	阻力系数		总阻力系数 ξ	附　注
			ξ'	ξ''		
1	18.5m^2逆流薄膜式	4~10	46.5	23.0	69.5	1. ξ'为除去风筒进出口以外的阻力系数 2. ξ''为风筒进出口阻力系数
2	64m^2逆流薄膜式	3~14.5	62	23.3	85.3	
3	70m^2逆流薄膜式	—	—	—	35~40	
4	16m^2点滴式	—	65.4	1.7	67.1	
5	64m^2逆流点滴式	3~8			65~85	
6	60m^2横流点滴式	3~7	11.5	2.6	14.1	
7	200m^2点滴薄膜式	—			60~70	
8	380m^2逆流点滴薄膜式	4.5~5	12.5	13.7	31.2	

2）空气阻力。空气阻力包括塔体阻力和淋水填料阻力两部分。塔体阻力包括由冷空气进口至热空气出口所经过的各个部位的局部阻力，其阻力系数常采用试验数值或经验公式计算。不同形式淋水填料的阻力$\frac{\Delta p}{\rho g}$，可由$\frac{\Delta p}{\rho g}$与 v 关系曲线查得。塔体阻力为

$$H = \sum H_i = \sum \xi_i \frac{\rho_m v_i^2}{2} \tag{14-42}$$

式中　H_i——各部分的气流阻力损失（Pa）；

ξ_i——各部分的局部阻力系数；

ρ_m——塔内湿空气平均密度（kg/m^3）。

3）风机选择。根据空气流量和总阻力值，进行风机选型，从风机特性曲线上选定风机叶片的安装角度。风机配备的电动机功率为

$$P = \frac{G_P H}{\eta_1 \eta_2} B \times 10^{-3} \tag{14-43}$$

式中　P——功率（kW）；

G_P——将空气质量流量换算成的风量（m^3/s）；

H——实际工作气压（Pa）；

η_1——风机机械效率；

η_2——风机效率，由风机特性曲线上查出；

B——电动机安全系数，$B = 1.15 \sim 1.20$。

（2）风筒式自然通风冷却塔 风筒式冷却塔的空气量是由空气的密度差产生的抽力决定的。进塔的空气密度比较大，由于在塔内吸收了热量密度变小，产生向上运动的力，使空气不断进入塔内。任何情况下，进入塔内的空气流动中所产生的阻力，在工作点与因密度差产生的抽力必须相等，这样才能使进塔流量保持不变，从而决定工作点的实际空气流速和塔筒的高度。抽力与阻力的计算图如图14-6所示，计算如下：

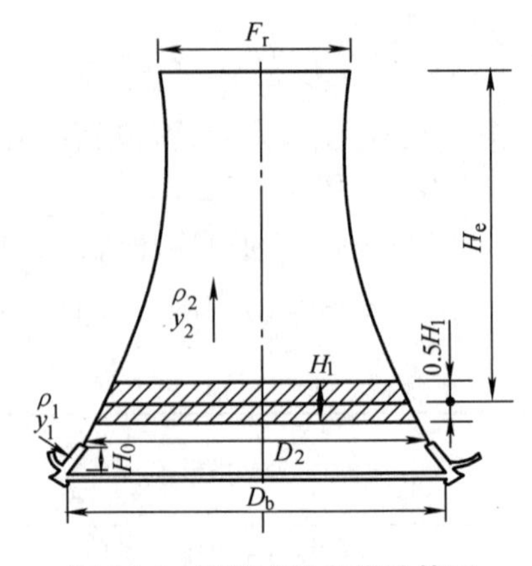

图14-6 风筒式冷却塔计算图

抽力与阻力

$$Z=H_e(\rho_1-\rho_2)g \tag{14-44}$$

$$H=\xi\frac{v_m^2}{2}\rho_m \tag{14-45}$$

式中 ρ_1、ρ_2——分别为塔外和填料上部的空气密度（kg/m^3）；

ρ_m——淋水塔中的平均空气密度（kg/m^3），$\rho_m=\frac{\rho_1+\rho_2}{2}$；

v_m——淋水填料中的平均风速（m/s）；

H_e——冷却塔通风筒有效高度，等于从淋水填料中部到塔顶的高度（m）。

如果塔型已定，可根据 $H=Z_0$ 确立塔内风速

$$H_e(\rho_1-\rho_2)=\xi\frac{v_m^2}{2}\rho_m$$

$$v_m=\sqrt{\frac{2H_e(\rho_1-\rho_2)}{\xi\rho_m}} \tag{14-46}$$

进塔风量公式为

$$G=3.48D^2\sqrt{\frac{H_e(\rho_1-\rho_2)}{\xi\rho_m}}$$

式中 D——填料1/2高度处直径（m）。如已知风速 v_m，一般取0.6~1.2m/s，即可求冷却塔高度 H_e。

风筒式冷却塔的总阻力系数 ξ 计算为

$$\xi=\frac{2.5}{\left(\frac{4H_0}{D_0}\right)^2}+0.32D_0+\left(\frac{F_m}{F_T}\right)^2+\xi_P \tag{14-47}$$

式中 H_0——进风口高度（m）；

D_0——进风口直径（m）；

F_m——淋水填料面积（m^2）；

F_T——风筒出口面积（m^2）；

ξ_P——淋水填料的阻力系数，由试验确定。

3. 水力计算

水力计算的目的是确定配水管渠尺寸，配水喷嘴个数、布置，计算全程阻力，为选择循

环水泵提供依据。

1）管式配水系统。固定管为压力配水，配水管中流速取 1~1.5m/s。系统总阻力损失不超过 4.9kPa，喷嘴前水压为 69kPa 左右。喷嘴之间距离通常为0.85~1.10m。

2）槽式配水系统。计算方法与明渠相同。主槽流速为 0.8~1.2m/s，工作槽流速为 0.5~0.8m/s。槽内正常水位大于 150mm，工作的槽净宽不小于 120mm，高度不大于 350mm。管嘴直径不小于 15mm，管嘴间距对小塔取 0.5~0.7m，大塔取 0.8~1.0m。

3）池式配水系统。主要是确定配水孔孔径和孔数，配水孔开孔数 n 为

$$n=\frac{Q}{3600\mu\omega_0\sqrt{2gh}} \tag{14-48}$$

式中　Q——总配水量（m^3/h）；

ω_0——孔口面积（m^2）；

μ——流量系数，$\mu=0.67$；

h——配水池中水深（m）。

孔口或喷嘴流量为 $q=\mu\omega_0\sqrt{2gh}$。

14.4　循环冷却水水质稳定

冷却水有直流式、密闭式循环和敞开式循环三种系统。水通过换热器后即排放的系统称为直流式冷却系统。直流式系统虽然简单，但是为了节约水资源，除海水用的直流式系统外，应被淘汰。密闭式的冷却水完全在封闭的、由换热器和管路构成的系统中进行循环，热量一般是借空气进行冷却，水在循环过程中除渗漏外并不损失，也不存在排污，系统的含盐量及所加药剂几乎恒定不变，故处理较简单。密闭式循环冷却水的最大问题为腐蚀及腐蚀产物，即污垢，需用高剂量的缓蚀剂以保证腐蚀得到有效控制。密闭循环系统一般只在水量小或特殊情况下使用，前者如内燃机的冷却系统，后者如严重缺水地区的冷却水。

敞开式循环冷却水系统应用最为广泛，也是技术最复杂的系统，即通常指的循环冷却水系统。这里讨论的有关冷却水处理的理论及处理药剂的基本概念，也可用于其他冷却系统的处理。

14.4.1　循环冷却水水质特点和处理要求

1. 敞开式循环冷却系统的水质特点

1）由于蒸发引起循环水中盐的浓度增加，增强了水的导电性，腐蚀过程加快，并使某些盐类由于超过饱和浓度沉淀出来，产生结垢危害。

2）水在冷却塔内淋洒或在曝气过程中，水中 CO_2 散失，加重了水的 $CaCO_3$ 结垢，O_2 的增加提高了水的腐蚀性。

3）空气中的杂质通过冷却塔的敞开部分不断进入系统中，其中尘埃、悬浮固体的沉淀会形成积垢，SO_2、H_2S 和 NH_3 等溶解气体会增加水的腐蚀性。由换热器工艺侧渗漏进入冷却水中的物质，也会引起冷却水的水质变化，如冷却水侧渗漏碱性物质，会产生软化反应，导致 $CaCO_3$ 和 $Mg(OH)_2$ 在管壁上的沉积。

4）日光、温水和循环水中营养成分，为多种微生物的滋生创造了适宜条件。在不受日光照射的部分，细菌、真菌大量生长产生黏垢，以黏膜甚至大片的黏性物的形式附着在管壁或设备的表面上。黏垢是由微生物及其分泌物以及各种掺入的杂质构成的一种污垢，往往难以控制。

5）由于换热设备进水端的水温较出水的一端水温低，在设备的出水端容易结垢。但单纯控制出水端的结垢，就可能在进水端出现严重结垢的现象。这说明在冷却水系统中，单独采取控制结垢或控制腐蚀的措施并不可取，循环冷却水由于盐分的浓缩，情况更严重。

6）由循环水处理药剂引起的化学反应产物，使水中增加了新的沉淀物质。如投加磷酸钠，会引起磷酸钙的沉淀，而季铵盐杀菌剂又会和聚磷酸钠产生沉淀物。循环冷却水的水质特点见表14-4。

表14-4 循环冷却水的水质特点

水质成分	主要来源	危害
1. 悬浮成分 一般悬浮固体 灰尘、泥土 细菌、藻类、真菌 絮体 其他有机和无机悬浮物 2. 溶解固体 水中原有的溶解无机离子 SiO_2 有机物 缓蚀剂等处理药剂 其他污染成分 3. 溶解气体 H_2S、SO_2、NH_3和O_2等	1. 补充水中原有成分 2. 循环水在冷却塔喷淋过程中从空气中进入的悬浮物及气体 3. 水处理药会产生悬浮固体，本身则为溶解繁殖，产生悬浮固体 4. 微生物在系统内容易繁殖，产生悬浮固体 5. 腐蚀产物 6. 工艺侧泄漏污染产生的反应物	1. 悬浮固体沉积产生污垢 2. 溶解固体沉淀产生结垢 3. 微生物繁殖会产生黏垢 4. 溶解固体、溶解气体和微生物都加重腐蚀的因素 5. 危害可概括为沉积物（包括结垢、污垢和黏垢）、腐蚀和微生物

2. 循环冷却水系统的基本水质要求

循环冷却水的处理需要满足有关水质标准。由于影响因素复杂，制定通用水质标准相当困难，因此，通常将循环冷却水按水的腐蚀和沉积物控制要求处理，并将此法作为基本水质指标，它实际上是反映水质要求的间接指标。表14-5为敞开式系统冷却水主要水质指标，表中腐蚀率和年污垢热阻分别表达了对水的腐蚀性和沉积物的控制要求。微生物繁殖所造成的影响，间接反映在腐蚀率和污垢热阻中。

表14-5 敞开式循环冷却系统冷却水主要水质指标

项目		要求条件	允许值
浊度	Ⅰ	年污垢热阻小于$9.5\times10^{-5}m^2\cdot h\cdot ℃/kJ$；有油类黏性污染物时，年污垢热阻小于$1.4\times10^{-4}m^2\cdot h\cdot ℃/kJ$；腐蚀率小于0.125mm/年	<20
	Ⅱ	年污垢热阻小于$1.4\times10^{-4}m^2\cdot h\cdot ℃/kJ$；腐蚀率小于0.2mm/年	<50
	Ⅲ	年污垢热阻小于$1.4\times10^{-4}m^2\cdot h\cdot ℃/kJ$；腐蚀率小于0.2mm/年	<100

（续）

项目	要求条件	允许值
电导率/(μS/cm)	采用缓蚀剂处理	<3000
总碱度/(mmol/L)	采用阻垢剂处理	<7
pH 值		6.5~9.0

（1）腐蚀率　金属的年均腐蚀深度称为腐蚀率，单位为 mm/年。腐蚀率一般可用失重法测定，将金属材料试件挂于换热器冷却水中一定部位，通过测定试验前、后试片质量差计算出平均腐蚀深度，即腐蚀率为

$$C_L = 8.76\frac{m_0 - m}{\rho g F t} \tag{14-49}$$

式中　C_L——腐蚀率（mm/年）；

m_0——腐蚀前金属质量（g）；

m——腐蚀后金属质量（g）；

ρ——金属密度（g/cm^3）；

g——重力加速度（m/s^2）；

F——金属与水接触面积（m^2）；

t——腐蚀作用时间（h）。

对于局部腐蚀，通常以点蚀系数反映点蚀的危害程度。点蚀系数是金属最大腐蚀深度与平均腐蚀深度之比，点蚀系数越大，对金属的危害越大。经水质处理后使腐蚀率降低的效果称缓蚀率，以 η 表示为

$$\eta = \frac{C_0 - C_L}{C_0} \times 100\% \tag{14-50}$$

式中　C_0——循环冷却水未处理时腐蚀率；

C_L——循环冷却水经处理后的腐蚀率。

（2）污垢热阻　热阻为传热系数的倒数。换热器传热面由于结垢及污垢沉积使传热系数下降，使热阻增加，称为污垢热阻。此处污垢热阻由结垢和污垢沉积而引起的热阻，并非单指污垢一项，但一般文献均用此名。换热器的热阻在不同时刻因垢层存在差异其污垢热阻值不同。一般在某一时刻测得的称为即时污垢热阻，其值为经 t 小时后的传热系数的倒数和开始时的传热系数的倒数之差

$$R_t = \frac{1}{K_t} - \frac{1}{K_0} = \frac{1}{\Psi_t K_0} - \frac{1}{K_0} = \frac{1}{K_0}\left(\frac{1}{\Psi_t - 1}\right) \tag{14-51}$$

式中　R_t——即时污垢热阻（$m^2 \cdot h \cdot ℃/kJ$）；

K_0——开始时，传热表面清洁所测得的总传热系数［$kJ/(m^2 \cdot h \cdot ℃)$］；

K_t——循环水在传热面积垢经 t 时间后所测得的总传热系数［$kJ/(m^2 \cdot h \cdot ℃)$］；

Ψ_t——积垢后传热效率降低的百分数。

以上污垢热阻 R_t 是在积垢时间 t 后的污垢热阻，不同时间 t 有不同的 R_t 值，应作出 R_t 对时间 t 的变化曲线，推算出年污垢，并作为控制指标。

14.4.2 循环冷却水水质处理

结合水质特点，循环冷却水水质处理主要从沉积物控制、腐蚀控制、微生物控制三个方面入手。

1. 沉积物控制

循环水中的沉积物主要指水垢、黏垢、污垢。水垢的主要成分是 $CaCO_3$，污垢和黏垢的主要成分是尘埃、泥砂、悬浮固体及微生物代谢产物等。

水垢控制的主要目标是如何防止碳酸盐水垢等的析出，主要方法如下：

（1）排污　冷却水在冷却塔中会因为被脱出 CO_2 引起碳酸盐含量增加，理论上各种水质都有其极限碳酸盐硬度，超过这个值，碳酸盐就会从水中析出，因此，防垢的一种措施就是控制排污量，使循环水中碳酸盐硬度始终小于此极限值。可以对排污进行估算。通过排污解决结垢是最简单的措施。如果排污量不大，水源水量足以补充此损失，在经济上合适，则是可取的，否则采取其他措施。为了使循环水中碳酸盐硬度始终小于此极限值，它的浓缩倍数的极限为

$$K=\frac{H'_{\mathrm{T}}}{H_{\mathrm{T,BU}}} \tag{14-52}$$

式中　H'_{T}——循环水的碳酸盐硬度；

$H_{\mathrm{T,BU}}$——补充水的碳酸盐硬度。

最小排污率为

$$P_4=\frac{P_1}{K-1}-(P_2-P_3) \tag{14-53}$$

式中　P_1、P_2、P_3、P_4——蒸发损失、风吹损失、渗漏损失及排污损失，均以循环水量的体积分数计；

K——浓缩倍数。

（2）从冷却水中去除钙离子的主要方法

1）离子交换法：采用的树脂多为钠型阳离子树脂。硬水通过交换树脂，去除 Ca^{2+}、Mg^{2+}等，使水软化。当原水浊度较高时，在离子交换前需要经混凝、过滤等预处理，此时需要分析其经济性。

2）石灰处理：补充水进入冷却水系统前，在预处理时投加石灰，能去除水中的碳酸氢钙，反应式为

$$CO_2+Ca(OH)_2 = CaCO_3\downarrow+H_2O$$
$$Ca(HCO_3)_2+Ca(OH)_2 = 2CaCO_3\downarrow+2H_2O$$

经石灰处理的水，因碳酸盐硬度降低，在循环水系统中的结垢倾向也已减轻。但经石灰处理的水，有时是碳酸钙的过饱和溶液，因此它在循环水系统中受热、蒸发和逗留的过程中，仍有可能出现碳酸钙沉淀。

为了消除石灰处理水的不稳定性，可以添加少量酸液，以保持水中钙离子和碳酸根离子呈不饱和的状态，称为水质再稳定处理。投加石灰成本低，但灰尘大、劳动条件差。

3）零排污：指排污水经软化处理去除硬度和二氧化硅后再回到循环系统中，只需排除软化沉渣。软化有两种办法：把排污点设在来自换热器的管线上，热的排污水有利于软化过

程；排污水与旁流水混合进行软化处理，旁流水指从循环流量中分出一部分流量来进行处理，其流量一般为总流量的1%~5%，主要目的是去除悬浮固体。零排污的实施使国外的一些循环水系统的浓缩倍数已达25~50，甚至达到100以上。

（3）循环水水质调整

1）加酸处理：常用的酸是硫酸。盐酸会带入氯离子，增加水的腐蚀性。硝酸则会带入硝酸根，促进硝化细菌的繁殖。柠檬酸和氨基磺酸等也可应用，但不普及。

硫酸与水中碳酸氢盐反应，$Ca(HCO_3)_2+H_2SO_4 = CaSO_4+2CO_2+2H_2O$。加酸并不需要使水中的碳酸氢根完全中和，只要使酸量满足碳酸氢钙在运行中不结垢即可，最好采用自动加酸装置。

2）通 CO_2 气体：在生产中，有些工厂会产生多余的 CO_2，有的烟道气中也含有相当多的 CO_2，如果将 CO_2 或烟道气通入冷却水中，可使下列平衡式向左进行，从而稳定重碳酸盐。反应式为：$Ca(HCO_3)_2 = CaCO_3+CO_2+H_2O$。

（4）投加阻垢剂　在冷却水系统中或其他受热面上结垢都包括盐类结晶作用。晶体形成的过程会影响垢的形成，即形成过饱和溶液，生成晶核，晶核长大形成晶体。投加阻垢剂就是控制其过程中的一个或几个步骤，达到防垢的目的。

阻垢剂主要可分为增溶、分散和结晶改良三类。增溶、分散都是使结垢成分处于溶解或分散悬浮状态，仍然保持在水中。结晶改良是为了使结垢成分转化成泥渣。常用的阻垢剂：

1）含有羧基和羟基的天然高分子物质。如单宁、淀粉、木质素经过加工改良后的混合物，其水解性能好，分散度大，能吸附、螯合、分散成垢物质。

2）无机阻垢剂以直链状的聚合磷酸盐为代表，它们在水中离解成的阴离子能与水中的钙、镁离子或其盐的粒子形成螯合环，或能吸附在碳酸钙的晶体上，阻止其长大。

3）有机磷酸盐阻垢剂既具很好的缓蚀性能，又具优异的阻垢性能，常见的有氨基三甲叉膦酸盐（ATMP）、乙二胺四甲叉膦酸盐（EDTMP）、二乙烯三胺五甲叉膦酸盐（DET-PMP）、羟基乙叉二膦酸盐（HEDP），还有含硫、硅、羧基的有机磷酸盐。

4）聚合羧基类阻垢剂。主要包括聚丙烯酸盐、聚甲基丙烯酸盐、水解聚马来酸酐等，它们在投加量很低的情况下就有极佳的阻垢性能，生物降解性也好。

5）共聚物类阻垢剂。它主要由含有羧酸类单体和含有磺酸、酰胺、羟基、醚等不同单体共聚得到的水溶性共聚物或其盐。它们除了分散碳酸钙垢外，还可以分散锌盐垢、磷酸盐垢、金属氧化物、泥砂微粒等固态物质。常用的有马来酸与丙烯酸共聚物、丙烯酸/丙烯酸羟乙（丙）酯共聚物、丙烯酸/磺酸共聚物等。

（5）物理处理技术　物理处理技术主要针对碳酸盐水垢为主的水质，优点是不产生环境污染，有磁化处理技术、电子除垢仪技术等。

2. 污垢与黏垢的控制

排污、旁路处理等方法同样适用于污垢与黏垢的控制，同时应该从源头入手，要尽量使冷却塔周围空气清洁，避免空气中的粉尘、砂土等杂物带进冷却塔，还可投加分散剂、表面活性剂等。由于这类污染物中的淤泥等与微生物、金属腐蚀等有关，因此，控制金属腐蚀和微生物生长也是其控制的主要内容。

在冷却水系统中防止换热器金属腐蚀的方法有阴极保护、牺牲阳极、涂层覆盖和缓蚀剂处理等办法，其中以缓蚀剂处理法最为常见并且效果显著。缓蚀的机理是在电池的阳极或阴极部位覆盖一层保护膜，从而抑制腐蚀过程。

缓蚀剂的分类方法有多种，见表14-6，按成分可分为有机缓蚀剂和无机缓蚀剂两大类。无机缓蚀剂包括铬酸盐、磷酸盐、锌酸盐等，有机缓蚀剂包括胺化合物、磷酸盐、磷羧酸化合物、醛化物、咪唑、噻唑等杂环化合物。按所形成的膜不同有氧化物膜、沉淀膜和吸附膜三类。铬酸盐所形成的膜属于氧化物膜，磷酸盐、铝酸盐与锌酸盐等则形成沉淀膜型，有机胺类缓蚀剂则形成吸附膜型。按缓蚀剂抑制腐蚀的反应是阴极反应还是阳极反应可以分为阴极、阳极及两者兼有型缓蚀剂，在阳极形成保护膜的缓蚀剂称为阳极缓蚀剂，在阴极形成膜的则称阴极缓蚀剂。由于阳极是受腐蚀的极，如果缓蚀剂的剂量不够在系统中全部阳极部位形成膜的话，则无膜的阳极部位将受到全部腐蚀过程的集中作用而迅速穿孔，甚至比不投加缓蚀剂还严重。在使用阳极缓蚀剂时必须特别注意。缓蚀剂使用时有个最佳剂量，使用前要经过严格的设计和科学实验。

表14-6 常用缓蚀剂的种类

无机缓蚀剂		有机缓蚀剂
阴极缓蚀剂	阴极缓蚀剂	
铬酸盐	磷酸盐	有机胺、醛类
亚硝酸盐	锌酸盐	磷酸盐
钼酸盐	亚硫酸盐	杂环化合物
亚铁氯化物	重碳酸盐	有机硫化合物
硅酸盐	三氧化二砷	咪唑啉类
正磷酸盐		脂肪族羧基酸盐
碳酸盐		可溶性油
钼酸盐		带有烷基的邻苯二酚

（1）铬酸盐　常用的铬酸盐指铬酸钠、铬酸钾、重铬酸钠及重铬酸钾。起缓蚀作用的是阴离子。

铬酸盐具有阳极缓蚀剂及阴极缓蚀剂的双重性能。当浓度较高时，是一种很有效的钝化缓蚀剂，在低剂量时，则起阴极缓蚀剂的作用。钝化剂的起始用量达0.5~1g/L，并逐渐降到0.2~0.25g/L的正常浓度范围。铬酸盐适用的pH值为6~11，正常运行pH值范围为7.5~9.5。钝化剂有一个临界用量，低于这个用量时，存在坑蚀的风险。低剂量的铬酸盐虽然起阴极缓蚀剂的作用，但必须与其他缓蚀剂配合使用，不单独使用。单独使用时，剂量会过高。

铬酸盐的钝化作用原理。由于它在阳极部位形成一层掺有氧化铬的三氧化二铁保护膜，从而抑制了腐蚀过程。铬酸盐的阴极缓蚀作用则解释为吸附了一层铬酸盐保护膜的作用，作为钝化剂使用时，铬酸盐对于铁、铜及铜合金、铝等金属都能起缓蚀作用。

（2）磷酸盐　磷酸盐是指具有如下一类结构的化合物，n平均值为14~16。M为Na或K。

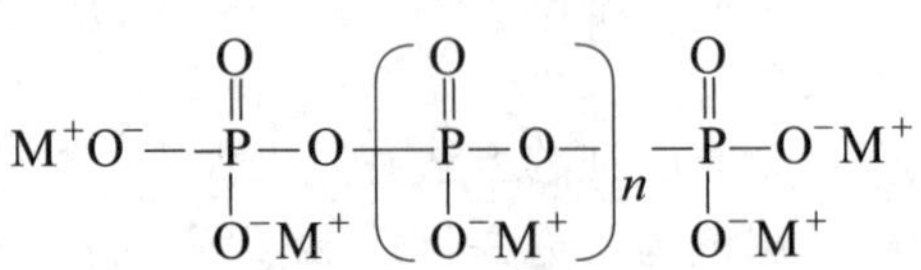

$$M^{+}O^{-}-\underset{O^{-}M^{+}}{\overset{O}{\overset{\|}{\underset{|}{P}}}}-O\left(-\underset{O^{-}M^{+}}{\overset{O}{\overset{\|}{\underset{|}{P}}}}-O-\right)_{n}-\underset{O^{-}M^{+}}{\overset{O}{\overset{\|}{\underset{|}{P}}}}-O^{-}M^{+}$$

阻垢剂的聚磷酸盐有很强的螯合能力，能与钙、镁、锌等二价离子形成稳定的螯合物。聚磷酸盐有阈限效应，缓蚀用量为10~15mg/L(按PO_4^{3-}计算)。应控制pH值在5~7内。当循环水系统设备中有铜或者铜合金时，pH值应取6.7~7。聚磷酸钠是一种阴极缓蚀剂。目前认为，聚磷酸根与水中钙离子缔合成一种带正电的胶体粒子，向腐蚀的阴极部位运动，沉淀在阴极部位，起了阴极极化的作用。当这层沉积膜逐渐加厚时，腐蚀电流也就逐渐减弱，沉积就缓慢下来，沉淀的厚度自动得到控制。因此，在用聚磷酸钠作缓蚀剂时，水中应该有一定浓度的Ca^{2+}或Mg^{2+}，而少量的铁离子存在促进了缓蚀作用。水中Ca^{2+}浓度与聚磷酸钠浓度之比至少应为0.2，最好能达0.5。

聚磷酸盐是一种应用广泛的缓蚀剂，但是聚磷酸盐会水解为正磷酸盐，从而使其浓度降低，尤其在高温条件下会加速此过程。另外聚磷酸盐及其水解产物正磷酸盐都是微生物的营养成分，会促进微生物的生长，需注意控制。

（3）有机胺类　用于冷却水系统中的有机胺类分子中，一般含有憎水性的碳链（C_8~C_{20}）烷基和亲水性的氨基。亲水性的氨基易被吸附在金属表面形成单分子薄层吸附膜而起缓蚀作用。胺的使用浓度约为20~100mg/L。由于缓蚀剂靠吸附层进行缓蚀，在温度升高时吸附层容易被破坏，故这类缓蚀剂受温度控制，一般不能超过50℃。另外，表面有油或污泥也会影响缓蚀层的形成，其应用有局限性。

（4）复合缓蚀剂　在现代的循环冷却水处理中，很少单用一种药剂来控制腐蚀过程，对循环水处理药剂的配方必须综合考虑腐蚀、结垢和微生物的控制，单一药剂难以同时解决这些问题。使用两种以上药剂时，利用药剂间的协同作用可以减少剂量，既经济，又可提高处理效果。目前出现了复合缓蚀剂，主要包括锌酸盐/铬酸盐、锌酸盐/聚磷酸盐、聚磷酸盐/PO_4、锌/AMP、AMP/HEDP、聚磷酸盐/HEDP等。

3. 生物污垢及其控制

（1）生物污垢　循环冷却水系统中的微生物大体可分为藻类、细菌和真菌三大类。冷却水系统具备藻类繁殖的空气、阳光和水三个基本条件，藻类在构筑物上不断繁殖和脱落，易于在冷却水系统中形成污垢，危害很大。冷却水中的细菌有多种，分为好氧、厌氧和兼性细菌。冷却塔内的温度、营养物质也使细菌得以生长，细菌代谢会产生黏液，导致黏垢的生成，而这类物质和水中的悬浮物黏结起来，会附着在金属表面。真菌没有叶绿素，不能进行光合作用，大部分菌体都寄存在植物的遗骸上，真菌大量繁殖时呈棉团状，附着于金属表面和管道上。微生物在冷却水系统大量繁殖会形成生物污垢，隔断化学药剂与金属的接触，削弱处理效果，同时带来换热设备的垢下腐蚀，因此必须有效控制生物生长繁殖。

（2）杀生剂　添加杀生剂是控制微生物生长的主要方法之一。优良的冷却水杀生剂应具备以下条件：有广谱性，可杀死或抑制冷却水中所有的微生物；不易与冷却水中其他杂质反应；不会引起木材腐蚀；能快速降解为无毒性的物质；经济性好。满足这些要求且可用于冷却水杀生剂的药品不多，一般把冷却水杀生剂分为氧化性杀生剂和非氧化性杀生剂。

1）氧化性杀生剂。氧化性杀生剂对水中可以氧化的物质都起氧化作用，从而消耗了一部分杀菌剂，降低了其杀菌效果。常见的有氯、次氯酸盐、二氧化氯、溴及溴化物、臭氧等氧化性杀生剂。

氯是强氧化剂，是冷却水处理中常用的杀生剂，能穿透细胞壁，与细胞质反应，它对所有活的有机体都具有毒性。氯本身具有强氧化性，还可以在水中离解为次氯酸和盐酸，但当

pH值升高时，次氯酸会转化为次氯酸根离子，降低杀菌能力。以氯为主的微生物控制中，pH值在6.5~7.5范围最佳，pH值小于6.5时，虽能提高效果，但增加了金属的腐蚀速度。为了对换热器进行灭菌，系统中要保持一定量的余氯。

在生产中的余氯量应通过实验确定。冷却水加氯处理的经验参数如下：在直流冷却水处理中，一般以0.5~2h为一个加氯周期，在周期内保持余氯量为0.3~0.8mg/L。在循环冷却水的处理中，余氯在热回水中的浓度，每天至少保持0.5~1.0mg/L的自由性余氯1h。其投药量只能在具体生产条件下得到，对于污染严重的水，投药量必然要增加。

冷却水系统中常用的次氯酸盐有次氯酸钠、次氯酸钙和漂白粉。当在冷却水用量较小时，用次氯酸盐作为杀菌剂，可避免氯气泄漏。次氯酸盐也常用来处理或剥离设备或管道中的黏垢，它也是一种黏垢剥离剂。

次氯酸盐的杀菌效能和氯相似，使用时pH值是重要的控制参数。次氯酸盐在冷却水系统中能生成次氯酸和次氯酸根离子，其生成量是冷却水pH值的函数。pH值降低，次氯酸的生成量增加，次氯酸根生成量减少，pH值升高，则相反。

用于冷却水杀菌的二氧化氯与氯相比，有以下特点：二氧化氯的杀菌能力比氯强，且可杀死孢子和病毒，其杀菌性能与水的pH值无很大关系，在pH值在6~10都有效。二氧化氯不与氨、大多数胺起反应，即使水中存在这些物质，也能保证它的杀菌能力，与氯不同会产生氯化有机致癌物质。二氧化氯无论是液体还是气体都不稳定，运输时容易发生爆炸事故，因此，必须现制现用。

以溴及溴化物代替氯，主要是适应碱性冷却水处理的要求，在碱性或高pH值时，氯的杀菌能力降低。目前可供冷却水处理的溴化物杀生剂有卤化海因、活性溴化物等。

臭氧的化学性质活泼，具有强氧化性。它溶于水时可以杀死水中微生物，杀菌能力强、速度快，近年发现它还有阻垢和缓蚀作用。但由于制造臭氧的能耗大、成本高，臭氧在冷却水处理系统中没有得到广泛应用。

2）非氧化性杀生剂。在某些情况下，相比氧化性杀生剂，非氧化性杀生剂更有效、更方便，一些冷却水系统中常将二者联用。以下为常见的非氧化性杀生剂。

季铵盐：季铵盐类化合物很多，如图14-7所示，都可以用作杀菌剂。在循环水处理中，常用的有烷基三甲基氯化铵、烷基三甲苄基氯化铵、十二烷基二甲基苄基氯化铵。

$$\left[\begin{array}{c} CH_3 \\ | \\ R-N-CH_3 \\ | \\ CH_3 \end{array}\right]^+ Cl^- \qquad \left[\begin{array}{c} CH_3 \\ | \\ R-N-C_6H_2CH_2 \\ | \\ CH_3 \end{array}\right]^+ Cl^- \qquad \left[\begin{array}{c} CH_3 \\ | \\ C_{12}H_{25}-N-C_6H_2CH_2 \\ | \\ CH_3 \end{array}\right]^+ Cl^-$$

a)　　　　b)　　　　c)

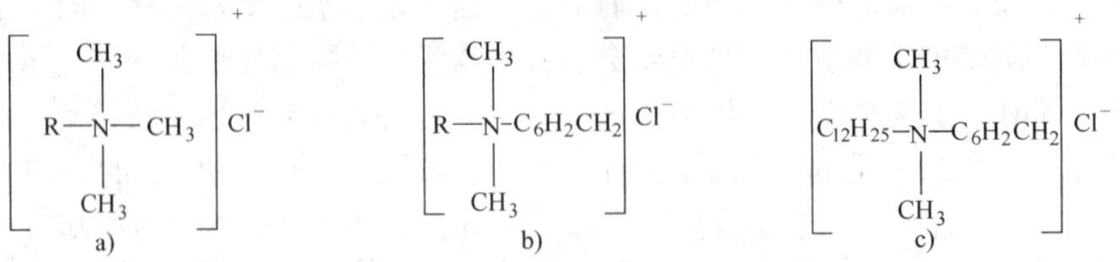

图14-7　季铵盐类化合物

a）烷基三甲基氯化铵　b）烷基三甲苄基氯化铵

c）十二烷基二甲基苄基氯化铵（新洁尔灭）R代表C_{16}~C_{18}的烷基

季铵盐是一种阳离子型的表面活性剂，它能够渗透到微生物内部，容易吸附在带负电的微生物表面。微生物的生理过程因受到季铵盐的干扰而发生变化，这是季铵盐杀菌的机理。季铵盐类的渗透性质，和其他杀菌剂同时使用，往往可得到更好的杀菌效果。另外，在碱性

范围，季铵盐类杀菌灭藻效果更佳。由于季铵盐具有表面活性，当水中含有大量灰尘、碎屑、油等杂质时，季铵盐会与这些物质相互吸附而降低其杀菌能力。当循环水中含盐量较高及存在蛋白质或其他一些有机物等，也会降低季铵盐类的杀菌效果。季铵盐使用剂量往往比较高，而剂量高时会出现起泡的现象。

氯酚类：在循环水中常用的氯酚杀菌剂为三氯酚钠和五氯酚钠，以五氯酚钠应用最广。五氯酚钠是一种易溶解的稳定化合物，与循环水中出现的大多数化学药品和杂质都不起反应。另外一些氯酚化合物，也可以在循环水中用作杀菌剂。用氯酚化合物做杀菌剂的剂量都比较高，一般达几十 mg/L。把数种氯酚化合物和一些表面活性剂复合使用，组成复方杀菌剂，可以增加杀菌效果，由于表面活性剂降低了细胞壁缝隙的张力，增大了氯酚穿透细胞壁的速度，可降低杀菌剂的用量。

14.4.3　循环冷却水的水量损失与补充

1. 水量损失

循环冷却水在循环过程中存在蒸发损失、风吹损失、渗漏损失和排污损失等。蒸发损失是水在冷却时蒸发的水量；风吹损失是指冷却设备在运行过程中由于空气带走的水量；渗漏损失对于一般管路系统难以完全杜绝，水量很难估算，往往合并在排污损失之中；排污损失是为了保持循环冷却水的含盐量的浓缩倍数恒定而必须从循环系统中排走的水量，即保持循环水与新鲜补充水的含盐量比值恒定。蒸发损失水量可以根据热量衡算关系得出

$$L_1cT_1-L_2cT_2=Gh_2-Gh_1 \tag{14-54}$$

$$L_e=L_1-L_2 \tag{14-55}$$

式中　L_1、L_2——冷却塔进水与出水的流量（kg/h）；

T_1、T_2——冷却塔进水与出水温度（℃）；

c——水的比热容［kJ/(kg · K)、kcal/(kg · ℃)］；

L_e——蒸发水量（kg/h）；

G——空气流量（kg/h）；

h_1、h_2——空气进塔和出塔时的焓值［kJ/kg(干空气)，kcal/kg（干空气)］。

冷却塔的蒸发损失水量也可以根据进入和排出冷却塔的空气的含湿量计算，具体为

$$L_e=G(x_2-x_1) \tag{14-56}$$

式中　x_1、x_2——进塔和出塔空气的含湿量［kg/kg（干空气)］。以式（14-55）的 L_2 代入式（14-54）得

$$L_1cT_1-cT_2(L_1-L_e)=G(h_2-h_1)$$

$$L_1c(T_1-T_2)=G(h_2-h_1)-L_ecT_2 \tag{14-57}$$

以式（14-56）的 G 代入式（14-57）得

$$L_1c(T_1-T_2)=(h_2-h_1)\frac{L_e}{x_2-x_1}-L_ecT_2=L_e\left[\left(\frac{h_2-h_1}{x_2-x_1}\right)-cT_2\right]$$

$$L_e=\frac{L_1c(T_1-T_2)}{\dfrac{h_2-h_1}{x_2-x_1}-cT_2} \tag{14-58}$$

式（14-58）可以对运行中的冷却塔或试验装置进行蒸发水量的精确计算。

但是，在设计阶段，往往只对蒸发水量进行近似计算。由水冷却的热量衡算关系可得

$$L\Delta Tc \approx \lambda L_e \tag{14-59}$$

式中 λ——水的汽化热［kJ/kg，kcal/kg］；

L——冷却水量（m^3/h）；

ΔT——冷却水温差（T_1-T_2）（℃）；

c——水的比热容［kJ/(kg·℃)］。

由式（14-59）可得出

$$L_e = K_e \Delta TL \tag{14-60}$$

$$K_e = \frac{c}{\lambda} \tag{14-61}$$

在冷却塔的平均水温下，λ 值可取 580kcal/kg，c = 1kcal/(kg·℃)，故系数 K_e 约等于 0.00172/℃。但由于计算时未考虑对流传热的影响，故实际的数值应该扣除对流传热所占的部分，见表 14-7。例如，由于蒸发所传递的热量在气温为 30℃时占 87%，故表中系数 K_e 的值相应为 0.87×0.00172 = 0.0015。

表 14-7 系数 K_e

环境气温/℃	−10	0	10	20	30	40
K_e/(1/℃)	0.0008	0.001	0.0012	0.0014	0.0015	0.0016

冷却塔的风吹损失主要包括出塔空气中带出的水滴和从进风吹出的水滴。前者的损失水量与填料的形式、配水喷嘴的形式、冷却水量、风速、除水器形式等有关，可通过试验测出较精确的数值。这部分风吹损失一般为循环水流量的 0.05%~0.2%，但装有高效除水器的冷却塔，损失可降到 0.0005%。从进风口吹出的损失水量与塔型、风速和风向等因素有关，由于影响因素较多，这部分损失不易测定，因此风吹损失的总水量仍然难以确定。

排污量所占循环水量的百分数由循环系统的浓缩倍数决定。一般可参考表 14-8 的数据粗略估计与水冷却过程有关的蒸发和风吹损失。

表 14-8 冷却塔的风吹损失和蒸发损失

冷却塔	风吹损失（%）	每 5℃温差的蒸发损失（%）		
		夏季	春秋季	冬季
风筒式冷却塔	0.1~0.5	0.8	0.6	0.4
机械通风冷却塔	0.1~0.5	0.8	0.6	0.4

在敞开式循环冷却水系统中，热水通过冷却塔时，部分水被蒸发，循环水被浓缩。水不断循环，含盐量不断增加。为了维持系统中水量平衡，必须不断向循环系统中补充新鲜水，同时排掉部分循环冷却水，以维持循环水的含盐量稳定在某一浓度。因此，在水系统循环运行的时候，补充水和循环水中的含盐量是不同的。

2. 补充水量与浓缩倍数、排污水量及蒸发量的关系

根据循环水系统的水量平衡，可得

$$M = E + B + D \tag{14-62}$$

式中 M——补充水量（m^3/h）；

D——冷却塔风吹损失水量（包括渗漏损失水量）（m^3/h）；

B——排污水量（m^3/h）；

E——蒸发损失水量（m^3/h）。

蒸发损失水量 E 与循环冷却水量、进出塔水温差、蒸发潜热及空气的湿度和温度等因素有关，可粗略计算为

$$E=(0.1+0.002\theta)R\Delta t/100 \tag{14-63}$$

式中 Δt——冷却塔进出水温差（℃）；

θ——空气的干球温度（℃）；

R——循环水量（m^3/h）。

根据水中溶解盐量的平衡，可得

$$MC_M=(B+D)C_R \tag{14-64}$$

$$N=\frac{M}{B+D}=\frac{E+B+D}{B+D}=\frac{E}{B+D}+1$$

$$B+D=\frac{E}{N-1}$$

$$M=\frac{C_R}{C_M}(B+D)=N(B+D)=\frac{NE}{N-1} \tag{14-65}$$

其中浓缩倍数是指循环水的含盐量与补充水的含盐量之比

$$N=\frac{C_R}{C_M} \tag{14-66}$$

式中 N——浓缩倍数；

C_R——循环水的含盐量（mg/L）；

C_M——补充水的含盐量（mg/L）。

对于直流水冷却系数，浓缩倍数 N 等于 1。敞开式循环冷却水系统由于存在水量的蒸发损失，浓缩倍数 N 一定大于 1。

从式（14-65）可见，补充水量与 $\frac{NE}{N-1}$ 成正比，排污量与风吹损失之和与 $\frac{E}{N-1}$ 成正比。当循环系统正常运行时，热负荷基本不变，故蒸发量 E 大致不变。则补充水量与 $\frac{N}{N-1}$ 成正比，排污量与风吹损失之和与 $\frac{1}{N-1}$ 成正比。当风吹损失很小时，排污量与 $\frac{1}{N-1}$ 成正比。

提高循环冷却水的浓缩倍数，可降低补充水的用量。但过高地提高浓缩倍数，会使循环冷却水中的硬度、碱度、氯离子等的浓度过高，将大大增加水的结垢倾向，腐蚀性大为增强，极大地提高了水质稳定处理的难度，所需缓蚀阻垢药剂量很大，而某些缓蚀阻垢剂（如聚磷酸盐）因在冷却水系统中停留时间过长而水解失效。对于大多数循环冷却水系统，当浓缩倍数大于 4 时，再提高浓缩倍数的节水效果极为有限。因此，从节水和水质稳定的角度考虑，应采用适宜的浓缩倍数。对于一般含盐量的补充水，循环冷却水的浓缩倍数一般控制在 2~3，少数可达到 4。

在实际运行中，用来监测循环冷却水浓缩倍数的测定项目应符合以下要求：

所测物质在补充水和循环水中的浓度只随浓缩倍数的增加而成比例地增加，不受其他运行条件的干扰（包括加热、曝气、沉积或结垢、投加水处理药剂等）。主要测定项目：氯离子、二氧化硅、钾离子、含盐量、电导率等。其中，氯离子的测定方法简单，但循环水处理多采用液氯或次氯酸钠作为微生物的杀生剂，引入了额外的氯离子，使所测的浓缩倍数偏高。用二氧化硅计算浓缩倍数受到的干扰较少，但分析方法较测定氯离子复杂，并应注意当硅酸盐与镁离子浓度较高时可能生成硅酸镁沉淀，使所测结果偏低。钾离子受到的干扰也较少，但钾离子的测定需使用火焰光度法，测定较为复杂。用含盐量和电导率来确定浓缩倍数的准确性较差。

练习题

思考题

14-1　为什么说淋水填料层是冷却塔的关键部位？新型淋水填料具有哪些特点和类型？

14-2　什么叫湿球温度？为什么湿球温度是水冷却的极限？

14-3　麦克尔方程中焓差的物理意义是什么？为什么麦克尔方程适用于各种冷却塔？

14-4　什么叫冷却数、特性数？各自有什么物理意义？二者有什么关系？

选择题

14-1　冷却构筑物可分为________。

（1）水面冷却池（2）喷水冷却池（3）冷却塔（4）湿式冷却塔（5）干式冷却塔

A.（1）（2）　　B.（1）（2）（3）（4）　　C.（1）（2）（3）　　D. 全部

14-2　敞开式循环冷却水系统一般由________组成。

（1）冷却水用水设备（如换热器、制冷机、注塑机等）（2）冷却塔（3）集水设施（如集水池或塔盘）（4）循环水泵（5）循环水处理装置（旁滤、加药装置等）（6）补充水管、循环水管

A.（1）（2）（3）（4）（5）　　B.（1）（2）（5）

C.（1）（2）（3）（5）　　D. 全部

14-3　循环冷却水处理的目的主要为保护换热器及其循环冷却水系统的正常运行。它要解决的主要问题包括________。

（1）腐蚀控制（2）沉积物控制（3）微生物的控制（4）污垢控制

A.（1）　　B.（1）（2）

C.（1）（2）（3）　　D.（1）（2）（3）（4）

14-4　空调制冷的循环冷却水系统，循环冷却水量大于________ m^3/h 时，宜设置水质稳定处理、杀菌灭藻和旁滤装置。

A. 500　　B. 800　　C. 1000　　D. 1500

14-5　冷却塔的布置原则，________不正确。

A. 宜单排布置

B. 单侧进风塔的进风面宜面向夏季主导风向

C. 双侧进风塔的进风面宜平行于夏季主导风向

D. 冷却塔四周检修通道净距不宜大于0.7m

14-6　空调冷却塔设计计算时，所选用的干、湿球温度应为________。

A. 历年平均干、湿球温度

B. 历年最高干、湿球温度的平均值

C. 历年最热3个月的平均干、湿球温度

D. 历年平均 50h 的干、湿球温度

14-7 冷却塔位置选择的因素中，________不正确。

A. 应布置在建筑物的最大频率风向的上风侧

B. 应布置在建筑物的最大频率风向的下风侧

C. 应布置在建筑物的最小频率风向的上风侧

D. 不应布置在热源、废气排放口附近

第 15 章

水的其他物理化学处理方法

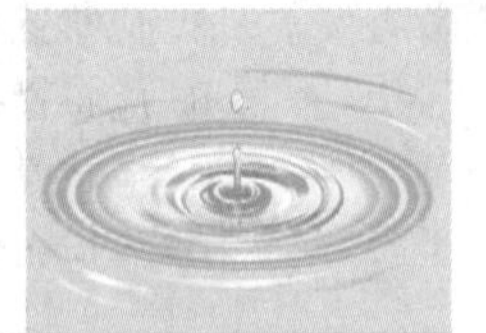

学习要点

本章提要：介绍离心分离、电解、中和、化学沉淀法的基本原理与设计计算的基本方法。重点介绍水力旋流器和离心机两种设备，要求掌握其工作原理，能进行简单的计算。电解水处理法在实际中常利用电极表面处理、电凝聚处理、电解浮选及电解氧化还原过程中的一种或多种。电解过程中应该注意电极材料、槽电压、电流密度、pH 值等影响因素；了解电解氧化法处理含氰废水和含酚废水以及电絮凝处理工艺的特点；了解药剂中和法、过滤中和法、以废治废中和法对于环境保护、废物利用的深远意义。初步掌握常用沉淀法：氢氧化物、硫化物、碳酸盐、卤化物、淀粉黄原酸酯沉淀法。

本章重点：离心分离原理，中和、沉淀、电解原理。

本章难点：离心分离原理、电解原理。

15.1 离心分离

15.1.1 离心分离原理

利用离心力分离废水中密度与水不同的悬浮物的处理方法，称为离心分离法。废水在高速旋转时，密度大于水的悬浮固体会被抛向外围，而密度小于水的悬浮物（如乳化油）则被推向内层，如果将水和悬浮物从不同的出口分别引出，便可使二者得以分离。

废水在高速旋转过程中，悬浮颗粒同时受到两种径向力的作用，即离心力和水对颗粒的向心力。设颗粒和同体积水的质量分别为 m_p 和 m_0，旋转半径为 r，角速度为 ω，则颗粒受到的离心力和径向推力分别为 $m_p\omega^2 r$ 和 $m_0\omega^2 r$。此时，颗粒所受的净离心力 F_C 为二者之差，即

$$F_C = (m_p - m_0)\omega^2 r \tag{15-1}$$

式中 F_C——净离心力（N）；

m_p，m_0——颗粒和水的质量（kg）；

r——旋转半径（m）；

ω——角速度（rad/s）。

该颗粒在水中的净重力为 $F_G =（m_p - m_0）g$。若以 n 表示转速（r/min），并将 ω 代入式（15-1），以 f 表示颗粒所受离心力与重力之比，则有

$$f = \frac{F_C}{F_G} = \frac{\omega^2 r}{g} \approx \frac{rn^2}{900} \tag{15-2}$$

f 称为离心设备的分离因素，是衡量离心设备性能的基本参数。在旋转半径 r 一定时，f 值随转速 n 的二次方的增大急剧增大。如当 $r=0.3\text{m}$，$n=500\text{r/min}$ 时，$f\approx 83$；当 $n=2000\text{r/min}$ 时，则 $f\approx 1333$。因此，在离心分离中，离心力对悬浮颗粒的作用远远超过了重力，从而极大地强化了分离过程。

另外，根据颗粒随水旋转时所受的向心力与水的反向阻力平衡原理，可导出粒径为 d 的颗粒的分离速度 u_c 为

$$u_c=\frac{\omega^2 r(\rho_p-\rho_0)\,d^2}{18\mu} \tag{15-3}$$

式中 u_c——颗粒的分离速度（m/s）；

d——颗粒的粒径（m）；

ρ_p，ρ_0——颗粒和水的密度（kg/m^3）；

μ——水的动力黏度（0.1Pa·s）。

当 $\rho_p>\rho_0$ 时，u_c 为正值，颗粒被抛向周边；当 $\rho_p<\rho_0$ 时，颗粒被推向中心。离心分离设备，可进行离心沉降或离心上浮两种操作。从式（15-3）可知，悬浮颗粒的粒径 d 越小，密度 ρ_p 同水的密度 ρ_0 越接近，水的动力黏度 μ 越大，则颗粒的分离速度 u_c 越小，越难分离；反之，则易于分离。

15.1.2 离心分离设备

按照产生离心力的方式不同，离心分离设备可分为水旋和器旋两大类。前者如水力旋流器、旋流沉淀池，其特点是器体固定不动，而由沿切向高速进入器内的物料产生离心力；后者指各种离心机，其特点是由高速旋转的转鼓带动物料产生离心力。

1. 水力旋流器

水力旋流器简称水旋器，有压力式和重力式两种。

（1）压力式水力旋流器　由钢板或其他耐磨材料制成，其构造如图 15-1 所示，上部是直径为 D 的圆筒，下部是锥角为 θ 的截头圆锥体。进水管以渐收方式与圆筒切向连接，借进水压能和速度产生离心力。

当物料借水泵提供的能量以 6~10m/s 的流速切向进入圆筒后，沿器壁形成向下做螺旋运动的一次涡流，其中直径和密度较大的悬浮固体颗粒被甩向器壁，并在下旋水流推动和重力作用下沿器壁下滑，在锥底形成浓缩液连续排出。其余液流则向下旋流至一定程度后，便在越来越窄的锥壁反向压力作用下改变方向，由锥底向上做螺旋形运动，形成二次涡流，经溢流管进入溢流筒后，从出水管排除。另外，在水力旋流器中心，还形成一束绕轴线分布的自下而上的空气涡流柱。流体在器内的上述流动状态如图 15-2 所示。

水力旋流器设计计算程序：首先确定各部结构尺寸，然后求出处理水量和极限粒径，最后根据处理水量确定设备台数。

1）旋流器各部分尺寸设计。旋流器各部分尺寸的相对关系对分离效果有决定性影响。一般以圆筒直径和锥体锥角作为基本尺寸，再按以下关系确定其他尺寸。

设圆筒直径为 D，则圆筒高度 $H_0=1.70D$；锥体锥角 θ 取 10°~15°；中心溢流管直径 $d_0=(0.25\sim0.3)D$；锥底直径 $d_3=(0.5\sim0.8)d_0$；锥体高度 $H_k=(D-d_3)/2\tan\theta$；进水管直径 $d_1=(0.25\sim0.4)D$；出水管直径 $d_2=(0.25\sim0.5)D$。水旋器的圆筒直径不宜超过 500mm。当

处理水量较大时，可设多台并联使用。

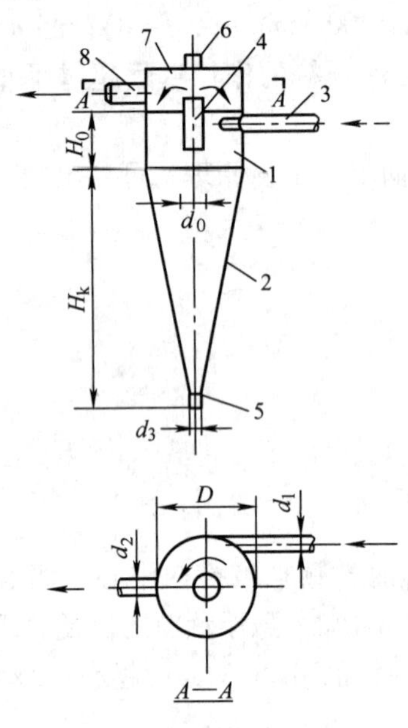

图 15-1　水力旋流器的构造

1—圆筒　2—圆锥体　3—进水管

4—溢流管　5—排渣口　6—通气管

7—溢流筒　8—出水管

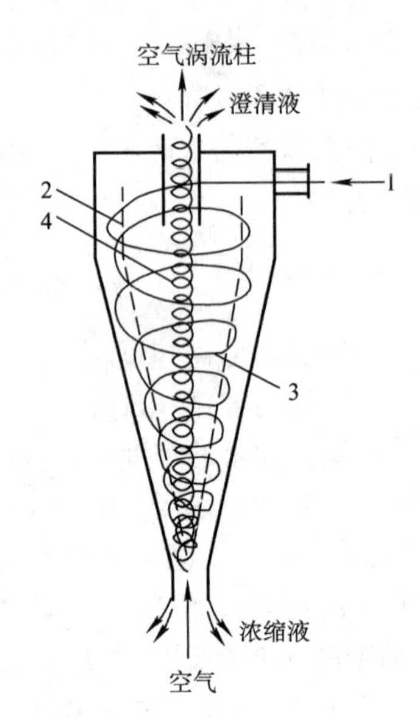

图 15-2　物料在水力旋流器内的流动情况

1—入流　2—一次涡流

3—二次涡流　4—空气涡流柱

设计中应特别注意：进水口应紧贴器壁，截面为高宽比为 1.5～2.5 的矩形；进水管轴线应下倾 3°～5°，以加强水流的下旋运动；溢流管下缘到进水管轴线的距离以 $H_0/2$ 为佳；为保持空气柱内稳定的真空度，排水管不能满流工作，应使 $d_2>d_0$，并在器顶设置通气管，以平衡器内压力和破坏可能发生满流时的虹吸作用；排渣口径宜取小值，以提高浓缩液浓度；进口易被磨损，应采用耐磨材料制作，且能快速更换，便于调节口径和检修。

2）处理水量计算。水旋器的处理水量为

$$Q = KDd_0\sqrt{g\Delta p} \tag{15-4}$$

式中　Q——处理水量（L/min）；

K——流量系数，$K = 5.5\dfrac{d_1}{D}$；

Δp——进出口压差（MPa），$\Delta p = p_1 - p_2$，一般取 0.1～0.2MPa；

g——重力加速度（m/s^2）。

3）被分离颗粒的极限直径。水力旋流器的分离效率与设备结构、颗粒性质、进水水压及黏度等因素有关。如图 15-3 所示为某种废水的颗粒直径与分离效率的试验曲线，图 15-4 所示为重力式旋流分离器示意图。

从图 15-3 可知，曲线呈 S 形。在其他条件基本不变的情况下，分离效率随颗粒直径的增大而急剧增大。分离效率为 50%时能被分离的最小颗粒的直径为极限直径，它是衡量水旋器分离效果的重要指标之一。极限直径越小，说明分离效果越好，达到一定分离效率时的处理水量也越大。极限直径 d_c 可计算为

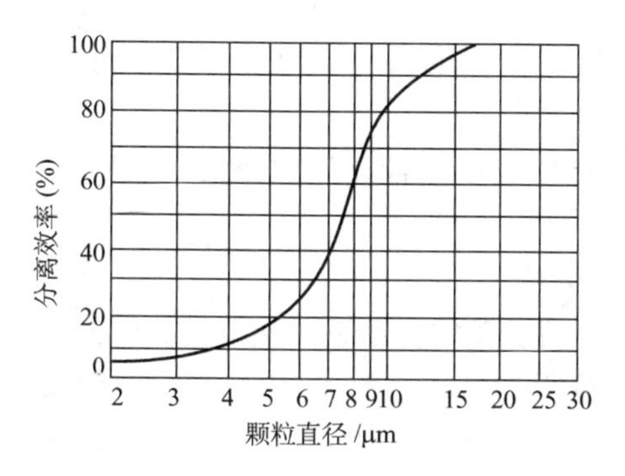

图 15-3　颗粒直径与分离效率的试验曲线

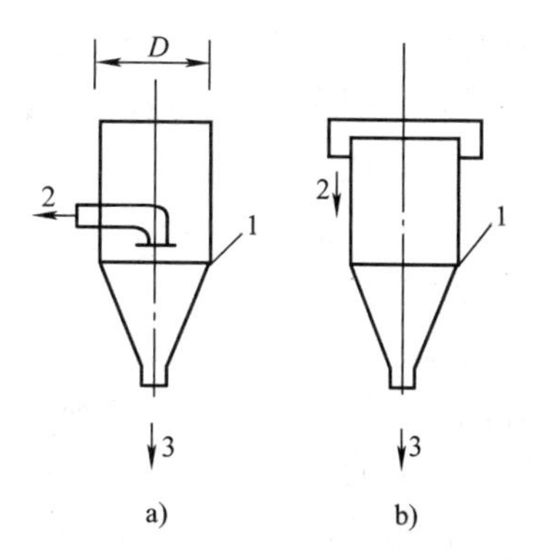

图 15-4　重力式旋流分离器

a）淹没式进出水　b）表面出水

1—进水　2—出水　3—排渣

$$d_c = 0.75\frac{d_j^2}{\phi}\sqrt{\frac{\pi\mu}{Qh(\rho_p - \rho_0)}} \tag{15-5}$$

式中　d_c——极限直径（cm）；

d_j——进水管直径（cm）；

μ——水的动力黏度（Pa·s）；

ϕ——水流切向速度的变化系数，与分离器的构造有关，ϕ 约为 $0.1D/d_l$；

h——中心流速高度（cm），其值约为水旋器锥体高度的 2/3，即 $h=(D-d_3)/3\tan\theta$；

Q——水旋器进水流量（cm^3/s）；

ρ_p，ρ_0——颗粒和水的密度（g/cm^3）。

水力旋流器具有体积小、处理能力强、结构简单、便于安装检修等优点，适用于各类小流量工业废水和高浊度水中氧化铁、泥砂等密度较大的无机杂质的分离。

（2）重力式水力旋流器　重力式水力旋流器又称为水力旋流沉淀池。处理废水时，废水也是以切向进入器内，并借助进、出水的压力差在器内做旋转运动。分离过程中，离心力的作用并不重要，颗粒的分离基本上是由重力决定的。旋流沉淀池有周边旋流配水和中心筒旋流配水两种。周边配水式水力旋流沉淀池的计算方法有以下两种：

1）经验公式计算法。

$$u = B(30.5 - 5\lg 0.134Q) \times (1 + 12\Delta E_s) \tag{15-6}$$

式中　u——水流上升速度（m/s）；

Q——废水流量（m^3/h）；

B——水量分配不均匀系数，取 0.9；

E_s——SS 去除效率，$\Delta E_s = 0.95 - E_s$。

求得 u 值后，先按 $A=Q/u$ 计算沉淀池面积 A，再按图形比例确定其余的结构尺寸。

2）表面负荷计算法。

取表面负荷 q 值为 $25\sim30m^3/(m^2\cdot h)$，再按 $A=Q/q$ 计算表面积 A。

旋流沉淀池的有效水深，即进水管轴线到溢流堰顶的高度，通常按停留时间 15~20min 确定，也可按 $H_0=(0.8\sim1.2)D$ 计算，D 为沉淀池直径。沉淀池的缓冲高度，即进水管与沉渣面之间的距离采用0.8~1.0m。进水管口向下倾斜1°~5°，管嘴流速v=0.9~1.1m/s。

中心筒旋流配水式沉淀池的结构与竖流式沉淀池相似，废水沿切向进入中心旋流筒后，从底部配入沉淀池。沉淀池直径较大时，需设径向集水槽。

水力旋流沉淀池广泛用于回收轧钢废水中的氧化铁皮和浮油，回收率可达90%~95%，处理水可循环使用。

2. 离心机

离心机是依靠一个可随传动轴旋转的转鼓，在传动设备的驱动下高速旋转，转鼓带动需分离的废水一起旋转，利用水中不同密度的悬浮颗粒所受离心力差异进行分离的机械设备。它与旋流分离器的区别是其离心力由设备（转鼓）产生。它可产生很大的离心力，可以用来分离普通方法难以分离的悬浮液和乳浊液。离心机的种类和形式有多种。

按转速大小可分为高速离心机（f>3000r/min）、中速离心机（f=1000~3000r/min）和低速离心机（f<1000r/min）。中、低速离心机又称为常速离心机。中、低速离心机多用于分离废水中的纤维类悬浮物和污泥脱水等液固分离，而高速离心机则适用于分离废水中的乳化油和蛋白质等密度较小的细微悬浮物。

根据离心机分离容器的几何形状，可分为转筒式、管式、盘式和板式离心机；按转鼓的安装角度可分为立式和卧式离心机；按操作过程可分为间歇式和连续式离心机。

（1）常速离心机　用常速离心机进行液固分离的基本要求是悬浮物与水有较大的密度差。其分离效果主要取决于离心机的转速及悬浮物密度和粒度的大小。转筒式连续离心机可进行污泥脱水或从废水中回收纤维类物质，使泥饼的含水率降低到80%左右，纤维回收率可达70%~80%。

常速离心机还有一类间歇式过滤离心机。其转鼓壁上钻有小圆孔，鼓内壁衬以滤布，转鼓旋转时，注入鼓内的废水在离心力的作用下被甩向鼓壁，并透过滤布从小圆孔溢出鼓外，而悬浮物则被滤布截留，在离心分离和阻力截留的双重作用下完成液固分离过程。

（2）高速离心机　高速离心机多用于乳化油和蛋白质等密度较小的微细悬浮物的分离，如从洗毛废水中回收羊毛脂，从淀粉麸质水中回收玉米蛋白质等。

图15-5所示为一种盘式离心机的转筒结构示意图。

在转鼓中加设一组锥角为30°~50°的圆锥形金属盘片，盘片之间形成0.4~1.5mm的窄缝，这样不但增大了分离面积，缩短了悬浮物分离时所需的移动距离，而且降低了涡流的形成，提高了分离效率。离心机运行时，乳浊液沿中心管自上而下进入下部的转鼓空腔，并由此进入锥形盘分离区。在5000r/min以上的高转速离心作用下，乳液中的重组分（水）被抛向器壁，汇集到重液出口排出。乳液中的轻组分则沿盘间锥形环状窄缝上升，汇集于轻液出口排出。

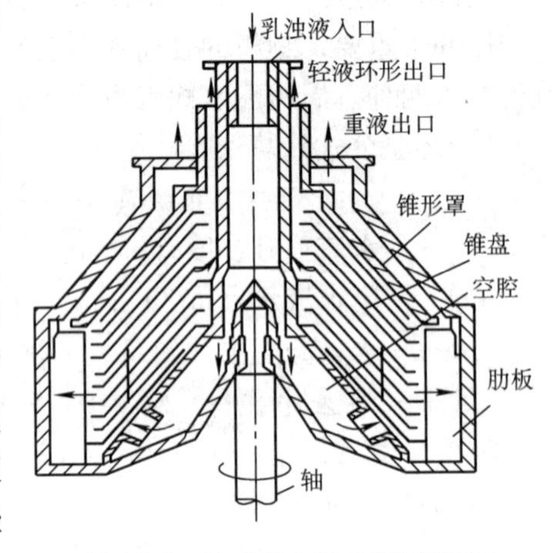

图15-5　盘式离心机的转筒结构

新式的离心机的分离因数高达500000以上，常

用来分离胶体颗粒及破坏乳浊液等，分离因数的极限值取决于转动部件的材料强度。在离心机内，离心力远远大于重力，重力的作用可以忽略不计。

使用离心机进行固液分离时，要求悬浮物与废水有较大的密度差。分离效果主要取决于离心机的转速以及悬浮物的密度和粒度。对于一定转速的离心机而言，分离效果随颗粒密度和粒度的增大而提高；对悬浮物组成基本稳定的废水和泥渣，颗粒的离心加速度越大，去除率越高，可以通过增大离心机的转速或增大离心机分离容器的尺寸来实现。

15.2　电解

电解法应用电解的基本原理，使废水中有害物质通过电解过程在阳-阴两极上分别发生氧化还原反应转化成为无害物质或被分离，以净化废水。简言之，利用电解原理处理水中溶解性污染物质的方法称为电解法。

15.2.1　基本原理

电解质溶液在电流的作用下，发生电化学反应的过程称为电解。与电源负极相连的电极接受电子，称为电解槽的阴极；与电源正极相连的电极把电子传给电源，称为电解槽的阳极。在电解过程中，阴极放出电子，使水中阳离子得到电子而被还原；阳极得到电子，使水中某些阴离子失去电子而被氧化。在电解中，水中的溶解性污染物质在阳极和阴极分别进行氧化还原反应，生成新物质。这些新物质或沉积于电极表面、或沉淀下来、或生成气体从水中逸出，从而降低了水中溶解物的浓度。

阳极：连接电源正极，传电子给电源，发生氧化作用，直接氧化有机物。

$$OH^- \longrightarrow O_2$$（氧对有机物产生氧化作用）

$$Cl^- \longrightarrow Cl_2$$（也会起氧化作用）

阴极：连接电源负极，从电源接收电子，发生还原作用，直接还原有机物。

$$H^+ \longrightarrow H_2$$（有很强的还原作用）

电解法处理废水主要有以下四种：

（1）电极表面处理过程　废水中的溶解性物质通过阳极氧化或阴极氧化还原后，生成不可溶的沉淀物或从有毒的化合物变成无毒的物质。如含氰废水在碱性条件下电解槽电解，在石墨阳极上发生电解氧化反应，氰离子被氧化为氰酸根离子，然后氰酸根离子水解产生氨与碳酸根离子，同时氰酸根离子继续电解，被氧化为二氧化碳和氮气。

$$CN^- + 2OH^- - 2e \longrightarrow CNO^- + H_2O$$

$$CNO^- + 2H_2O \longrightarrow NH_4^+ + CO_3^{2-}$$

$$2CNO^- + 4OH^- - 6e \longrightarrow 2CO_2\uparrow + N_2\uparrow + 2H_2O$$

（2）电凝聚处理过程　由于电解反应，铁或铝制金属阳极形成氢氧化铁或氢氧化铝等不溶于水的金属氢氧化物活性凝聚体。氢氧化亚铁对废水中的污染物进行凝聚，使废水得到净化。

$$Fe - 2e \longrightarrow Fe^{2+}$$

$$Fe^{2+} + 2OH^- \longrightarrow Fe(OH)_2\downarrow$$

（3）电解浮选过程　采用由不溶性材料组成的阴、阳电极电解废水。当电压达到水的分解电压时，产生的初生态氧和氢对污染物能起氧化或还原作用，同时，在阳极处产生的氧气泡和阴极处产生的氢气泡吸附废水中的絮凝物发生气浮过程，使污染物得以去除。

$$2H_2O \Longleftrightarrow 2H^+ + 2OH^-$$

$$2H^+ + 2e \longrightarrow 2[H] \rightarrow H_2$$

$$2OH^- \longrightarrow H_2O + \frac{1}{2}O_2\uparrow + 2e$$

（4）电解氧化还原过程　利用电极在电解过程中生成氧化还原产物，与废水中的污染物发生化学反应，产生沉淀物，从而得到去除。如在处理含六价铬的工业废水时，阳极采用铁板，在电解过程中产生亚铁离子，亚铁离子作为强还原剂，酸性条件下可将废水中的六价铬还原为三价铬。

$$Fe - 2e \longrightarrow Fe^{2+}$$

$$6Fe^{2+} + Cr_2O_7^{2-} + 14H^+ \longrightarrow 2Cr^{3+} + 6Fe^{3+} + 7H_2O$$

$$3Fe^{2+} + CrO_4^{2-} + 8H^+ \longrightarrow Cr^{3+} + 3Fe^{3+} + 4H_2O$$

在阴极，废水中六价铬离子直接被还原为三价铬离子，氢离子放电生成氢气。随着电解过程的进行，大量氢离子被消耗，使废水中剩下大量氢氧根离子，生成氢氧化铬等沉淀物。

$$2H^+ + 2e \longrightarrow H_2\uparrow$$

$$Cr_2O_7^{2-} + 6e + 14H^+ \longrightarrow 2Cr^{3+} + 7H_2O$$

$$CrO_4^{2-} + 3e + 8H^+ \longrightarrow Cr^{3+} + 4H_2O$$

$$Cr^{3+} + 3OH^- \longrightarrow Cr(OH)_3\downarrow$$

$$Fe^{3+} + 3OH^- \longrightarrow Fe(OH)_3\downarrow$$

15.2.2　电解过程的影响因素

（1）电极材料　常用的电极材料有铁、铝、石墨、碳等。电气浮的阳极可采用氧化钛、氧化铅等。电极材料选择不当会降低电解效率，增加能耗。

（2）槽电压　电能消耗与电压有关，槽电压取决于废水的电阻率和极板间距。一般废水电阻率控制在1200Ω·cm以下，导电性能差的废水需要投加食盐，改善其导电性能。投加食盐后，电压可降低，电能消耗减少。

极板间距影响电能消耗和电解时间，间距过大，会增加电解时间、槽电压和电耗，影响处理效果；间距缩小，电能耗量降低，电解时间缩短，但间距太小，电极的组数过多，安装、管理和维修都较困难。

（3）电流密度　电流密度指单位极板面积上通过的电流数量。阳极电流密度随废水浓度而异，当废水中污染物浓度较大时，可适当提高电流密度；反之，应适当降低电流密度。当废水浓度一定时，电流密度越大，电压越高，处理速度加快，但耗电量增加。电流密度过大，电压过高，会影响电极使用寿命。电流密度小时，电压降低，耗电量减少，但处理速度缓慢，所需电解槽容积增大。适宜的电流密度应通过试验确定，可选择化学需氧量去除率高而耗电量低的点作为运转控制的指标。

（4）pH值　废水的pH值对电解过程操作很重要。如含铬废水电解处理时，pH值低，则处理速度快，耗电量少。废水经强酸化可促使阴极经常保持活化状态。由于强酸的作用，

电极发生较剧烈的化学溶解，缩短了由六价铬还原为三价铬的时间，但 pH 值低，不利于三价铬的沉淀。

（5）搅拌作用　搅拌可以促进离子对流与扩散，减少电极附近浓差极化现象，并能清洁电极表面，防止沉淀物在电解槽中沉降。搅拌对电解时间和电能消耗影响较大，通常采用压缩空气搅拌。

15.2.3　电解槽的结构形式和极板电路

电解槽的形式多采用矩形，按水流方式可分为回流式和翻腾式两种，如图 15-6 所示。回流式电解槽内水流的流程长，离子易于向水中扩散，电解槽容积利用率高，但施工和检修较困难；翻腾式电解槽的极板采取悬挂方式固定，极板与池壁不接触而减少漏电现象，更换极板较回流式方便，便于施工维修。极板间距应一般为 30～40mm。电解法采用直流电源，电源的整流设备应根据电解所需的总电流和总电压进行选择。

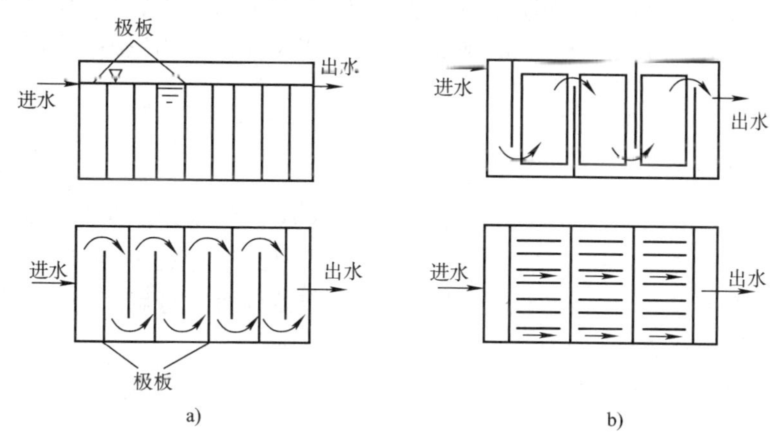

图 15-6　电解槽

a）回流式电解槽　b）翻腾式电解槽

根据电路不同电解槽分为单极性电解槽和双极性电解槽两种，如图 15-7 所示。双极性电解槽比单极性电解槽更经济。另外，在单极性电解槽中，由于极板腐蚀不均匀等原因有可能造成相邻两块极板碰撞，进而引起短路产生严重的安全事故。在双极性电解槽中极板腐蚀较均匀，相邻两块极板碰撞机会很少，即使碰撞也不会发生短路现象。双极性电极电路便于缩小极距，提高了极板的有效利用率，降低造价和节省运行费用，国内采用得较普遍。

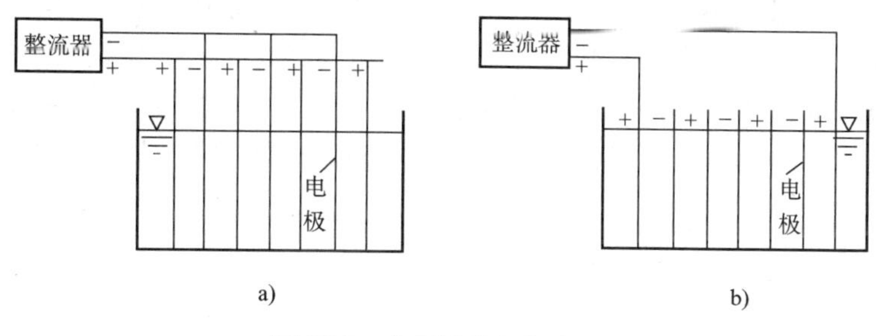

图 15-7　电解槽的极板电路

a）单极性电解槽　b）双极性电解槽

15.2.4 电解氧化法处理含氰废水

当不加食盐电解质时，氰化物在阳极上发生氧化反应，产生 CO_2 和氮气，反应如下：

$$CN^- + 2OH^- - 2e \longrightarrow CNO^- + H_2O$$

$$CNO^- + 2H_2O \longrightarrow NH_4^+ + CO_3^{2-}$$

$$2CNO^- + 4OH^- - 6e \longrightarrow 2CO_2\uparrow + N_2\uparrow + 2H_2O$$

在电解槽中投加食盐后，Cl^-在阳极放出电子成为游离氯［Cl］，并促进阳极附近的 CN^- 氧化分解，而后又形成 Cl^-，继续放出电子再去氧化其他 CN^-，反应式如下：

$$2Cl^- - 2e \longrightarrow 2[Cl]$$

$$CN^- + 2[Cl] + 2OH^- \longrightarrow CNO^- + 2Cl^- + H_2O$$

$$2CNO^- + 6[Cl] + 4OH^- \longrightarrow 2CO_2\uparrow + N_2\uparrow + 2H_2O + 6Cl^-$$

设计中应注意含氰废水在电解过程中将产生 HCN 等有毒气体，应设计通风设施；极板一般采用石墨做阳极；极板间距为 30~50mm；为便于扩散，可用压缩空气或其他方法进行搅拌。

15.2.5 电解氧化法处理含酚废水

电解除酚时，一般以石墨做阳极，电极附近的反应十分复杂，存在阳极的直接氧化作用，使酚氧化为邻苯二酚、邻苯二醌，进而氧化为顺丁烯二酸；也存在间接的氧化作用，即阳极产物 OCl^-与酚反应，并开始有氯代酚生成，接着使酚氧化分解。为强化氧化反应和降低电耗，通常都投加食盐，食盐的投量为 20g/L。

电流密度采用 1.5~6A/dm^2，经 6~38min 的电解处理后，废水含酚浓度可从 250~600mg/L 降到 0.8~4.3mg/L。

15.2.6 电絮凝（气浮）处理工艺

电絮凝或电气浮是近年来出现的新工艺，其原理是将水作为可电解的介质，通过正负电极导以电流进行电解，这时可能产生三种作用：①当采用铁板或铝板作为阳极时，则铁或铝失去电子后将逐步溶解在水中成为铁或铝离子，并与水中的氢氧根结合起到混凝作用，有效去除水中的悬浮物与胶体杂质；②在电解过程中，阴极和阳极还会不断地产生 H_2 和 O_2 气体，或其他气体（如电解法处理含氰废水时会产生 CO_2 和 N_2 气体等），这些气体以微小气泡形式逸出，起到类似气浮中的溶气作用，使废水中的微粒杂质附着在气泡上浮至水面，使得浮渣得以去除；③重金属离子及其他一些溶解污染物将直接被电解氧化还原成重金属或其他一些无害的或沉淀的物质被去除。大多数情况下，使用电絮凝或电气浮工艺会同时存在上述三种效应。在生产实践中，可以根据处理的水质和目标物质强化以上三种效应中的某一种或两种。

15.3 中和

中和法是利用碱性或酸性药剂将废水从酸性或碱性调整到中性附近的技术处理方法。中

和在工业废水处理中既可以是主要的处理单元，也可以是预处理单元。

废水中常见的酸有硫酸、硝酸、盐酸、氢氟酸、磷酸等无机酸及醋酸、甲酸、柠檬酸等有机酸，并常溶解有金属盐。碱性废水中常见的碱性物质有苛性钠、碳酸钠、硫化钠及胺类。

工业废水中通常所含的酸碱量差别较大，处理方法也不同。酸含量大于 5%~10%的高浓度酸性废水，常称为废酸液；碱含量大于 3%~5%的高浓度含碱废水，常称为废碱液。废酸液和废碱液宜采用特殊的方法回收，或进行综合利用。例如，用蒸发浓缩法回收苛性钠；用扩散渗析法回收钢铁酸洗废液中的硫酸；用钢铁酸洗废液作为生产硫酸亚铁、氧化铁红、聚合硫酸铁的原料等。对于酸含量小于 5%~10%或碱含量小于 3%~5%的低浓度酸性废水或碱性废水，回收价值不高，常进行中和处理达标排放。

此外，还有一种与中和处理法类似的操作方法，如将废水的 pH 值调整到某一特定范围，叫 pH 调节。若将 pH 值由中性或酸性调至碱性，称为碱化；若将 pH 值由中性或碱性调至酸性，称为酸化。

15.3.1　基本原理

中和处理的主要反应是酸与碱生成盐和水。处理含酸废水时通常将碱或碱性氧化物作为中和剂，而处理碱性废水则将酸或酸性氧化物作为中和剂。由于酸性废水中常溶解有重金属盐，在用碱进行中和处理时，还可能生成难溶的金属氢氧化物。

中和药剂的理论投量，可按等当量反应进行计算。对于成分单一的酸碱中和过程，可按照酸碱平衡关系的计算结果，绘制溶液 pH 值随药剂投加量而变化的中和曲线，可方便地确定投药量。实际废水的成分较为复杂，干扰酸碱平衡的因素较多。例如酸性废水中往往含有重金属离子，在用碱进行中和时，由于生成难溶的金属氢氧化物而消耗部分碱性药剂，使曲线向右发生位移。这时，可通过实验绘制中和曲线，确定药剂投量。

在工业废水处理中，中和处理常用于以下几种情况：

1）废水排入水体之前，pH 值在 6~9 之外。

2）废水排入城市排水管道之前，由于酸或碱会对排水管道产生腐蚀，废水的 pH 值应符合排放标准。

3）化学处理或生物处理前，有的化学处理法（如混凝）要求废水的 pH 值升高或调节到某个最佳值；生物处理也要求废水的 pH 值在某一适宜范围内。

对于中和处理，应当首要考虑以废治废的原则，如将酸性废水与碱性废水互相中和，或利用废碱渣（电石渣、碳酸钙碱渣等）中和酸性废水。只有没有这些条件时，才采用药剂中和处理法。

15.3.2　药剂中和法

1. 酸性废水的药剂中和处理

药剂中和法最常采用的碱性药剂是石灰，有时也选用苛性钠、碳酸钠、石灰石、白云石、电石渣等。选择碱性药剂时，不仅要考虑它本身的溶解性、反应速度、成本、二次污染、使用方便等因素，还要考虑中和产物的性状、数量及处理费用等因素。当采用石灰进行中和处理时，$Ca(OH)_2$ 还有凝聚作用，因此对杂质多、浓度高的酸性废水尤其适宜。

中和剂的投加量，可根据实验结果绘制的中和曲线确定，也可按照水质分析资料，按中和反应的化学计量关系确定。碱性药剂用量 G_a 为

$$G_a = \frac{KQ(C_1\alpha_1 + C_2\alpha_2)}{P} \tag{15-7}$$

式中　G_a——药剂用量（kg/天）；

Q——废水量（m^3/天）；

C_1——废水含酸量（kg/m^3）；

α_1——中和每千克酸所需碱性药剂量，即碱性药剂比耗量（kg/kg）；

C_2——废水中需中和的酸性盐量（kg/m^3）；

α_2——中和每千克酸性盐类所需碱性药剂的数量；

K——考虑到反应不均，部分碱性药剂不能参加反应的加大系数，如用石灰法中和硫酸时，K 取1.05～1.10（湿投）或1.4～1.5（干投）；中和硝酸和盐酸时，K 取1.05；

P——碱性药剂有效成分含量（%）。

中和产生的沉渣量（干基）为

$$G = G_a(B + e) + Q(S - d) \tag{15-8}$$

式中　G——沉渣量（干基）（kg/天）；

B——消耗单位质量药剂所生成的难溶盐及金属氢氧化物量（kg/kg）；

e——单位质量药剂中杂质浓度（kg/kg）；

S——中和前废水中悬浮物浓度（kg/m^3）；

d——中和后出水挟走的悬浮物浓度（kg/m^3）。

药剂中和工艺主要包括废水的预处理，中和药剂的制备与投配、混合与反应；中和产物的分离；泥渣的处理与利用。预处理包括悬浮杂质的澄清，水质及水量的均和。前者可以减少投药量，后者可以创造稳定的处理条件。

石灰投加有干法和湿法两种方式。为了保证均匀投加，干法投加可用具有电磁振荡装置的石灰投配器将石灰粉直接投入废水中。干投法设备简单，药剂的制备与投配方便，但反应缓慢，中和药剂耗量大，为理论用量的1.4～1.5倍。现在多采用湿法投加，即将生石灰在消解槽内消解为浓度40%～50%的乳液，排入石灰乳贮槽，配成浓度为5%～10%的工作液后投加。石灰乳投加量可通过投加阀的开度来控制（pH计自动控制或手动控制）。石灰乳贮槽及消解槽可用机械搅拌或水泵循环搅拌，防止沉淀。搅拌不宜采用压缩空气，因 CO_2 易与 CaO 反应生成 $CaCO_3$ 沉淀，浪费药剂，又易引起堵塞。投配系统采用溢流循环方式，即石灰乳输运到投配槽中的量大于投加量，剩余量沿溢流管流回石灰乳贮槽，可保持投配槽内液面稳定，投加量只由孔口或阀门开度大小控制，还可以防止沉淀和堵塞。

中和槽有两种类型，其中带搅拌的混合反应池应用广泛。池中常设置隔板将其分成多室，以利混合反应。反应池的容积通常按5～20min的停留时间设计。带折流板的管式反应器，其混合搅拌的时间很短，仅适用于中和产物溶解度大、反应速度快的中和过程。投药中和法既可采用间歇式，也可采用连续式。通常，水量小时采用间歇式的，水量大时采用连续式处理。欲获得稳定可靠的中和效果，应采用多级式pH值自动控制系统。中和过程中形成的各种泥渣（如石膏、铁矾等）应及时分离，以防止堵塞管道。分离设备可采用沉淀池或

浮上池。分离出来的沉淀物（或浮渣）尚需进一步浓缩、脱水。

药剂中和法的优点是可处理任何浓度、性质的酸性废水。废水中容许有较多的悬浮杂质，对水质、水量的波动适应性强，并且中和剂利用率高，中和过程易于调节。但其劳动条件差，药剂配制及投加设备较多，基建投资大，泥渣多且脱水难。

2. 碱性废水的药剂中和处理

中和处理碱性废水的方法有投酸中和法和利用酸性废水及废气的中和法两种。

投酸中和法处理碱性废水时，常用的药剂有硫酸、盐酸及压缩二氧化碳。中和碱性废水常用工业硫酸，它反应速度快，中和完全，用工业废酸更为经济。使用盐酸的最大优点是反应产物的溶解度大，泥渣量少，但出水中溶解固体浓度高。采用无机酸中和碱性废水的工艺流程与设备，和投药中和酸性废水时基本相同。用 CO_2 气体中和碱性废水时，为使气液充分接触反应，常采用逆流接触的反应塔，即 CO_2 气体从塔底吹入，以微小气泡上升，废水从塔顶喷淋而下。用 CO_2 做中和剂的优点是 pH 值不会低于 6，不需要 pH 值控制装置。

烟道气中含有高达 24%的 CO_2，有时还含有少量 SO_2 及 H_2S，故可用来中和碱性废水，其产物 Na_2CO_3、Na_2SO_4、Na_2S 均为弱酸强碱盐，具有一定的碱性，因此酸性物质必须超量供给。用烟道气中和碱性废水时，废水由接触筒顶淋下，或沿筒内壁流下，烟道气则由筒底往上逆流通过，在逆流接触过程中，废水与烟道气都得到了处理。接触筒中可以装填料，也可不装。用烟道气中和碱性废水的优点是可以把废水处理与烟道气除尘结合起来，但是处理后的废水中，硫化物、色度和耗氧量均显著增加。

污泥消化时获得的沼气中含有 25%~35%的 CO_2 气体，如经水洗，可部分溶入水中，再用于中和碱性废水，也能获得一定效果。

15.3.3 过滤中和法

当酸性废水流过碱性滤料时使废水中和，这种方式称为过滤中和法。过滤中和法仅用于中和酸性废水。主要的碱性滤料有石灰石、大理石、白云石。前两种的主要成分是 $CaCO_3$，后一种的主要成分是 $CaCO_3 \cdot MgCO_3$。

滤料的选择和中和产物的溶解度有密切的关系。滤料的中和反应发生在颗粒表面上，如果中和产物的溶解度很小，就会在滤料颗粒表面形成不溶性的硬壳，阻止中和反应的继续进行，使处理失效。各类酸碱中和后形成的盐的溶解度不同，其顺序大致为 $Ca(NO_3)_2 > CaCl_2 > MgSO_4 > CaSO_4 > CaCO_3 > MgCO_3$。中和处理硝酸、盐酸时，滤料选用石灰石、大理石或白云石均可；中和处理碳酸时，含钙或镁的中和剂都无法进行，故不宜采用过滤中和法；中和硫酸时，最好选用含镁的中和白云石滤料。但白云石的来源少、成本高、反应速度慢，因此，如能正确控制硫酸浓度，使中和产物 $CaSO_4$ 的生成量不超过其溶解度，则也可以采用石灰石或大理石。根据硫酸钙的溶解度数据可以算出，以石灰石为滤料时，硫酸允许浓度在 1~1.2g/L。如硫酸浓度超过上述允许值，可利用混合后的出水回流，稀释原水，或改用白云石滤料。

采用碳酸盐做中和滤料时，有 CO_2 产生，它能附着在滤料表面，形成气体薄膜，阻碍反应的进行。酸的浓度越大，产生的气体就越多，阻碍作用越强。采用升流过滤方式和较大的滤速，有利于消除气体的阻碍作用。另外，过滤中和产物 CO_2 溶于水使出水 pH 值约为 5，经曝气吹脱 CO_2，则 pH 值可上升到 6 左右。脱气方式可用穿孔管曝气吹脱、多级跌落自然脱气、板条填料淋水脱气等。进行有效的过滤，还必须限制进水中悬浮杂质的浓度，以防滤料堵塞。滤料的粒径也不宜过大。另外，失效的滤渣应及时清除，随时向滤池补加滤料，直至倒床换料。

中和滤池常用的有升流式膨胀中和滤池及滚筒式中和滤池。

图 15-8 所示为升流式膨胀中和滤池，其特点是滤料粒径小，为 0.5~3mm，滤速高，为 66~70m/h，废水由下向上流动。

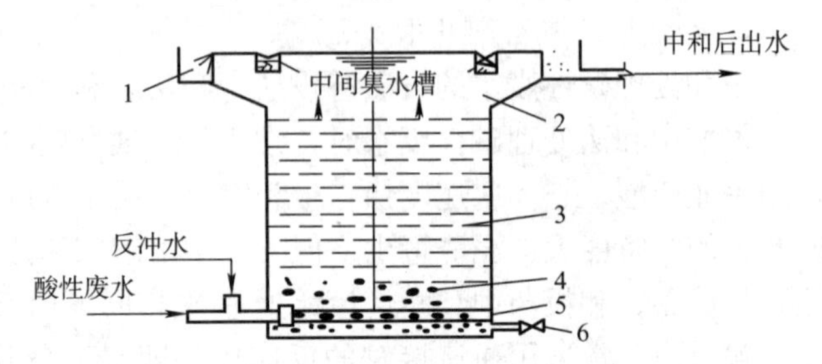

图 15-8　升流式膨胀中和滤池

1—环形积水槽　2—清水区　3—石灰石滤料　4—卵石垫层　5—大阻力配水系统　6—放空管

小粒径增大了反应面积，缩短中和时间，流速大，滤料可以悬浮起来，通过互相碰撞，使表面形成的硬壳容易剥离下来，从而可以适当增大进水中硫酸的允许含量。升流运动有利于硬壳剥离随水流走，不致造成滤床堵塞，CO_2 易排出。滤料层厚度在运行初期为 1~1.2m，最终换料时为 2m，滤料膨胀率保持 50%。池底设 0.15~0.2m 的卵石垫层，池顶保持 0.5m 的清水区。采用升流式膨胀中和滤池处理含硫酸废水，硫酸允许浓度可提高到 2.2~2.3g/L。

如果改变升流式滤池的结构，采用变截面中和滤池，使下部滤速仍保持 60~70m/h，而上部滤速减为 15~20m/h，可获得双重优势：既保持较高的滤速，又不至于使细小滤料随水流失，使滤料尺寸的适用范围增大。改良式的升流滤池称为变速升流式膨胀中和滤池。采用此种滤池处理含硫酸废水，可使硫酸允许浓度提高至 2.58g/L。升流式滤池要求布水均匀，常采用大阻力配水系统和比较均匀的集水系统。此外，要求滤池直径不能太大，一般不大于 1.5~2.0m。

滚筒式中和滤池装于滚筒中的滤料随滚筒一起转动，使滤料互相碰撞，及时剥离中和产物形成的覆盖层，加快了中和反应速度。废水由滚筒的一端流入，另一端流出。

滚筒可用钢板制成，内衬防腐层，直径为 1m 或更大，长度为直径的 6~7 倍。筒内壁有不高的纵向隔条，推动滤料旋转。滚筒转速约 10r/min，转轴倾斜 0.5°~1°。滤料的粒径可达十几毫米，装料体积约占转筒体积的一半。其最大优点是进水的硫酸浓度可以超过允许浓度数倍，而滤料粒径却不必破碎得很小。其缺点是负荷率低，约为 $36m^3/(m^2 \cdot h)$，构造复杂且动力费用较高、运转时噪声较大，对设备材料的耐蚀性要求高。

15.3.4　以废治废中和法

在同时存在酸性废水和碱性废水的情况下，可以以废治废，互相中和。两种废水互相中和时，若碱性不足，应补充碱性药剂；若碱量过剩，则应补充酸。由于废水的水量和浓度难以保持稳定，应设置均和池及混合反应池（中和池）。如果混合水需要水泵提升，或者有相当长的出水沟管可利用，也可不设混合反应池。

利用碱性废渣中和酸性废水具有实际意义。如电石废渣中含有大量的 $Ca(OH)_2$，软水站石灰软化法的废渣中含有大量 $CaCO_3$，锅炉灰中含有 2%~20%的 CaO，利用其处理酸性废水，均可获得较好的中和效果。采用碱性废水和废渣中和酸性废水时，除必须设置均和池

外，还必须考虑碱性废水和废渣一旦来源中断时的应急措施。

15.3.5　利用天然水体及土壤中酸度的中和法

天然水体及土壤中的重碳酸盐可用来中和酸性废水。利用土壤及天然水体中和酸性废水必须慎重，应对其长远影响进行评估，允许排入水体的酸性废水量，应根据水体的中和能力来确定。如 $Ca(HCO_3)_2+H_2SO_4 = CaSO_4+2H_2O+2CO_2$。

若要求天然水体与酸性废水混合后 pH 值不能低于 6.5，根据碳酸的解离平衡，可确定水体的中和能力。当天然水体的 pH 值为 7 左右时，CO_3^{2-} 的量可忽略，只考虑一级离解平衡

$$H_2CO_3 \rightleftharpoons H + HCO_3^-,\ K_1 = 3.04 \times 10^{-7}(5℃)$$

则水体 pH 值为

$$pH = pK_1 - \lg\frac{[H_2CO_3]}{[HCO_3^-]} = 6.52 - \lg\frac{[H_2CO_3]}{[HCO_3^-]}$$

由于水体允许的 pH 值的界限值为 6.5，则水体中游离 CO_2 的极限浓度 $[H_2CO_3]$ 或 $[CO_2]$ 可参考

$$6.5 = 6.52 - \lg\frac{[H_2CO_3]}{[HCO_3^-]},\ 则\ H_2CO_3 = 1.047[HCO_3^-]$$

若已知天然水体中的 $[HCO_3^-]$，换算成相当的 CO_2 量 A(mg/L)；游离 CO_2 浓度为 B(mg/L)。如设允许水中重碳酸盐用于中和酸性废水析出的 CO_2 极限量为 x(mg/L)，就可进一步算出允许排入水体的酸性废水量。

$$(B + x) = 1.047(A - x),\ 则\ x = 0.51A - 0.49B$$

15.4　化学沉淀法

15.4.1　概述

化学沉淀法是指通过向废水中投加化学药剂，使之与废水中溶解态的污染物直接发生化学反应，生成难溶的物质，再进行固液分离除去水中污染物的方法。废水中的重金属离子、碱土金属及某些非金属均可通过化学沉淀法去除，某些有机污染物可通过化学沉淀法去除。

化学沉淀法的工艺过程通常包括投加化学沉淀剂，与水中污染物反应，生成难溶的沉淀物；通过凝聚、沉降、浮上、过滤、离心等方法进行固液分离；泥渣的处理和回收。

化学沉淀的基本过程是难溶电解质的沉淀析出，其溶解度大小与溶质性质、温度、盐效应、沉淀颗粒的大小及晶型等有关。在废水处理中，根据沉淀-溶解平衡的原理，可利用过量投药、防止络合、沉淀转化、分步沉淀等提高处理效率，回收有用物质。

15.4.2　氢氧化物沉淀法

除了碱金属和部分碱土金属外，其他金属的氢氧化物大都是难溶的，见表 15-1。因此，可用氢氧化物沉淀法去除废水中的重金属离子。沉淀剂为各种碱性药剂，常用的如石灰、碳酸钠、苛性钠、石灰石、白云石等。

表 15-1 某些金属氢氧化物的溶度积

化学式	K_{sp}	化学式	K_{sp}	化学式	K_{sp}
AgOH	1.6×10^{-8}	$Cr(OH)_3$	6.3×10^{-31}	$Ni(OH)_2$	2.0×10^{-15}
$Al(OH)_3$	1.3×10^{-33}	$Cu(OH)_2$	5.0×10^{-20}	$Pb(OH)_2$	1.2×10^{-15}
$Ba(OH)_2$	5×10^{-3}	$Fe(OH)_2$	1.0×10^{-15}	$Sn(OH)_2$	6.3×10^{-27}
$Ca(OH)_2$	5.5×10^{-6}	$Fe(OH)_3$	3.2×10^{-38}	$Th(OH)_4$	4.0×10^{-45}
$Cd(OH)_2$	2.2×10^{-14}	$Hg(OH)_2$	4.8×10^{-26}	$Ti(OH)_3$	1×10^{-40}
$Co(OH)_2$	1.6×10^{-15}	$Mg(OH)_2$	1.8×10^{-11}	$Zn(OH)_2$	7.1×10^{-18}
$Cr(OH)_2$	2×10^{-16}	$Mn(OH)_2$	1.1×10^{-13}		

对一定浓度的某种金属离子 M^{n+} 来说，是否生成难溶的氢氧化物沉淀，取决于溶液中 OH^- 离子浓度，即溶液的 pH 值为沉淀金属氢氧化物的重要条件。若 M^{n+} 与 OH^- 只生成 $M(OH)_n$ 沉淀，而不生成可溶性羟基络合物，则根据金属氢氧化物的溶度积 K_{sp} 及水的离子积 K_w，就可以计算使氢氧化物沉淀的 pH 值

$$pH = 14 - \frac{I}{n}(\lg[M^{n+}] - \lg K_{sp}) \tag{15-9}$$

或

$$\lg[M^{n+}] = \lg K_{sp} + npHK_w - npH \tag{15-10}$$

式（15-9）和式（15-10）反映与氢氧化物沉淀平衡共存的金属离子浓度和溶液 pH 值的关系。从式（15-9）可以看出，金属离子浓度 $[M^{n+}]$ 相同时，溶度积 K_{sp} 越小，则开始析出氢氧化物沉淀的 pH 值越低；同一金属离子，浓度越大，开始析出沉淀的 pH 值越低。根据各种金属氢氧化物的 K_{sp} 值，由式（15-10）可计算出某一 pH 值时溶液中金属离子的饱和浓度。以 pH 值为横坐标，以 $-\lg[M^{n+}]$ 为纵坐标，可绘出溶解度对数图。据此图，可方便地确定金属离子沉淀的条件。

重金属离子和氢氧根离子不仅可以生成氢氧化物沉淀，而且可以生成各种可溶性的羟基络合物（对于重金属离子，这现象十分常见），这时与金属氢氧化物处于平衡的饱和溶液中，不仅有游离的金属离子，而且有配位数不同的各种羟基络合物，它们都参与沉淀-溶解平衡。在此情况下，溶解度对数图就较复杂。现以 Cd(Ⅱ) 为例，Cd^{2+} 与 OH^- 可形成 $CdOH^+$、$Cd(OH)_2$、$Cd(OH)^{3-}$、$Cd(OH)_4^{2-}$ 四种可溶性羟基络合物，根据其逐级稳定常数和 $Cd(OH)_2$ 的溶度积 K_{sp}，可以确定与氢氧化镉沉淀平衡共存的各可溶性羟基络合物浓度与溶液 pH 值的关系。将同一 pH 值下各种形态可溶性二价镉 Cd(Ⅱ) 的平衡浓度相加，即得氢氧化镉溶解度与 pH 值的关系。其他许多金属离子，如 Cr^{3+}、Al^{3+}、Zn^{2+}、Pb^{2+}、Fe^{2+}、Ni^{2+}、Cu^{2+} 等，在碱性提高时都可明显地生成络合阴离子，而使氢氧化物的溶解度增加，这类既溶于酸又溶于碱的氢氧化物，常称为两性氢氧化物。

当废水中存在 CN^-、NH_3 及 Cl^-、S^{2-} 等配位体时，能与重金属离子结合形成可溶性络合物，增大了金属氢氧化物的溶解度，对沉淀去除重金属不利，因此需要将其去除。

采用氢氧化物沉淀法处理重金属废水最常用的沉淀剂是石灰。石灰沉淀法的优点是去除污染物范围广、药剂来源广、价格低、操作简便、处理可靠且不产生二次污染。它不仅可沉淀去除重金属，而且可沉淀去除砷、氟、磷等。但劳动卫生条件差、管道易结垢堵塞、泥渣体积庞大（含水率高达 95%~98%）、脱水困难。

【工程实例】 用氢氧化物沉淀法处理含铜废水，当浓度为1~1000mg/L时，pH值为9.0~10.3最好。若采用铁盐共沉淀，效果尤佳，残留浓度为0.15~0.17mg/L。不宜采用石灰处理焦磷酸铜废水，主要是pH值要求高（达12），形成大量焦磷酸钙沉渣，使沉渣中铜含量低，回收价值小。对于某含镍100mg/L的废水，投加石灰250mg/L，pH达9.9，出水含镍可降至1.5mg/L。

15.4.3 其他化学沉淀法

1. 硫化物沉淀法

（1）金属硫化物的溶解性　大多数过渡金属的硫化物都难溶于水，可用硫化物沉淀法去除废水中的重金属离子。各种金属硫化物的溶度积相差悬殊，见表15-2，同时溶液中S^{2-}离子浓度受H^+浓度的制约，可以通过控制酸度，用硫化物沉淀法把溶液中不同金属离子分步沉淀分离回收。表15-2所示为一些金属硫化物的溶解度与溶液pH值的关系。

表15-2　某些金属硫化物的溶度积

化学式	K_{sp}	化学式	K_{sp}	化学式	K_{sp}
Ag_2S	1.6×10^{-49}	Cu_2S	2×10^{-47}	MnS	1.4×10^{-15}
Al_2S_3	2×10^{-7}	CuS	8.5×10^{-45}	NiS	1.4×10^{-24}
Bi_2S_3	1×10^{-97}	FeS	3.7×10^{-19}	PbS	3.4×10^{-28}
CdS	3.6×10^{-29}	Hg_2S	1.0×10^{-45}	SnS	1×10^{-25}
CoS	4.0×10^{-21}	HgS	4×10^{-53}	ZnS	1.6×10^{-24}

硫化物沉淀法常用的沉淀剂有H_2S、Na_2S、NaHS、CaS_x、$(NH_4)_2S$等。根据沉淀转化原理，难溶硫化物MnS、FeS等也可作为处理药剂。

S^{2-}离子和OH^-离子一样，也能够与许多金属离子形成络阴离子，使金属硫化物的溶解度增大，不利于重金属的沉淀去除。因此，必须控制好S^{2-}离子的浓度不要过量太多，其他配位体如X^-（卤离子）、CN^-、SCN^-等也能与重金属离子形成各种可溶性络合物，干扰金属的去除，应通过预处理除去。

（2）硫化物沉淀法除汞（Ⅱ）　硫化汞溶度积很小，因此硫化物沉淀法的除汞率高，在废水处理中得到了应用，主要用于去除无机汞。对于有机汞，必须先用氧化剂（如氯）将其氧化成无机汞，然后再用本法去除。

提高沉淀剂（S^{2-}离子）浓度有利于硫化汞的沉淀析出。但过量硫离子不仅会造成水体贫氧，增加水体的COD，还能与硫化汞沉淀生成可溶性络合阴离子$[HgS_2]^{2-}$，降低汞的去除率。因此，在反应过程中，要补投$FeSO_4$溶液，以除去过量硫离子（$Fe^{2+}+S^{2-}=FeS$）。这样，不仅有利于汞的去除，而且有利于沉淀的分离。由于浓度较小的含汞废水进行沉淀时，往往形成HgS的微细颗粒，悬浮于水中很难沉降。而FeS沉淀可作为HgS的共沉淀载体促使其沉降。同时，补投的一部分Fe^{2+}离子在水中可生成$Fe(OH)_2$和$Fe(OH)_3$，对HgS悬浮微粒起凝聚共沉淀作用。为了加快硫化汞悬浮微粒的沉降，有时还加入焦炭末或粉状活性炭，吸附硫化汞微粒，促使其沉降。

沉淀反应在 pH 值为 8~9 的碱性条件下进行。pH 值小于 7 时，不利于 FeS 沉淀；碱度过大则可能生成氢氧化铁凝胶，难以过滤。废水中若存在 X^-（卤离子）、CN^-、SCN^- 等离子，可与 Hg^{2+} 离子形成一系列络离子，如 $[HgCl_4]^{2-}$、$[HgI_4]^{2-}$、$[Hg(CN)_4]^{2-}$、$[Hg(SCN)_4]^{2-}$，对汞的沉淀析出不利，应预先除去。

由于 HgS 的溶度积非常小，从理论上说，硫化物沉淀法可使溶液中汞离子降至极微量。但硫化汞悬浮微粒很难沉降，且各种固液分离技术有其自身的局限性，致使残余汞浓度只能降至 0.05mg/L 左右。

（3）硫化物沉淀法处理含其他重金属废水　用硫化物沉淀法处理含 Cu^{2+}、Cd^{2+}、Zn^{2+}、Pb^{2+}、AsO_2^- 等废水在生产上已得到应用。

【工程实例】　某酸性矿山废水含 $[Cu^{2+}]$ = 50mg/L、$[Fe^{2+}]$ = 340mg/L、$[Fe^{3+}]$ = 38mg/L，pH 值=2，处理时先投加 $CaCO_3$，在 pH 值=4 时使 Fe^{3+} 先沉淀，然后通入 H_2S，生成 CuS 沉淀，最后投加石灰乳至 pH 值=8~10，使 Fe^{2+} 沉淀。此法可回收品位为 50%的硫化铜渣，回收率达 85%。硫化物沉淀法处理含重金属废水，具有去除率高、可分步沉淀、泥渣中金属品位高、适应 pH 值范围大等优点，得到了实际应用。但是 S^{2-} 可使水体中 COD 增加，当水体酸性增加时，产生硫化氢气体污染，并且沉淀剂来源受限制，价格较高，因此限制了其广泛应用。

2. 碳酸盐沉淀法

碱土金属（Ca、Mg 等）和重金属（Mn、Fe、Co、Ni、Cu、Zn、Ag、Cd、Pb、Hg、Bi 等）的碳酸盐都难溶于水，见表 15-3，可用碳酸盐沉淀法将这些金属离子从废水中去除。

表 15-3　碳酸盐的溶度积

化学式	K_{sp}	化学式	K_{sp}	化学式	K_{sp}
Ag_2CO_3	8.1×10^{-49}	$CuCO_3$	1.4×10^{-49}	$MnCO_3$	1.8×10^{-49}
$BaCO_3$	5.1×10^{-49}	$FeCO_3$	3.2×10^{-49}	$NiCO_3$	6.6×10^{-49}
$CaCO_3$	2.8×10^{-49}	Hg_2CO_3	8.9×10^{-49}	$PbCO_3$	7.4×10^{-49}
$CdCO_3$	5.2×10^{-49}	Li_2CO_3	2.5×10^{-49}	$SrCO_3$	1.1×10^{-49}
$CoCO_3$	1.4×10^{-49}	$MgCO_3$	3.5×10^{-49}	$ZnCO_3$	1.4×10^{-49}

对于不同的处理对象，碳酸盐沉淀法有三种不同的应用方式：①投加难溶碳酸盐，利用沉淀转化原理，使废水中重金属离子（如 Pb^{2+}、Cd^{2+}、Zn^{2+}、Ni^{2+} 等离子）生成溶解度更小的碳酸盐而沉淀析出；②投加可溶性碳酸盐（如碳酸钠），使水中金属离子生成难溶碳酸盐而沉淀析出；③投加石灰，与造成水中碳酸盐硬度的 $Ca(HCO_3)_2$ 和 $Mg(HCO_3)_2$，生成难溶的碳酸钙和氢氧化镁沉淀析出。

【工程实例】　蓄电池生产中产生的含铅废水，投加碳酸钠，然后再经过砂滤，在 pH 值=8.4~8.7 时，出水总铅浓度为 0.2~3.8mg/L，可溶性铅为 0.1mg/L。又如某含锌废水（6%~8%），投加碳酸钠，可生成碳酸锌沉淀，沉渣经漂洗，真空抽滤，可回收利用。

3. 卤化物沉淀法

（1）氯化物沉淀法除银　氯化物的溶解度都很大，只有氯化银溶解度低，$K_{sp}=1.8\times10^{-10}$。利用其特点可以处理和回收废水中的银。

含银废水主要来源于镀银和照相工艺。氰化银镀鎏中的废水含银浓度高达13000~45000mg/L。处理时，一般先用电解法回收废水中的银，将银的浓度降至100~500mg/L，然后再用氯化物进行沉淀，将银的浓度降至1mg/L左右。当废水中含有多种金属离子时，调节pH值至碱性，投加氯化物，则其他金属形成氢氧化物沉淀，只有银离子形成氯化银沉淀，二者共沉淀。用酸洗沉渣，将金属氢氧化物沉淀溶出，仅剩下氯化银沉淀，分离和回收银，将废水中的银离子浓度可降至0.1mg/L。

镀银废水中含有氰，形成$[Ag(CN)_2]^-$络离子，对处理不利，一般先采用氯化法氧化氰，放出的氯离子又可以与银离子生成沉淀。试验表明，银和氰质量相等时，投氯量为3.5mg/mg（氰），氧化10min以后，调pH值至6.5，使氰完全氧化。继续投氯化铁，以石灰调pH值至8，沉降分离后倾出上清液，可使银离子由最初0.7~40mg/L降至零。根据试验结果设计的生产回收系统，其运转结果使银的浓度由130~564mg/L降至0~8.2mg/L，氰的浓度由159~642mg/L降至15~17mg/L。

（2）氟化物沉淀法　当废水中含有比较单纯的氟离子时，投加石灰，调pH值至10~12，生成CaF_2沉淀，可使氟的浓度降至10~20mg/L。

若废水中还含有其他金属离子（如Mg^{2+}、Fe^{3+}、Al^{3+}等），加石灰后，除形成CaF_2沉淀外，还形成金属氢氧化物沉淀。由于后者的吸附共沉作用，可使含氟浓度降至8mg/L以下。若加石灰至pH值=11~12，再加硫酸铝，使pH值=6~8，则形成氢氧化铝可使含氟浓度降至5mg/L以下。如果加石灰的同时，加入过磷酸钙、磷酸氢二钠等磷酸盐，则与水中氟形成难溶的磷灰石沉淀$3H_2PO_4^-+5Ca^{2+}+6OH^-+F^- = Ca_5(PO_4)_3F+6H_2O$。

当石灰投量为理论投量的1.3倍，过磷酸钙投量为理论量的2~2.5倍时，可使废水中氟的浓度降至2mg/L左右。

4. 淀粉黄原酸酯沉淀法

重金属离子可与淀粉黄原酸酯反应生成沉淀而去除。处理药剂为钠型或镁型不溶性交联淀粉黄原酸酯（ISX），它与重金属离子的沉淀反应有两种类型：与Cd^{2+}、Ni^{2+}、Zn^{2+}等发生离子互换反应，或与$Cr_2O_7^{2-}$、Cu^{2+}等发生氧化还原反应。

反应生成的沉淀可用离心法分离。由于该法产生的沉淀污泥化学稳定性高，可安全填埋，又可用酸液浸出金属，回收交联淀粉再用于药剂的制备。

【工程实例】　某厂废水含有$Cr_2O_7^{2-}$、Cu^{2+}、Cd^{2+}、Zn^{2+}等，pH值为7。采用两级投药反应，第一级控制pH值在3.5~4，有利于六价铬的还原；第二级控制pH值在7~8.5，有利于沉淀的生成。处理后出水中Cd^{2+}、Cu^{2+}已检测不到，$Cr_2O_7^{2-}$含量低于0.5mg/L，Zn^{2+}为0.19mg/L，色度、浊度均可达排放标准。

练 习 题

思考题

15-1 什么是离心分离的分离因素？衡量水力旋流器分离效果的主要指标是什么？其物理意义是什么？

15-2 工业废水中的金属可采用哪些化学沉淀法来处理？用氢氧化物处理工业废水中的重金属时，最重要的影响因素是什么？

15-3 化学沉淀法与化学混凝法在原理上有什么差异？使用的药剂有什么不同？

15-4 用石灰石对硫酸废水进行中和时应注意什么问题？目前最常用的石灰石过滤中和是哪几种形式？它有什么优缺点？

15-5 用硫化钠处理含汞废水，为什么还要投加硫酸亚铁？

15-6 臭氧氧化处理印染废水使其脱色的原理是什么？

15-7 阐述电解法处理含铬废水的基本原理。铁阳极为什么会产生钝化膜？如何消除钝化膜？

15-8 碱性氯化法处理含氰废水的原理是什么？

15-9 分别举出含氰废水、含铬废水、含汞废水、含酚废水两种以上的处理方法。

15-10 混凝剂与浮选剂有什么区别？各起什么作用？

15-11 含有颗粒小于 8μm 的悬浮物的废水，要取得较好的分离效率，用旋流分离器还是用离心机？为什么？

15-12 比较投药中和及过滤中和、滚筒中和的优缺点及采用条件。

15-13 用氢氧化物沉淀法处理含 Cd 废水，若欲将 Cd^{2+} 浓度降到 0.1mg/L，问需将溶液的 pH 值提高到多少？

15-14 电解可以产生哪些反应过程？对水处理能起什么作用？

选择题

15-1 地下水除铁接触氧化法的工艺：________-接触氧化过滤。

A. 原水预沉　B. 原水曝气　C. 原水消毒　D. 原水投药

15-2 地下水除铁曝气氧化法的工艺：原水曝气-________-过滤。

A. 沉淀　B. 絮凝　C. 氧化　D. 混合

15-3 地下水除铁时，当受到硅酸盐影响时，应采用________。

A. 接触氧化法　B. 曝气生氧化法　C. 自然氧化法　D. 药剂氧化法

参 考 文 献

[1] 李圭白，张杰．水质工程学：上册［M］. 2 版．北京：中国建筑工业出版社，2013.

[2] 许保玖，龙腾锐．当代给水与废水处理原理［M］. 2 版．北京：高等教育出版社，2000.

[3] 严煦世，范瑾初．给水工程［M］. 4 版．北京：中国建筑工业出版社，2005.

[4] 崔玉川，员建．给水厂处理设施设计计算［M］. 北京：化学工业出版社，2003.

[5] 张自杰．排水工程：下册［M］. 5 版．北京：中国建筑工业出版社，2015.

[6] 刘斐文，王萍．现代水处理方法与材料［M］. 北京：中国环境科学出版社，2003.

[7] 张自杰．废水处理理论与设计［M］. 北京：中国建筑工业出版社，2003.

[8] 许振良．膜法水处理技术［M］. 北京：化学工业出版社，2001.

[9] 邵刚．膜法水处理技术［M］. 2 版．北京：冶金工业出版社，2000.

[10] 唐受印，戴友芝，等．水处理工程师手册［M］. 北京：化学工业出版社，2000.

[11] 胡锋平，邓荣森，王涛，等．溶气气浮技术的发展及其在城市污水处理厂的应用［J］. 给水排水，2004，30（6）：27-30.

[12] 邹家庆．工业废水处理技术［M］. 北京：化学工业出版社，2003.

[13] 孙德智．环境工程中的高级氧化技术［M］. 北京：化学工业出版社，2002.

[14] 崔玉川，刘振江，张绍怡，等．城市污水厂处理设施设计计算［M］. 北京：化学工业出版社，2004.

[15] CRITTENDEN J C，等．水处理原理与设计，水处理技术及其集成与管道的腐蚀［M］. 刘百仓，译．上海：华东理工大学出版社，2016.

[16] 雷乐成，汪大翚．水处理高级氧化技术［M］. 北京：化学工业出版社，2001.

[17] 王小文．水污染控制工程［M］. 北京：煤炭工业出版社，2002.

[18] 黄廷林．水工艺设备基础［M］. 3 版．北京：中国建筑工业出版社，2015.

[19] 陈翠仙，郭红霞，秦培勇，等．膜分离［M］. 北京：化学工业出版社，2017.

[20] 解跃峰，马军．饮用水厂病毒去除与控制［J］. 给水排水，2020，56（3）：1-3.

[21] 樊强，顾平，袁艳林，等．粉末活性炭再生技术研究进展［J］. 工业水处理．2014，34（4）：1-4.

[22] 朱昱敏，张亚雷，周雪飞，等．过氧乙酸在污水消毒中对病毒灭活的研究进展［J］. 中国给水排水，2020，36（12）：45-50.

[23] 张怀宇，马军，李敏，等．城市水系统公共卫生安全应急保障体系构建与思考［J］. 给水排水，2020，56（4）：9-19；24.

[24] 冀豪栋，孙丰宾，赖波，等．臭氧消毒研究进展及对新型冠状病毒的灭活启示［J］. 工业水处理，2021，41（11）：1-8；106.

[25] 邵青，王颖，李晶，等．紫外/臭氧工艺在水处理中的技术原理及研究进展［J］. 中国给水排水，2019，35（14）：16-23.

[26] 朱欢欢，孙韶华，冯桂学，等．紫外联用高级氧化技术处理饮用水应用进展［J］. 水处理技术，2019，45（3）：1-7；13.